Wörterbuch und Lexikon
der Hydrogeologie

Springer-Verlag Berlin Heidelberg GmbH

Tibor Müller

Wörterbuch und Lexikon der Hydrogeologie

Mit 185 Abbildungen

Dipl.-Geol. Tibor Müller
Roßbergring 90
D-64354 Reinheim-Zeilhard
e-mail: tmueller@hrz1.hrz.tu-darmstadt.de

ISBN 978-3-540-65642-5

Müller, Tibor: Wörterbuch und Lexikon der Hydrogeologie / Tibor Müller. –
Berlin; Heidelberg; New York; Barcelona; Hongkong; London; Mailand; Paris; Singapur; Tokio:
Springer, 1999
ISBN 978-3-540-65642-5   ISBN 978-3-642-58514-2 (eBook)
DOI 10.1007/978-3-642-58514-2

Ursprünglich erschienen bei Springer-Verlag Berlin Heidelberg New York 1999
Softcover reprint of the hardcover 1st edition 1999

Umschlaggestaltung: Erich Kirchner, Heidelberg
Satz: Reproduktionsfertige Vorlage vom Autor

SPIN: 10681939   30/3136 - 5 4 3 2 1 0 – Gedruckt auf säurefreiem Papier

Geleitwort

Die folgende Zusammenstellung von Grundbegriffen der Hydrogeologie und einiger Nachbargebiete soll allen, die sich mit dem Grundwasser beschäftigen, einen schnellen Zugriff auf benötigte Termini ermöglichen. Die zunehmende Komplexizität der Probleme in Wasserwirtschaft und Umweltschutz bedingt, daß ihre Lösung fast immer eine interdisziplinäre Zusammenarbeit erfordert. Das Buch wendet sich an Geologen und Ingenieure, aber auch an Geographen, Chemiker sowie an Lehrer, die sich für diesen speziellen Teil unserer Umwelt interessieren. Neben hydrogeologischen Begriffen wurden relevante Fachwörter insbesondere aus der Chemie und der Hydrologie mit aufgenommen. Dies schien schon deswegen sinnvoll, da sich das Buch an Interessierte mit ganz unterschiedlicher fachlicher Vorbildung wendet.

Das Manuskript entstand aus einem Glossar für den Unterricht für Geologen und Bauingenieure an der TU Darmstadt. Besonderer Wert wurde auf Übereinstimmung mit den einschlägigen deutschen Normen sowie auf die durchgängige Definition der Dimensionen und Einheiten bei quantitativen Begriffen gelegt. Um der Internationalisierung technisch-wissenschaftlicher Tätigkeit Rechnung zu tragen, schien es unerläßlich, zu allen Stichworten die englische Übersetzung beizugeben.

Es ist zu hoffen, daß das Buch einen breiten Leserkreis findet, um den Umgang mit der oft sehr spezifischen Fachsprache zu erleichtern und so die Voraussetzungen für sachgerechte Problemlösungen auf unterschiedlichen Ebenen zu verbessern.

Götz Ebhardt

Technische Universität Darmstadt

Vorwort

Das vorliegende Lexikon geht auf Lehrveranstaltungen für Hydrogeologen, Bauingenieur, Hydrologen, Wasserbauer usw. zurück, die ich an der Technischen Universität Darmstadt betreute. Hierbei wurden von den Studierenden häufig Fragen zu den Definitionen und Grundlagen der Hydrogeologie gestellt, die ich sammelte und von denen ich hoffe, daß sie auf den nachstehenden Seiten beantwortet werden.

Die im Text verwendeten Abkürzungen und Symbole sind die umgangssprachlich üblichen, fachsprachliche Symbole sind im Anhang zugestellt und erläutert. Den wichtigsten Schlagworten ist die englische Übersetzung beigefügt, umgekehrt befindet sich hinter den englischen, kursiv gesetzten Schlagworten ein Hinweis auf den entsprechenden deutschen Begriff, dem u. U. ein weiterer Verweis auf die Erläuterung folgen kann. Zum besseren Verständnis werden die meisten Fremdworte durch etymologische Hinweise näher erläutert.

Für die großzügige Unterstützung dieser Arbeit danke ich Herrn Prof. Dr. Götz Ebhardt vom Geologisch-Paläontologischen Institut der Technischen Universität Darmstadt und seiner Arbeitsgruppe Hydrogeologie, für wertvolle Hinweise Herrn Dr. P. Vrbka und Herrn Dr. T. Schiedek. Frau Dr. P. Rottenbacher und Frau Dr. S. Feist-Burkhardt gaben die Anregung für die Ausarbeitung des Manuskriptes, Frau N. Alof hat das Korrekturlesen übernommen, Dr. H. Müller hat die mathematischen Formulierungen überarbeitet. Ihnen allen sei an dieser Stelle herzlich gedankt.

Beim Springer-Verlag und seinen Mitarbeitern bedanke ich mich für die Veröffentlichung meines Manuskriptes und die gute Zusammenarbeit.

Zeilhard, Januar 1999

Tibor Müller

a; Abk. für Jahr (*etm.*: lat. „annus" das Jahr) Einheit der Basisgröße →Zeit *t*.

A; Abk. Ampere, Einheit des →elektrischen Stroms

AAS; →Atomabsorptionsspektrometrie

α-Strahlung, f; →Alphastrahlung

abandoned waste site; →Altablagerung

Abbau, m; *{decomposition, degradation}* Zerlegung einer organischen Verbindung in einfachere Bestandteile unter dem Einfluß physikalisch-chemischer oder biochemischer Prozesse (→Reduzent, →Metabolit); der A. erfolgt in der Regel mehrstufig, wobei im Primär~ zunächst eine grobe Zersetzung in einfachere, jedoch noch instabile organische oder anorganische Komponenten erfolgt, der End~ schließlich führt zu stabilen anorganischen Endprodukten wie →Wasser oder →Kohlendioxid (z. B. →Nitratreduktion, →Sulfatreduktion); in Abhängigkeit von dem für den A. verfügbaren →Sauerstoff spricht man von →aerobem, oxidativem, mikrobiellem A., z. B. bei der biologischen →Abwasserreinigung, und →anaerobem mikrobiellem A., z. B. der Faulung *{rotting}*, bei der andere Stoffe den Sauerstoff als →Elektronenakzeptoren (oder Wasserstoffakzeptoren) ersetzen, sind dies →anorganische Substanzen (NO_3^- , SO_4^{2-} , CO_3^{2-} usw.), so spricht man bei dem entsprechenden ~prozeß von anaerober Atmung, bei organischen Wasserstoffakzeptoren von →Gärung (falls der A. im →Schlamm erfolgt, spricht man auch in diesem Fall von Faulung, unter der Bildung von →Faulgas).

Abdampfrückstand, m; *{evaporation residue}* nach Eindampfung eines Flüssigkeitsvolumens *V*, z. B. einer Wasserprobe, und Trocknung der verbliebenen festen Bestandteile bis zu einer unveränderlichen (zeitlich konstanten) Masse *m* als Quotient *m*/*V* in mg/ℓ bestimmte, nicht verdampfbare Flüssigkeitsinhaltsstoffe; durch Glühen des ~es können im Anschluß an die Eindampfung Glührückstand und -verlust (→Veraschung) ermittelt werden; bei der Eindampfung eines reinen →Elektrolyts kann aus dem A. auf die →Ionenstärke der enthaltenen →Ionen rückgeschlossen werden.

Abdrift, f; →hydrometrischer Flügel

Abfackeln, n; →Deponie

Abfall, m; *{residue, waste}* bei der Produktion oder beim Konsum anfallende Nebenprodukte und Rückstände, die entweder stofflich wieder- oder weiterverwertet (durch z. B. Wiederaufbereitung, →Kompostierung usw., →Wertstoff, →Recycling) oder - z. B. durch →Verbrennung (energetische Verwertung) oder Lagerung auf →Deponien beseitigt werden, fester A. wird auch als Müll bezeichnet; man unterscheidet allgemein zwischen subjektivem A. (dessen sich sein Besitzer entledigen will) und objektivem (dessen Entsorgung im öffentlichen Interesse liegt); nach Herkunft differenziert man Siedlungs-, Gewerbe- und Industrie~ sowie landwirtschaftlichen A., Siedlungs~ (häuslicher A.) und Gewerbe~ werden auch als kommunaler A. zusammengefaßt; für die Müllentsorgung bedeutungsvoll ist schließlich die Einteilung in Hausmüll, Gewerbe- und Industriemüll, der mit dem Hausmüll zusammen entsorgt werden kann, und den wegen seiner Menge oder Gefährlichkeit in besonderem Maß überwachungsbedürftigen Sondermüll, der u. U. eine aufwendige

Endlagerung erforderlich macht.

Abfluß, m; **1.)** *{runoff}* als ~vorgang der Transport des im →hydrologischen Kreislauf als →Niederschlag zur Erde gelangten Wassers unter dem Einfluß der Schwerkraft; der A. erfolgt ober- oder unterirdisch (→Grundwasser); **2.)** *{discharge}* A. Q in Bezug auf ein →Einzugsgebiet als das Wasservolumen, das

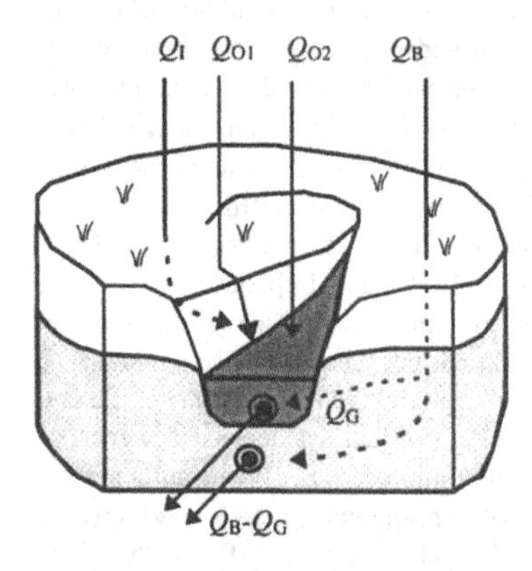

Abb. A1 ***Komponenten des Abflusses***

diesem Einzugsgebiet zugeordnet einen Bezugsquerschnitt in der Zeiteinheit durchströmt, mit dim$Q$=L^3/T; der A. Q=Q_O+Q_I+Q_B enthält den Oberflächen~ Q_O *{surface runoff}*, der direkt (ohne →Infiltration in den Boden) in den →Vorfluter gelangt: Q_O wird gelegentlich weiter unterteilt in Q_{O1}, den Oberflächen~, der auf die Bodenoberfläche gelangt, und Q_{O2}, den Oberflächen~ des auf den Gewässeroberflächen anfallenden Niederschlags; das in das Erdreich infiltrierte Wasser fließt unterirdisch ab und zwar zum einen als Zwischen~ oder Interflow Q_I *{interflow}*, der nach einer Fließstrecke in geringer Tiefe unter der Geländeoberfläche den Vorfluter zeitlich geringfügig gegen den Oberflächen~ verzögert erreicht; Q_O und Q_I bilden zusammen den Direktabfluß Q_D=Q_O+Q_I; zum anderen bildet das in den Boden infiltrierte Wasser den Basisabfluß Q_B *{baseflow, base runoff}*, der den →Grundwasserkörper speist und u. U. später wieder in →Quellen austritt; u. U. fließt ein Teil des Q_B dem Vorfluter als →grundwasserbürtiger A. Q_G *{groundwater (out-) flow/runoff}* zu und ist dort meßbar, Q_B-Q_G führt zum →Grundwasserabstrom aus dem gegebenen Einzugsgebiet (→Abb. A1); die Aufteilung des ~es im →Vorfluter und die zeitbezogene Relation zwischen seinen Komponenten und dem ihn auslösenden Niederschlagsereignis ist in →Abb. A2 skizziert; besondere Bedeutung besitzt bei der →~ermittlung die →Trennung von Q_D und Q_G in dem in einem Vorfluter gemessenen A.; in der Literatur, zumal in älteren Darstellungen, findet man auch noch folgende Bezeichnungen und Symbole, die bei uns gelegentlich ebenfalls verwendet werden, allerdings nur, wenn sie sich im Zusammenhang mit bestimmten Methoden als feste Begriffe eingebürgert haben: Q_O=A_O, der dort auch oberirdischer A. heißt und zuweilen unterteilt wird in A_{O1}, den „A. auf der Bodenoberfläche", und A_{O2}, den „A. des auf die Gewässer gefallenen Niederschlags", ferner Q_I+Q_B=A_U, den unterirdischen A., mit gelegentlich der weiteren Aufteilung in Q_I=A_{U1}, den Zwischen~ oder Interflow, Q_B=A_{U2}, den „A. aus dem Grundwasser" mit den Komponenten Q_G=A_{U2m}, dem „im Vorfluter meßbaren", und Q_B-Q_G=A_{U2u}, „dem im Vorfluter nicht meßbaren unterirdischen A."; (→Hauptwert); **3.)** ein einen →See entwässernder Fluß, der in dem See somit seinen Ursprung besitzt.

Abflußaufteilung, f; →Trennung

Abflußbeiwert, m; *{runoff coefficient}* der A. Ψ gibt in der Relation $h_A = \Psi \cdot h_N$ den Anteil der →Niederschlagshöhe h_N eines →Niederschlagsereignisses wieder, der zur →Abflußhöhe h_A des →Direktabflusses aus diesem Niederschlagsereignis beiträgt (dim Ψ= 1 und $0 \leq \Psi \leq 1$), also den Anteil des abflußwirksamen Niederschlages (→Niederschlag) am Gesamtniederschlag eines einzelnen Niederschlagsereignisses, der A. wird aus dieser Relation zu $\Psi = h_A/h_N$ bestimmt; $1 - \Psi$ wird entsprechend als Verlustbeiwert bezeichnet.

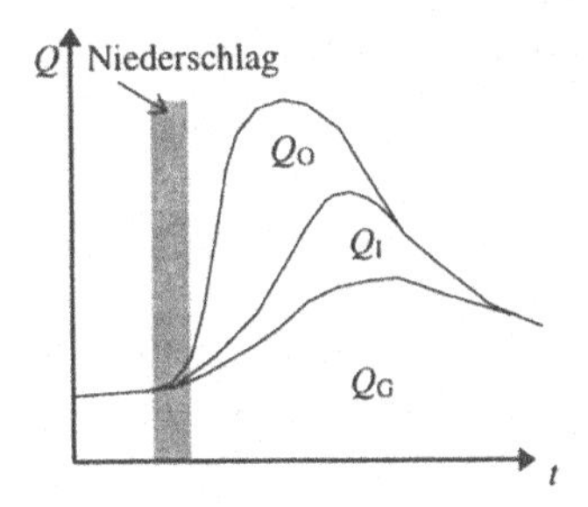

Abb. A2 *zeitabhängige Abflußaufteilung*

Abflußbildung, f; Gesamtheit aller Vorgänge, die zur Aufteilung des Gesamtniederschlags $i_N = i_{Ne} + i_V$ als →Niederschlagsintensität i_N in die Effektivniederschlagsintensität i_{Ne} (→Niederschlag) und einen Verlustanteil (→Verlust) i_V (als →Intensität) führen (→Niederschlag-Abflußprozeß).

Abflußermittlung, f; *{discharge measurement/gauging}* Bestimmung des auf die Zeit bezogenen Wasservolumens $Q = Q(t)$, das aus einem →Einzugsgebiet durch einen Abflußquerschnitt strömt (→Durchflußquerschnitt), dim Q = L³/T; man ermittelt Q i. allg. in den Einheiten $[Q]$=m³/s oder $[Q]$=ℓ/s; die A. erfolgt als →Durchflußermittlung entweder direkt mittels →Meßgefäßen oder indirekt z. B. unter der Verwendung eines →hydrometrischen Flügels oder eines Meßwehres (→Wehr) oder durch den Einsatz von →Markierungsstoffen oder auch unter der Verwendung →hydraulischer Modelle an geeigneten →Meßbauwerken (→Korrekturfaktor für Abflußmessungen), bzw. aus einer kontinuierlichen Aufzeichnung des Wasserstandes an einem Meßpegel (→Pegel, →Durchflußkurve).

abflußfähige Grundwassermenge, f; *{groundwater resource/storage}* die a. G. V_0 ist das in einem →Einzugsgebiet zu einem Trockenwetterzeitpunkt t_0 gespeicherte Grundwasservolumen $V_0 = V(t_0)$ mit dim V_0 = L³, das zu diesem Zeitpunkt noch zum weiteren →Abfluß oder zur weiteren →Quellschüttung verfügbar ist; V_0 ist bestimmt durch den bei t_0 gemessenen Abfluß (oder Wert der Quellschüttung) Q_0 (mit dim Q_0 = L³/T und i. allg. $[Q_0]$ = m³/d) und den →Auslaufkoeffizienten α (dim α = T⁻¹ und i. allg. $[\alpha]$=d⁻¹) des Einzugsgebietes zu $V_0 = \alpha^{-1} \cdot Q_0$ (unter der Annahme, die →Trockenwetterfallinie sei Graph $Q = Q_0 \cdot e^{-\alpha t}$ einer Exponentialfunktion; unter dieser Voraussetzung kann α aus der Trockenwetterfallinie ermittelt werden; →Trockenwetterabfluß.

Abflußfläche, f; →Durchflußfläche

Abflußganglinie, f; *{(discharge/runoff) hydrograph}* graphische Darstellung des in der →Abflußermittlung gewonnenen Abflusses $Q(t)$ in einem →kartesischen Koordinatensystem, dessen Abszisse die Zeit t, dessen Ordinate den Abfluß $Q = Q(t)$ wiedergibt; die Einheit in Abszissenrichtung entspricht dabei der Meßfrequenz (Stunde, Tag usw.), in Ordinatenrichtung wird $Q(t)$ i. allg. in $[Q]$=m³/s oder in $[Q]$=ℓ/s abgetragen (→Abbn. A4 und A5).

Abflußhöhe, f; *{depth/height of discharge/runoff}* die (gelegentlich auch als „Gebietsabfluß" bezeichnete) A. h_A, dim h_A=L, [h_A]=mm, ist die auf die Fläche des →Einzugsgebietes bezogene →Abflußsumme, d. h. der Quotient $h_A=S_A/A$ aus der Abflußsumme S_A (dim S_A=L^3) einer bestimmten Bezugszeitspanne und dem Flächeninhalt A des der →Abflußermittlung zugrunde liegenden Einzugsgebietes.

Abflußjahr, n; *{hydrological year}* das auch als hydrologisches Jahr bezeichnete A. reicht jeweils vom 1. November bis zum 31. Oktober zweier aufeinanderfolgender Kalenderjahre, die ersten sechs Monate eines ~es bilden das Winterhalbjahr, die restlichen sechs Monate das Sommerhalbjahr des ~es - da i. allg. die Ganglinien der Grundwasserstände etwa im Oktober eines jeden Kalenderjahres ein Minimum und etwa im April ein Maximum aufweisen (→Abb. A3); das A. wird bezeichnet mit der Jahreszahl des zweiten betroffenen Kalenderjahres (dessen Monate Januar bis Oktober in dem betrachteten A. enthalten sind).

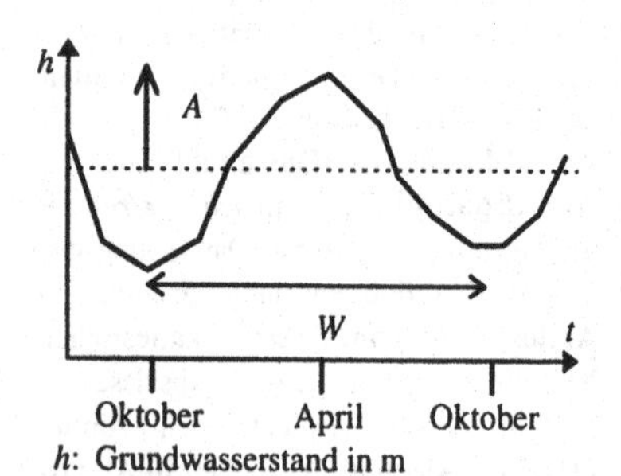

h: Grundwasserstand in m
A: Amplitude; W: Wellenlänge

Abb. A3 ***Ganglinie einer GWM***

Abflußkoeffizient, m; →Abflußregime

Abflußkonzentration, f; *{runoff concentration}* Herleitung der →Ganglinie des →Direktabflusses Q_D aus dem Effektivniederschlag h_{Ne} (→Niederschlag), als entsprechende →Niederschlagshöhe bezogen auf ein oberirdisches →Einzugsgebiet; Q_D berechnet man dabei mittels einer Übertragungsfunktion aus h_{Ne} zu $Q_D=Q_D(h_{Ne})$, diese Übertragungsfunktion kann zum einen aus gemessenen abhängigen Niederschlags-Abflußereignissen hergeleitet werden (→Einheitsganglinienverfahren), zum anderen kann man sie aus hydraulischen Modellvorstellungen (→lineare Speicherkaskade) ermitteln.

Abflußkurve, f; →Durchflußkurve

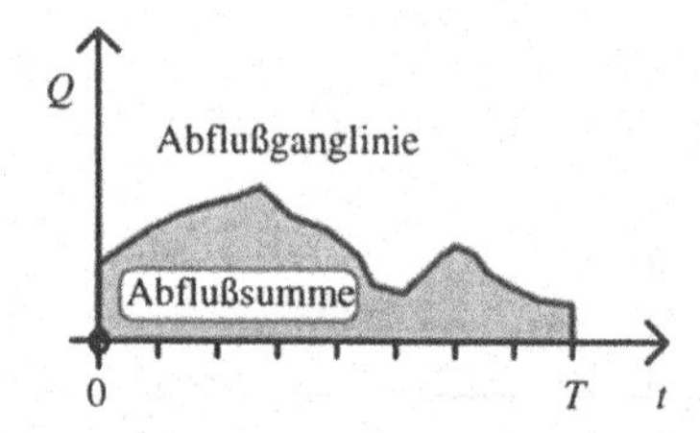

Abb. A4 ***Abflußsumme***

Abflußmeßstelle, f; →Durchflußmeßstelle

Abflußmessung, f; →Abflußermittlung

Abflußquerschnitt, m; →Durchflußquerschnitt

Abflußregime, n; *{discharge pattern/regimen}* durch die →Regimefaktoren, klimatische, geologische und weitere, den →Abfluß prägende Faktoren (z. B. →glaziales A.) bestimmter Verlauf des Abflusses eines →Gewässers, das A. eines →Fließgewässers läßt sich als charakteristischer Gang der monatlichen mittleren →Abflußsumme darstellen und wird dann beschrieben durch den Abflußkoeffizient $c_Q=MQ_{Monat}/MQ_{Jahr}$ (dim c_Q=1) als Quotient aus dem mittleren monatlichen Abfluß MQ_{Monat} und dem mittleren jährlichen Abfluß MQ_{Jahr} (→Hauptwert).

Abflußretention, f; →Gerinneretention

Abflußrinne, f; →Gerinne

Abflußspende, f; *{specific surface discharge, discharge per unit area}* die A. q ist der auf die Fläche bezogene →Abfluß mit $\dim q = \mathsf{L}^3/(\mathsf{T}\cdot\mathsf{L}^2)$ (i. allg. angegeben in $[q]=\mathrm{m}^3/(\mathrm{s}\cdot\mathrm{km}^2)$ oder $[q]=\ell/(\mathrm{s}\cdot\mathrm{km}^2)$), also der Quotient $q=Q/A$ aus dem in der →Abflußermittlung gewonnenen Abfluß Q und der Fläche A des der Messung des Abflusses zugrunde liegenden →Einzugsgebietes (→Hauptwert).

Abflußsumme, f; *{discharge mass, cumulative runoff}* aus einem →Einzugsgebiet in einem Bezugszeitraum $[0;T]$ z. B. einem →Abflußjahr abfließendes Wasservolumen S_A ($\dim S_A = \mathsf{L}^3$) mit

$$S_A = \int_0^T Q(t)\mathrm{d}t,$$

bestimmt als →Durchflußsumme, (→Abflußermittlung, →Abb. A4) und berechnet als bestimmtes Integral der →Ganglinie des →Abflusses $Q=Q(t)$ über den Zeitraum $[0;T]$; die A. kann aus einer kontinuierlichen (→stetig) Aufzeichnung von $Q(t)$ etwa eines als Schreibpegel eingerichteten Meßpegels (→Pegel), z. B. durch →Planimetrieren gewonnen werden; man bestimmt die A. auch aus Messung von $Q(t)$ mit →diskreten Meßwerten durch Aufteilung des Bezugszeitraumes $[0;T]$ in konsekutive (aufeinanderfolgende) Meßzeitpunkte $t_1<...<t_n$ zu

$$S_A = \sum_{i=1}^{n} Q(t_i)\,\Delta t_i$$

mit $\Delta t_i = 0{,}5\cdot(t_{i+1}-t_{i-1})$, für die Indexwerte (Meßzeiträume) $i=2,...,n-1$; für die Meßzeiträume Δt_1 und Δt_n setzt man hingegen etwa $\Delta t_1 = t_2 - t_1$, $\Delta t_n = t_n - t_{n-1}$; im Fall äquidistanter (in einheitlichem zeitlichem Abstand gewählter) Meßzeitpunkte, d.h. bei konstantem $\Delta t_i \equiv \Delta t$, nimmt obige Gleichung die einfache Gestalt

$$S_A = \Delta t \cdot \sum_{i=1}^{n} Q(t_i)$$

an (auf diese Weise approximiert man die A. durch numerische Integration mittels der „Tangententrapezformel") (→Abb. A5).

Abflußsummenkurve, f; →Durchflußsummenlinie

Abflußsummenlinie, f; →Durchflußsummenlinie

Abflußtabelle, f; →Durchflußtafel

Abflußtafel, f; →Durchflußtafel

Abflußverhältnis, n; *{drainage ratio}* Quotient $a=h_A/h_N$ ($\dim a = 1$) aus der →Abflußhöhe h_A und der zugehörigen Niederschlagshöhe h_N bezogen auf ein →Einzugsgebiet und die den Messungen zugrunde liegende Bezugszeitspanne.

Abflußverhalten, n; *{runoff characterisitics}* Charakterisierung eines oberirdischen →Einzugsgebietes durch die in ihm ablaufenden →Niederschlag-Abflußprozesse (→Niederschlag-Abflußmodell).

abflußwirksamer Niederschlag, m; →Niederschlag

Abgabe, f; →Ausfluß

Abgaberegel, f; Teil der Betriebsplanung eines →Speicherbauwerkes, die dessen Abgabe (→Ausfluß) in Abhängigkeit vom Zufluß mit dem Ziel optimaler Nutzung des verfügbaren Speichervolumens unter wasserwirtschaftlichen Gesichtspunkten regelt; i. allg. sieht die A. eine Abgabesenkung in den Wintermonaten und erhöhte Abgabe in den Sommermonaten vor.

abiotic; →abiotisch

abiotisch; *{abiotic}* als a. wird ein ökologischer Parameter bezeichnet, der sich auf die unbelebte Umwelt bezieht, z. B. Temperatur T, Druck p (ggs. →biotisch).

Abkühlspanne, f; *{range of natural*

temperature decrease} quantitative Beschreibung s_{Ak}, mit $\dim s_{Ak}=\Theta$ der →Abkühlung eines Wasserkörpers, d. h. seine durch Abkühlung bewirkte Temperaturerniedrigung s_{Ak} in $[s_{Ak}]=K$.

Abkühlung, f; *{natural temperature decrease}* Absenkung der Wassertemperatur in einem →Gewässer, die nicht unmittelbar auf →anthropogene Einflüsse zurückführbar ist (ggs. →Erwärmung; →Wärmeentzug, →Aufwärmung).

Ablagerungsdichte, f; *{deposit density}* die A. D_A ($\dim D_A=M/L^3$) ist die →Dichte abgelagerter Feststoffe (→Sedimentation) vor ihrer Verfestigung (→Diagenese).

Ablation, f; (*etm.*: lat. „ablatum" zu „auferre" davontragen) *{ablation}* Abtragung von Material, insbesondere auf der Oberfläche der →Gletscher und in den Schneedecken (→Schnee) durch Schneedeckenausfluß und →Verdunstung.

Ablaufmessung, f; *{integration measurement of discharge}* integrative Messung der mittleren →Fließgeschwindigkeit eines →Fließgewässers in einer →Meßlotrechten mittels eines kontinuierlich vertikal verstellbaren →hydrometrischen Flügels; die A. ist eine →Integrationsmessung (ggs. →Punktmessung; →Abflußermittlung).

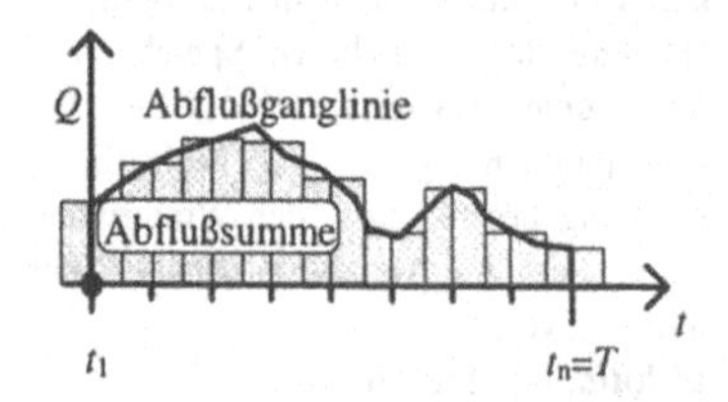

Abb. A5 ***Abflußsumme der Abb. A4, numerisch integriert***

Ablaugung, f; →Auslaugung

Abrasion, f; (*etm.*: lat. „abradere" abtragen) *{abrasion}* durch die Einwirkung der Brandung verursachter Materialabtrag am Festgestein der Küsten; auch im Zusammenhang mit der abtragenden Wirkung des vom Wind transportierten Sandes ist von A. *{wind abrasion}* die Rede (→Verwitterung).

Abrißkante, f; →Rutschung

Absenkung, f; *{draw down}* **1.)** die A. einer →Grundwasserdruckfläche durch technische Maßnahmen, z. B. den Betrieb von →Brunnen, Sickergräben usw.; **2.)** die A. $s=s(P)$ ($\dim s=L$) als vertikaler Abstand zwischen der ursprünglich unbeeinflußten Grundwasserdruckfläche und der im Bereich einer A. abgesenkten in Abhängigkeit vom Ort P in der Fläche (→Abb. A6); die A. der →Standrohrspiegelhöhe wird bei der →Dränage von Baugruben gezielt durch Abpumpen des Grundwassers herbeigeführt (→Abb. A7).

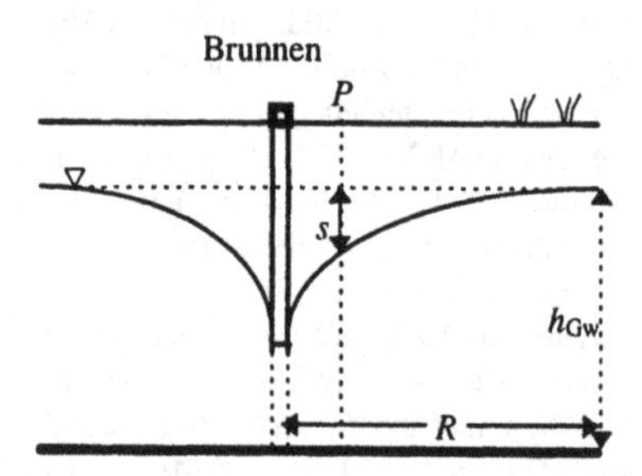

$s=s(P)$: Absenkung in P,
h_{Gw}: unbeeinflußte Grundwassermächtigkeit
R: →Reichweite

Abb. A6 ***Absenkung in einem freien Grundwasserleiter***

Absenkung, korrigierte, f; bei freien →Grundwasserleitern ist $s'=s-s^2/(2h_{Gw})$

die korrigierte A. (mit der →Absenkung s und der unbeeinflußten →Grundwassermächtigkeit h_{Gw}), die bei der Auswertung von →Pumpversuchen zu berücksichtigen ist; in der korrigierten A. s' wird ein ungespannter Grundwasserleiter formal wie ein entsprechender gespannter beschrieben (→DUPUIT-THIEM-Verfahren; →THEISsche Brunnenformel).

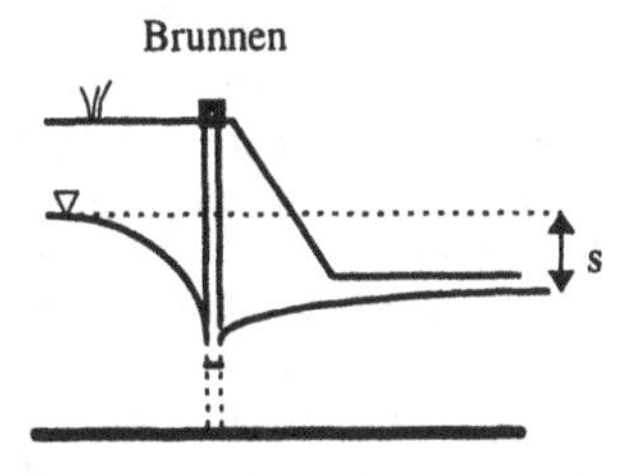

▽ abgesenkte Grundwasseroberfläche
···· unbeeinflußte Grundwasseroberfläche

Abb. A7 ***Absenkung in einer Baugrube***

Absenkung, residuelle, f; →Wiederanstieg

Absenkung, verbleibende, f; →Wiederanstieg

Absenkungsbereich, m; *{range of depression, zone of depression/influence}* Gebiet der Grundwasserabsenkung im Umkreis eines →Brunnens; der Brunnen wird unmittelbar gespeist aus seinem →Einzugsgebiet, das entweder Teil des ~s ist oder dieses ganz oder teilweise umfaßt; die innerste, trichterförmige Vertiefung des ~s ist der Entnahmebereich oder Absenkungs- oder →Entnahmetrichter *{cone of depression/influence}* (→Abbn. A6 und B6), dieser Bereich ist die dem Einzugsgebiet und dem Absenkungsbereich des Brunnens gemeinsame Zone; der Abstand des Randes des Absenkungstrichters vom Mittelpunkt des Brunnens wird als →Reichweite R des Brunnens oder der Absenkung bezeichnet.

Absenkungstrichter, m; →Absenkungsbereich

absolute pressure; →absoluter Druck

absoluter Druck, m; *{absolute pressure}* der absolute (hydrostatische) →Druck p_{abs} ($\dim p_{abs} = \dim(F/l^2) = \mathsf{ML^{-1}T^{-2}}$ mit $[p_{abs}]$=Pa oder $[p_{abs}]$=bar) in einem Raumpunkt innerhalb eines →Grundwasserleiters setzt sich bei Vernachlässigung der Fließgeschwindigkeit des Wassers zusammen zu $p_{abs} = p_l + p_{atm}$ aus dem in diesem Punkt herrschenden →hydraulischen Schweredruck p_l und dem →atmosphärischen Druck p_{atm}.

absolute Temperatur, f; →Temperatur

absolute temperature; →absolute Temperatur

Absorbat, n; →Absorption

absorbate; →Absorbat, →Absorbend, →Absorptiv

Absorbend, m; →Absorption

Absorbens, n; →Absorption

absorbent; →Absorbens

Absorptiometrie; f; (*etm.*: →Absorption und gr. „metron" das Maß) *{absorptiometry}* Bezeichnung für quantitative Analysemethoden der Chemie, die auf der →Absorption von Strahlung (ultraviolett oder sichtbar) durch das Analysematerial beruht (z. B. →Atomabsorptionsspektrometrie).

absorptiometry; →Absorptiometrie

Absorption, f; (*etm.*: lat. „absorbere" verschlingen, hinunterschlürfen) *{absorption}*, **1.)** Sonderfall der →Sorption, bei der ein gasförmiger in einen anderen - flüssigen (→Phase) oder festen - Stoff eingelagert wird, also in dessen Inneren aufgeht, z. B. als →Lösung von Gasen in Flüssigkeiten oder festen Stoffen; bei der A. wird der aufgenommene Stoff homogen in dem aufnehmenden verteilt zum Unterschied zur →Adsorption, bei der lediglich eine Bindung an der Oberfläche stattfindet; das aufgenommene Gas ist der Absorbat *{absorbate}* oder Absorbend *{absorbate}* oder das Absorptiv *{absorbate}*, der aufnehmende Stoff wird als Absorbens *{absorbent}* bezeichnet, im Fall der A. eines Gases in einer Flüssigkeit gilt bei niedrigem Druck p des Gases (→Partialdruck) über der Flüssigkeit $c=k\cdot p$ (→HENRYsches Gesetz und →HENRY-DALTONsches-Gesetz) für die Konzentration c des Gases in der Flüssigkeit mit einer temperatur- und materialabhängigen (bzgl. Absorbens und Absorbat) Absorptionskonstante k; die Umkehrung der A., d. h. die Austreibung der absorbierten Gase (z. B. unter Wärmeeinwirkung) nennt man Desorption; **2.)** A., genauer auch Resonanz~, ist derjenigen Teil der Wechselwirkung zwischen →Atomen und →Photonen (den Energiequanten des elektromagnetischen Feldes), bei dem das Photon aus dem Strahlungsfeld verschwindet und dabei das Atom in einen höheren Energiezustand anhebt, das Atom wird dann als angeregt bezeichnet (ggs. →Emission); desgleichen ist A. allgemein die Umwandlung elektromagnetischer →Strahlung innerhalb eines →Körpers in eine andere Energieform, z. B. die Umwandlung des Lichtes in Wärme in einem →Pyrheliometer (→Absorptionsvermögen, →Extinktion).

absorption capacity; →Absorptionsvermögen

absorption coefficient; →Absorptionskoeffizient

absorption isotherm; →Absorptionsisotherme

absorption power; →Absorptionsvermögen

Absorptionsisotherme, f; *{absorption isotherm}* bei konstanter Temperatur T=const. die Relation zwischen der Konzentration c eines in einer Flüssigkeit absorbierten Gases in dem Absorbens und seinem →Partialdruck p, nach dem →HENRY-DALTONschen Gesetz ist diese Relation $c=k\cdot p$ linear, ihr Graph eine Gerade (durch den Koordinatenursprung, →Absorptionskoeffizient).

Absorptionskoeffizient, m; *{absorption coefficient}* **1.)** Quotient V_G/V_F aus dem in einem Flüssigkeitsvolumen V_F absorbierten Gasvolumen V_G bei einem →Partialdruck p von p=1 bar des Gases über der Flüssigkeit in Abhängigkeit von der Temperatur T (V_G wird nach Umrechnung als Gasvolumen bei T=0 °C und bei p=1 bar ausgedrückt); **2.)** nach dem →HENRY-DALTONschen Gesetz das Verhältnis $k=c/p$ zwischen Konzentration c und Partialdruck p eines in einer Flüssigkeit absorbierten Gases (→Absorption, →Absorptionsisotherme); **3.)** →Atomabsorptionsspektrometrie.

Absorptionsvermögen, n; *{absorption capacity/power}* das A. A, dim$A$=1, quantifiziert die Fähigkeit eines Körpers, elektromagnetische Strahlung zu absorbieren, d. h. die Energie der einfallenden Strahlung in andere Energieformen umzuwandeln; A ist bestimmt durch physikalische und chemische Parameter des absorbierenden Körpers, die Wellenlänge der absorbierten →Strahlung und die →Temperatur; A ist definiert als Quotient aus der absorbierten und der einfallenden Strahlungsenergie Q_e ($0 \leq A \leq 1$).

Absorptiv, n; →Absorption

Absperrsunk, m; →Sunk

Abstands-Absenkungsverfahren, n; →COOPER-JACOB-Verfahren

Abstandsgeschwindigkeit, f; *{field/displacement velocity}* →Geschwindigkeit mit dem Betrag v_a, mit der ein

Fluidmolekül (→Fluid), z. B. Wasser, die (→geodätische) Verbindungsstrecke s zwischen zwei Punkten P und P^* in der Zeit t durchfließt als Quotient $v_a=|s|/t$ der Länge $|s|$ von s und der Zeitspanne t (i. allg. in m/s aber auch in anderen passenden Einheiten wie $[v_a]$=cm/s, $[v_a]$=m/a usw.; →Abbn. A8 und G5; →tatsächliche Geschwindigkeit; →Filtergeschwindigkeit).

Abstands-Zeit-Absenkungsverfahren, n; →COOPER-JACOB-Verfahren

Abstich, m; →Grundwassermeßstelle

abstractions; →Rückhalt

Absturzbecken, n; →Tosbecken

Abteilung, n; →Erdgeschichte

Abteufen, n; (*etm.*: aus der Fachsprache des Bergbaus, zu einer älteren Nebenform des Wortes „Tiefe") *{deepening, drilling, sinking}* auch Teufen, manuelle oder maschinelle Niederbringungen von →Bohrungen und (senkrechten) Schächten, der Abstand zwischen dem höchsten und tiefsten Punkt (der →Sohle) dieser Bauwerke wird als Teufe *{depth}* bezeichnet.

Abtragung, f; →Feststoffabtrag

Abtrennung, f; A. des →Basisabflusses Q_B; →Trennung

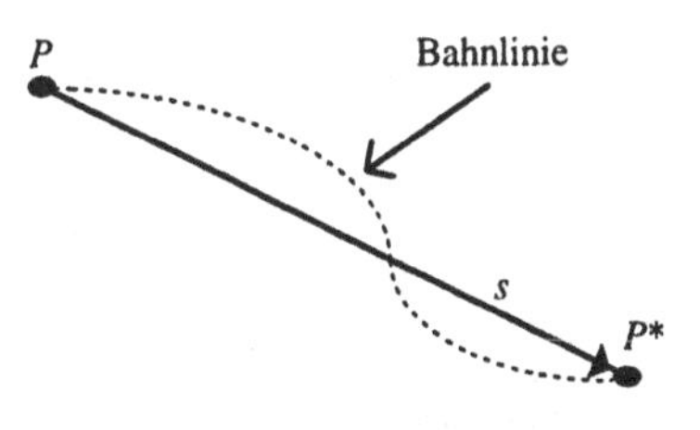

Abb. A8 ***Abstandsgeschwindigkeit***

Abwasser, n; *{sewage, waste water}* aus häuslicher oder gewerblicher Nutzung anfallendes, u. U. verunreinigtes Wasser und alles weitere in die Kanalisation gelangende Wasser, sei es als (verunreinigtes) Schmutzwasser, (mit Schwebstoffen belastetes) Regenwasser, (in das Kanalisationssystem eingedrungenes) →Fremdwasser oder →Mischwasser (aus der gemeinsamen Ableitung von Schmutz- und Regenwasser).

Abwasserfahne, f; *{waste water plume}* vom umgebenden Wasser abgegrenztes Wasservolumen, das sich bei der Einleitung von →Abwasser in einem Gewässer vor der Durchmischung ausbildet und sich in Strömungsrichtung oder - bei unterschiedlicher →Dichte des Abwassers im Vergleich zu der des aufnehmenden Wasserkörpers - unter dem Einfluß der Schwerkraft ausbreitet.

Abwasserlast, f; *{waste load}* als A. L_{Abw} mit $\dim L_{Abw}$=M/L^3 bezeichnet man zum einen mit $L_{Abw}=m/V$ die durch →Abwasser in ein oberirdisches Gewässer einlaufenden oder in ihm transportierten Feststoffe als Feststoffmasse m bezogen auf das Abwasservolumen V im Gewässer, zum anderen auch den unter ökologischen Gesichtspunkten für ein bestimmtes oberirdisches Gewässer maximal zulässigen Wert $L_{Abw,max}$ dieser „abwasserbürtigen" Feststoffkonzentration (→Grenzwert).

Abwasserreinigung, f; *{sewage treatment}* Folge von Prozessen zur Entfernung der Inhaltsstoffe des →Abwassers in einer Kläranlage, zunächst mechanisch *{mechanical sewage treatment}* (durch →Rechen oder Siebe oder durch Absetzen der festen Inhaltsstoffe - insbesondere auch des im Abwasser transportierten Sandes) zur Beseitigung der ungelösten Bestandteile, sodann biologisch *{biological sewage treatment}* (unter Verwendung von →Mikroorganismen für den →Abbau im Abwasser gelöster, dispergierter (→Dispersion) oder schwebender

Stoffe) oder chemisch (durch Ausfällen oder Neutralisation im Abwasser gelöster chemischer Verbindungen) zur Reduktion gelöster Bestandteile, zusätzlich auch durch →Desinfektion, zur Abtötung pathogener →Keime; die A. erfolgt u. U. nur durch einzelne oder in Kombination mehrerer dieser Methoden (→Pflanzenkläranlage).

Abyssal, n; (*etm.*: gr. „abyssos" abgrundtief) {*abyssal zone*} licht- und weitestgehend pflanzenlose Meeresregion in einer Tiefe unter ca. 1000 m; das A. ist Teil der →tropholytischen Wasserzone, sein unterster Teil (unterhalb ca. 7000 m), der nur noch wenigen, an die extremen vorherrschenden Bedingungen angepaßten Organismenformen einen Lebensraum bietet, wird auch als Ultra~ oder Hadal bezeichnet; bei stehenden Süßgewässern wird der tropholytische Tiefwasserbereich unterhalb ca. 500 m A. genannt.

abyssal zone; →Abyssal

acceleration; →Beschleunigung

accumulation of snow cover; →Akkumulation

acid capacity; →Säurekapazität

acid carbonate; →Hydrogencarbonat

acidification; →Versauerung

Acidimetrie, f; →Titration

acidimetry; →Acidimetrie

acidity; →Basekapazität

acid precipitation; →saurer Niederschlag

acoustic log; →Geschwindigkeitslog

actinometer; →Aktinometer

activated carbon; →Aktivkohle

activating agent; →Aktivator

activator; →Aktivator

activity; →Aktivität

activity coefficient; →Aktivitätskoeffizient

actual evaporation; →reale/tatsächliche Evaporation

actual evapotranspiration; →reale/tatsächliche Evapotranspiration

actual transpiration; →realle/tatsächliche Transpiration

actual vapor pressure; →aktueller Dampfdruck

Adhäsion, f; (*etm.*: lat. „adhaerere" anhaften) {*adhesion*} durch zwischenmolekulare Kräfte (→VAN DER WAALSsche Kraft) bedingter Grenzflächeneffekt des Haftens zwischen den Molekülen zweier verschiedener Stoffe; die ~skräfte können zwischen festen Körpern und Flüssigkeiten, aber auch zwischen Flüssigkeiten und Gasen wirksam sein (→Kohäsion).

Adhäsionswasser, n; →Haftwasser

adhesion; → Adhäsion

adhesive water; →Adhäsionswasser, →Haftwasser

adiabatic; →adiabatisch

adiabatisch; (*etm.*: gr. „adiabatos" nicht durchschreitbar) {*adiabatic*} Bezeichnung für eine Zustandsänderung (z. B. Volumen, Druck) in einem System ohne Wärmeaustausch mit der Umgebung, speziell auch im Bezug auf vertikal bewegte Luftmassen mit der damit verbundenen Volumen- und Temperaturänderung, nämlich der Ausdehnung und Abkühlung bei aufsteigenden Luftmassen und Komprimierung samt Erwärmung der herabsinkenden (ohne daß dabei ein - wesentlicher - Wärmeaustausch mit der umgebenden Luft stattfindet) (→isobar, →isochor, →isotherm, →polytrop).

Adsorbat, n; →Adsorption

adsorbate; →Adsorbat, →Adsorptiv

adsorbed basic cations; →S-Wert

adsorbed cations; →Kationenbelegung

Adsorbens, n; →Adsorption

adsorbent; →Adsorbens

Adsorption, f; (*etm.*: lat. „ad" Bezeichnung der Richtung und „sorbere" verschlingen) *{adsorption}* Spezialfall der →Sorption, Übergang dissoziierter (→Dissoziation) oder kolloidaler Moleküle (→Kolloid), z. B. aus dem Wasser an oder sogar in die Kristallgitter auf der Oberfläche der von ihm benetzten Minerale (A. an festen Grenzflächen; →Kristall) oder Bindung von oberflächenaktiven Stoffen an der Oberfläche von z. B. Wasser - allgemein Flüssigkeiten - (A. an flüssigen Grenzflächen); diese →hydrophilen Atomgruppen sind durch ein starkes →Dipolmoment ausgezeichnet, während die →hydrophoben Restbausteine der Moleküle kaum ausgeprägte Dipolmomente besitzen und daher nicht adsorbiert werden; das ~smittel wird auch als Adsorbens *{adsorbent}*, der adsorbierte Stoff als Adsorptiv *{adsorbate}* oder Adsorbat *{adsorbate}* bezeichnet; die A. erfolgt unter dem Einfluß z. B. elektrostatischer Kräften (→VAN DER WAALS-, →COULOMB-Kraft) - infolge der an der Teilchenoberfläche nur nach dem Inneren des Teilchens beanspruchten Bindungskräfte, die somit nach außen frei wirksam sind - bis hin zur Bildung von →Wasserstoffbrücken und →irreversiblen chemischen Oberflächenverbindungen (Chemiesorption); A. darf nicht mit →Absorption (bei der die aufgenommenen Stoffe im Inneren des aufnehmenden eingelagert werden) verwechselt werden; die Freisetzung adsorbierter Stoffe bei →reversibler A. heißt Desorption.

adsorption isotherm; →Adsorptionsisotherme

Adsorptionsisotherme, f; *{adsorption isotherm}* die A. ist der funktionale Zusammenhang $a=a(c)$ zwischen der bei einer →Adsorption bei konstanter Temperatur an der Oberfläche eines festen Adsorbens adsorbierten →Stoffmenge a des gelösten Adsorbats in Abhängigkeit von dessen Stoffmengenkonzentration c in der Lösung; dabei ist $\dim a = \mathsf{N/M}$, da bei festen Stoffen deren tatsächliche Oberfläche nicht bekannt ist und man unterstellt, daß bei ein und demselben Adsorbens seine Oberfläche seiner Masse proportional ist; die A. wird beschrieben nach LANGMUIR:

$$a=a_{max}\cdot K_L\cdot c/(1+K_L\cdot c)$$

mit $\dim c = \mathsf{N/L^3}$, der LANGMUIRschen Konstante K_L und dem Grenzwert a_{max} von a (→Abb. A9) bei monomolekularer Ausbreitung des Adsorbats über die Oberfläche des Adsorbens; der Graph der A. nach LANGMUIR ist in bestimmten Bereichen linear (für kleine Werte von c) approximierbar durch die A. nach HENRY:

$$a=K_H\cdot c$$

mit dem Koeffizienten K_H nach HENRY (→HENRYsches Gesetz) bzw. abschnittsweise exponentiell approximierbar nach OSTWALD-FREUNDLICH durch:

$$a=K_{OF}\cdot c^{1/n}$$

mit der Konstanten K_{OF} nach OSTWALD-FREUNDLICH; die Konstanten K_L, K_H und

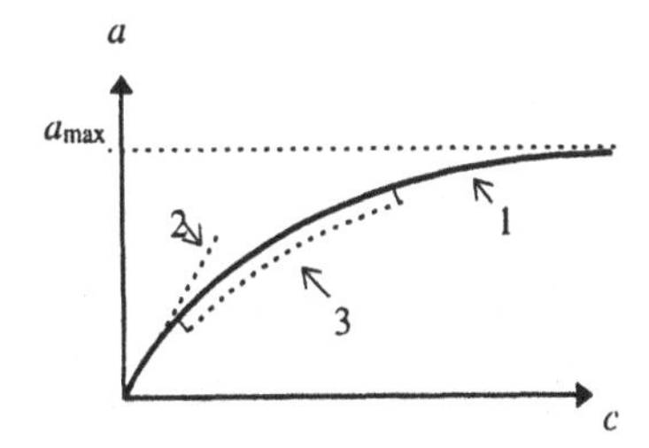

Abb. A9 Adsorptionsisotherme nach LANGMUIR (1), HENRY (2) und OSTWALD-FREUNDLICH (3)

K_{OF} hängen ab von der Temperatur T und

materialspezifisch von dem Adsorbens und dem Adsorbat.

Adsorptionswasser, n; →Haftwasser

Adsorptiv, n; →Adsorption

advection; →Advektion

Advektion, f; (*etm.*: lat. „advehere" dahintragen) *{advection}* Stofftransport in strömenden Flüssigkeiten oder Gasen, der ausschließlich durch die Bewegung des →Fluids bewirkt wird, das Maß der A. hängt ab von dem statistischen →Mittelwert der Bahngeschwindigkeiten der einzelnen bewegten Fluidteilchen, der in der →Abstandsgeschwindigkeit wiedergegeben ist (→Diffusion, →Konvektion, →Dispersion); insbesondere werden überwiegend horizontale Luftbewegungen als A. bezeichnet.

advektiver Niederschlag, m; →Niederschlag

Ähnlichkeitsgesetz, n; *{similarity criteria}* nach dem Ä. verhalten sich unterschiedliche, geometrisch verkleinerte oder vergrößerte →physikalische Modelle (z. B. Strömungsmodelle) als →Analogmodelle ähnlich, wenn ihre charakteristischen Kennzahlen (z. B. →FROUDE-, →REYNOLDsche Zahl usw.) denselben Wert annehmen, bei Strömungsmodellen sagt man auch, daß sie hydromechanische Ähnlichkeit *{hydromechanic similarity}* besitzen.

aeolian; →aeolisch

aeolian sand; →Flugsand

aeolisch; (*etm.*: gr. „Aeolus" Windgott) *{(a)eolian}* durch den Einfluß von Luftbewegungen bewirkt, z. B. Deflation (→Verwitterung), →Korrosion, →Bodenerosion, →Erosion, →Abrasion, →Sedimentation, die Ausbildung von →Dünen usw.

Äon, n; →Erdgeschichte

Äquifläche, f; →Isofläche

Äquilinie, f; →Isolinie

Äquivalent, n; **1.**) (*etm.*: lat. „aequis" gleich und „valens" wertsein) *{equivalent (entity)}* als ~teilchen der (fiktive) Bruchteil z^{-1} eines Teilchens (Atom, -gruppe, Ion oder Molekül) mit der →Wertigkeit z (bez. einer definierten chemischen Reaktion oder Ionenladung), den (rein numerischen) Faktor $f_{eq}=z^{-1}$ bezeichnet man auch als Äquivalenzfaktor; die Masse des ~teilchen errechnet man als Quotienten der molaren →Äquivalentmasse M_{eq} durch die →AVOGADROsche Konstante N_A, beispielsweise ist $M_{eq}(SO_4^{2-})$=48,031 g/mol und damit ist die Masse des entsprechenden ~teilchens 48,031:(6,0220453·10^{23}) =7,975862·10^{-23} g; **2.**) gelegentlich auch als (Mol)-Ä. die mit dem Zahlenwert der relativen Äquivalentmasse übereinstimmende →Äquivalentstoffmenge in mol; die früher übliche Verwendung des (Gramm)-Ä. mit den numerisch entsprechenden Grammengen in der Einheit →val sollte vermieden werden.

äquivalente Korngröße, f; →Korngröße

Äquivalentkonzentration, f; *{equivalent concentration}* die Ä. $c_{eq}=n_{eq}/V_{Lsg}$ mit der Einheit $[c_{eq}]$=mol/ℓ oder $[c_{eq}]$ =mmol/ℓ eines gelösten Stoffes ist der Quotient aus der →Äquivalentstoffmenge n_{eq} des gelösten Stoffes und dem Volumen V_{Lsg} der Lösung, d. h. $c_{eq}=(nz)/V_{Lsg}$ nach Definition der Äquivalentstoffmenge n_{eq}, so daß man die Ä. auch als Produkt $c_{eq}=c\cdot z$ aus der →Stoffmengenkonzentration $c=n/V_{Lsg}$ (→Konzentration) des gelösten Stoffes und der Wertigkeit z der betrachteten Atomgruppe darstellen kann; berücksichtigt man schließlich den Zusammenhang $c=\beta/M$ zwischen der →Massenkonzentration β eines gelösten Stoffes, seiner molaren Masse M und seiner Stoffmengenkonzentration c, so kann die A. c_{eq} aus der Massenkonzentration β

des gelösten Stoffes mit Hilfe der Gleichung

$$c_{eq} = \beta \cdot z / M$$

berechnet werden; so erhält man z. B. für eine Schwefelsäure H_2SO_4 mit der →Massenkonzentration β=100 mg/ℓ (und der zugehörigen →Stoffmengenkonzentration c=1,0198 mmol/ℓ aus dem dort berechneten Beispiel) die entsprechende Ä. für die zweiwertige Säure H_2SO_4 zu c_{eq}=1,0198·2 mmol/ℓ=2,0396 mmol/ℓ; man bezeichnet die Einheiten der Ä. gelegentlich auch durch $[c_{eq}]$=mol(eq)/ℓ bzw. durch $[c_{eq}]$=mmol(eq)/ℓ, so daß im vorstehenden Beispiel die Ä. durch c_{eq} =2,0396 mmol(eq)/ℓ wiedergegeben werden kann.

Äquivalentmasse, f; *{equivalent mass}*
~ **molare**: die molare Ä. M_{eq} ist die molare Masse der Äquivalentteilchen (→Äquivalent) mit (dimM_{eq}=M/N) i. allg. in g/mol und stimmt mit der →relativen Äquivalentmasse $M_{r,eq}$ im Zahlenwert überein, so ist z. B. $M_{eq}(SO_4^{2-})$=48,031 g/mol;
~ **relative**: die relative Ä. $M_{r,eq}$ ist die relative →Formelmasse (speziell Molekülmasse) der Äquivalentteilchen (→Äquivalent) als Quotient $M_{r,eq}=M_r/z$ aus der relativen →Formelmasse M_r einer chemischen Verbindung (z. B. →Molekül) und der →Wertigkeit z der Atomgruppe, auf das sich die Ä. bezieht (dim$M_{r,eq}$=1); die relative Ä. ist damit der auf die Wertigkeitseinheit bezogene Anteil der relativen Formelmasse und unter Verwendung des Äquivalenzfaktors f_{eq} (→Äquivalent) als $M_{r,eq}=f_{eq}M_r$ darstellbar; z. B. erhält man für das Sulfation SO_4^{2-} die entsprechende relative Ä.

$$M_{r,eq}(SO_4^{2-}) = \frac{32{,}0644+4\cdot 15{,}9994}{2} = 48{,}031.$$

Äquivalentprozent, n; *{equivalent percent}* mit Ä. p_{eq} (in %) werden die prozentualen Anteile einzelner Ionen oder -gruppen in einer entsprechenden übergeordneten Gruppe von Kationen- oder Anionenäquivalenten angegeben, deren Summe dem Ä. p_{eq}=100 % entspricht.

Äquivalentstoffmenge, f; *{equivalent amount of substance}* Produkt $n_{eq}=n \cdot z$ (dimn_{eq}=N) aus der Stoffmenge n und der →Wertigkeit z der betrachteten Atomgruppe, so entspricht im Fall der zweiwertigen Schwefelsäure H_2SO_4 der Stoffmenge n=1 mol die Ä. n_{eq}=2 mol; man bezeichnet die Einheiten der Ä. gelegentlich auch durch $[n_{eq}]$=mol(eq) bzw. $[n_{eq}]$=mmol(eq), so daß im vorstehenden Beispiel die Ä. durch n_{eq}=2 mol(eq) wiedergegeben werden kann.

Äquivalentteilchen, n; →Äquivalent

Äquivalenzfaktor, m; →Äquivalent

Ära, f; →Erdgeschichte

aerob; (*etm.*: gr. „aer" Luft und „bios" Leben) *{aerobic}* als a. werden (bio-) chemische Reaktionen bezeichnet, bei deren Ablauf →Sauerstoff verbraucht wird, in einem ~en Milieu liegt entsprechend molekularer Sauerstoff in einem für diese Reaktionen ausreichendem Maß vor (ggs. →anaerob).

aerobic; →aerob

aerobiont; →oxibiont

Aerosol, n; →Schwebstoff

afflux; →Rückstau

Aggregat, n; (*etm.*: lat. „aggregare" (sich) anschließen) *{aggregate, aggregation}* Zusammenschluß gleichartiger Teilchen zu einem größeren strukturierten Komplex, z. B. von Bodenpartikeln als Boden~ (→Bodengefüge), Schneekristallen (→Schnee) usw.

aggregate; →Aggregat

aggregation; →Aggregat; →Kolmation

Aggregatzustand, m; (*etm.*: lat. „aggregare" (sich) anschließen) *{state (of* *aggregation)}* durch die äußeren physikalischen Umstände, wie →Druck, →Temperatur usw., sowie durch Materialeigenschaften, wie →Gefrier- und →Siedepunkt des betrachteten Stoffes, bestimmte Erscheinungsform der Materie als →Festkörper, →Flüssigkeit oder →Gas (→Phase, →Zustandsdiagramm).

aggressive Kohlensäure, f; →Kalkaggressivität

aggressiveness; →Aggressivität

Aggressivität, f; (*etm.*: lat. „aggressio" der Angriff) *{aggressiveness}* Neigung bestimmter Substanzen, z. B. des Wassers, andere Stoffe (z. B. Metalle, andere Baustoffe usw.) anzugreifen und zu zersetzen (→Betonaggressivität, →Kalkaggressivität, →Kalk-Kohlensäure-Gleichgewicht).

agriculture; →Landwirtschaft

A-Horizont, m; →Bodenhorizont

air; →Luft

Akkumulation, f; (*etm.*: „accumulare" anhäufen) **1.)** *{sedimentation}* Synonym für →Sedimentation; **2.)** *{accumulation of snow cover}* Erhöhung des →Wasseräquivalents einer Schneedecke (→Schnee) oder eines →Gletschers durch Niederschläge.

Aktinometer, n; (*etm.*: gr. „aktinos" der Strahl und „metron" das Maß) *{actinometer}* Gerät zur Messung der relativen Strahlungsenergie (z. B. der Sonne bei unterschiedlichem Höhenstand über dem Horizont, →Absorption, →Extinktion, →Pyrheliometer).

Aktivator, m; (*etm.*: →Aktivität) *{activator, activating agent}* Stoff, der chemische Reaktionen beschleunigt, oder sie oder die Wirkung von →Katalysatoren und →Enzymen verstärkt (ggs. →Inhibitor).

Aktivität, f; (*etm.*: lat. „actio" die Bewegung) *{activity}* wirksamer Anteil (Ionenaktivität) a ($\dim a = \mathsf{N/L^3}$) der tatsächlichen →Stoffmengenkonzentrationen c (→Konzentration) eines →Ions, der sich z. B. im →osmotischen Druck oder der →elektrischen Leitfähigkeit (→potentiometrische Messung) ausdrückt; die A. a ergibt sich aus der tatsächlichen Stoffmengenkonzentration c (mit $\dim c = \mathsf{N/L^3}$) des Ions zu $a = \alpha c$ unter Berücksichtigung des →Aktivitätskoeffizienten α mit $\dim \alpha = 1$ und $0 < \alpha < 1$; die A. trägt der Tatsache Rechnung, daß für ideale Bedingungen formulierte chemische und physikalische Gesetze (→Zustandsgleichung für ideale Gase, →reales Gas) bei realen Mischungen wegen der Wechselwirkungen zwischen den einzelnen Partikeln (hier Ionen) nicht uneingeschränkt gelten.

Aktivitätskoeffizient, m; *{activity coefficient}* Beiwert α (mit $\dim \alpha = 1$), mit dem die →Aktivität a, d. h. die nach außen wirksame →Stroffmengenkonzentration der Ionen eines →Elektolyts in Abhängigkeit von ihrer tatsächlichen Stoffmengenkonzentration c ermittelt wird durch $a = \alpha c$, dabei gilt $0 < \alpha < 1$ (→Ionenstärke).

Aktivkohle, f; *{activated carbon}* aus →organischem Material (Holz, Knochen usw.) gewonnene sehr porenreiche Kohle, die wegen ihrer großen Grenzfläche (bis zu 800 m²/g) in erheblichem Maß Gase und gelöste Stoffe adsorbieren (→Adsorption) kann.

aktueller Dampfdruck, m; *{actual vapor pressure}* →Partialdruck p_e z. B. des Wasserdampfes bei gegebener Lufttemperatur in $[p_e]$=hPa; der a. D. p_e wird errechnet als $p_e = U \cdot p_D / 100$ aus der relativen →Luftfeuchte U in % und dem Sättigungsdampfdruck p_D (→Dampfdruck).

Albedo, f; (*etm.*: lat. weiße Farbe) *{albedo}* die A. $\alpha = L_r / L_e$ ($\dim \alpha = 1$) ist das Verhältnis der von einer Körperoberfläche reflektierten Lichtmenge L_r zu der auf sie einfallenden L_e im Falle diffuser →Reflexion (bei der also das Licht nicht gespiegelt, sondern in alle Raumrichtungen gestreut reflektiert wird); man unterscheidet geometrische A., bei der eine ebene reflektierende Oberfläche senkrecht bestrahlt wird, und sphärische A., bei der eine Kugeloberfläche parallel einfallendes Licht in alle Raumrichtungen reflektiert.

algae; →Algen

algal bloom; →Wasserblüte

Algen, f, Pl; (*etm.*: lat. „alga" Meergras, Seetang) *{algae}* Pflanzengruppe mit über 25.000 Arten, A. bewohnen i. allg. die Gewässer und tragen zu deren →Selbstreinigung bei, sie dienen ferner der Klassifizierung der →Gewässergüte (→Saprobiesystem), die Vermehrung der A. erfolgt ungeschlechtlich (durch Teilung oder Abschnürung) oder auch geschlechtlich; die Klasse der Kiesel~ (→Diatomeen) ist dadurch gekennzeichnet, daß die Zellwand dieser A. nahezu vollständig aus →Kieselsäure (→Silizium) besteht, die artenreiche Klasse der Grün~ besteht aus einzelligen, sich ungeschlechtlich vermehrenden, chlorophyllhaltigen A., die somit zur →Photosynthese fähig sind.

Algenblüte, f; →Wasserblüte

aliphatisch; →Kohlenwasserstoff

Alkalifeldspat, m; →Feldspat

alkali flat; →Salar

Alkaligruppe, f; →Alkalimetalle

Alkalimetalle, n, Pl.; *{alkali metals, alkaline group}* die auch als Alkaligruppe bezeichnete Gruppe der A., die I. Hauptgruppe des →Periodensystems der Elemente, umfaßt die Metalle Lithium (Li), →Natrium (Na) *{sodium}*, →Kalium (K) *{potassium}*, Rubidium (Rb), Cäsium (Cs) und Francium (Fr); in nennenswertem Umfang treten davon nur Verbindungen des Na und des K in der Natur auf.

alkali metals; →Alkalimetalle

Alkalimetrie, f; →Titration

alkalimetry; →Alkalimetrie

alkaline earth metals; →Erdalkalimetalle

alkaline earth water; →erdalkalisches Wasser

alkaline group; →Alkalimetalle

alkaline water; →alkalisches Wasser

Alkalinität, f; *{alkali strength}* auch Alkalität, Klassifizierungskriterium des Wassers nach seinen Inhaltsstoffen, die A. wird im wesentlichen hervorgerufen durch im Wasser enthaltene, freie alkalische Basen (→Salinität, →Typendiagramm).

alkalinity; →Alkalinität, →Säurekapazität

alkalisches Wasser, n; *{alkaline water}* Wassertypus (→Typendiagramm) mit überwiegenden Anteilen von →Alkalimetallen unter den Kationen und →Carbonaten, →Hydrogencarbonaten sowie →Sulfaten und →Chloriden bei den Anionen (→Ion) (→erdalkalisches Wasser).

Alkalisierung, f; *{alkalization}* →Ionenaustauschverfahren, bei dem →Erdalkaliionen (Ionen der →Erdalkalimetalle) durch →Alkaliionen (Ionen der →Alkalimetalle) in einem reversiblen →Adsorptionsprozeß (→Adsorption) ersetzt werden (ggs. →Erdalkalisierung).

alkali strength; →Alkalinität, →Alkalität

Alkalität, f; →Alkalinität

alkalization; →Alkalisierung

Alkan, n; →Kohlenwasserstoff

Alken, n; →Kohlenwasserstoff

Alkin, n; →Kohlenwasserstoff

allochthon; (*etm.*: gr. „allos" fremd und „chton" das Land, der Boden) *{allochthonous}* Bezeichnung für organische und anorganische Substanzen, die nicht am

Ort ihres Vorkommens entstanden sind (ggs. →autochthon).

allochthonous; →allochthon

allotrope Modifikation, f; →Allotropie

Allotropie, f; (*etm.*: gr. „allos" fremd und „tropos" die Art) *{allotropy}* Bezeichnung für das Vorkommen eines chemischen Elementes in unterschiedlich großen Molekülen als „allotropen →Modifikationen", z. B. das Vorkommen des →Sauerstoffs als (Di-)Sauerstoff O_2 und als Trisauerstoff (Ozon) O_3 (→Polymorphie).

allotropy; →Allotropie

alluvial deposit; →Auflandung, →Verlandung; →Seife

Alluviation, f; →Verlandung

alluvium; →Auflandung, →Verlandung

alpha radiation; →Alphastrahlung

Alphastrahlung, f; *{alpha radiation}* Korpuskularstrahlung (→Strahlung), die beim α-Zerfall von den zerfallenden Atomkernen ausgeht, und aus Heliumkernen $^{4}_{2}He^{2+}$ besteht (→Zerfallsreihe).

Altablagerung, f; *{abandoned waste site}* stillgelegte Anlage zum Lagern von →Abfällen oder ein Grundstück, auf dem vor einem bestimmten Stichtag Abfälle abgelagert wurden.

Altersbestimmung, f; *{dating}* →C_{14}-Methode, Helium-Methode (→Helium), →Kalium-Argon-Methode, →Tritium-Methode.

Altlast, f; *{existing waste deposit}* Bodenverunreinigung in einer →Altablagerung oder einem →Altstandort, von der eine Gefahr für die öffentliche Sicherheit und Ordnung ausgeht; die Gefährdung kann sich von dem Standort der A. im Rahmen der →Emission auf verschiedene Weisen, den einzelnen →Wirkungspfaden, ausbreiten, z. B. durch Ausgasung, durch Übertritt in das Grundwasser, durch →Erosion usw., die Aufnahme der Schadstoffe und ihre Wirkung in der →Immission erfolgt auf den →Gefährdungspfaden, z. B. über direkten Kontakt, durch Aufnahme mit der Nahrung, durch Inhalation, durch Korrosion, andere physikalische und chemische Reaktionen usw.; die Beurteilung des von einer A. ausgehenden Gefährdungspotentials und die Auswahl der zu ergreifenden Maßnahmen erfolgt auf der Grundlage vorgegebener →Richtwerte (z. B. der →Holland-Liste), eine Minderung des Gefährdungspotentials läßt sich durch bauliche Maßnahmen erreichen, z. B. Abdichtungen, die die einzelnen Wirkungspfade unterbinden, eine dauerhafte Beseitigung ist allerdings nur durch eine entsprechende →Bodensanierung möglich.

Altpräkambrium, n; →Erdgeschichte

Altschnee, m; →Schnee

Altstandort, m; *{hazardous waste site}* Grundstück im Bereich öffentlicher Einrichtungen oder der gewerblichen Wirtschaft, auf dem mit umweltgefährdenden Stoffen umgegangen worden ist oder auf dem sich stillgelegte Anlagen befinden (oder befanden), in denen mit solchen Stoffen umgegangen wurde; es bestehen gewisse Ausnahmen bei dem Umgang mit radioaktiven Stoffen, aufgebrachtem →Abwasser und →Klärschlamm, sowie bei angewendeten →Düngemitteln, →Herbiziden, →Pestiziden usw.

Aluminium, n; *{aluminium}* →Leichtmetall, Element der →Borgruppe, der III. Hauptgruppe des →Periodensystems der Elemente, mit dem Elementzeichen Al, das in der Natur nicht elementar, sondern nur in gebundener Form vorkommt, z. B. in Alumosilikaten *{alumosilicate}*, d. h →Silikaten (→Silizium), in deren Raumstruktur ein Teil der Si-Atome durch Al-Atome ersetzt ist; Al ist das dritthäufigste Element (und das am häufigsten auftretende Metall) in der →Erdkruste; es wird als Bestandteil der →Tonminerale bei der →Bodenversauerung aus diesen als toxisch auf Pflanzen wirkendes Ion Al^{3+} freigesetzt, das über den Nährstoffkreislauf die oberirdischen Teile der Pflanzen, in besonderem Maß aber ihre Feinwurzeln zerstört.

Aluminiumpuffer, m; →Bodenversauerung

alumosilicate; →Alumosilikat

Alumosilikat, n; →Aluminium

Aminosäure, f; →Protein

ammonification; →Ammonifikation

Ammonifikation, f; *{ammonification}* Bildung von Ammoniumionen NH_4^+ im →Stickstoffkreislauf aus den Stoffwechselprodukten der Organismen, z. B. aus Harnstoff $(NH_2)_2CO$ durch die Reaktion $(NH_2)_2CO+2H_2O \rightarrow NH_4^+ +NH_3+ HCO_3^-$.

Ammonium, n; →Stickstoff

amoeba; →Amöbe

Amöbe, f; (*etm.*: gr. „amoibe" die Veränderung) *{amoeba}* einzelliges, schalenloses Tier der Ordnung der Wurzelfüßler, das i. allg. nur von einer dünnen Membran umhüllt ist (einige ~narten verfügen allerdings über eine äußere Schale); die A. besitzt einen oder mehrere Zellkerne, die Fortbewegung erfolgt mit Hilfe von Scheinfüßen, die die A. durch Ausstülpung ihrer äußeren Zellschicht, des Ektoplasmas, bildet; die A. nimmt ihre Nahrung auf, indem sie sie umfließt und absorbiert; die ~n leben im Bodenschlamm von Süßwasseransammlungen und der Meere, in feuchter Erde, sie besiedeln die Verdauungsorgane (Darm) der Menschen und der Tiere und sind in deren Exkrementen enthalten; bestimmte ~n können (u. U. gefährliche) Erkrankungen z. B. des Verdauungstraktes erregen.

amorph; (*etm.*: gr. „a-" ohne und „morphe" Form) *{amorphous}* ohne ausgeprägte (regelmäßige) Kristallstruktur angeordnet, d. h. die Molekularstruktur eines als a. bezeichneten →Festkörpers weist keine geordnete (kristalline) Struktur auf, seine physikalischen Eigenschaften sind isotrop (→Isotropie; ggs. →kristallin, →Kristall).

amorphous; →amorph

amount of precipitation per unit area; →Niederschlagsspende

amount of substance; →Stoffmenge

Amphibol, n; *{amphibole}* ketten- bzw. bandförmiges Polysilikat (→Silikat), das die Atomgruppe $Si_4O_{11}^{6-}$ enthält, z. B. Tremolit $Ca_2Mg_5(OH)_2(Si_4O_{11})_2$, allgemeiner die Hornblende mit der Summenformel $Ca_2(Mg,Fe,Al)5(OH)2[(Si,Al)_4O_{11}]_2$ usw.

amphibole; →Amphibol, →Hornblende

Ampholyt, m; →Protolyse

amphoter; →Protolyse

anaerob; (*etm.*: gr. „an" nicht und → „aerob") *{anaerobic}* als a. werden (bio-) chemische Reaktionen bezeichnet, die nur in Abwesenheit freien →Sauerstoffs ablaufen können, ein ~es Milieu ist entsprechend - nahezu - frei von molekularem Sauerstoff (ggs. →aerob).

anaerobe Atmung, f; →Abbau

anaerobic; →anaerob

anaerobiont; →anoxibiont

analog; (*etm.*: gr. „ana" entsprechend und „logos" das Maß) *{analog(ue)}* in Funktion, Struktur und ablaufenden Prozessen (einander) entsprechend (z. B. in einem →Analogmodell).

Analogmodell, n; (*etm.*: →analog und →Modell) *{analog(ue) model}* mathematisches oder physikalisches →Modell; bei dem mathematischen A. (→mathematisches Modell) werden dabei →stetige Prozesse (analog) durch eine ebenfalls stetige Darstellung (z. B. stetige Funktionen) wiedergegeben, als physikalisches A. (→physikalisches Modell) stellt es die wesentlichen Merkmale stetiger Prozesse durch ebenfalls stetige modellhafte Abläufe (analog) ggf. unter Berücksichtigung des →Ähnlichkeitsgesetzes dar; z. B. gibt eine Federwaage das Gewicht eines Körpers (das eine stetige (Zufalls-) Größe ist) durch die stetige Verlängerung einer Feder wieder (→sandbox model).

analogue; →analog

analogue model; →Analogmodell

Anfangshaltung, f; →Haltung

Anfangsverlust, m; *{initial loss}* der A. h_{NA} ($\dim h_{NA}=L$) ist diejenige →Niederschlagshöhe, die zur Auslösung eines →Direktabflusses in einem →Einzugsgebiet mindestens benötigt wird (→Gebietsrückhalt).

Anhydrit, m; →Calciumsulfat

Anion, n; →Ion, →Dissoziation

Anisotropie, f; (*etm.*: gr. „an" nicht und →Isotropie) *{anisotropy}* Richtungsabhängigkeit physikalischer Parameter, so bezeichnet man z. B. einen →Grundwasserleiter als anisotrop, wenn der Durchlässigkeitsbeiwert k_f (→DARCYsches Gesetz) richtungsabhängig ist, dies ist etwa in einem →Lockergestein mit linsen- oder plättchenförmigen Einlagerungen der Fall mit großer horizontaler Durchlässigkeit k_h im Vergleich zur vertikalen k_v (→Abb. A10), der „Durchlässigkeitsbeiwert" des Grundwasserleiters ist dann eine tensorielle Größe $\mathbf{k}_f$, die bei gleichzeitig gegebener →Inhomogenität des Grundwasserleiters ortsabhängig (d. h. Funktion $\mathbf{k}_f=\mathbf{k}_f(P)$ des Raumpunktes P) ist (ggs. →Isotropie).

anisotropy; →Anisotropie

annulus; →Ringraum

Anode, f; →Elektrode

anorganisch; *{inorganic}* zum unbelebten Teil der Natur gehörend, als ~e Chemie dasjenige Teilgebiet der Chemie, das sich mit den chemischen Elementen und ihren Verbindungen befaßt, soweit sie nicht der organischen Chemie (→organisch) zugeordnet sind.

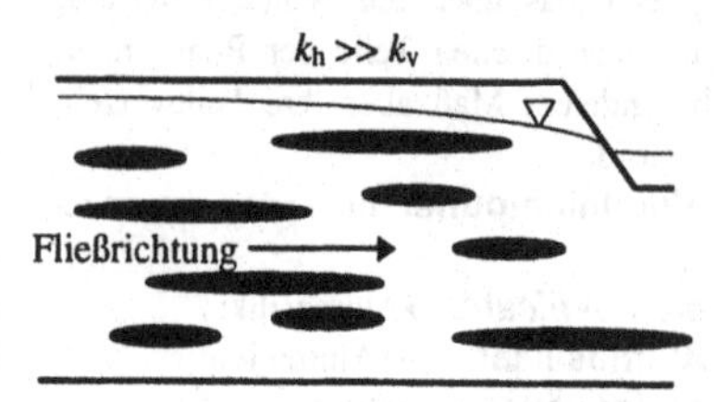

Abb. A10 ***anisotroper Durchlässigkeitsbeiwert***

anoxibiont; (*etm.*: gr. „an" ohne, nicht und →oxibiont) *{anoxibiontic}* als a. oder anaerobiont bezeichnet man die Bindung bestimmter Organismen an die Bedingungen des →anaeroben Milieus (ggs. →oxibiont).

anoxibiontic; →anoxibiont

Anpassungsbewässerungskurve, f; →Retentionskurve

Anpassungsentwässerungskurve, f; →Retentionskurve

Anpassungskurve, f; →Hysterese

Anreicherung, f; *{concentration enrichment}* natürliche oder künstlich herbeigeführte Erhöhung der →Konzentration eines Stoffes mit physikalischen (z. B. Windsichten (→Sichten), →Sedimentation; Eindampfen, →Abdampfrückstand) oder chemischen Verfahren (z. B. →Ausfällung, →Flockung usw.), (ggs. z. B. →Auslaugung, →Auswaschung)

Anreicherungshorizont, m; →Auswaschung

Antagonist, m; →Inhibitor

Anteil, m; *{fraction}* Quotient $a=\gamma_K/\gamma_G$ ($\dim a=1$ und $0\leq a\leq 1$ oder a in %) aus der Größe γ_K einer Komponente K eines →Gemisches G durch die Gesamtgröße

γ_G des Gemisches, handelt es sich bei der Größe $\gamma \equiv n$ um die →Stoffmenge, so spricht man vom →Stoffmengen~ *{mole fraction/ratio}* $x=n_K/n_G$, im Fall der → Masse $\gamma \equiv m$ vom →Massen~ $w=m_K/m_G$, ist $\gamma \equiv V$ das →Volumen von Komponente K bzw. Gemisch G, so ist entsprechend vom Volumenanteil $\varphi = V_K/V_G$ die Rede.

anthropogen; (*etm.*: gr. „anthropos" der Mensch und „genesis" Erzeugung) *{anthropogenic}* durch das Wirken des Menschen verursacht, z. B. als ~e Belastung wie die bei Niederschlägen erfolgende Einbringung von →Pestiziden, →Herbiziden usw. in das →Grundwasser und die oberirdischen Gewässer oder wertneutralere ~e Einflüsse wie die Begradigung von Wasserläufen oder die Entsalzung des Meerwassers.

anthropogener Boden, m; →Bodenklassifikation, →Anthrosol

anthropogenic; →anthropogen

Anthrosol, n; (*etm.*: →anthropogen und lat. „solum" der Boden) *{anthrosol}* auch als Kultosol bezeichneter, vom Menschen bewußt oder unbewußt umgelagerter oder neu geschaffener (z. B. durch →Kompostierung) Boden, z. B. die Gartenböden (Hortisole (lat. „hortus" der Garten), bei ständiger Nutzung im Gartenbau entstandene Böden mit humushaltigem Oberboden), tiefgründig bearbeitete landwirtschaftlich genutzte Böden (Rigosole (frz. „rigole" die Rinne, die Furche), umgegrabene oder -gepflügte Böden usw.), Treposole (frz. „trépan" der Bohrer, tiefgehend aufgebrochene oder -gebohrte Böden) usw. (→Bodenklassifikation).

Antidüne, f; *{antidune}* auf der Sohle eines →Fließgewässers bei →schießendem Abfluß (→FROUDE-Zahl) ausgebildete größere Erhebung der Sohle, die ihre Lage (im Gegensatz zur →Düne) entgegen der Strömungsrichtung verändert.

antidune; →Antidüne

Antikatalysator, m; →Inhibitor

Antiriffel, f; →Antirippel

Antirippel, f, Pl.; *{antiripple}* auch Antiriffel, Unebenheit geringfügiger Höhe der Sohle eines →Gerinnes, die sich durch Fließvorgänge ausgebildet hat, im wesentlichen quer zur Fließrichtung angelegt ist und sich entgegen der Fließrichtung ausbreitet.

antiripple; →Antirippel

AOX; (Abk. Adsorbierbare Organische Halogenverbindungen als Chloride, mit engl. Abk. x für gr. ch≡χ) allgemein die Bewertung der Konzentrationen (an →Aktivkohle) adsorbierbarer →organischer Halogenverbindungen im Grundwasser (→Adsorption), deren →quantitative Bestimmung erfolgt durch Adsorption an Aktivkohle, Abtrennung der anorganischen Halogenverbindungen und anschließender Verbrennung zu den entsprechenden Halogenwasserstoffen, deren Gehalt (d. h. →Massenkonzentration β (→Konzentration)) als Chloride (→Chlor) in $[\beta]$=mg/ℓ angegeben wird.

aphotic; →aphotisch

aphotisch; (*etm.*: gr. „a-" nicht und „photos" das Licht) *{aphotic}* Bezeichnung für einen dauerhaft lichtlosen Raumbereich, in den →Photosynthese unmöglich ist (→Abyssal; ggs. →euphotisch; →dysphotisch).

a-posteriori-Wahrscheinlichkeit, f; →BAYESsche Theorie

apparent velocity; →Filtergeschwindigkeit

a-priori-Wahrscheinlichkeit, f; → BAYESsche Theorie

Aquakomplex, m; →Kristallwasser

aquatic growth; →Verkrautung

aquiclude; →Grundwasserstauer, →Grundwassernichtleiter

aquifer; →Grundwasserleiter

aquifuge; →Grundwassersperre, →Grundwassernichtleiter
aquitard; →Grundwasserhemmer
araeometer; →Aräometer
Aräometer, n; (*etm.*: gr. „araios" von geringer Dichte und „metron" das Maß) *{ar(a)eometer, densimeter}* Gerät zur Bestimmung der →Dichte von Flüssigkeiten nach dem →Archimedischen Prinzip; das A. sinkt in einer Flüssigkeit in Abhängigkeit von dessen Dichte ein (→Abb. A11).

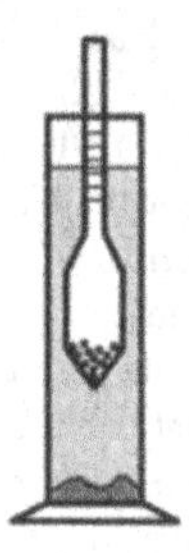

Abb. A11 *Aräometer*

Aragonit, m; →Calciumcarbonat
aragonite; →Aragonit
Arbeit, f; *{work}* die A. W ist das Produkt $W=F\cdot ds$ einer auf einen Körper wirkenden →Kraft $\vec{F}^*$ und der durch sie bewirkten Lageänderung des Körpers um das Linienelement ds, wobei F die in Richtung ds wirkende →Komponente von $\vec{F}^*$ (als Skalar) ist und ortsabhängig (z. B. Verformungsarbeit) bzw. -unabhängig (z. B. Beschleunigungsarbeit) sein kann; die A. W mit $\dim W=\dim(Fl)$ $=\mathrm{ML^2T^{-2}}$ wird gemessen in der Einheit $[W]=\mathrm{J}$ (Joule) mit $1\,\mathrm{J}=1\,\mathrm{N\cdot m}=1\,\mathrm{kg\cdot m^2\cdot s^{-2}}$.
Archaikum, n; →Erdgeschichte
ARCHIMEDES' principle; →Archimedisches Prinzip
Archimedisches Prinzip, n; *{ARCHIMEDES' principle}* das A. P. besagt, daß die Auftriebskraft, die ein ganz oder teilweise in eine Flüssigkeit eingetauchter fester Körper erfährt, gleich dem →Gewicht der von ihm verdrängten Flüssigkeit ist, je nach der Relation zwischen der auf den festen Körper wirkenden Schwer- (→Gewicht) und Auftriebskraft wird der Körper in der Flüssigkeit nach unten sinken, in ihr schweben oder auf ihr schwimmen und dabei nur teilweise in die Flüssigkeit eintauchen; das A. P. liegt z. B. dem →Aräometer zugrunde.
area; →Fläche, →Flächeninhalt
area free of ice; →Eisblänke
areometer; →Aräometer
arid; (*etm.*: lat. „aridus" trocken, dürr) *{arid}* als a. bezeichnet man ein →Klima, in dem die auf das Jahr bezogene →Niederschlagshöhe unter der auf den gleichen Zeitraum bezogenen potentiellen →Evapotranspirationshöhe lieg, dabei wird unter a. auch genauer voll~ verstanden (im Vergleich zu →semi~), wobei die →Niederschlagsereignisse in voll~en Klimazonen unregelmäßig verteilt jedoch u. U. äußerst ergiebig eintreten können; die Grenze zwischen dem ~en und dem →humiden Klima wird als Trocken- oder Ariditätsgrenze bezeichnet (→humid, →nival).
Ariditätsgrenze, f; →arid, →humid
Ariditätsindex, m; →Trockenheitsindex.
arithmetic mean; →arithmetisches Mittel
arithmetisches Mittel, n; *{arithmetic mean}* auch Mittelwert, das a. M. m von n Größenwerten (z. B. Meßwerten) $x_1,\ldots,x_n$ ist als Spezialfall des →gewichteten Mittels (mit einheitlichem Gewichten $g_i \equiv n^{-1}$ für alle $i=1,\ldots,n$) der Wert

$$m=(x_1+\ldots+x_n)/n.$$

Aromat, m.; →Kohlenwasserstoff
aromatischer Kohlenwasserstoff, m;

→Kohlenwasserstoff

Art, f; *{species}* auch Spezies, Kategorie der Systematisierung der →Pflanzen und der →Tiere unter dem Gesichtspunkt gemeinsamer Abstammung und gemeinsamer Fortpflanzungsmöglichkeiten.

artesian; →artesisch

artesian well; →artesischer Brunnen

artesisch; (*etm.*: frz. „Artois", wo der erste ~e Brunnen angelegt wurde) *{artesian}* als in einem Bereich a. gespannt bezeichnet man ein →Grundwasser, dessen →Grundwasserdruckfläche dort über der Geländeoberfläche liegt; ein ~er Brunnen *{artesian/flowing well}* wird aus einem a. gespannten →Grundwasserleiter gespeist und fördert ohne den Einsatz von Pumpen (→Abb. A12).

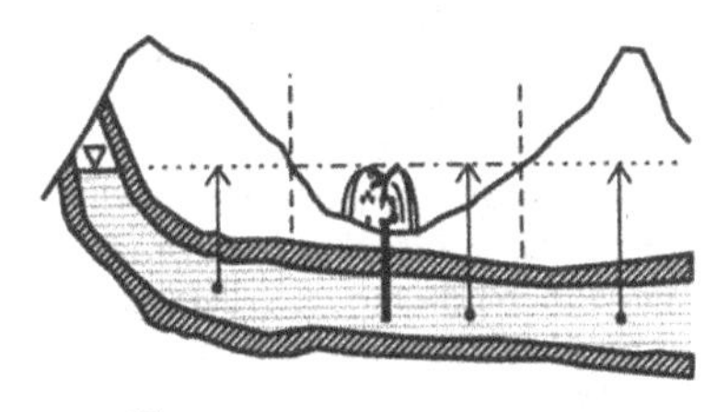

freie Grundwasseroberfläche

gespanntes Grundwasser

artesisch gespanntes Grundwasser

Abb. A12 ***artesischer Brunnen, artesisch gespanntes Grundwasser***

artesischer Brunnen, m; →artesisch

artificial recharge; →Einleitung

ascendant; →aszendent

ascendent; →aszendent

aspect; →Aspekt

Aspekt, m; (*etm.*: lat. „aspectus" der Hinblick) *{aspect}* das Erscheinen einer Pflanzen- oder Tiergemeinschaft (i. allg. einer →Biozönose) in Abhängigkeit von der jeweiligen Jahreszeit, wobei es durch das massenhafte Auftreten einzelner Arten (z. B. Brennesseln, Löwenzahn usw.) geprägt sein kann mit der Folge eines saisongebundenen →Aspektwechsels.

Aspektfolge, f; →Aspektwechsel

Aspektwechsel, m; auch Aspektfolge, jahreszeitliche Änderungen des →Aspektes einer →Biozönose, im wesentlichen bilden sich dabei saisonbedingt Frühlings-, Sommer-, Herbst- und Winteraspekte aus.

Assimilation, f; (*etm.*: lat. „assimilare" angleichen) *{assimilation}* Aufnahme organischer und anorganischer Stoffe über die Nahrung und Einbau in körpereigene Verbindungen durch die aufnehmenden Organismen (ggs. →Dissimilation).

Asthenosphäre, f; (*etm.*: gr. „a-" nicht, „sthenos" die Kraft und „sphaira" die Kugel) *{asthenosphere}* Zone plastischen, teilweise geschmolzenen Materials geringer Festigkeit im Erdmantel, auf dem die →Lithosphäre schwimmt (→Erdaufbau).

asthenosphere; →Asthenosphäre

astronomische Sonnenscheindauer, f; →Sonnenscheindauer

aszendent; (*etm.*: lat. „aszendere" emporsteigen, ggs. →deszendent) *{ascendant, ascendent}* als a. werden zum einen (aus magmatischem Material (→Magma) entstandene) Lösungen und Dünste bezeichnet, die aus der Tiefe aufsteigen, andererseits auch deren Abscheidungen.

Atmosphäre, f; (*etm.*: gr. „atmos" der Dunst und „sphaira" die Kugel) *{atmosphere}* Gashülle der Himmelskörper, die durch deren →Gravitation festgehalten wird, und ggf. der Rotation des Himmelskörpers folgt; die A. der →Erde besteht aus einem Gasgemisch und ist vertikal in Abhängigkeit von Temperatur und Ionisierung (→Ion) der Gaspartikel geschichtet mit: der Troposphäre (gr. „tropos" die Drehung) *{troposphere}*, die bis in eine Höhe von ca. 8 km reicht, und charakterisiert ist durch einen hohen Wasserdampfgehalt, Luftzirkuation mit vertikalem Austausch und einem Abfall der Lufttemperatur bis ca. -40 °C - -60 °C mit zunehmenedr Höhe; im wesentlichen wird das Wettergeschehen auf der Erde durch die in der Troposphäre ablaufenden Prozesse geprägt; über der oberen Grenzschicht der Troposphäre, der Tropopause, schließt sich bis in eine Höhe von ca. 30 km die nahezu wolkenlose Stratosphäre (lat. „stratum" die Schicht) *{stratosphere}* an, mit Abnahme der Windbewegungen (bei vorwiegend horizontalem Luftaustausch) und der Luftfeuchte und nur geringen Temperaturänderungen; es folgt die Mesosphäre (gr. „mesos" mittel) *{mesosphere}*, die bis eine Höhe von ca. 50 km - 80 km reicht, in ihrer Ozonschicht wird der ultraviolette Anteil (→UV-Strahlung) der Sonnenstrahlung (→Ozon, →Ozonloch) absorbiert mit einer einhergehenden Temperaturerhöhung auf -10 °C - +10 °C in den unteren Schichten und einem erneuten Temperaturabfall bis ca. -100 °C in den oberen Grenzschichten, der jedoch jahreszeitlichen Schwankungen unterliegt; in der anschließenden Thermosphäre (gr. „thermos" heiß) *{thermosphere}* steigt die Temperatur bis in eine Höhe von ca. 500 km auf 1000 °C an, ab ca. 800 km geht die A. in der Exosphäre (gr. „exo" außen) *{exosphere}* in den Weltraum über; infolge der ionisierenden Wirkung der Sonnenstrahlung (→Strahlung), die als Photoionisation bezeichnet wird, liegen die Gasmoleküle in einer Höhe ab ca. 80 km, in der Ionosphäre (*etm.*: →Ion), mit wachsender Höhe zunehmend als → Ionen vor; ca. 99 % der Masse der A. konzentrieren sich im Bereich der Tropo- und der Stratosphäre (ca. 50 % befindet sich im untersten Bereich bis ca. 5 km Höhe); während im unteren Bereich der A., der Homosphäre (gr. „homos" gemeinsam), ihre Komponenten als homogenes Gasgemisch vorliegen, findet in einer Höhe ab etwa 120 km, in der Heterosphäre (gr. „heteros" unterschiedlich), eine Entmischung und Lagerung der Gase, ihrem Molekulargewicht entsprechend, statt.

atmosphärischer Druck, m; *{atmospheric pressure}* →Schweredruck p_{atm} der →Atmosphäre in $[p_{atm}]$=bar oder $[p_{atm}]$=hPa, auf →Normal Null ist der a. D. als →Normaldruck bei 15 °C im jährlichen Mittel auf p_0=1,013 bar =1013,25 hPa festgelegt (mit den nicht mehr zu verwendenden älteren Einheiten p_0=1 atm=760 Torr).

atmosphere; →Atmosphäre

atmospheric humidity; →Luftfeuchte

atmospheric moisture; →Luftfeuchte

atmospheric pressure; →atmosphärischer Druck

Atom, n; (*etm.*: gr. „atomos" unteilbar) *{atom}* mit chemischen Verfahren nicht mehr teilbarer kleinster Baustein der chemischen Elemente; die einzelnen ~e könne sich zu →Molekülen zusammenschließen; es existieren unterschiedliche ~modelle; die ~masse ist im ~kern konzentriert, der ~kern besteht aus →Protonen und →Neutronen, die den Protonen entsprechende negative Ladung ist in →Elektronen (in vereinfachter Modellvorstellung) auf verschiedene Elektronenhüllen (Elektronenschalen) mit unterschiedlichem Energieniveau verteilt (→Abb. A13), die innerste dieser Elektronenschalen ist dabei mit maximal zwei, jede weitere mit maximal acht Elektronen besetzt; chemisch sehr beständige Elemente sind mit jeweils vollständig durch Elektronen angefüllten äußersten Schalen die Elemente der →Edelgasgruppe; die Elektronen auf der äußersten Elektronenschale werden als Valenzelektronen bezeichnet, sie bestimmen die →Wertigkeit (→Valenz) des chemischen Elementes (bei Edelgasen setzt man die Anzahl der Valenzelektronen formal auch gleich Null, wobei als äußerste Schale, die über der mit zwei bzw. acht Elektronen vollständig aufgefüllten des höchsten Energieniveaus liegende nächsthöhere leere Schale angesehen wird); subatomare Materiebausteine werden als →Elementarteilchen bezeichnet.

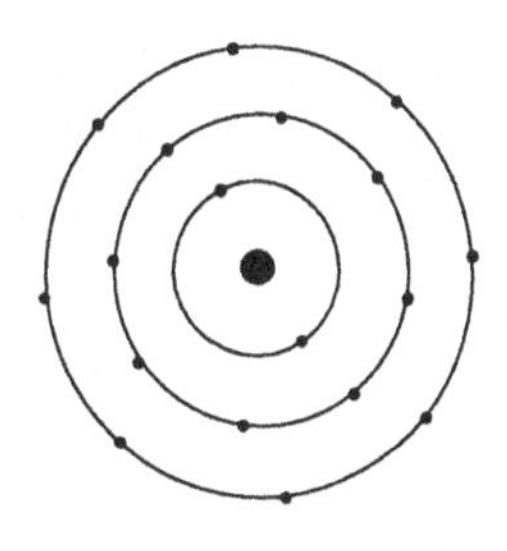

Abb. A13 Atommodell

Atomabsorptionsspektrometrie, f; *{atomic absorption spetroscopy}* (AAS) auf Resonanzabsorption (→Absorption) beruhendes Verfahren der →Absorptiometrie, bei dem die Tatsache genutzt wird, daß ein nicht angeregtes Atom das von einem angeregten Atom desselben chemischen Elementes emittierte (→Emission) Licht absorbieren kann; die Analyseprobe wird dabei zunächst verdampft, anschließend wird durch diese Dampfwolke der Dicke d der Strahl einer monochromatischen Lichtquelle (deren Kathode aus dem zu bestimmenden Element besteht) geleitet; aus der Strahlungsleistung Φ_{in} des in die Dampfwolke eintretenden Lichtsrahles und der Strahlungsleistung Φ_{ex} des austretenden ist über die Gleichung

$$\ln(\Phi_{\text{in}}/\Phi_{\text{ex}})=\kappa_{\text{n}}\cdot c\cdot d,$$

(dem →LAMBERT-BEER-BOUGUERschen Gesetz) die molare Konzentration c des absorbierenden Elementes bestimmt (κ_{n} ist sein molarer Absorptionskoeffizient); in der Anwendung wird die zur AAS verwendete Apparatur kalibriert (→Kalibrierung) durch parallele Analyse standardisierter Proben bekannter Konzentration und gleicher Zusammensetzung wie das zu untersuchende Material (→Spektroskopie).

Atomabsorptionsspektroskopie, f; →Atomabsorptionsspektrometrie

atomare Masseneinheit, f; *{atomic mass unit}* die a. M. u ist der zwölfte Teil der Masse des Atoms des Kohlenstoffisotops $^{12}_{6}C$ mit $u=1{,}66056\cdot10^{-24}$ g, dabei gilt $1\ u=1\ g/(mol\cdot N_A)$, mit der →AVOGADROschen Konstante $N_A=6{,}0220453\cdot10^{23}\ mol^{-1}$.

Atombindung, f; →chemische Bindung

atomic absorption spectroscopy; →Atomabsorptionsspektrometrie

atomic bond; →Atombindung

atomic mass; →Atommasse

atomic mass unit; →atomare Masseneinheit

atomic number; →Kernladungszahl, →Ordnungszahl

Atommasse, relative f; *{atomic mass}* die r. A. A_r mit $\dim A_r=1$ wird bezogen auf die Masse des Kohlestoffisotops $^{12}_{6}C$, dessen r. A. mit $A_r(^{12}_{6}C)=12$ angesetzt wird, so ist z. B. $A_r(S)=32{,}0644$ und $A_r(O)=15{,}9994$.

Atommodell, n; →Atom

attenuation zone; →Trinkwasserschutzgebiet

attrition (of traction load); →Geschiebeabrieb

Aue, f; bei Hochwasser überflutete Bereiche der Talsohlen (→Tal), in denen sich bei Überflutung die Schwebstoffe des Wassers als →Auesedimente ablagern.

Aueboden, m; →Auesediment

Auelehm, m; →Auesediment

Auesediment, n; bei →Hochwasser im Überschwemmungsbereich eines →Fließgewässers als semiterrestrischer (Aue-) Boden *{fluvisol}* (→Bodenklassifikation) abgelagerte feine Schwebstoffe (z. B. Auelehm) und zwar entweder als →autochthones A. oder aber als →allochthones A., umgelagertes Material aus den Einzugsgebieten der Fließgewässer.

Aufbereitungsverfahren, n; →Wasseraufbereitung

Aufbrauch, m; →Wasserhaushaltsgleichung

Aufenthaltsdauer, f; *{detention time}* Zeitspanne t_v ($\dim t_v = T$) in der sich ein Wasserteilchen oder ein bestimmtes Wasservolumenelement in einem definierten ober- oder unterirdischen →Wasserkörper (→Grundwasserkörper) aufhält.

Auffülltest, m; *{recharge test in observation well}* Test auf hydraulischen Kontakt in einer →Grundwassermeßstelle zwischen dieser und dem →Grundwasserleiter, bei diesem Test wird Wasser in die Grundwassermeßstelle eingebracht; ein Gütekriterium für den A. ist der Wert des Parameters ε mit

$$\varepsilon = 2(h_1 - h_2)/[\Delta t(h_1 + h_2)]\ \mathrm{min}^{-1},$$

der Auffüllhöhe h_1 des Wasserspiegels gegenüber dem Ausgangsspiegel in cm und der Resthöhe h_2 des Wasserspiegels über dem Ausgangsspiegel in cm nach Δt min.; eine ausreichende Verbindung zwischen Grundwasserleiter und Grundwassermeßstelle ist erfahrungsgemäß gegeben, wenn $\varepsilon > 0{,}0115\ \mathrm{min}^{-1}$ ist; dieser Test kann auch als →Pumptest durchgeführt werden, indem Wasser aus der Grundwassermeßstelle abgepumpt wird, in diesem Fall ist h_1 die Absenkung des Wasserspiegels gegenüber dem Ausgangsspiegel in cm und h_2 die Höhendifferenz in cm zwischen dem Wasserspiegel nach Δt min und dem Ausgangswasserspiegel in der Grundwassermeßstelle.

Auffüllversuch, m; *{recharge test}* Verfahren zur Bestimmung hydrogeologischer Parameterwerte, z. B. des Durchlässigkeitsbeiwertes k_f (→DARCYsches Gesetz), aus der zeitweiligen Erhöhung des Wasserspiegels eines Brunnens durch Auffüllen mit zusätzlichem Wasser und Beobachtung des zeitlichen Verlaufes des Wasserstandes (Schluck- oder Versickerungsversuch, →KOLLBRUNNER-MAAG) oder als A. mit konstanter Druckhöhe, bei dem durch Wasserzugabe über einen bestimmten Zeitraum eine gleichbleibende →Standrohrspiegelhöhe erzeugt wird (→open-end-Test, →Wassedrucktest) und das in der Zeiteinheit in den Grundwasserleiter abgepreßte Wasservolumen Q ($\dim Q = L^3/T$) gemessen wird. (ggs. →Pumpversuch).

Auflandung, f; *{alluvium, alluvial deposit}* Bezeichnung für die Änderung der Sohlenlage eines →oberirdischen Gewässers in der Folge der →Sedimentation; der von der A. betroffene Abschnitt eines →Fließgewässers - z. B. vor künstlicher oder natürlicher Stauhaltung - wird als ~sstrecke *{reach of deposition}* bezeichnet (ggs. →Eintiefung, →Abb. A14).

Auflandungsstrecke, f; →Auflandung

Aufreißen des Gebirges, n; auch Cracken, Bezeichnung für das Aufreißen von Trennflächen im Gebirge bei der

Durchführung von →Wasserdrucktests; in der Folge dieses Phänomens kommt es zu einer spontanen, nicht mehr linear mit dem Abpreßdruck steigenden Wasseraufnahme durch das Gestein.

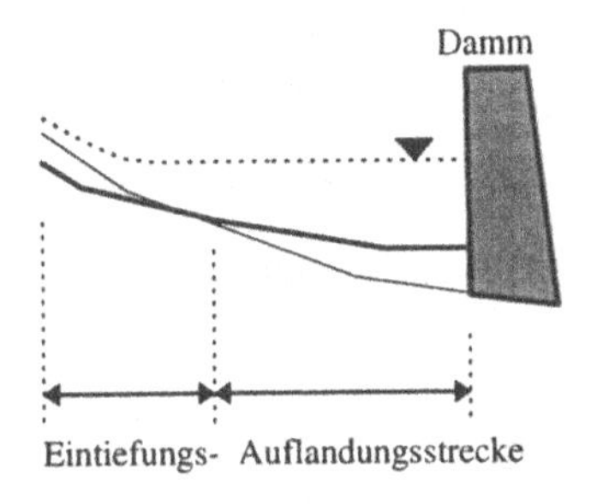

Abb. A14 Auflandung und Eintiefung

Aufstiegszone, f; →kapillare Aufstiegszone
Auftriebskraft, f; →Archimedisches Prinzip
Aufwärmspanne, f; *{range of temperature increase by thermal pollution}* quantitative Beschreibung s_{Au} mit $\dim s_{Au}=\Theta$ der →Aufwärmung eines Wasserkörpers, d. h. seine durch Aufwärmung bewirkte Temperaturerhöhung s_{Au} in $[s_{Au}]$=K.
Aufwärmung, f; *{thermal pollution}* Erhöhung der Wassertemperatur, die unmittelbar auf →anthropogene Einflüsse zurückgeführt werden kann, erfolgt die A. durch Einleitung von Warmwasser, so wird sich dieses vor der Durchmischung als abgegrenzter Wasserkörper in dem Gewässer ausbilden und in Strömungsrichtung bzw. wegen geringerer Dichte unter dem Einfluß der Auftriebskräfte als Warmwasserfahne ausbreiten (ggs. →Wärmeentzug; →Erwärmung; →Abkühlung).

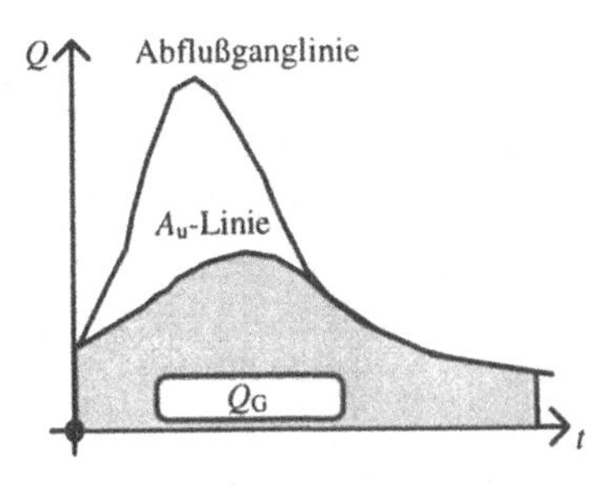

Abb. A15 ***A_u-Linie eines singulären Niederschlagsereignisses***

Augit, m; →Calciumsilikat
A_u-Linienverfahren, n; (A_uL-Verfahren) das A_u.-L. dient der →Trennung des Direktabflusses Q_D und des grundwasserbürtigen Abflusses Q_G (der in der Literatur auch durch das Formelzeichen A_u - für unterirdischer Abfluß - wiedergegeben ist) im als →Durchfluß ermittelten →Abfluß; dabei wird von der →Abflußganglinie im Zusammenhang mit einem singulären Niederschlagsereignis unter Verwendung ortsspezifischer Beiwerte die A_u-(Gang-)-Linie (auch A_u-Trennlinie oder „Linie des langfristigen Grundwassers") konstruiert; durch Fortsetzung der A_u-Linie über den der →Abflußsumme zugrunde liegenden Bezugszeitraum $[0;T]$ gewinnt man hieraus das als Basisabfluß Q_B abfließende Grundwasservolumen durch →Planimetrieren und die grundwasserbürtige →Abflußspende durch Bezugnahme auf den Flächeninhalt des betrachteten Einzugsgebietes (→Abbn. A15 und A16).
A_uL-Verfahren, n; →A_u-Linienverfahren
Ausbreitungsmodell, n; →Transportmodell

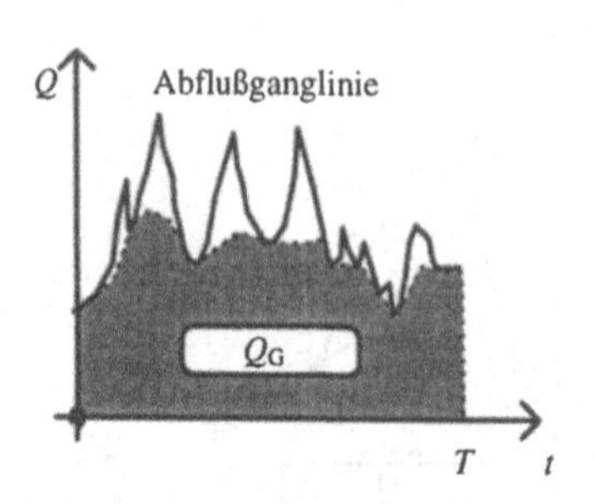

Abb. A16 ***A_u-Linie, bezogen auf einen Zeitraum [0;T]***

Ausfällung, f; *{deposition, flocculation, precipitation}* als A. bezeichnet man die Gleichgewichtsverschiebung in →Lösungen fester Stoffe in Flüssigkeiten durch Erhöhung der Konzentrationen der in →Dissoziation aufgespaltenen →Ionen des gelösten Stoffes derart, daß das neutrale Molekül als fester Stoff, d. h. unlöslicher Niederschlag, aus der Lösung abgeschieden wird; diese A. kann dabei langsam in →kristalliner Form erfolgen oder aber bei rascher Erhöhung der Ionenkonzentration zur A. des neutralen Moleküls in →amorpher Form führen (→Massenwirkungsgesetz, →Löslichkeitsprodukt).

Ausfluß, m; **1.)** *{ delivery, yield}* das aus einem Raumelement in der Zeiteinheit austretende Wasservolumen als Quotient $Q_A=V_A/t$ ($\dim Q_A = L^3/T$) mit dem im Beobachtungszeitraum t austretenden Wasservolumen V_A (ggs. →Zufluß), der systematische A. aus einem →Speicher wird als Abgabe bezeichnet (→Abgaberegel); **2.)** *{outflow}* als ~vorgang bezeichnet man den Austritt von Wasser aus Öffnungen unterhalb eines aufgestauten Wasserspiegels, wobei diese Öffnungen klein im Vergleich zum Querschnitt des Gerinnes sind; man unterscheidet zwischen vollkommem A., bei dem der Wasserstrahl frei austreten kann, und unvollkommenem A., bei ganz oder teilweise eingestauter Öffnung (→Abb. A17).

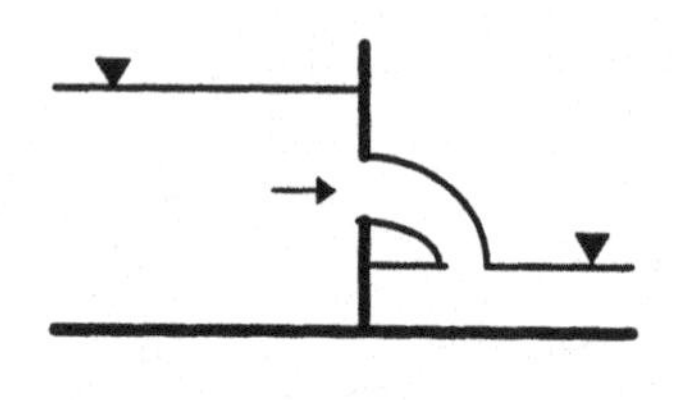

vollkommener Ausfluß

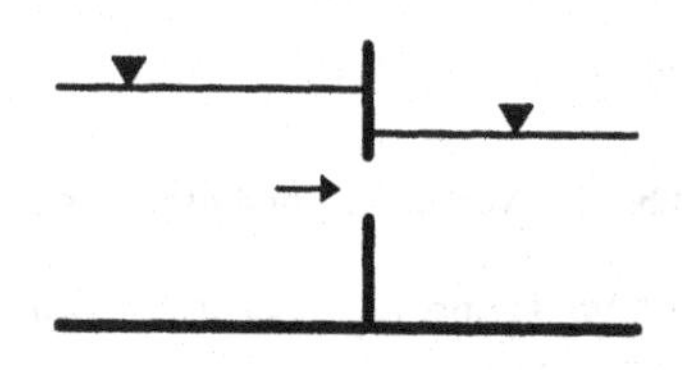

unvollkommener Ausfluß

Abb. A17 Ausfluß aus kleinen Öffnungen

Auslaufkoeffizient, m; *{drainage coefficient}* Parameter α mit $\dim \alpha = T^{-1}$ (i. allg. mit $[\alpha]=d^{-1}$), der die →Trockenwetterfallinie wiedergebenden Funktion; von dem Wert des auch als Austrocknungskoeffizient bezeichneten A. wird die noch →abflußfähige Grundwassermenge aus einem Einzugsgebiet bestimmt, seine Ermittlung erfolgt aus der i. allg. exponentiellen der →Trockenwetterfallinie zugrunde liegenden Funktion (→Linearspeicher).

Auslaugung, f; *{leaching}* Lösung und Entfernung durch Stofftransport der leichtlöslichen Bestandteile eines Gesteinskörpers, die großräumige A. unterirdischen Salzgesteins wird als Ablaugung oder Subrosion (*etm.*: lat. „rodere" benagen) *{subrosion}* bezeichnet, infolge von A. kann es durch →Erdfall zu ~ssenken im Gelände kommen (→Auswaschung).

Auslaugungssenke, f; →Auslaugung

Ausrollgrenze, f; →Konsistenz

Aussickerung, f; *{seepage out of a groundwater section}* Übergang von Grundwasser aus einem →Grundwasserstockwerk in das darunter- bzw. darüberliegende (letzteres ist nur aus einem gespannten →Grundwasserleiter möglich) im Bereich einer →Leckage (ggs. →Zusickerung).

Austrocknungskoeffizient, m; →Auslaufkoeffizient

Ausuferung, f; *{overflow, flood(ing)}* Übertreten von oberirdischen Gewässern über die →Ufer; der Wasserstand, ab dem das Gewässer ausufert, wird als ~swasserstand W_A *{bankful stage}* bezeichnet, die Differenz $h_A=HW_A-W_A$ zwischen dem höchsten ~swasserstand HW_A bei einer A. und W_A ist die ~shöhe h_A *{overbank stage}* (→Abb. U2).

Ausuferungshöhe, f; →Ausuferung

Ausuferungswasserstand, m; →Ausuferung

Auswaschung, f; *{leaching, elution}* als A. (oder auch Eluierung oder Eluviation (*etm.*: lat „eluere" auswaschen)) bezeichnet man die Trennung homogener oder heterogener Systeme durch Wasser (z. B. die A. von →Salzen aus dem →Boden); die durch A. aus dem Oberboden (→Bodenhorizont) herausgelösten und mit dem Sickerwasser in den Unterboden transportierten Ionen, Moleküle und Humusstoffe (→Humus; →Auslaugung) werden dort nach Ausfällung angereichert (→Anreicherung) und bilden entsprechende Anreicherungshorizonte.

Auswehung, f; →Bodenerosion

autochthon; (*etm.*: gr. „autos" selbst und „chthon" das Land, eingeboren) *{autochthonous}* als a. bezeichnet man organische und anorganische Substanzen, die am Ort ihres Vorkommens entstanden sind (ggs. →allochthon), einen Gesteinskörper, der zwar nicht a. ist, dessen Orte des Entstehens und Vorkommens jedoch nur geringfügig auseinanderliegen, bezeichnet man auch als parautochthon (*etm.*: gr. „para" ähnlich und →autochthon).

autochthonous; →autochthon

autocorrelation; →Autokorrelation

Autokorrelation, f; (*etm.*: gr. „autos" selbst und →Korrelationskoeffizient) *{autocorrelation}* Maßstab der →Zeitreihenanalyse, mit dem die wechselseitige Beziehung aufeinanderfolgender Werte einer →Zeitreihe bestimmt wird, die Zeitreihenwerte $w_0,\ldots,w_n$ werden dazu in zwei Teilfolgen $w_0,\ldots,w_{n-l}$ und $w_l,\ldots,w_n$ aufgeteilt, die jeweils $n-l+1$ Elemente enthalten, l heißt dabei die (Zeit-) →Schrittweite *{lag}* der A., die als Korrelation (→Korrelationskoeffizient) zwischen diesen beiden Teilfolgen definiert ist, d. h. als Korrelation der zweidimensionalen Stichprobe

$$(w_0;w_l),\ldots,(w_{n-l};w_n)$$

mit dem Stichprobenumfang $n-l+1$; Maß der A. ist entsprechend der Autokorrelationskoeffizient R_A, der Korrelationskoeffizient zwischen den einander entsprechenden Teilfolgenwerten der ursprünglichen Zeitreihe, R_A wird von seinem maximaler A. entsprechenden Wert nahe $R_A=1$ bei $l=0$ mit wachsender Zeitschrittweite l fallen und gegen den minimaler A. entsprechenden Wert $R_A=0$

tendieren.

Autokorrelationskoeffizient, m; →Autokorrelation

Autoprotolyse, f; →Protolyse

autopurification; →Selbstreinigung

Autoregression, f; *{autoregression}* Verfahren der →Zeitreihenanalyse, →Regressionsanalyse, bezogen auf die mit einer (Zeit-) Schrittweite *l* *{lag}* aufgeteilten Zeitreihenwerte $w_0,...,w_n$ in die beiden Teilfolgen $w_0,...,w_{n-l}$ und $w_l,...,w_n$, die je n-l+1 Zeitreihenelemente enthalte, die A. ist dann die Regression z. B. der $w_l,...,w_n$ bez. der $w_0,...,w_{n-l}$ oder umgekehrt der Werte $w_0,...,w_{n-l}$ bez. $w_l,...,w_n$, wobei man von einer zweidimensionalen Stichprobe des Umfangs n-l+1 ausgeht, mit den Werten:

$$(w_0;w_l),...,(w_{n-l};w_n).$$

Autothrophie, f; (*etm.*: „autos" selbst und „trophe" die Ernährung) *{autotrophy}* Ernährungsweise der Organismen, bei der anorganische Verbindungen durch Pflanzen und mikrobielle Organismen in organische körpereigene Substanzen umgewandelt werden (→Assimilation), je nach der Zusammensetzung der anorganischen Verbindungen unterscheidet man Kohlenstoff~, Stickstoff~, Schwefel~ usw. (ggs. →Heterotrophie).

autotrophy; →Autotrophie

available groundwater; →Grundwasserdargebot

available water; →nutzbare Feldkapazität

AVOGADROsche Konstante, f; *{AVOGADRO's constant}* die A. K. N_A ist die molare Teilchenzahl (d. h. die Anzahl der Stoffteilchen in der →Stoffmenge 1 mol) mit N_A=6,0220453·10^{23} mol^{-1}, ihr Zahlenwert ist die →AVOGADROsche Zahl; die A. K. ist proportional der LOSCHMIDTschen Konstante N_L, die die Teilchenzahl für 1 cm^3 (oder 1 m^3) gasförmiger Substanz bei Normalbedingungen angibt, N_L besitzt den Wert N_L=22413,8^{-1}·N_A cm^{-3} =2,68675·10^{-25} m^{-3}.

AVOGADROsches Gesetz, n; *{AVOGADRO's law}* Folgerung der →Zustandsgleichung $pV=RnT$ für ideale Gase, nach der bei gleicher Temperatur T und gleichem Druck p gleiche Volumina V idealer Gase die gleiche Anzahl n von Molekülen mit $n=pV/(RT)$ enthalten., dabei ist R die universelle Gaskonstante mit dem Wert R=8,31441 J/(mol·K) (→Gaskonstante) ausgedrückt in Joule, mol und Kelvin.

AVOGADROsche Zahl, f; *{AVOGADRO's constant}* die A. Z. Z_A *ist der* Zahlenwert Z_A=6,0220453·10^{23} der →AVOGADROschen Konstante N_A.

AVOGADRO's constant; →AVOGADROsche Konstante, →AVOGADROsche Zahl

AVOGADRO's law; →AVOGADROsches Gesetz

azoic; →azoisch

azoisch; (*etm.*: gr. „azoos" ohne Leben) *{azoic}* als a. wird ein Raum bezeichnet, in dem es keine Lebewesen gibt, speziell auch ein Lebensraum, der nicht von Tieren besiedelt ist.

B

β-Strahlung, f; →Betastrahlung
Bach, m; →Fluß
Bachbettlysimeter, n; →Lysimeter
Bachschwinde, f; →Schwinde
back eddy current; →Neerströmung
backflow; →Rückstau
backwater; →(Rück-) Stau
backwater curve; →Staulinie
backwater length; →Staulänge
bacterium; →Bakterium
Bärlapp, m; →Sporentriftversuch
Bahngeschwindigkeit, f; →tatsächliche Geschwindigkeit
Bahnkurve, f; →Bahnlinie
Bahnlinie, f; *{path-line}* auch Bahnkurve, Kurve

$$\vec{x} = \vec{x}(t, \vec{x}_0),$$

die von einem einzelnen Flüssigkeitsteilchen in der Zeit t in Abhängigkeit von seiner Anfangslage $\vec{x}_0$ zum Zeitpunkt t=0 durchlaufen wird (→Abb. A8), die B. ist hier in Parameterdarstellung durch den Ortsvektor $\vec{x}$ des Raumpunktes P bezogen auf (den Parameter) t wiedergegeben; im Fall →stationärer Strömung fallen die ~n mit den →Stromlinien zusammen, bei →instationären Strömungen i. allg. nicht.
Bakterie, f; →Bakterium
Bakteriochlorophyll, n; lichtabsorbierende, vom →Chlorophyll abgeleitete Pigmente bestimmter zur →Photosynthese fähiger phototropher (→Phototrophie) Bakterienarten.
Bakterioplankton, n; →Plankton
Bakterium, n; (*etm.*: gr. „baktron“ Stab, Sg. auch Bakterie, f; Pl. Bakterien) *{bacterium}* einzelliger →Mikroorganismus in Kugel- (Kokke), Stäbchen- (Bakterium, Vibrio) oder Schraubenform (Spirillum), der sich unter günstigen Umständen äußerst rasch durch Teilung vermehrt; Bakterien bewegen sich entweder aktiv mit z. B. Geißeln oder passiv unter Nutzung der →BROWNschen Molekularbewegung im Wasser; Bakterien können Krankheitserreger sein (z. B. →coliforme Keime), sie beeinträchtigen daher zum einen die Qualität des Wassers und machen es u. U. für die Nutzung etwa als →Trinkwasser ungeeignet, zum anderen wirken sie durch biochemische Reaktionen (mikrobielle Reduktion von z. B. Sulfaten, Nitraten usw.) auf die Grundwasserzusammensetzung ein (→Nitratreduktion, →Sulfatreduktion).
bank; →Ufer
Bank, f; *{bar, shoal}* unter dem Mittelwasserstand *MW* (→Wasserstand; →Hauptwert) eines →Fließgewässers ausgebildete einzeln auftretende, ausgedehnte Erhebung der Sohle; die auf sie von dem fließenden Wasser ausgeübten Kräfte verändern die Lage der B. in Strömungsrichtung (→Transportkörper).
bank erosion; →Seitenerosion, →Uferabbruch, →Ufererosion
bank-filtered water; →Uferfiltrat
bank filtrate; →Uferfiltrat
bank-filtrated water; →Uferfiltrat
bank filtration; →Uferfiltration
bankful stage; →Ausuferungswasserstand
bank infiltrate; →Uferfiltrat
bankline; →Uferlinie
bank storage; →Uferspeicherung
bar; →Bank
bar; →Druck
barrier; →Barriere

Barriere, f; *{barrier}* den Austausch von Wasser und damit den Transport der im Wasser enthaltenen Inhaltsstoffe verhindernde, das Wasser nicht leitende Schicht (→Multi~konzept).

basal; *{basal}* die unterste einer Folge geologischer Schichten betreffend.

Basalt, m; →Magmatite

Base, f; *{base}* Stoff, der in wässriger Lösung so reagiert (dissoziiert, →Dissoziation), daß anschließend freie →Hydroxidionen OH^- vorliegen als Dissoziationsprodukte der B. $B(OH)_n$ mit einem n-wertigen ~rest B^{n+}:

$$B(OH)_n \rightleftharpoons B^{n+} + nOH^-$$

oder als Protonenakzeptor in einer Protolysereaktion (→Protolyse)

$$\text{Säure} \rightleftharpoons \text{Base} + \text{Proton}$$

in einem Protolysehalbsystem bzw.

$$\text{Säure 1} + \text{Base2} \rightleftharpoons \text{Base 1} + \text{Säure 2}$$

in einem Protolysesystem, z. B.

$$H_2O + NH_3 \rightleftharpoons OH^- + NH_4^-$$

mit den ~n (Protonenakzeptoren) NH^3 und OH^-.

baseflow; →Basisabfluß

Basekapazität, f; *{acidity, basic capacity}* als B. K_B ($\dim K_B = N/L^3$ und i. allg. $[K_B]$=mmol/ℓ) bezeichnet man die bei der →Titration einer (bezüglich des Umschlagspunktes des verwendeten →Indikators sauren) Wasserprobe benötigte Stoffmenge an →Hydroxidionen OH^-, die der Probe bis zum Umschlagen des Indikators (z. B. als NaOH der →Äquivalenzkonzentration 0,1 mol/ℓ) zugegeben werden muß; (bei z. B. Phenolphtalein als Indikator liegt der Umschlagpunkt bei dem →pH-Wert pH=8,2 (der gelegentlich auch noch p-Wert genannt wird), die B. wird entsprechend als $K_{B8,2}$ bezeichnet, bei Titration mit Methylorange bzw. einem Methylrot-Bromkresolgrün-Mischindikator mit einem Umschlagpunkt bei pH=4,3 (auch als m-Wert bezeichnet) erhält man die B. $K_{B4,3}$ (ggs. →Säurekapazität).

basement complex; →(kristallines) Grundgebirge

base runoff; →Basisabfluß

base saturation; →V-Wert

basic capacity; →Basekapazität

basin; →Gebiet

Basisabfluß, m; *{baseflow/base runoff}* derjenige Teil Q_B des (auf ein →Einzugsgebiet bezogenen) →Abflusses Q, der nicht zum →Direktabfluß gehört, also derjenige Anteil von Q, der in den Grundwasserkörper gelangt und u. U. daraus dem Vorfluter als grundwasserbürtiger Abfluß Q_G zufließt (→Abb. A1).

Basisdimension, f; →Dimension einer →Basisgröße

Basiseinheit, f; →Einheit einer →Basisgröße

Basisgröße, f; →physikalische Größe in einem System von ~n, das zum einen vollständig ist, so daß jede physikalische Größe sich als Funktion von ~n aus dem System darstellen läßt, das zum anderen unabhängig ist, so daß sich keine B. aus dem System auf andere ~n aus dem System zurückführen läßt; für die Bundesrepublik sind die ~n des →SI-Systems verbindlich festgelegt.

Batchfermentation, f; →Batchversuch

Batchkultur, f; →Batchversuch

Batchversuch, m; satzweiser Versuch, bei dem die reagierenden Phasen miteinander in Kontakt gebracht werden, und bis zum vollständigen Ablauf der Reaktion und dem Einstellen eines stabilen Endzustandes von außen unbeeinflußt bleiben; speziell bezeichnet man als Batchkulturen (oder Betchfermentation) biochemische Reaktionen, bei denen das anfängliche Verhältnis zwischen →Mikroorganismen und Nährsubstanz von außen bis zum vollständigen Verbrauch der Nährsubstanz nicht mehr verändert wird, d. h. es findet kein (→kontinuierlicher) Ersatz der verbrauchten Nährsubstanz (wie bei einem Versuch am offenen →System) statt; eine Zwischenstufe zwischen dem B. und dem Versuch am offenen System ist der Fed-Batch-Versuch (engl. „to feed" zugeben), bei dem die in der Reaktion verbrauchte Phase nicht kontinuierlich, wie im Versuch am offenen System, sondern entweder nach festen Zeitintervallen oder nach vollständigem Verbrauch ergänzt wird.

bathometer; →Bathometer, →Brunnenpfeife

Bathometer, n; (*etm*.: →Bathyal und gr. „metron" das Maß) *{bathometer}* auch Bathymeter, Meßgerät zur Bestimmung der Tiefe eines Gewässers bzw. des Wasserspiegels unter einer Brunnenoberkante (bzw. den Abstich einer →Grundwassermeßstelle; →Brunnenpfeife, →Kabellichtlot).

Bathosphäre, f; →Bathysphäre

bathosphere; →Bathosphäre, →Bathysphäre

Bathyal, n; (*etm*.: gr. „bathos" die Tiefe) *{bathyal}* lichtlose Meeresregion in einer Tiefe von ca. 200 - 3000 m, die den autotrophen (→Autotrophie) Pflanzen keinen Lebensraum bietet.

Bathymeter, n; →Bathometer

Bathyspäre, f; (*etm*.: →Bathyal und gr. „sphaira" die Kugel) *{bathosphere}* auch Bathospäre, tiefste Schicht der Weltmeere.

BAYESian theory; →BAYESsche Theory

BAYESsche Theorie, f; *{BAYESian theory}* Grundlage des →induktiven statistischen Schlusses; in der Darstellung durch ein →Input-Outputmodell I→P→O repräsentiert dabei P=E ein (statistisches) Experiment E zur Überprüfung einer Hypothese H, I ist die a-priori-Wahrscheinlichkeit p(H) von H bez. E und O die Wahrscheinlichkeit p(H/E) von H a-posteriori bez. E und seinem Ergebnis, es gilt nach BAYES die Proportion (Satz von BAYES)

$$p(H/E) \sim p(E/H) \cdot p(H),$$

dabei ist p(E/H) die Mutmaßlichkeit *{likelihood}* von H bez. E und seinem Ergebnis; bei mehreren möglichen, apriorisch gleichwahrscheinlichen Hypothesen $H_1,\ldots,H_n$ wird man sich somit für diejenige Hypothese H_m ($1 \leq m \leq n$) entscheiden, die maximale Mutmaßlichkeit $p(E/H_m)$ bez. E und damit maximale a-posteriorische Wahrscheinlichkeit $p(H_m/E)$ bez. E besitzt (Maximum-Likelihood-Methode).

BAZIN; Beiwert von B. →DE CHÉZY.

bed; →Schicht. →Sohle

Bedarf, m; →Wasserbedarf

Bedeckungsgrad, m; Quotient $BG = A_Ü/A$ ($\dim BG = 1$) aus der von der gesamten Vegetation eines Gebietes G in vertikaler Projektion überdecken Fläche $A_Ü$ durch den Flächeninhalt A von G (auch in %, →Blattflächenindex, →Interzeption, →Abb. B2).

bed load; →Festofffracht, →Geschiebe

bed load transport; →Feststofftransport, →Geschiebetransport,

bed slope; →Sohlengefälle

bed width; →Sohlenbreite

Beharrungstrecke, f; *{persisting stretch}* Abschnitt eines →Fließgewässers, in dem weder →Erosion noch →Sedimentation vorherrschen.

Beharrungszustand, m; *{steady state, state of inertia}* derjenige Zustand, bei dem in einem →Brunnen die konstante →Förderrate gleich der →Zuflußrate ist

(→stationäre (Grundwasser-) Strömung); im B. ändert sich somit weder →Absenkung noch →Reichweite des →Absenkungstrichters.

Belastung, f; *{load}* örtlich und zeitlich in einem →Bezugsgebiet (z. B. →Einzugsgebiet) aus →Niederschlag oder Schneeschmelze für einen →Niederschlag-Abfluß-Prozeß als gesamte →Niederschlagsintensität $i_N(t)$, dim i_N = L/T und z. B. [i_N]=mm/h, zur Verfügung stehendes Niederschlagswasser (aus den Niederschlägen gebildetes Oberflächenwasser).

Belastungsaufteilung, f; Aufteilung der →Belastung eines Bezugsgebietes (in →Intensitäten) in den zeitabhängigen Verlustanteil $i_V=i_V(t)$, dim i_V=L/T, der sich z. B. aus →Grundwasserneubildung, Bildung von →Bodenfeuchte und →Verdunstung zusammensetzt, und in die Intensität $i_{Ne}=i_{Ne}(t)$ des abflußwirksamen Effektivniederschlages (→Niederschlag, →Direktabfluß); die B. erfolgt beispielsweise mittels →HORTEN-Verfahren, Φ-Index (→Phi-Index) - Verfahren (→Abflußbeiwert).

Belebtschlamm, m; →Klärschlamm

Belüftung, f; →Wasseraufbereitung

Bemessungshochwasser, n; *{design flood}* kalkulatorischer (maximaler) Hochwasserdurchfluß (→Hochwasser) aus einer vorgegebenen →Wiederholungszeitspanne T_n als Grundlage technischer Planung (in z. B. Wasserwirtschaft (→Hochwasserrückhaltebecken), Bauwesen usw.).

Bemessungsniederschlag, m; *{design depth of precipitation, design storm}* kalkulatorische (maximale) →Niederschlagshöhe (z. B. aus einer vorgegeben →Wiederholungszeitspanne T_n) als Grundlage technischer Planung (in z. B. Wasserwirtschaft, Bauwesen usw.).

Bemessungsregenspende, f; *{design precipitation/storm per unit area}* Planungsgrundlage für Abwasseranlagen, auf das →Einzugsgebiet bezogene →Niederschlagsspende $r_{t(n)}$ des Regens mit dim $r_{t(n)}$=$L^3T^{-1}L^{-2}$ mit z. B. [$r_{t(n)}$] =ℓ/(s•ha), hierbei ist t die Dauer des Regenereignisses mit dim$t$=T und n ist die auf das Jahr bezogene Häufigkeit der Regenereignisse mit der Dauer t, d. h. [n]=a^{-1}.

benetzter Querschnitt, m; *{wetted area}* die in einem Gewässerquerschnitt vom Wasser angefüllte Fläche A (dim A = L^2) (s.Abb. H9).

benetzter Umfang, m; *{wetted perimeter}* vom Wasser benetzten Linie U (dim U=L) im Ufer- und Sohlenbereich eines Gewässerquerschnittes (s. Abb. H9).

Benthal, n; →Benthos

benthonic, →*benthonisch*

benthonisch; *{benthonitic, benthonic, epibiont}* den →Benthos betreffend.

benthonitic; →*benthonisch*

Benthos, n; (*etm.*: gr. „benthos" die Tiefe) *{benthos}* Gemeinschaft von Lebewesen im Bereich der →Gewässerbetten (der als Lebensraum des B. als Benthal *{benthal}* bezeichnet wird) oder Bezeichnung für dort lebendes Tier oder Pflanze, man unterscheidet →sessilen und →vagilen B. (→Abb. P8)

Bentonit, m; →Tonmineral

Benzen, n; *{benzene}* (früher auch Benzol) ringförmige (→Kohlenwasserstoff) Kohlenwassertoffverbindung der Summenformel C_6H_6 mit für das B. charakteristischem Bindungsverhältnis, bei dem neben den Einfachbindungen zwischen den Kohlenstoffatomen C, die weiteren vorhandenen sechs Elektronen miteinander wechselwirken und gleichmäßig über den gesamten ~ring verteilt sind, diese Verteilung wird symbolisch wie in →Abb. B1 wiedergegeben, wobei jede Sechseckecke einem C-Atom mit anhängendem Wasserstoffatom H entspricht, der dem Sechseck einbeschriebene Kreis gibt die gleichmäßig verteilten weiteren sechs Elektronen wieder.

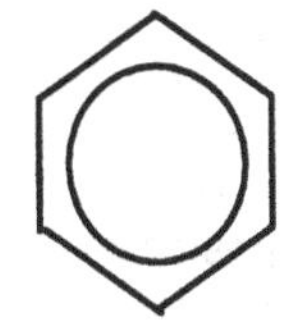

Abb. B1 *Benzenring*

benzene; →Benzen

Benzinring; →Benzen

Benzin, n; *{gasoline}* durch →Destillation aus dem →Erdöl gewonnene Fraktion unterschiedlicher →Kohlenwasserstoffe, im wesentlichen die, die 5-12 C-Atome enthalten, hauptsächlich die Alkane $C_nH_{2(n+1)}$ C_5H_{12} (Pentan), C_6H_{14} (Hexan), C_7H_{16} (Heptan) und C_8H_{18} (Oktan), ferner einige Alkene und Aromaten; B. ist eine farblose, leicht flüchtige, feuergefährliche Flüssigkeit (nach der →Verordnung brennbarer Flüssigkeiten (VbF) in die →Gefahrenklasse AI der entzündbaren flüssigen Stoffe eingeteilt), die in Wasser nicht löslich ist (→NAPL); die ~e dienen als Motorkraftstoff, als Lösungs- und Extraktionsmittel (z. B. in der chemischen Reinigung).

Benzol, n; →Benzen

Beregnung, f; *{spray/sprinkler irrigation}* Bewässerungsmaßnahme (→Bewässerung) durch Erzeugung künstlichen Regens in der →Landwirtschaft (i. allg. zur Steigerung der Biomasseproduktion).

Bereitstellung, f; →Wasserbereitstellung

Berieselung, f; *{flood irrigation}* Bewässerungsmaßnahme (→Bewässerung), bei der die Bewässerungsflüssigkeit flächenhaft oder in Rinnen und Furchen zugeführt wird (Rieselverfahren).

BERNOULLI-Gleichung, f; die B.-G. gibt für eine reibungsfrei strömende inkompressible Flüssigkeit den Energierhaltungssatz (→Energie) wieder zu

$$E_L+E_D+E_K=\text{const.}$$

mit der Lageenergie $E_L=mgz$, der Druckenergie $E_D=mp/\rho$ und der kinetischen Energie $E_K=mv^2/2$ (Masse m, Höhe z über Bezugsebene, Fallbeschleunigung g, absoluter Druck p, Dichte ρ und Geschwindigkeit v der strömenden Flüssigkeit; $\dim E_i=\mathsf{ML^2T^{-2}}$ für jede Energie E_i); hieraus gewinnt man die Darstellungen:

$gz+p/\rho+v^2/2=\text{const.}$ (Energieform)

$\rho gz+p+\rho v^2/2=\text{const.}$ (Druckform)

$z+p/(\rho g)+v^2/(2g)=\text{const.}$ (Höhenform);

die Energieform wird auch als Potentialform bezeichnet mit Höhen-, Druck- und Geschwindigkeitspotential; in der Höhenform ist z die geodätische Höhe, $p/(\rho g)$ die Druckhöhe und $v^2/(2g)$ die Geschwindigkeitshöhe (kinematische Energiehöhe), die Summe wird auch als Energiehöhe ($\dim h_i=\mathsf{L}$ für jede Höhe h_i) bezeichnet; bei geringen Strömungsgeschwindigkeiten, wie sie etwa bei Grundwasserströmungen vorliegen, kann der die Geschwindigkeit repräsentierende Term vernachlässigt werden, es ergibt sich hieraus z. B. für die Höhenform näherungsweise

$$z+p/(\rho g)=\text{const.}$$

(→Potential, →Standrohrspiegelhöhe); bei annähernd horizontalen Strömungen kann andererseits i.allg. der die Höhe repräsentierende Term mit der Konstante const. zusammengefaßt werden, und man erhält z. B. in der Druckform näherungsweise

$$p+\rho v^2/2=\text{const.}$$

mit dem statitischen Druck p und dem kinetischen (dynamischen) Druck $\rho v^2/2$, der auch als Geschwindigkeits- oder Staudruck bezeichnet wird ($\dim p_i = \mathsf{ML^{-1}T^{-2}}$ für jeden Druck p_i); treten zusätzliche Energieverluste durch Reibung auf, so enthält die B.-G. auf der linken Seite entsprechende additive Terme (z. B. als →Verlusthöhe).

Beschleunigung, f; *{acceleration}* Vektor $\vec{a}$, der die Geschwindigkeitsänderung eines nicht gleichförmig bewegten Teilchens wiedergibt, dessen Geschwindigkeit $\vec{v}$ somit als $\vec{v}=\vec{v}(t)$ von der Zeit t abhängt mit

$$\vec{a}=\frac{\partial}{\partial t}\vec{v}$$

und damit $\dim(\vec{a})=\mathsf{LT^{-2}}$ (→Hodograph).

Bestandsniederschlag, m; →Niederschlag

Bestimmungsgrenze, f; *{identification limit, limit of detection}* bei →quantitativen chemischen Analysen für eine nachzuweisende Substanz S festgelegter unterer Grenzwert x_{BG} seines Gehaltes für die Bestimmung; ab einem Meßergebnis $x \geq x_{BG}$ liegt die Irrtumswahrscheinlichkeit für das Ergebnis unter einem vorgegebenen Wert; x_{BG} wird ausgehend von einem →Leerwert (oder Blindwert) $\bar{y}_L$ gewonnen, dem mittleren Meßwert von S in einer →Leerprobe (Blindprobe), indem man $x_{BG}-\bar{y}_L$ als geeignetes Vielfaches der Standardabweichung von $\bar{y}_L$ festlegt; im Vergleich zur →Nachweisgrenze x_{NG} und zur →Erfassungsgrenze x_{EG} gelten die Relationen $x_{NG} \leq x_{EG} \leq x_{BG}$.

beta radiation; →Betastrahlung

Betastrahlung, f; *{beta radiation}* Korpuskularstrahlung (→Strahlung), die im Zusammenhang mit natürlicher und künstlicher →Radioaktivität auftritt und aus →Elektronen oder →Positronen besteht; die Positronenstrahlung entsteht nur beim Zerfall künstlicher radioaktiver Substanzen und als durch →kosmische Strahlen erzeugte Sekundärstrahlung, die entstehenden Positronen zerstrahlen dabei zusammen mit Elektronen bereits nach kurzer Laufzeit.

Betonaggressivität, f; die B. beschreibt die schädigende Wirkung (natürlicher) Wässer auf Beton, sie wird u. a. bestimmt durch deren →pH-Wert und ihren Gehalt an kalklösendem CO_2 (→Kohlendioxid, →Kohlensäure, →Marmorversuch), an NH_4^+ (Ammonium), Mg^{2+} (→Magnesium) und an SO_4^{2-} (→Sulfation).

betriebliche Rauhigkeit, f; →Rauhigkeit

Betriebspunkt, m; →Pumpe

Bewässerung, f; *{irrigation}* durch technische Maßnahmen eingeleitete Aufbringung von Flüssigkeit (i. allg. auf landwirtschaftliche Nutzflächen), d. h. Grund-, Quell- oder Abwasser, Gülle usw., zur Wasserversorgung oder Düngung der Pflanzen, zum Schutz der Pflanzen vor Frost (durch Beregnung), zur Verhinderung der →Winderosion usw.; die B. erfolgt durch →Beregnung, →Berieselung oder durch den →Stau von Oberflächenwasser (ggs. →Entwässerung).

Bewässerungskurve, f; →Retentionskurve

Bewegungsenergie, f; →Energie

Bewegungsgleichung, f; *{motion equation}* die B. gibt die Erhaltung des Impulses (→Impulssatz) eines strömenden →Fluids wieder (→Kontinuitätsgleichung), sie besitzt damit die Form

$$\vec{F}_t = \vec{F}_k + \vec{F}_d + \vec{F}_s$$

mit der Trägheitskraft

$$\vec{F}_t = \rho \cdot \delta V \cdot \frac{D\vec{v}}{Dt}$$

z. B. eines Volumenelementes des Inhaltes δV eines inkompressiblen Fluids der Dichte ρ bei Strömungsgeschwindigkeit $\vec{v}$ und der substantiellen Ableitung (→LAGRANGEsche Strömungskoordinaten)

$$\frac{D\vec{v}}{Dt} = \frac{\partial \vec{v}}{\partial t} + \vec{v} \cdot \vec{\nabla} \vec{v}$$

von $\vec{v}$ nach der Zeit t, der Körperkraft:

$$\vec{F}_k = \rho \cdot \delta V \cdot \vec{g} ,$$

i. allg. der Schwerkraft (→Gewicht), mit der Fallbeschleunigung $\vec{g}$ (→Gravitation), ferner der Druckkraft (→Druck)

$$\vec{F}_d = -\vec{\nabla} p \cdot \delta V$$

und der Schubkraft (→Schubspannung) für z. B. ein NEWTONsches Fluid

$$\vec{F}_s = \eta \cdot \Delta \vec{v} \cdot \delta V ,$$

volumenspezifisch gilt damit unter den genannten Voraussetzungen nach Division durch δV

$$\rho\left(\frac{\partial \vec{v}}{\partial t} + \vec{v} \cdot \vec{\nabla} \vec{v}\right) = \rho \cdot \vec{g} - \vec{\nabla} p + \eta \cdot \Delta \vec{v} ,$$

die NAVIER-STOKESsche Bewegungsgleichung; bei gleichförmiger Bewegung des Fluids - d. h. $\vec{F}_t = 0$ - in einem porösen Medium in Strömungsrichtung $\vec{s}$ sind die entsprechenden Richtungsableitungen $\partial / \partial \vec{s}$ zu verwenden, ferner ist

$$\vec{F}_k = \rho \delta V \cdot \vec{g}_s , \quad \vec{g}_s = |\vec{g}| \frac{-\partial z}{\partial \vec{s}} = -g \frac{\partial z}{\partial \vec{s}}$$

($\vec{g}_s$ ist die Komponente der Fallbeschleunigung $\vec{g}$ in Richtung $\vec{s}$, wobei $\vec{g}$ in die Richtung der negativen z-Achse eines räumlichen →kartesischen Koordinatensystems wirkt), und

$$\vec{F}_s = -C \cdot \eta \cdot \vec{v} ,$$

mit der →Filtergeschwindigkeit $\vec{v}$ und einem durch die innere Struktur des durchströmten porösen Mediums bestimmten Proportionalitätskoeffizient C, damit gilt in diesem Fall

$$\vec{0} = \rho g \frac{\partial z}{\partial \vec{s}} + \frac{\partial p}{\partial \vec{s}} + C \eta \vec{v} ,$$

bzw.

$$\vec{v} = -\frac{\rho g}{C \eta}\left(\frac{1}{\rho g}\frac{\partial p}{\partial \vec{s}} + \frac{\partial z}{\partial \vec{s}}\right) = -k_f\left(\frac{1}{\rho g}\frac{\partial p}{\partial \vec{s}} + \frac{\partial z}{\partial \vec{s}}\right)$$

das →DARCYsche Gesetz in allgemeiner Form mit dem Durchlässigkeitsbeiwert $k_f = \rho g / (C \eta)$ (und der →Permeabilität $K = C^{-1}$).

BEYER-Formel, f; empirische Formel zur Bestimmung des Durchlässigkeitsbeiwertes (→DARCYsches Gesetz) eines Lockergesteins aus der Korngrößenverteilung (→Korngröße), die B.-F. besteht in einer Erweiterung der →HAZEN-Formel, die nur für einen Ungleichförmigkeitsgrad $U \leq 5$ gültig ist, über diesen Definitionsbereich hinaus; für die Relation

$$k_f \approx c \cdot (d_{10})^2 ,$$

deren Parameter c in der HAZEN-Formel den temperaturabhängige Wert $c = 0{,}0116(0{,}70 + 0{,}03\vartheta)$ besitzt, der somit bei einer Wassertemperatur von $\vartheta = 10$ °C den Wert $c_{10} = 0{,}0116$ annimmt, werden durch den Ungleichförmigkeitsgrad U bestimmte und auf eine konstante Wassertemperatur von $\vartheta = 10$ °C bezogene Werte empirisch ermittelt:

$1{,}0 \leq U \leq 1{,}9$	$c = 0{,}0110$
$2{,}0 \leq U \leq 2{,}9$	$c = 0{,}0100$
$3{,}0 \leq U \leq 4{,}9$	$c = 0{,}0090$
$5{,}0 \leq U \leq 9{,}9$	$c = 0{,}0080$
$10{,}0 \leq U \leq 19{,}9$	$c = 0{,}0070$
$20{,}0 \leq U$	$c = 0{,}0060.$

bezogene Lagerungsdichte, f; →Lagerungsdichte
Bezugsgröße, f; (i. allg. →physikalische) Größe, auf die sich eine Berechnung oder allg. eine Aussage bezieht, wie Bezugszeitraum, Bezugsgebiet usw., die B. geht dabei entweder direkt in die Berechnung ein (z. B. die Fläche *A* des Bezugsgebietes in der →Abflußspende), oder sie ist jeweils zusätzlich anzugeben (z. B. der einer →Niederschlagshöhe zugrunde liegendeBezugszeitraum).
B-Horizont, m; →Bodenhorizont
bias; →Tendenz
bicarbonate; →Hydrogencarbonat
Bilanz, f; →Wasserbilanz
BImSchG; →Bundesimmissionsschutzgesetz
Bimsstein, m; *{pumice}* vulkanisches Auswurfgestein, in dem durch plötzliche Druckentlastung die entweichenden Gase die ausgeworfene Lava beim Erstarren aufgebläht haben, so daß ein schaumig poröses Lockergestein geringer Dichte entstand.
bindig; →Bindigkeit
Bindigkeit, f; *{cohesion}* Bezeichnung für die zwischen sedimentierten Partikeln (→Sedimentation) in (bindigen) Sedimenten wirkenden Haftkräfte, die auf →Adhäsion und →Kohäsion beruhen; die B. wirkt den Kräften der →Erosion entgegen; ein Sediment, in dem diese Haftkräfte nicht (oder nur in geringem Maß) nachweisbar sind, wird als rollig bezeichnet (→Konsistenz).
Bindungsart, f; →chemische Bindung
Bindungswinkel, m; →Valenzwinkel
BINGHAMsche Flüssigkeit, f; nicht-NEWTONsche Flüssigkeit (→Viskosität), d. h. eine Flüssigkeit, die nicht unbegrenzt fließfähig ist, sondern erst oberhalb einer kritischen →Schubspannung, die als Fließgrenze oder -spannung bezeichnet wird, (z. B. das Wasser in feinporiger Gesteinsmatrix).
biocenosis; →Biozönose
biochemical oxygen demand (BOD); →biologischer Sauerstoffbedarf
biochemical process; →biochemische Reaktion
Biochemie, f; *{biochemistry}* Grenzwissenschaft im Übergangsbereich zwischen Biologie, Chemie und Medizin.
biochemischer Abbaugrad, m; Quotionen $\alpha=BSB_5/CSB$ aus →biologischem Sauerstoffbedarf BSB_5 und →chemischem Sauerstoffbedarf *CSB*; der b. A. α ist ein Maß für die biologische Abbaubarkeit der Inhaltsstoffe z. B. eines Wassers, je größer α, um so besser sind die Inhaltsstoffe biologisch abbaubar, definitionsgemäß gilt $0\leq\alpha\leq1$.
biochemische Reaktion, f; *{biochemical process}* chemische Reaktion, die durch den Stoffwechsel (→Metabolismus) der Organismen verursacht wird.
biochemischer Sauerstoffbedarf, m; →biologischer Sauerstoffbedarf
biochemistry; →Biochemie
Bioelement, n; chemisches Element, das in die Körpersubstanz der Organismen eingebaut ist, und ihnen zur Aufrechterhaltung der Lebensvorgänge mit der Nahrung zugeführt werden muß (→Nährsalz, →Nährstoff, →Spurenelement).
Biogas, n; →Faulgas
biogenes Sediment, n; →Sediment
biological sewage treatment; →biologische Abwasserreinigung, →Abwasserreinigung
biologischer Rasen, m; verdichtete Besiedlung der Oberfläche eines →Festkörpers mit →Mikroorganismen (speziell →Bakterien); der b. R. dient z. B. bei der →Abwasserreinigung dem Abbau biologisch abbaubarer Abwasserinhaltsstoffe,

ein b. R. unterstützt ferner die Trinkwasseraufbereitung bei der →Langsamfiltration usw.

biologischer Sauerstoffbedarf, m; *{biochemical oxygen demand (BOD)}* (BSB) der auch als biochemischer Sauerstoffbedarf bezeichnete b. S. *BSB* ist die Sauerstoffmenge, die zur Oxidation organischer Stoffe im Wasser bei deren biologischem →Abbau benötigt wird; Bemessungsgröße ist 1 ℓ Wasser, der *BSB* wird auch als BSB_n in mg/ℓ angegeben, wobei *n* die Bebrütungsdauer (Inkubationszeit) in Tagen bei definierten Umständen wiedergibt, z. B. ist BSB_5 die für den oxidativen biologischen Abbau organischer Stoffe in 1 ℓ Wasser bei +20 °C binnen fünf Tagen benötigte Sauerstoffmasse, entsprechend bestimmt man den *BSB* auch als BSB_{20}; zur *BSB*-Bestimmung wird die Wasserprobe mit sauerstoffhaltigem Verdünnungswasser versetzt, diese Ansätze werden luftdicht verschlossen unter den definierten Bedingungen *n* Tage lang gelagert und anschließend wieder auf den verbliebenen Sauerstoffgehalt analysiert (→chemischer Sauerstoffbedarf); für die kontinuierliche Überwachung des *BSB* stehen prozeßgesteuerte Anlagen zur Verfügung, in denen die Analyseprobe stetig so mit Leitungswasser versorgt wird, daß sie einen konstante, z. B. dem BSB_5 entsprechende, Sauerstoffverbrauch aufweist (→Einwohnerwert.

biologische Verwitterung, f; →Verwitterung

Bioremediation, f; (*etm.*: gr. „bios" das Leben und lat. „remedium" das Heilmittel) Methode der →Bodensanierung in einer →Altlast, die auf der Förderung mikrobieller Abbauprozesse (→Abbau) beruht; bei der B. wird im zu sanierenden Boden für einen optimalen pH-Wert, Sauerstoff- und Nährstoffgehaltgehalt und günstige Temperatur für das Wirken der →Mikroorganismen gesorgt; in den →on-site-Verfahren wird der zu behandelnde Boden ausgekoffert und vor Ort (u. U. in Mieten) je nach Bedarf belüftet und mit Mikroorganismen und Nährstoffen versetzt, bei →in-situ B. werden geeignete Kulturen der auf die abzubauenden Schadstoffe ansprechenden Mikroorganismen zusammen mit Nährstoffen direkt in die zu sanierenden Bodenschichten eingebracht; ein Sonderfall der B. ist die Phytoremediation (gr. „phyton" die Pflanze), bei der die Fähigkeit verschiedener Pflanzenarten genutzt wird, organische Substanzen oder anorganische Schadstoffe, wie →Schwermetalle, aufzunehmen und zu binden; tiefwurzelnde Pflanzenarten können dabei bis in den Grundwasserraum hinein schadstoffreduzierend wirken.

Biosphäre, f; (*etm.*: gr. „bios" das Leben und „sphaira" die Kugel) *{biosphere}* Bezeichnung für die Gesamtheit der von Lebewesen besiedelten Schichten der →Erde.

biosphere; →Biosphäre

biotic; →biotisch

biotisch; (*etm.*: gr. „bios" das Leben) *{biotic}* als b. wird ein ökologischer Parameter bezeichnet, der sich auf die belebte Umwelt bezieht - z. B. das Vermehrungspotential von Lebewesen (ggs. →abiotisch).

Biotit, m; *{biotite}* gesteinsbildendes Mineral (→Glimmer)

biotite; →Biotit

Biotop, m oder n; (*etm.*: gr. „bios" das Leben und „topos" der Ort) *{biotope}* i. allg. Lebensraum verschiedener Tier- und Pflanzenarten, die vergleichbare

Umweltbedingungen als Existenzgrundlage benötigen; als B. wird jedoch auch der Lebensraum einer einzelnen Tier- oder Pflanzenart bezeichnet.

biotope; →Biotop

bioturbation; →Bioturbation; →Wühlgefüge

Bioturbation, f; →Pedoturbation

Biozönose, f; (*etm.*: gr. „bios" das Leben und „koinos" gemeinsam) *{biocenosis}* Lebensgemeinschaft verschiedenartiger Lebewesen (Pflanzen und Tiere), die sich wechselseitig beeinflussen und vergleichbare Umweltbedingungen als Existenzgrundlage benötigen; die B. ist durch invarianten Artenbestand wechselnder Mächtigkeiten charakterisiert (d. h. sie befindet sich im biozönotischen Gleichgewicht).

biozönotisches Gleichgewicht; →Biozönose

Bitumen, n; (*etm.*: lat. „bitumen" das Erdharz aus lat. „pix" der Teer und gr. „tymbos" das Grab", da zum Einbalsamieren verwendet) *{bitumen}* sowohl natürlich vorkommende als auch aus →Erdöl durch → Destillation gewonnene klebrige, bei Zimmertemperatur zähflüssige bis feste, schmelzbare Masse; Gemisch hochmolekularer →Kohlenwasserstoffe, das im Gegensatz zum →Teer keine →Phenole enthält.

Black-box, f; Konzept der →Systemanalyse, hierbei wird in der Darstellung I→P→O durch ein →Input-Output-Modell von bekanntem In- und Output I bzw. O als Randwerten auf den transformierenden Prozeß P geschlossen, ohne daß dessen innere Struktur bekannt oder zunächst von Interesse ist.

black ice; →Kerneis

Blätterzone, f; →Wasserzone

blanket of snow; →Schneedecke

Blasenbildung, f; in strömenden Flüssigkeiten auftretendes Phänomen, der Hohlraumbildung durch entstehende Dampfblasen beim Absinken des Drucks unter den →Dampfdruck; bei wiederansteigendem Druck fallen diese Hohlräume spontan bei schlagartiger Kondensation des Dampfes im Prozeß der →Kavitation zusammen.

Blattflächenindex, m; der B. $BFI = A_V/A_Ü$ (dim $BFI = 1$) ist der Quotient aus der gesamten niederschlagspeichernden Oberfläche A_V einer Vegetation und dem Flächeninhalt $A_Ü$ der von dieser Vegetation in vertikaler Projektion überdecken Fläche (→Bedeckungsgrad, →Interzeption, →Abb. B2).

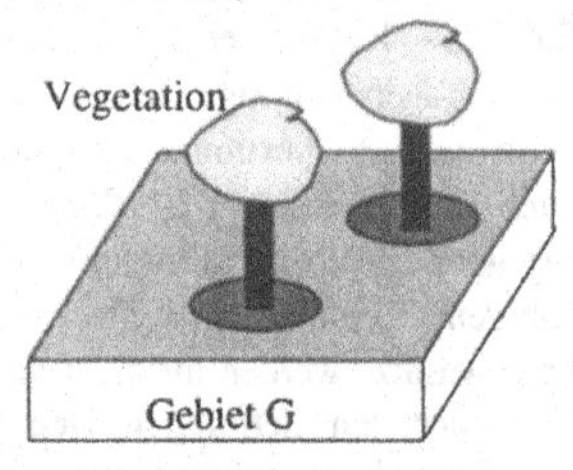

Abb. B2 ***Bedeckungsgrad und Blattflächenindex***

Blei, n; *{lead}* Element der →Kohlenstoffgruppe, der IV. Hauptgruppe des →Periodensystems der Elemente, mit dem Elementsymbol Pb, elementares B. ist ein bläulich-graues weiches →Schwermetall, das in der Natur hauptsächlich als Bleisulfid PbS (Galenit *{galena}*) vorkommt, einem kristallinen →Erz mit meist kubischer (→Kristall) Struktur (das umgangssprachlich auch als „Bleiglanz" *{lead glance}* bezeichnet wird); das in allen Verbindungen giftige B. gelangt durch industrielle →Emissionen in die Umwelt und die →Nahrungskette.

bleibende Härte, f; →Nichtcarbonathärte

Bleiglanz, m; →Blei

Blindprobe, f; →Leerprobe

blind sample; →Blindprobe, →Leerprobe

Blindsee, m; →See

Blindwert, m; →Bestimmungsgrenze

blow-out; →Windmulde

BOD; →BSB, →biologischer Sauerstoffbedarf

Boden, m; *{soil}* Teil der belebten obersten Schicht der Erdkruste, der →Pedosphäre; der B. besteht aus Verwitterungsprodukten (→Minerale) des liegenden →Gesteins sowie organischen Stoffen (→Humus) in unterschiedlichen Stadien ihres →Abbaus; der Entstehungsprozeß des ~s wird beeinflußt durch das vorherrschende Klima und das Ausgangsgestein und führt durch →Akkumulation bzw. →Erosion zur Ausprägung einer horizontalen Schichtung (→~horizont) des ~s; der B. bildet ein Drei-Phasen-System, d. h. eine innige Mischung aus den festen mineralischen oder organischen Partikeln mit den die Poren ausfüllenden flüssigen und gasförmigen →Phasen; als B. wird auch das den →Zonen zugrunde liegende Mehrphasensystem bezeichnet.

Bodenaggregat, n; →Aggregat; →Bodengefüge

Bodenart, f; *{soil type}* als B. bezeichnet man die Korngrößenstruktur der den →Boden bildenden festen Phase; sie gibt die Verhältnisse der →Ton-, Schluff- und Sandbestandteile (ggf. zusätzliche Kiesanteile) wieder (→Abb. B3; →Korngröße).

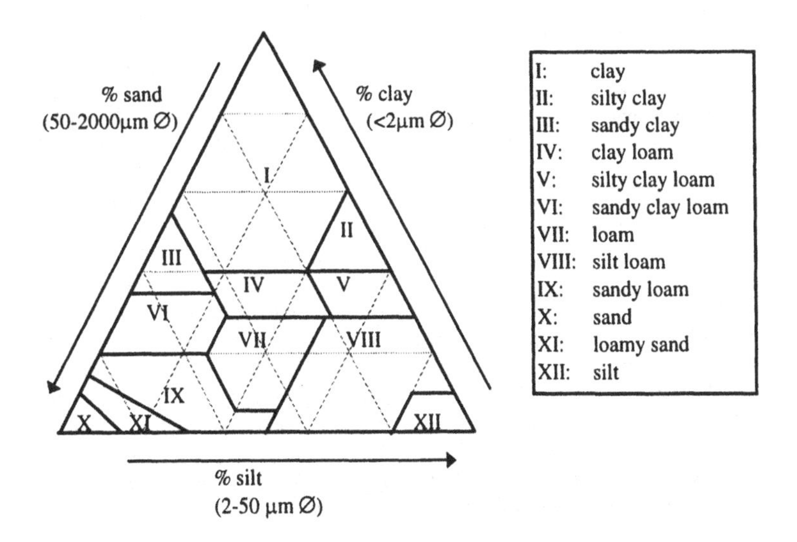

Abb. B3 ***Bodenarten des Feinbodens auf der Grundlage der US-Soil Taxonomy***

Bodenerosion, f; *{soil erosion}* Abspülung und auch Auswehung der Bodenpartikel, Zerstörung des Bodens durch →Erosion unter der Einwirkung des Wassers, d. h. der Kräfte des fallenden und des dem Gefälle der Erdoberfläche folgenden ablaufenden →Niederschlages, sowie der abtragenden Wirkung der Luftbewegung (ausblasen) und dem anschließenden Transport (Deflation (lat. „deflare" abblasen, *{deflation, wind abrasion}*) der abgelösten Teilchen im Luftstrom, entweder an der Erdoberfläche (→Saltation) oder in größerer Höhe mit anschließender Wiederablagerung als →Flugsand (→aeolischer Sand); B. ist besonders ein Phänomen der →semiariden Gebiete, wo der durch geringen Pflanzenbewuchs nur wenig geschützte Boden bei starken Niederschlagsereignissen leicht abgeschwemmt wird oder in der Folge der Entfernung der natürlichen Vegetation durch →anthropogene Einflüsse der B. in erhöhtem Maß ausgesetzt ist.

Bodenfauna, f; *{soil fauna}* Bezeichnung für die den →Boden belebende Tierwelt; man unterscheidet nach Größe der Lebewesen Mikro~ (<0,2 mm, z. B. →Amöben), Meso~ (0,2-2,0 mm, z. B. →Nematoden), Makro~ (ca. 2,0-20 mm, z. B. Larven) und Mega~ (>20 mm, z. B. Regenwurm und im Boden lebende Wirbeltiere).

Bodenfeuchte, f; *{soil moisture/water}* vom →Boden entgegen der Schwerkraft gehaltenes Wasser (→Haftwasser, →Feldkapazität).

Bodenfließen, n; →Solifluktion

Bodenflora, f; *{soil flora}* den Boden belebende Pflanzenwelt (z. B. →Pilze, →Algen usw.) mit Ausnahme der im Boden wurzelnden höheren Pflanzen.

Bodengas, n; →Bodenluft

Bodengefüge, n; *{soil structure/fabric}* räumliche Strukturierung des Bodens in Bereiche zusammengelagerter Bodenpartikel, die als Bodenaggregate (→Aggregate) *{soil aggregates}* bezeichnet werden (→Gefüge), sie bilden sich durch Schrumpfung des Bodens bzw. durch Verbindung der einzelnen Bodenpartikel untereinander; die Aggregate werden durch Hohlräume wie Risse und Spalten oder Zonen getrennt, in denen die Bodenpartikel nur geringfügig oder gar nicht zusammenhalten; die mit bloßem Auge nicht unterscheidbare Strukturierung des ~s wird als Mikrogefüge *{microstructure}*, das sich aus Mikroaggregaten zusammensetzt, die erkennbare als Makrogefüge *{macrostructure}* bezeichnet; die bei Bodenschrumpfung zunächst enstehenden Aggregate bilden das Makrogrobgefüge *{macrostructure}*, aus dem bei weiterer Zerlegung die Makrofeingefügeaggregate entstehen; ein Einzelkorngefüge ist schließlich ein B., in dem keine Aggregate ausgebildet sind oder die Bodenpartikel kaum aneinanderhaften; die Fähigkeit, ein bestimmtes B. bei entsprechenden seine Ausbildung fördernden Gegebenheiten (z. B. Austrocknung) aufzuweisen, ist das Gefügepotential *{potential structure}* eines Bodens, das sich dabei möglicherweise ausbildende B. wird auch als potentielles B *{potential soil structure}* bezeichnet (→Abb. G3).

Bodenhorizont, m; *{soil horizon}* ungefähr parallel zur Geländeoberfläche verlaufende Bodenschicht, die von den angrenzenden physikalisch, chemisch und biologisch abgegrenzt ist; die ~e und ihre Struktur bilden das Bodenprofil *{soil profile}*, es wird von oben nach unten primär in A-, B- und C-Haupthorizonte usw. unterteilt, wobei der A-Horizont der humushaltige Oberboden *{upper floor/soil}* ist, d. h. die oberste stark durchwurzelte bzw. die durch landwirtschaftliche Aktivitäten bearbeitete und umgelagerte Bodenschicht, der B-Horizont umfaßt den Unterboden *{bottom soil}*, der dem Oberboden unterlagert ist, und als C-Horizont bezeichnet man den Untergrund, das noch unveränderte Ausgangsgestein; der A-Horizont ist durch →Auslaugung an Mineralstoffen verarmt, die im B-Horizont durch →Ausfällung angereichert sind; diese Haupthorizonte werden nach verschiedenen Gesichtspunkten weiter unterteilt, wie z. B. dem Anteil an organischen Substanzen, dem Kalkgehalt, der Grundwasserbeeinflussung usw. (→Bodenklassifikation).

Bodeninfiltration, f; →Infiltration

Bodenklassifikation, f; *{soil classification}* Systematik zur Unterscheidung der Böden (→Boden) nach bestimmten Kriterien, z. B. dem Entwicklungsstand einheitlicher Horizontkombinationen (→Bodenhorizont), morphologischen (→Morphologie) und chemischen Eigenschaften; die verschiedenen Bodentypen *{soil types}* werden nach charakteristischen Merkmalen wie z. B. der Farbe (z. B. Schwarzerde, Braunerde, →terra fusca, →terra rossa usw.), landschaftlichen Bezügen (z. B. Auelehm) usw. benannt, ihre Einteilung erfolgt nach den Kriterien:

a. →terrestrische Böden (Landböden),
b. →semiterrestrische Böden (Grundwasserböden),
c. →semisubhydrische und →subhydrische Böden (Watt- und Unterwasserböden),
d. Moore,
e. anthropogene Böden, (z. B. durch Kulturmaßnahmen gewonnene Böden, →Anthrosole).

Bodenklassifizierung, f; →Bodenklassifikation

Bodenkörper, m; →Körper im Boden, d. h. eindeutig abgegrenztes oder theoretisch abgrenzbares, mit →Boden erfülltes Volumen.

Bodenluft, f; *{soil/ground air, ground gas}* die in einem →Bodenkörper enthaltene gasförmige Phase (→ungesättigte Zone, →Zone).

Bodenluftmessung, f; Analyse der →Bodenluft durch Abpumpen der in der →ungesättigten Zone enthaltenen Luft aus abgedichteten Bohrlöchern und Bestimmung ihrer gasförmigen Bestandteile (u. a. Schadstoffe wie →Methan CH_4, →Benzen C_6H_6 usw.).

Bodenmelioration, f; →Melioration

Bodenorganismus, m; *{soil organism}* Sammelbezeichnung für den →Boden belebende →Pflanzen und →Tiere (→Bodenflora, →Bodenfauna).

Bodenprobe, f; *{soil sample}* eine einem →Bodenkörper entnommene Teilmenge; man unterscheidet gestörte und ungestörte ~n; bei der ungestörte B. bleibt die Bodenstruktur bei der Probenahme erhalten, während sie bei der gestörten B. verloren geht; eine ungestörte B. kann durch →Bohrungen oder Entnahmen durch →Stechzylinder in →Schürfen oder →Stollen gewonnen werden.

Bodenprofil, n; →Bodenhorizont

Bodensanierung, f; Beseitigung des von einer →Altlast ausgehenden Gefahrenpotentials durch Rückführung des kontaminierten Bodens in seinen ursprünglichen Zustand; die B. geht über rein sichernde Maßnahmen hinaus, bei denen lediglich eine Gefahrenabwehr, z. B. durch Einkapseln des kontaminierten Bodens angestrebt wird; zur Vermeidung von Verunreinigungen des → Grundwassers könne die in die Bodenzone eingedrungenen Schadstoffe je nach ihrem →Aggregatzustand als Gase abgesaugt oder durch Belüften entfernt werden, als Flüssigkeiten können sie, ggf. mit dem durch sie kontaminierten Grundwasser, abgepumpt werden; feste Schadstoffe können schließlich durch Verflüchtigung aus dem Boden beseitigt werden; man unterscheidet →in-situ (auch in-site) Verfahren, bei denen die B. im Erdreich selbst durchgeführt wird, →on-site Verfahren, bei denen sie nach Auskoffern des betroffenen Bodens vor Ort erfolgt; bei der B. im off-site Verfahren schließlich muß der ausgekofferte Boden zur Sanierung abtransportiert und außerhalb seines Standortes aufgearbeitet werden, on-site und off-site Verfahren werden auch unter dem Sammelbegriff der →ex-situ-Verfahren (oder ex-site-Verfahren) zusammengefaßt; die B. erfolgt je nach Erfordernissen chemisch durch Bodenwaschung mit Lösungmitteln o. ä., physikalisch durch Wärmebehandlung (→Pyrolyse), Absaugen der Bodenluft usw., biologisch z. B. durch mikrobiellen Abbau (→Bioremediation) usw.

Bodentyp, m; →Bodenklassifikation

Bodenverdunstung, f; *{evaporation discharge; soil evaporation}* Anteil der →Evaporation, der von der nicht mit Vegetation bedeckten Erdoberfläche ausgeht; wie bei der →Verdunstung allgemein unterscheidet man zwischen der potentiellen B., die theoretisch bei für B. optimalen Umständen möglich ist, und realer oder tatsächlicher B., die unter den jeweils vorherrschenden äußeren (klimatischen und sonstigen) Bedingungen tatsächlich erfolgt.

Bodenversalzung, f; Erhöhung des Gehaltes wasserlöslicher Salze in einem Boden oder →Bodenhorizont, z. B. durch die Niederschläge, über das →Grundwasser aus Grundwasserkörpern mit einer hohen Salzkonzentrationen und durch künstliche Bewässerung.

Bodenversauerung, f; *{soil acidification}* Abnahme des →pH-Wertes eines Bodens bzw. seiner Kapazität, Säuren neutralisieren zu können; die B. ist Folge einer Erhöhung der H^+-Ionenkonzentration (→Wasserstoff); Ursachen hierfür sind biochemische Reaktionen bei dem →Abbau von Biomasse und den Stoffwechselvorgängen (→Metabolismus) in der durchwurzelten →Zone (→Durchwurzelungsbereich) sowie der Eintrag saurer Niederschläge und chemische Reaktionen des Bodens mit →anthropogenen Einträgen (wie →Düngemitteln usw.); das in der Form von →Oxonium H_3O^+ oder Hydronium $H_3O^+(H_2O)_n$ (→Hydroniumion) vorliegende Wasserstoffion führt zur Auflösung von Aluminiumoxiden und →Alumosilikaten (→Aluminium) u. a. der →Tonmineralien und somit zur Freisetzung von toxischem Al^{3+}, ferner zur Freisetzung von →Nährstoffen durch →Ionenaustausch (z. B. →Calcium Ca^{2+}, →Magnesium Mg^{2+} usw.), die in der Folge ausgewaschen (→Auswaschung) werden, und zur →Mobilisierung toxischer →Schwermetalle (z. B. →Blei Pb^{2+}, →Cadmium Cd^{2+} usw.); dem Versauerungsprozeß stehen chemische Reaktionen entgegen, die die H^+-Ionen abpuffern (Versauerungswiderstand), die Pufferung (→Puffer) kann zum einen im Zusammenhang mit den o. g. Reaktionen, zum anderen durch →Carbonate (z. B. $CaCO_3$) oder die COOH-Gruppen der →Huminstoffe bewirkt werden; mit sinkendem pH-Wert fallen die einzelnen Pufferungssysteme nacheinander aus: im neutralen Bereich bis ca. pH=6,7 wirken die Calcium-Carbonate mit der Reaktion

$$CO_3^{2-}+2H^+ \rightarrow H_2O+CO_2,$$

bei niedrigeren pH-Werten finden Ionenaustauschprozesse (→Ionenaustausch) statt, im Bereich von nur noch ca. pH=3-4 binden die Aluminiumpuffer durch →Hydratation bei weiter sinkenden pH-Werten schließlich sind die Eisenpuffer aktiv mit der Reaktion

$$FeOOH+3H^{+}+4H_2O \rightarrow (Fe(H_2O)_6)^{3+}.$$

Bodenwasser, n; *{bottom/soil water}* Bezeichnung für das in den →Hohlräumen eines →Bodens enthaltene Wasser; als pflanzenverfügbares B. *Wpfl* (→Pflanzenverfügbarkeit) wird die nutzbare →Feldkapazität des effektiven →Durchwurzelungsbereichs zuzüglich des kapillaren Aufstiegs aus dem Grundwasserraum in einem Bezugszeitraum mit dim *Wpfl*=L und [*Wpfl*]=mm bezeichnet (→permanenter Welkepunkt).

Bodenwasserhaushalt, m; *{moisture balance}* der B. ist bestimmt durch die Wasserbewegungen in der →ungesättigten Zone, die in Bereichen →humiden Klimas zur →Grundwasserneubildung (→Wasserhaushaltsgleichung) führen; diese Bewegungen des versickernden Teils der →Niederschläge und des Oberflächenwassers folgen dem →hydraulischen Gradienten, wobei u. U. →Wasserscheiden (Zonen mit lokal verschwindendem hydraulischen Gradient) auftreten; Analysen des ~s basieren auf direkter Erfassung durch →Lysimeter oder Messungen z. B. der Versickerung mittels →Markierungsstoffen, des hydraulischen Potentials mittels →Tensiometern usw. (klimatische →Wasserbilanz).

Bodenwasservorrat, m; →Feldkapazität

body; →Körper

body of groundwater; →Grundwasserkörper

body of rock; →Gesteinskörper

body of water; →Wasserkörper

body of waters; →Gewässer

Bohrdurchmesser, m; *{borehole diameter}* Grundkreisdurchmesser eines zylinderförmigen Bohrloches (→Bohrung); durch den B. wird der äußere Durchmesser eines →Brunnens bestimmt; der B. entspricht dem Außendurchmesser des Filterrohres zuzüglich der doppelten Stärke der Kiesschüttung (→Abb. B5).

Bohrgestänge, n; →Bohrung

Bohrgut, n; →Bohrung

Bohrkern, m; →Bohrung

Bohrloch, n; →Bohrung

Bohrlochkamera, f; →Bohrlochmessung

Bohrlochmessung, f; *{borehole measurement/survey}* Gewinnung von Meßdaten aus einem Bohrloch, durch z. B. optische Sondierung mittels einer in das Bohrloch eingeführten Kamera (Bohrlochkamera), →Inklinometermessung, →Flowmeter, →geoelektrische Messung, →Gamma-Log, →Gamma-Gamma-Log, →Kaliber-Log, →Seismik.

Bohrlochwand, f; →Bohrung

Bohrmeißel, m; →Bohrung

Bohrseil, n; →Bohrung

Bohrung, f; *{boring, drilling}* Einbringung eines Lochs (Bohrloch *{bore hole}*) mit in etwa kreisförmigem konstantem Durchmesser, dem →Bohrdurchmesser, (hier in die Erdkruste (→Erdaufbau)), das Bohrloch besitzt damit im Idealfall die Form eines Kreiszylinders, tatsächlich weist die Ortslinie der Mittelpunkte aller Bohrlochquerschnitte i. allg. eine Krümmung auf; eine B. erfolgt im wesentlichen durch drehendes *{rotary drilling}* oder schlagendes *{percussion drilling}* Bohren; Drehbohrer werden entweder ohne Spülung eingesetzt (das Bohrgut - d. h. das durch die Bohrung gelöste und das Bohrloch ursprünglich ausfüllende Material - wird hierbei durch eine mitlaufende Schnecke zutage gefördert) (→Schappe) oder mit Spülung, hierbei unterscheidet man zwischen Druckspülung *{straight circulation}* (Spülflüssigkeit wird durch das Bohrgestänge eingepumpt und transportiert das Bohrgut im Ringraum *{annulus}* zwischen Bohrlochwand *{wall of a well}* und Bohrgestänge *{drill stem}* nach oben) und Saugspülung *{reversed circulation}* (Spülflüssigkeit gelangt durch den Ringraum zwischen Bohrlochwand und Bohrgestänge nach unten und wird zusammen mit dem Bohrgut *{drill cuttings}* durch das Bohrgestänge abgesaugt) (→Abb. B4), das Bohrgut kann ferner durch Druckluft aus dem Bohrloch ausgeblasen werden (Luftspülung); beim Druckspülverfahren kann in der Kombination mit Rammkernbohrern (→Kernbohrer) ggf. ein Bohrkern *{core}* (als Bodenprobe) gewonnen werden; beim schlagenden Bohren wird ein Bohrmeißel *{drill bit}* im Trockenverfahren (also ohne Spülung) entweder an einem Seil *{cable}* (Seilfreifallbohrer) oder Gestänge *{rod}* (Gestängefreifallbohrer) hängend in den Untergrund gestoßen; auch hierbei kann mit entsprechenden Kernbohrern ein Bohrkern entnommen werden; in hartem Felsgestein wird auch mit Hammerbohrern *{pneumatic hammer}* gearbeitet; dient die B. als Brunnen~ *{well boring}* der Einrichtung eines →Brunnens kann u. U. durch Bohrlochsprengungen (Torpedierungen) *{shooting}* versucht werden, wasserführende Klüfte im Gestein aufzureißen.

boiling-point; →Siedepunkt

boiling-point elevation; →Siedepunktserhöhung

BOLTZMANNsche Konstante, f; Quotient $k_B=R/N_A=1{,}38066\cdot10^{-23}$ J/K aus der universellen Gaskonstante R der →Zustandsgleichung für ideale Gase und der →AVOGADROschen Konstante N_A; die B. K. k_B bezieht sich somit auf ein Molekül des idealen Gases (die universelle Gaskonstante R hingegen auf die Stoffmenge $n=1$ mol).

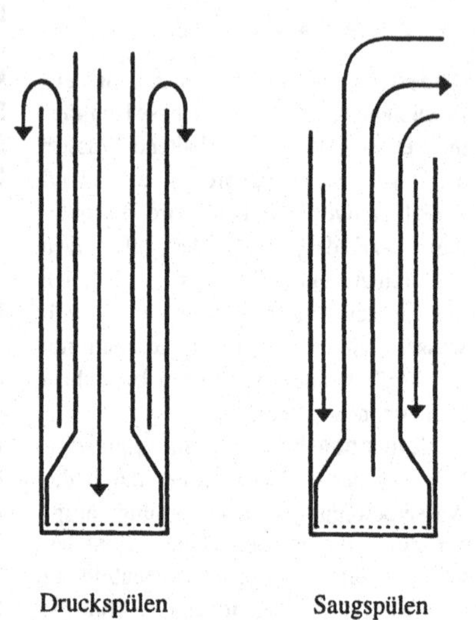

Abb. B4 ***Spülverfahren beim drehenden Bohren***

BOLTZMANNsche Zahl, f; Zahlenwert $z_B=1{,}38066\cdot10^{-23}$ der →BOLTZMANNschen Konstante.

Bor, n; *{boron}* Halbleiter, Element der →Borgruppe, der III. Hauptgruppe des →Periodensystems der Elemente, mit dem Elemetsymbol B, B besitzt eine hohe Affinität zum Sauerstoff und kommt daher in der Natur elementar nicht vor; als →Spurenelement ist B ein unverzichtbarer Bestandteil der →Nahrungskette; technisch wird B z. B. in der Keramikindustrie, als Imprägnierungsmittel und als Waschmittelzusatz verwendet; B gelangt mit den Abwässern häuslicher (Waschmittelrückstände) und gewerblicher (Prozeßabwässer der Textil- und Glasindustrie sowie der Fotochemie) Herkunft in die oberirdischen Gewässer und ist damit ein Indikator der Gewässerbelastung und →Markierungsstoff für den Nachweis der →Uferfiltration (Bildung von →Seihwasser) bzw. von Rohrnetzverlusten der Abwasserleitungen.

border ice; →Randeis

borehole; →Bohrloch

borehole diameter; →Bohrdurchmesser

borehole measurement; →Bohrlochmessung

borehole survey; →Bohrlochmessung

Borgruppe, f; III. Hauptgruppe des →Periodensystems der Elemente, die B. umfaßt die Elemente →Bor (B), →Aluminium (Al), Gallium (Ga), Indium (In) und Thallium (Tl) mit zunehmend metallischem Charakter der Elemente vom B zum Tl; das in der Natur am häufigsten vertretene Element der B. ist das Aluminium.

boring; →Bohrung

boron; →Bor

bottom; →Sohle

bottom slope; →Sohlengefälle

bottom soil; →Unterboden

bottom spring; →Grundquelle

bottom velocity; →Sohlengeschwindigkeit

bottom water; →Bodenwasser

bottom width; →Sohlenbreite

boulder clay; →Geschiebelehm

boundary flow line; →Grenzstromlinie

boundary layer; →Grenzschicht

BOYLE-MARIOTTEsches Gesetz, n; Folgerung der →Zustandsgleichung $pV = RnT$ für ideale Gase, nach der bei konstanter Stoffmenge n=const. und konstanter Temperatur T=const. eines (idealen) Gases das Produkt $p \cdot V$ aus Druck p und Volumen V des Gases eine Konstante pV=const. ist.

brackish water; →Brackwasser

Brackwasser, n; *{brackish water}* natürliches Wasser mit einem Gehalt an gelösten Feststoffen im Bereich 1.000-10.000 mg/ℓ, das B. liegt damit bezüglich dieses Parameters im Übergangsbereich zwischen →Süß- und →Salzwasser (→Verbrackung); je nach dem Salzgehalt des ~s kann es unterteilt werden in oligo- (gr. „ologos" gering), meso- (gr. „mesos" mittel) und ployhalin (gr. „polys" viel und „hals" das Salz).

Brauchwasser, n; →Wasserqualität

Braunit, m; →Mangan

Braunstein, m; →Mangan

breccia; →Breckzie

Brechung, f; →Refraktion

Breckzie, f; *{breccia}* →Sedimentgestein

brine; →Sole

BRINELL-Härte, f; →Härte

brittle; →spröde

BROWNian movement; →BROWNsche Molekularbewegung

BROWNsche Molekularbewegung, f; *{BROWNian movement}* Bewegungen (Schwingungen) der Moleküle eines flüssigen (→Flüssigkeit) oder gasförmigen (→Gas) Stoffes (eines →Fluids), die in ihrer Intensität von dessen →Temperatur abhängen, die B. M. führt zu regellosen Bewegungen kleinster in dem flüssigen oder gasförmigen Medium verteilter gelöster oder ungelöster Partikel (z. B. Ruß, Nebel usw.) und bewirkt deren →Diffusion sowie die des sie enthaltenden Fluids.

Brunnen, m; *{well}* Einrichtungen zur Förderung von →Grundwasser; →artesische B. werden von einem gespannten →Grundwasserleiter gespeist und fördern ohne den Einsatz von Pumpen; bei den

Herstellungsverfahren unterscheidet man Schacht~, die durch Ausschachten und Errichtung unter der Verwendung von Mauerwerk, Betonringen usw. erstellt werden, Bohr~ (→Bohrung) und Ramm~, bei denen ein Filterrohr *{screen}* in den Boden gerammt wird, gelegentlich werden B. auch durch Spülung niedergebracht (→Abb. B5); Horizontalbrunnen gewinnen das Grundwasser aus horizontal oder schräg verlaufenden Filtern *{well filter}* oder Stollen; als Filter werden meistens gelochte oder geschlitzte Rohre *{screen}* verwendet, die auch von einer Kiesschüttung umgeben sein können; die ~filter verschleißen bzw. werden in ihrer Wirkung beeinträchtigt durch chemische Reaktion mit den Wasserinhaltsstoffen z. B. durch Auflösung des Filtermaterials (→Korrosion), bzw. durch Verstopfung der Filterlöcher oder -schlitze durch Ablagerung aus dem Wasser ausfallender →Carbonate (→Versinterung), Eisen- oder Manganteilchen (→Verockerung) oder feiner Schwebepartikel im Grundwasser (→Versandung), die durch diesen Alterungsprozeß bedingte Beeinträchtigung der Brunnenfunktion kann durch Klarpumpen behoben werden, d. h. durch Förderung mit überhöhter →Intensität; der obere Abschluß eines Bohr~s ist der ~kopf {well top}, von dem aus der B. betrieben wird, und der ihn zugleich vor Verunreinigungen von der Geländeoberfläche her, z. B. durch eindringendes Oberflächenwasser schützt; B., die in Lockergestein niedergebracht wurden, sind vor Inbetriebnahme zu entsanden (→~ausbau), wobei die feinkörnigen Strukturen des Grundwasserleiters im Bereich des B. entfernt werden; dies geschieht z. B. durch Abpumpen des Grundwassers mit großen Förderraten oder auch durch pulsierenden Betrieb des ~s mit raschem Wechsel zwischen Wasserentnahme und -injektion; kapazitative Kenngrößen sind u. a. die ~ergiebigkeit *{well yield}* Q_E (→Brunnencharakteristik, →Ergiebigkeit) mit $\dim Q_E = L^3/T$ in z. B. $[Q_E]=m^3/s$ als in der Zeiteinheit gefördertes Wasservolumen bei konstantem Dauerbetrieb und konstanter Grundwasserabsenkung und die ~leistung Q_L mit $\dim Q_L = L^3/T$ *{well capacity}* mit $[Q_L]=m^3/s$ als maximal mögliche Wasserentnahme in der Zeiteinheit (→vollkommener B., →unvollkommener B., →Absenkungsbereich, →Entnahmebereich, →Kulminationspunkt, →Abb. B6; →Reichweite).

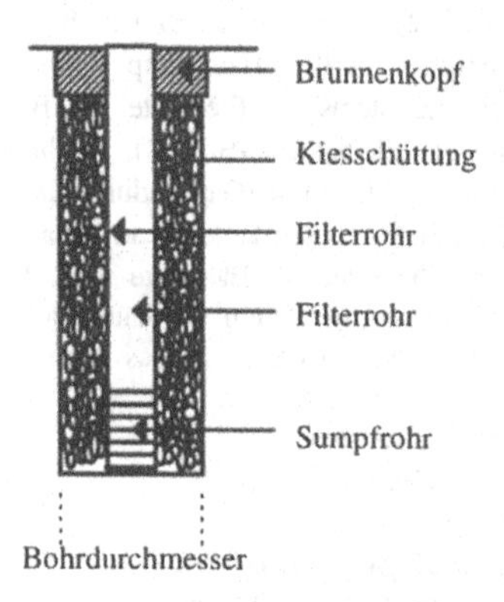

Abb. B5 ***Schemazeichnung eines Bohrbrunnens***

Brunnenausbau, m; **1.)** *{well design}* technologische und geometrische Auslegung eines Brunnens, dem B. kommt als wesentliches planerisches Element entscheidende Bedeutung bei der Aufwands-/Nutzen-Analyse eines Brunnenbauprojektes zu; **2.)** *{well development/support}* Phase zwischen Niederbringung und Inbetriebnahme eines →Brunnens, die z. B.

durch die Entsandung bedingt sein kann.

Brunnenbohrung, f; →Bohrung

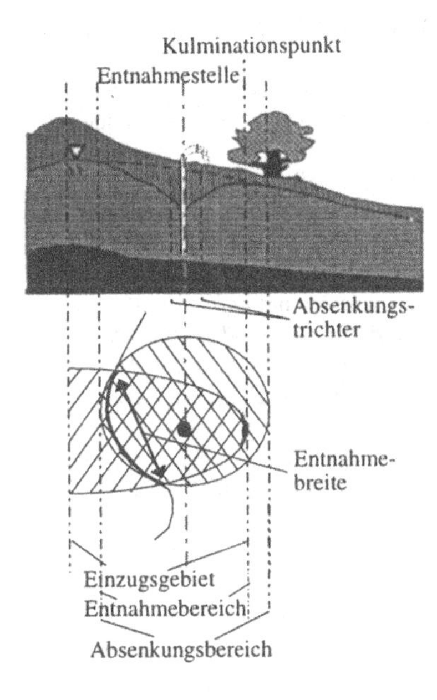

Abb. B6 ***Einzugsgebiet eines Brunnens***

Brunnencharakteristik, f; *{specific capacity}* funktionaler Zusammenhang zwischen der Entnahme (→Ergiebigkeit) Q_E ($\dim Q_E = L^3/T$ und i. allg. $[Q_E]=m^3/s$) aus einem →Brunnen und der dadurch bedingten Wasserspiegelabsenkung s ($\dim s = L$) im Brunnen; Q_E wird dabei stufenweise gesteigert und jeweils solange konstant gehalten, bis s sich nicht mehr meßbar weiter erhöht; als B. dient häufig auch die graphische Darstellung von $Q_E=Q_E(t)$ und $s^*=s^*(t)$ als Funktionen der Zeit t über einer gemeinsamen Zeitachse, dabei wird $s^*=b-s$ mit einem Bezugswasserstand b - z. B. dem → Ruhespiegel vor der durch Abpumpen herbeigeführten Wasserspiegelabsenkung - wiedergegeben (→Abb. B7) (→Pumpversuch).

Brunnendurchmesser, m; *{well diameter}* doppelter nomineller →Brunnenradius.

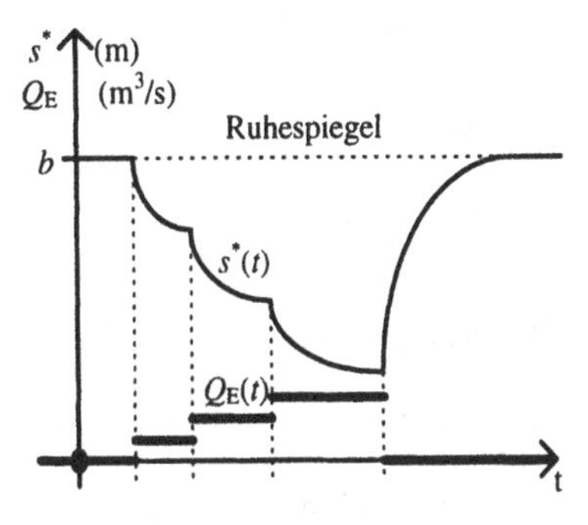

Abb. B7 ***Brunnencharakteristik***

Brunneneintrittsverlust, m; *{well loss}* durch den Eintritt in einen →Brunnen (z. B. beim Durchströmen des Kiesfilters) auftretender Strömungsverlust der Grundwasserströmung, quantifiziert z.B. als entsprechende →Verlusthöhe.

Brunnenergiebigkeit, f; →Brunnen, →Ergiebigkeit

Brunnenfilter, m; →Brunnen

Brunnenformel, f; →Pumpversuche

Brunnenfunktion, f; *{well function}* →THEISsche Brunnenformel

Brunnengalerie, f; *{line of wells}* auch Brunnenreihe, Wassergewinnungsanlage, die (z. B. bei nicht bedarfsdeckender Ergiebigkeit eines Einzelbrunnens) aus mehrere Einzelbrunnen besteht, die entweder einzeln mit Pumpen versehen sind, und in eine gemeinsame Druckleitung (→Pumpe) fördern oder an eine gemeinsame Heberleitung (→Heber) angeschlossen sein können (→Abb. B8).

Brunnenkopf, m; →Brunnen

Brunnenleistung, f; →Brunnen

Brunnenleistungsversuch, m; *{specific capacity test}* →Leistungspumpversuch

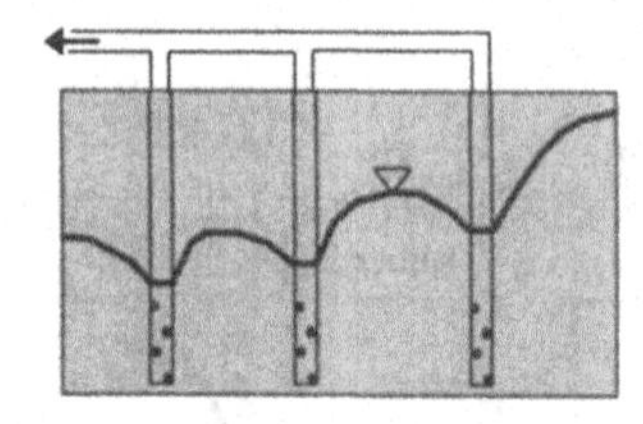

Abb. B8 ***Brunnengalerie***

Brunnenpfeife, f; *{bathometer, well whistle}* Gerät zur Bestimmung der Lage des Wasserspiegels in einem Brunnen relativ zu seiner Oberkante oder des Abstichs in einer →Grundwassermeßstelle; die B. besteht aus einem unten offenen Metallzylinder, der am oberen Ende mit einer Pfeifenöffnung versehen ist; beim raschen Ablassen der B. an einem Maßband wird beim Eintauchen des Zylinders die Luft in seinem Inneren komprimiert, durchströmt die Pfeifenöffnung und löst somit ein akustisches Signal aus; an dem Maßband ist dann der vertikale Abstand der Pfeife von z. B. der Brunnenoberkante ablesbar (→Abb. B9).

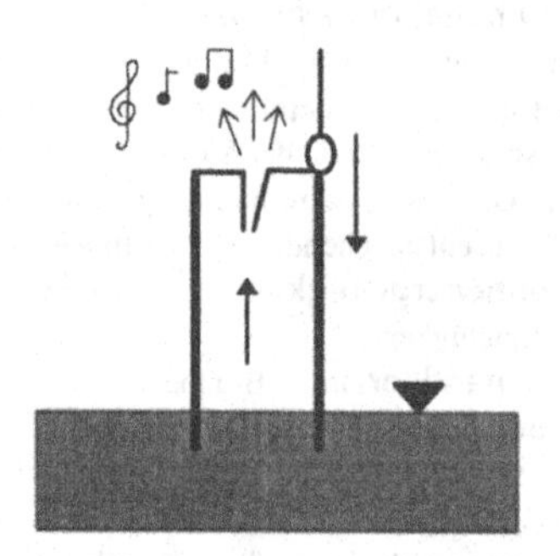

Abb. B9 ***Brunnenpfeife***

Brunnenradius, m; als nomineller *{nominal well radius}* B. r_n Radius der den zugrunde liegenden →Brunnen, seinen Filter und ggf. die Kiesschüttung enthaltenden →Bohrung; als kritischer B. r_k *{critical well radius}* der horizontale Abstand des Übergangsbereichs der →turbulenten Brunnenanströmung in →laminaren Grundwasserstrom von der Brunnenachse mit $r_k \leq r_n$, der effektive B. r_e *{effective well radius}* ist schließlich der horizontale Abstand der theoretisch möglichen Brunnenabsenkung s_m (→Absenkung) von der Brunnenachse, gemessengemessen an der Stelle der tatsächlichen Absenkung s im Brunnen (→Abb. B10).

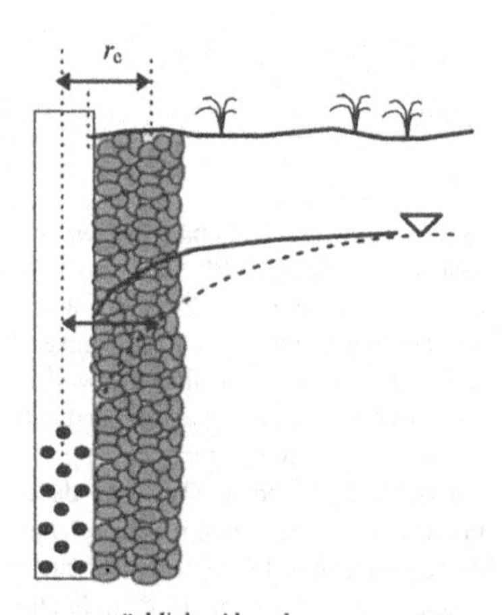

Abb. B10 ***effektiver Brunnenradius r_e***

Brunnenreihe, f; →Brunnengalerie

Brunnenschutzgebiet, n; →Trinkwasserschutzgebiet

Brunnenwirkungsgrad, m; *{well effeciency}* Quotient $\eta_B=Q_{E,Ist}/Q_{E,Soll}$, mit $\dim Q_{E,Ist}/Q_{E,Soll}=1$, aus der tatsächlichen Ergiebigkeit $Q_{E,Ist}$ des →Brunnens und seiner theoretisch möglichen $Q_{E,Soll}$, die sich aus der Geometrie und der Ausführung des Brunnens und aus den hydrogeologischen Parametern des den Brunnen speisenden →Grundwasserleiters ergibt, definitionsgemäß gilt $0 \leq \eta_B \leq 1$ (→Wirkungsgrad).

BSB →biologischer Sauerstoffbedarf

bubble pressure; →Schwellendruck

buffer; →Puffer

buffer capacity; →Pufferungsvermögen

Bundesimmissionsschutzgesetz, n; BImSchG, Gesetz aus dem Jahr 1974 zum Schutz der Menschen, Tiere, Pflanzen und Sachgüter vor Schäden durch →Immissionen; die Normierung technischer Prozesse und die Definition von →Grenzwerten erfolgt im Rahmen des BImSchG in separaten Durchführungsvorschriften, den Technischen Anleitungen (TAs), die dem jeweiligen technologischen Entwicklungsstand angepaßt werden, z. B. in der TA Abfall, TA Lärm, TA Luft, TA Siedlungsabfall und der TA Sonderabfall.

Buntsandstein, m; →Obere Trias

C

c-; →Zenti-

C; Abk. für Celsius in °C als Einheit der →Temperatur.

C; Abk. für →Coulomb, Einheit der elektrischen Ladung.

C_{14}-Methode, f; die C.-M. ist hinter dem Schlagwort „cluster-Analyse" eingeordnet.

c√T und ***C√T*** sind hinter dem Schlagwort „curative water" eingeordnet.

cable; →Bohrseil

Cadmium, n; *{cadmium}* Element der →Zinkgruppe, der 2. Nebengruppe des →Periodensystems der Elemente, mit dem Elementzeichen Cd; Schwermetall, das natürlich als ~sulfid CdS oder ~carbonat $CdCO_3$ vorkommt, und zwar i. allg. als Begleiter der entsprechenden Zinkverbindungen; Cd ist bereits in geringen Konzentrationen toxisch für Menschen, Tiere und Pflanzen, es wird über Industrieabfälle (insbesondere des metallerzeugenden und -verarbeitenden Gewerbes) und →Emissionen, durch →Klärschlamm sowie als natürlicher Bestandteil einiger Düngemittel in den →Boden eingetragen und wird dort z. T. durch →Adsorption, z. T. durch chemische Reaktionen immobilisiert (→Immobilisation) und angereichert; Cd ist (im Vergleich zu entsprecheneden Verbindungen des →Bleis und →Quecksilbers) verhältnismäßig gut wasserlöslich, wird von den Pflanzen leicht aufgenommen, in ihnen angereichert und dadurch in die → Nahrungskette integriert; von besonderer Bedeutung ist daher die Rückgewinnung des ~s aus den Abwässern, dem Rauch und den Abgasen der metallverarbeitenden Betriebe und aus dem →Klärschlamm.

calcimetry; →Kalkgehaltsbestimmung

Calcit, m; →Calciumcarbonat

calcite; →Calcit

Calcium, n; *{calcium}* Element der Gruppe der →Erdalkalimetalle, der I. Gruppe des →Periodensystems der Elemente, mit dem Elementzeichen Ca; in der Natur kommt Ca elementar nicht vor, sondern nur in der Form schwer oder gar nicht löslicher ~salze (→~carbonat, →~silicat; →~sulfat); Ca ist Bestandteil aller Lebewesen und gehört zu ihren essentiellen →Nährstoffen (→Bioelement), das im Boden enthaltene Ca unterliegt der →Auswaschung infolge →Bodenversauerung.

Calciumcarbonat, n; *{calcium carbonate}* C. mit der chemischen Formel $CaCO_3$ (→Carbonat) tritt in der Natur in drei verschiedenen →kristallinen →Modifikationen auf (Calcit *{calcite}*, Aragonit *{aragonite}* und Vaterit *{vaterite}*), wobei die hauptsächlichen natürlichen ~vorkommen in Kalkstein und Marmor aus Calcit bestehen; in kohlensäurehaltigem Wasser ist C. nach

$$CaCO_3 + H_2O + CO_2 \rightleftharpoons Ca(HCO_3)_2$$

unter Bildung des leicht löslichen Calciumhydrogencarbonats $Ca(HCO_3)_2$ (→Hydrogencarbonat) in beträchtlichem Umfang löslich (→Kalk-Kohlensäure-Gleichgewicht).

calcium carbonate; →Calciumcarbonat

calcium carbonate content; →Kalkgehalt

Calciumcarbonatsättigung, f; die C. bezeichnet das Vermögen eines Wassers, festes →Calciumcarbonat aufzulösen bzw. abzuscheiden, kann das Wasser noch Kalk auflösen, so ist seine C. negativ, neigt es zu Kalkabscheidungen, so ist seine C. positiv, im →Kalk-Kohlensäure-Gleichgewicht, bei dem das Wasser weder in der Lage ist, festes Calciumcarbonat aufzulösen noch es abzuscheiden, nimmt die C. den Wert Null an.

Calciumhydrogencarbonat, n; →Hydrogencarbonat, →Calciumcarbonat

calcium silicate; →Calciumsilikat

Calciumsilikat, n; *{calcium silicate}* von der →Kieselsäure hergeleitetes Calciumsalz (→Calcium), unter den natürlichen →Silikaten z. B. der zu den Kettensilikaten (→Silikate) gehörende Wollastonit $Ca_2(SiO_3)_2$, bzw. als β- und α-Wollastonit $Ca(SiO_3)$ und $Ca_3(SiO_3)_3$, bei Kontaktmetamorphose (→Metamorphose) entstehenden Reaktionsprodukten des Calcits (→Calciumcarbonat) und der Kieselsäure; ferner als Doppelsilikate, wie der (in →Magmatiten enthaltene) Augit $CaMg(SiO_3)_2$; unter den künstlichen Silikaten z. B. als Calciumaluminatsilikat im Zement, als Alkali~ in Email und Glas.

Calciumsulfat, n; *{calcium sulfate}* Calciumsalz der Schwefelsäure (→Schwefel; →Sulfat), findet sich in der Natur als kristallwasserfreier Anhydrit $CaSO_4$ (*etm.*: gr. „an" ohne und „hydor" das Wasser) und Gips $CaSO_4 \cdot 2H_2O$, der →Kristallwasser enthält; beim Erhitzen spaltet der Gips zunächst (bei ca. 120 - 130 °C) einen Teil seines Kristallwassers ab und geht in Halbhydrat $CaSO_4 \cdot {}^1/_2 H_2O$, bei hohen Temperaturen (1.000-1.200 °C) schließlich in Anhydrit über; die natürlichen Anhydritvorkommen sind sekundär aus Gips bei hoher Gesteinsüberlagerung entstanden; die Dissoziationsprodukte Ca^{2+} und SO_4^{2-} des $CaSO_4$ zählen zu den Hauptinhaltsstoffen des →Wassers und tragen zur dessen →Nichtcarbonathärte bei.

calcium sulfate; →Calciumsulfat

calibration; →Kalibrierung, →Eichung

caliper log; →Kaliber-Log

Canyon, m; →Tal

capacity; →Leistung

capacity (of a well); →Fassungsvermögen

capillarity; →Kapillarität

capillary fringe; →kapillare Aufstiegszone

capillary space; →kapillare Aufstiegszone

capillary water; →Kapillarwasser

capillary zone; →kapillare Aufstiegszone

Carbochemie, f; →Kohle

carbon; →Kohlenstoff

Carbonat, n; *{carbonate}* neutrales Salz der →Kohlensäure, das mit dem Anion CO_3^{2-} dissoziiert, die ~e sind mit Ausnahme der Alkali~e im Wasser nur schwer löslich.

carbonate; →Carbonat

carbonate hardness (of water); →Carbonathärte

carbonate rock; →Carbonatgestein

Carbonatgestein, n; *{carbonate rock}* Gestein, das zu mehr als 25 % seiner Masse aus →Carbonaten besteht, und zwar überwiegend aus Calcium- und Magnesiumcarbonaten; der Calciumcarbonatgehalt beruht dabei hauptsächlich auf dem Gehalt an Calcit (→Calciumcarbonat), der Gehalt an Magnesiumcarbonat im wesentlichen auf dem Gehalt an →Dolomit; ~e mit einem Carbonatgehalt zwischen 25 % und 75 % werden als Mergel bezeichnet, liegt der Carbonatgehalt eines ~s über 75 %, so ist von Kalkstein die Rede.

Carbonathärte, f; *{carbonate hardness (of water)}* →Härte des Wassers, die bestimmt ist durch dessen Gehalt an →Hydrogencarbonationen HCO_3^- und →Carbonationen CO_3^{2-}; die zugehörigen Kationen gehören im wesentlichen zu den →Alkali- und den →Erdalkalimetallen; die C. verschwindet beim Erhitzen des Wassers durch die dabei erfolgende →Ausfällung der entsprechenden Carbonate, die C. wird aus diesem Grund gelegentlich auch als „vorübergehende" oder „temporäre" Härte (*etm.*: lat. „tempus" die Zeit) *{temporary hardness (of water)}* bezeichnet; die C. bildet zusammen mit der →Nichtcarbonathärte die →Gesamthärte des Wassers (→Härte).

Carbonatkarst, m; →Karst

carbon cycle; →Kohlenstoffkreislauf

carbon dioxide; →Kohlendioxid

carbonic acid; →Kohlensäure

Carbonyl, n; Metall-Kohlenmonoxid-Verbindung, z. B. $Fe(CO)_5$, $Cr(CO)_6$ usw.

cartesian coordinates; →kaertesische Koordinaten

cascade; →Kaskade

catalyzer; →Katalysator

cataract; →Stromschnelle

catchment area; →Einzugsgebiet

catharobiont; →Katharobiont

catharobity; →Katharobie

cathode; →Kathode

cation; →Kation

cation-exchange capacity; *CEC* →Kationenaustauschkapazität

cavitation; →Kavitation

cavity; →Hohlraum

cavity volume; →Hohlraumvolumen

cd; Abk. Candela, Einheit des →Lichtstroms

CEC; →Kationenaustauschkapazität

cement; →Zement

cementation; →Verfestigung

centi-; →Zenti-

central core (of the earth); →Erdkern

CFC; →*fluorochlorinated hydrocarbon*

C-Gehalt, m; →Masseanteil m(C) des in einer organischen →Trockensubstanz T enthaltenen →Kohlenstoffs an der →Trockenmasse m_T der zugrunde liegenden organischen →Rohsubstanz.

chalk; →Kreide

Chalkogen, n; (*etm.*: gr. „chalkos" das Erz und „genan" erzeugen) Element der Chalkogengruppe, der VI. Hauptgruppe des →Periodensystems der Elemente, die aus den Elementen →Sauerstoff (O), →Schwefel (S), Selen (Se), Tellur (Te) und Polonium (Po) besteht.

Chalkogengruppe, f; →Chalkogen

channel; →Gewässer, →Gewässerbett, →Gerinne

channel bottom; →Gewässersohle

channel flow; →Gerinneströmung

characteristic grain diameter; →Kennkorngröße, →charakteristische Korngröße

characteristic grain size; →Kennkorngröße, →charakteristische Korngröße

charakteristische Korngröße, f; →Korngröße

charakteristische Länge; →FROUDE-Zahl

chemical bond; →chemische Bindung

chemical oxygen demand (COD); →chemischer Sauerstoffbedarf

Chemiesorption, f; →Adsorption

chemische Bindung, f; *{chemical bond}* Zusammenhalt der →Atome in übergeordneten Strukturen, z.B. →Molekülen und Kristallgittern (→Kristall); die Bindungen beruhen auf verschiedenen Bindungsarten: **1.)** Ionenbindung *{ionic/heteropolar bond}*, bei der die Komplettierung der Außenschalen der beteiligten →Atome auf dem Übergang von Elektronen mit Bildung von →Ionen beruht, so besitzt dabei z.B. im Natriumchlorid NaCl das Natriumion Na^+ die Außenschale des Neons und das beteiligte Chloratom Cl^- die des Argons, die elektrostatische Anziehungskraft (→COULOMB-Kraft) zwischen diesen entgegengesetzt geladenen Ionen bewirkt deren Zusammenhalt im Molekül, solange nicht in wässriger Lösung das NaCl dissoziiert (→Dissoziation), da die COULOMB-Kraft gleichmäßig in alle Raumrichtungen wirkt, bindet ein Na^+-Ion mehrere Cl^--Ionen und es kommt zur Bildung größere Molekülaggregate (Kristalle), an einer Ionenbindung sind jeweils Metall- und Nichtmetallatome beteiligt; **2.**) Atombindung *{atomic/homopolar bond}*, die räumlich gerichtet dadurch zustandekommt, daß die beteiligten Atome ihre äußeren Elektronensschalen durch gemeinsame Elektronenpaare (Dubletten) komplettieren, z. B. besitzen im Sauerstoffmolekül O_2 die beiden Sauerstoffatome jeweils zwei eigene freie Elektronenpaare und zwei beiden Atomen gemeinsame, diese Elektronenpaare sind in der nachstehenden Skizze durch jeweils einen Strich repräsentiert:

$$\bar{\underline{O}}=\bar{\underline{O}},$$

die beiden Sauerstoffatome sind durch eine Doppelbindung verknüpf, die Atombindung ist die Bindung der Nichtmetallatome; **3.**) Metallbindung *{metallic bond}*, die Bindungsform der →Metalle, die komplette Außenschalen durch Abgabe der Valenzelektronen erreichen, diese abgegebenen Elektronen (beim Calcium z. B. von jedem Atom zwei) sind zwischen den verbliebenen Atomrümpfen relativ frei beweglich und Ursache der Elektronenleitfähigkeit der Metalle, die Atomrümpfe werden durch die zwischen ihnen und den beweglichen Elektronen wirkenden elektrostatischen Kräfte in einem Gitter zusammengehalten; bei vielen anorganischen Verbindungen liegt die Bindung nicht als reine Ionen-, Atom- oder Metallbindung vor, sondern in einer Übergangsstufe zwischen je zwei der genannten Bindungsarten; **4.**) Komplexbindung *{complex bond}*, in der z. B. ein Ion nicht aus einem einzelnen Atom (wie im NaCl das Cl^-) hervorgeht, vielmehr bezieht sich hier die Ladung auf einen zusammenhängenden Komplex (z. B. auf das Sulfation SO_4^{2-}), in dem an ein Zentralatom (S im SO_4^{2-}) die Liganden (O im SO_4^{2-}) angelagert sind, die Anzahl der Liganden (vier im SO_4^{2-}) wird als Koordinationszahl des Komplexions bezeichnet; weiter Beispiele für Komplexbildungen sind die Anlagerungskomplexe, deren c. B. auf den elektrostatischen Kräften zwischen den beteiligten Dipolmolekülen beruht.

chemischer Sauerstoffbedarf, m; *{chemical oxygen demand (COD)}* (*CSB*) Sauerstoffmasse bzw. -volumen, das zur vollständigen Oxidation aller oxidierbarer Bestandteile einer Bezugsmenge (z. B. des Volumens 1 ℓ) eines Wassers benötigt wird; der *CSB* wird als äquivalente →Stoffmenge der zur Oxidation benötigten Stoffmenge an Kaliumpermanganat ($KMnO_4$) bzw. an Kaliumdichromat ($K_2Cr_2O_7$) angegeben, dabei gelten:

$$1 \text{ mol } K_2Cr_2O_7 \;\hat{=}\; 1{,}50 \text{ mol } O_2$$
$$1 \text{ mol } KMnO_4 \;\hat{=}\; 1{,}25 \text{ mol } O_2$$

bzw. in Massen umgerechnet:

$$1 \text{ g } K_2Cr_2O_7 \;\hat{=}\; 0{,}163 \text{ g } O_2$$
$$1 \text{ g } KMnO_4 \;\hat{=}\; 0{,}253 \text{ g } O_2,$$

da in dem *CSB* die gesamte oxidierbare Substanz berücksichtigt ist, gilt im Vergleich zum *BSB* die Relation $BSB \leq CSB$ (→biochemischer Abbaugrad) auch für den *CSB* ist ein →Einwohnerwert von 100g/d je Einwohner definiert, der jedoch von geringerer planerischer Bedeutung ist.

chemisches Sediment, n; →Sediment

chemische Verwitterung, f; →Verwitterung

Chemosynthese, f; *{chemosynthesis}* Grundlage des →Metabolismus der →Mikroorganismen mit chemotropher Lebensweise (→Chemotrophie) (ggs. →Photosynthese), allgemein die Erzeugung chemischer Verbindungen mit synthetischen Methoden.

chemosynthesis; →Chemosysnthese

Chemotrophie, f; (*etm.*: gr. „chymos" die Flüssigkeit und →Trophie) *{chemotropism}* mikrobielle Ernährungsweise, bei der die sich chemotroph ernährenden →Mikroorganismen die lebensnotwendige Energie aus der →Oxidation →organischer und →anorganischer Substanzen gewinnen.

chemotropism; →Chemotrophie

Chlor, n; *{chlorine}* Element der →Halogengruppe, der VII. Hauptgruppe des →Periodensystems der Elemente, mit dem Elementzeichen Cl; sehr rektionsfähig, kommt daher natürlich nicht in freiem Zustand, sondern im wesentlichen als Chlorid (Salz der Salzsäure, des Chlorwasserstoffs HCl) mit dem Chloridion Cl^- des →Natriums, des →Kaliums und des →Magnesiums vor; Cl findet sich im Grund- und Oberflächenwasser sowohl als natürlicher Bestandteil als auch in der Folge des Eintrages durch häusliche und gewerbliche →Abwässer, Streusalze, chlorhaltige →Düngemittel usw., im Boden, dem Cl hauptsächlich durch →Niederschläge als Salzsäure HCl, dem Träger des ~kreislaufes, und als Bestandteil der Düngemittel zugeführt wird, wird es in geringem Maß adsorbiert; als starkes Oxidationsmittel wird Cl für die →Desinfektion von Trink-, Brauch- und Abwasser eingesetzt, dabei wird entweder ~gas direkt dem zu desinfizierenden Wasser zugegeben (→Chlorung) oder ~dioxid ClO_2, das das Wasser im Geschmack und Geruch weniger beeinträchtigt als elementares Cl, oder Hypochlorite, Salze der hypochlorigen Säure HOCl.

Chlorfluorkohlenwasserstoff; →Fluorchlorkohlenwasserstoff

Chlorid, n; →Chlor

Chloridgestein, n; Gestein, das hauptsächlich aus Chloriden (→Chlor) besteht, z. B. Steinsalz NaCl (→Natrium) oder Sylvin KCl.

Chloridkarst, m; →Karst

chlorinated hydrocarbon; →Chlorkohlenwasserstoff

chlorine; →Chlor

Chlorkohlenwasserstoff, m; (CKW) *{chlorinated hydrocarbon/chlorohydrocarbon}* Verbindung, bei der ein oder mehrere Wasserstoffatome der →Kohlenwasserstoffe durch →Chlor substituiert wurden; die von den gasförmigen Kohlenwasserstoffen abstammenden CKWs sind meist farblose, giftige Flüssigkeiten und gute Fettlöser, ihre Dämpfe wirken narkotisierend.

chlorohydrocarbon; →Chlorkohlenwasserstoff

chlorophenotane; →Dichlordiphenyltrichlorethan

chlorophyl; →Chlorophyll

Chlorophyll, n; (*etm.*: gr. „chloros" gelb-grün und „phyllon" das Blatt) *{chlorophyl(l)}* grünlicher Farbstoff, Magnesiumkomplex, der in allen höheren Pflanzen auf entsprechenden Trägern, den Chloroplasten, enthalten ist und eine entscheidende Rolle bei der →Photosynthese spielt; entsprechende Komplexe, die →Bakteriochlorophylle, ermöglichen bestimmten Bakterienarten die Photosynthese.

Chlorung, f; kostengünstiges Verfahren der →Desinfektion des Wassers; dabei werden dem Wasser entweder Hypochlorite, Salze der hypochlorigen Säure HOCl, z. B. Natriumhypochlorit NaOCl, zugesetzt, wodurch in der Gleichgewichtsreaktion

$$NaOCl + H_2O \rightleftharpoons HCl + NaOH + O$$

atomarer Sauerstoff freigesetzt wird oder man leitet preiswerter direkt das Chlorgas Cl_2 ein, das nach

$$Cl_2 + H_2O \rightleftharpoons 2HCl + O$$

reagiert; bei der C. ist für eine ausreichende Kontaktzeit (mindestens 30 min) zu sorgen, außerdem ist zum Schutz gegen eine Wiederverkeimung in den Rohren des Leitungsnetzes so zu verfahren, daß auch an der Entnahmestelle noch eine Restkonzentration des Chlors im Wasser erhalten ist.

Chlorwasserstoff, m; →Chlor

C-Horizont, m; →Bodenhorizont

Chrom, n; *{chromium}* Element der →Chromgruppe, der 6. Nebengruppe des →Periodensystems der Elemente, mit dem Elementzeichen Cr, es kommt natürlich hauptlich als $FeCr_2O_4$ (Chromit, Chromeisenstein, Chromeisenerz) vor; als →Spurenelement ist Cr lebensnotwendiger Bestandteil der Nahrung, der Mensch besitzt eine hohe Toleranz gegen erhöhte Cr-Aufnahme, toxisch sind nur die Cr(VI)Verbindungen wie Cr(VI)Oxid usw.; Cr findet sich in gewerblichen Abwässern, im Grundwasser ist es in geringem Maß enthalten, bei der Trinkwasseraufbereitung kann es durch Fällung aus dem →Rohwasser entfernt werden.

Chromatographie, f; (*etm.*: gr. „chroma" die Farbe und „graphein" aufzeichnen) *{chromatography}* Trennverfahren, bei dem aus einer flüssigen oder gasförmigen mobilen Phase durch z. B. selektive →Adsorption Komponenten abgetrennt werden (Adsorptions~), die später aus dem Adsorbens wieder ausgelöst werden können; andere der C. zugrunde liegende Phänomene sind die unterschiedliche Verteilung der Komponenten des zu trennenden Gemisches in verschiedenen Flüssigkeiten (Verteilungs~), unterschiedliche Wechselwirkungen an der Grenzfläche zwischen der mobilen zu trennenden und einer festen adsorbierenden Phase, wobei einzelne Bestandteile der mobilen Phase die feste Phase schneller passieren als andere, sowie unterschiedliche →Kapillarität der einzelnen Gemischkomponenten; speziell lassen sich dabei auch in der Gas~ *{gas chromatography}* Gasgemische und unzersetzt verdampfbare Stoffe trennen.

chromatography; →Chromatographie

Chromeisenerz, n; →Chrom

Chromeisenstein, m; →Chrom

Chromgruppe, f; 6. Nebengruppe des →Periodensystems der Elemente mit den Elementen →Chrom (Cr), Molybdän (Mo), Wolfram (W) und Seaborgium (Sg).

Chromit, n; →Chrom

chromium; →Chrom

CKW, →Chlorkohlenwasserstoff

CLAR; →Einfallrichtung

clay; →Ton

clay mineral; →Tonmineral

climate; →Klima

climate zone; →Klimazone

climatic water balance; →klimatische Wasserbilanz

cluster, n; (*etm.*: engl. „cluster" Häufung) Gruppen von direkt miteinander verbundenen Atomen (i. allg. der Metalle) oder Molekülen (z. B. den Molekülen des →Wassers infolge ihres →Dipolmomentes); (auch →~-Analyse).

cluster-Analyse, f; *{cluster analysis}*

Verfahren der analytischen →Statistik zur Untersuchung mehrdimensionaler →Zufallsgrössen, die dabei nach verschiedenen Merkmalen in Gruppen („clusters") eingeteilt werden; bei dieser Klassifizierung sollen sich die Elemente eines clusters untereinander bez. des statistisch zu analysierenden Merkmals möglichst geringfügig unterscheiden, die einzelnen cluster sollen gegeneinander unter diesem Aspekt jedoch scharf getrennt sein; mit der Einteilung in clusters wird eine Informationsverdichtung erreicht, indem auf das statistische Merkmal bezogene Objekte zusammengefaßt werden, wenn sie vergleichbar (benachbart) sind, und jedes cluster durch einen Repräsentanten vereinfacht dargestellt werden kann.

cluster analysis; →cluster-Analyse

C_{14}-Methode, f; *{radiocarbon / radioactive carbon dating}* auch Radiocarbonmethode bzw. Radiokohlenstoffdatierung genanntes Verfahren zur Altersanalyse kohlenstoffhaltiger z. B. Organismen, Gesteine und Wässer durch Bestimmung des Gehaltes an dem β-strahlenden-Kohlenstoffisotop $^{14}_{6}C$ (→Kohlenstoff, →Betastrahlung) mit der →Halbwertszeit von 5760 a; mit dieser Methode sind Altersbestimmungen im Bereich von 400-30.000 a mit einer mittleren Fehlergrenze von ca. 5 % möglich; die Datierung nach der C_{14}-M. beruht auf dem Phänomen, daß beim organischen Aufbau Kohlenstoff in dem stabilen →Stoffmengenverhältnis $^{14}_{6}C / ^{12}_{6}C = 10^{-12}$ aus der Atmosphäre in die Zellen eingelagert wird, beim Absterben des Organismus endet dieser Einbau und das $^{14}_{6}C$-Isotop zerfällt mit der o. g. Halbwertzeit, so daß aus dem bei der Analyse ermittelten $^{14}_{6}C / ^{12}_{6}C$-Verhältnis auf den Zeitpunkt des Ablebens zurückgeschlossen werden kann (auf entsprechenden Überlegungen basieren Datierungen mit anderen Methoden der →Altersbestimmung).

C/N-ratio; →C/N-Verhältnis

C/N-Verhältnis, n; *{C/N-ratio}* ist als →Massenverhältnis C/N der Quotient $C/N = m(C)/m(N)$ ($\dim C/N = 1$) aus der Masse $m(C)$ des in einem →Humus oder organischem →Abfall in der →Trockensubstanz enthaltenen →Kohlenstoffes C durch die Masse $m(N)$ seines Stickstoffgehaltes (→Stickstoff N) als qualitatives Merkmal für die Bodenfruchtbarkeit des Humus bzw. die Abbaubarkeit der Abfälle durch Kompostierung.

coagulation; →Flockung

coal; →Kohle

coast; →Küste

coast line; →Küstenlinie, →Uferlinie

COD; →*chemical oxygen demand*

coefficient of dissociation; →Dissoziationsgrad

coefficient of permeability; →Durchlässigkeitsbeiwert

coefficient of roughness; →Rauhigkeitsbeiwert

coefficient of storage; →Speicherkoeffizient

cohesion; →Kohäsion; →Bindigkeit

coliform bacteria; →coliforme Keime

coliforme Keime, m, Pl.; *{coliform bacteria}* den Dickdarm besiedelnde Bakterien (→Bakterium) - z. B. *Escherichia coli* als Indikatorkeim -, die durch menschliche und tierische Ausscheidungen in die Abwässer und das Oberflächenwasser gelangen können, da c. K. pathogen sein können und da sie ein Hinweis auf eine mögliche Verunreinigung durch Fäkalien sind, dürfen sie im Trinkwasser nicht nachweisbar sein (→Trinkwasserverordnung, →Colititer).

Colikeimzahl, f; Anzahl der bei Bebrütung einer Wasserprobe bei 44 °C gewachsenen Zahl →coliformer Keime (→Koloniezahl).

Colititer, m; kleinstes Wasservolumen in mℓ, in dem noch →*Escheria coli* als Indikator auf →coliforme Keime nachgewiesen werden kann; für Trinkwasser ist ein C. >100 vorgeschrieben, Oberflächenwasser besitzt einen C. im Bereich von 1-1.000, der C. von Siedlungswasser liegt bei 10^{-7}.

colloid; →Kolloid

colluvium; →Kolluvium

colmation; →Kolmation

combined waste water; →Mischwasser

communicating tubes; →kommunizierende Röhren

communicating vessels; →kommunizierende Röhren

compaction; →Verdichtung

compartment; →Kompartment

compensation level; →Kompensationsebene

competent rock; →kompetentes Gestein

complex bond; →Komplexbindung

component; →Komponente

compost; →Kompost

composting; →Kompostierung

compressibility; →Kompressibilität

compressible; →kompressibel

concentration; →Konzentration

concentration enrichment; →Anreicherung

concordant; →gleichsinnig

condensation; →Kondensation

cone of depression; →Absenkungstrichter, →Entnahmetrichter

cone of influence; →Absenkungstrichter, →Entnahmetrichter

confined aquifer; →gespannter Grundwasserleiter, →gespanntes Grundwasser

confining bed; →Grenzschicht

confining stratum; →Grenzschicht

consistency; →Konsistenz

consistency number; →Konsistenzzahl

consolidation; →Verdichtung

contamination; →Kontamination

continuity equation; →Kontinuitätsgleichung

continuous; →stetig

continuum; →Kontinuum

contour (line); →Isolinie, →Niveaulinie

contour surface; →Niveaufläche

control box; →Kontrollraum

control surface; →Kontrollfläche

control volume; →Kontrollraum

convection; →Konvektion

COOPER-JACOB-Verfahren, n; (→Abb. C1d) Auswertverfahren für →Pumpversuche bei →instationärer Strömung in gespannten →Grundwasserleitern; die →THEISsche Brunnenformel ist im Falle kleiner Werte für $p=r^2/t$ (mit $u \leq 0{,}02$) approximierbar durch

$$s=s(r,t)=\frac{2{,}30 \cdot Q}{4\pi T}\lg\frac{2{,}25 \cdot Tt}{r^2 \cdot S},$$

hierbei gilt $\lg \equiv \log_{10}$, diese Formel wird in halblogarithischer Darstellung graphisch (Geradlinienverfahren) ausgewertet in den folgenden Absenkungsverfahren - hierfür sind zur besseren praktischen Handhabung alle Gleichungen unter Verwendung des dekadischen Logarithmus $\lg \equiv \log_{10}$ wiedergegeben und nicht in dem eigentlich naheliegenden natürlichen Logarithmus ln, es wird jeweils die →Transmissivität T und der →Speicherkoeffizient S aus den Meßdaten hergeleitet:

1. Zeit-Absenkungsverfahren:
   Auswertung der Absenkung $s=s(t)$ in einer Grundwassermeßstelle (r=const.) aus der Darstellung von $s=s(\lg t)$:

   $$T=\frac{2{,}30 \cdot Q}{4\pi}\cdot\frac{\Delta \lg t}{\Delta s},\quad S=\frac{2{,}25 \cdot Tt_0}{r^2}$$

mit $t_0=t(s=0)$ (→Abb. C1a),

2. Abstands-Absenkungsverfahren: Auswertung der Absenkung $s=s(r)$ in mehreren Grundwassermeßstellen zum Zeitpunkt t=const. aus der Darstellung von $s=s(\lg r)$:

$$T=\frac{2{,}30\cdot Q}{2\pi}\cdot\frac{\Delta\lg r}{\Delta s},\ S=\frac{2{,}25\cdot Tt}{r_0^2}$$

mit $r_0=r(s=0)$ (→Abb. C1b).

3. Abstands-Zeit-Absenkungsverfahren: Auswertung der Absenkung $s=s(r,t)$ in mehreren Grundwassermeßstellen zu mehreren Meßzeitpunkten t aus der Darstellung von $s=s[\lg(t/r^2)]$:

$$T=\frac{2{,}30\cdot Q}{4\pi}\cdot\frac{\Delta\lg(t/r^2)}{\Delta s},\ S=2{,}25\cdot T(t/r^2)|_0$$

mit $(t/r^2)|_0=[t/r^2](s=0)$ (→Abb. C1c).

coordinate system; →Koordinatensystem

coprecipitation; →Mitfällung

core; →Bohrkern

core (of the earth); →Erdkern

coriolis force; →Coriolis-Kraft

Coriolis-Kraft, f; *{coriolis/deflecting force}* Trägheitskraft, die in einem rotierenden Bezugssystem auf einen bewegten Körper neben der Zentrifugalkraft („Fliehkraft") wirkt; bei einer Bewegung auf der Erdoberfläche in nördliche Richtung erfährt der Körper dabei unter dem Einfluß der C.-K. auf der Nordhalbkugel eine Ablenkung nach Osten, auf der Südhalbkugel eine Ablenkung nach Westen.

correlation coefficient; →Korrelationskoeffizient

corrosion; →Korrosion

COULOMB, n; Einheit der →elektrischen Ladung Q.

COULOMB force; →COULOMB-Kraft

COULOMB-Kraft, f; *{COULOMB force}* unabhängig von der Bewegung der Ladung im elektrischen Feld in Feldrichtung wirkende Kraft zwischen zwei punktförmigen elektrischen Ladungen Q_1 und Q_2; die C.-K. ist proportional zu Q_1Q_2/r^2, wenn r der Abstand zwische Q_1 und Q_2 ist

countercurrent principle; →Gegenstromprinzip

Cracken, n; →Aufreißen des Gebirges

critical depth; →Grenztiefe

critical velocity; →Grenzgeschwindigkeit

critical well radius; →kritischer Brunnenradius

cross-sectional flow area; →Durchflußquerschnitt

crust (of the earth); →Erdkruste

cryoscopy; →Kryoskopie

crystal; →Kristall

crystalline; →kristallin

CSB; → chemischer Sauerstoffbedarf

culminating point; →Kulminationspunkt

current; →Strömung

culvert; →Durchlaß; →Düker

cumulative frequency; →Summenhäufigkeit

cumulative runoff; →Abflußsumme, →Durchflußsumme

cumulative runoff curve; →Abflußsummenlinie, →Durchflußsummenlinie

cumulative runoff hydrograph; →Abflußsummenlinie, →Durchflußsummenlinie

curative water; →Heilwasser

$c\sqrt{T}$; infinitesimale, diskrete Auswertung der $C\sqrt{T}$ -Linien je Meßstellen in einem →Meßquerschnitt, bei geometrisch und im Strömungsverhalten günstig ausgewählten Meßquerschnitten zeigt die $c\sqrt{T}$ -Linie über die Querschnittbreite b einen flachen, ausgeglichenen, im Idealfall konstanten Verlauf, bei ungünstig gewählten Meßquerschnitte oszilliert sie zwischen größeren relativen Maximal- und kleineren Minimalwerten (→Abb. C2).

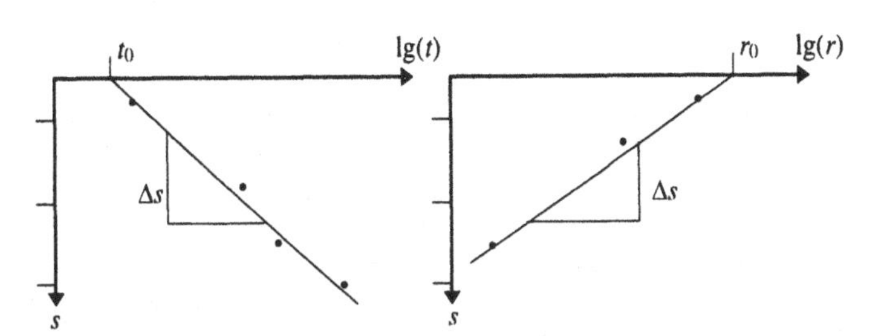

Abb. C1a ***Zeit-Absenkungsverfahren*** **Abb. C1b** ***Abstands-Absenkungsverfahren***

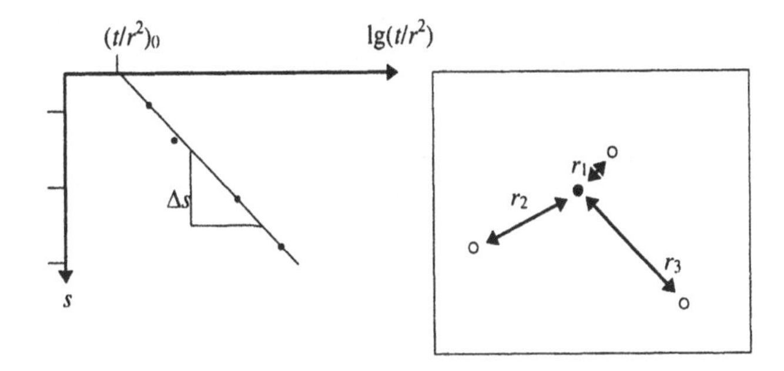

Abb. C1c ***Abstands-Zeit-Absenkungsverfahren*** **Abb. C1d** ***COOPER-JACOB-Verfahren Aufsicht***

o Grundwassermeßstelle
• Brunnen

Abb. C1 ***COOPER-JACOB-Verfahren***

C√I ; aus der Formeln nach →DE CHÉZY oder nach →MANNING-STRICKLER gewonnene graphisch einfach durchführbare →Extrapolation von →Abflußkurven; dabei geht man aus von der Gleichung $Q= C\sqrt{I}\,P$ mit einem von der →Rauhigkeit des Gerinnes bestimmten Beiwert C, einem den Meßquerschnitt charakterisierende Profilbeiwert P (der durch die Wassertiefen in den Meßstellen des Meßquerschnittes bestimmt ist) und dem Wasserspiegellängsgefälle I an der Meßstelle und gewinnt in dem einfach und praktisch linear extrapolierbaren Term $C\sqrt{I}$ und dem durch die Querschnittsgeometrie für alle denkbaren Wasserstände W bekannten Wert $P=P(W)$ eine Extrapolation der →Durchflußkurve bzw. der →Durchflußtafel $(W,Q(W))$ (bzw. der Abflußkurve oder -tafel im

Falle eines Abflusses) über die bekannten Meßwerte hinaus (→Abb. C3).

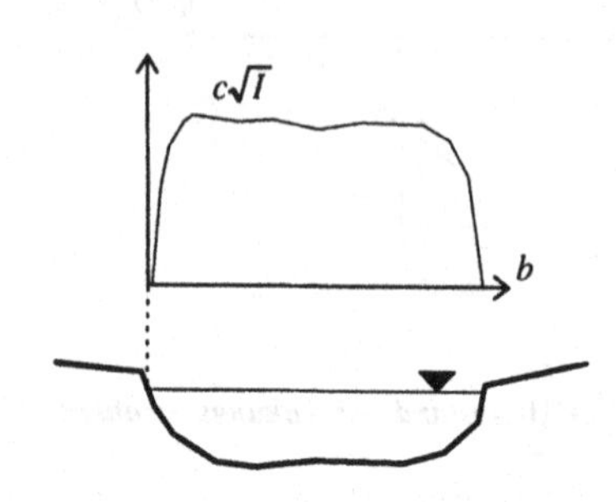

günstiger Meßquerschnitt

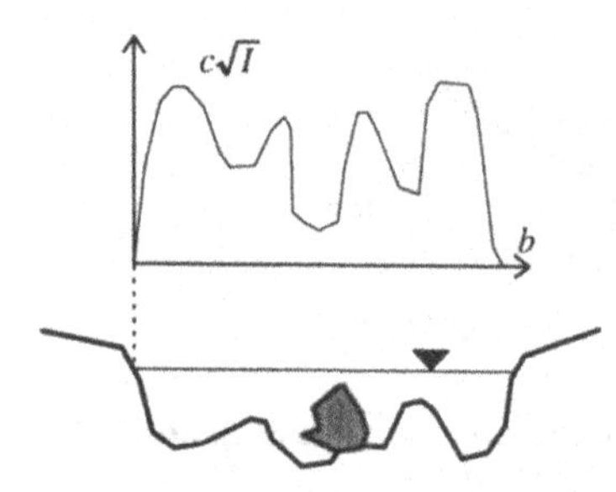

ungünstiger Meßquerschnitt

Abb. C2 ***c√I -Linien unterschiedlicher Meßquerschnitte***

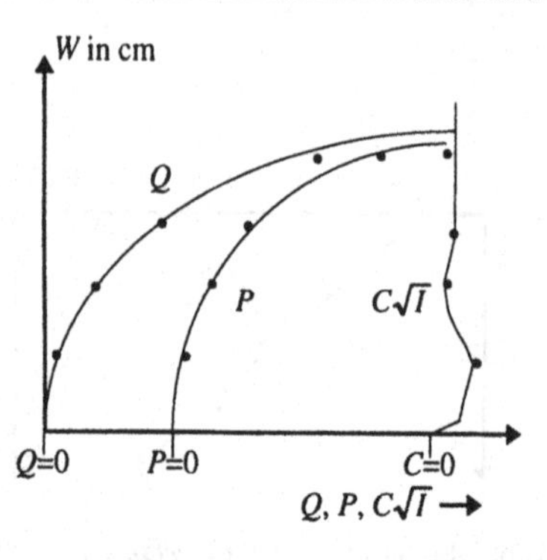

Abb. C3 ***C√I -Linie***

cylindrical coordinates; →Zylinderkoordinaten

D

d; Abk. für Tag (*etm.*: lat. „dies“ der Tag) als Einheit der Basisgröße Zeit t.

d; Abk. für Darcy als Einheit der →Permeabilität

d-; →Dezi-

da-; →Deka-

DALTONsches Gesetz, n; der Gesamtdruck p eines Gasgemisches aus n Komponenten ist nach dem D. G. die Summe

$$p=\sum_{i=1}^{n} p_i$$

der →Partialdrücke (Teildrücke) p_i seiner n Komponenten, wobei jede Komponente einen Partialdruck p_i (der gegeben ist durch die →Zustandgleichung idealer Gase bzw. das →HENRY-DALTONsche Gesetz) so ausübt, als würde sie das Gasvolumen allein ausfüllen.

dam; →Talsperre; →Wall

Dampf, m; *{steam, vapo(u)r}* Stoff in gasförmiger →Phase (→Aggregatzustand), diese gasförmige Phase kann sich dabei über der flüssigen oder festen Phase desselben Stoffes im →thermodynamischen Gleichgewichtszustand befinden.

Dampfdruck, m; *{vapo(u)r pressure}* der D. p_D ist der →Druck, den Dampf über einer (in einem Volumen eingeschlossenen) Flüssigkeit auf deren Oberfläche ausübt, wenn sich zwischen der flüssigen und der gasförmigen Phase ein →thermodynamischer Gleichgewichtszustand einstellt zwischen der Anzahl der aus der Flüssigkeit verdunstenden und der aus dem Dampf kondensierenden Moleküle (→Phase), in diesem Fall befindet

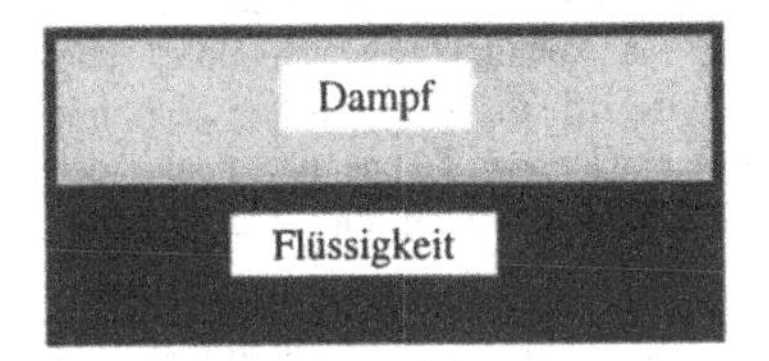

sich der Dampf in Sättigung, der zugehörige D. p_D ist der von der →Temperatur T (bzw. ϑ) und der chemischen Verbindung der gegebenen Flüssigkeit abhängige Sättigungs~ $p_D=p_D(T)$, er wird beschrieben durch die ~kurve, die Teil des →Zustandsdiagrammes ist, die Temperaturabhängigkeit des Sättigungs~s ist exponentiell, für Wasser (→Abb. D1) z. B. besitzt die ~kurve den nachstehenden Verlauf (→aktueller Dampfdruck):

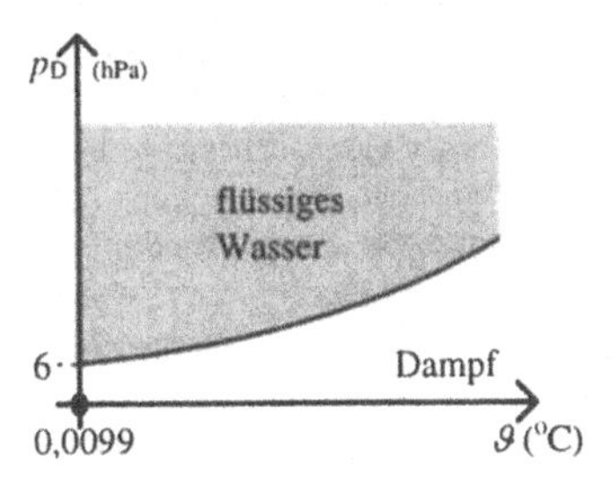

Abb. D1 ***Dampfdruckkurve des Wassers***

mit einigen typischen Werten (→Tab. D1), hierbei ist ϑ_{krit}=374,1 °C die kritische Temperatur und $p_{krit}=2\cdot10^5$ hPa der kritische Druck des Wassers mit der zugehörigen kritischen Dichte ρ_{krit} =0,324g/cm^3, ρ_{krit} ist die gemeinsame Dichte der flüssigen und der gasförmigen

Phase des Wassers bei ϑ_{krit} und p_{krit}; bei Temperaturen oberhalb ϑ_{krit} liegt Wasser ausschließlich in der gasförmigen Phase vor, die Relation zwischen Druck und Volumen dieses Gases nähert sich mit weiter steigenden Temperaturen der in der →Zustandsgleichung für →ideale Gase

ϑ in °C	p_D in hPa
0	6
10	10
20	23
30	42
40	74
50	123
100	1013
374,1	$2 \cdot 10^5$

Tab. D1 temperaturabhängiger Dampfdruck des Wassers

vorgegebenen; wird in der der ~kurve zugrunde liegenden Flüssigkeit die →Stoffmenge n einer nichtflüchtigen Substanz gelöst, so erniedrigt sich der D. p_D bei gegebener Flüssigkeitsmenge und gegebener Temperatur um Δp_D proportional zur Stoffmenge n des gelösten Stoffes: $\Delta p_D = k \cdot n$ (→RAOULTsches Gesetz, →Gefrierpunktserniedrigung, →Siedepunktserhöhung); die ~kurve, die dem thermodynamischen Gleichgewicht der gasförmigen Phase über der festen des verdampfenden Stoffes entspricht, die Sublimationskurve, verläuft steiler als die ~kurve über der flüssigen Phase, beide Kurven schneiden sich im Tripelpunkt (→Zustandsdiagramm; →aktueller Dampfdruck).

Dampfdruckkurve, f; →Dampfdruck

DARCYsches Gesetz, n; *{DARCY's law}* nach dem D. G. ist die in einem porösen →Gesteinskörper durch ein zur Fließrichtung senkrechtes Flächenelement des Flächeninhaltes A in der Zeiteinheit unter Bedingungen der →gesättigten Zone →laminar und stationär (→stationäre Strömung) unter dem Einfluß einer →Standrohrhöhendifferent Δh_p auf einer Fließstrecke Δl strömende Wassermenge Q mit $\dim Q = \mathrm{L}^3/\mathrm{T}$ direkt proportional zu dem Term $A \cdot \Delta h_p / \Delta l$:

$$Q \sim A \cdot \Delta h_p / \Delta l$$

bzw. $$Q = k_f \cdot A \cdot \Delta h_p / \Delta l = k_f \cdot A \cdot J$$

mit dem Proportionalitätsfaktor k_f ($\dim k_f = \mathrm{L}/\mathrm{T}$), der ein durch die innere Struktur des durchflossenen Gesteins und von den physikalischen Eigenschaften des strömenden →Fluids, die sich in dessen →Viskosität ausdrücken, bestimmter Durchlässigkeitsbeiwert *{(coefficient of) permeability, hydraulic conductivity}* ist - der gesteinsspezifische Bruchteil des Durchlässigkeitsbeiwertes k_f ist die →Permeabilität K; der Faktor $J = \Delta h_p / \Delta l$ ($\dim J = 1$) (→Abb. D2) ist das hydraulische Gefälle, das auch als hydraulischer „→Gradient" *{hydraulic gradient}* bzw. Druckspiegelgefälle bezeichnet wird; die Abhängigkeit des Durchlässigkeitsbeiwertes k_f von der (dynamischen) Viskosität des strömenden Fluids bedingt zugleich eine Abhängigkeit des Parameters k_f von der Temperatur der strömenden Flüssigkeit, die z. B. für Wasser in der Tabelle →Tab. V1 wiedergegeben wird; die „durchflossene" Fläche mit dem Inhalt A ist ein zur Fließrichtung senkrechter Schnitt durch den Gesteinskörper ((poröses) durchflossenes Medium) dieses Flächeninhaltes, der tatsächlich von dem strömenden Wasser durchsetzte durchflußwirksame Flächeninhalt hängt jedoch zusätzlich von dem durchflußwirksamen →Hohlraumanteil n_f ab (→Filtergeschwindigkeit); das D. G. besitzt die Gestalt der allgemeinen →Transportgleichung, besitzt also deren einheitlichen mathematischen Aufbau in der speziellen Interpretation eines als Filterströmung bezeichneten Wassertransportes; in vektorieller

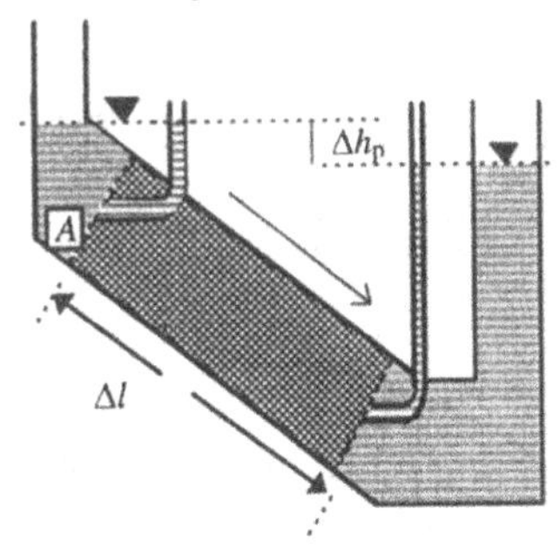

Abb. D2 ***DARCYsches Gesetz***

Schreibweise (→Gradient) nimmt es die Gestalt

$$\vec{Q}=-k_f \cdot A \cdot \mathrm{grad}(h_p) \equiv -k_f \cdot A \cdot \vec{\nabla} h_p$$

für ein durchflossenes homogenes (→Homogenität) und →isotropes (→Isotropie) poröses Medium an, mit $\vec{q}=\vec{Q}/A$, $\dim \vec{q} = \mathrm{L/T}$, wird das D. G. auch formuliert als

$$\vec{q}=-k_f \cdot \vec{\nabla} h_p;$$

Restriktion für die Gültigkeit des D. G. ist die Forderung, daß $\vec{q}$ überwiegend (im Idealfall ausschließlich) von der inneren Reibung der strömenden Flüssigkeit abhängt, insbesondere also nicht von Trägheitskräften oder der Wechselwirkung zwischen Flüssigkeit und Matrix, hierdurch wird das D. G. auf einen bestimmtem Bereich der Strömungsgeschwindigkeit oder der →Filtergeschwindigkeit $\vec{q}$ limitiert, bei größeren Werten von $\vec{q}$ sind nämlich die Massenträgheitskräfte (→Masse), die der Beschleunigung entgegenwirken, nicht mehr zu vernachlässigen, bei kleineren die Grenzschichtkräfte (→VAN DER WAALSsche Kraft) zwischen strömender Flüssigkeit und Matrix, die sich als Haftkräfte bemerkbar machen; im inhomogenen (→Inhomogenität) und isotropen Fall formuliert man das D. G. durch

$$\vec{Q}=-A \cdot \vec{\nabla}(k_f h_p) = -A(h_p \cdot \vec{\nabla} k_f + k_f \cdot \vec{\nabla} h_p);$$

im anisotropen Fall mit richtungsabhängiger Durchlässigkeit erfolgt die Darstellung des D. G. schließlich durch einen tensoriellen „Durchlässigkeitsbeiwert" k_f; das negative Vorzeichen in den Gleichungen bringt zum Ausdruck, daß Durchfluß- und Gradientenvektor entgegengesetzt gerichtet sind, dies wird zuweilen auch auf die Schreibweise des eingangs betragsmäßig gewonnenen D. G. durch geeignete Koordinatenorientierung übertragen zu

$$Q=-k_f \cdot A \cdot J;$$

bei Strömungsvorgängen in der →ungesättigten Zone ist der Durchlässigkeitsbeiwert $k_f=k_f(\theta)$ abhängig vom →Wassergehalt θ (→Retentionskurve) des Gesteinskörpers; das empirisch ermittelte D. G. läßt sich auch theoretisch aus der allgemeinen →Bewegungsgleichung für in porösen Medien strömende Fluide oder aus der modellhaften Betrachtung (→Modell) von Strömungen in z. B. gebündelten Röhren geringen Durchmessers herleiten, bei sinngemäßer Übertragung des D. G. auf →Kluftgestein erhält man eine entsprechende Formulierung, in der der Durchlässigkeitsbeiwert $k_f=k_f(J)$ jedoch zusätzlich vom hydraulischen Gefälle J abhängt, allgemein formuliert man das D. G. in den den Potentialhöhen h (→Potentialtheorie, →BERNOULLI-Gleichung) entsprechenden Potentialen ψ.

DARCY's law; →DARCYsches Gesetz

DARCY-velocity; →Filtergeschwindigkeit

DARCY-WEISBACH-Relation, f; die D.-W.-R. trägt der empirisch ermittelten Abhängigkeit der →Verlusthöhe h_V einer Rohrströmung bei Rohrlänge l und Rohrdurchmesser d Rechnung, so daß man aus einem quadratischen Widerstandsansatz die Verlusthöhe zu

$$h_V = \zeta \frac{v^2}{2g} = \lambda \frac{l}{d} \frac{v^2}{2g}$$

erhält mit dem (fließgeschwindigkeitsabhängigen) Verlustbeiwert ζ und dem (ebenfalls von der Fließgeschwindigkeit abhängigen) Widerstandsbeiwert λ *{drag/friction coefficient}* aus $\zeta = \lambda(l/d)$ der Rohrleitung.

data logger; →Datenaufzeichnungsgerät

data recorder; →Datenaufzeichnungsgerät

Datenaufzeichnungsgerät, n; *{data logger/recorder}* Gerät zur Erfassung und Speicherung der Meßwerte einer i. allg. →stetigen →Zufallsgröße als diskrete →Zeitreihe, z. B. einer Pegelganglinie oder des Abstichs einer →Grundwassermeßstelle, der Grundwassertemperatur, seiner elektrischen Leitfähigkeit usw. oder der mit einem →Tensiometer ermittelten →Saugspannung der →ungesättigten Zone; entweder halten die ~e die gespeicherten Daten über einen bestimmten Zeitraum vor, so daß diese Daten gelegentlich aus dem D. ausgelesen werden müssen oder die Daten werden nach der Erfassung durch Datenfernübertragung sofort oder in angesammelten Datenblöcken an eine zentrale Auswertungsstelle weitergeleitet.

Datierung, f; →Altersbestimmung

dating; →Altersbestimmung, →Datierung

Dauerfrost, m; →Permafrost

Dauerlinie, f; *{duration curve}* Darstellung der Werte einer →Zeitreihe (z. B. hydrogeologische Parameterwerte) zeit-

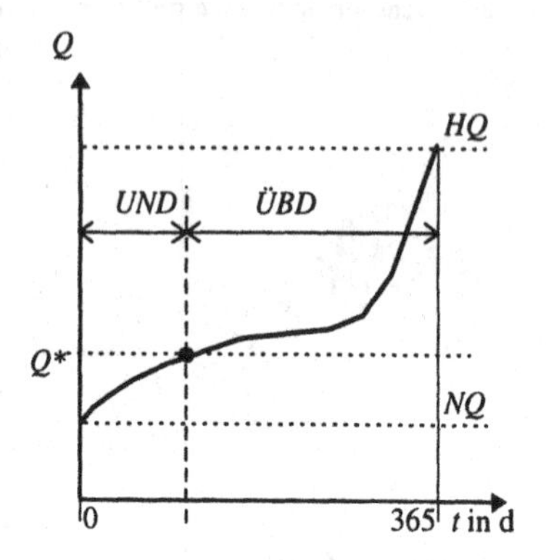

UND = Unterschreitungsdauer zu Q^*
ÜBD = Überschreitungsdauer zu Q^*
Q^* = unter- und überschrittener Wert

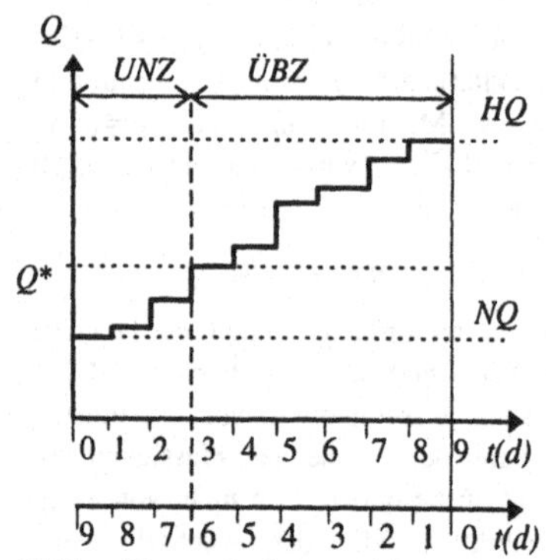

UNZ = Unterschreitungszahl = 3
ÜBZ = Überschreitungszahl = 6
Q^* = unterschrittener Wert $\underline{3}Q$
=überschrittener Wert $\overline{6}Q$

Abb. D3 ***Dauerlinie des Abflusses Q***

äquidistanter Werte in der Reihenfolge ihrer Größe als kumulierte Häufgigkeitskurve (→Häufigkeit); die Werte sind damit in Abhängigkeit von ihrer →Unterschreitungsdauer dargestellt (→Abb. D3: →Wasserstandsdauerlinie); bei →diskreten Meßwerten ist die Anzahl der innerhalb der Unterschreitungs- bzw. Überschreitungsdauer bez. eines unter- bzw. überschrittenen Wertes Q^* unter- bzw. überschrittenen Meßwerte die →Unterschreitungs- bzw. →Überschreitungszahl (→Abb. D3), die unter dem Begriff der →Dauerzahl zusammengefaßt werden.

Dauerniederschlag, m; →Niederschlag

Dauerzahl, f; *{duration number}* die D. gibt als Sammelbegriff für Überschreitungs- und Unterschreitungszahl die Anzahl der in einer →Dauerlinie dargestellten Werte einer diskreten Meßwertreihe W_1, ,W_n an, die einen Bezugsmeßwert W^* in einem Bezugszeitraum als Unterschreitungszahl unterschreiten (W^* ist in diesem Falle der unterschrittene Wert, →Unterschreitung), als Überschreitungszahl nicht untertreffen, d. h. den Wert W^* erreichen oder übertreffen (W^* ist in diesem Falle der überschrittene Wert, →Überschreitung); die Summe aus Über- und Unterschreitungszahl ist somit definitionsgemäß gleich der Anzahl n der Meßwerte (gleich dem Stichprobenumfang, →Stichprobe; → Abb. D3).

DDT;→Dichlordiphenyltrichlorethan

deacidification; →Entsäuerung

dead ice; →Toteis

dead storage; →totes Wasser

dead water; →stehendes Gewässer

dead water zone; →Totwasserraum, →Totwasserzone

decalcification; →Entkalkung

decarbonization; →Entkarbonatisierung

DE CHÉZY; mit der auf d. C. zurückgehenden Fließformel läßt sich die mittlere Fließgeschwindigkeit $\overline{v}$ eines →Gerinnes zurückführen auf seinen →hydraulischen Radius R und das →Gefälle I des gegebenen →Meßbauwerkes durch die Beziehung

$$\overline{v}=\xi\cdot\sqrt{R\cdot I}\ ;$$

dabei ist die Fließzahl ξ ein empirisch bestimmter Beiwert, der durch die →Rauhigkeit und die Geometrie des Meßbauwerkes näher bestimmt ist und zwar nach Untersuchungen von BAZIN zu

$$\xi=\frac{87\cdot\sqrt{R}}{\gamma+\sqrt{R}}\quad\sqrt{\mathrm{m}}\,/\,\mathrm{s},$$

nach KUTTER zu

$$\xi=\frac{100\cdot\sqrt{R}}{\alpha+\sqrt{R}}\quad\sqrt{\mathrm{m}}\,/\,\mathrm{s}$$

mit entsprechenden Rauhigkeitsbeiwerten γ bzw. α, die tabelliert vorliegen; die Fließformel von d. C. findet Verwendung bei der Bewertung der Ergebnisse der →Durchflußermittlung mit dem →hydrometrischen Flügel durch die von VAN RINSUM eingeführte →$c\sqrt{I}$ -Linie und bei der →Extrapolation von →Durchfluß- bzw. Abflußkurvenkurven unter Verwendung des →$C\sqrt{I}$ -Wertes der →Durchflußmeßstelle.

Deckschicht, f; →Grundwasserleiter

Deckwalze, f; →FROUDE Zahl

decomposer; →Reduzent, →Destruent

decomposition; →Abbau

decontamination; →Dekontamination

deduktive Statistik, f; statistischer Ansatz, bei dem aus der Beobachtung einer großen Grundgesamtheit (vom Umfang n) auf die Wahrscheinlichkeit des Eintretens des Einzelfalls geschlossen wird; tritt in den n Beobachtungen der Grundgesamtheit das zu registrierende Merkmal M h_m-mal auf, so wird die relative Häufigkeit h_m/n dieses Auftretens als Schätzwert für die Wahrscheinlichkeit $p(M)$ für das Eintreten von M (im Einzelfall) genommen; diesen Überlegungen liegt die Vorausetzung zugrunde, daß zum einen die Beobachtung überhaupt wiederholbar, d. h. $n>1$ ist und daß sie ferner beliebig oft wiederholbar, d. h. der Grenzübergang $n\to\infty$ möglich ist; in letzterem Fall werde der Quotient h_n/n stabil und gleich der Einzelfallwahrscheinlichkeit $p(M)$ (ggs. →induktive Statistik).

deepening; →Abteufen

Deflation, f; →Bodenerosion; →Verwitterung

deflecting force; →CORIOLIS Kraft

degassing; →Entgasung

degradation; →Abbau, →Tiefenerosion, →Eintiefung

degradation stretch; →Eintiefungsstrecke

degree of grain size variation; →Ungleichförmigkeitsgrad

degree of saturation; →Wassersättigung

Deich, m; *{dike, levee}* aus sandigen Lehmen errichtetes Bauwerk, das sich entlang einer Küstenlinie oder der Ufer eines Flusses erstreckt und Überflutungen und →Ausuferungen verhindern soll (→Polder).

Deka-; (*etm.*: gr. „deka" das zehnfache) das 10-fache einer Einheit, Kurzform da.

Dekontamination, f; (*etm.*: lat. „de-" ent-, weg und →Kontamination) *{decontamination}* Reinigung von Schadstoffen, Entseuchung; speziell ist die D. einer →Altlast die dauerhafte Beseitigung der Ursachen aller von der Altlast ausgehenden Gefahrenpotentiale im Sinne einer endgültigen →Bodensanierung (ggs. →Kontamination), z. B. auch durch Abtragen kontaminierter Böden und Vegetation.

DELAUNAY-Triangulation, f; durch Verbindung je paarweise als THIESSEN-Nachbarn ausgezeichneter diskreter Ebenenpunkte gewonnene →Triangulation eines ebenen Bereiches (→THIESSEN-Polygon).

delivery; →Ausfluß

Delta, n; (*etm.*: gr. Δ) *{delta}* verzweigter delta-(Δ)-förmiger Mündungsbereich eines →Fließgewässers in einen See oder in ein Meer; die ~bildung erfolgt durch →Sedimentation der im Fließgewässer transportierten Feststoffe bei abnehmender Strömungsgeschwindigkeit im Mündungsbereich (→Verlandung), wobei das D. sich kontinuierlich in den See bzw. in das Meer ausbreitet.

DE MARTONNE; →Trockenheitsindex

denitrification; →Nitratreduktion

Denitrifikation, f; →Nitratreduktion

densimeter; →Aräometer

density; →Dichte

density current; →Konvektion, →Dichteströmung

density log; →Gamma-Gamma-Log

denudation; →Feststoffabtrag

Denudation, f; (*etm.*: lat. „denudare" entblößen) Feststoffabtrag der Verwitterungsprodukte des Gesteins (→Erosion, →Verwitterung).

Denudationsterrasse, f; →Terrasse

Deponie, f; (*etm.*: lat. „deponere" nieder-, ablegen) *{waste disposal}* Ablagerung von →Abfall auf zugelassenen Plätzen, die unter den Gesichtspunkten der Reinhaltung der Umwelt hierzu geeignet sind bzw. die zu diesem Zweck eingerichtete Anlage selbst; nach den von den gelagerten Abfällen ausgehenden Gefahrenpotentialen unterscheidet man die Erdaushub~ und die Bauschutt~ von der Hausmüll~, der D. für Gewerbe- und Industrieabfälle und der Sonderabfall~;

oberirdische ~en werden z. B. in Gruben angelegt (Gruben~) und diese verfüllt bis zum Grubenrand *{landfill}* oder die zu deponierenden Abfälle werden in Becken oder an Hängen (Hang~) und in Halden (Halden~) *{dump}* aufgehäuft als Hoch~; die ~n sind dabei an der Basis abgedichtet gegen den Übertritt von Schadstoffen aus dem ~sickerwasser in den Untergrund (und das Grundwasser; →Barriere; →Multibarrierekonzept), die Abfallstoffe werden verdichtet und im Wechsel mit Bodenschichten gelagert, die D. wird abschließend i. allg. mit einer Bodenschicht abgedeckt und rekultiviert (→Rekultivierung), dabei werden Vorkehrungen getroffen, daß die →Niederschläge möglichst nicht in die D. sickern (z. B. durch Anlegen von →Kapillarsperren); durch chemische und biochemische Reaktionen entwickeln sich in der D. ~gase, die durch →Bodenluftmessungen bezüglich ihrer Zusammensetzung und ihres Gefahrenpotentials überwacht werden, die in Hausmüll~en durch Gärung entstehenden ~gase bestehen im wesentlichen zu etwa gleichen Teilen aus →Methan und →Kohlendioxid, diese ~gase werden meistens umweltschonend abgefackelt, d. H. ohne Nutzung der dabei entstehenden Wärme verbrannt; unterirdische ~en werden für die dauerhafte Endlagerung besonders gefährlicher und auf anderem Wege nicht zu entsorgender besonders überwachungsbedürftiger Sonderabfälle (z. B. radioaktiver Abfall) eingerichtet und betrieben, diese Sonderabfälle werden am Ort ihres Entstehens in →Zwischenlagern solange gesammelt und gelagert, bis eine den Transport in ein Endlager lohnende Abfallmenge angefallen ist oder bis Kapazitäten zur Endlagerung geschaffen sind; neben den beschriebenen geordneten ~en gibt es ungeordnete, in der Vergangenheit genehmigte Ablagerungen, die jedoch den aktuellen Sicherheitsstandards nicht entsprechen und daher eine mögliche →Altlast darstellen, von wilden ~en spricht man bei illegaler Abfallentsorgung ohne Genehmigung durch die zuständigen Behörden.

Deponiegas, n; →Deponie

Deponiesickerwasser, n; →Deponie

deposit density; →Ablagerungsdichte

deposition; →Ausfällung

Deposition, f; (*etm.*: lat „deponere" ablegen) *{deposition}* Abscheidung atmosphärischer →Inhaltsstoffe auf der Erdoberfläche als →Immission; die D. kann als nasse D. im Zusammenhang mit →Niederschlägen erfolgen (→saurer Regen) oder als trockene D., die nicht durch Niederschläge verursacht wird, bei der vielmehr die festen Inhaltsstoffe der →Atmosphäre (→Schwebstoff) unter dem Einfluß der Schwerkraft (→Gewicht) zur Erdoberfläche gelangen.

depth; →Teufe

depth of discharge; →Abflußhöhe

depth of evaporation; →Evaporationshöhe, →Verdunstungshöhe

depth of evapotranspiration; →Evapotranspirationshöhe

depth of interception; →Interzeptionshöhe

depth of precipitation; →Niederschlagshöhe

depth of runoff; →Abflußhöhe

depth of transpiration; →Transpirationshöhe, →Verdunstungshöhe

depth to (ground-) water (-level); →Abstich

depth to watertable; →Flurabstand

desalination; →Entsalzung

descendant; →deszendent

descending; →deszendent

desert; →Wüste

design depth of precipitation; →Bemessungsniederschlag
design flood; →Bemessungshochwasser
design precipitation per unit area; →Bemessungsregenspende
design storm; →Bemessungsniederschlag
design storm per unit area; →Bemessungsregenspende
Desinfektion, f; (*etm.*: lat. „des" ent und „inficere" vergiften) *{disinfection}* Prozeß zur Verbesserung z. B. der →Wasserqualität (→Wasseraufbereitung): bei der D. werden im Wasser enthaltene →Mikroorganismen, →Viren und →Parasiten durch physikalische (z. B. Wärmebehandlung, →UV-Bestrahlung, →Filtern usw.) oder chemische (z. B. →Chlorung, →Ozonung) Maßnahmen inaktiviert oder abgetötet; an die D. werden je nach Verwendungszweck des zu behandelnden Wassers unterschiedliche Gütekriterien gestellt, so darf z. B. desinfiziertes →Trinkwasser nur noch →Koloniezahlen von weniger als 20 pro ml aufweisen, ferner muß Trinkwasser durch D. langfristig gegen erneute →Verkeimung im Trinkwassernetz geschützt sein.
desolation zone; →Verödungszone
Desorption, f; *{desorption}* Umkehrung einer reversiblen →Sorption (speziell einer →Absorption bzw. →Adsorption).
Destillation, f; (*etm.*: lat. „destillare" herabträufeln) *{distillation}* Verfahren zur Trennung von →Gemischen durch Verdampfen und anschließende Kondensation des Dampfes (z. B. bei der (Meerwasser-) →Entsalzung); durch sukzessive Kondensation bei sinkenden Taupunkten erhält man eine →Fraktionierung der gasförmigen Phase in Abhängigkeit von dem jeweiligen →Siedepunkt seiner Komponenten, der einzelnen →Fraktionen.
Destruent, m; →Reduzent
Desublimation, f; →Phasenübergang
Desulfurikation, f; →Sulfatreduktion
deszendent, (*etm.*: lat. „descendere" hinabsteigen) *{descending, descendant}* als deszendent bezeichnet man zum einen Wässer, die z. B. durch →Versickerung im Boden absteigen, zum anderen die u. U. dabei gebildeten Lagerstätten (ggs. →aszendent).
detection limit; →Nachweisgrenze
detention time; →Aufenthaltsdauer
Detergenz, n Pl.:Detergentia oder Detergenzien; (*etm.*: lat. „detergere" abwischen) grenzflächenaktives →Tensid, zur Herabsetzung der →Oberflächenspannung (und damit zur Erhöhung der Benetzbarkeit) verwendete waschaktive Substanz, die, als Wasch- und Reinigungsmittel eingesetzt, durch die Abwässer in die Umwelt gelangt.
Detritus, m; (*etm.*: lat. „deterere" zerreiben) *{detritus}* Sammelbezeichnung für feinpartikuläre Sink- und Schwebstoffe, die aus feinstem Gesteinsschutt und zu einem großen Teil aus Organismenresten bestehen.
Deuterium, n; (*etm.*: gr. „deuteros" der zweite) *{deuterium}* Isotop D=$^2_1$H des →Wasserstoffs, wegen der Massenzahl zwei auch als „schwerer" Wasserstoff bezeichnet; D. bildet mit Sauerstoff z. B. das →„schwere Wasser" D_2O - tatsächlich bestehen unter Berücksichtigung des „superschweren" Wasserstoffisotops →Tritium und der stabilen Sauerstoffisotope der Massenzahlen 16, 17 und 18 insgesamt 18 unterschiedliche Wassermoleküle; D. tritt in der Natur mit der Häufigkeit 0,0145 % im natürlichen Wasserstoff auf und dient als natürlicher →Markierungsstoff (→SMOW).

Devon, n; →Erdgeschichte
dew; →Tau
Dezi-; (*etm.*: lat. „decimus" der zehnte) der 10-te Teil einer Einheit, Kurzform d.
Diagenese, f; (*etm.*: gr. „dia" durch, zwischen und „genesis" Erzeugung) *{diagenesis}* Umbildung der sedimentierten →Lockergesteine zu →Festgesteinen in Abhängigkeit von Zeit, (durch überlagerndes Gestein ausgeübten) Druck, Temperatur und chemischen Prozessen (Verkittung); die D. beruht auf einer Verringerung des Porenvolumens in der Folge der Setzung des →Sediments, dabei nimmt der Wassergehalt durch Auspressung ab (z. B. wird so Ton zu Tonstein, Sand zu Sandstein, Kalkschlamm zu Kalkstein →Carbonatgestein).
diagenesis; →Diagenese
diagram of state; →Zustandsdiagramm
diaphragm; →Diaphragma
Diaphragma; n; →Elektrodialyse
diatome; →Diatomee
Diatomee, f; (*etm.*: gr. „diatomos" halbiert) *{diatome}* einzellige →sessile oder →vagile Kieselalge (→Alge, d. h. ihr zweischaliger Panzer besteht aus amorpher →Kieselsäure $SiO_2 \cdot (H_2O)_n$ (→Silizium)), da ~n in den oberirdischen Gewässern weitverbreitet sind, dienen sie auch als →Markierungsstoffe bei der Analyse der Austauschprozesse zwischen oberirdischen Gewässern und dem Grundwasser, wobei der Erhaltungszustand der transportierten ~n einen Rückschluß auf die Infiltrationsgeschwindigkeit zuläßt.
dicarbonate; →Hydrogencarbonat
Dichlordiphenyltrichlorethan, n; *{DDT, chlorophenotane}* (DDT) aromatische Halogenverbindung (→Kohlenwasserstoff), →Insektizid; biologisch schwer abbaubar und fettlöslich gelangt D. z. B. durch den Verzehr von Fischen in die →Nahrungskette; der Einsatz von D. ist aus diesem Grund in vielen Ländern verboten.
Dichte, f; *{density}* die D. ρ eines Volumenelementes dV mit der →Masse dm ist als Quotient $\rho = dm/dV$ mit $\dim \rho = \mathsf{ML}^{-3}$ die „spezifische Masse" des Volumenelementes dV; die D. eines Volumenelementes hängt von dem ihn erfüllenden Stoff und je nach dessen physikalischen Eigenschaften mehr oder weniger stark von der →Temperatur und dem →Druck (→Kompressibilität) ab, ferner ist bei der ~bestimmungen von Mehrphasesystemen die Verteilung der einzelnen Phasen zu berücksichtigen, so unterscheidet man bei der Boden~ zwischen der Dichte ρ des feuchten Bodens und der →Trockendichte ρ_T des Bodens nach Trocknung bei 105 °C bis zur Gewichtskonstanz der Bodenprobe.
Dichtefunktion, f; stückweise stetige (integrierbare) Funktion $f(x)$ mit

$$f(x) \geq 0 \text{ für alle } x \text{ und } \int_{-\infty}^{+\infty} f(x)dx = 1,$$

die D. $f(x)$ charakterisiert die einer stetigen →Zufallsgröße x zugrunde liegende Wahrscheinlichkeitsverteilung, und man erhält die Wahrscheinlichkeit $p(a < x \leq b)$ aus $f(x)$ zu

$$p(a < x \leq b) = \int_a^b f(x)dx;.$$

→Verteilungfunktion.
Dichteströmung, f; *{density current}* zwischen räumlichen Bereichen unterschiedlicher Dichte in einer Flüssigkeit oder einem Gas bestehende Strömung, die zu einem Dichteausgleich führt oder führen kann (z. B. bei freier →Konvektion).
diffus; →Reflexion
Diffusion, f; (*etm.*: lat. „diffundere" sich ergießen, zerfließen) *{diffusion}* Mischung zweier Stoffe ohne Einwirkung äußerer Kräfte ausschließlich unter dem

Einfluß der →BROWNschen Molekularbewegung; der (zeitliche) Massestrom dm/dt ist dabei proportional dem Term $A \cdot \partial\rho/\partial s$ mit dem Inhalt A der in Strömungsrichtung $\vec{s}$ senkrecht durchströmten Fläche und dem zu ihr senkrechten Dichtegefälle $\partial\rho/\partial s$ mit $\dim \partial\rho/\partial s = \mathsf{M/L^4}$:

$$\frac{dm}{dt} \sim A \cdot \frac{\partial\rho}{\partial s}$$

bzw. $$\frac{dm}{dt} = D \cdot A \cdot \frac{\partial\rho}{\partial s}$$

mit dem Diffusionskoeffizient D ($\dim D = \mathsf{L^2/T}$) als Proportionalitätsfaktor; dieses 1. FICKsche Gesetz ist somit Spezialfall der allgemeinen →Transportgleichung und läßt sich nach Division durch den Flächeninhalt A vektoriell darstellen als $\vec{i} = -D \cdot \vec{\nabla} \rho$ mit dem flächenspezifischen zeitlichen Massenstrom $\vec{i}$ in Richtung s, bei Anwendung der →Kontinuitätsgleichung gewinnt man hieraus

$$\vec{\nabla}\vec{i} + \frac{\partial\rho}{\partial t} = 0,$$

d. h.: $$\frac{\partial\rho}{\partial t} = -\vec{\nabla}\vec{i} = \vec{\nabla}\left(D\vec{\nabla}\rho\right)$$

als vektorielle Darstellung des 2. FICKschen Gesetzes der D.; ein Sonderfall der D. ist die →Osmose.

digested sludge; →Faulschlamm

digital; (*etm.*: lat. „digitus" der Finger) *{digital}* einzelne →diskrete Zeichen, z. B. ganze Zahlen, betreffend; als Datendarstellung die Wiedergabe von Meßwerten durch endliche (diskrete) geordnete Folgen von Symbolen aus einem endlichen Alphabet (die hier die Ziffern der ~en Darstellung sind).

digitales Geländemodell, n; →digitales Höhenmodell

digitales Höhenmodell, n; auch digitales Geländemodell, Erfassung und Speicherung von Geländedaten als →digitale Darstellung einzelner →diskreter Geländepunkte durch ihre Ebenenkoordinaten (x,y) und die zugehörige Höhe $h(x,y)$ über einer Bezugsebene (z. B. →Normal-Null), das d. H. ist einer der Bausteine eines →geographischen Informationssystemes.

Digitalisierung, f; *{digitization}* Diskretisierung (→diskret) einer stetigen Größe durch einzelne →digitale Daten, z. B. die Erfassung der (stetigen) Lufttemperatur im Rahmen der Meßgenauigkeit als rationale Zahl mit einer bestimmten Anzahl von Dezimalstellen.

Digitalmodell, n; Wiedergabe (→Modell) eines Prozesses durch →digitale Modellbildung, dabei werden insbesondere →stetig verlaufende Prozesse und die sie beschreibenden stetigen Funktionen durch →diskrete Daten repräsentiert, nicht wiedergegebene Zwischenwerte müssen durch →Interpolation oder →Glättung näherungsweise bestimmt werden.

digitization; →Digitalisierung

dike; →Deich; →Gang; →Wall

diked land; →Polder

Dilatation, f; (*etm.*: lat. „dilatare" ausdehnen) *{dilation}* kubische Ausdehnung; allseitige, das Volumen vergrößernde Verformung eines →Körpers z. B. verursacht durch →Druck- oder →Temperaturänderungen.

dilation; →Dilatation

dilution formula/law; →OSTWALDsches Verdünnungsgesetz

Dimension, f; (*etm.*: lat. „dimensio" die Ausmessung) *{dimension}* **1.)** Anzahl n von Koordinaten eines →Koordinatensystems, die zur ein-eindeutigen Beschreibung eines allgemeinen Punktes benötigt wird, z. B. $n=1$ für einen Punkt auf einer Kurve, $n=2$ für einen Flächen- und $n=3$ für einen Raumpunkt; **2.)** begriffliche Beschreibung einer →physikalischen Größe γ, ohne daß dabei ihr →quantitativer →Größenwert (oder mathematische

Charakteristika wie Richtung, tensiorielle Größe usw.) berücksichtigt wird; die D. von γ wird wiedergegeben durch dimγ, z. B. dim $V=\mathsf{L}^3$ für das Volumen $\gamma=V$ mit serifenlosen Schriftzeichen, mit L^3 für die dritte Potenz der Längendimension L.

dimiktisch; →Gewässerumwälzung

DIN; →Dissoved Organic Nitrogen

Dioxin, n; →Tetrachlordibenzodioxin

dip; →Fallen

dipole moment; →Dipolmoment

Dipolmolekül, n: →Dipolmoment

Dipolmoment, n; *{dipole moment}* **1.)** als permanentes D. durch die Atombindung unterschiedlicher Atomtypen (z. B. in HCl) bedingte Asymmetrie der Verteilung der negativen und der positiven Ladung, so ist z. B. im HCl=H:Cl das gemeinsame Elektonenpaar mehr zum Chlor als zum Wasserstoff gehörig, wodurch die Schwerpunkte der postiven und der negativen Ladung auseinanderfallen, HCl besitzt somit ein Dipolmolekül (mit einem permanenten D. →Abb. D4), als weiteres Beispiel sei das Dipolmolekül des →Wassers erwähnt, das wegen seines →Valenzwinkels ein permanentes D. aufweist; die mit einem permanenten D. ausgestatteten - als poloar bezeichneten - Moleküle können sich untereinander oder mit entsprechend geladenen →Ionen anzihen und →cluster, größere Molekülverbände bilden; bei der Bindung gleichartiger (d. h. ein und demselben chemischen Element zugehörigen) Atome (z. B. H_2, O_2) entsteht kein D. **2.)** als induziertes (nicht permanentes) D. die unter dem Einfluß äußerer Kräfte bewirkte Asymmetrie (Polarisation) der Ladungsverteilung in einem Molekül (→Abb. D5); die Dipolkräfte sind Ursache der →Adsorption, die auf einem induzierten D. beruhende Kraft wird als →VAN DER WAALSsche Kraft bezeichnet; der zur Bildung eines induzierten D. führende Prozeß wird auch als →Polarisation bezeichnet.

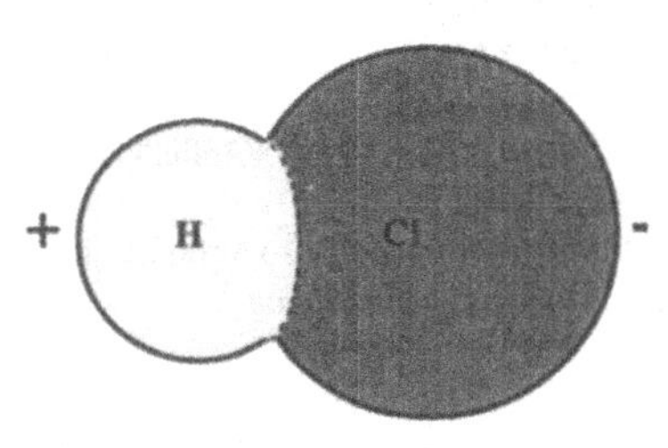

Abb. D4 ***Dipolmoment des HCl- Moleküls***

direct runoff; →Direktabfluß

Direktabfluß, m; *{direct/surface runoff}* aus dem effektiven →Niederschlag gebildeter Abfluß, d. h. Zusammenfassung $Q_D=Q_O+Q_I$ des (einem →Einzugsgebiet zugeordneten) Oberflächenabflusses Q_O und Zwischenabflusses Q_I (→Abfluß).

Direkteinleiter, m; →Einleiter

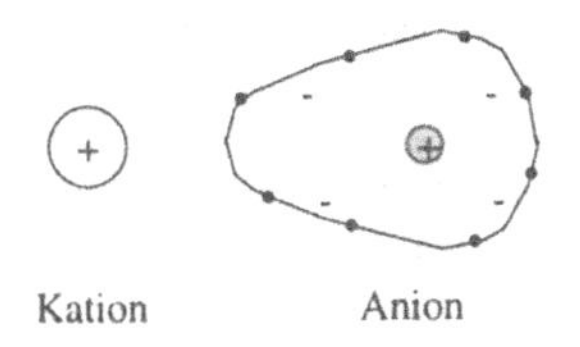

Abb. D5 ***induzierter Dipol***

direktes Modell, n; →Modell, bei dem die unabhängigen Veränderlichen, die Modellparameter und die Randbedingungen bekannt sind und aus ihnen auf die Werte der abhängigen Variablen geschlossen werden soll; in einem Input-Output-Modell I→P→O sind dabei Input I und Prozeß P vorgegeben, der Output O ist aus diesen Angaben zu ermitteln (ggs. →inverses Modell).

discharge; →Abfluß, →Schüttung, → Schüttungsmenge

discharge area; →Abflußfläche, →Durchflußfläche,

discharge curve; →Abflußkurve, →Durchflußkurve

discharge gauging; →Abflußermittlung, →Durchflußermittlung

discharge hydrograph; →Abflußganglinie, →Schüttungsganglinie

discharge mass; →Abflußsumme, →Durchflußsumme

discharge mass curve; →Abflußsummenkurve, →Durchflußsummenkurve

discharge mass hydrograph; →Abflußsummenlinie, →Durchflußsummenlinie

discharge measurement; →Abflußermittlung, →Durchflußermittlung

discharge pattern; →Abflußregime

discharge per unit area; →Abflußspende

discharge regimen; →Abflußregime

discontinuous; →diskontinuierlich

discrete; →diskret

disinfection; →Desinfektion

disintegration chain; →Zerfallsreihe

disintegration series; →Zerfallsreihe

diskontinuierlich; (*etm.*: →Diskontinuum) *{discontinuous}* Bezeichnung für einen Prozeß, dessen Zustände durch Parameterwerte π beschrieben werden, von denen jeder einzelne durch eine Folge diskreter Werte $\pi_1=\pi(t_1),\ldots,\pi_n=\pi(t_n)$ wiedergegeben wird, die zeitlich als →diskrete Werte voneinander getrennt sid.

Diskontinuum, n; (*etm.*: lat. „dis" im Gegensatz zu und →Kontinuum) in einzelne →diskrete, nicht zusammenhängende Bestandteile auflösbares Ganzes, z. B. eine Menge M isolierter Punkte der Ebene, die in M also nicht durch einen Streckenzug untereinander verbunden werden können.

diskret; (*etm.*: lat. „discretus" abgesondert) *{discrete}* Bezeichnung für eine Datenmenge, die nur aus endlich vielen Werten besteht (im streng mathematischen Sinn dürfen es auch abzählbar unendlich viele ohne Häufungspunkt im Endlichen sein; ggs. → stetig).

Diskretisierung, f; Wiedergabe einer →stetigen →Größe (→physikalische Größe, →Zufallsgröße) durch eine →diskrete Folge von Werten, z. B. die Wiedergabe einer stetigen Größe in einer →Zeitreihe, die D. der stetigen Ableitung einer stetig differenzierbaren Funktion durch →finite Differenzen, die D. einer stetigen Funktion durch →finite Elemente.

dislodging of sediments; →Geschiebetrieb

Dispergierung, f; →Peptisation

Dispersion, f; (*etm.*: lat. „dispergere" verstreuen) *{dispersion}* unter D. versteht man **1.)** die räumliche und zeitliche Verteilung einer Größe, z. B. einer Substanz im Grundwasser bezogen auf den Ort ihrer Einbringung; die D. ist bestimmt u. a. durch den Aufbau des →Grundwasserleiters und die in ihm herrschenden Strömungsverhältnisse, im engeren Sinne wird die D. bewirkt durch die Variationen der Bahngeschwindigkeiten (in Größe und Richtung) der einzelnen Flüssigkeitsteilchen beim Durchströmen des porösen Mediums (→Abb. D6) und führt zu einem Stofftransport in Fließrichtung (longitudinale D.) und in die dazu →orthogonalen Raumrichtungen (transversale D.) (→Advektion); **2.)** allgemein ein disperses System, das aus mehreren →Phasen besteht, z. B. eine →Lösung eines festen Stoffes (→Feststoff) in einer →Flüssigkeit als molekular disperses System; bei Verteilung grober fester Partikel in einer Flüssigkeit liegt ein kolloiddisperses System oder Dispersionskolloid (→Kolloid) vor, bei erheblicher Teilchengröße des Feststoffes spricht man von einem grobdispersen System oder Suspension (lat. „suspendere" schwebend machen) *{suspension, slurry}*; grobdisperse Verteilungen von Flüssigkeiten in Flüssigkeiten werden als Emulsionen (*etm.*: lat. „ex" heraus und „mulgere" melken) *{emulsion}* bezeichnet.

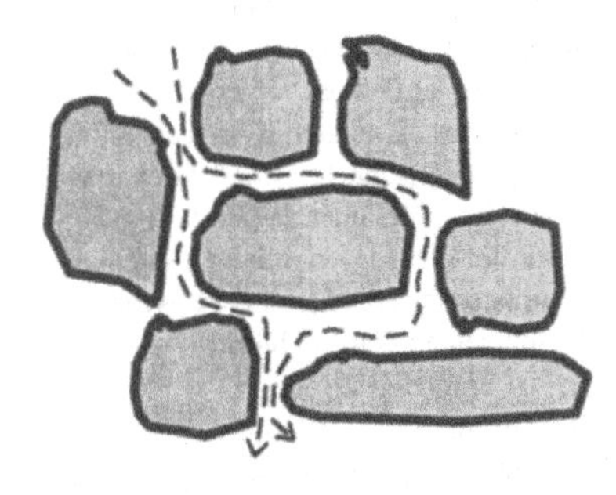

Abb. D6 ***Dispersion bei Strömungen in einem porösen Medium***

Dispersionskolloid, n; →Dispersion, →Kolloid

displacement velocity; →Abstandsgeschwindigkeit

Dissimilation, f; (*etm.*: lat. „dissimilis" unähnlich) *{dissimilation}* auch Katabolismus (*etm.*: gr. „kataballein" hinabwerfen) Summe aller Abbauprozesse (→Abbau) im Stoffwechsel (→Metabolismus) der Organismen, bei denen höhere →organische Verbindungen aus der Körpersubstanz und den lebenden Zellen unter Freisetzung von Energie in niedere organische Verbindungen oder in →anorganische, wie Wasser oder Kohlendioxid, umgesetzt werden.

dissociation; →Dissoziation

dissociation coefficient; →Dissoziationsgrad

dissociation constant; →Dissoziationskonstante

Dissolved Inorganic Nitrogen; DIN, gesamter in anorganischen Verbindungen vorliegender gelöster →Stickstoff bezogen auf 1 *ℓ* eines →Abwassers in mg/*ℓ*.

Dissolved Organic Carbon; DOC, gelöster in →organischer Verbindung vorliegender →Kohlenstoff bezogen auf 1 *ℓ* der Lösung (z. B. in Wasser) in mg/*ℓ*.

Dissolved Organic Nitrogen; DON, gesamter in organischen Verbindungen vorliegender gelöster →Stickstoff bezogen auf 1 *ℓ* eines →Abwassers in mg/*ℓ*.

Dissoziation, f; (*etm.*: lat. „dissociare" vereinzeln, trennen) *{dissociation}* Aufspaltung eines →Moleküls (AB) in seine Bestandteile A und B: (AB)→A+B, dabei werden die Bindungselektronen entweder gleichmäßig auf die beiden Bruchstücke A und B des Moleküls (AB) aufgeteilt $(AB)\rightarrow A^{\cdot}+B^{\cdot}$ (homolytische D. z. B. des Wasserstoffs $H_2\rightarrow H+H$) oder von einem der Bruchstücke übernommen, z. B.: $(AB)\rightarrow A^{+}+B^{-}$ (heterolytische D. etwa bei der D. $NaCl\rightarrow Na^{+}+Cl^{-}$); die homolytische D. führt zur Bildung von →Radikalen, die heterolytische D. wird auch als elektrolytische D. bezeichnet, bei der eine Substanz, der →Elektrolyt, bei der Auflösung in Wasser in geladene Teilchen, die →Ionen aufgespalten (dissoziiert) wird; die postiv geladenen Ionen werden als Kationen *{cation}* bezeichnet, da sie sich in Richtung einer (negativen) Kathode (→Elektrode) bewegen, die negativ geladenen Ionen heißen entsprechend Anionen *{anion}*; der →Anteil δ

(dim δ= 1) der gelösten Moleküle eines Elektrolyts, der dissoziert ist, ist der ~sgrad *{coefficient of dissociation, dissociation coefficient}* $0<\delta\leq 1$; Stoffe, die in wäßriger Lösung nicht in Ionen aufgespalten werden, heißen →Nichtelektrolyte; den ~sgrad errechnet man aus der →Stoffmenge n (dim$n$=N) des dissozierten Elektrolyts, die durch Messung des →osmotischen Drucks, der →Gefrierpunktserniedrigung oder →Siedepunktserhöhung ermittelt werden kann, mit Hilfe der Gleichung $n=N(1-\delta)+\beta N\delta$ mit der in Lösung gegebenen Stoffmenge N (dim$N$=N) des Elektrolyts vor der D., dessen Moleküle jeweils in β Ionen aufgespalten werden, d. h. $\delta=(n-N)/[N(\beta-1)]$; im Fall $\beta=2$, bei D. $(AB) \rightleftharpoons A^{+}+B^{-}$, mit Konzentrationen c_{AB}, c_{A^+} und c_{B^-} bezeichnet man bei kleinen Ionenkonzentrationen

$$K_c=\frac{c_{A^+}\cdot c_{B^-}}{c_{AB}}$$

als ~skonstante *{dissociation constant}* (→Massenwirkungsgesetz), K_c steht mit dem ~sgrad δ in der Beziehung $K_c\cdot V=\delta^2/(\delta-1)$ mit dem Volumen V, in dem 1 mol des Elektrolyten gelöst ist (→OSTWALDsches Verdünnungsgesetz); bei großen Ionenkonzentrationen sind diese durch die entsprechenden →Aktivitäten zu ersetzen.

Dissoziationsgrad, m; →Dissoziation

Dissoziationskonstante, f; →Dissoziation

distillation; →Destillation

divergenze; →Divergenz

Divergenz, f; *{divergence}* durch die D. wird jedem →Vektorfeld $P\rightarrow\vec{x}\,(P)$ mit der Koordinatenschreibweise $\vec{x}=(x_x,x_y,x_z)$ ein →Skalarfeld zugeordnet durch

$$P\rightarrow \mathrm{div}((\vec{x}(P))=\frac{\partial}{\partial x}x_x+\frac{\partial}{\partial y}x_y+\frac{\partial}{\partial z}x_z\ ;$$

unter Verwendung des →Nabla-Operators $\vec{\nabla}$ schreibt man auch $\mathrm{div}((\vec{x}(P)) \equiv \mathrm{div}(P)=\vec{\nabla}\vec{x}$; geometrische Bedeutung der D. ist die (volumenspezifische) „Quelldichte", d. h. im Fall $\mathrm{div}(P)>0$, liegt im Punkt P eine Quelle des Vektorfeldes $P\rightarrow\vec{x}(P)$ vor, im Fall $\mathrm{div}(P)<0$ eine Senke; ist $\mathrm{div}(P)\equiv 0$ für alle Punkte im Definitionsbereiche des Vektorfeldes $P\rightarrow\vec{x}(P)$, so ist es frei von Quellen und Senken.

DNAPL; →NAPL

DOC; →Dissoved Organic Carbon

Dogger, m; →Erdgeschichte

Doline, f; (*etm.*: sbkr. „dolina" das Tal) *{doline, sink hole}* trichter- oder schüsselförmige abflußlose Vertiefung in →Karstgebieten, die durch →Auslaugung von der Oberfläche her oder durch Einbruch von Hohlräumen (→Erdfall) gebildet wurde; die zur ~nbildung führenden →Korrosionsprozesse sind die Lösungserscheinungen an den →Chlorid-, →Sulfat- oder →Carbonatgesteinen.

Dolomit, m; (*etm.*: nach frz. Geologen DOLOMIEU benannt) *{dolomite}* **1.)** aus Calcium-Magnesium-Carbonat

$$CaMg(CO_3)_2=CaCO_3\cdot MgCO_3$$

bestehender Mischkristall (→Kristall); **2.)** bezeichnet man als D. das aus diesem Kristall gebildete →Sediment bzw. ein Gestein mit mindestens 50 % ~gehalt..

dolomite; →Dolomit

DON; →Dissolved Organic Nitrogen

Doppelpackertest, m; →Wasserdrucktest zur tiefenorientierten Beprobung von Bohrlöchern z. B. auf hydraulische Durchlässigkeit von Bohrlochabschnitte, die durch zwei Packer (→Abb. D7) begrenzt sind.

Drän, m; *{drain}* Graben oder unterirdischer Hohlraum (z. B. Dränrohre *{drain pipes}*, d. h. perforierte oder geschlitzte

Rohrleitungen) zur Sammlung und Ableitung überschüssigen →Bodenwassers.

Dränage, f; →Dränung

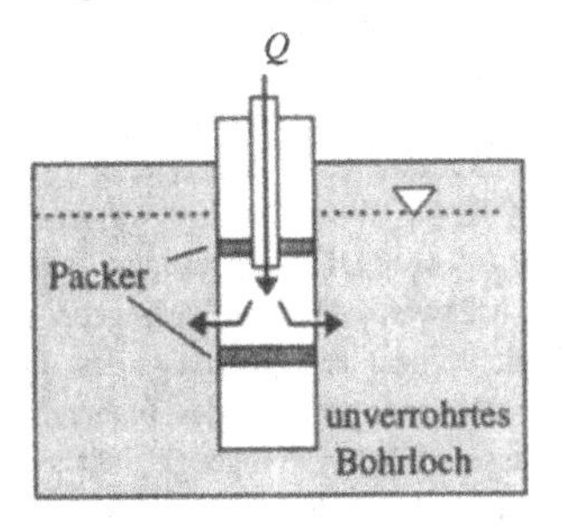

Abb. D7 ***Doppelpackertest***

Drängewasser, n; Wasser, das durch einen Deich (Kuverwasser) bei hohem Außenwasserstand in das eingedeichte Land eindringt oder dort als hochgepreßtes →Grundwasser (Qualmwasser) austritt (→Abb. D8).

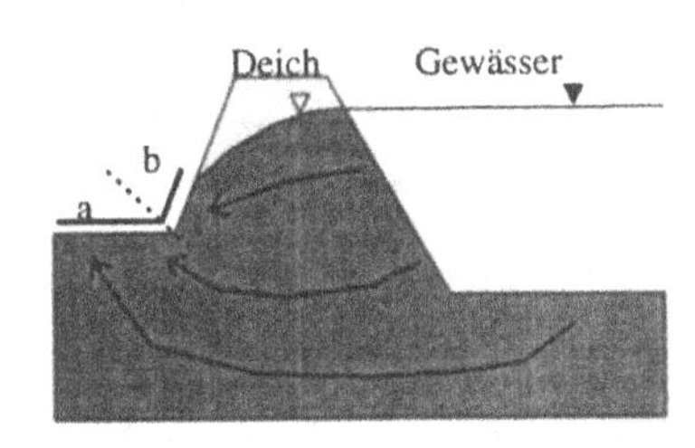

a.) Qualmwasser
b.) Kuverwasser

Abb. D8 Drängewasser

Dränkurve, f; →Retentionskurve

Dränrohr, n; →Drän

Dräntiefe; f; Abstand zwischen der Geländeoberkante und der Sohle eines →Dräns.

Dränung, f; *{drainage}* auch Dränage, Entwässerung nasser Böden durch Röhren oder Grabensysteme (→Drän), in denen überschüssiges →Bodenwasser gesammelt und abgeleitet wird.

drag coefficient; →Widerstandsbeiwert

drain; →Drän

drainage; →Dränage, →Dränung, →Entwässerung

drainage area; →Einzugsgebiet

drainage coefficient; →Auslaufkoeffizient

drainage curve; →Entwässerungskurve

drainage divide; →Wasserscheide

drainage network; →Gewässernetz

drainage ratio; →Abflußverhältnis

drain pipe; →Dränrohr

draw down; →Absenkung

Drehbohrverfahren, n; →Bohrung

Drehschlagbohrverfahren, n; →Brunnenbohrung

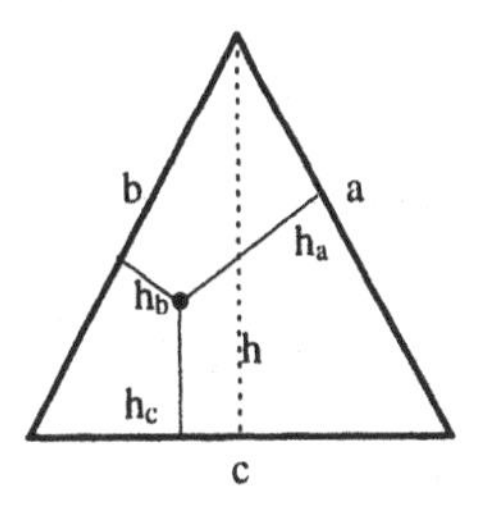

$h=h_a+h_b+h_c$ im gleichseitigen Dreieck

Abb. D9 Höhensumme im gleichseitigen Dreieck

Dreieckdiagramm, n; *{triangle}* graphische Darstellung von Aufteilungen und Zusammensetzungen, bei der die Tatsache genutzt wird, daß in einem gleichseitigen Dreieck die Längen der von einem beliebigen Punkt *P* in dem Dreieck auf die drei Dreicksseiten a, b und c gefällten Lote h_a, h_b bzw. h_c sich zur

Länge der Dreieckshöhe h summieren $h=h_a+h_b+h_c$ (→Abb. D9); das D. und daraus abgeleitete Darstellungsformen dienen z. B. der Charakterisierung von Böden (→Bodenart) und Gesteinen (→Magmatit, →STRECKEISENdiagramm), ferner etwa der Darstellung und dem Vergleich der Konzentrationen von jeweils drei Anionen bzw. Kationen oder entsprechender Gruppen in Wasseranalysen (→Abb. D10): hier repräsentiert jeweils eine Dreieckshöhe repräsentiert eine dieser Variablen; dabei entspricht

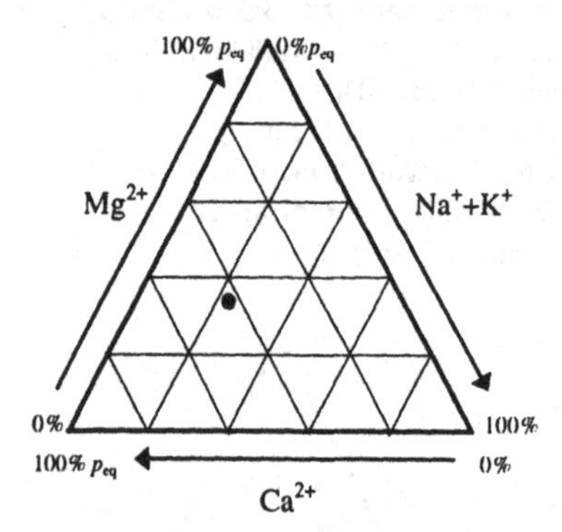

$p_{eq}(Ca^{2+})=38$ %,
$p_{eq}(Mg^{2+})=44$ %,
$p_{eq}(Na^{+}+K^{+})=18$ %

Abb. D10 ***Dreiecksdiagramm von Wasseranalysen***

die zugehörige Dreiecksecke dem jeweils maximalen Wert entsprechend z. B. dem →Äquivalentprozentsatz von $p_{eq}=100$ % der Ionen (-gruppe) in der entsprechenden Kationen- oder Anionensumme bzw. der Maximalkonzentration, die zugehörige gegenüberliegende Dreiecksseite entsprechend z. B. dem Wert $p_{eq}=0$ % bzw. der entsprechenden Minimalkonzentration; ein Punkt im Dreiecksdiagramm (OSSANsches Diagramm) repräsentiert somit einen Meßwert, für den die Äquivalentprozente der dargestellten Ionen (bzw. -gruppen) durch die Lote von diesem Punkt auf die entsprechenden Dreiecksseiten wiedergegeben werden, diese Werte summieren sich z. B. zu $p_{eq}=100$ %, so gibt der in dem vorstehenden D. (→Abb. D10) dargestellte Punkt einen Meßwert zu den angegebenen Äquivalentprozenten innerhalb des gesamten Kationengehaltes des untersuchten Wassers wieder; sinngemäß läßt sich die →Gesamthärte H_G eines Wassers in einem als Härtedreieck bezeichneten D. darstellen und dabei in ihre einzelnen Komponenten der Carbonathärte H_C und der Nichtcarbonathärte H_N zerlegen (→Abb. D11), die Skalierung kann hierbei etwa nach Härtegraden (z. B. °dH) erfolgen mit der maximal für die Untersuchungen zu erwartenden Gesamthärte (in der Abbildung sind das 30 °dH), zu beachten ist bei dieser Darstellung, daß

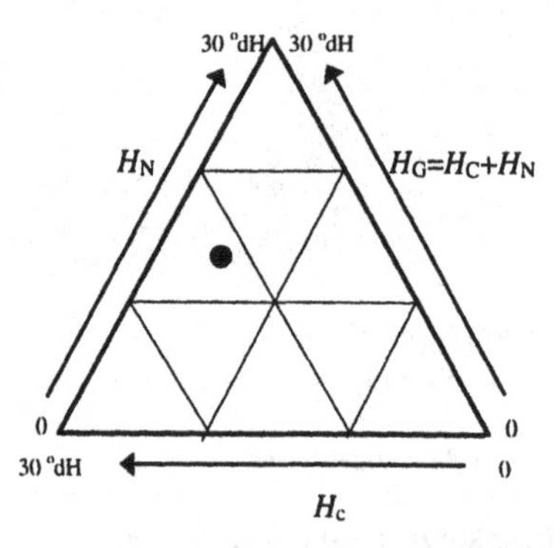

$H_C=12$ °dH, $H_N=15$ ° dH; $H_G=27$°dH

Abb. D11 ***Härtedreieck***

wegen $H_G = H_C + H_N$ die Gesamthärte H_G in der in der Abb. gezeigten Weise durch die Länge des Lotes auf die Parallale zur zugehörigen Dreiecksseite durch die gegenüberliegende Dreiecksecke repräsentiert wird, eine weitere Aufteilung der Gesamthärte nach z. B. Anionen kann über beigeordnete Diagramme erfolgen;

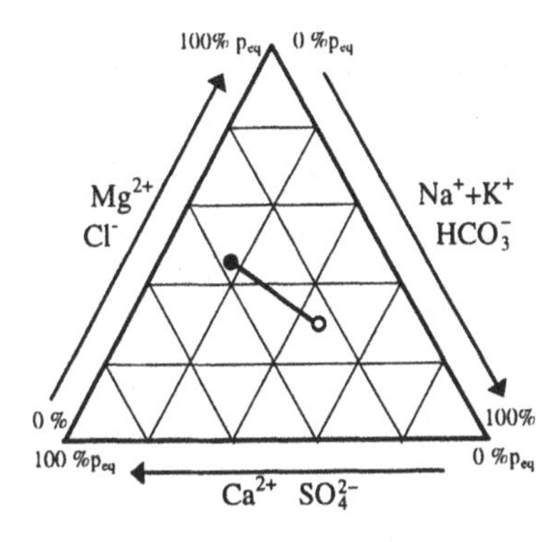

Abb. D12 ***Darstellung der Kationen- und Anionenaufteilung***

bei gleichzeitiger Darstellung der Aufteilungen einer Wasserprobe nach Kationen und Anionen in nur einem D. ordnet man zusammengehörige Kationen und Anionen - bzw. deren Gruppen - durch Verbindung der entsprechenden Dreieckspunkte einander zu (→Abb. D12); in einer Erweiterung nach PIPER dienen zwei ~e der Aufschlüsselung eines zu einer Raute verzerrten →Quadratdiagrammes; dabei stellt die Raute z. B.die Verhältnisse der Kationen und der Anionen untereinander dar, die beiden D. schlüsseln dann die einzelnen Kationen und Anionenzusammensetzungen jeweils im Detail separat auf (→Abb. D13).

drift; →Abdrift

drift ice; →Treibeis

drill bit; →Bohrmeißel

drill cuttings; →Bohrgut

drilling; →Abteufen, →Bohrung

drill stem; →Bohrgestänge

drinking water; →Trinkwasser

Druck, m; *{pressure}* der D. p ist der Quotient $p = \mathrm{d}F/\mathrm{d}A$ aus →Kraftelement dF und Flächenelement dA, wobei dF senkrecht auf dA steht; damit ist dim$p$=ML^{-1}T^{-2}, die Einheit des ~es ist $[p]$=Pa (Pascal) mit 1 Pa=1 N·m^{-2} oder $[p]$=bar mit 1 bar=10^5 Pa=10 N·cm^{-2}; ein Volumenelement mit dem Inhalt δV unterliegt im →Skalarfeld P→p(P) des ~es p der ~kraft

$$\vec{F} = -\vec{\nabla} p \cdot \delta V,$$

(→Spannung; →BERNOULLI-Gleichung, →absoluter Druck).

Druckenergie, f; →BERNOULLI-Gleichung

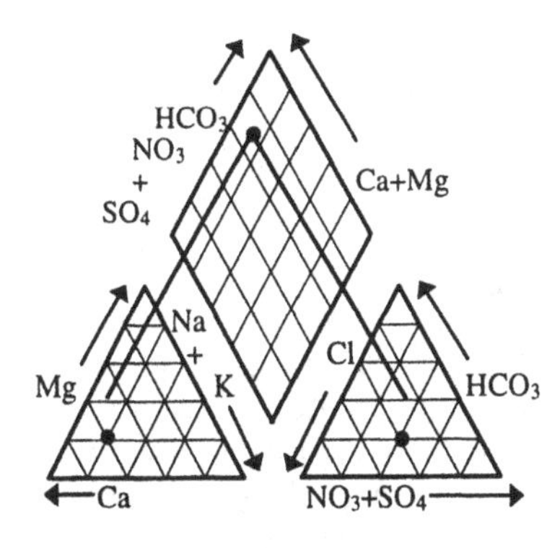

Abb. D13 ***PIPERdiagramm***

Druckhöhe, f; →BERNOULLI-Gleichung, →hydraulischer Schweredruck, →Potential

Druckhöhendifferenz, f; absoluter Betrag der Differenz der Werte des →hydraulischen Schweredruckes zweier Raumpunkte (eines Grundwasserleiters)

Druckleitung, f; →Pumpe

Druckpotential, n; →BERNOULLI-Gleichung

Druckseite, f; →Pumpe

Druckspiegelgefälle, n; →DARCYsches Gesetz

Druckspülung, f; →Bohrung

drying curve; →Entwässerungskurve

dry river bed; →Wadi

dry solid; →Trockenmasse, →Trockensubstanz

dry weather flow; →Trockenwetterabfluß

dry year; →Trockenjahr

ductile; →duktil

Düker, m; *{culvert, siphon}* Bauwerk, durch das ein Gewässer ein anderes oder ein Hindernis unter Druck, dem Prinzip der →kommunizierenden Röhren folgend, unterquert (→Abb. D14).

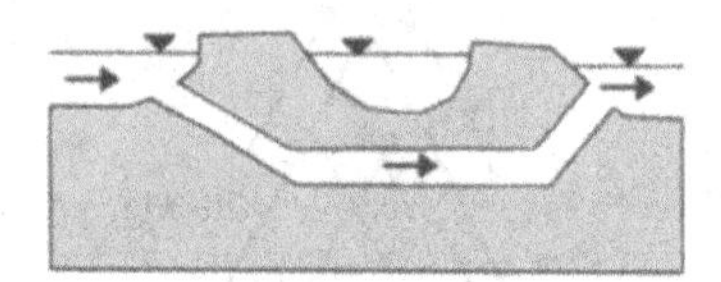

Abb. D14 *Düker*

Düne, f; *{dune}* **1.**) durch den Wind (→äolisch) aus →Flugsand aufgeschütteter Hügel oder Wall mit einer Höhe ab ca. 1 m; **2.**) auf der Sohle eines Fließgewässers als Unterwasser~ ausgebildete größere Erhebung der Sohle; die auf die D. von dem fließenden Wasser ausgeübten Kräfte verändern ihre Lage in Strömungsrichtung (→Transportkörper, →Antidüne); die Höhe einer D. ist von der Wassertiefe unabhängig.

Düngemittel, n; *{fertilizer, manure}* feste oder flüssige Substanz, die die von den →Pflanzen benötigten Nährstoffe in pflanzenverfügbarer Form (→Pflanzenverfügbarkeit) enthält und dem Boden zugeführt wird, um durch die Vegetation verursachte Nährstoffverluste zu kompensieren, vorwiegend die →Makroelemente →Kohlen-, →Sauer-, →Wasser- und →Stickstoff, →Phosphor, →Schwefel, →Kalium, →Calcium und →Eisen, ferner häufig auch →Spurenelemente wie →Bor, →Mangan, Zink usw.; ein D. kann als Mineral- oder Kunst~ diese Elemente in →anorganischen Verbindungen in zweckentsprechenden, auf die Vegetation abgestimmten →Anteilen enthalten oder als →organische Substanz (Gülle, Mist usw.) in nicht definierten, wechselnden →Konzentrationen; eine weitere Form der Düngung ist die Gründüngung, bei der Pflanzen auf den Wirtschaftsflächen angebaut werden, an denen sich durch mikrobielle Prozesse bestimmte Nährstoffe (z. B. Stickstoff) bilden, stark anreichern und dann mit der Biomasse der absterbenden Pflanzen dem Boden zugeführt werden; Überdüngung führt zur →Eutrophierung (→Trophiegrad) der Böden und Gewässer.

duktil; (*etm.*: lat. „ductilis ziehbar) *{ductile}* als d. bezeichnet man plastisch verformbare Minerale (z. B. Gold) und Festgestein, das sich unter Druck quasi plastisch verhält und dabei gut verformbar ist (z. B. Steinsalz, ggs. →spröde).

dump; →Deponie

dune; →Düne

DUPUIT-Annahmen, f; idealisierende Annahmen über die Strömungsverhältnisse in einem ungespannten →Grundwasserleiter, nach denen vertikale Strömungskomponenten ausgeschlossen werden, d. h. ein horizontal-ebenes Modell (Planfiltration) angenommen wird:

1. die Strömung über dessen gesamte Grundwassermächtigkeit h_{Gw} (→Grundwassermächtigkeit) horizontal erfolgt, oder äquivalent dazu die Ableitung $\partial h_p/\partial z$ der Standrohrspiegelhöhe h_p in Vertikalenrichtung z zu $\partial h_p/\partial z=0$ verschwindet;
2. die Strömungsgeschwindigkeit im ungespannten Grundwasserleiter über die gesamte Mächtigkeit in jedem Punkt einer zur Strömungsrichtung vertikalen Schnittfläche konstant ist und
3. diese konstante Strömungsgeschwindigkeit nach dem →DARCYschen Gesetz bei konstanter durchströmter Querschnittsfläche proportional dem hydraulischen Gradienten der Grundwasseroberfläche ist;

die D. A. sind nur bei geringen Absenkungen der freien Grundwasseroberfläche (bis maximal ca. 20 % der ursprünglichen unbeeinflußten Grundwassermächtigkeit h_{Gw}) näherungsweise erfüllt und anwendbar, unter diesen Annahmen bildet die Grundwasseroberfläche eine DUPUIT-Oberfläche (mit parabolischem vertikalem Schnitt in Strömungsrichtung, eine DUPUIT-Parabel), die immer unter der tatsächlichen Grundwasseroberfläche liegt (→DUPUIT-FORCHHEIMERsche Abflußformel).

DUPUIT-FORCHHEIMER discharge formula; →DUPUIT-FORCHHEIMERsche Abflußformel

DUPUIT-FORCHHEIMERsche Abflußformel, f; *{DUPUIT-FORCHHEIMER discharge formula}* die D.-F. A. liefert unter der →DUPUITschen Annahme den →Durchfluß in einem freien →Grundwasserleiter, und zwar **1.)** einen Durchfluß in einem zweidimensionalen →vertikal ebenen Strömungsmodell (Planfiltration), z. B. im Fall des Grundwassertransportes zwischen zwei „vollkommenen" Gräben mit dem Abstand L in einem ungespannten Grundwasserleiter (→Abb. D14), die ihn also in seiner gesamten Mächtigkeit durchdringen und deren Ufer senkrecht verlaufen; der ebene Durchfluß Q^* mit $\dim Q^* = \mathsf{L}^2/\mathsf{T}$ ist dann bei fehlender Grundwasserneubildung gegeben durch

$$Q^* = k_f \frac{h_0^2 - h_x^2}{2x} ,$$

mit der Standrohrspiegelhöhe $h_0=h_p(0)$ bei $x=0$ und $h_x=h_p(x)$ bei $x=x$ und dem Durchlässigkeitsbeiwert k_f; der Graph dieser Funktion ist die DUPUITsche Parabel; für speziell $x=L$ erhält man damit

$$Q^* = k_f \frac{h_0^2 - h_L^2}{2L} ;$$

der Darstellung in Abb. D14 entnimmt man, daß diese Parabel bei $x=L$ die freie Wasseroberfläche des Grabens mit Zuströmung schneidet, während die tatsächliche Grundwasseroberfläche darüber aus dem vertikalen Ufer austritt, so daß sich eine →Sickerstrecke σ zwischen diesem Austrittspunkt und dem freien Wasserspiegel bildet; **2.)** berechnet man mit der D.-F. A. im rotationssymetrischen Fall der Zuströmung zu einem vollkommenen Brunnen in einem isotropen ungespannten Grundwasserleiter (→Abb. D14) analog das dem Brunnen in der Zeiteinheit stationär zuströmende Wasservolumen Q ($\dim Q = \mathsf{L}^3/\mathsf{T}$) (→stationäre Grundwasserströmung) unter der DUPUITschen Annahme zu

$$Q = \pi k_f \frac{h_r^2 - h_0^2}{\ln(r/r_0)} ,$$

hierbei liegt der Ursprung des zugrunde liegenden →Zylinderkoordinatensystems auf der Brunnenachse, r_0 ist der Brunnenradius, r die Zylinderkoordinate, $h_0=h_p(r_0)$ die Standrohrspiegelhöhe bei $r=r_0$ und $h_r=h_p(r)$, die bei $r=r$; auch in diesem

Fall sieht man in Abb. D15, daß im Verlauf der idealisierenden DUPUIT-Oberfläche die Sickerstrecke im Brunnen nicht berücksichtigt wird (→DUPUIT-THIEM-Verfahren).

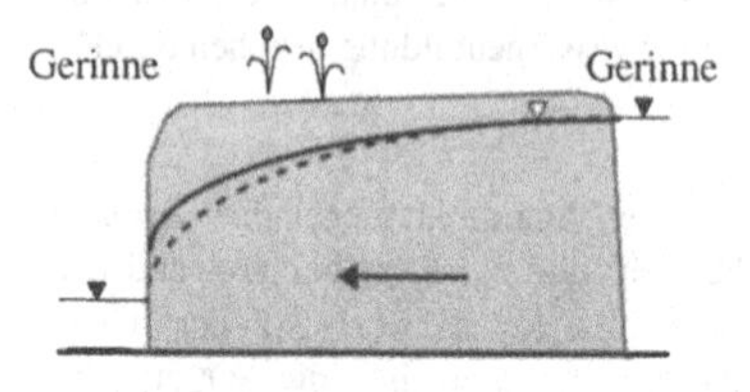

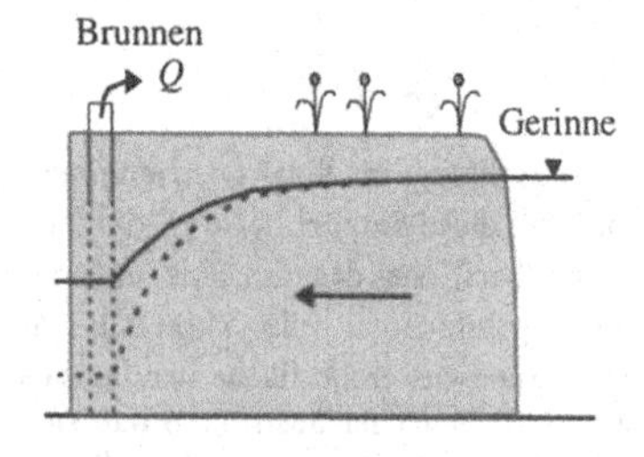

···· DUPUIT-Oberfläche
— tatsächliche Grundwasseroberfläche

Abb. D15 ***Dupuit-Oberfläche bei einer Grabenanströmung (oben), Brunnenanströmung (unten)***

DUPUIT-Oberfläche; →Dupuit-Annahme

DUPUIT-Parabel; →Dupuit-Annahme

DUPUIT-THIEM-Verfahren, n; Auswerteverfahren für →Pumpversuche bei →stationärer Strömung in gespannten oder ungespannten →Grundwasserleitern im →Beharrungszustand unter berücksichtigung der →Absenkung $s=s(r)$ oder der →Standrohrspiegelhöhe $h_p=h_p(r)$ in zwei verschiedenen Abständen $r=r_1$ und $r=r_2$ ($r_1<r_2$) vom Brunnen bzw. seiner Achse, gemessen in den →Grundwassermeßstellen G1 bzw. G2 (→Abb. D16) und unter Berücksichtigung von $h_p+s=h_{Gw}$:

1. gespannter Grundwasserleiter mit der →Transmissivität T:

$$T=\frac{Q}{2\pi}\cdot\frac{\ln(r_2/r_1)}{h_2-h_1}$$

mit $h_1=h_p(r_1)$, $h_2=h_p(r_2)$ oder

$$T=\frac{Q}{2\pi}\cdot\frac{\ln(r_2/r_1)}{s_1-s_2}$$

mit $s_1=s(r_1)$, $s_2=s(r_2)$;

2. ungespannter Grundwasserleiter mit Durchlässigkeitsbeiwert (→DARCY-sches Gesetz) k_f:

$$k_f=\frac{Q}{\pi}\cdot\frac{\ln(r_2/r_1)}{h_2^2-h_1^2}$$

mit $h_1=h_p(r_1)$, $h_2=h_p(r_2)$ oder

$$k_f=\frac{Q}{\pi}\cdot\frac{\ln(r_2/r_1)}{s_1'-s_2'}$$

mit den korrigierten →Absenkungen

$$s_1'=s_1-s_1^2/(2h_{Gw}),$$

$$s_2'=s_2-s_2^2/(2h_{Gw});$$

die Absenkung s', die in einem entsprechenden gespannten Grundwasserleiter zu beochten wäre (s. 1.) darf im Verhältnis zur unbeeinflußten Mächtigkeit h_{Gw} des Grundwasserkörpers nur gering sein;

der Wert h_2 kann auch durch die unbeeinflußte Grundwassermächtigkeit h_{Gw} des Grundwasserleiters bei der →Reichweite $r_2=R$ der Absenkung bzw. den entsprechenden empirischen Schätzwerten (→Reichweite) ersetzt werden; die Auswertgleichung für den ungespannten Grundwasserleiter gewinnt man aus der für den gespannten, indem man dort unter Berücksichtigung von $T=k_f\cdot h_{Gw}$ die Grundwassermächtigkeit durch das arithmetische Mittel $h_{Gw}=(h_2+h_1)/2$ ersetzt, was wiederum näherungsweise nur bei

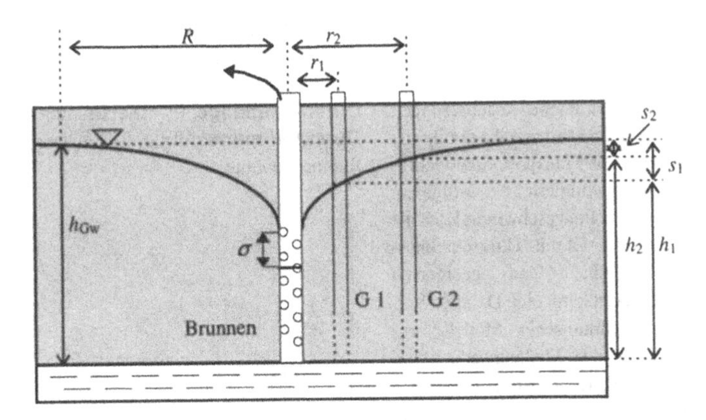

G = Grundwassermeßstelle
σ = Sickerstrecke

Abb. D16 ***DUPUIT-THIEM-Verfahren***

der erwähnten geringfügigen Absenkung möglich ist (→DUPUIT-FORCHHEIMERsche Abflußformel); für die Bestimmung von *R* gibt es verschiedene empirische Schätzformeln (→Reichweite; →Abb. D16).

duration curve; →Dauerlinie

duration number; →Dauerzahl

durchfallender Niederschlag, m; →Niederschlag

Durchfluß, m; *{(rate of) flow}* der D. Q mit $\dim Q = L^3/T$ - i. allg. mit $[Q]=m^3/s$ oder $[Q]=\ell/s$ - ist das einen gegebenen →Meßquerschnitt innerhalb der Zeiteinheit durchströmende Wasservolumen; wird der D. in Bezug gesetzt zu einem →Einzugsgebiet, so spricht man von →Abfluß (→Abflußermittlung), damit erfolgt jede Abflußermittlung als →Durchflußermittlung, während umgekehrt nicht jeder D. ein Abfluß (aus einem gegebenen Einzugsgebiet) sein muß.

Durchflußermittlung, f; *{discharge/ flow measurement/gauging}* die D. dient der Ermittlung des →Durchflusses durch einen gegebenen →Durchflußquerschnitt eines →oberirdischen Fließgewässers, bezieht sich der in dem →Vorfluter ermittelte Durchfluß auf ein abgegrenztes →Einzugsgebiet, so spricht man auch von einer Abflußermittlung; die D. erfolgt beispielsweise **1.**) mittelbar unter Verwendung eines →hydrometrischen Flügels, bei dem die Umdrehungszahl einer Meßschraube über entsprechende Kalibrierungskurven (→Kalibrierung) zu der Fließgeschwindigkeit in Bezug gesetzt wird; in Gerinnen, die den Einsatz des hydrometrischen Flügels nicht zulassen, kann u. U. **2.**) mittels →Meßgefäßen der Durchfluß unmittelbar durch Erfassung der gesamten während des Bezugszeitraumes transportierten Wassermenge in einem geeigneten Gefäß ermittelt werden; ggf. ermittelt man **3.)** den Durchfluß hier auch (mittelbar) durch die Bestimmung der zeitlichen und konzentrationsbezogenen Verteilung von →Markierungsstoffen in dem Gewässer; einfache Abschätzungen des Durchflusses erfolgen **4.)** durch die Beobachtung der Transportgeschwindigkeit von →Schwimmern, die mittelbare Messung der Fließgeschwindigkeit ist schließlich auch **5.)** mit Ultraschallmessungen möglich; **6.)** an geeigneten →Meßbauwerken kann eine D. unter Verwendung →hydraulischer Modelle aus der Geometrie des Meßbauwerkes und dem Wasserstand des Gerinnes erfolgen.

Durchflußfläche, f; *{discharge area}* Fläche des unter der f_V-Linie gelegenen ebenen Bereiches; dabei ist die f_V-Linie der Graph der Inhalte f_V der →Geschwindigkeitsflächen einer Durchflußmessung mit dem →hydraulischen Flügel, die über der Gerinnebreite im →Durchflußquerschnitt bzgl. des Bezugspunktes der Aufzeichnung dargestellt sind; auf ein Einzugsgebiet bezogen bezeichnet man die D. auch als Abflußfläche (→Abb. D17), der Flächeninhalt f_Q der D. entspricht dem bei der Messung zu ermittelnden →Durchfluß $Q=f_Q$ mit $\dim Q = L^3/T$; dieBegrenzungen der D. gestatten Rückschlüsse auf die Qualität der an der zugehörigen Meßstelle durchgeführten →Durchflußermittlung (→ $c\sqrt{I}$).

Durchflußkurve, f; *{rating/discharge curve; stage-discharge relation}* graphische Darstellung des Durchflusses $Q=Q(W)$ in Abhängigkeit von dem Wasserstand W an der Durchflußmeßstelle, durch →Extrapolation lassen sich hieraus ~n für extreme Wasserstände herleiten, für die keine Erfahrungswerte vorliegen ($\rightarrow C\sqrt{I}$); einzelne, diskrete Werte dieser $W \rightarrow Q(W)$-Beziehung werden in der →Durchflußtafel dargestellt; auf ein Einzugsgebiet bezogen bezeichnet man die D. auch als Abflußkurve.

Durchflußmenge, f; →Durchsumme

Durchflußmengenlinie, f; →Durchflußmengenlinie

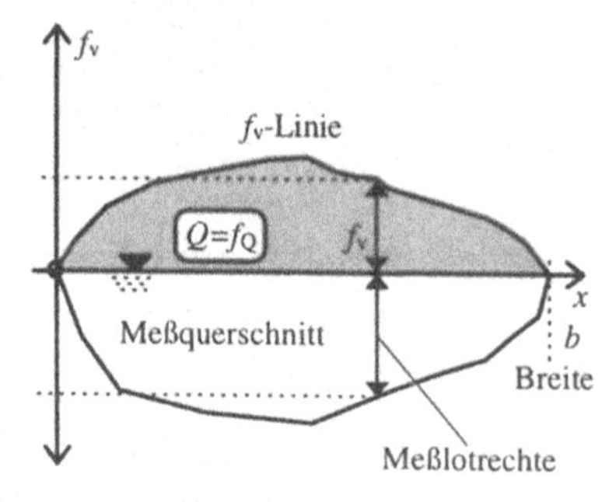

Abb. D17 ***Durchflußfläche***

Durchflußmeßstelle, f; *{gauging station}* Meßstelle, die der Ermittlung des →Durchflusses eines →Gerinnes dient; die D. muß bestimmten Kriterien genügen, z. B. soll bei der Durchflußermittlung mit dem →hydrometrischen Flügel hier die Wasserströmung durch den →Durchflußquerschnitt auf möglichst parallelen Bahnen erfolgen, die Strömungsverhältnisse sollen einheitlich sein und das Gewässer frei von Strömungshindernissen (z.B. →Verkrautungen) →Meßquerschnitt) wird in der D. der auf ein →Einzugsgebiet bezogene Durchfluß erhoben, so spricht man auch von einer Abflußmeßstelle.

Durchflußquerschnitt, m; *{flow section, cross-sectional flow area}* der D. ist der einer →Durchflußermittlung zugrunde liegende →Meßquerschnitt durch das zu vermessende →Gerinne; der D. ist möglichst rechtwinklig zur Fließrichtung und zu den Uferlinien festzulegen, bei schrägem D. (→Abb. D18), der z.B. durch eine für die Durchführung der Messungen genutzte Brücke gegeben sein kann, ist die Messung auf den zur Fließrichtung usw. rechtwinklig definierten Auswertquerschnitt zu beziehen (→Abb. D18); für Durchflußermittlungen ist als Bezugspunkt der Querschnittsnullpunkt i. allg. auf dem - gegen die Fließrichtung

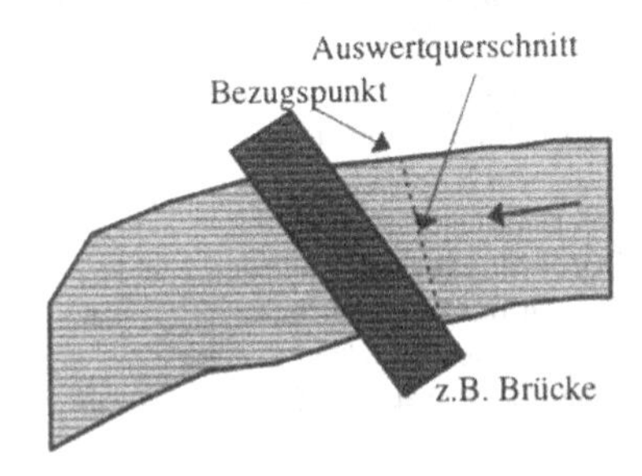

Abb. D18 ***Durchflußquerschnitt***

gesehen linken Ufer festzulegen; auf ein Einzugsgebiet bezogen bezeichnet man den D. auch als Abflußquerschnitt.

Durchflußsee, m; See mit Zu- und Abfluß (ggs. →Endsee)

Durchflußsumme, f; *{rate of discharge}* auf ein Zeitintervall $I=[t_0;t_1]$ bezogene Integration $S(I)$ des →Durchflusses $Q=Q(t)$ über die Zeit t in z. B. $[Q]=\text{m}^3$; auf ein Einzugsgebiet bezogen bezeichnet man die D. auch als →Abflußsumme S_A, aus →diskreten Meßdaten wird die D. auch numerisch ermittelt duch Kumulation aufeinander folgender Meßwerte *{discharge mass, cumulativ runoff}* (→~nlinie); eine sprachliche Unterscheidung des integrativen und des diskret approximierten Begriff könnte etwa dadurch vorgenommen werden, daß man die theoretisch durch Integration gewonnene Größe als Durchflußmenge M(I) bezeichnet und den Begriff der D. der numerischen Näherung vorbehält; die D. läßt sich auch numerisch ermitteln durch eine entsprechende stückweise stetige →~nlinie (→Abbn. A4 und A5).

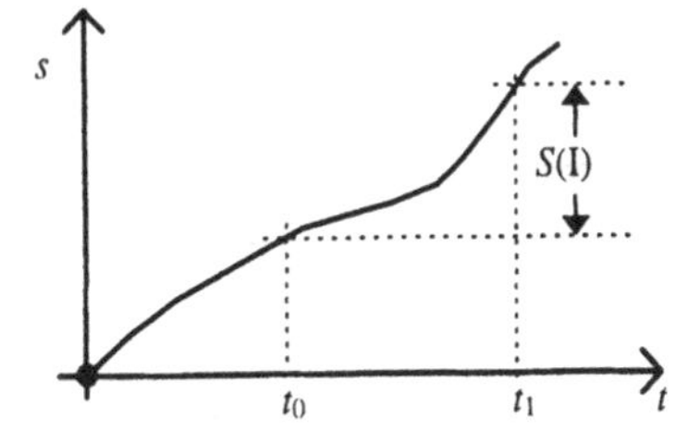

Abb. D19 ***Durchflußsummenlinie***

Durchflußsummenlinie, f; *{rate of discharge curve/hydrograph}* graphische Darstellung der →Durchflußsumme (als Volumen) ab einem Bezugszeitpunkt t=0, die durch Integration des Durchflusses $Q(t)$ über die Zeit t gewonnen wird, in Abhängigkeit von der Zeit, diese Kurve $s(t)$ steigt damit streng monoton an, die Differenz der Durchflußsummenwerte für zwei aufeinanderfolgende Zeitpunkte $t_0<t_1$ ist die →Durchflußsumme $S(I)$ während der durch diese Zeitpunkte begrenzte Zeitspanne $I=[t_0;t_1]$, d. h. $S(I)=s(t_1)-s(t_0)$ (→Abb. D19); bezogen auf ein gegebenes Einzugsgebiet bezeichnet man die D. auch als Abflußsummenlinie, die numerisch ermittelte Näherung der D. ist die entsprechende stückweise stetige Durchflußsummenlinie $s(t)$ *{(cumulative) runoff curve/hydrograph}*, aus der entsprechend die →Durchflußsumme $S(I)$ hergeleitet werden kann (→Abb. D20); auch im Fall der D. könnte der Unterschied zwischen theoretisch, stetiger

Integration als Durchflußmengenlinie und der diskreten Approximation als D. im eigentlichen Sinne zum Ausdruck gebracht werden.

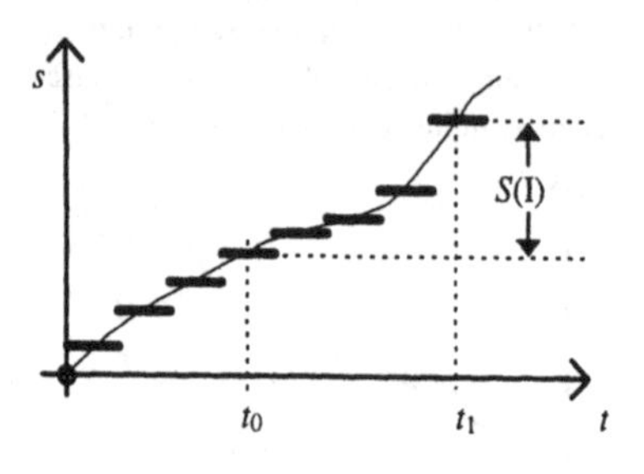

Abb. D20 ***stückweise stetig erfaßte Durchflußsummenlinie***

Durchflußtabelle, f; →Durchflußtafel

Durchflußtafel, f; *{rating table, stage (discharge) record}* auch Durchflußtabelle, Tabelle (W;$Q(W)$) der Durchflußwerte $Q=Q(W)$ mit $\dim Q = \mathrm{L}^3/\mathrm{T}$ und $[Q]=\mathrm{m}^3/\mathrm{s}$ oder $[Q]=\ell/\mathrm{s}$, in Abhängigkeit vom Wasserstand W, $\dim W = \mathrm{L}$ und z.B. $[W]=\mathrm{cm}$, am Bezugspunkt; eine →kontinuierliche Darstellung der $W \rightarrow Q(W)$-Beziehung der D. findet man in der →Durchflußkurve; durch →Extrapolation lassen sich hieraus ~n für extreme Wasserstände herleiten, für die keine Erfahrungswerte vorliegen ($\rightarrow C\sqrt{I}$); auf ein →Einzugsgebiet bezogen bezeichnet man die D. auch als Abflußtafel oder -tabelle.

durchflußwirksam; →Hohlraumanteil, →Hohlraumvolumen

Durchführbarkeitsuntersuchung, f; →Machbarkeitsstudie

Durchlässigkeit, f; *{permeability}* auch Wasserwegsamkeit, durch den Durchlässigkeitsbeiwert (→DARCYsches Gesetz) quantifiziertes Vermögen des →Gesteins, Wasser in Abhängigkeit von dessen Viskosität und Dichte und in Abhängigkeit von der physischen Ausprägung des Gesteins (→Hohlraum) weiterzuleiten (→Homogenität, →Isotropie), die D. ist dabei je nach den gegebenen Verhältnissen der Homogenität und der Isotropie als skalare Konstante oder Raumfunktion, bzw. als tensorielle Konstante oder als Raumfunktion bestimmt (→Permeabilität).

Durchlässigkeitsbeiwert, n; →DARCYsches Gesetz

Durchlaß, m; *{culvert}* Bauwerk, in dem ein Gewässer - i. allg. mit freier Oberfläche - unter einem Hindernis (z. B. einer Straße) hindurchgeführt wird, u. U. wird durch einen D. der → Durchflußquerschnitt reduziert.

Durchmesser, m; →hydraulischer D.

Durchmischungsstrecke, f; →Salzverdünnungdmethode

Durchtrennungsgrad, m; →Kluftdurchlässigkeit

Durchwurzelung, f; Eindringen der →Wurzeln der →Pflanzen in den Boden; die Hauptwurzeln breiten sich in größeren Porensystemen (Durchmesser >100 μm), die Haarwurzeln auch in Systemen geringeren Durchmessers (>10 μm) aus; quantifizieren läßt sich die D. z. B. durch die ~sintensität, die Anzahl der Feinwurzeln in der Volumeneinheit des →Durchwurzelungsbereiches; Pflanzen, die nur die oberen Bodenschichten (bis zu einer Tiefe von ca. 20 cm) durchwurzeln, werden als flachwurzelnd bezeichnet, bei D. der Bodenschichten in einer Tiefe von mehr als 150 cm spricht man von tiefwurzelnden Pflanzen.

Durchwurzelungsbereich, m; *{root zone}* auch Wurzelraum, von Pflanzenwurzeln durchdrungene oberflächennahe Bodenschicht (→Durchwurzelung), die Durchwurzelbarkeit, d. h. die durch die Pflanzenwurzeln möglicherweise durchdringbare Tiefe der Bodenzone hängt zum einen von der Beschaffenheit des Bodens, zum anderen von der Durchdringungsfähigkeit der Wurzeln ab; der effektive D. ist der durch die effektive →Durchwurzelungstiefe gekennzeichnete Teilbereich des ~s.

Durchwurzelungsintensität, f; →Durchwurzelung

Durchwurzelungstiefe, effektive, f; *{rooting depth}* die effektive D. We (dim We=L, [We]=dm) ist die Tiefe des effektiven Durchwurzelungsbereichs, die für grundwasserunbeeinflußte Böden aus dem Wasserentzug einjähriger landwirtschaftlicher Nutzpflanzen in Trockenjahren zum Ende der Vegetationsperiode so berechnet wird, daß (→Abb. D21) die oberhalb We bis zum →permanentem Welkepunkt PWP noch vorhande Wassermenge (M_1) gleich der unterhalb We bis zur →Feldkapazität FK fehlenden Wassermenge (M_2) ist.

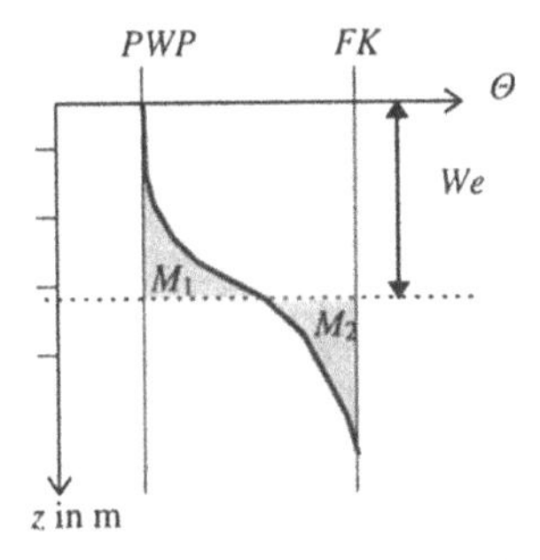

Abb. D21 ***effektive Durchwurzelungstiefe***

Dy, m; *{dy}* aus pflanzlichem →Detritus und abgesetzten Humuskolliden bestehendes →Sediment in →dystrophen Gewässern (auch Torfmudde, →Mudde; →Faulschlamm).

dynamik convection; →erzwungene Konvektion

dynamische Optimierung, f; mehrstufiges Optimierungsverfahren des →operations research, bei dem eine Optimierung über mehrere untereinander abhängige Planungsstufen P_1, ,P_n erfolgt (z. B. Planperioden) mit der Optimierung o der Zielfunktion z

$$o_n = \text{opt}\, z(P_1, \; ,P_n);$$

das Optimalitätsprinzip der d. O. führt zur Lösung des Systems durch den Ansatz

$$o_i = \text{opt}\, z(o_{i-1}, P_i) \text{ für } i=2,...,n$$

und klassische Optimierung für $o_1 = \text{opt}\, z(P_1)$.

dynamischer Druck, m; →BERNOULLI-Gleichung

dynamische Viskosität, f; →Viskosität

dysphotic; →dysphotisch

dysphotisch; (*etm.*: gr. „dys“ schwierig und „photos“ das Licht) *{dysphotic}* nur in geringem Maß dem zur →Photosynthese benötigten einfallenden Licht ausgesetzt, die ~e Lebensräume besiedelnden Organismen ernähren sich überwiegend heterotroph (→Heterotrophie) (ggs. →euphotisch; →aphotisch).

dystroph; (*etm.*: →Dystrophie) *{dystrophic}* Bezeichnung für ernährungsgestörte, d. h. nährstoffarme, jedoch humusreiche →Böden oder →Gewässer (die einen niedrigen pH-Wert aufweisen), ~e Gewässer sind durch die Humusstoffe gelb bis tiefbraun gefärbt (d. ist kein →Trophiegrad) (ggs. →eutroph).

dystrophic; →dystroph

Dystrophie, f; (*etm.*: gr. „dys“ schwierig und „trophe“ die Ernährung) *{dystrophy}* Ernährungsstörung, speziell der Nährstoffmangel in →dystrophen Gewässern (ggs. →Eutrophie).

dystrophy; →Dystrophie

earth; →Erde

earth slip; →Rutschung

earth subsidence; →Erdfall

ebb; →Ebbe

Ebbe, f; *{ebb, low-tide}* in Verlauf der →Tide eintretendes Abfallen des Tidewasserstandes bis hin zu seinem Minimum (ggs. →Flut).

ebullioscopic constant; →ebullioskopische Konstante

ebullioscopy; →Ebullioskopie

Ebullioskopie, f; (*etm.*: lat. „ebullire" heraussprudeln, -kochen und gr. „skopein" betrachten) *{ebullioscopy}* Verfahren zur Bestimmung der molalen Konzentration (→Molalität) eines gelösten Stoffes aus der durch sie verursachten →Siedepunktserhöhung der Lösung.

ebullioskopische Konstante, f; →Siedepunktserhöhung

ecological equilibrium; →ökologisches Gleichgewicht

ecology; →Ökologie

ecosystem; →Ökosystem

eddy; →Neer; →Wasserwalze

Edelgas, n; *{rare/noble gas}* Element der →Edelgasgruppe

Edelgasgruppe, f; VIII. (oder je nach Zählart auch 0.) Hauptgruppe des →Periodensystems der Elemente, die E. umfaßt die Edelgase Helium (He), Neon (Ne), Argon (Ar), Krypton (Kr), Xenon (Xe) und Radon (Rn).

effective abstractions; →effektiver Rückhalt

effective cavity; →effektives Hohlraumvolumen, →speichernutzbares Hohlraumvolumen

effective density; →effektive Lagerungsdichte

effective diameter; →wirksamer Korndurchmesser, →effektive/wirksame Korngröße

effective drainage porosity; →durchflußwirksamer Hohlraumanteil, →durchflußwirksames Hohlraumvolumen

effective evaporation; →effektive/tatsächliche Evaporation/Verdunstung

effective evapotranspiration; →effektive Evapotranspiration

effective grainsize; →effektive Korngröße, →wirksame Korngröße

effective porosity; →effektives/speichernutzbares Hohlraumvolumen, →effektiver/speichernutzbarer Hohlraumanteil

effective precipitation; →effektiver Niederschlag, →Effektivniederschlag

effective retention; →effektiver Rückhalt

effective well radius; →effektiver Brunnenradius

effektive Durchwurzelungstiefe, f; →Durchwurzelungstiefe, effektive

effektive Evaporation; →Evaporation

effektive Evapotranspiration; → effektive/tatsächliche Evapotranspiration

effektive Korngröße; →Korngröße

effektive Lagerungsdichte, f; →Lagerungsdichte

effektive Verdunstung, f; →Verdunstung

effektiver Brunnenradius, m; →Brunnenradius

effektiver Niederschlag, m; →Niederschlag

effektiver Rückhalt, m; →Rückhalt

effektiver Wurzelraum, m; →Durchwurzelungsbereich

effektives Hohlraumvolumen, n; →Hohlraumvolumen

effektives Kluftvolumen, n; →Hohlraumvolumen

effektives Porenvolumen, n; →Hohlraumvolumen

Effektivniederschlag, m; →Niederschlag

effiency; →Wirkungsgrad

effluenter Abfluß, m; (*etm.*: lat. „e-" heraus und „fluere" fließen) *{effluent stream/flow}* auch Effluenz, →Abfluß, bei dem ein →hydraulisches Gefälle aus dem →Grundwasserleiter in den →Vorfluter besteht, so daß das Grundwasser flächenhaft aus dem Grundwasserleiter in den Vorfluter übertritt (ggs. →influenter Abfluß, →Wechselwirkung (→Abb. W3)).

effluent flow; →effluenter Abfluß

effluent stream; →effluenter Abfluß

Effluenz, f; →effluenter Abfluß

***Eh*-Wert**, m; →NERNSTsche Gleichung

Eichung, f; *{calibration}* Anpassung der Anzeige w_a eines Meßinstrumentes an die gemäß der →Kalibrierung $w=w(g)$ festgelegte Beziehung zwischen dem durch das Instrument erfaßten Größenwert g und dem ihm in der Beziehung $w=w(g)$ zugeordneten (Anzeige-) Wert w; die E. erfolgt durch Abgleich mit bekannten Wertepaaren (g,w) und führt ggf. zu einer Skalenjustierung (Skalenkorrektur; →Skala) entsprechend dem tatsächlichen Wertepaar (g,w).

Einfallen, n; →Fallen

Einfallrichtung, f; Bestimmung der Lage einer Ebene E im Raum durch ihre E. nach CLAR, die charakterisiert wird durch den Winkel γ zwischen der Nordrichtung und der Projektion des negativen Gradienten (→Gradient) $-\nabla E$ von E und dem →Fallen ε der Ebene E zu γ/ε; im Beispiel der →Abb. S16 ist die Lage der Ebene E somit bestimmt durch 150°/45° (→Streichen).

Eingabebrunnen, m; *{inoculation well}* auch Impf-, Injektions-, Versickerungs- oder Schluckbrunnen, →Brunnen, der zum einen der Zufuhr von Wasser zum →Grundwasserkörper dient (→Einleitung, →Grundwasseraufhöhung), diese Einleitungen werden zur Grundwasseranreicherung vorgenommen; zur Steuerung der Ausbreitung von Schadstoffahnen im Grundwasseraum, zum Aufbau von Süßwasserbarrieren, zur Begrenzung von Salzwasserintrusionen usw.; ferner zur Rückführung geothermisch genutzten Grundwassers und zur Entsorgung salzhaltigen Wassers in tiefgelegene Grundwasserkörper; des weiteren nutzt man E. zur Einbringung der für eine Analyse benötigten Substanzen, z. B. →Markierungsstoffe usw.

Einheit, f; *{unit}* einer →physikalischen Größe aus einer Menge vergleichbarer Größen als Bezugs- oder Vergleichsgröße zugeordneter spezieller →Größenwert, der zur Maßeinheit für die zugrunde liegende physikalische Größe erklärt wird, eine einer →Basisgröße zugeordnete E. wird als Basis~ bezeichnet, z. B. kann der physikalischen Größe „Länge" mit dem Formelzeichen l und der →Dimension $\dim l=\mathsf{L}$ die Basis~ m (Meter) zugeordnet werden (→SI-System), hieraus erhält man durch Vergleich dann z. B. $l=7$ cm$=0{,}07$ m für den speziellen Größenwert 7 cm der physikalischen Größe l, der phylikalischen Größe l ist in diesem Beispiel der Größenwert 0,07 m zugeordnet mit dem Zahlenwert $\{l\}=0{,}07$ und der Einheit $[l]=$m als Produkt $l=\{l\}\cdot[l]$.

Einheitsganglinie, f; →Einheitsganglinienverfahren

Einheitsganglinienverfahren, n; *{unit hydrograph methode}* Methode der →Abflußkonzentration; die →Ganglinie des →Direktabflusses Q_D aus dem Effektivniederschlag bezogen auf ein oberirdisches Einzugsgebiet wird aus einer Einheitsganglinie *{unit hydrograph}*, d. h. der Ganglinie des Direktabflusses eines Einheitsniederschlagsereignisses (→Niederschlag) hergeleitet, das gleichmäßig verteilt über das Einzugsgebiet fällt; die Übertragung des effektiven Niederschlages zur Niederschlagshöhe h_{Ne} erfolgt durch Multiplikation der Werte der Einheitsganglinie mit h_{Ne} (bzw. dem entsprechenden Niederschlagsvolumen) bei einem einzelnen Niederschlagsereignis (hierbei erhält man die Ganglinie dieses Niederschlagsereignisses, →Abb. E1 die grauunterlegten Abflußganglinien auf der linke Seite) und durch → Superposition (→Abb. E1 rechte Seite mit der Superposition als gepunktet dargestellte Abflußganglinie) der einzelnen Ganglinien mehrerer einander überlagernder Niederschlagsereignisse.

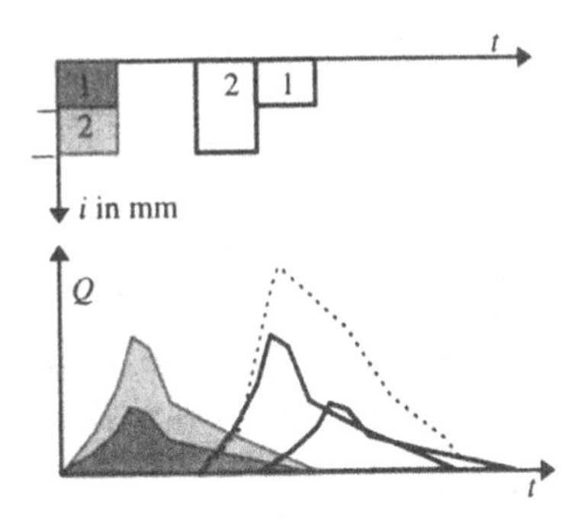

Abb. E1 *Einheitsganglinienverfahren*

Einheitsniederschlag, m; →Niederschlag

Einlauf, m; *{inlet}* →Einleitung von →Oberflächenwasser oder →Abwasser in einen Kanal (→Gerinne) oder in eine →Kläranlage.

Einlaufbauwerk, n; *{inlet structur}* bauliche Einrichtung, in der ein →Einlauf stattfinden kann.

Einleiter, m; Verursacher einer →Einleitung von Abwasser, der Direkt~ führt dabei seine Abwässer unmittelbar in die oberirdischen Gewässer (z. B. einen →Vorfluter) ab, der Indirekt~ bedient sich zur Entsorgung der Abwässer der Kanalisation.

Einleitung, f; **1.)** *{artificial recharge}* künstliche →Grundwasseranreicherung durch Zuführung von Wasser zum → Grundwasserraum mittels technischer Maßnahmen, z. B. Erzeugung von Influenz (→influenter Abfluß) zur Gewinnung von →Uferfiltrat durch Absenkung des Grundwasserspiegels im Uferbereich oberirdischer Fließgewässer bei natürlichen →effluenten Abflußbedingungen, Anlage von Rieselfeldern und →Poldern und Versickerung von Flußwasser in Becken und parallel zu den Flußläufen angelegten Gräben oder E. durch →Eingabebrunnen; **2.)** Einbringung von Abwasser gewerblicher oder industrieller Herkunft in die oberirdischen Gewässer oder in die Kanalisation (→Einleiter).

Einschlämmung, f; *{illuviation}* auch Illuviation, Einspülen von feinem Material in ein poröses Medium (→Poren), z. B. von feinem Bodenmaterial in tiefere Bodenschichten oder das E. von →organischen oder →anorganischen →Schwebstoffen aus einem →oberirdisches Gewässer in die Gewässersohle (→Uferfiltration), die E. führt zur →Kolmation des porösen Materials.

Einschwingverfahren, n; *{transient response method}* Methode zur Bestimmung der →Transmissivität einer grundwasserführenden Schicht (ohne →Pumpversuch) durch Auswertung ihres Schwingungsverhaltens in einem von ihr gespeisten →Brunnen; hierzu wird der Wasserspiegel in dem abgedichteten Brunnen durch Erhöhung des Luftdrucks abgesenkt und durch plötzliche Entspannung in eine freie gedämpfte Schwingung versetzt, aus deren Eigenfrequenz und Dämpfungsparameter sich unter Berücksichtigung des Brunnendurchmessers der Wert der Transmissivität bestimmen läßt.

Einstellen einer Maßlösung, n; →Titer

Einströmungsgeschwindigkeit, f; *{(screen) entrance velocity}* die auch Eintrittsgeschwindigkeit genannte E. $v_c = Q/A_F$ ist der Quotient aus dem Durchfluß Q und der Fläche A der zugehörigen benetzen (offenen) Außenfläche des Filterrohres eines →Brunnens bzw. der Außenfläche A der Kiesschüttung, die das Filterrohr ummantelt (→Filterkies).

Einströmverlust, m;

Eintiefung, f; *{degradation, erosion}* Änderung der Sohlenlage eines →oberirdischen Gewässers infolge von Tiefenerosion (→Erosion); der von der E. betroffene Abschnitt eines →Fließgewässers - z. B. im Zusammenhang mit künstlicher oder natürlicher Stauhaltung - wird als ~sstrecke *{degradation stretch}* bezeichnet (→Abb. A14, ggs. →Auflandung).

Eintiefungsstrecke, f; →Eintiefung

Eintrittsgeschwindigkeit, f; →Einströmungsgeschwindigkeit

Einwohnergleichwert, m; →Einwohnerwert

Einwohnerwert, m; *{total number of inhabitants and population equivalents}* der E. *EW* ist der aus der Einwohnerzahl *EZ {population, total number of inhabitants}* und dem Einwohnergleichwert *EGW {population equivalent}* errechnete →biologische Sauerstoffbedarf (*BSB*) für die Oxidation der im Abwasser enthaltenen organischen Substanzen, bei Zugrundelegung eines *BSB* von (täglich) 60 g Sauerstoff je Einwohner erhält man $EW = (EZ + EGW) \cdot 60$ g/d O_2 (mit dimEW = M/T, $[EW]$=g/d); *EZ* ist dabei die Einwohnerzahl, z. B. eines Siedlungsgebietes, der Einwohnergleichwertes *EGW* ist ein Umrechnungswert des gewerblichen oder industriellen →Schmutzwassers bez. seiner organischen Bestandteile in den der privaten Haushalte; anorganische Verunreinungen der Abwässer werden im E. definitionsgemäß nicht erfaßt; in entsprechender Weise ist ein E. für den →chemischen Sauerstoffbedarf definiert, der jedoch für die Planung von Kläranlagen von geringerer Bedeutung ist; sinngemäß dient eine entsprechende Kalkulationsgröße der Abschätzung des privaten und gewerblichen Trinkwasserbedarfs.

Einwohnerzahl, f; →Einwohnerwert

Einzelkorngefüge, n; →Bodengefüge

Einzelverlusthöhe, f; →Verlust

Einzugsgebiet, n; **1.)** *{catchment area, river basin}* Gebiet A_E, aus dem die →Niederschläge ober- oder unterirdisch *{subsurface catchment area}* einer Abflußmeßstelle (→Durchflußmeßstelle) zufließen und dort als →Durchfluß erfaßt werden können; unter geologischen Gesichtspunkten unterteilt man das Gesamteinzugsgebiet eines Gewässers entsprechend vorgegebener unterirdischer →Wasserscheiden in einzelne Teil~e; da die oberirdischen sich von den unterirdischen Wasserscheiden unterscheiden können, ergeben sich voneinander abweichende oberirdische und unterirdische ~e; der einem (Teil-) E. zugeordnete Durchfluß an der Meßstelle wird als dem (Teil-) E. zugeordneter →Abfluß bezeichnet.; **2.)** *{drainage area}* Gebiet A_E, aus dem einem Bezugspunkt Abwasser zufließt

(→Entwässerungsgebiet).

Eis, n; *{ice}* feste →Phase des →Wassers; die locker zusammengewachsenen Kristalle, die sich bei der Entstehung des ~es bilden, werden als ~schlamm *{grease ice}* bezeichnet, aus dem sich durch weiteres Gefrieren auf einer ruhigen Wasseroberfläche eine ~haut *{ice rind}* bildet; eine durchgehend hartgefrorene ~platte, die nur in gringem Maße Lufteinschlüsse enthält, wird als Kern~ *{black ice}* bezeichnet; Fest~ *{fast ice}* ist eine an der Wasseroberfläche ausgebildete ortsfeste ~schicht von mindestens 5 cm Dicke, Treib~ *{drift ice}* setzt sich aus im Wasser bewegten Eisstücken zusammen; E., das sich von den seitlichen Begrenzungen der Wasseroberfläche her bildet oder sich dort ansammelt, nennt man Rand~ *{border ice}*, eine über den Bereich des Rand~es hinausgehende ausgedehnte ~schicht ist eine ~decke *{ice cover}*; besteht in einer sonst geschlossenen ~decke eine ~freie Fläche, so bildet sie eine ~blänke *{area free of ice}*; das Verhältnis zwischen der ~bedeckten und der gesamten Oberfläche eines Gewässerabschnittes ist der ~bedeckungsgrad *{ice concentration}* B_E (dim $B_E = 1$, $0 \leq B_E \leq 1$).

Eisbedeckungsgrad, m; →Eis

Eisblänke, f; →Eis

Eisdecke, f; →Eis

Eisen, n; *{iron}* Metall, Element der →Eisengruppe in der 8. Nebengruppe des →Periodensystems der Elemente, mit dem Elementsymbol Fe; vierthäufigstes Element, häufigstes in der →Erdkruste vertretenes →Schwermetall, mit einem Anteil von 90 % im →Erdkern enthalten; natürlich kommt Fe hauptsächlich als oxidisches (z. B. Magneteisenstein Fe_3O_4, Roteisenstein →Hämatit Fe_2O_3 und Brauneisenstein $Fe_2O_3(H_2O)_n$) oder sulfidisches E. (Pyrit FeS_2 usw.) vor; als →Bioelement ist Fe in allen Organismen enthalten und gehört zu deren →essentiellen →Nährstoffen; als natürlicher Wasserinhaltsstoff fällt Fe infolge mikrobieller Oxidationsprozesse als ~oxid aus und führt dabei durch →Verockerung zur Funktionsbeeinträchtigung von →Filtern und →Membranen, in der →Trinkwasserverordnung sind für den ~gehalt obere →Grenzwerte gesetzt, das →Rohwasser muß daher u. U. einer →Einteisenung unterzogen werden.

Eisenaggressivität, f; als E. der →Kohlensäure wird das agressive Verhalten des Anteils der gelösten freien Kohlensäure im Wasser bezeichnet, der den zum Erhalten des →Kalk-Kohlensäure-Gleichgewichts benötigten Kohlensäuregehalt überschreitet und daher als „rostschutzverhindernde Kohlensäure" in der Lage ist, mit Metallen zu reagieren; dieser Anteil gelöster freier Kohlensäure umfaßt den die →Kalkagressivität bedingenden.

Eisengruppe, f; die E. umfaßt in der 8. Nebengruppe des →Periodensystems der Elemente die nach den →Ordnungszahlen 26, 27 und 28 benachbarten Elemente →Eisen (Fe), Cobalt (Co) und Nickel (Ni).

Eisenpuffer, m; →Bodenversauerung

Eishaut, f; →Eis

Eisschlamm, m; →Eis

Eiswüste, f; →Wüste

Eiweiß, n; →Nährstoff, →Protein

Elastizitätsmodul, m; →HOOKEsches Gesetz

electrical conductivity; →elektrische Leitfähigkeit

electric current; →elektrischer Strom

electrochemical series; →elektrochemische Spannungsreihe

electrode; →Elektrode

electrodialysis; →Elektrodialyse

electrolysis; →Elektrolyse

electrolyte; →Elektrolyt

electromotive force; →elektromotorische Kraft

electromotive series; elektrochemische →Spannungsreihe

electron; →Elektron

elektrische Ladung, f; an die Materie gebundenes Vermögen, →elektrische Felder aufzubauen, über die die Ladungsträger wechselseitig Kräfte aufeinander ausüben (→COULOMB Kraft) mit dem physikalischen Formelzeichen Q; Träger der e. L. sind die →Elektronen, →Protonen, →Positronen (Antiteilchen der Elektronen) und die →Ionen, und zwar die Anionen als Träger der negativen und die Kationen als Träger positiver elektrischer Ladung; jede e. L. ist Vielfaches der →Elementarladung, $\dim Q = \mathsf{IT}$ und die Einheit $[Q]$=C=As der e. L. ist das Coulomb C, diejenige Ladung, die bei einem → elektrischen Strom der Stromstärke I=1 A in dem Zeitraum t=1 s transportiert wird.

elektrische Leitfähigkeit, f; *{electrical conductivity}* auch spezifische e. L. genannte Größe $\kappa=\rho^{-1}$; als Kehrwert des spezifischen →elektrischen Widerstandes ρ ist die e. L. wie dieser nur von dem fraglichen die elektrische Ladung leitenden Stoff und seiner Temperatur (und nicht von der Geometrie des Leiters) abhängig; damit ist $\dim \kappa = \mathsf{M^{-1}L^{-2}T^3I^2}$ und die Einheit der e. L. ist $[\kappa]$=S/m mit 1 S=1 Ω^{-1} (Siemens) (häufig auch $[\kappa]$ =S/cm und $[\kappa]$=µS/cm); die e. L. natürlicher Wässer bei 25 °C liegt zwischen ca. 4 µS/cm bei Regenwasser und mehr als 50.000 µS/cm bei Meerwasser (zum Vergleich liegt die e. L. von destilliertem Wasser bei etwa 0,5 µS/cm, die von Silizium bei ca. $1{,}2\cdot10^{-4}$ µS/cm und die von Eisen bei ca. 10^{11} µS/cm (alle bei etwa 25 °C)).

elektrischer Strom, m; *{electric current}* Bewegung von Trägern →elektrischer Ladung in einem elektrischen Leiter, d. h. einem Medium, in dem sich diese Ladungsträger bewegen können, die in der Zeiteinheit transportierte Ladung ist als SI-Basisgröße (→SI-System) die elektrische Stromstärke I mit der Einheit $[I]$=A Ampere als derjenige konstante e. S., der in zwei unendliche langen parallel angeordneten elektrischen Leitern vernachlässigbaren Querschnittes fließt, wenn zwischen ihnen im Vakuum bei einem Abstand von 1 m die Kraft $F=2\cdot10^{-7}$ N je 1 m Leiterlänge herrscht.

elektrischer Widerstand, m; Proportionalitätsfaktor R der (in Beträgen geschriebenen) allgemeinen →Transportgleichung in der Proportion zwischen →elektrischem Strom I und der Potentialdifferenz (→elektrischen Spannung) U mit $U=RI$, dem OHMschen Gesetz, mit $\dim R = \mathsf{ML^2T^{-3}I^{-2}}$ und der Einheit $[R]=\Omega$=V/A (Ohm); der e. W. eines den elektrischen Strom leitenden Mediums ist abhängig von der Geometrie des Leiters, R ist bei einem zylindrischen Leiter der Länge l und der Querschnittsfläche A proportional zu l/A mit einem Proportionalitätsfaktor ρ, $R=\rho \cdot l/A$, der eine Materialkonstante ist, also nicht von der Geometrie des Leiters jedoch außer von dem Material auch von der Temperatur des Leiters abhängt; ρ wird als spezifischer e. W. bezeichnet mit $[\rho]=\Omega$m, der Kehrwert von ρ ist die →elektrische Leitfähigkeit des Leiters.

elektrisches Feld, n; Eigenschaft des Raumes unter dem Einfluß →elektrischer Ladungen, beschreibt die auf die Ladung Q wirkende Kraft $\vec{F}$; das e. F. bzw. die elektrische Feldstärke $\vec{E}$ ist das aus dem skalaren Feld $\Phi=\Phi(P)$ des elektrischen Potentials (→elektrische Ladung, →Skalarfeld) als →Vektorfeld gewonnene Gradientenfeld (→Gradient) $\vec{E}=-\vec{\nabla}\Phi$ mit dim $\vec{E}$ = $MLT^{-3}I^{-1}$ und der Einheit $[\vec{E}]$=N/C=V/m (→elektrische Spannung)

elektrische Spannung, f; *{voltage}* →Arbeit *F*, die in einem →elektrischen Feld für den Transport einer →elektrischen Ladung *Q* von einem Raumpunkt *A* zu einem Raumpunkt *B* aufgebracht werden muß als Spannung (d. h. Potentialdifferenz (→elektrisches Potential) $\Phi(B)$-$\Phi(A)$) zwischen den Punkten *A* und *B*, das Formelzeichen der e. S. ist *U* mit dim U=$ML^2T^{-3}I^{-1}$ und der Einheit $[U]$=V =J/C Volt.

elektrisches Potential, n; Arbeit $\Phi=\Phi(P)$, die aufzubringen ist, um eine →elektrische Ladung *Q* in einem elektrischen Feld von einem Bezugspunkt P_0 zu einem beliebigen (aber festen) Raumpunkt *P* zu transportieren; das (elektrische) →Potential $\Phi=\Phi(P)$ im Punkt *P* bildet ein →Skalarfeld mit $\Phi(P_0)=0$, wobei P_0 i. all. als unendlich weit entfernter Punkt gewählt wird, dim Φ=$ML^2T^{-3}I^{-1}$ und die Einheit $[\Phi]$=V=J/C des elektrischen Potentials ist das Volt (→elektrische Spannung).

elektrische Stromstärke, f; →elektrischer Strom

elektrochemische Spannungsreihe, f; →Spannungsreihe

Elektrode, f; (*etm.*: gr. →Elektron und „odos" der Gang) *{electrode}* Teil eines elektrischen Leiters, an dem →Elektronen in ein Vakuum oder in einen Stoff in gasförmiger, flüssiger oder fester →Phase übertreten können, die E. kann dabei selbst gasförmig, flüssig oder fest sein; diejenige E., an der die Elektronen aus dem Leiter austreten, heißt Kathode (*etm.*: gr. „kathodos" der Nieder- oder Ausgang) *{cathode}*, die E., an der sie in den Leiter eintreten, wird Anode (*etm.*: gr. „anodos" der Auf- oder Eingang) *{anode}* genannt.

Elektrodenpotential, n; →NERNSTsche Gleichung

Elektrodialyse, f; *{electrodialysis}* Stofftrennung in einem →Elektrolyt durch die unter dem Einfluß eines angelegten →elektrischen Feldes erzwungene Wanderung der →Ionen; die Elektrodenräume, d. h. die die Anode bzw. die Kathode enthaltenen Teilräume des Elektrolyts werden dabei durch ein Diaphragma (*etm.*: gr. „dia" durch und „phragmos" die Scheidewand, *{diaphragm}*) getrennt, das die Durchmischung der Inhalte der beiden Elektrodenräume und den Ionenaustausch zwischen ihnen durch →Diffusion verhindert, das Diaphragma ist für die unter dem Einfluß des anliegenden elektrischen Feldes zur entsprechenden Elektrode gezogenen Ionen jedoch durchlässig.

Elektrolyse, f; (*etm.*: gr. →Elektron und „lysis" Zerlegung) *{electolysis}* chemische Reaktion (→Redoxsystem), deren Ablauf durch das Anlegen einer äußeren →elektrischen Spannung an einen →Elektrolyt erzwungen wird, dabei werden Anionen aus dem Elektolyt zur Anode (→Elektrode) transportiert und dort oxidiert (→Oxidation) und Kationen des Elektrolyt zur Kathode transportiert und dort reduziert (→Reduktion), der Elektrolyt wird durch die E. zerlegt.

Elektrolyt, m; *{electrolyte}* unter dem Einfluß elektrischen Stromes bei der →Elektrolyse in →Ionen zerlegbarer Stoff, z. B. ein →Salz (ggs. →Nichtelektrolyt).

elektromotorische Kraft, f; *{electromotive force}* Potentialdifferenz (→elektrisches Potential) *EMK* zwischen den Klemmen einer Quelle des →elektrischen Stromes (der →elektrischen Spannung), ohne daß dabei jedoch ein elektrischer

Strom fließt, d. h. ohne einen inneren Spannungsabfall in der Stromquelle; die Berechnung der *EMK* erfolgt aus der →NERNSTschen Gleichung.

Elektron, n; (*etm.*: gr. „elektron" (wie die Sonne) Strahlender) *{electron}* kleinster als Bestandteil der →Atome in deren Hülle auftretender Baustein, die negative Elektrizität repräsentierend; das E. besitzt die Ladung λ=-1,6021·10^{-19} C, die →Elementarladung, und die Ruhemasse m=9,11·10^{-31} kg.

Elektronenakzeptor, m; →Oxidation

Elektronendonator, m; →Reduktion

Elektronenhülle, f; →Atom

Elektronenleiter, m; *{metallic conductor}* Medium, das →elektrische Ladungen durch die Bewegung von →Elektronen leitet, z. B. Metalle (→Ionenleiter).

Elektronenleitfähigkeit, f; *{metallic conductivity}* Fähigkeit, den elektrischen Strom durch die Bewegung von →Elektronen als Ladungsträger zu leiten (→Ionenleitfähigkeit).

Elektronenschale, f; →Atom

Elementarladung, f; *{elementary charge}* kleinste →elektrische Ladung, ihr Größenwert e_0 ist gleich dem Betrag der Ladung des →Elektrons mit e_0=1,6021·10^{-19} C, jede →elektrische Ladung ist Vielfaches der E.

Elementarteilchen, n; *{elementary particle}* kleinster nachweisbarer subatomarer Baustein der Materie, der z. T. nicht frei existieren kann, die wichtigste E. sind z. B. die →Neutronen, →Protonen und →Elektronen als Bestandteile der →Atome und →Moleküle.

elementary charge; →Elementarladung

elementary particle; →Elementarteilchen

elevation head; →Druckhöhe

Eluierung, f; →Auswaschung

elution; →Auswaschung

Eluviation, f; →Auswaschung

Emersion, f; (*etm.*: lat. „emergere" auftauchen) Emportauchen des festen Landes über den Meeresspiegel als Folge von Senkungen des Meeresspiegels oder von Landhebungen (ggs. →Immersion).

Emission, f; (*etm.*: lat. „emittere" hinaussenden) *{emission}* Abgabe von Energie und Stoffen **1.)** von einer Anlage in die Atmosphäre oder Gewässer, wobei sich die E. bei →Deposition als →Immission i. allg. schädigend oder beeinträchtigend auf die Umwelt auswirkt (ggs. →Immission); **2.)** als Umkehrung der →Absorption durch Aussendung eines →Photons aus einem angeregten Atom, das in den Grundzustand zurückkehrt (ggs. →Absorption).

Emulsion, f; →Dispersion

Endabbau, m; →Abbau

Endhaltung, f; →Haltung

Endlager, n; →Deponie

endotherm; (*etm.*: gr. „endon" innen und „therme" die Wärme) *{endotherm, endothermic}* Bezeichnung für eine chemische Reaktion, bei der Wärme verbraucht und damit von außen aufgenommen wird (ggs. →exotherm).

endothermic; →endotherm

Endsee, m; →See

Energie, f; *{energy}* Eigenschaft eines Körpers, die Maß der →Arbeit W ist, die dem Körper zugeführt oder entnommen wurde, die mechanische E. eines Körpers ist dabei die Summe seiner potentiellen *{potential}* E. (auch Lage~) $E_{pot}=mgh$ und seiner kinetischen *{kinetic}* E. (auch Bewegungs~) $E_{kin}=mv^2/2$ mit der Masse m des Körpers, seiner Geschwindigkeit v bez. eines Bezugssystems, seiner Höhe h bez. eines Bezugsnullpunktes h_0 der Höhe und der →Fallbeschleunigung g, definitionsgemäß wird damit die E. E mit

$\dim E = ML^2T^{-2}$ und $[E]$=J (1 J=1 Nm =1 kg•m•s^{-2} in derselben Dimension und denselben Einheiten wie die →Arbeit W wiedergegeben.

Energiebilanz, f; auch Energiehaushalt der Erdoberfläche; mit der →Globalstrahlung $Q+q$ und der →Albedo α ist die E. die in der Zeiteinheit 1 a von einem horizontalen Flächenelement der Erdoberfläche des Flächeninhaltes A=1 cm^2 absorbierte Wärme $(Q+q)\cdot(1-\alpha)$, die von dem Flächenelement auch wieder abgegebn werden muß: durch Strahlung (Q_S), als Verdunstungsenergie (Q_V) und durch vertikalen Wärmetransport ($Q_\uparrow$), ferner bei horizontalem Wärmetransport (auf Gewässeroberflächen) durch die horizontale, nicht verschwindende Wärmetransportdifferenz $\Delta Q_\rightarrow$, so daß sich die Energie an der Erdoberfläche bilanzieren läßt durch die Gleichung

$$(Q+q)\cdot(1-\alpha)=Q_S+Q_V+Q_\uparrow+\Delta Q_\rightarrow$$

($\Delta Q_\rightarrow=0$ bei fehlendem horizontalem Energiefluß).

Energiehöhe, f; →BERNOULLI-Gleichung

energy; →Energie

Entcarbonatisierung, f; *{decarbonization}* Reduzierung der →Säurekapazität eines Wassers durch Senkung seines →Carbonat- und →Hydrogencarbonatgehaltes, z. B. durch →Ionenaustausch oder Zugabe von →Säuren oder Calciumoxid oder -hydroxid, mit z. B. der Reaktion

$$Ca(HCO_3)_2+2HCl \rightleftharpoons CACl_2+2H_2O+2CO_2$$

bzw.

$$Ca(HCO_3)_2+Ca(OH)_2 \rightleftharpoons 2CaCO_3+2H_2O;$$

die E. kann dabei in entsprechenden Reaktoren als Schnell~ oder durch →Flokkung des $CaCO_3$ als Langzeit~ erfolgen, die Wahl des adäquaten Verfahrens wird durch den Gehalt an →Schwebstoffen im zu behandelnden →Rohwassers bestimmt (→Trinkwasserverordnung, →Wasserqualität).

Enteisenung, f; Reduzierung der Eisenkonzentration (→Eisen) im Wasser durch →Oxidation (→Belüftung) der im zu behandelnden →Rohwasser gelösten zweiwertigen zu unlöslichen 3-wertigen Eisenverbindungen, die ausflocken, und anschließende →Filtration, oder durch →Ionenaustausch oder durch biologische Verfahren; bei der Oxidation laufen z. B. folgende Reaktionen ab:

$$4Fe(HCO_3)_2+O_2+2H_2O \rightleftharpoons 4Fe(OH)_3+8CO_2$$

$$4FeCl_2+O_2+10H_2O \rightleftharpoons 4Fe(OH)_3+8HCl.$$

(→Trinkwasserverordnung, →Wasserqualität).

Entgasung, f; *{degassing}* Freisetzung der in einem Gewässer gelösten Gase, z. B. durch Temperaturerhöhung, Druckminderung (→Dampfdruck) oder Überschreitung des →Löslichkeitsproduktes.

Enthärtung, f; *{softening}* Reduzierung der Wasserhärte (→Härte) durch Verminderung der Calcium- und Magnesium-Ionenkonzentration, z. B. durch Ionenaustausch oder Fällung, die Reduzierung der Magnesium-Ionenkonzentration verläuft dabei z. B. nach

$$Mg(HCO_3)_2+2Ca(OH)_2 \rightleftharpoons 2CaCO_3+Mg(OH)_2+2H_2O.$$

(→Entcarbonatisierung, →Trinkwasserverordnung).

Entkalkung, f; *{decalcification, leaching of carbonates}* E. der Böden infolge der Umwandlung der i. allg. schlecht wasserlöslichen →Carbonate zu leicht wasserlöslichen →Hydrogencarbonaten unter dem Einfluß der im →Sickerwasser enthaltenen →Kohlensäure; die gelösten Hydrogencarbonate werden durch das Sickerwasser durch den →Sickerraum transportiert und fallen entweder in tiefergelegenen →Bodenhorizonten als Kalk aus oder erreichen den →Grundwasserraum.

Entlastung, f; *{spillage}* planmäßige Ableitung oder Rückhaltung Q_X, dim Q_X=L³/T, von Wasser aus einem oberirdischen Gewässer bei →Hochwasser durch ~sanlagen, z. B. →Wehre und →Speicherbauwerke; die Dimensionierung der ~sanlagen erfolgt auf der Grundlage z. B. eines →Bemessungshochwassers oder einer →Bemessungsregenspende.

Entlastungsbauwerk, n, der →Entlastung oberirdischer Gewässer dienendes Bauwerk als z. B. →Regenrückhaltebecken, →Hochwasserrückhaltebecken oder →Überlauf, z. B. an einem Streichwehr (→Wehr) zum Abschlag von Hochwasserspitzen in Entlastungsgerinne.

Entlastungsgerinne, n; →Entlastungsbauwerk

Entmanganung, f; Reduzierung der Mangankonzentration (→Mangan) im Wasser durch →Oxidation (→Belüftung) und anschließende →Filtration oder durch →Ionenaustausch oder biologische Verfahren; die Reduzierung der Mangankonzentration bei der E. erfolgt dabei z. B. nach der folgenden, verkürzt dargestellten Reaktion

$$2MnCl_2+O_2+2H_2O \rightleftharpoons 2MnO_2\downarrow+4HCl.$$

(→Trinkwasserverordnung, →Wasserqualität).

Entnahmebereich, m; *{zone of contribution (ZOC)}* der E. eines Brunnens ist das Teilgebiet des →Absenkungsbereichs, aus dem er unmittelbar gespeist wird (→Abb. B6, →Absenkungstrichter, →Entnahmetrichter).

Entnahmebreite, f; *{width of contribution}* Abstand der Schnittpunkte des →Entnahmebereichs eines Brunnens mit seinem unterirdischen →Einzugsgebiet, gemessen längs der entsprechenden →Grundwassergleichen (→Abb. B6, →Absenkungsbereich) bzw. näherungsweise als deren geradliniger Abstand (→Kulminationspunkt).

Entnahmesunk, m; →Sunk

Entnahmetrichter, m; *{cone of depression/influence}* Bezeichnung für die im →Entnahmebereich eines Brunnens trichterförmig abgesenkte →Grundwasserdruckfläche (auch Absenkungstrichter, →Absenkungsbereich, →Kulminationspunkt; →Abb. B6; →Reichweite).

entrance velocity; →Eintrittsgeschwindigkeit, →Einströmungsgeschwindigkeit

Entropie, f; (*etm.*: gr. „entropein" umkehren) *{entropy}* Zustandsfunktion S eines →thermodynamischen Systems mit dim S=ML²T⁻²Θ⁻¹ und [S]=J/K, die ein Maß für die Reversibilität (→reversibel) eines →thermodynamischen Prozesses ist; bei (nur theoretisch möglichem) S=0 verläuft der Prozeß reibungsfrei und ist voll umkehrbar; alle in einem abgeschlossenen →System ablaufenden irreversiblen Prozesse (→irreversibel) streben maximalem S zu, so daß das System thermodynamisch nicht mehr entmischbar ist.

entropy; →Entropie

Entsäuerung, f; *{diacification}* Anhebung des pH-Wertes des Wassers durch z. B. Reduktion des Gehaltes des im Wasser gelösten CO_2 (→Kohlendioxid) durch physikalische Verfahren oder durch Zugabe alkalisch reagierender Substanzen (Laugen) oder durch Filtrierung durch alkalisch reagierende Substanzen (Marmorkörner) (→Trinkwasserverordnung, →Wasserqualität).

Entsalzung, f; *{desalination}* Reduktion des Gehaltes der Summe aller in einem Wasser gelösten Salze; dabei unterscheidet man zwischen der E. des Meerwassers (→Salzwasser) mit Salzkonzentrationen von über 30 g/ℓ (z. B durch →Destillation) und der E. des →Brackwassers durch z. B. →Ionenaustausch, →Elektodialyse, →Umkehrosmose (→Trinkwasserverordnung, →Wasserqualität; →Salzwasser).

Entsandung, f; →Brunnen

Entwässerung, f; *{drainage}* auf einer Fläche (der ~sfläche) durchgeführte Maßnahmen zur Ableitung überschüssigen Bodenwassers (oder oberirdischen Wassers) durch →Dränage oder durch →Vorfluter (ggs. →Bewässerung).

Entwässerungsfläche, f; →Entwässerung

Entwässerungsgebiet, n; *{drainage area}* →Einzugsgebiet A_{EK} eines Kanalisationssystems.

Entwässerungskurve, f; →Retentionskurve

Enzym, n; (*etm*: gr. „zyme" die Hefe, der Sauerteig) *{enzyme}* auch Ferment (lat. „fermentare" vergären), von den Organismen gebildete →Proteine, die als Biokatalysatoren (→Katalysator) wirken.

enzyme; →Enzym

eolian; →aeolisch

EOX; (Abk.: extrahierbare organisch gebundene Halogenverbindungen als Chloride, mit engl. Abk. x für gr. ch≡χ) allgemein die Bewertung der Konzentrationen extrahierbarer organischer gebundener Halogenverbindungen (→Halogen) im →Grundwasser; deren quantitative Bestimmung erfolgt durch →Extraktion mit z. B. Pentan, Hexan oder Heptan (Alkane, →Kohlenwasserstoff); nach Verbrennung des Extraktes wird der Anteil EOX umgerechnet in Chloride (→Chlor) in z. B. µg/ℓ aus den dabei anfallenden Mineralisierungsprodukten (→Mineralisierung) bestimmt.

Eozän, n; →Erdgeschichte

epibiont; →bentonisch

Epilimnion, n; (*etm.*: gr. „epi" vor, über und „limnion" der Teich, der See) oberste Schicht eines →stehenden Gewässers, in dem eine von der Außentemperatur abhängige Gewässerdurchmischung erfolgt, das E. liegt über dem →Metalimnion (→Abb. G8).

Epirogenese, f; (*etm.*: gr."epeiros" das Festland und „genan" erzeugen) über lange Zeiträume weiträumig ausgedehnte Bewegungen der Erdkruste (→Erdaufbau) in vertikalen Richtungen (→vertikal), ohne Ausbildung von Verwerfungen (ggs. →Orogenese).

episodisch; →Gerinne

equidirectional; →gleichsinnig

equivalent; →Äquivalent

equvalent amount of substance; →Äquivalentstoffmenge

equivalent concentration; →Äquivalentkonzentration

equivalent entity; →Äquivalent

equivalent mass; →Äquivalentmasse

equivalent per cent; →Äquivalentprozent

Erdalkaligruppe, f; →Erdalkalimetalle

Erdalkalimetalle, n, Pl.; *{alkaline earth metals}* auch Erdalkaligruppe, die Gruppe der E., die II. Hauptgruppe des →Periodensystems der Elemente, umfaßt die Elemente Beryllium (Be), →Magnesium (Mg), →Calcium (Ca), Strontium (Sr), Barium (Ba) und Radium (Ra); in nennenswertem Umfang treten davon nur Ca und Mg in Verbindungen in der Natur auf, ihre Salze verursachen die →Gesamthärte des Wassers.

erdalkalisches Wasser, n; *{alkaline earth water}* Wassertypus (→Typendiagramm; →Abb. T) mit überwiegenden Anteilen von →Erdalkalimetallen unter den Kationen und Carbonaten, Hydrogencarbonaten und Sulfaten bei den Anionen (→Ion, →alkalisches Wasser).

Erdalkalisierung, f; Ionenaustauschverfahren, bei dem Alkaliionen durch Erdalkaliionen in einem reversiblen Adsorptionsprozeß ersetzt werden (ggs. →Alkalisierung; →Alkalimetalle, →Erdalkalimetalle, →Adsorption, →Ionenaustausch).

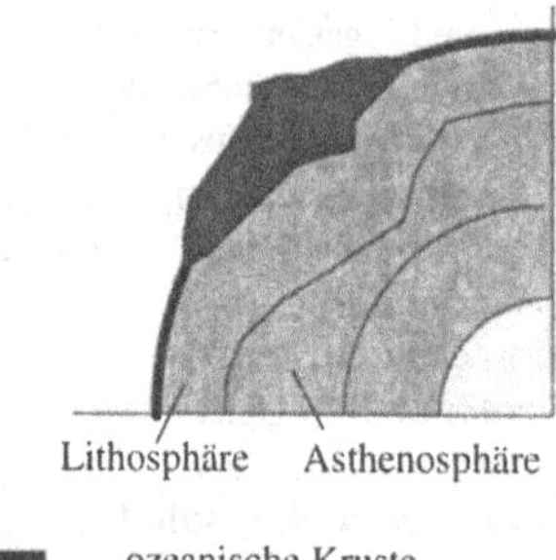

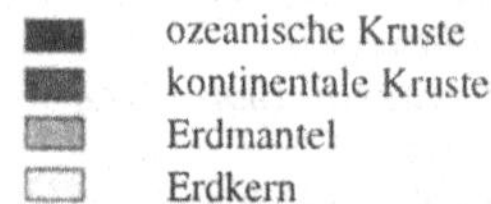

Abb. E2 ***Erdaufbau nicht maßstabsgetreu***

Erdaufbau, m; *{structure of earth}* schalenförmige Unterteilung der Erde (→Abb. E2), wobei die Übergänge zwischen den einzelnen Schalen durch sprunghafte (→diskontinuierliche) Änderungen der Fortpflanzungsgeschwindigkeiten der Erdbebenwellen charakterisiert sind; grob unterscheidet man die äußere Erdkruste *{crust/shell of the earth}* mit einer Mächtigkeit von 5 - 100 km, die unterteilt wird in kontinentale und ozeanische Kruste, nach innen folgt der Erdmantel *{mantle (of the earth)}* und der in einer Tiefe von 2900 km beginnende Erdkern *{(central) core (of the earth)}*; die Erdkruste und der äußere starre Bereich des Erdmantels bilden die →Lithosphäre, die auf der teilweise aufgeschmolzenen →Asthenosphäre liegt; Erdkruste, -mantel und -kern sind nach dem genannten Unterscheidungskriterium an zusätzlichen Diskontinuitätsflächen weiter untergliedert.

Erbeschleunigung, f; →Gravitation

Erde, f; *{earth}* drittnächster Planet der Sonne, der sie auf einer elliptischen Bahn umkreist; ein Bahndurchlauf der Bahnlänge 936.000.000 km dauert 365 d, 5 h, 48 min und 46 s; der sonnennaheste Bahnpunkt wird dabei am 2. Januar eines jeden Jahres in einem Abstand von ca. 147.100.000 km zur Sonne passiert, der sonnenfernste jeweils am 3. Juli mit einem Abstand von 152.100.000 km; zusätzlich rotiert die E. binnen 23 h, 56 min und 4 s einmal um ihre durch die Pole verlaufende Achse, die mit einem Winkel von 60° 33'±7° geneigt ist gegen die Umlaufbahn der E. um die Sonne enthaltende Ebene; die Gestalt der E. ist die einer an den Polen abgeplatteten Kugel (Geoid) mit dem Polradius r_p=6356,9 km und dem Äquatorradius $r_ä$=6378,4 km; die E. besitzt eine →Atmosphäre und einen Mond (→Erdaufbau).

Erdfall, m; *{earth subsidence, landfall}* Einbruch von Hohlräumen, die durch →Auslaugung und Ablaugung im →Karstgestein entstanden sind, in der Folge des E. können sich an der Geländeoberfläche Absenkungstrichter (→Doline) und Verwerfungen bilden.

Erdgas, n; *{natural gas}* in den →Hohlräumen der →Erdkruste enthaltenes brennbares Gas, das hauptsächlich aus gesättigten Kohlenwasserstoffen und zu ca. 80 % aus →Methan besteht, ein zusätzlicher Gehalt von Schwefelwasserstoff bedingt eine Entschwefelung des ~es

Ära	System	Stufe	Beginn vor 10^6 a
Känozoikum Neozoikum	Quartär	Holozän	0,01
		Pleistozän	2
	Tertiär	Pliozän	5,1
		Miozän	24,6
		Oligozän	38
		Eozän	54,9
		Paläozän	65
Mesozoikum	Kreide	Oberkreide	97,5
		Unterkreide	144
	Jura	Malm	163
		Dogger	188
		Lias	213
	Trias	Obere Trias	231
		Mittlere Trias	243
		Untere Trias	248
Paläozoikum	Perm	Oberperm	258
		Unterperm	286
	Karbon	Oberkarbon	333
		Unterkarbon	360
	Devon	Oberdevon	374
		Mitteldevon	387
		Unterdevon	408
	Silur	Obersilur	421
		Mittelsilur	428
		Untersilur	438
	Ordovizium	Oberordovizium	448
		Mittelordovizium	488
		Unterordovizium	505
	Kambrium	Oberkambrium	523
		Mittelkambrium	540
		Unterkambrium	590
Präkambrium **Proterozoikum**	Jungpräkambrium	spätes Proterozoikum	1.800
	Mittelpräkambrium	mittleres P.	2.500
		frühes P.	2.600
Archaikum	Altpräkambrium		4.000

Tab. E1 ***Erdgeschichte***

vor der Nutzung; als Abbauprodukt organischen Materials (der Bestandteile der →Kohle und des →Erdöls) tritt E. in den Lagerstätten des →Erdöls und mit ihm zusammen auf (→Migration).

Erdgeschichte, f; *{geologic history; history of the earth}* Lehre vom Werdegang der →Erde etwa ab der Bildung der festen →Erdkruste (vor ca. 4 - 5•10⁹ Jahren) vorwiegend unter dem Gesichtspunkt der zeitlichen und räumlichen Bildungsfolge der Gesteine (→Stratigraphie) und der Entwicklung der Lebensformen in der →Biosphäre (→Geochronologie); übergeordneter größter Zeitabschnitt der erdgeschichtlichen Darstellung ist die Ära (lat. „aera" das Zeitalter), das Erdzeitalter, mit der Untergliederung in Systeme, Zusammenfassungen einzelner entwicklungsgeschichtlicher Stufen (oder Serien, Abteilungen; →Tab. E1); die Ären und Systeme werden auch in den übergeordneten Gliederungselementen der Äonen (gr. „aion" die Ewigkeit) wie folgt in zeitlich aufsteigender Reihenfolge strukturiert:

1. Präkambrium (lat „prae" vor dem Kambrium) mit der Unterteilung in Archaikum (gr. „archaios" alt), den Äon der ersten Gesteinsbildung und das Proterozoikum (gr. „proteros" früher) den Äon der Ausprägung des →Erdaufbaus (und der ursprünglichen Annahme der ersten Organismenbildung; es wurden jedoch bereits in älterem Gestein Fossilien nachgewiesen),
2. Phanerozoikum (gr. „phaneros" sichtbar und „zoon" das Lebewesen), die Ären Paläozoikum gr. „palaios" alt), Mesozoikum (gr. „mesos" mittel) und Känooder Neozoikum (gr. „kainos" jung, neu, „neos" neu) umfassend.

Erdkern, m; →Erdaufbau

Erdkruste, f; →Erdaufbau

Erdmantel, m; →Erdaufbau

Erdmessung, f; →Geodäsie

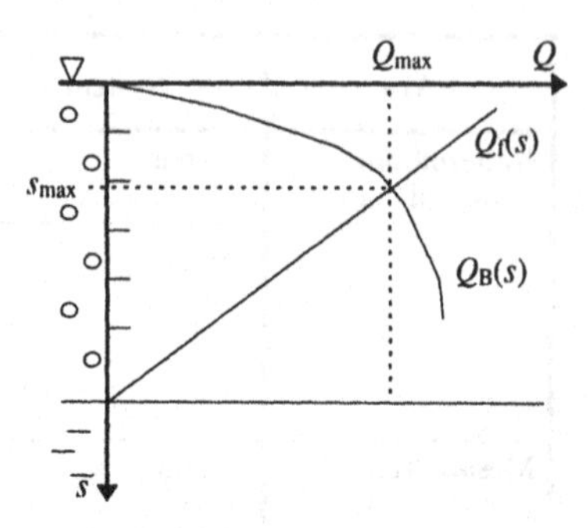

Abb. E3 ***Ergiebigkeit***

Erdöl, n; *{petroleum}* Gemisch verschiedener →Kohlenwasserstoffe in flüssiger Phase, das in den →Hohlräumen der →Erdkruste enthalten ist; das E. ist höchstwahrscheinlich und im überwiegenden Maß bei dem →anaeroben →Ab- und Umbau pflanzlicher und tierischer Meeresorganismen entstanden (anorganische Bildung zumindest eines Teiles der ~vorkommen ist theoretisch jedoch nicht auszuschließen); der Enststehungsort des ~s im ursprünglichen →Sediment bildet das Muttergestein, aus dem es in die Lagerstätte, das Speichergestein migriert (→Migration); die ~bearbeitung in der Petrolchemie führt durch fraktionierte →Destillation zur Spaltung des (von Wasser- und Salzanteilen) gereinigten ~s in →Fraktionen unterschiedlicher →Dichte, vom →Bitumen bis zu den →Benzinen.

Erdzeitalter, n; →Erdgeschichte

Erfassungsgrenze, f; kleinster Gehalt x_{EG} (→Anteil, →Konzentration) einer durch →quantitative chemische Analysen nachzuweisenden Substanz in einem →Gemisch, ab dem zu einer vorgegebenen Irrtumswahrscheinlichkeits ein Nachweis mit der verfügbaren Apparatur möglich ist; im Vergleich zur →Bestimmungsgrenze x_{BG} und der →Nachweisgrenze x_{NG} gilt die Relation $x_{NG} \leq x_{EG} \leq x_{BG}$.

Ergiebigkeit, f; *{yield}* Brunnenergiebigkeit (→Brunnen) $Q_E = Q_E(s)$, mit $\dim Q_E = L^3/T$ in Abhängigkeit von der →Absenkung s (→Abb. E3); zum einen Kriterium für die Beurteilung bestehender Brunnen (→Brunnencharakteristik), zum anderen Element der Brunnenplanung: nach der Formel des →DUPUIT-THIEM-Verfahrens (→Abb. D15) ist diese Abhängigkeit nämlich z. B. im Fall eines ungespannten Grundwasserleiters gegeben zu:

$$Q_E = \pi k_f \frac{h_2^2 - h_1^2}{\ln(r_2/r_1)},$$

hierbei sind $h_2 = h_p(r_2)$ die →Standrohrspiegelhöhe im Abstand $r = r_2$ von der Brunnenachse und $h_1 = h_p$ die Standrohrspiegelhöhe im Brunnen sowie r_1 der Brunnenradius; speziell kann man $r_2 = R$ gleich der →Reichweite des →Absenkungstrichters wählen mit $h_2 = h_p(R) = h_p(s=0)$; →Absenkung $s' = s - s^2/(2h_{Gw})$ mit der unbeeinflußten freien →Grundwassermächtigkeit h_{Gw} ergibt sich Q_E zu:

$$Q_E = \pi k_f \frac{s_1' - s_2'}{\ln(r_2/r_1)}$$

mit den entsprechenden Formelzeichen; die E. unterliegt allerdings zusätzlich der Nebenbedingung $Q_E \leq Q_f$, d. h. die Ergiebigkeit Q_E eines Brunnens kann sein Fassungsvermögen Q_f nicht übersteigen, die hierdurch bestimmte maximale Ergiebigkeit Q_{max} des Brunnens erhält man graphisch aus der Darstellung von $Q_E(s)$ und der linearen $Q_f(s)$-Beziehung (eine entsprechende Verfilterung des Brunnens vorausgesetzt) eines geplanten Brunnens als Ordinatenwert des Schnittpunktes mit der zugehörigen maximalen Absenkung s_{max}; im Falle eines gespannten Grundwasserleiters ist analog von

$$Q = 2\pi T \frac{h_2 - h_1}{\ln(r_2/r_1)}$$

auszugehen, mit den entsprechenden Formelzeichen und unter Berücksichtigung von $T = k_f \cdot h_{Gw}$; als spezifische E. wird

$$Q_E^s = Q_E^s(s) = Q_E / s,$$

der Quotiont aus Ergiebigkeit $Q_E = Q_E(s)$ eines Brunnens und der zugehörigen Absenkung s bezeichnet der entsprechende Graph ist in Abb. E4 dargestellt als Funktion von s.

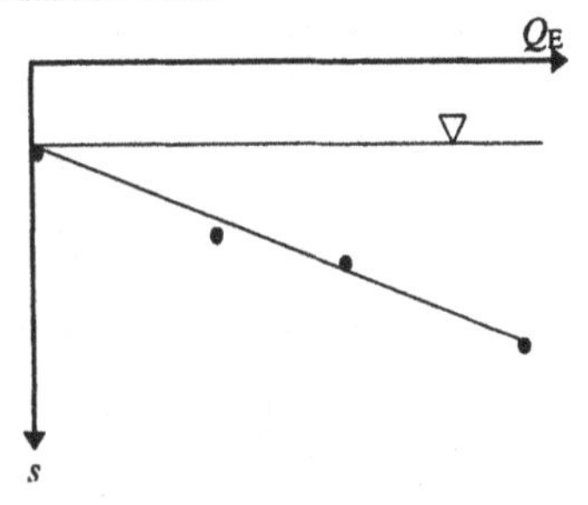

Abb. E4 ***spezifische Ergiebigkeit***

Ergußgestein, n; →Magmatit

erosion; →Erosion, →Eintiefung

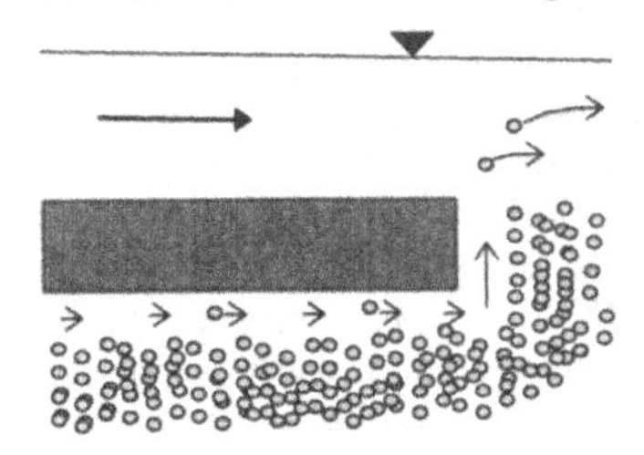

Abb. E5 ***Fugenerosion***

Erosion, f; (*etm.*: lat. „erodere" abnagen) *{erosion}* Abtragung von →Gestein, z. B. durch die Wirkung des bewegten Wassers in fester (Glazial~, glaziale E., Gletscher~) oder flüssiger Phase in Abhängigkeit von dem Strömungsverhalten (→turbulet) und der Zusammensetzung des Wassers, sowie der physikalischen und chemischen Beschaffenheit des Gesteins; auch die ausblasende Wirkung des Windes mit flächenhaftem Abtrag des Bodenmaterials (→Bodenerosion, →Verwitterung; →Denudation); die E. im Fließgewässer wird ausgelöst durch Überschreitung der kritischen →Schubspannung (→Wandschubspannung), wird die E. durch zeitweilige Erhöhung der kritischen Schubspannung durch z. B. biochemische oder geologische Prozesse verhindert, so spricht man von latenter E. *{potential erosion}*; man unterscheidet Tiefen~ *{degradation}*, d. h. E. der Gewässersohle und Seiten- oder Ufer~ *{bank erosion}*, E. des Ufers, die die Geländemorphologie (→Tal, →Prallufer, →Gleitufer) prägt; eine gegen die Fließrichtung des Gewässers fortschreitende E. (z. B. bei Wasserfällen) wird als rückschreitende *{regressive erosion}* bezeichnet (→Erosionsbasis); flächenhafte E. ist eine mit Flächenabtrag des Materials verbunde E., Rinnen~ eine lineare eher unter Ausbildung von Rinnen oder Rillen (Rillen~), bei der E. von Bodenmaterial bilden sich an der Bodenoberfläche entsprechend Rillen bzw. Furchen von 10-20 cm Tiefe (Furchen~) oder Gräben mit Tiefen über 20 cm (Graben~); im Unterboden oder Untergrund (→Bodenhorizont) kann es durch Tunnel- oder Untergrund~ zur Ausspülung tunnelartiger Hohlräume kommen; bei der Umlagerung und dem Transport von Erdstoffen in einem Bodenkörper spricht man von E., falls (im Gegensatz zur →Suffosion) auch gröbere Fraktionen von dem Prozeß erfaßt werden; man unterscheidet auch hier zwischen äußerer und innerer E. sowie der Kontakt~; zu äußerer E. kommt es z. B. in Gerinnen bei Überschreitung der kritischen →Schubspannung, von innerer E. spricht man etwa bei ~sprozessen in röhrenförmigen Hohlräumen (→Makroporen) des Lockergesteins und von Kontakt~ bei Abtrag an der Grenzfläche zwischen groben und feinen Erdstoffen, die an ausgedehnteren Grenzflächen (z. B. den Begrenzungen von Bauwerken) auch als Fugen~ (→Abb. E5) bezeichnet wird; auch für die E. gelten (sinngemäß wie bei →Kolmation und Suffosion) ~skriterien: das geometrische ~kriterium, das die kritische Korngröße des erodierten Materials bestimmt und das hydraulische ~kriterium, durch das das kritische →hydraulische Gefälle des erodierenden Fluids definiert wird.

erosion level; →Erosionsbasis

erosion of a bank; →Uferabbruch

Erosionsbasis, f; *{erosion level}* Tiefe eines natürlichen oder künstlichen Grenzbereichs bis zu dem eine Tiefenerosion (→Erosion) wirksam werden kann, z. B. eine Niveaufläche (→Abb. E6).

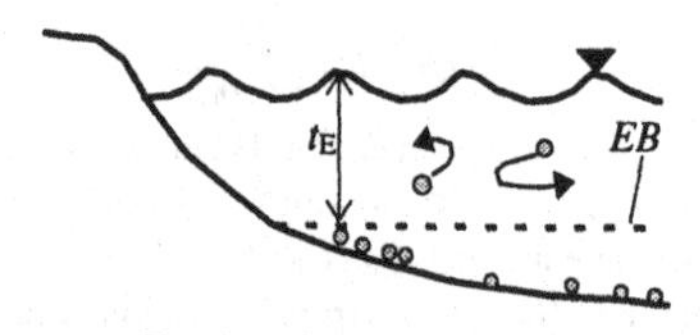

t_E = Erosionstiefe
EB = Erosionsbasis

Abb. E6 ***Erosionsbasis***

Erosionsterasse, f; →Terrasse

error; →Fehler

Erstarren, n; →Phasenübergang

Erstarrungstemperatur, f; →Gefrierpunkt

Erwärmspanne, f; *{range of natural temperature increase}* quantitative Beschreibung s_{Ew} mit dim s_{Ew}=Θ der →Erwärmung eines Wasserkörpers; d. h. seine durch Erwärmung bewirkte Temperaturerhöhung s_{Ew} in $[s_{Ew}]$=K.

Erwärmung, f; *{natural temperature increase}* Erhöhung der Wassertemperatur, die nicht unmittelbar auf anthropogene Einflüsse zurückführbar ist (ggs. →Abkühlung; →Aufwärmung, →Wärmeentzug).

Erwartungswert, m; *{expectation}* als erstes Moment einer →Zufallsgröße z zugeordneter Parameter $\in(z)$, im Fall einer →diskreten Zufallsgröße $z \equiv i$ ist

$$\in(i) = \sum_i ip(i)$$

das mit den Wahrscheinlichkeiten $p(i)$ →gewichtete Mittel der Werte von i (falls diese Summe absolut konvergiert), für eine stetige Zufallsgröße $z \equiv x$ erhält man

$$\in(x) = \int_{-\infty}^{+\infty} xf(x)\mathrm{d}x$$

mit der →Dichtefunktion $f(x)$ der x zugrunde liegenden Wahrscheinlichkeitsverteilung (falls das Integral absolut konvergiert); im allgemeinen, z. B. stetigen, Fall $z=g(x)$ ist entsprechend

$$\in(z) = \in(g(x)) = \int_{-\infty}^{+\infty} g(x)f(x)\mathrm{d}x$$

unter der genannten Bedingung der absoluten Konvergenz.

Erz, n; *{ore}* →Mineral oder Gemenge aus Mineralen mit metallhaltigen Bestandteilen.

erzwungene Konvektion, f; →Konvektion

Escherichia coli; →Bakterium, das zusammen mit anderen →coliformen Keimen Bestandteil der Darmflora bei Mensch und Tier ist; massenhaftes Auftreten von *E. c.* im →Grundwasser weist auf dessen Verunreinigung durch Fäkalien hin; wegen seiner Verbreitung in vielen oberirdischen Gewässern eignet sich *E. c.* als →Markierungsstoff für die Untersuchung der →Wechselwirkungen zwischen oberirdischem Wasser und dem Grundwasser; als Indikatorkeim ist *E. c.* - selbst wenig oder gar nicht pathogen - ein Hinweis auf gefährlichere Fäkalkeime, die maximale zulässige Belastung eines Wassers mit *E. c.* wird daher im entsprechenden →Colititer festgelegt.

essentiell; (*etm.*: lat. zu „esse" sein) *{essential}* zum Überleben notwendig, als e. werden Stoffe bezeichnet, die ein Organismus nicht selbst erzeugen kann und die ihm deshalb mit der Nahrung von außen zugeführt werden müssen.

EULERsche Strömungskoordinaten, f, Pl.; die E. S. beschreiben die Lage eines strömenden Teilchens $\boldsymbol{T}$ zur Zeit t in einem festen Koordinatensystem (→kartesische Koordinaten) durch seinen Ortsvektor $\vec{x} = \vec{x}(t)$ bei t, der vollständig bestimmt ist durch die Lage $\vec{x}_0 = \vec{x}(t_0)$ von $\boldsymbol{T}$ zu einem Referenzzeitpunkt t_0, d. h. $\vec{x} = \vec{x}(\vec{x}_0, t)$; bei Umkehrbarkeit des Gleichungssystems $\vec{x} = \vec{x}(\vec{x}_0, t)$ für die →Komponenten von $\vec{x}$ erhält man die Darstellung in →LAGRANGEschen Strömungskoordinaten zu $\vec{x}_0 = \vec{x}_0(\vec{x}, t)$; die zeitliche Ableitung einer Funktion $f(\vec{x}, t)$ in E. S. ist die übliche partielle Ableitung

$$\frac{\partial f}{\partial t} = \left.\frac{\partial f(\vec{x},t)}{\partial t}\right|_{\vec{x}=\mathrm{const.}}$$

euphotic; →euphotisch

euphotisch; (*etm.*: Gr. „eu" gut und „phos" das Licht) *{euphotic}* von (photosynthetisch verwertbarem) Licht erfüllt, z. B. sind →throphogene Schichten e. (ggs. →aphotisch; →dysphotisch).

euryecious; →euryök

euryök; →Euryökie

Euryökie, f; (*etm.*: gr. „eurys" weit und „oikos" der Haushalt) Eigenschaft eines (als euryök *{euryecious}* bezeichneten) Organismus, bezüglich bestimmter Lebensbedingungen seiner Umwelt mit einem weiten Toleranzbereich angepaßt zu sein (ggs. →Stenökie).

eutroph; →Trophiegrad

eutrophic; →eutroph

eutrophication; →Eutrophierung

Eutrophie, f; →Trophiegrad

Eutrophierung, f; (*etm.*: gr. „eu" gut und „throphe" die Ernährung) *{eutrophication}* verstärkte →Trophie eines →Gewässers durch erhöhten Nährstoffgehalt (z. B. Einleitung von →Abwasser, Abschwemmung und Eintrag von →Düngemitteln usw.); die E. fördert die Vermehrung der →Algen und den Uferbewuchs und führt u. U. zum →Umkippen oder zur →Verlandung des Gewässers (→Trophiegrad; ggs. →Dystrophie).

evaporation; →Evaporation, →Verdunstung

Evaporation, f; (*etm.*: lat. „e-" heraus und „vaporare" mit Dampf erfüllen, dünsten) *{evaporation}* →Verdunstung von der unbewachsenen Bodenfläche (→Bodenverdunstung), von Wasserflächen und Verdunstung des auf den Pflanzenoberflächen zurückgehaltenen →Niederschlags (→Interzeption), der also nicht aus dem Wasserhaushalt der Pflanzen durch →Transpiration aufgrund biotischer Prozesse sondern direkt in die →Atmosphäre gelangt; die E. wird gemessen durch ihre →Verdunstungshöhe als ~shöhe h_E in mm, d. h. die gemessene Wasserabgabe an einem gebenen Beobachtungsort während eines gegebenen Bezugszeitraumes (z. B. eines Jahres); die E. ist zusammen mit der →Transpiration Teil des Wassertransports von der Erdoberfläche in die Atmosphäre, der →Evapotranspiration, wie dort unterscheidet man sinngemäß zwischen potentieller E. *{potential}* mit der zugehörigen ~shöhe h_{Ep}, unter Idealbedingungen maximal möglicher E., und realer/tatsächlicher, bei den gegebenen äußeren Umständen (für die E. verfügbarem Wasser) erfolgender E. mit der ~shöhe h_{Et}.

evaporation discharge; →Bodenverdunstung

evaporation over area; →Gebietsevaporation; →Gebietsverdunstung

evaporation pan; →Verdunstungskessel

evapotranspiration over area; →Gebietsevapotranspiration; →Gebietsverdunstung

evaporation residue; →Abdampfrückstand

Evaporationshöhe, f; *{depth/height of evaporation}* der →Evaporation zugeordnete →Verdunstungshöhe h_E.

Evaporationsintensität, f; →Evaporationsrate

Evaporationsrate, f; *{rate of evaporation}* Bezugsgröße $r_E = h_E/t$, $\dim r_E = \mathsf{L/T}$, der der →Evaporation in einem Bezugszeitraum (z. B. einem Jahr) zugeordneten →Verdunstungshöhe h_E und der Dauer t dieses Bezugszeitraumes in z. B. mm/a, wenn der Bezugszeitraum das Jahr ist als Bezug der kontinuierlich erfaßbaren Größe h_E auf die Zeit ist der Begriff Evaporationsintensität angemessener (→Intensität, →Rate), die E. hat sich als Bezeichnung für die beschriebene Größe jedoch weitestgehend eingebürgert.

Evapotranspiration, f; (*etm.*: Kunstwort, gebildet aus Evaporation und Transpiration) *{evapotranspiration}* die E. berücksichtigt bei der Erfassung der Verdunstung neben der →Evaporation, die die rein physikalische Verdunstung von der Oberfläche beschreibt auch den vegetativen Anteil der →Transpiration, mit der der Übergang von Wasser aus dem Wasserhaushalt der Pflanzen in die →Atmosphäre aufgrund →biotischer Prozesse erfaßt wird; die E. wird gemessen durch ihre →Verdunstungshöhe h_{Et} in mm (~shöhe), d. h. die gemessene Wasserabgabe in mm Wassersäule an einem gebenen Beobachtungsort während eines gegebenen Bezungszeitraumes (z. B. eines Jahres); die E. ist abhängig von meteorologischen Größen wie Sonneneinstrahlung, Luftfeuchte und -temperatur, Windstärke usw., sowie von vegetationsbedingten Parametern; man unterscheidet zwischen potentieller *{potential}* E. E_{pot}, worunter die auf der Grundlage der gegebenen Parameterwerte theoretisch - und damit maximal - mögliche E. bei unbeschränkt für den Wassertransport von der Erdoberfläche in die Atmosphäre verfügbarem Wasser verstanden wird, gemessen mit dem →Verdunstungskessel als Verdunstung von einer freien Wasseroberfläche, und der tatsächlichen *{actual}* - oder effektiven oder reellen - E. E_{reell}, die meßtechnisch durch z. B. →Lysimeter, erfaßt wird, E_{reell} hängt von den tatsächlichen - zeitabhängigen - Gegebenheiten ab, insbesondere von dem tatsächlich gegebenen Wasserangebot.

Evapotranspirationshöhe, f; *{depth/ height of evapotranspiration}* der →Evapotranspiration zugeordnete →Verdunstungshöhe h_{Et}.

Evapotranspirationsintensität, f; → Evapotranspirationsrate

Evapotranspirationsrate, f; *{rate of evapotranspiration}* Bezugsgröße der der →Evapotranspiration in einem Bezugszeitraum (z. B. Jahr) zugeordneten →Verdunstungshöhe und der Zeitdauer dieses Bezugszeitraumes in z. B. mm/a, wenn der Bezugszeitraum das Jahr ist.

exceeding; →Überschreitung

existing waste deposit; →Altlast

expectation; →Erwartungswert

exploitable groundwater; →gewinnbares Grundwasserdargebot

Exosphäre, f; →Atmosphäre

exosphere; →Exosphäre

exotherm; (*etm.*: gr. „exo" außen und „therme" die Wärme) *{exothermic, exothermal}* Bezeichnung für eine chemische Reaktion, bei der Wärme freigesetzt und damit nach außen abgegeben wird (ggs. →endotherm).

exothermal; →exotherm

exothermic; →exotherm

exploratory excavation; →Schurf

exponentielle Glättung, f; →gleitender Mittelwert

ex-site Verfahren, n; auch ex-situ Verfahren Sammelbezeichnung für →off-site und →on-site Verfahren (→Bodensanierung, ggs. →in-site Verfahren).

ex-situ Verfahren, n; →ex-site Verfahren

Extinktion, f; →LAMBERT-BEER-BOUGUERsches Gesetz

extraction; →Extraktion

Extraktion, f; (*etm.*: lat. „extrahere" herausziehen) *{extraction}* Verfahren zur selektiven Trennung von → Gemischen durch geeignete Lösungsmittel (z. B. →EOX); entsprechend der → Phase, in der die Gemische vorliegen, unterscheidet man zwischen fest-flüssig- und flüssig-flüssig-E., der Extraktion aus festen bzw. flüssigen Gemischen; die verwendeten Lösungsmittel dürfen dabei weder mit dem Gemisch, noch mit seinen einzelnen Komponenten chemisch reagieren, so daß die durch E. abgetrennten Komponenten anschließend wieder isoliert werden können.

Extrapolation, f; (*etm.*: lat. „extra" außerhalb und „interpolare" zurechtstutzen) *{extrapolation}* Fortsetzung eines funktionalen Zusammenhanges über den Definitionsbereich hinaus (→Abb. E7), insbesondere E. von →Durchflußkurven oder →Durchflußtafeln (→Meßbauwerk) über den meßtechnisch erfaßten Bereich hinaus; da diese nach „Augenschein" und Intuition nur schwer möglich ist, bedient man sich des →$C\sqrt{I}$-Wertes der Durchflußmeßstelle und gewinnt daraus eine leichter fortsetzbare nahezu lineare Darstellung.

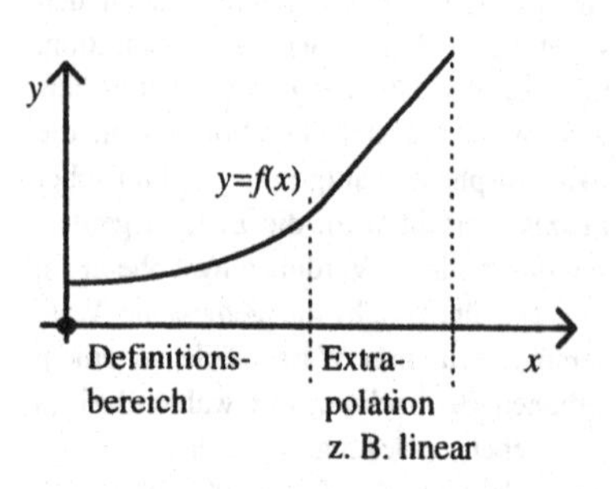

Abb. E7 ***Extrapolation***

F; Abk. für Fahrenheit in F als Einheit der →Temperatur

Φ-Index-Verfahren, n; →Phi-Index-Verfahren

facies; →Fazies

fabric; →Gefüge

factor analysis; →Faktorenanalyse

Fäkalindikator, m; →Organismus, dessen Nachweis in einer Wasserprobe Hinweis auf eine Belastung des der Probe zugrunde liegenden Gewässers durch Fäkalien ist; als F. dient z. B. das Bakterium →*Escherichia coli* sowie im Wasser möglicherweise vorhandene Fäkalstreptokokken, den die Verdauungsorgane des Menschen und der Tiere besiedelnden Streptokokken (*etm.*: gr. „streptos" verflochten und →Kokken), bänderartig angeordnete Ansammlungen gleichartiger kugelförmiger Bakterien.

Fäkalstreptokokke, f; →Fäkalindikator

Fällmittel, n; *{precipitant, precipitating agent}* Substanz, die die →Ausfällung gelöster Stoffe aus einer Lösung ermöglicht (→Flockungsmittel).

Fällung, f; *{precipitation}* Maßnahme zur Überführung gelöster Stoffe in ungelöste chemische Form mit anschließender →Sedimentation der bei der F. entstehenden →Dispersionen (→Flockung).

Faktorenanalyse, f; *{factor analysis}* Verfahren der analytische →Statistik, mit dem die Rückführung von →Zufallsgrößen auf gemeinsame als Faktoren bezeichnete Ursachenkomplexe, die Faktoren; zwischen untereinanader stochastisch abhängigen Zufallsgrößen erfolgt die F. im Rahmen der Kovarianz- und Korrelationsanalyse (→Kovarianz, →Korrelationskoeffizient).

Fallbeschleunigung, f; →Gravitation

Fallen, n; *{dip}* Winkel ε zwischen der negativen Gradientenrichtung $-\vec{\nabla}E$ (→Gradient) einer Ebene E im Raum und der Horizontalebene (der die Neigung von E wiedergibt); zusammen mit dem →Streichen und der allgemeinen Himmelsrichtung ρ des negativen Gradienten ist dadurch die Lage von E im Raum bestimmt (→Abb. S16, →Einfallrichtung).

fallender Niederschlag, m; →Niederschlag

falling below; →Unterschreitung

Fallwasser, n; →Trockenwetterfallinie

Faltung, f; *{folging, flexing}* Ausbildung einer Krümmung in einer ursprünglich eben angelegten Fläche.

FARADAYsche Konstante, f; →NERNSTsche Gleichung

Faschine, f; (*etm.*: lat. „fascis" das Bündel) *{fascine}* Bündel aus Reisig, das im Wasserbau zur Befestigung der →Ufer und →Sohlen eines →oberirdischen Gewässers dient.

fascine; →Faschine

Fassungsbereich, m; →Trinkwasserschutzgebiete

Fassungsvermögen, n; *{(specific) capacity, specific volume of a well}* das F. Q_f eines →Brunnens wird bestimmt durch die Geometrie der Anlage, d. h. durch ihren →Bohrdurchmesser d und die Filterlänge f, sowie durch den Durchlässigkeitsbeiwert k_f (→DARCYsches Gesetz) des den Brunnen speisenden →Grundwasserleiters, empirisch gilt dabei mit $[d]=[f]=$m und $[k_f]=$m/s näherungsweise (und nicht dimensionstreu)

$$Q_f=0{,}2\cdot d\cdot f\cdot \sqrt{k_f}\ \mathrm{m^3/s}.$$

fast ice; →Festeis

Faulgas, n; *{sewage gas; gas of putrefaction}* auch Biogas, durch Faulung (→Abbau) bei z. B. der Behandlung von →Abwasser durch mikrobielle Abbauprozesse entstehendes Gas, i. allg. wegen seines Gehalts an Schwefelwasserstoff H_2S stark schwefelhaltig, das F. besteht weiterhin zu ca. 60 % aus →Methan und zu ca. 35 % aus →Kohlendioxid; das F. gelangt entweder als →Emission in die →Atmosphäre oder es wird am Ort des Entstehens gesammelt und abgefackelt (→Deponie) oder nach der Entschwefelung weiterverwendet (thermisch genutzt; →Recycling).

Faulschlamm, m; *{digested sludge}* **1.)** →Klärschlamm; **2.)** in z. B. subhydrischen Böden (→Bodenklassifikation) infolge des Luftabschlusses unter der den Boden bedeckenden Wasserschicht →eutropher Gewässer in dem vorherrschenden sauerstoffarmen Milieu (das durch die Sauerstoffzehrung des organischen Materials entsteht) durch Faulung (im anaeroben Milieu, →Abbau) entstandener schlammiger (→Schlamm) Boden, infolge der Sauerstoffverarmung bildet sich eine →Reduktionszone aus, in der es unter dem Einfluß anaerober Bakterien zu Reduktionsprozessen (→Nitratreduktion, →Sulfatreduktion) kommt, deren Produkte (z. B. FeS) dem F. eine charakteristische graue bis schwarze Farbe verleiht; der je nach dem Nährstoffgehalt (→Nährstoff) der ihm zugrunde liegenden →Sedimente wird der F. klassifiziert: in Abhängigkeit von dem Sauerstoffgehalt des überliegenden Gewässers bei der Faulung wird der F. als →Sapropel oder Voll~ bezeichnet, der sich unter extrem sauerstoffarmem Wasser bildete, Halb~ (→Gyttja oder →Mudden) entstehen hingegen unter sauerstoffhaltigerem und besser durchlüftetem Wasser, er wird seiner Zusammensetzung entsprechend unterteilt in Kalkmudden oder -gyttjas, Torfmudden usw.

fault; →Verwerfung, →Störung

fault displacement; →Sprunghöhe

fault's horizontal shift; →Sprungweite

fault zone; →Störungszone

Faulung, f; →Abbau

Fazies, f; (*etm.*: lat. „facies“ das Aussehen) das →Sedimentgestein charakterisierende Merkmale, z. B. als Metamorphose~ (→Metamorphose) die Charakterisierung eines Gesteins durch das →Spektrum und die Verteilung der in ihm enthaltenen →Minerale, aus denen sich Rückschlüsse auf die der Metamorphose zugrunde liegenden Temperatur- und Druckverteilungen gewinnen lassen..

FCKW; →Fluorchlorkohlenwasserstoff

feasibility study, f; →Machbarkeitsstudie

Fehler, m; *{error}* Abweichung eines Meßwertes w_m von dem tatsächlichen Wert w_t der Meßgröße; der absolute Fehler Δ_{abs} ist $\Delta_{abs}=w_m-w_t$, der relative Fehler Δ_{rel} ist $\Delta_{rel}=\Delta_{abs}/w_t$ und der prozentuale Fehler $\Delta_{\%}$ ist $\Delta_{\%}=\Delta_{rel}\cdot 100\ \%$.

fein-; →Korngröße

Feinstaub, m; →Schwebstoff

Feldkapazität, f; *{field capacity}* maximales Wasserhaltevermögen *FK* eines Bodens gegen die Schwerkraft mit $\dim FK=\mathrm{L^3/L^3}$ und z. B. $[FK]=\ell/\mathrm{m^3}$; übersteigt der Wassergehalt der →ungesättigten Zone die F., so versickerte der Überschuß (→Sickerwasser); der Teil der F. der von den Pflanzen durch die Wurzeln aufgenommen werden kann, ist die nutzbare F. *nFK* *{available water}*, ihr entspricht der Bodenwasservorrat *{moisture storage}* (→Bodenwasser) und sie berechnet sich zu *nFK=FK-PWP* unter Berücksichtigung des →permanenten Welkepunktes *PWK*, der Rest der F., der durch Grenzflächeneffekte (→Adhäsion) in einem solchen Maß an die Gesteinspartikel des Bodens gebunden ist, daß die osmotischen Kräfte (→Osmose) der Pflanzen nicht zu seiner Aufnahme durch die Wurzeln ausreichen ist das „tote Wasser" *{dead storage}*, z. B. als hygroskopisches Wasser *{hygroscopic water}* oder die „Welkfeuchte" (permanenter Welkepunkt; →Abb. F1).

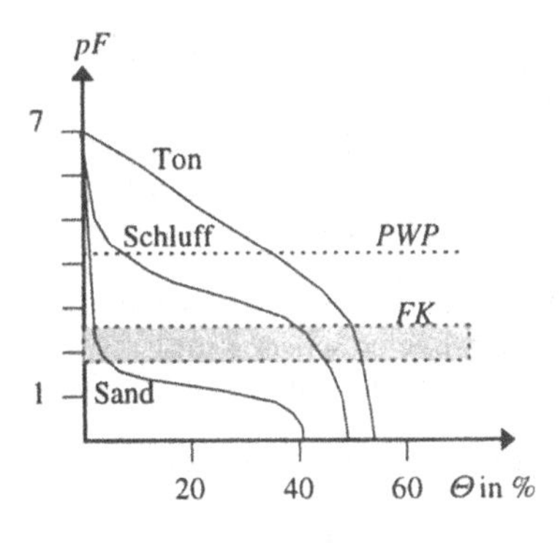

PWP = permaneter Welkepunkt
FK = *Feldkapazität*

Abb. F1 ***Feldkapazität***

Feldspat, m; weitverbreitetes Mineral (Gerüstsilikat, →Silikat); die wichtigsten ~typen sind der →Orthoklas (gr. „orthos" gerade und „klasis" das Brechen) oder Kalifeldspat, $KAlSi_3O_8$, und der →Plagioklas (gr. „plagios" schräg), der in Albit (Natronfeldspat) $NaAlSi_3O_8$ und Anorthit (Kalkfeldspat) $CaAl_2Si_2O_8$ unterteilt werden kann; Kalkfeldspäte, die neben dem Kalium auch Natrium enthalten, werden als Alkalifeldspäte bezeichent; in siliziumarmen →Magmatiten können (statt Feldspäten) feldspatähnliche ~vertreter vorkommen, die auch Foide genannt werden, die wichtigsten sind Nephelin $NaAlSiO_4$ und Leucit $KAlSiO_6$; während bei den Feldspäten jedes zweite bzw. vierte Siliziumatom durch ein Aluminiumatom ersetzt ist, ist es bei den ~vertretern jedes zweite bzw. dritte Siliziumatom.

Feldspatvertreter, m; →Feldspat

Fels, m; *{rock}* inhomogener, anisotroper natürlicher Festgesteinsverband, der durch Trennflächen durchzogen ist; der F. kann in einzelne Homogenbereiche unterteilt werden, in denen der vorherrschende Verwitterungszustand, die Ausrichtung der Trennflächen, die lithologische Struktur usw. übereinstimmen.

Felsterrasse, f; →Terrasse

FEM; →finite Elemente Methode

Ferment, n; →Entzym

fertilizer; →Düngemittel

fest; →Phase

Festeis, n; →Eis

Festgestein, n; *{solid/indurated rock}* durch →Diagenese aus den als →Lockergestein abgelagerten →Sedimenten gebildetes verfestigtes →Gestein mit reduziertem Hohlraumanteil und entsprechend größerer Dichte (→Sedimentgestein).

Festkörper, m; *{solid}* Stoff in fester →Phase; ein F. besitzt aufgrund der starren Anordnung seiner Moleküle eine definierte Gestalt (→Flüssigkeit, →Gas).

Feststoff, m; *{solid}* →Festkörper, der im →Wasser transportiert wird, ausgenommen das Wasser selbst in fester →Phase (→Eis), in Abhängigkeit von →Dichte bzw. Volumen werden ~e unterteilt in Schwimm-, Schweb-, Sinkstoffe und Geschiebe.

Feststoffabtrag, m; *{denudation}* **1.)** der zur Landerniedrigung führende Massenabtrag durch →Erosion und →Feststofftransport (dem F. liegen allgemeine Erosionsprozesse (Denudation) zugrunde, nicht jedoch die auf →Ablation beruhenden), **2.)** auch Gebietsabtrag oder -austrag *{specific erosion}*, Quotient $m_{Fa}=m_{Ff}/A$ (dim m_{Fa} = M/L^2) aus →Feststofffracht m_{Ff} und dem Flächeninhalt A des dem Bezugsquerschnitt zugeordneten Einzugsgebietes (unter Berücksichtigung des m_{Ff} zugrunde liegenden Bezugszeitraumes).

Feststofffracht, f; *{bed load/sediment transport}* Feststoffmasse (→Feststoff) m_{Ff}, (dim m_{Ff} = M) die einen Bezugsquerschnitt (→Bezugsgröße) des transportierenden Fließgewässers in einem Bezugszeitraum durchquert.

Feststofftransport, m; *{bed load/sediment transport}* **1.)** als Transportvorgang die Bewegung von →Feststoffen i. allg. in Fließgewässern, **2.)** als physikalische Größe $\dot{m}_{Ff}$ (dim $\dot{m}_{Ff}$ = M/T) die in einem Fließgewässer in der Zeiteinheit durch einen Bezugsquerschnitt (→Bezugsgröße) transportierte Feststoffmasse (→Feststofffracht).

Feststofftrieb, m; auf die Breite eines oberirdischen Fließgewässers bezogene Feststofftransport $\dot{m}_F$ mit dim $\dot{m}_F$ = MT^{-1}L^{-1} und i. allg. [$\dot{m}_F$] = kg/(s•m).

Feuchtbiotop, m; (*etm.*: gr. „bios" Leben und „topos" Ort) *{wetland}* grundwasseroberflächennaher Lebensraum von z. B. Amphibien, Wasservögeln und -pflanzen, die dort ihnen artgerechte Lebensbedingungen finden und eine Lebensgemeinschaft bilden.

Feuchte, f; *{humidity}* Wassergehalt (z.B. als →Anteil) in einem Mehrphasensystem, das als feuchte →Phase ausschließlich Wasser enthält.

Feuchtefaktor, m; →Trockenheitsindex

Feuchtefluß, m; auch Feuchtetransport, Transport der Luftfeuchte (→Feuchte), in einem →mathematischen Modell beschrieben durch die allgemeine →Transportgleichung, abgestimmt auf die dem F. zugrunde liegenden physikalischen Parameter (das Feuchteregime).

Feuchtehaushalt, m; Bilanzierung der Luftfeuchte (→Feuchte) unter den Gesichtspunkten der Feuchtentstehung, der Feuchtespeicherung und des Feuchtetransportes bezogen auf ein Volumenelement (→Kontrollraum) der →Atmosphäre, die mathematische Beschreibung des ~s erfolgt in einer ~sgleichung, die die beschriebenen Bilanzterme berücksichtigt.

Feuchtehaushaltsgleichung, f; →Feuchtehaushalt

Feuchteregime, n; →Feuchtefluß

Feuchtetransport, m, →Feuchtefluß

FG; →Sedimentgestein

FICKsche Gesetze, n, Pl.; →Diffusion

field capacity; →Feldkapazität

field velocity; →Abstandsgeschwindigkeit

filament speed; →Bahngeschwindigkeit, →tatsächliche Geschwindigkeit

filament velocity; →Bahngeschwindigkeit, →tatsächliche Geschwindigkeit

Filter, m; *{screen}* Anlage zur Trennung fest-flüssiger (oder gasförmig-flüssiger) →Gemische durch Zurückhalten der von vornherein vorhandenen oder durch →Fällung entstandenen festen Bestandteile der Mischung (z. B. in Brunnen oder bei der Wasseraufbereitung oder als →Membran bei der →Umkehrosmose zur Abtrennung größerer →Moleküle aus einer Lösung) oder zur Abtrennung von Gasen aus Flüssigkeiten; in Abhängigkeit von den physikalischen und chemischen Randbedingungen bestehen F. aus Korngemischen unterschiedlicher →Korndurchmesser (z. B. Kies), aus Vlies, sonstigem Gewebe, porösem Material (Porzellan) usw.; infolge der Wechselwirkungen zwischen dem F. und dem zu trennenden Gemisch kommt es zu Alterungsprozessen (→Verockerung, →Versinterung, Scaling und Fouling (→Membran)), die eine Filterregeneration erforderlich machen; zur Regenerierung werden die die Filterwirkung beeinträchtigenden Ablagerungen durch (Rück-) Spülung gelockert, ab- und dann ausgeschwemmt; die (Rück-) Spülung kann mit Flüssigkeiten oder durch Gase erfolgen, wobei bei der Verwendung von Gasen (z. B. bei der Luftspülung) im Filter verbleibende Gasblasen nach der Regeneration ihrerseits die Filterwirkung reduzieren, so daß beim Einsatz einer Luftspülung i. allg. zur Verdrängung der verbliebenen Gasblasen eine anschließende Flüssigkeitsspülung (Wasserspülung) erforderlich wird.

Filterdurchmesser, m; der F. eines Brunnenfilters wird so aus dem geplanten →Fassungsvermögen des Brunnens bestimmt, daß das Grundwasser mit maximaler und - zur Schonung des Materials - noch →laminarer Geschwindigkeit in den Brunnen strömen kann.

Filtergeschwindigkeit, f; *{apparent/ seepage/DARCY velocity}* als F. $\vec{q}$ bezeichnet man den Faktor

$$\vec{q} = k_f \cdot \frac{\Delta h}{\Delta l} = \frac{\vec{Q}}{A} \text{ mit } \dim \vec{q} = \text{L/T}$$

des →DARCYschen Gesetzes; die F. ist somit definitionsgemäß betragsmäßig die Durchflußmenge Q (als Volumen) in der Zeiteinheit bezogen auf den durchflossenen Querschnitt A senkrecht zur Strömungsrichtung, dieser flächenspezifische zeitliche Volumenstrom besitzt die Dimension einer Geschwindigkeit $\vec{q} = \vec{v}_f$ und geht als solche in die →Bewegungs- und →Kontinuitätsgleichung ein; denkt man sich den in seinen →Hohlräumen durchströmten Gesteinskörper auf der Seite, auf der die Strömung in ihn eindringt, durch den ebenen Querschnitt A (z. B. eine Kreisscheibe (→Abbn. F2 und G4, →Geschwindigkeit)) begrenzt, so ist die F. $\vec{v}_f$ die Geschwindigkeit, mit der ein Wassermolekül in dem nur mit Wasser angefüllten Raum **vor** A sich geradlinig und senkrecht zu A auf den Gesteinskörper (Filter) mit dem Durchlässigkeitsbeiwert k_f zubewegt; die F. darf weder mit der →Abstandsgeschwindigkeit noch mit

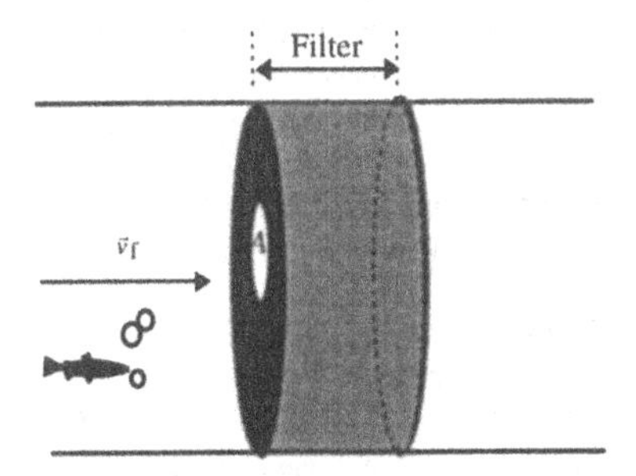

Abb. F2 ***Filtergeschwindigkeit***

der →tatsächlichen Geschwindigkeit verwechselt werden, die sich beide auf die Bewegung eines Wassermoleküls **in** den Hohlräumen des Gesteinskörpers beziehen; zwischen dem Betrag q der F. und dem Betrag v_a der Abstandsgeschwindigkeit besteht die Relation $q=n_f \cdot v_a$ mit dem durchflußwirksamen Hohlraumanteil n_f.

filter gravel; →Filterkies

Filterkies, m; *{filter gravel}* F. wird beim Anlegen eines →Brunnens in den Ringraum zwischen Bohrlochwand und Filterrohr eingefüllt, bildet einen Kiesfilter *{gravel packing}* (→Filter) und soll verhindern, daß Sand aus dem Lockergestein (→Gestein) des →Grundwasserleiters in den Brunnen eindringt und ihn versandet; seine optimale →Korngröße wird somit bestimmt durch die Korngröße des grundwasserleitenden Lockergesteins, das den Brunnen speist.

Filterrohr, n; →Brunnen, →Grundwassermeßstelle

Filterrückspülung, f; →Filter

Filtration, f; *{filtration}* Transport eines →Fluids durch eine als →Filter wirkende Feststoffmatrix, die F. kann dabei ein natürlich ablaufender Prozeß sein (z. B. →Uferfiltration bei natürlicheweise gegebenen influenten Abflußverhältnissen; →influenter Abfluß) oder ein durch künstliche Maßnahmen durchgeführter (bei der Wassergewinnung, z. B. in einem →Brunnen, aber auch bei künstlich herbeigeführte Uferfiltration).

filtration spring; →Naßstelle

Φ-Index-Verfahren, n; →Phi-Index-Verfahren

finite difference; → finite Differenz

finite Differenz, f; *{finite difference}* Hilfsmittel zur →Diskretisierung differenzierbarer Funktionen $f=f(x)$ durch Approximation des Differentialquotienten df/dx durch den Differenzenquotienten $[f(x+\Delta x)-f(x)]/\Delta x$ oder $[f(x)-f(x-\Delta x)]/\Delta x$ oder durch $[f(x+\Delta x)-f(x-\Delta x)]/(2\Delta x)$ und entsprechende Approximationen für höhere Ableitungen, z. B. die zweite $d^2f/(dx)^2$ durch den Differenzenquotienten $[f(x+\Delta x)-2f(x)+f(x-\Delta x)]/(\Delta x)^2$ und sinngemäß für Funktionen mehrerer Veränderlicher.

finite Elemente Methode, f; *{finite element method}* Verfahren zur →Diskretisierung →stetiger Funktionen durch →diskrete Funktionswerte und Approximation zwischen diesen Funktionswerten, z. B. durch lineare Approximation (→Interpolation) oder Raumelemente vorgegebener Geometrie (z. B. Krümmung usw., sog. finite Elemente →Triangulation).

finite element method; →finite Elemente Methode

finites Element, n; →finite Elemente Methode

Firn, m; (*etm.*: zu einer älteren Nebenform des Wortes „fern") *{firn}* →Schnee, i.allg. vom Vorjahr, dessen Eiskristalle in der Folge abwechselnden Schmelzens und erneuten Gefrierens einer →Metamorphose unterlagen, die zu einer Verdichtung der Kristallstruktur bis hin zum ~eis führte.

Firneis, n; →Firn

Firnlinie, f; →Gletscher

Fischregion, f; *{fish region}* Abschnitt eines →Fließgewässers, der durch das Vorkommen einer bestimmten Fischart als Leitorganismus gekennzeichnet ist, so unterscheidet man u. a. Forellen-, Äschen-, Barben- und Brassenregionen; jede dieser ~en ist geprägt durch eigene hydrogeologische Parameterwerte.

Fischtest, m; Verfahren der biologischen Gewässerüberwachung, bei dem Fische als Indikatoren für toxische Wasserinhaltsstoffe dienen; bei dem Verfahren dienen z. B. bei bestimmten Arten auftretende Verhaltensstörungen oder eine über einen Beobachtungszeitraum erhöhte Sterblichkeit der Versuchstiere als Hinweis auf toxische Wasserinhaltsstoffe.

fish region; →Fischregion

fissure; →Kluft

Flachwasserwelle, f; →Grundwelle

flachwurzelnd; →Durchwurzelung

Fläche, f, *{area}* zweidimensionales →Kontinuum, zugleich aber auch Kurzbezeichnung für den →Flächeninhalt.

Flächenabtrag, m; →Erosion

Flächenerosion, f; →Erosion

Flächeninhalt, m; *{area}* zweidimensionales Maß A der →Fläche, $\dim A = \mathsf{L}^2$ mit z. B. den Einheiten $[A]=\mathrm{m}^2$ oder $[A]=\mathrm{cm}^2$ mit $1\ \mathrm{m}^2 = 10^4\ \mathrm{cm}^2$, der F. wird umgangssprachlich auch abkürzend einfach selbst als „Fläche" bezeichnet.

Flächenversiegelung, f; *{surface sealimg}* auch Versiegelung, teilweiser oder vollständiger Abschuß des Bodenraumes von der →Atmosphäre; die V. ist Folge der Abdeckung der Bodenoberfläche durch undurchlässige oder nur in geringem Maß durchlässige Schichten, dies können Straßenbeläge oder Gebäude sein; die Durchlässigkeit der abdeckenden Schicht im Verhältnis zu einer natürlichen Bodenoberfläche mittlerer →Lagerungsdichte ergibt den ~grad (für Gebäude ist er 100 %, für Asphalt 90 %, für Pflaster liegt er in Abhängigkeit von der Ausführungsart bei 60 - 80 %, für Schotter, Kies und Rasengittersteine je nach Verdichtungsgrad bei 30 - 40 % und für eine natürliche Bodenoberfläche in Abhängigkeit von ihrer Lagerungsdichte bei 0 - 10 %); bei F. und fehlender Vegetation kann u. U. die Versickerungsintensität größer sein als bei Böden mit geringem ~sgrad aber mit entsprechender Vegetation und damit verbundener →Transpiration und →Interzeptionsverdunstung.

flexing; →Faltung

Fließgeschwindigkeit, f; *{flow velocity}* die F. v eines Wasserteilchens ist seine →tatsächliche (Bahn-) Geschwindigkeit; in einem →Gerinne wird zur Ermittlung des →Durchflusses (→Durchflußermittlung) für einen Meßpunkt P eine mittlere F. $\bar{v}_P$ der dort an der Fließbewegung beteiligten Wasserteilchen gemessen, diese mittlere Geschwindigkeit $\bar{v}_P$ im Punkt P wird auch als F. des Wassers in dem Gerinne in einem dem Punkt P zugeordneten Gerinneabschnitt bezeichnet; für die Bestimmung der F. des Grundwassers werden u. a. →Markierungsstoffe verwendet (→Filtergeschwindigkeit, →tatsächliche Geschwindigkeit, →Abstandsgeschwindigkeit).

Fließgewässer, n; *{running waters}* i. allg. →oberirdisches Gewässer mit vorwiegend fließendem Wasser, zu den →oberirdischen ~n gehören alle →Flüsse (→Fluß) und Kanäle (→Gerinne).

Fließgrenze, f; →BINGHAMsche Flüssigkeit, →Konsistenz

Fließspannung, f; →BINGHAMsche Flüssigkeit

Fließtemperatur, f; →Gefrierpunkt

Fließwechsel, m; *{flow transition}* Übergang einer Gerinneströmung vom Strömen zum Schießen (→FROUDE-Zahl) oder umgekehrt; der F. vom Strömen zum Schießen erfolgt →stetig, der umgekehrte vom Schießen zum Strömen jedoch diskontinuierlich (unstetig).

float; →Schwimmer

flocculation; →Ausfällung, →Flockung

flocculation agent; →Flockungsmittel

Flockung, f; *{coagulation, flocculation}* auch Koagulation genannte Zusammenballung der Teilchen eines →Kolloids in einer →Suspension, die F. wird durch Zugabe von ~smitteln *{flocculation agent}*, die durch Grenzflächeneffekte an den elektrisch geladenen Oberflächen der kolloiden Teilchen zur Flockenbildung führen, eingeleitet (→Abb. F3), die Flocken adsorbieren (→Adsorption) oder okkludieren (lat. „occludere" einschließen, einhüllen in einem Prozeß der Okklusion) die suspendierten oder kolloiddispergen Bestandteile der Dispersion und fallen unter dem Einfluß von ~shilfsmitteln aus; i. allg. werden die bei der F. erzeugten Flocken schließlich durch →Sedimentation oder →Filtration abgetrennt.

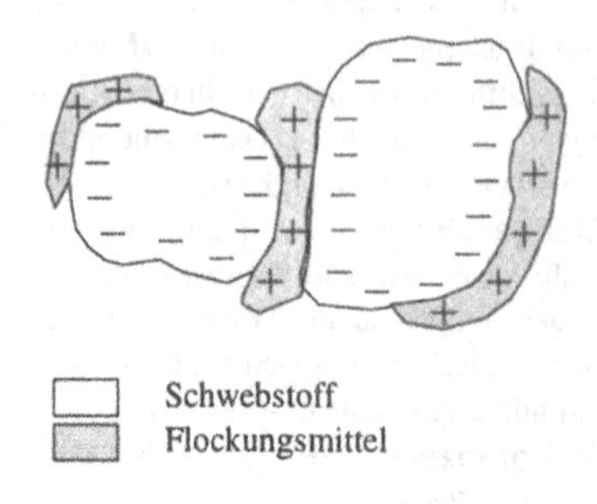

Abb.F3 *Flockung*

Flockungshilfsmittel, n; →Flockung
Flockungsmittel, n; →Flockung
flood; →Hochwasser, →Ausuferung; →Flut
flood control reservoir; →Hochwasserrückhaltebecken
flood crest; →Hochwasserscheitel
flood elevation; →Hochwasseranstieg
flood estimates; →Hochwasserberechnung
flood event; →Hochwasserereignis
flood hydrograph; →Hochwasserganglinie
flooding; →Ausuferung
flood irrigation; →Berieselung
flood peak; →Hochwasserscheitel
flood routing; →Hochwasserablauf, → Hochwasserberechnung
flood subsidence; →Hochwasserabfall
flood wave; →Hochwasserwelle
Flotation, f; (*etm.*: lat. „fluere" fließen) *{flotation}* Trennverfahren das z. B. bei der →Wasseraufbereitung angewendet wird, die F. beruht auf Grenzflächeneffekten, und zwar der unterschiedlichen Benetzbarkeit der einzelnen Wasserinhaltsstoffe, wobei bestimmte unter ihnen mit →hydrophoben Substanzen benetzt werden und im Wasser schweben oder aufsteigen, der Rest mit →hydrophilen und dann zum Absetzen im Wasser neigt; durch den Einsatz von Rührwerken kann das Absetzen verhindert werden, die Stoffpartikel werden in Suspension (→Dispersion) gehalten; durch Einblasen von Luft werden die Partikel der aufsteigenden Substanzen beschleunigt an die Flüssigkeitsoberfläche getrieben und bilden dort einen Schaumteppich, der mechanisch entfernt werden kann; durch den Einsatz von Flotationshilfsmitteln läßt sich die Benetzbarkeit bestimmter Wasserinhaltsstoffe und die Schaumbildung der aufschwimmenden Partikel gezielt verstärken.
Flotationshilfsmittel, n; →Flotation
flow; →Durchfluß
flow gauging; →Durchflußermittlung
flowing well; →artesischer Brunnen
flow measurement; →Durchflußermittlung
Flowmeter, n; Gerät zur kontinuierlichen (→stetigen) Aufzeichnung der Strömungsverhältnisse in einem →Brunnen bei einer →Bohrlochmessung; das F. arbeitet nach dem Prinzip des →hydrometrischen Flügels, bei geringen Strömungsgeschwindigkeiten, die niedriger sind als die, die zur Registrierung durch einen hydrometrischen Flügel mindestens nötig sind, werden die Flügel des ~s mit düsenförmig verengten Röhren zur Vergrößerung der Strömungsgeschwindigkeit kombiniert; aus den Strömungsverhältnissen in dem in in einen Brunnen in unterschiedlichen Tiefen einströmenden →Grundwasser lassen sich Rückschlüsse auf die hydraulische Leitfähigkeit der durch den Brunnen erschlossenen Gesteinsschichten gewinnen.
flow regime; →Regimefaktor
flow section; →Durchflußquerschnitt
flow transition; →Fließwechsel
flow velocity; →Fließgeschwindigkeit

Flügel, m; →hydrometrischer Flügel

flüssig; →Phase

Flüssigkeit, f; *{liquid}* Stoff in flüssiger →Phase; die Moleküle in einer F. liegen eng beieinander, sind jedoch - im Gegensatz zum →Festkörper - noch gegeneinander verschiebbar aber - im Gegensatz zu →Gasen - nicht frei im Raum beweglich.

Flüssigkeitsspülung, f; →Filter

Flugsand, m; *{aelian/windborne sand}* durch den Wind (→aeolisch) transportierte und umgelagerte Sandpartikel, die zunächst locker abgelagert werden, durch →Diagenese sich jedoch zu Sandstein verfestigen können oder als lockere Anhäufungen (→Dünen) bestehen bleiben (→Löß).

Fluid, n; (*etm.*: lat. „fluere" fließen) *{fluid}* Sammelbezeichnung für →Flüssigkeiten (tropfbare ~e) und →Gase; ein F. wird als inkompressibel *{incompressible}* bezeichnet, wenn seine →Dichte ρ=const. räumlich und zeitlich konstant ist, als kompressibel *{compressible}*, falls $\rho=\rho(x,y,z;t)$ Funktion des Raumpunktes $P=(x,y,z)$ und der Zeit t ist.

flume; →Gerinne, →Meßbauwerk

Fluor, n; *{fluorine}* Element der →Halogengruppe, der VII. Hauptgruppe des →Periodensystems der Elemente, mit dem Elementsymbol F; F, ein giftiges, gelb-grünes Gas, kommt in der Natur als stärkstes unter den Oxidationsmitteln wegen seiner Reaktionsfreudigkeit nicht elementar, sondern nur in Verbindung (z. B. als Fluorid, Salz der Flußsäure, der wässerigen Lösung des Fluorkohlenstoffes HF) vor, besonders häufig als Flußspat CaF_2; F, in hohen Konzentrationen giftig, festigt, in geringen Mengen zugeführt, den Zahnschmelz des Menschen und der Tiere; auf Pflanzen wirkt F i. allg. schädigend; F gelangt hauptsächlich durch die →Emissionen aus z. B. metallverarbeitenden Betrieben und den Müll- und sonstigen Verbrennungsanlagen über die →Atmosphäre in die Umwelt und führt nach der →Deposition im Boden bei der →Bodenversauerung zur Freisetzung von →Aluminium und dessen Verlagerung.

Fluorchlorkohlenwasserstoff, m; *{fluorochlorinated hydrocarbon, CFC}* (FCKW) Verbindung, bei der Wasserstoffatome des →Kohlenwasserstoffs teils durch Chlor-, teils durch Fluoratome substituiert wurden.

Fluorid, n; →Fluor

fluorine; →Fluor

***fluorochlorinated hydrocarbon* (*CFC*)**; →Fluorchlorkohlenwasserstoff

Flurabstand, m; *{depth to water table}* auch Grundwasser~, Höhenunterschied zwischen einem Punkt der Geländeoberfläche und dem vertikal unter ihm liegenden Punkt der →Grundwasseroberfläche des obersten →Grundwasserstockwerkes (→Abb. G19).

Fluß, m; *{river}* allgemein →oberirdisches Fließgewässer, insbesondere aber ein größeres (d. h. von bedeutendem →Durchfluß); ein F. mit geringem, häufig wechselndem Durchfluß und entsprechend schwankender Wassertiefe sowie einem unregelmäßigen Längsprofil wird auch als Bach *{brook, creek}*, ein größerer Fluß von erheblicher Länge (etwa über 500 km) und entsprechendem Durchfluß wird nicht fachsprachlich als Strom *{stream}* bezeichnet.

Flußdichte, f; *{drainage density}* Verhältnis $d_F=l_F/A$ aus der kumulierten Länge l_F aller Flüsse (→Flußlänge) eines →Einzugsgebietes (jeweils in dem Einzugsgebiet) und dem Flächeninhalt A des zugrunde liegenden Einzugsgebietes mit $\dim d_F=\mathsf{L}^{-1}$ und i. allg $[d_F]=\mathrm{km}^{-1}$.

Flußlänge, f; Länge l_F ($\dim l_F=\mathsf{L}$) eines

→Flusses zwischen zwei Punkten, gemessen an der geglätteten (→Glättung) Mittellinie zwischen seinen Uferlinien.

Flußlauf, m; *{river course/reach}* die von einem →Fluß in Strömungsrichtung beschriebene Kurve, die bei dem Ursprung des Flusses (einer →Quelle oder einem Quellsee (→See)) beginnt und entweder bei seiner Einmündung in einen anderen Fluß, einen See oder ein Meer oder seinem vollständigen Übertritt in den Untergrund (→Schwinde, →Versinkung) oder seinem vollständigen Austrocknen in ariden Gebieten (→Wadi) endet.

Flußsäure, f; →Fluor

Flußschwinde, f; →Schwinde

Flußspat, m; →Fluor

Flußterrasse, f; →Terrasse

Flut, f; *{flood, high tide}* im Verlauf der →Tide eintretendes Ansteigen des Tidewasserstandes bis hin zu seinem Maximum (ggs. →Ebbe).

fluviale Sedimentation, f; →Sedimentation

fluvisol; →Aueboden

Förderhöhe, f; →Pumpe

Förderleistung, f; →Pumpe

Förderrate, f; *{rate of production}* **1.)** →Pumpe, **2.)** aus einem Brunne in der Zeiteinheit gefördertes Wasservolumen Q_E mit $\dim Q_E = L^3/T$, bei stationärer F. gilt die Relation $Q_E = Q_Z$ zwischen der F. und dem in der Zeiteinheit dem Brunnen zuströmenden Wasservolumen Q_Z, der Brunnen befindet sich in diesem Fall in einem →Beharrungszustand.

Förderstrom, m; →Pumpe

Förderstromkennlinie, f; →Pumpe

fog (precipitation); →(sich niederschlagender) Nebel

Foid, m; →Feldspat

folding; →Faltung

force; →Kraft

FORCHHEIMER; →DUPUIT-FORCHHEIMER-sche Abflußformel

foreland; →Vorland

foreshore; →Vorland

Formation, f; (*etm.*: lat. „forma" die Gestalt) *{(rock) formation}* **1.)** genetisch zusammenhängender Gesteinsverband, **2.)** →Erdgeschichte

Formelmasse, relative, f; *{(relative) formula mass}* die relative F. F_r mit $\dim F_R = 1$ ist die Summe der relativen →Atommassen aller an der durch die gegebene Formel beschriebenen Verbindung beteiligten Atome, für z. B. SO_4^{2-} erhält man damit $F_r(SO_4^{2-}) = 32{,}0644 + 4 \cdot 15{,}9996 = 96{,}0620$, bezogen auf ein →Molekül (oder anders definiertes Teilchen) bezeichnet man dessen relative F. auch als relative Molekülmasse M_r usw.

Formelzeichen, n; einer →physikalischen Größe zugeordnetes Symbol, das in Kursivschrift darzustellen ist, z. B. *t* als F. der →Zeit.

formula mass; →Formelmasse

Fossil, n; (*etm.*: lat. „fossio" der Graben) *{fossil}* durch →Fossilisation umgewandelte und dadurch erhalten gebliebene →Organismen sowei Hinweise auf ihre Existenz, z. B. fossilisierte Exkremente, Kriechspuren usw.

Fossilisation, f; (*etm.*: →Fossil) *{fossilization}* Bildungsprozeß der →Fossilien, i. allg. nach Auflösung der Weichteile und Eindringen von →Sedimenten in die Hohlräume (z. B. der verbliebenen Skelette) mit anschließender diagenetischer (→Diagenese) Verfestigung.

fossilization; →Fossilisation

Fouling, n; →Umkehrosmose

fountain; →Quelle

fraction; →Fraktion

fractionation; →Fraktionierung

fracture; →Kluft

fractured zone; →Störungszone

fracture index; →Kluftdichte

fracture permeability; →Kluftdurchlässigkeit

fracture porosity; →Kluftanteil

fracture width; →Klaffweite, →Kluftöffnungsweite

Fraktion, f; *{fraction}* bei der →Fraktionierung entstehende Trennungsstufe eines Stoffgemischs (→Gemisch).

Fraktionierung, f; *{fractionation}* Zerlegung eines →Gemischs verschiedener Stoffe (Stoffgemisch) (u. U. durch wiederholte Trennungsvorgänge) bis hin zu Restmischungen oder reinen Stoffen (→Fraktionen); ~sverfahren sind z. B. →Destillation, →Sedimentation (→Sichten) usw.

free convection; →freie Konvektion

freezing-point; →Gefrierpunkt

freezing-point depression; →Gefrierpunktserniedrigung

freezing-point lowering; →Gefrierpunktserniedrigung

freie Grundwasseroberfläche, f; → Grundwasserleiter, →Grundwasseroberfläche

freie Konvektion, f; →Konvektion

freier Flußmäander, m; →Mäander

freier Grundwasserleiter; m; →Grundwasserleiter

freier Sauerstoff, m; *{uncombined oxygen}* als O_2 im Wasser gelöster →Sauerstoff im Gegensatz zu dem in Bindungen (z. B. HCO_3^{2-}) vorliegenden, dabei gilt die Umrechnung

$$1\ mg/\ell\ O_2 \triangleq 31{,}25\ mmol/m^3\ O_2.$$

freies Grundwasser, n; →Grundwasserleiter

Fremdwasser, n; *{imported water}* Wasser, das von außen einer Entwässerungsfläche (→Entwässerung) ober- oder unterirdisch zufließt (→Zufluß).

frequency; →Häufigkeit

frequency distribution; →Häufigkeitsverteilung

frequency ratio; →relative Häufigkeit

fresh snow; →Neuschnee

fresh water; →Süßwasser, →Frischwasser

FREUNDLICH-Isotherme, f; →Adsorptionsisotherme

friction; →Reibung

friction coefficient; →Widerstandsbeiwert

Frischwasser, n; →Süßwasser

Frost, m; *{frost}* Temperaturbereiche, bei denen das Wasser auf der Erdoberfläche oder in den oberen Bodenschichten gefriert; durch die physikalische Beanspruchung bei wechselndem Gefrieren und Auftauen kommt es zu Verwitterungsprozessen (→Verwitterung) und Veränderung der Bodenschichtung durch Kryoturbation (→Pedoturbation).

Frostboden, m; *{frozen earth}* Bezeichnung für einen Boden, der entweder als Dauerfrostboden (Permafrost, Pergelisol) permanent oder perennierend gefroren (→Frost) ist oder im Wechsel der Jahreszeiten lang- oder häufig kurzandauernd durchfriert; durch die Ausdehnungprozesse beim Frieren kommt es zu Umlagerungen der Bodenpartikel (Kryoturbation, →Pedoturbation); in den warmen Jahreszeiten oberflächlich antauende Böden geraten bei Hangneigung auf den weiterhin gefrorenen tieferen Bodenschichten ins Fließen (→Solifluktion), hierdurch kommt es zu entsprechendem Materialabtrag.

Frosteindringtiefe, f; *{frost penetration}* ab Geländeoberkante gemessene Tiefe, bis zu der das Bodenwasser bei →Frost gefriert; die F. hängt ab von der Temperatur ϑ<0 °C und der Dauer der Frostperiode, sie liegt in Mitteleuropa bei ca. 100-120 cm (→frostfreie Tiefe).

frostfreie Tiefe, f; Plandatum für den

Abstand des höchstgelegenen Punktes einer wasserführenden unterirdisch verlegten Rohrleitung von der Geländeoberkante, die f. T. ist abhängig von der regionalen →Frosteindringtiefe.

frost penetration; →Frosteindringtiefe

FROUDE-Zahl, f; die F.-Z. Fr charakterisiert Strömungsvorgänge (→Strömung), die unter dem Einfluß der →Schwerkraft ablaufen (→Ähnlichkeitsgesetze) und ist für die Beschreibung von Oberflächenwellen bedeutungsvoll; sie ist definiert zu

$$Fr = v / \sqrt{Lg},$$

mit $\dim Fr = 1$ (gelegentlich wird auch Fr^2 als F. bezeichnet), mit der Relativgeschwindigkeit v zwischen dem strömenden Medium und dem ruhenden Körper (umströmter Körper oder Gerinnebett usw.), der charakteristischen Länge L (Rohrdurchmesser d, Durchmesser d einer umströmten Kugel, Abstand h des Wasserspiegels von der Gerinnesohle usw.) und der →Fallbeschleunigung g (→Gravitation); die F.-Z. ist von besonderer Bedeutung bei der Bildung von Wellen bei Gerinneströmungen (→Gerinne), die durch eine freie Oberfläche gekennzeichnet sind, hier ist $L=h$ die Wassertiefe und $(hg)^{0,5}$ die Geschwindigkeit der Grundwelle; bei $Fr=1$ geht die strömende Flüssigkeit beim Überschreiten der kritischen F.-Z. $Fr=1$ vom Strömen zum Schießen über, bei deren Unterschreiten umgekehrt im sog. Wasser- oder Wechselsprung oder Schwall u. U. unter Ausbildung einer Deckwalze (in Abhängigkeit von der Sprunghöhe) vom Schießen zum Strömen; die durch $Fr=1$ bestimmte Geschwindigkeit $v=v_{gr}=(hg)^{0,5}$ wird als →Grenz- oder →Schwallgeschwindigkeit bezeichnet (→Abb. F4).

frozen earth; Frostboden

Füllenlinie, f; →Durchflußsummenlinie

Füllschwall, m; →Schwall

Fuge, f; →Kluft

fully penetrating well; →vollkommener Brunnen

fulvic acid; →Fulvosäure

Fulvosäure, f; (*etm.*: lat. „fulvus" bräunlich) *{fulvic acid}* komplexe organische Verbindung, →Fraktion der →Huminstoffe bei deren Trennung mit Laugen und Säuren.

fungus; →Pilz

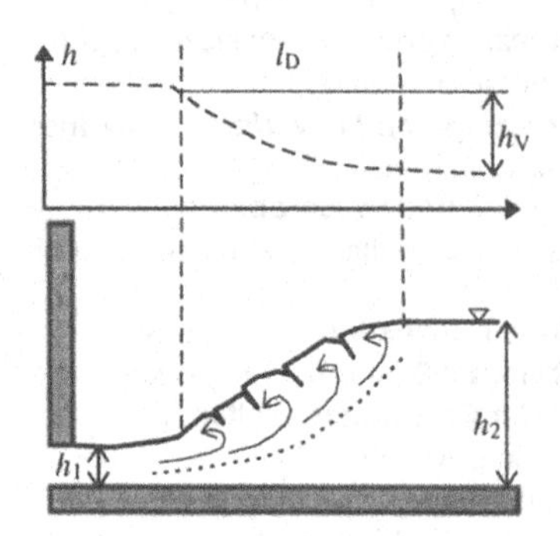

h = Energiehöhe
h_V = Verlusthöhe
l_D = Länge der Deckwalze

Abb. F4 ***FROUDE-Zahl***

g; Abk. Gramm →Kilogramm

G-; →Giga-

γ-Exan=Gammaexan, n; →Hexachlorcyclohexan

γ-γ-Log, n; →Gamma-Gamma-Log

γ-Log, n; →Gamma-Log

γ-Strahlung, f; →Gammastrahlung

Gabbro, m; →Magmatit

Gährung, f; *{rotting}* Ungesteuerter →Abbau organischen Materials durch →Mikroorganismen oder →Enzyme (→Hefe) im →aeroben oder → anaeroben Milieu.

gage; →*gauge*

galena; →Galenit

Galenit, n; →Blei

Galerie, f; →Brunnengalerie

GALERKIN-Verfahren, n; Interpolationsverfahren der →Diskretisierung durch →finite Elemente, bei dem die Gewichtung innerhalb der einzelnen Elemente durch die (die Form bestimmenden) Koordinaten- oder Basisfunktionen selbst angesetzt wird.

Gamma-Gamma-Log, n; *{gamma gamma/density log}* geophysikalisches Verfahren zur Bestimmung der Gesteinsgesamtdichte (unter Berücksichtigung der →Hohlräume), hierzu wird das →Absorptionsvermögen des Gesteins bez. der von einer Gammastrahlungsquelle emittierten →γ-Strahlung gemessen.

Gamma-Log, n; *{gamma (ray) log}* auch Gamma-Ray-Log oder G-Ray-Log, geophysikalisches Verfahren zur Bestimmung des Tongehaltes einer Gesteinsschicht (um z. B. Rückschlüsse auf deren hydraulische Leitfähigkeit zu gewinnen); hierzu wird die Gamma-Eigenstrahlung (→Gammastrahlung) der jeweiligen Gesteinsschichten gemessen, die von den im Ton angereicherten Elementen Thorium, Uran und Kalium abgestrahlt wird; die G.-L.-Messung ist unabhängig von der Verrohrung eines Brunnes und wird deshalb in verrohrten Brunnen bevorzugt angewendet, in denen elektrische Sondierungen wegen der Kurzschlußbildung in der Verrohrung nicht oder nur unter eingeschränkten Bedingungen möglich sind.

gamma radiation; →Gammastrahlung

Gamma-Ray-Log, n; →Gamma-Log

Gammastrahlung, f; *{gamma radiation}* beim Gammazerfall, z.B. als Vernichtungsstrahlung bei Positron-Elektronkollision, durch einen angeregten Atomkern emittiertes →Photon (→Emission), die Wellenlänge der G. liegt im Bereich von ca. 10^{-9} bis 10^{-14} m, die G. besitzt zwar einen anderen Ursprung als die →Röntgenstrahlung, ist ihr jedoch wesensverwandt (→Strahlung).

Gang, m; *{vein, dike}* Ausfüllung einer →Kluft im Gestein durch Mineralien (häufig →Erz) oder anderes Gestein.

Ganglinie, f; *{hydrograph}* Graph einer Funktion $f(t)$, deren unabhängige Veränderliche t die Zeit ist; die G. ist i. allg. Darstellung der →diskreten (→diskontinuierlichen) Werte einer →Zeitreihe oder der →kontinuierlichen Aufzeichung einer zeitabhängigen →stetigen Meßgröße.

Gas, n; *{gas}* Stoff in gasförmiger →Phase; die Moleküle eines ~es sind im Raum frei beweglich und füllen jedes verfügbare Raumvolumen aus (→Diffusion, →ideales G. →reales G.).

Gasaustausch, m; *{gas exchange}* Übergang von →Gas zwischen räumlich benachbarten →Systemen, z. B. der G. zwischen dem Inneren der Organismen und ihrer Umgebung bei der Atmung (→Respiration).

Gaschromatographie, f; →Chromatographie

gas chromatography; →Gaschromatographie

gas constant; →Gaskonstante

gas deviation factor; →Korrekturfaktor für reale Gase

gaseous; →gasförmig

gas exchange; →Gasaustausch

gasförmig; →Phase

gasiform; →gasförmig

Gaskonstante, f; *{gas constant}* aus der in die →Zustandsgleichung für ideale Gase eingehenden universellen G. R=8,31441 J/(mol•K) gewinnt man die materialabhängigen, spezifischen oder individuellen ~n R_s zu $R_s=R/M$ mit $\dim R_s = L^2T^{-2}\Theta^{-1}$ mit $[R_s]=J/(kg \cdot K)$ und der →Molmasse $M=m/n$ in kg/mol des betrachteten Gases; die Zustandsgleichung für ideale Gase erhält man unter Verwendung der spezifischen G. in der Form $pV=R_s mT$ mit der Masse m des Gases.

gas of putrefaction; →Faulgas

gasoline; →Benzin

Gassättigung, f; *{gas saturation}* Zustand einer →Lösung von Gasen in Flüssigkeiten, bei dem ein Gleichgewichtszustand herrscht zwischen der Lösung und der gasförmigen →Phase (→HENRYsches Gesetz, →HENRY-DALTONsches-Gesetz).

gas saturation; →Gassättigung

gas transfer; →Gastransport

Gastransport, m; *{gas transfer}* Verteilung von →Gasen, die entweder im Wasser gelöst von diesem transportiert werden, oder sich durch →Diffusion (z. B. in der →ungesättigten Zone) ausbreiten.

gauge; →Pegel

gauge datum; →Pegelnullpunkt

gauge relation; →Pegelbezug

gauge tank;→Meßgefäß

gauging station; →Durchflußmeßstelle

GAUß-Verteilung, f; →Normalverteilung

GAY-LUSSACsches Gesetz, n; Folgerung der →Zustandsgleichung $pV=RnT$ für ideale Gase, nach der für ein ideales Gas zum einen bei konstantem Gasvolumen V=const. der Druck $p=p(T)$ $=(Rn/V)T$ einer gegebenen Stoffmenge n=const. proportional der thermodynamischen →Temperatur T ist, daß zum anderen bei konstantem Druck p=const. das Volumen $V=V(T)=(Rn/p)T$ der gegebenen Stoffmenge n=const. proportional T ist, diese Proportionalität wird bei Beschreibung der →Temperatur durch °C ausgedrückt durch $V=V(\vartheta)=V_0(1+\gamma\vartheta)$ mit dem Gasvolumen V_0 bei der Temperatur ϑ=0 °C, dem Raumausdehnungskoeffizient γ=273,15 K^{-1} und der Temperatur ϑ in °C; bei geringem Druck gilt dieser Raumausdehnungskoeffizient γ der idealen Gase näherungsweise auch einheitlich für alle →reale Gase.

Gebiet, n; *{region, basin}* Kurzform für →Einzugsgebiet, auch von der Bedeutung eines Bezugsgebiets eines zusammenhängenden Ausschnittes der Erdoberfläche, auf den eine →physikalische Größe (z. B. der →Gebietsniederschlag) bezogen wird.

Gebietsabfluß, m; einem Bezugsgebiet als →Abflußhöhe zugeordneter →Abfluß als Differenz h_{NG}-h_{NR} aus →Gebietsniederschlag und →Gebietsrückhalt.

Gebietsabtrag, m; *{specific erosion}* auch Gebietsaustrag durch den →Basisabfluß und unter der Einwirkung von Hochwasser erfolgender Sedimenttransport aus einem →Einzugsgebiet hinaus; der G. wird dabei bez. seines Einzugsgebietes räumlich nicht weiter differenziert; →Feststoffabtrag.

Gebietsaustrag, m; →Gebietsabtrag

Gebietsbilanz, f; →Wasserbilanz

Gebietsevaporation, f; →Gebietsverdunstung

Gebietsevapotranspiration, f; →Gebietsverdunstung

Gebietsniederschlag, m; *{(regional) precipitaiton (over area)}* (eigentlich Gebietsniederschlagshöhe) aus den Meßwerten einzelner einem Bezugsgebiet zugeordneter Meßstationen gewonnener mittlerer Wert h_{NG} der →Niederschlagshöhe in einem Bezugszeitraum mit $\dim h_{NG} = L$; die Mittellung erfolgt z. B. als →arthimetisches Mittel, nach der →THIESSEN-Methode, dem →Rasterpunktverfahren oder dem →Isohyethenverfahren; die Auswertung nur einer Meßstation ist nur bei kleinen Bezugsgebieten (mit einer Fläche von höchstens 10 km^2) zulässig; ist der Bezugszeitraum ein ganzzahliges Vielfaches eines →Abflußjahres (so daß die Vorratsänderung ΔR über den Bezugszeitraum zu ΔR=0 verschwindet; →Wasserhaushaltsgleichung) und handelt es sich bei dem Bezugsgebiet um ein →Einzugsgebiet, so kann aus dem G. bei bekanntem →Gebietsabfluß die →Gebietsverdunstung unter Verwendung der Wasserhaushaltsgleichung bestimmt werden.

Gebietsniederschlagshöhe, f; →Gebietsniederschlag

Gebietsrückhalt, m; *{(regional) storage (over area)}* Zusammenfassung der →Gebietsverdunstung und →Grundwasserneubildung aus dem →Niederschlag für ein Bezugsgebiet in einem Bezugszeitraum zu h_{NR} mit $\dim h_{NR}$=L, d. h. derjenige Anteil des Gebietsniederschlages, der nicht Effektivniederschlag (→Niederschlag) ist.

Gebietsverdunstung, f; *{(regional) evapo(transpi)ration (over area)}* (eigentlich Gebietsverdunstungshöhe) aus den Meßwerten einzelner einem Bezugsgebiet zugeordneter Meßstationen gewonnener mittlerer Wert h_{NV} der →Verdunstungshöhe in einem Bezugszeitraum mit $\dim h_{NV}$=L; die Mittellung erfolgt z. B. als →arthimetisches Mittel, nach der →THIESSEN-Methode oder dem →Rasterpunktverfahren, die G. läßt sich u. a. auch indirekt unter Verwendung der →Wasserhaushaltsgleichung aus dem →Gebietsniederschlag ermitteln; sinngemäß errechnet man mit denselben Methoden auch die Gebietsevaporation, -transpiration usw. (→Gebietsniederschlag).

Gebietsverdunstungshöhe, f; →Gebietsverdunstung

Gebirgsdurchlässigkeit, f; *{(total) (rock-mass) permeability}* Sammelbegriff für →Poren- und →Kluftdurchlässigkeit des →Gesteins (→Gesteinsdurchlässigkeit); da die G. die Gesteinsdurchlässigkeit umfaßt, besitzt sie einen größeren Größenwert als jene.

Gefährdungspfad, m; Art der Aufnahme eines aus einer →Altlast stammenden Schadstoffes, z. B. Hautkontakt (→Resorption), Inhalation (→Respiration), Versickerung usw. oder mögliche Wirkung eines solchen Schadstoffes, z. B. Schädigung der Vegetation, Anreicherung in den Organismen, →Korrosion usw (→Wirkungspfad).

gefährlicher Stoff, m; →Gefahrenklasse

Gefälle, n; *{slope}* **1.)** Neigung $\Delta h/\Delta l$ einer Strecke oder einer Ebene als auf den horizontalen Abstand Δl zweier Punkte - der Strecke oder Ebene - bezogener vertikaler Abstand (Höhendifferenz) Δh dieser Punkte; näherungsweise wird dieser Quotient auch als das G. einer Kurve oder Fläche bezeichnet, die durch die betrachtete Strecke oder Ebene approximiert wird; im zweidimensionalen Fall einer Ebene oder Fläche und in höheren Dimensionen ist das G. somit richtungsabhängig, die erwähnte „Höhendifferenz" muß dabei keine →geodätische sein, sie kann vielmehr auch die Differenz der Funktionswerte einer entsprechend dimensionierten Funktion (→**2.**) darstellen (→Wasserspiegelgefälle); **2.**) infinitesimale richtungsabhängige Darstellung des Gefälles einer Funktion als deren „negativer Anstieg" (z. B. hydraulisches G., →DARCYsches Gesetz, →Gradient, →Abb. G1).

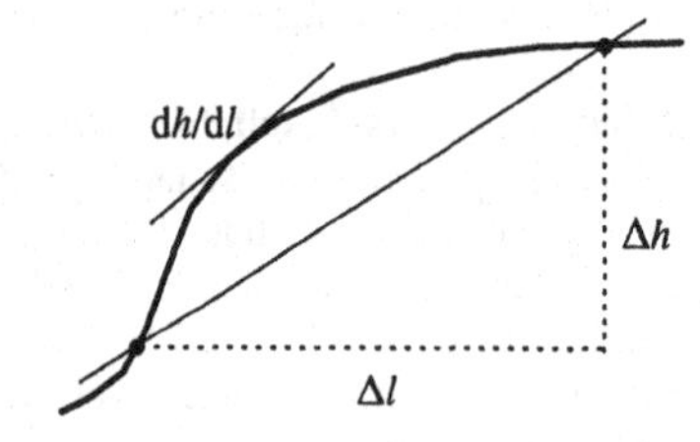

Abb. G1 *Gefälle*

Gefälle (hydraulisches), n; hydraulisches →Gefälle (→DARCYsches Gesetz)

Gefahrenklassen, f; *{hazard rating}* auch Gefahrklasse, Einteilung (Klassifizierung) gefährlicher, d. h. umweltgefährdender Stoffe, nach ihrem Gefährdungspotential unter verschiedenen Gesichtspunkten, z. B. in der →Gefahrgutverordnung, der →Verordnung brennbarer Flüssigkeiten, in den →Wassergefährdungsklassen des →Wasserhaushaltsgesetzes usw.

Gefahrgutklasse, f; →Gefahrgutverordnung

Gefahrgutverordnung, f; (GGV) Einteilung gefährlicher Stoffe in →Gefahrenklassen oder Gefahrgutklassen; ihr Transport darf nur unter entsprechenden Sicherheitsvorkehrungen erfolgen; die Klassifizierung nach GGV erfolgt in 9 Hauptklassen oder (samt Unterklassen) in insgesamt 15 Klassen unter den Gesichtspunkten der Entzündlichkeit, der Giftigkeit, der Radioaktivität, der von einem Stoff ausgehenden Ansteckungsgefahr, seines Säuregehaltes, der Möglichkeit, Ekelgefühle zu erregen usw.

Gefahrklasse, f; →Gefahrenklasse

Gefrierpunkt, m; *{freezing-point}* auch Erstarrungstemperatur T_f, bei der feste und flüssige →Phase eines Stoffs sich im Gleichgewichtszustand befinden; der G. ist im →Zustandsdiagramm durch die Lage des Tripelpunktes bestimmt (→Temperatur), der G. wird auch als Schmelzpunkt bezeichnet, die Erstarrungstemperatur T_f auch als Fließtemperatur.

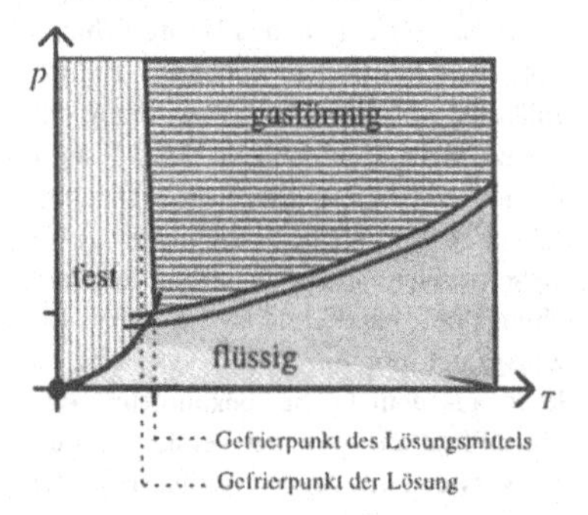

Abb.G2 *Gefrierpunktserniedrigung*

Gefrierpunktserniedrigung, f; *{freezing-point depression/lowering}* der in →Lösungen eintretende Effekt der Verschiebung der Dampfdruckkurve (→Zustandsdiagramm, →Dampfdruck) der Lösung; in Abhängigkeit von der Konzentration des gelösten Stoffes tritt eine Absenkung des →Gefrierpunktes (→Abb. G2, →Siedepunktserhöhung) der Lösung ein; als →kolligative Eigenschaft der Lösung hängt die G. ΔT_m nur von dem Lösungsmittel und der Konzentration (z. B. der →Molalität b) des gelösten

Stoffes, nicht jedoch von seiner Art ab zu $\Delta T_m=k_m \cdot b$ (→RAOULTsches Gesetz), mit der kryoskopischen Konstante k_m, die z. B. den Wert $k_m(H_2O)=1{,}86$ °C·kg/mol für Wasser besitzt, so daß man aus gemessener G. ΔT_m (z. B. in °C) die Molalität b des gelösten Stoffes (in mol/kg) bestimmen kann (→Kryoskopie).

Gefüge, n; *{fabric}* räumliche Relation zwischen festen Partikeln (z. B. Gesteinsteilen, →Bodengefüge), innerer Aufbau des Gesteins, so wie er sich aus den Bewegungsvorgängen ergibt, dem die Gesteinspartikel unterliegen oder unterlagen (→Abb. G3).

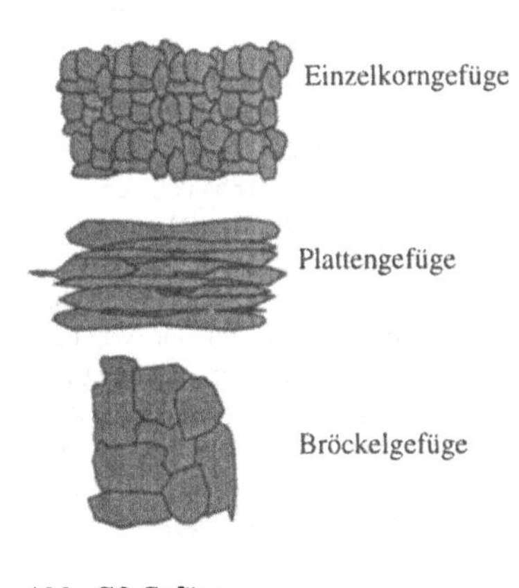

Abb. G3 *Gefüge*

Gefügepotential, n; →Bodengefüge

Gegendüne, f; →Antidüne

Gegenrippel, f, Pl.; →Antirippel

Gegenstrahlung, f; die atmosphärische G. ist die vom Wasserdampf und dem →Kohlendioxid der →Atmosphäre zur Erde zurückgegebene langwellige Strahlung, die ursprünglich von der Erdoberfläche ausging, in der Atmosphäre jedoch absorbiert, zunächst in Wärme umgewandelt und dann zurückgestrahlt wird (→Energiebilanz, →Srahlungsbilanz der Erde, →Treibhauseffekt).

Gegenstromprinzip, n; *{countercurrent principle}* Aneinandervorbeileiten zweier miteinander reagierender Phasen in entgegengesetzten Stromrichtungen, die beiden Phasen können dabei in Kontakt zueinander stehen (bei z. B. chemischen Reaktionen) oder (etwa beim Wärmeaustausch) auch voneinander physisch getrennt sein.

Gel, n; →Kolloid

Gelände, n; *{terrain}* definierter Ausschnitt der Landesoberfläche.

Geländeoberfläche, f; Grenzfläche im unmittelbaren Übergang der festen Erdkruste (→Erdaufbau) in die →Atmosphäre (i.allg. durch entsprechende Glättung als hinreichend oft differenzierbare Fläche und Niveauschwankungen ausgleichend dargestellt).

Gemenge, n; →Gemisch

Gemisch, n; *{mixture}* aus mindestens zwei verschiedenen reinen Stoffen bestehende zufällige Verteilung der Partikel dieser Komponenten, die in unterschiedlichen →Phasen vorliegen können, so unterscheidet man z. B. fest-feste, fest-flüssige, flüssig-gasförmige usw. ~e, ferner unterteilt man die ~e in homogene (einheitliche) und heterogene (uneinheitliche), in denen sich Trennflächen zwischen den Bestandteilen feststellen lassen, die hetorogenen ~e werden auch als Gemenge bezeichnet; Beispiele für Gemische sind Lösungen oder disperse Systeme (→Dispersion).

Genese, f; (*etm.*: gr. „genesis" die Erzeugung, der Ursprung) *{genesis}* die Entwicklung, Entstehung (speziell des →Gesteins).

genesis; →Genese

Geochemie, f; *{geochemistry}* Geowissenschaft, die die chemische Zusammensetzung der Erde und die Veränderungen dieser Zusammensetzung erforscht, insbesondere die chemische Zusammensetzung der →Litho-, der → Hydro- und der →Atmosphäre, die statistische Verteilung der chemischen Elemente und die Zeitabhängigkeit dieser Verteilung.

geochemistry; →Geochemie

Geochronologie, f; *{geochronology}* →Altersbestimmung geowissenschaftlich relevanter Objekte (z. B. mit radiochemischen Methoden, Pollen- und Fossilienanalysen usw.) und Einteilung der zeitlichen Abfolge innerhalb der →Erdgeschichte.

geochronology; →Geochronologie

Geodäsie, f; (*etm.*: gr. „ge" die Erde und „daiein" einteilen) *{geodesy}* Vermessungskunde, die sich mit der Vermessung und der Darstellung der Erdoberfläche in Karten und Abbildungen befaßt; die Erdmessung ist dabei die globale Darstellung der Erdoberfläche, der Form der Erde und auch die Darstellung ihres Schwerefeldes; die Landesvermessung schließlich befaßt sich mit der Kartierung einzelner Gebiete und der Zuordnung der Punkte eines Gebietes auf der Erdoberfläche zu Koordinatenwerten (→Koordinatensystem).

geodätisch; *{geodetic}* **1.**) die Methoden der →Geodäsie betreffend; **2.**) Bezeichnung für eine Kurve, die ihren Anfangs- und Endpunkt (in dem vorgegebenen Kontinuum) mit minimaler Kurvenlänge verbindet.

geodätische Förderhöhe, f; →Pumpe

geodätische Höhe, f; lotrechter Abstand eines Raumpunktes von einer Bezugsebene.

geodätische Saughöhe, f; →Pumpe

geodesy; →Geodäsie

geodetic; →geodätisch

geodetic head; →geodätische Förderhöhe

geodetic suction head; →geodätische Saughöhe

geoelectric measurement; →geoelektrische Messung

geoelektrische Messung, f; *{geoelectric/resistivity measurement}* Messung des elektrischen Widerstands (→potentiometrische Messung) von Gesteinsfolgen mit unterschiedlichem Grundwassergehalt, die g. M. gestattet u. a. Rückschlüsse auf den →Flurabstand der Grundwasseroberfläche (→Grundwasserleiter).

geogen; *{geogenic}* die natürliche geologische Entstehung betreffend.

geogenic; →geogen

Geographie, f; *{geography}* Erdkunde im Sinne der Erforschung der Erde als Lebensraum und Umwelt des Menschen unter interdisziplinären Aspekten, z. B. biologischen, klimatischen, ökologischen, ökonomischen, soziologischen usw.

geographisches Informationssystem, m; (GIS) Datenbanksystem geowissenschaftlich relevanter Daten, das als on-line-System graphisch interaktiv betrieben, Planungsinstrument (Verkehrswegeplanung, Ausweisung von Schutzzonen usw.) und Dokumentationssystem (als Grundlage von Kartierungen, statistischen Auswertungen usw.) in einem ist.

geography; →Geographie

geohydrochemic analysis; →geohydrochemische Analyse

geohydrochemische Analyse, f; *{geohydrochemic analysis}* chemische Analyse geologischer und hydrogeologischer Einheiten; insbesondere befaßt sich die g. A. mit deren chemischem Aufbau aus den einzelnen Elementen und ihren →Isotopen bzw. aus komplexeren Verbindungen sowie ihre statistische räumliche Verteilung und deren zeitliche Schwankungen.

Geohygiene, f; (*etm.*: gr. „ge" die Erde und „hygieine" die Gesundheit) Maßnahmen der Kontrolle des Grundwassers auf gesundheitsgefährdende Bakterien (→Bakterium) und Viren (→Virus) und nötigenfalls deren Bekämpfung.

geologic(al) barrier; →geologische Barriere

geological section; →geologischer Schnitt

geologic history; →Erdgeschichte

Geologie, f; (*etm.*: gr. „ge" die Erde und „logos" die Lehre") *{geology}* Geowissenschaft vom Aufbau und der Entwicklung der Erde, insbesondere der →Erdkruste, der →Litho- und der →Hydrosphäre.

geologische Barriere, f; *{geologi(cal) barrier}* möglichst dichter (z. B. Tonschicht) Untergrund einer →Deponie zur Verhinderung des Austrittes toxischer Sickerwässer aus der Deponie (→Barriere, →Multibarrierekonzept).

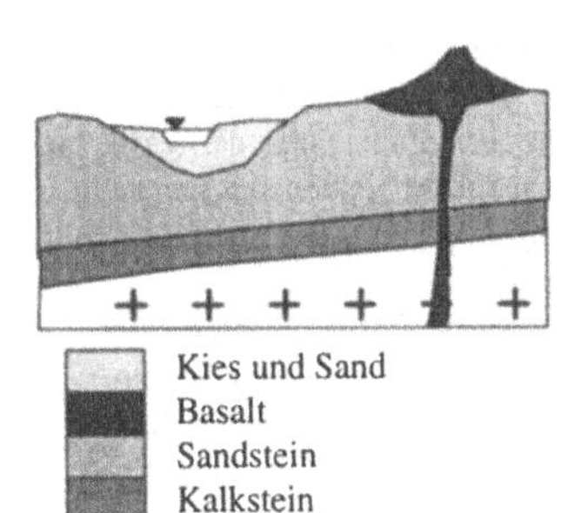

Abb. G4 *geologischer Schnitt*

geologischer Schnitt, m; *{geological section}* 2-dimensionale vertikal ebene Darstellung eines geologischen Aufbaus (→Abb.G4).

geology; →Geologie

geomechanics; →Geomechanik

Geomechanik, f; *{geomechanics}* Arbeitsgebiet der →Geologie, in dem die Bewegungsabläufe (dynamische mechanische Prozesse) erforscht werden, die in einem →Gesteinskörper ablaufen, der unter dem Einfluß äußerer Kräfte steht.

Geomorphologie, f; *{geomorphology}* Zweig der Geowissenschaften, der sich mit der Form der festen Erdoberfläche befaßt, ferner mit der Dynamik ihrer Entstehung, allen Prozessen, die die Eroberfläche gestalteten und ihre Gestalt verändern.

geomorphology; →Geomorphologie

Geophon, n; (*etm.*: gr. „ge" die Erde und „phone" der Ton) *{geophone}* Gerät zur Erfassung und Messung von Schwingungen der →Erdkruste sowie künstlich erzeugter Erdbebenwellen (→Seismik), entsprechende im Wasser einsetzbare Instrumente werden auch als Hydrophone bezeichnet.

geophone; →Geophon

geophysics; →Geophysik

Geophysik, f; *{geophysics}* Arbeitsgebiet der Physik, das sich mit dem physischen Aufbau der Erde, des Erdinneren, der Atmosphäre und des umgebenden erdnahen Raumes und dessen Erforschung mit physikalischen Methoden befaßt.

geordnet; →Bohrung, →Deponie

geosciences; →Geowissenschaften

geotechnics; →Geotechnik

Geotechnik, f; *{geotechnics}* Arbeitsgebiet des Bauingenieurwesens, das sich mit der Errichtung von Bauwerken unter der Geländeoberfläche (Tunnel, Schächte usw.) befaßt, oder von Bauwerken auf der Geländeoberfläche, wie →Deiche, →Talsperren →Deponien usw., bei denen in besonderem Maß Aspekte der Ingenieurgeologie zu berücksichtigen sind, z. B. die Standortwahl unter den Gesichtspunkten der Baugrundbeschaffenheit, das Setzungsverhaltens des Bauwerkes, induzierte Seismizität, →Erosions-

und Verlandungsprozesse im Bereich von →Speicherbauwerken usw.

Geothermie, f; *{geothermy}* Beziehung zwischen der Erdwärme und der Tiefe unter der Erdoberfläche; der Temperaturanstieg beträgt in der →Erdkruste ca. $^{1}/_{33}$ °C/m (geothermische Tiefenstufe) ist jedoch ortsabhängig, insbesondere abhängig von vulkanischen Prozessen, radioktiven Umsetzungen und chemischen Reaktionen in der Erdkruste (→Erdaufbau) und von der Wärmeleitfähigkeit des Gesteins.

geothermische Tiefenstufe, f; →Geothermie

geothermy; →Geothermie

Geowissenschaften, f, Pl.; *{geosciences}* Sammelbegriff für Wissenschaften, die sich mit der Erforschung der Erde unter fachspezifischen Aspekten befassen, wie →Geologie, →Geochemie, →Geophysik, →Geographie usw.

Geradlinienverfahren; n, →COOPER-JACOB-Verfahren

Gerinne, n; *{flume, channel}* auch Abflußrinne, oben offener künstlicher (Kanal) oder natürlicher Wasserlauf (mit freier Wasseroberfläche), i. allg. an der Erdoberfläche (→Fließgewässer) aber auch als teilgefülltes Rohr; die Ausdehnung eines ~es in Hauptsrömungsrichtung liegt bedeutend über seiner zu dieser Richtung senkrechten Ausdehnung; natürliche G. werden nach ihrer Wasserführung eingeteilt in permanente (*etm.*: lat. „permanere" verbleiben) oder perennierende (lat. „perennis" fortdauernd) G., die ständig Wasser führen, periodische (gr. „periodos" geschlossener Weg) oder intermittierende (lat. „intermittere" unterbrechen) , die zeitweilig trockenfallen und episodische (gr. „epeisodios" abgeschlossene in andere eingebettete Handlung) G. (Abflußrinnen), die nur nach starken →Niederschlagsereignissen Wasser führen; als G. bezeichnet man auch im engeren Sinn lediglich die Gesamtheit der äußeren Begrenzungen des fließenden Gewässers (→Gewässerbett), die seitlichen Begrenzungen und die ~sohle (→Sohle).

Gerinneretention, f; auch Abflußretention, Abflachung (Wellenverformung) der einem Niederschlagsereignis in einem →Vorfluter zugeordneten Abflußwelle (→Direktabfluß), die z. B. durch →Hochwasserrückhaltebecken, →Talsperren, Durchflußseen (→See) oder durch die Speicherung des Abflusses im →Gerinne selbst bewirkt wird, ferner wird die Ausbreitung des abfließenden Wasservolumens quer zur Strömungsrichtung, der Geometrie der →Gerinne folgend oder durch →Ausuferung bewirkt (→Entlastung, →Polder, →Vorland).

Gerinnesohle; →Gerinne, →Sohle

Gerinneströmung, f; *{channel flow}* →Strömung in einem →Gerinne, die z. B. durch den zugeordneten Wert der →FROUDE-Zahl oder der →REYNOLDschen Zahl charakterisiert sein kann.

germ; →Keim

Geröll, n; →Geschiebe

gesättigte Zone, f; *{saturated zone, zone of saturation}* →Gestein, dessen →Hohlräume vollständig mit einem →Fluid in der flüssigen Phase (z. B. Wasser) angefüllt sind (→Zone, →Abb. Z1); sieht man von einer u. U. gegebenen geringfügigen →Kompressibilität der Gesteinsmatrix ab, so gelten in der g. Z. die →Kontinuitätsgleichung und deren Folgerungen wie für ein reines Fluid; im hydrogeologisch bedeutenden Fall einer mit Wasser g. Z. enthält diese den →Grundwasserraum und die geschlossene →kapillare Aufstiegszone; innerhalb der g. Z. verschwindet das Matrixpotential ψ_m in der Näherung $\psi_m = \psi_c$ (→Potentialtheorie), so daß das Gesamtpotential ψ gegeben ist zu $\psi = \psi_g + \psi_d$ als Summe des Gravitationspotentials ψ_g und des Druckpotentials ψ_d, Potentialdifferenzen sind dann Differenzen Δh_p der →Standrohrspiegelhöhen, das →DARCYsche Gesetz nimmt damit die für die g. Z. bekannte Darstellungsform an.

Gesamtabfluß, m; *{total runoff}* Summe der Abflüsse (→Abfluß) aus allen Teileinzugsgebieten eines →Einzugsgebietes, das einer →Abflußermittlung zugrunde liegt.

Gesamtabflußspende, f; *{total discharge/runoff per unit area}* Summe der →Abflußspenden aller Teileinzugsgebieten eines →Einzugsgebiets, das einer →Abflußermittlung zugrunde liegt.

gesamter anorganisch gebundener Kohlenstoff, m; →Total Inorganic Carbon

gesamter anorganisch gebundener Stickstoff, m; →Total Inorganic Nitrogen

gesamter organisch gebundener Kohlenstoff, m; →Total Organic Carbon

gesamter organisch gebundener Stickstoff, m; →Total Organic Nitrogen

Gesamtgrundwasserabfluß, m; *{groundwater decrement}* Summe der →Grundwasserabflüsse mehrerer senkrecht zur Strömungsrichtung parallel angeordneter →Kontrollräume.

Gesamthärte, f; *{total hardness}* Gehalt des Wassers an Calcium- und Magnesiumsalzen; die G. des Wassers wird gemessen in mmol/ℓ Erdalkaliionen (→Erdalkalimetall) bzw. auch in sog. Härtegraden, dazu wird das in Form von Magnesiumsalzen enthaltene MgO i. a. auch über die entsprechenden relativen →Formelmassen F_r in die zugehörigen CaO-Anteile umgerechnet, dabei gilt wegen $F_r(CaO) \approx 56$ und $F_r(MgO) \approx 40$ die Realtion 1 mg/ℓ MgO ≙ 1,39 mg/ℓ CaO; die nationalen Härteskalen ergeben sich z. B. für die deutsche Härte in der Einheit (°dH) durch den Bezug

1 °dH ≙ 10 mg/ℓ CaO ≙ 7,15 mg/ℓ Ca ≙ 0,179 mmol/ℓ (Ca und Mg),

bzw. 5,6 °dH ≙ 1 mmol/ℓ (Ca und Mg) (→Härtebereich), bei der Umrechnung in →Äquivalenzkonzentrationen ergeben sich entsprechend

1 °dH ≙ 10mg/ℓ CaO ≙ 10•2/56 =0,357 mmol(eq)/ℓ,bzw.

2,8 °dH ≙ 1 mmol(eq)/ℓ (Ca und Mg); die beim Erhitzen aus dem Wasser ausfallenden Ca- bzw. Mg-carbonate und -hydrogencarbonate (→Carbonat, →Hydrogencarbonat usw.) bilden die →Carbonathärte des Wassers, die restlichen Erdalkalisalze (Ca- und Mg-Sulfat usw.) dessen →Nichtcarbonathärte (→Wasserenthärtung, →Härte, →Härtebereich).

Gesamtionenaustauschkapazität, f; →Ionenaustauschkapazität

Gesamtkohlenstoff, m; auch Total Carbon (TC), Summe des gesamten →organisch gebundenen →Kohlenstoffs (→Total Organic Carbon, TOC) und des gesamten →anorganisch gebundenen Kohlenstoffs (→Total Inorganic Carbon, TIC); der G. wird durch vollständige Oxidation (z. B. →Veraschung) des Kohlenstoffs einer Probe in →Kohlendioxid bestimmt.

Gesamtstickstoff, m; →Total Nitrogen

Gesamtverlusthöhe, m; *{total loss of energy head}* einem Abflußvorgang (→Abfluß) zugeordnete Summe h_v aller Verluste der Energiehöhe (→BERNOULLI-Gleichung).

Geschiebe, n; *{bed/traction load}* **1.)** auch als Geröll *{saltation load}* bezeichnete →Feststoffe, die ausschließlich im Bereich der Gewässersohle (→Gewässerbett) transportiert werden; **2.)** Gesteinsbrocken im Gletschereis, die beim Transport durch das Eis im Kontakt mit dem

Gesteinsbett mechanischen Belastungen ihrer Oberfläche ausgesetzt werden (→Moräne, →Sediment).

Geschiebeabrieb, m; *{attrition (of traction load)}* auf eine vorgegebene →Flußlänge l_F bezogener Masseschwund m_{Gv} (dim m_{Gv}=M) des transportierten oder dort abgelagerten →Geschiebes.

Geschiebefracht, f; →Feststofffracht m_{Gf}, dim m_{Gf}=M, bezogen auf den Geschiebeanteil an den Feststoffen (→Geschiebe).

Geschiebelehm, m; *{boulder clay}* durch Verwitterung aus dem beim Rückgang der →Gletscher verbliebenen →Geschiebemergel entstandenes feinkörniges →Sediment.

Geschiebemergel, m; *{(glacial) till}* beim Rückgang der →Gletscher zurückbleibendes kalkig-toniges →Geschiebe, aus dem sich durch Verwitterung und infolge der damit einhergehenden Auskalkung des ~s Geschiebelehm bildet (→Sediment).

Geschiebetransport, m; →Feststofftransport $\dot{m}_{Gf}$, dim $\dot{m}_{Gf}$ =M/T, bezogen auf den Geschiebeanteil (→Geschiebe) an den transportierten Feststoffen.

Geschiebetrieb, m; *{dislodging of sediments}* →Feststofftrieb $\dot{m}_G$, dim $\dot{m}_G$ =MT^{-1}L^{-1}, bezogen auf den Geschiebeanteil an den transportierten Feststoffen (→Geschiebe).

geschlossener Kapillarraum, m; →kapillare Aufstiegszone

Geschwindigkeit, f; *{velocity}* vektorielle Größe $\vec{v}$, die zu jedem Zeitpunkt die Bewegung eines Teilchens charakterisiert, dabei ist die Durchschnitts~ $\vec{v}_D$ der Quotient $\vec{v}_D = \Delta\vec{s}/\Delta t$ aus dem im Zeitintervall Δt zurückgelegten Streckenelement $\Delta\vec{s}$ - der geradlinigen gerichteten Verbindung der Lage des bewegten Teilchens zum Beginn von Δt mit seiner Lage am Ende von Δt - und Δt (→Abb. A8), die Momentan~ $\vec{v}(t)$ des bewegten Teilchens zum Zeitpunkt t ist der Grenzwert $\lim(\vec{v}_D)$ für Δt→0; die mit den Komponentenwerten (→Komponente) x, bzw. y und z von $\vec{v}=(x,y,z)$ multiplizierten Einheitsvektoren $\vec{v}_x = x\vec{e}_x$, $\vec{v}_y = y\vec{e}_y$ und $\vec{v}_z = z\vec{e}_z$ (→karthesische Koordinaten) sind die ~skomponenten (gelegentlich werden auch die Skalare x, y und z selbst als die entsprechenden Komponenten der G. $\vec{v}$ bezeichnet); für die Fließgeschwindigkeit eines →Fluids in einem porösen Medium sind die Zusammenhänge in →Abb. G5 skizziert (s- Filtergeschwindigkeit, →tatsächliche Geschwindigkeit, →Hodograph).

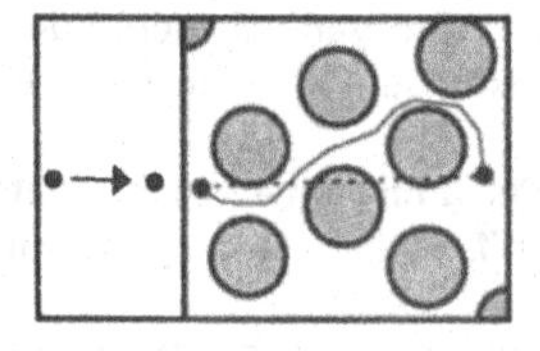

→ Δs der Filtergeschwindigkeit
—— Δs der wahren Geschwindigkeit
····· Δs der Abstandsgeschwindigkeit

Abb.G5: ***Geschwindigkeit***

Geschwindigkeitsdruck, m; →BERNOULLI-Gleichung

Geschwindigkeitsfläche, f; *{(vertical) velocity area}* Fläche die bei einer →Durchflußermittlung mit dem →hydrometrischen Flügel berandet wird von der →Meßlotrechten, der Wasseroberfläche (evtl. der Gerinnesohle) und einer Kurve, die möglichst glatt durch die in den einzelnen Meßpunkten ermittelten Geschwindigkeitswerte gelegt wird; die Geschwindigkeitswerte werden dabei senkrecht zur Meßlotrechten in einem geeigneten Maßstab in den zugehörigen Meßpunkten abgetragen (→Abb. G6); der

Flächeninhalt f_v der G. ist Argument der →Durchflußfläche.

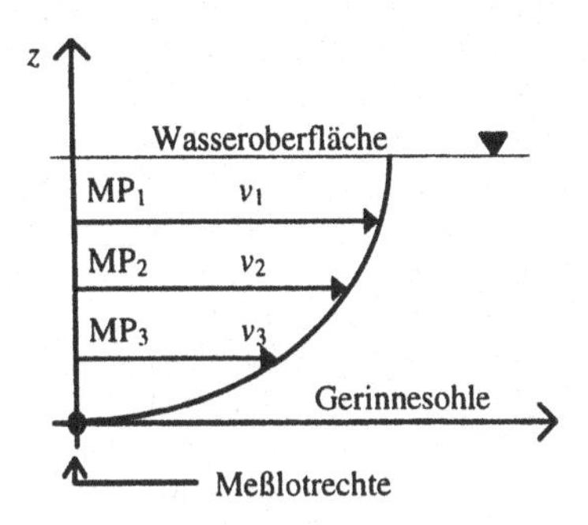

MP_i: i-ter Meßpunkt; v_i: Fließgeschwindigkeit in MP_i

Abb. G6 ***Geschwindigkeitsfläche einer Meßlotrechten***

Geschwindigkeitshöhe, f; →BERNOULLI-Gleichung

Geschwindigkeitslog, n; *{acoustic log}*

Geschwindigkeitspotential, n; →BERNOULLI-Gleichung

gespannter Grundwasserleiter, m; →Grundwasserleiter

gespanntes Grundwasser, n; →Grundwasserleiter

Gestängefreifallbohrer, m; →Bohrung

Gestein, n; *{rock}* im wesentlichen aus →Mineralien zusammengesetzte →Komponenten der →Erdkruste, nach der →Genese unterscheidet man magmatisches G. (→Magmatit), das durch Erstarrungsprozesse aus dem Magma entstanden ist, →Sediment~ (→Sediment), das auf →Sedimentation zurückgeht und metamorphes G. (→Metamorphit), das unter extremen Änderungen des Druckes oder der Temperatur beispielsweise durch Umkristallisation gebildet wurde; das Sediment~ wird zunächst als →Locker~ ausgebildet und verfestigt sich anschließend (→Diagenese) unter dem Einfluß des strömenden Wassers oder dem Druck überliegenden ~s unter Verkittung zum →Fest~; das G. ist meist erfüllt von →Hohlräumen, unter denen man →Poren als allgemeinen von Gasen oder Flüssigkeiten erfüllten Nichtgesteinsanteil unterscheidet von →Klüften, geringfügig geöffneten Gesteinsfugen, Spalten, weiter klaffenden Fugen im G., und schließlich den im →Karst~ durch →Auslaugung entstandenen Lösungshohlräumen von z. T. großem Volumen (Höhlen).

Gesteinsdurchlässigkeit, f; *{matrix permeability}* auch Gesteinsleitfähigkeit die G. ist derjenige Anteil der →Durchlässigkeit des Festgesteins (→Gestein), des Vermögens des Gesteins, Wasser zu leiten, der durch die in ihm enthaltenen →Poren bedingt ist (→Porendurchlässigkeit), die G. bildet zusammen mit der →Kluftdurchlässigkeit die →Gebirgsdurchlässigkeit (→DARCYsches Gesetz).

Gesteinskörper, m; *{body of rock}* →Körper im Gestein, d. h. eindeutig abgegrenztes oder theoretisch abgrenzbares, mit →Gestein erfülltes Volumen.

Gesteinsleitfähigkeit, f; →Gesteinsdurchlässigkeit

Gesteinstextur, f; →Textur

gestörte Bodenprobe, f; →Bodenprobe

gewachsener Fels, m; *{unaltered rock}* →Fels, der weder physikalischer noch chemischer →Erosion ausgesetzt war, etwa dem C-Horizont (→Bodenhorizont) angehörend.

Gewässer, n; *{(body of) waters, channel}* jegliches im →hydrologischen Kreislauf in flüssiger Form als →stehendes oder fließendes G. (→Fließgewässer) auftretendes Wasser.

Gewässerbett, n; *{(river) channel,*

stream bed} einem oberirdischen →Gewässer zugeordnete Geländevertiefung, seine seitlichen Teile, in denen die Übergangsbereiche vom Gewässer zur unbenetzten Erdoberfläche liegen, sind die Ufer *{bank}*, zwischen denen sich am Grund des ~es die Gewässersohle *{channel bottom}* erstreckt (→Abb. G7).

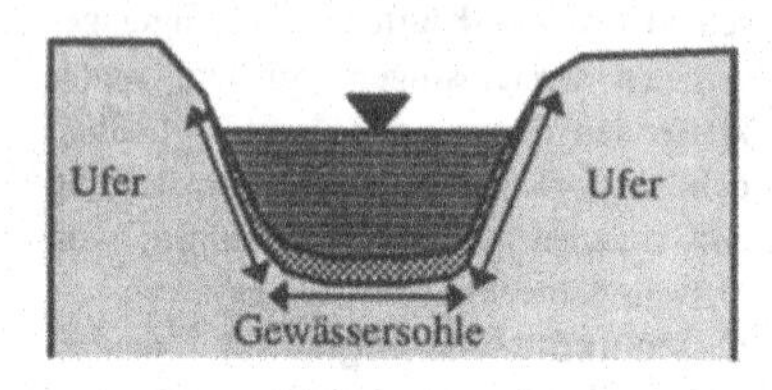

Abb. G7 ***Gewässerbett (Querschnitt)***

Gewässergüte, f; *{quality of waters}* Qualität eines →Gewässers, die durch vorgegebene Richtwerte der physikalischen, chemischen und biologischen Charakteristika der Gewässer (→Gewässergüteklasse) definiert ist.

Gewässergüteklasse, f; aus dem Saprobieindex (→Saprobiesystem) hergeleitete Klassifizierung der →Gewässer mit einer Einteilung in vier ~n: G. I: unbelasteter bis sehr gering belasteter Gewässerabschnitt mit nahezu sauerstoffgesättigtem, nährstoffarmem Wasser geringen Bakteriengehaltes, G. II: mäßig belasteter Gewässerabschnitt mit geringen Verunreinigung und guter Sauerstoffversorgung sowie sehr großer Artenvielfalt, G. III: stark verschmutzter Gewässerabschnitt mit hoher organischer sauerstoffzehrender Verschmutzung und entsprechend niedrigem Sauerstoffgehalt sowie vereinzelten Faulschlammablagerungen (→Faulschlamm), G. IV: übermäßig verschmutzter Gewässerabschnitt mit extrem hoher Belastung durch organische sauerstoffzehrende Abwässer und vorherrschenden Fäulnisprozessen bei niedrigen oder verschwindenden Sauerstoffkonzentrationen, bei starker toxischer Belastung ist bei G. IV biologische Verödung möglich; für die Feineinteilung sind jeweils Zwischenklassen zu den ~n I-IV definiert.

Gewässerkunde, f; →Hydrographie, Arbeitsgebiet der →Hydrologie, dessen Gegenstand die Gewässer des Festlandes sind.

Gewässernetz, n; *{drainage network}* Verbund und Struktur oberirdischer Fließgewässer unter Einbeziehung der permanenten, intermittierenden und episodischen →Gerinne, die ~e werden nach ihrer graphischen Baumstruktur klassifiziert und benannt (z. B. radial, rechtwinklig, parallel usw.).

Gewässernutzung, f; *{utilization of waters}* Bewirtschaftung der →Gewässer durch den Menschen, z. B. zum Zwecke der Wasser-, der Energie- oder Nahrungsgewinnung, des Transportes (auch von →Abwässern) oder der Freizeitgestaltung (→Speicherbauwerk).

Gewässerschutz, m; *{pollution abatement, water protection}* jegliche Maßnahme, die der Erhaltung oder Verbesserung der Qualität der →Gewässer dient.

Gewässersohle, f; →Gewässerbett.

Gewässerumwälzung, f; großräumiger vertikaler Austausch des Wassers in einem stehenden Oberflächengewässer, dabei wechseln Stagnationsperioden mit stabiler Schichtung und fehlender Umwälzung mit Zeiträumen stärkerer Wasserzirkulation unter dem Einfluß von Dichtegradienten und äußeren klimabedingten Einflüssen (→Abb. G8); bei vollständiger G. spricht man z. B. von einem holomiktischen See (*etm.*: gr. „holos" vollständig" und „miktos" durchmischt), bei nur Teilweiser G. z. B. wegen ausbleibender Winde im Herbst von einem meromoktischen See (*etm.*: gr. „meros" der Teil), nach Frequenzen der G. im Jahreszyklus unterscheidet man ferner monomiktische (gr. „monos“ einzeln),

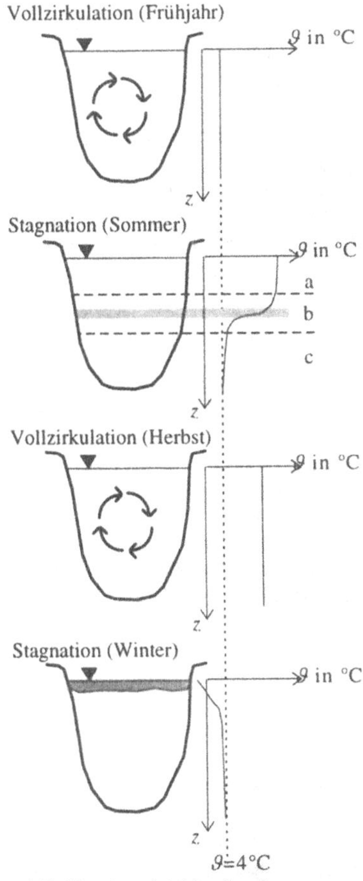

Abb. G8 ***Gewässerumwälzung***

dimiktische (gr. „dis“ doppelt), oligomiktische (gr. „oligos“ wenig) und polymiktische Seen (gr. „polys“ viel) bei ein- bzw. zweimaliger, gelegentlicher oder häufiger jährlicher G (→Epilimnion, →Metalimnion, →Hypolimnion, →Thermokline; →Abb. G8).

Gewicht, n; *{weight}* (Schwer-) Kraft $\vec{F} = m \cdot \vec{g}$, unter deren Wirkung ein Körper der →Masse *m* auf der Erdoberfläche im freien Fall (bei Vernachlässigung der Luftreibung bzw. anderer Wechselwirkungen) mit der konstanten Fallbeschleunigung $\vec{g}$ mit dem Betrag g=9,8 m/s^2 (→Gravitation) in Richtung des Erdmittelpunktes fällt.

gewichteter Mittelwert, m; →gewichtetes Mittel

gewichtetes Mittel, n; auch gewichteter Mittelwert, ein g. M. m_g von n Größenwerten $x_1,...,x_n$ mit Gewichten $g_1,...,g_n$, die $g_1+g_2...+g_n=1$ erfüllen müssen, ist die Summe

$$m_g=g_1 \cdot x_1+g_2 \cdot x_2+...+g_n \cdot x_n,$$

i. allg. wird für die Gewichte $g_1,...,g_n$ gefordert, daß alle $g_i \geq 0$ sein sollen, in einigen Anwendungen ist es jedoch zweckmäßig auch negative Gewichte $g_i<0$ zuzulassen; das →arithmetische Mittel ist Sonderfall des gewichteten mit einheitlicher Wichtung $g_i \equiv {}^1/_n$=const. für alle x_i (→Mittelwert; →gleitender Mittelwert).

gewinnbares Grundwasserdargebot, n; →Grundwasserdargebot

Gezeiten, f, Pl.; *{tides}* periodische Bewegung der Atmosphäre, der Meere und der festen Erdoberfläche unter dem Einfluß der Anziehungskräfte des Mondes und der Sonne (→Tide).

GGV; →Gefahrgutverordnung

GHYBEN-HERZBERG-Approximation, f; Approximationsformel zur Beschreibung der Lage der Grenzfläche zwischen zwei in einem freien →Grundwasserleiter strömenden, nicht mischbaren Flüssigkeiten, aufgestellt am Beispiel eines küstennahen Grundwasserleiters mit Salzwasserintrusion unter der Annahme einer Grenzfläche zwischen → Salz- und →Süßwasser (tatsächlich sind Salz- und Süßwasser mischbar, so daß sich im Übergangsbereich eine Brackwasserzone (→Brackwasser) monoton fallender Salzkonzentration ausbilden wird); mit der Dichte ρ_{Sa} des Salz- und $\rho_{Sü}$ des Süßwassers, ferner den vertikalen Abständen h_{Sa} und $h_{Sü}$ der Grenzfläche bzw. der Grundwasseroberfläche vom Meeresspiegel lautet die G.-H. A.

$$h_{Sa}=h_{Sü}\cdot\rho_{Sü}/(\rho_{Sa}-\rho_{Sü}),$$

im näherungsweisen Verlauf der Grenzfläche nach dieser Formel (→Abb. G9) bleibt insbesondere die Austrittsfläche des Süßwassers unberücksichtigt; im Falle eines gespannten Grundwasserleiters ist sinngemäß $h_{Sü}$ die →Standrohrspiegelhöhe im Grundwasserleiter.

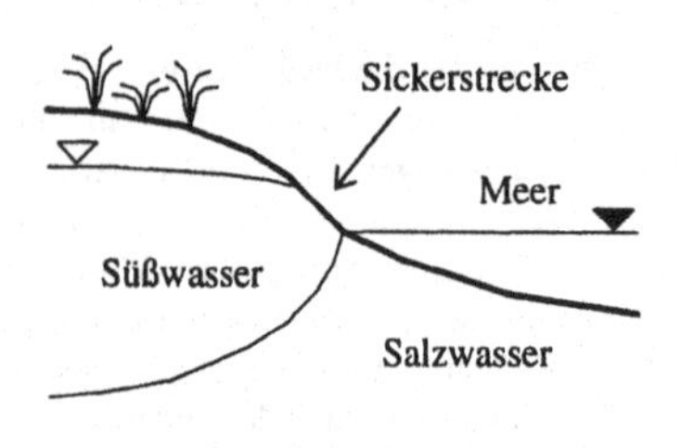

Abb. G9 ***GHYBEN-HERZBERG-Approximation***

Giga-; (*etm.*: gr. „gigas" Riese) das 10^9-fache einer Einheit, Kurzform G.

Gips, m ; →Calciumsulfat

Gipskarst, m; →Karst

GIRINSKIJ-Potential, n; →Potential Φ_g, das in einem freien →Grundwasserleiter mit horizontaler →Grundwassersohle oder einem gespannten Grundwasserleiter mit horizontaler Grundwassersohle und konstantem Querschnitt des Grundwasserdurchflusses der ebenen Grundwasserbewegung (→Transportgleichung) - in x- und y-Richtung, bei vertikaler z-Koordinatenachse - zugrunde liegt; wenn es sich hierbei um einen horizontal geschichteten Grundwasserleiter handelt, d. h. der Durchlässigkeitsbeiwert (→DARCYsches Gesetz) $k_f=k_f(z)$ nur von der z-Richtung abhängt (man spricht unter diesen Bedingungen auch von Planfiltration, speziell einem →horizontal-ebenen Modell), erhält man einen auf die Breite b des Grundwasserleiters bezogenen Durchfluß $q^*=Q/b$, mit $\dim q^*=L^2/T$ aus dem G.-P. Φ_g zu

$$\vec{q}^*=(q_x,q_y)=-\vec{\nabla}\Phi_g,$$

mit der Standrohrspiegelhöhe $h=h(x,y,t)$ und Grundwassermächtigkeit h_{Gw} erhält man das G.-P. Φ_g zu

$$\Phi_g=\int_0^{h_{Gw}}(h-z)k_f(z)\mathrm{d}z,$$

bei einem homogenen freien Grundwasserleiter mit konstantem $k_f(z)\equiv k_f$ speziell $\Phi_g=k_f\cdot(h_{Gw})^2/2$; im Falle des beschriebenen gespannten Grundwasserleiters ergibt sich im homogenen Fall entsprechend bei konstantem $k_f(z)\equiv k_f$ die Gleichung $\Phi_g=k_f\cdot[hh_w-(h_w)^2/2]$.

GIS; →geographisches Informationssystem

glacial; →glazial

glacial till; →Geschiebemergel

glacier; →Gletscher

glacier tongue; →Gletscherzunge

Glättung, f; *{smoothing}* **1.)** Approximation einer →diskreten Wertefolge $(x_1,w_1),...,(x_n,w_n)$ durch eine glatte (zweimal stetig differenzierbare) Funktion $x\rightarrow g$, z.B. durch eine der Anzahl n der Werte entsprechende ganzrationale Funktion $g=a_0+a_1x+...a^{n-1}x^{n-1}$, deren Graph durch die

Punkte $(x_1,w_1),...,(x_n,w_n)$ verläuft, durch →Splines usw.; **2.)** Beseitigung von zufälligen Störgrößen (Rauschen) und gelegentlich auch ggf. der saisonalen Einflüsse in den Werten einer →Zeitreihe, z. B. durch die Bildung des →gleitenden Mittelwertes.

glauconite; →Glaukonit

Glaukonit, m; (*etm.*: gr. „glaukos" grünbläulich schlimmernd) *{glauconite}* Kalium-Eisen-Aluminium-Silikat (→Silikate) mit 2-15 % K_2O; im Küstenbereich der Meere unter reduzierenden Bedingungen in Wassertiefen von ca. 200- 2000m gebildetes dem →Glimmer verwandtes →Mineral.

glazial; *{glacial}* die Wirkungen des Gletschereises (→Gletscher, →Erosion) und die daraus resultierenden Formen (→Moräne) und →Sedimente betreffend.

glaziale Erosion, f; →Erosion, →Gletscher

Glazialerosion, f; →Erosion, →Gletscher

glaziales Abflußregime, n; →Abflußregime, das ausschließlich durch die →Gletscher und ihr Schmelzwasser charakterisiert wird; auf der Nordhalbkugel der Erde liegt somit das Maximum der Wasserstände derjenigen Gewässer, die dem g. A. unterliegen, in den Sommermonaten (auf der Südhalbkugel entsprechend im Winter).

glaziale Terrasse, f; →Terrasse

Gleiche, f; →Isolinie

gleichsinnig; *{equidirectional, concordant}* Bezeichnung für tektonische Abläufe (→Tektonik) deren Bewegungen innerhalb übergeordneter tektonischer Prozesse gleichgerichtet verlaufen.

gleichwertige Durchflüsse, f; in unterschiedlichen →Durchflußquerschnitten ermittelte Durchflüsse GlQ (dim GlQ $=L^3/T$) mit übereinstimmender →Unterschreitungsdauer; bezogen auf ein dem →Durchfluß zugrunde liegendes →Einzugsgebiet spricht man auch von gleichwertigen Abflüssen.

gleichwertige Wasserstände, f; →gleichwertigen Durchflüssen zugeordnete →Wasserstände GlW (dim $GlW=L$) in den entsprechenden Gewässerquerschnitten.

gleitender Durchschnitt, m; →gleitender Mittelwert

gleitender Mittelwert, m; *{moving average}* auch gleitendes Mittel, Glättverfahren (→Glättung) für Zeitreihenwerte (→Zeitreihe) $z_i=z(t_i)$, $i=1,...,n$; dabei wird jedem Wert z_i $i_u \leq i \leq i_o$ ein geglätteter Wert y_i zugeordnet, der i.allg. durch

$$y_i = \sum_{j=-m}^{n} g_j z_{i+j} \text{ mit } \sum_{j=-m}^{n} g_j = 1$$

angesetzt wird als →gewichtetes Mittel mit Gewichten g_j; im Fall $m=n$ und konstantem $g_j=(2n+1)^{-1}$ spricht man auch vom gleitenden Durchschnitt, i. allg. ist der g. M. jedoch ein gewichtetes Mittel, für das häufig $g_j \geq 0$ für alle j mit $-m \leq j \leq n$ gefordert wird, bei wichtigen statistischen Glättverfahren sind jedoch auch negative Gewichte $g_j<0$ zugelassen; mit der retrospektiven Glättung $y_i=a \cdot z_i+(1-a) \cdot y_{i-1}$ $(0 \leq a \leq 1;\ y_0=z_1)$ erhält man die exponentielle Glättung, bei der in y_i nur Zeitreihenwerte z_j für $j \leq i$ eingehen mit exponentiell sinkendem Gewicht bei wachsender zeitlicher Distanz zu y_i.

gleitendes Mittel, n; →gleitender Mittelwert

Gleithang, m; →Gleitufer

Gleitmodul, m; →HOOKEsches Gesetz

Gleitufer, n; *{slipoff slope/bank}* i. allg. schwach einfallendes, schwach angeströmtes, nach außen gekrümmtes inneres Ufer in den Kurven eines Fließgewässers, das einen Gleithang bildet; am G. werden infolge geringerer Strömungsgeschwindigkeiten die im Wasser transportierten

Feststoffe abgelagert (→ Abb. G10; ggs. →Prallufer).

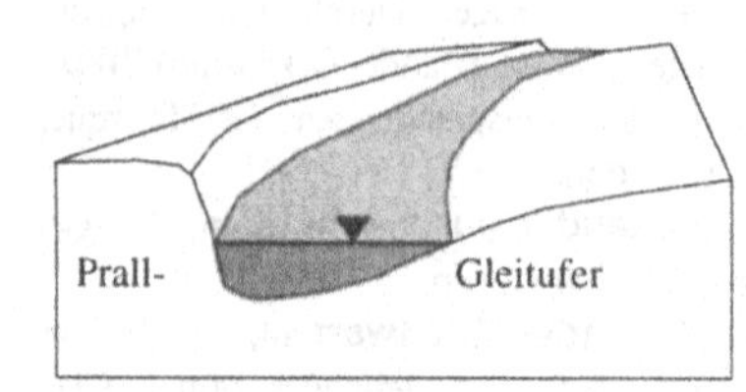

Abb. G10 ***Gleit- und Prallufer***

Gletscher, m; (*etm.*: lat. „glacies" das Eis) *{glacier}* aus →Firn entstandene große, zusammenhängende Eismasse, die sich unter dem Einfluß der →Schwerkraft talwärts bewegt; die durch die Schneefallgrenze bestimmte Firnlinie (Schneegrenze) trennt das höherliegende Nährgebiet des ~s von seinem tieferliegenden Zehrgebiet, in das die ~zunge *{glacier tongue}* hineinragt, der Gletscherhaushalt weist als positive Bilanzposten die →Akkumulation durch Schneefall auf, als negative die →Ablation durch →Sublimation und Abschmelzen (Abb. G11); der G. wirkt mit seinem gleitenden Eis und dem mitgeführten →Geschiebe (~erosion, Glacialerosion) erodierend (→Erosion) auf die Talsohle und -hänge; das abgeschürfte Material wird in den →Moränen abgelagert; größere vom G. abgetrennte Eisblöcke bilden das Toteis *{dead ice}*, von Geröll bedeckte Eismassen, die vom Gletscher nicht mehr transportiert werden, schmelzen sie unterhalb der Firnlinie ab, so entstehen ~Gletscherseen.

Gletschererosion, f; →Erosion, →Gletscher

Gletschersee, m; →Gletscher

Gletscherzunge, m; →Gletscher

Gley, m; *{gley}* Grundwasserboden (→Bodenklassifikation), unter einem vom →Grundwasser unbeeinflußten →Bodenhorizont liegt bei ~böden ein dem Grundwasser zeitweilig ausgesetzter, rosthaltiger Bodenhorizont, der eine dauerhaft unter Einwirkung des Grundwassers stehende Reduktionszone bedeckt.

Glimmer, m; *{mica}* gut spaltbarer Alumosilikat (→Aluminium), z. B. Biotit $K[(Mg,Fe,MN)_3(OH,F)_2(AlSi_3O_{10})]$ und Muskovit $K[Al_2(OH,F)_2(AlSi_3O_{10})]$.

Glimmerschiefer, m; *{mica schist}* glimmerhaltiges (→Glimmer) geschiefertes Gestein (→Schieferung).

global radiation; →Globalstrahlung

Globalstrahlung, f; *{global radiation}* Summe Q+q der →Wärme (in J), die einem horizontalen Flächenstück des Flächeninhaltes $A=1$ cm^2 in der Zeiteinheit (z. B: 1 d oder 1 a) durch direkte Sonneneinstrahlung (Q) und indirekte aus diffusem Himmelslicht (q) zugeht (→Energiebilanz, →Strahlungshaushalt).

Glührückstand, m; →Veraschung

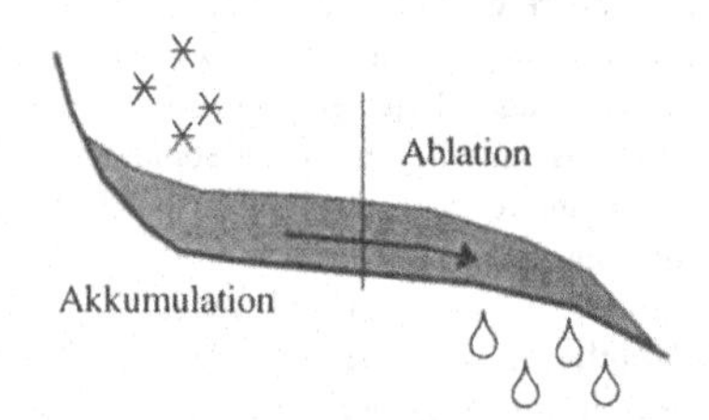

Abb. G11 ***Gletscher***

Glühverlust, m; →Veraschung

Gneis, m; *{gneiss}* →kristalliner Schiefer (→Schieferung), →feldspat-, →quarz- und →glimmerhaltiger (→Glimmer) → Metamorphit.

gneiss; →Gneis

Gradation, f; (*etm.*: lat. „gradus" der

Schritt) *{graded sediment}* als gradierte Schichtung erfolgende →Sedimentation, wenn z. B. bei fallender Strömungsgeschwindigkeit aus einem Fließgewässer zunächst Partikel höherer →Korngröße sedimentieren, die feinkörnigen Bestandteile der Suspension jedoch erst später, wodurch sich somit innerhalb der Sedimentschicht eine Korngrößenabnahme von unten nach oben einstellt (→Schichtung).

graded sediment; →Gradation

Gradient, m; (*etm.*: lat. „gradus“ Schritt) *{gradient}* Richtung (und Größe) der maximalen positiven Änderung (d. h. des maximalen Anwachsens) einer vom Raumpunkt $P=(x,y,z)$ in einem →Skalarfeld $P \to f(P)$ abhängigen Variablen $f(P)$, der G. ist damit der an den Raumpunkt P gebundene Vektor

$$\vec{g}(P)=\left(\frac{\partial f}{\partial x},\frac{\partial f}{\partial y},\frac{\partial f}{\partial z}\right),$$

der in die Richtung des größten Anstieges des Funktionswertes $f(P)$ der Funktion $P \to f(P)$ weist, seine Länge ist gleich dem Betrag dieses Anstieges, der G. $\vec{g}\,(P)=\vec{g}\,(f(P))$ steht senkrecht auf der durch den Punkt P verlaufenden Niveaufläche (→Isofläche) der Funktion f mit $f(P)$=const.; die Zuordnung $P \to \vec{g}\,(P)$ definiert ein →Vektorfeld, das Gradientenfeld; der G. wird symbolisch auch durch grad(f) oder unter Verwendung des →Nabla-Operators $\vec{\nabla}$ durch $\vec{\nabla} f$ wiedergegeben (→Gefälle).

gradierte Schichtung; →Gradation

grading; →Sortierung

grading curve; →Sieblinie

grain diameter; →Korngröße

grainsize; →Korngröße

grainsize distribution curve; →Sieblinie

gram equivalent; →Grammäquivalent, →val

Grammäquivalent, n; →val

Grammol, n; *{gram molecule, mole}* Masse der →Stoffmenge n=1 mol (→mol) in g (→Molmasse).

gram molecule; →Grammol

Granit, m; (*etm.*: lat „granitum“ der Marmor), *{granite}* heller SiO_2-haltiger (→Silizium) Plutonit (→Magmatit), bei der Verwitterung entstehen durch als Vergrusung bezeichnete Prozesse des ~s Grushorizonte (→Bodenhorizont), deren körnige, kantige Verwitterungsprodukte (→Grus *{grit, gruss}*) Sand- bis Feinkiesgröße mit Durchmessern zwischen 2 und 60 mm aufweisen.

granite; →Granit

granular disintegration; →Vergrusung

Granulat, n; *{granules}* (*etm.*: lat. „granus“ das Körnchen) Anhäufung von ~körnern als rieselfähiges →Aggregat pulverförmiger Partikel, die ein gleichmäßiges Gemenge (→Gemisch) feiner Körnung bilden.

granules; →Granulat

Graupel, f; *{ice pellets, soft hail}* fester →Niederschlag in Form kugelartiger Eiskristalle geringen Durchmessers (<5 mm) (→Griesel).

Grauwacke, f; *{graywacke}* im wesentlichen aus →Fedspat, →Quarz und →Glimmer zusammengesetztes →Sedimentgestein (Sandstein).

gravel packing; →Kiesfilter

Gravimeter, n; (*etm.*: →Gravitation und gr. „metron“ das Maß) *{gravimeter}* Gerät zur Messung (und zur Bestimmung der räumlichen Verteilung) der →Schwerkraft $\vec{g}$ durch Messung der Gewichtskraft (→Gewicht) $m \cdot \vec{g}(P)$ eines Probekörpers der Masse m in Abhängigkeit vom Bezugspunkt P auf der Erdoberfläche.

Gravimetrie, f; *{gravimetry}* Untersuchung des Schwerefeldes der Erde; aus Anomalien des Schwerefeldes kann auf die Verteilung von Salz-, Erz-, Erdöllagerstätten usw. geschlossen werden.

gravimetrischer Wassergehalt, m; →Wassergehalt

gravimetry; →Gravimetrie

Gravitation, f; (*etm.*: lat. „gravitas" die Schwere) *{gravitation}* als G. bezeichnet man die gegenseitige Anziehung zweier Körper der →Massen m und M, deren Schwerpunkte sich im Abstand r voneinander befinden, unter dem Einfluß der ~skraft $\vec{F}_g$ mit dem Betrag $F_g = |\vec{F}_g| = \gamma mM/r^2$, γ ist die ~skonstante $\gamma = 6{,}67\ m^3 \cdot kg^{-1} \cdot s^{-2}$; an der Erdoberfläche ergibt sich mit der Masse M der Erde und dem mittleren Radius r=r der Erdkugel die Schwerkraft (→Gewicht) $\vec{F}_g = m\vec{g}$, die auf einen Körper der Masse m wirkt mit der (Erd- oder) Fallbeschleunigung $\vec{g}$, deren mittlerer Betrag $g = |\vec{g}| = 9{,}81\ m \cdot s^{-2}$ ist; die im Kraftfeld der ~skraft zu leistende Arbeit ist als potentielle oder Lageenergie E_{pot} des Körpers der Masse m gespeichert (→Energie), bezüglich des Erdmittelpunktes **M** ist $E_{pot} = F_g \cdot s = m \cdot g \cdot s = m \cdot \varphi$ im Raumpunkt P, der den Abstand s von **M** besitzt, $\varphi = \varphi(P) = gs$ ist das zugehörige Gravitationspotential in P, das ein →Potentialfeld bildet mit dem (vektoriellen) Schwerkraftfeld $\vec{F}_g(P) = -m \cdot \vec{\nabla}\varphi(P)$.

Gravitationskonstante, f; →Gravitation

G-Ray-Log, n; →Gamma-Log

graywacke; →Grauwacke

grease ice; →Eisschlamm

Grenzgeschwindigkeit, f; *{critical velocity}* der → Grenztiefe h_{gr} in einem →Gerinne zugeordnete, vom Gerinnequerschnitt unabhängige Fließgeschwindigkeit v_{gr}, ab der der strömende Durchfluß in den schießenden übergeht (→Froude-Zahl) (bzw. ab dem bei ansonsten unveränderten Bedingungen laminares in turbulentes Strömen umschlägt, →REYNOLDSsche Zahl).

Grenzschicht, f; *{interface, boundary layer, confining bed/stratum}* Übergangsschicht, als räumlicher Bereich, zwischen zwei verschiedenen Phasen, die je nach den zugrunde liegenden Kriterien räumlich unterschiedlich ausgeprägt (dick) sein kann, z. B. die G. zwischen →laminarer und →turbulenter →Strömung bei der Umströmung eines Körpers (→Abb. G12).

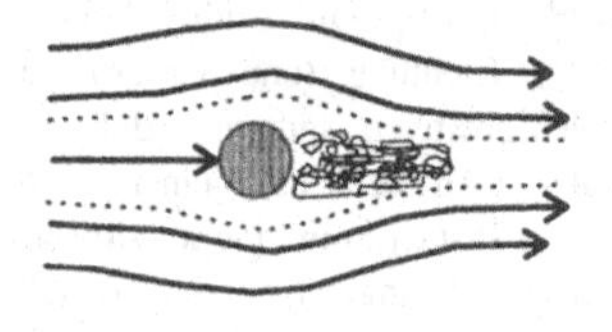

Abb. G12 ***Grenzschicht zwischen laminarer und turbulenter Strömung***

Grenzstromlinie, f; *{boundary flow line}* ein unterirdisches →Einzugsgebiet begrenzende →Stromlinie, Lage der unterirdischen →Wasserscheide (→Abb. G13) auch Trennstromlinie, neutraler Wasserweg.

Grenztiefe, f; *{critical depth}* Wassertiefe h_{gr} in einem →Gerinne, dem ein maximaler →Durchfluß (und eine minimale →Energiehöhe) entspricht, für das Strömungsverhalten im Gerinne gilt in Abhängigkeit von der Wassertiefe h, daß der Abfluß im Fall $h > h_{gr}$ strömend, im Fall $h < h_{gr}$ schießend ist (→FROUDE-Zahl).

Grenzwert, m; *{maximum limit, marginal value}* oberer oder unterer Schwellenwert, der von einer gemessenen Größe nicht über- bzw. unterschritten werden darf; so sind z. B. die →MAK und MIK

(→Immission) ~e für Schadstoffkonzentrationen, die so definiert sind, daß eine im Rahmen dieser ~e liegende Schadstoffbelastung auch bei langfristiger Einwirkung keinen Schaden für die Umwelt, d. h. bei Menschen, Tieren, Pflanzen oder Objekten (z. B. Bauwerken) bewirkt; die ~e begrenzen die von Ihnen angesprochenen Größen stärker (verbindlicher) als die bloßen →Richtwerte.

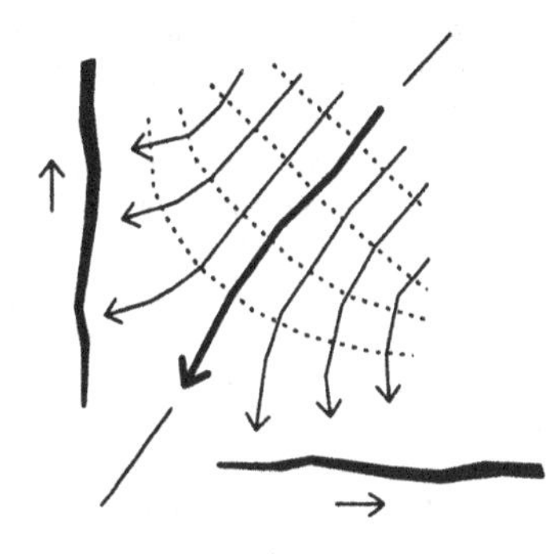

Abb.G13: ***Grenzstromlinie***

grid; →Raster
Griesel, m; Sonderform des →Graupels mit geringem Durchmesser.
grit; →Grus
grob-; →Korngröße
Grobstaub, m; →Schwebstoff
Größe, f; →physikalische Größe
Größenordnung, f; *{order of magnitude}* Zahlenbereich, in dem der →Größenwert einer →physikalischen Größe liegt, i. a. bestimmt durch benachbarte Zehnerpotenzen.
Größenwert, m; der G. einer →physikalischen Größe γ ist das Produkt aus dem →Zahlenwert $\{\gamma\}$ und der zugehörigen →Einheit $[\gamma]$ von γ; diese Relation wird durch die Gleichung $\gamma=\{\gamma\}\cdot[\gamma]$ zum Ausdruck gebracht.
ground air; →Bodenluft, →Grundluft
ground gas; →Bodenluft, →Grundluft
groundwater; →Grundwasser
groundwater balance; →Grundwasserbilanz, →Grundwasserhaushalt
groundwater basin; →Grundwassereinzugsgebiet
groundwater body; →Grundwasserkörper
groundwater bottom; →Grundwassersohle
groundwater budget; →Grundwasserbilanz, →Grundwasserhaushalt
groundwater contamination; →Grundwasserverunreinigung
groundwater decrement; →Grundwasserabfluß, →Gesamtgrundwasserabfluß
groundwater depression; →Grundwasserabsenkung
groundwater discharge; →Grundwasseraustritt
groundwater flow; →grundwasserbürtiger Abfluß, →Grundwasserabstrom
groundwater flow direction; →Grundwasserfließrichtung
groundwater increment; →Grundwasserzufluß
groundwater inflow; →Grundwasserzustrom
groundwater level; →Grundwasserspiegel
groundwater mining; →Grundwasserabbau
groundwater mound; →Grundwasseraufhöhung, →Grundwasserkuppe
groundwater mounding; →Grundwasseraufhöhung, →Grundwasserkuppe
groundwater observation well; →

Grundwassermeßstelle

groundwater outflow; →grundwasserbürtiger Abfluß, →Grundwasserabstrom

groundwater pollution; →Grundwasserverunreinigung

groundwater recession; →Grundwasserabsenkung

groundwater recharge; →Grundwasserneubildung

groundwater resource; →abflußfähige Grundwassermenge

groundwater runoff; →grundwasserbürtiger Abfluß, →Grundwasserabfluß

groundwater runoff per unit area; →Grundwasserabflußspende

groundwater storage; →abflußfähige Grundwassermenge; →Grundwasservorrat

groundwater streamline; →Grundwasserstromlinie

groundwater surface; →Grundwasseroberfläche

groundwater thickness; →Grundwassermächtigkeit

groundwater withdrawal; →Grundwasserentnahme

ground wave; →Oberflächenwelle

group velocity; →Gruppengeschwindigkeit

Grubendeponie, f; →Deponie

Grünalge, f; →Algen

Grundbruch, m; →hydraulischer Grundbruch

Grundgas, n; →Grundluft

Grundgebirge, n; *{basement complex}* der ältere, einem Gebirge unterliegende →Gesteinskörpetr, als kristallines G. der aus der Bildung der →Erdkruste (→Erdgeschichte) stammende Gesteinskörper.

Grundluft, f; *{ground air/gas}* auch Grundgas, in der →ungesättigten Zone enthaltene gasförmige →Phase, im →Boden enthaltene G. wird auch als →Bodenluft bezeichnet.

Grundmoräne, f; →Moräne

Grundquelle, f; →Quelle

Grundwasser, n; *{groundwater}* Wasser, das die →Hohlräume (→Poren, →Klüfte, →Karsthohlräume usw.) im →Gestein zusammenhängend erfüllt; das G. wird durch versickernde →Niederschläge, →Uferfiltrat, →Seihwasser, →Versinkung gebildet (→Grundwasserneubildung) und bewegt sich ausschließlich unter dem Einfluß der Schwerkraft (→~leiter, →Abb. G18); das G. kann nach seiner zeitlichen Teilnahme am →hydrologischen Kreislauf unterteilt werden, man unterscheidet nach diesem Kriterium →konnate Wässer, die →synsedimentär, tiefes Grundwasser, das prähistorisch, d. h. vor der Zeitrechnung der Menschheitsgeschichte, gebildet wurde, Vorratswässer, die aus historischer Zeit stammen, aber nicht in periodischen Zyklen am hydrologischen Kreislauf teilnehmen, sowie Umsatzwässer, die periodisch (z. B. jährlich) in den Wasserkreislauf einbezogen sind (→juvenil, →vados); der →Grundwasserstand unterliegt jahreszeitlichen Schwankungen, dabei nimmt er in der Regel sein Maximum am Ende des Winterhalbjahres, sein Minimum am Ende des Sommerhalbjahres eines →Abflußjahres an (→Abb. A3); nur zeitlich begrenzt auftretendes in der Gesteinsmatrix unter dem Einfluß der Schwerkraft bewegliches Wasser wird auch als →Stauwasser bezeichnet.

Grundwasserabbau, m; *{groundwater mining}* Grundwasserförderung mit einer →Rate, die die der Grundwasserneubildung dauerhaft und erheblich überschreitet, G. führt zur →Grundwasserabsenkung und tritt häufig bei der Grundwassergewinnung in →ariden Regionen auf.

Grundwasserabfluß, m; *{groundwater decrement}* zeitbezogenes Grundwasservolumen Q ($\dim Q = L^3/T$), das aus ein und demselben →Grundwasserstockwerk

- ohne aus diesem auszutreten - einen →Kontrollraum (i. allg. berandet durch Grundwasseroberfläche und -sohle (→Grundwasserleiter), zwei verschiedene →Potentialflächen und zwei unterschiedliche Flächen vertikal unter den berandenden →Strömungslinien) in der Zeiteinheit verläßt (→Abb. G14, →Grundwasserhaushalt, ggs. →Grundwasserzufluß).

Grundwasserabflußspende, f; *{groundwater runoff per unit area}* dem grundwasserbürtigen Abfluß Q_G zuzurechnender Anteil der →Abflußspende.

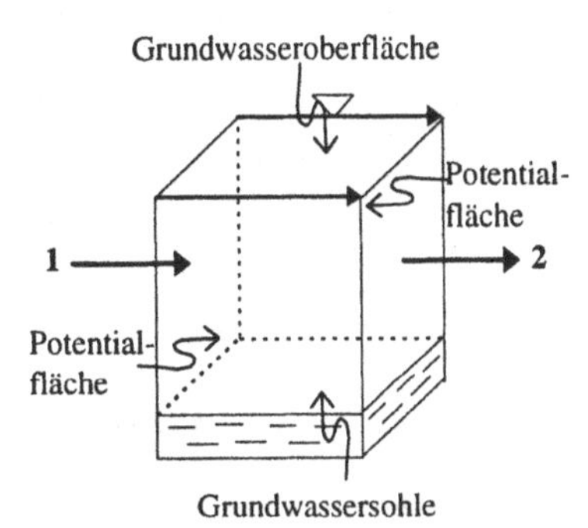

1 Grundwasserzufluß
2 Grundwasserabfluß

Abb.G14 ***Grundwasserab- und zufluß***

Grundwasserabschnitt, m; ein i. allg. als gemeinsamer Teil eines →Grundwasserlängs- und →-querschnittes bestimmter Teilbereich eines →Grundwasserraumes (→Abb. G15).

Grundwasserabsenkung, f; *{groundwater depression/recession}* auch als Grundwasserdelle bezeichnete Absenkung einer Grundwasserdruckfläche infolge technischer Maßnahmen; auch dauerhafte →Absenkung einer Grundwasseroberfläche (→Grundwasserleiter) durch Wasserförderung, deren Rate über der der →Grundwasserneubildung liegt mit negativer Auswirkung z. B. auf die Vegetation (→Grundwasserabbau).

Grundwasserabstrom, m; *{groundwater (out)flow/runoff}* Abfluß von Grundwasser aus einem →Einzugsgebiet in ein benachbartes (ggs. →Grundwasserzustrom), nicht zu verwechseln mit →Grundwasserabfluß.

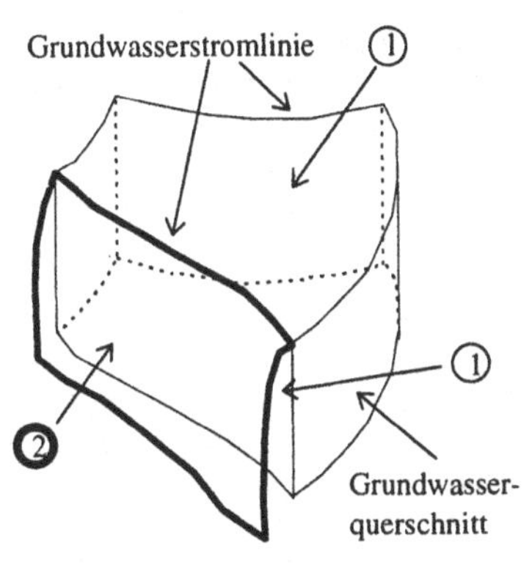

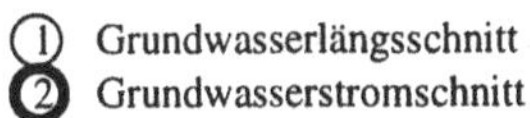

Abb. G15 ***Grundwasserabschnitt***

Grundwasseranreicherung, f; *{induced recharge of groundwater}* künstliche Erhöhung des →Grundwasserdargebots durch →Einleitung, z. B. als →Uferfiltrat oder durch →Eingabebrunnen.

Grundwasseraufhöhung, f; *{groundwater mound(ing)}* auch als Grundwasserhebung bezeichnete Aufhöhung einer Grundwasserdruckfläche infolge technischer Maßnahmen mit ausbildung einer Grundwasserkuppe(→Einleitung).

Grundwasserauftrieb, m; Kraft, die für den Austritt einer →Quelle sorgt, der G. beruht auf besonderen Verhältnissen des →hydraulischen Schweredrucks unter den gegebenen geologischen Umständen.

Grundwasseraustritt, m; *{groundwater discharge}* natürlicher Übergang des Wassers aus dem →Grundwasser in die →oberirdischen Gewässer.

Grundwasserbilanz, f; →Grundwasserhaushalt

Grundwasserblänke, f; eine Geländestelle, in der das dort angesammelte ausgetretene Grundwasser ohne oberirdischen Zu- oder Ausfluß einen →Wasserspiegel ausbildet.

Grundwasserboden, m; →Bodenklassifikation

grundwasserbürtiger Abfluß, m; *{groundwater (out)flow/runoff}* Teil Q_G (dim Q_G=L³/T) des →Abflusses, der dem →Vorfluter aus dem →Grundwasserkörper als Teil des →Basisabflusses Q_B zufließt, gemessen in z. B. $[Q_G]=m^3/s$.

Grundwasserdargebot, n; *{available groundwater}* im →Grundwasserhaushalt positiv ausgewiesene Terme D_{Gw} der →Grundwasserneubildung mit dim D_{Gw} =L³/T; als gewinnbares G. *{exploitable groundwater}* bezeichnet man das durch technische Maßnahmen gewinnbare G.

Grundwasserdeckschicht, f; →Grundwasserleiter

Grundwasserdelle, f; →Grundwasserabsenkung

Grundwasserdruckfläche, f; *{piezometric/isopiestic surface, water table contour}* durch die zu einem →Grundwasserleiter gehörenden →Standrohrspiegel (und freien Wasserspiegel) gelegte hypothetische Fläche →Abb. G16), die das piezometrische Niveau des Grundwasserleiters wiedergibt.

Grundwasserdurchfluß, m; Grundwasservolumen, das in der Zeitheit durch einen Bezugsquerschnitt strömt, Q_G, dim Q_G=L³/T und in z. B. $[Q_G]=m^3/s$.

Grundwassereinzugsgebiet, n; *{subsurface catchment area, groundwater basin}* unterirdisches →Einzugsgebiet des →Grundwassers, aus dem es einer Erfassungsstelle zuströmt, die Begrenzung des ~es ist durch geologische oder hydrologische Randbedingungen bestimmt oder durch →anthropogene Maßnahmen definiert, z. B. im Fall einer Grundwasserentnahme als Entnahmebereich des →Brunnens.

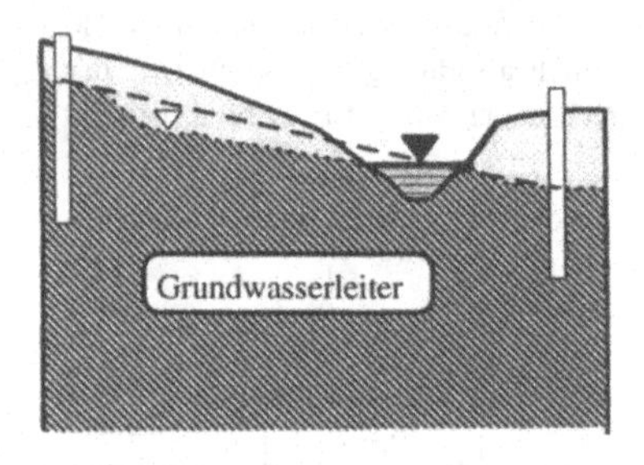

Abb. G16 ***Grundwasserdruckfläche***

Grundwasserentnahme, f; *{groundwater withdrawal}* Entnahme von Grundwasser mit technischen Hilfsmitteln zur Grundwassernutzung.

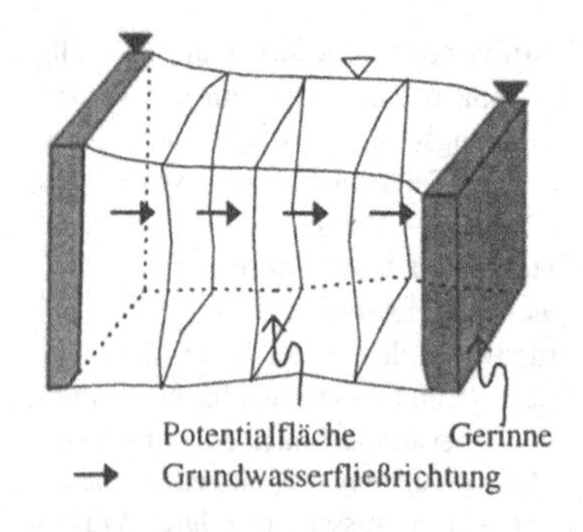

Abb. G17 ***Grundwasserfließrichtung***

Grundwasserfließrichtung, f; *{groundwater flow direction}* auch Grundwasserstromrichtung, Richtung der →Stromlinie der Grundwasserströmung als Einheitstangentenvektor an die Stromlinie, die G. ist orthogonal zur →Potentialfläche des zugrunde liegenden Grundwasserkörpers *(→Abb. G17).*

Grundwasserflurabstand, m; →Flurabstand

Grundwassergeringleiter, m; →Grundwasserhemmer

Grundwassergleiche,. f; *{isopiestic line, water table contour line}* auch Grundwasserisohypse, →Isolinie, Potentiallinie einer Grundwasserdruckfläche (→Strömungslinie, →Abb. S18), Ermittlung z. B. näherungsweise aus →hydrologischen Dreiecken.

Grundwasserhaushalt, m; *{groundwater balance/budget}* auch Grundwasserbilanz, Bilanzierung des Grundwassertransportes durch ein →Kontrollvolumen (z. B. ein →Grundwasserstockwerk; →Abb. G18) in einem →Grundwasserkörper, die Änderung ΔV_{Gw} des →Grundwasservorrats V_{Gw} ergibt sich als Differenz $\Delta V_{Gw}=B_{Gw+}-B_{Gw-}$ der positiven Grundwasserbilanzposten B_{Gw+} und der negativen B_{Gw-}; im einzelnen erhält man für B_{Gw+} →Zusickerung, →Einleitung, →Grundwasserzufluß und zusätzlich bei freien Grundwasserleitern →Grundwasserneubildung, für B_{Gw-} →Aussickerung, →Grundwasserentnahme, →Grundwasserabfluß und zusätzlich bei freien Grundwasserleitern →Grundwasseraustritt.

Grundwasserhebung, f; →Grundwasseraufhöhung

Grundwasserhemmer, m; *{aquitard, semi aquiclude}* auch Grundwassergeringleiter, Gesteinskörper, der relativ zu seiner Umgebung nur in geringem Maß wasserdurchlässig ist.

Grundwasserisohypse, f; →Grundwassergleiche

Grundwasserkörper, m; *{body of groundwater, groundwater body}* →Kör-

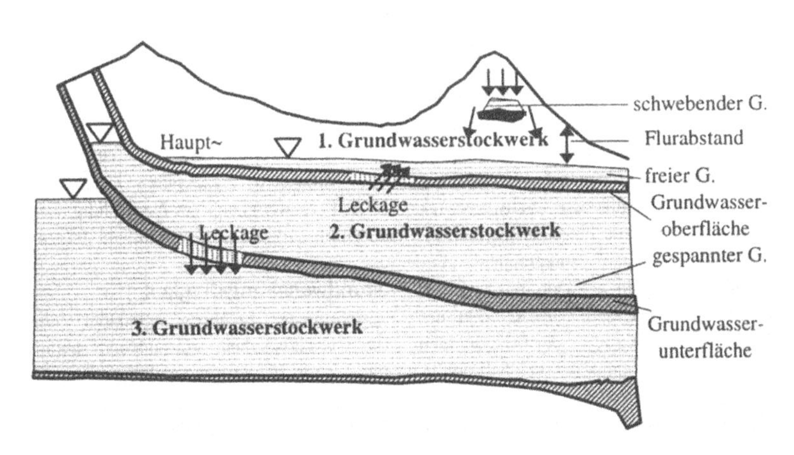

Abb. G18 ***Grundwasserleiter***

per im →Grundwasserraum, d. h. eindeutig abgegrenztes oder theoretisch abgrenzbares, mit Grundwasser erfülltes Volumen.

Grundwasserkuppe, f; →Grundwasseraufhöhung

Grundwasserlängsschnitt, m; durch einen →Grundwasserraum gelegte Schnittfläche, so daß in jedem ihrer Punkte die Isostandrohrspiegellinien (→Isolinien) eine Normale (→Normalenrichtung) zum Grundwasserlängsschnitt (→Grundwasserstromschnitt) bildet (→Abb. G15).

Grundwasserleiter, m; *{aquifer* (eigentlich für den →Grundwasserraum)*}* Gesteinskörper, der aufgrund seines Gehaltes an →Hohlräumen in der Lage ist, Grundwasser weiterzuleiten; fällt die →Grundwasserdruckfläche mit der →Grundwasseroberfläche zusammen, so spricht man von einem freien oder ungespannten G. bzw. Grundwasser *{phreatic/unconfined/water-table aquifer}* mit freier →Grundwasseroberfläche *{phreatic surface}*; liegt jedoch die →Grundwasserdruckfläche über der →Grundwasseroberfläche, so heißt der G. (das Grundwasser) gespannt *{confined/pressure aquifer}*, in diesem Fall ist der G. von einem →Grundwasserhemmer oder →Grundwassernichtleiter als Grundwasserdeckschicht bedeckt *{upper confining bed}*, wodurch die Grundwasseroberfläche nicht soweit ansteigen kann, wie ihrem →hydraulischen Schweredruck entspricht, im Falle eines gespannten G. unterscheidet man entsprechend der Relation zwischen der Durchlässigkeit k_f (→Darcysches Gesetz) des G. und der Durchlässigkeit k_f^* der hangenden (→Hangendes) undurch- oder halbdurchlässigen Schicht zwischen gespannt im eigentlichen Sinn, wenn praktisch $k_f^* = 0$ gilt, halbgespannt, wenn k_f^* deutlich kleiner als k_f ist ($0 < k_f^* << k_f$) aber meßbar größer als Null ist und halbfrei im Fall $0 < k_f^* < k_f$; im halbgespannten G. kann durch die halbdurchlässige Schicht das Grundwasser vertikal übertreten (→Leckage), im halbfreien G. ist zusätzlich eine horizontale Strömungskomponente der Grundwasserbewegung in der halbdurchlässigen Schicht möglich; liegt die Grundwasserdruckfläche gar über der Geländeoberfläche, so liegt ein →artesisch gespannter G. vor; ist in der →ungesättigten Zone eine örtlich begrenzte Bodenschicht geringer Wasserdurchlässigkeit (z. B. eine Tonlinse) vorhanden, so bildet sich ein schwebender G. *{perched aquifer/water}*, aus ihm tritt das Grundwasser an seinen Berandungen in den darunterliegenden Haupt~ über (→Abb. G18); die untere Begrenzung eines ~s ist die →Grundwassersohle, der Abstand von ihr zur Grundwasseroberfläche wird als →Grundwassermächtigkeit h_{Gw} bezeichnet; das Wasser im G. bewegt sich in Richtung fallenden →Potentials, seine →Strömungslinien durchdringen dabei in jedem Punkt des G. die durch ihn gehende →Potentialfläche in →Normalenrichtung entgegen der Richtung des →Gradienten des Potentialfeldes in diesem Punkt; nach lithologischen Gesichtspunkten unterscheidet man Poren~ (z. B. Kiese und Sande), Kluft~ in →Festgesteinen und Karst~ in verkarsteten Gesteinen (z. B. Kalkstein) nach der Ausbildung des durchflußwirksamen Hohlraumanteils des G.

Grundwassermächtigkeit, f; *{groundwater thickness}* vertikaler Abstand h_{Gw} zwischen →Grundwasseroberfläche und →Grundwassersohle (→Grundwasserleiter).

Grundwassermeßstelle, f; *{(groundwater) observation well, piezometer}* auch Piezometer, (Abk. GWM), mit einem teilweise verfilterten Rohr *{screen}* ausgebaute →Bohrung zur Gewinnung hydraulischer, hydrochemischer und hydrobiologischer Parameterwerte des →Grundwassers, z. B. →Grundwasserstand, →elektrische Leitfähigkeit, Grundwassertemperatur, Keimzahl usw. (→Abb. G19), der vertikale Abstand zwischen dem Bezugspunkt einer Messung in einer G. (i. allg. deren Oberkante) und dem Grundwasserspiegel in der G. wird als Abstich *{depth to (ground-) water (level)}* bezeichnet.

Grundwasserneubildung, f; *{groundwater recharge}* auch Grundwasserspende, Vorgang, durch den Grundwasser neugebildet wird, und zwar durch Zugang von Wasser zum Grundwasser durch →Infiltration von Niederschlagsanteilen, aus oberirdischen Gewässern und unter anthropogenen Einflüssen (z. B. →Rohrnetzverluste, →Grundwasseranreicherung oder sonstige →Einleitungen) usw.

Grundwasserneubildungsrate, f; *{recharge rate}* *GWN* auf die Zeiteinheit und die Fläche (z. B. des →Einzugsgebietes) bezogene →Grundwasserneubildung i. allg. in $[GWN]=\ell/(s\cdot km^2)$, besser als Grundwasserneubildungsintensität zu bezeichnen (→Rate, →Intensität); Bestimmung der G. kann u. a. direkt erfolgen durch den Einsatz von →Lysimetern oder indirekt durch Bestimmung des →Trokkenwetterabflusses sowie durch Auswertung der Förderdaten der Wasserwerke

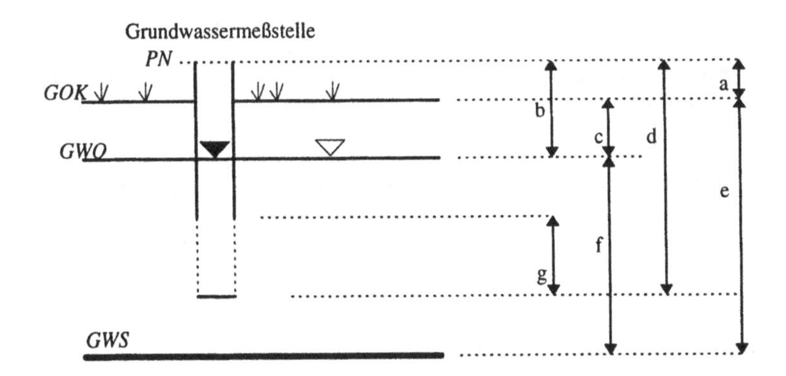

	Beschreibung		Beschreibung
a	Höhe PN über GOK	e	Mächtigkeit des Grundwasserleiters
b	Abstich	f	Grundwassermächtigkeit
c	Flurabstand	g	Filterstrecke
d	Länge der Grundwassermeßstelle		
PN	Pegelnull müNN	*GWO*	Grundwasseroberfläche müNN
GOK	Geländeoberkante müNN	*GWS*	Grundwassersohle müNN

Abb.G19: ***Grundwassermeßstelle***

bezüglich ihrer →Einzugsgebiete usw.

Grundwassernichtleiter, m; *{aquiclude, aquifuge}* Gesteinskörper, der relativ zu seiner Umgebung wasserundurchlässig *{impervious}* ist, ein G. wird speziell als Grundwasserstauer oder als Aquiclude bezeichnet, wenn er zwar in der Lage ist, Wasser zu speichern, es jedoch nicht weiterleiten kann, als Grundwassersperre oder Aquifuge, wenn er weder Wasser zu speichern noch weiterzuleiten vermag.

Grundwasseroberfläche, f; *{groundwater surface (phreatic surface* bei freien →Grundwasserleitern)*}* obere Begrenzungsfläche eines →Grundwasserraumes (→Abb. G18).

Grundwasserquerschnitt, m; durch einen →Grundwasserraum gelegte Schnittfläche, so daß in jedem ihrer Punkte die Grundwasserfließrichtung eine →Normalenrichtung zum G. bildet (→Potentialfläche); →Abb. G15.

Grundwasserraum, m; Teil eines →Grundwasserleiters, der zum Bezugszeitpunkt mit →Grundwasser angefüllt ist.

Grundwassersohle, f; *{groundwater bottom, lower confining bed}* untere Begrenzung des →Grundwasserleiters (je →Grundwasserstockwerk), die relativ zu diesem geringere Durchlässigkeit aufweist.

Grundwasserspende, f; →Grundwasserneubildung bzw. -srate

Grundwassersperre, f; →Grundwassernichtleiter

Grundwasserspiegel, m; *{groundwater level}* →Wasserspiegel, den das Grundwasser z. B. in →Brunnen oder →Grundwassermeßstellen bildet

Grundwasserstand, m; *{piezometric head}* Lage der →Grundwasserdruckfläche relativ zu einer horizontalen Bezugsebene (z. B. →Normal-Null) in einem Punkt *P* dieser Ebene zu einem Bezugszeitpunkt als →vertikaler positiver oder negativer Abstand.

Grundwasserstauer, m; →Grundwassernichtleiter

Grundwasserstockwerk, n; *{multiaquifer formation}* Bezeichnung für einzelne übereinanderliegende →Grundwasserleiter (→Abb. G18), die →vertikal gegeneinander durch Schichten geringer oder verschwindender Wasserdurchlässigkeit (→Grundwasserhemmer, →Grundwassernichtleiter) getrennt sind; besteht die Trennschicht aus einem Grundwasserhemmer, durch den das Grundwasser großräumig in das darunterliegende (oder im Falle eines gespannten Grundwasserleiters auch darüberliegende) Grundwasserstockwerk eintreten kann, so spricht man von einem lecken(den) *{leaky}* Grundwasserleiter (→Leckage).

Grundwasserstromlinie, f; *{groundwater streamline}* →Stromlinie des →Grundwassers

Grundwasserstromrichtung, f; →Grundwasserfließrichtung

Grundwasserstromschnitt, m; durch einen →Grundwasserraum gelegte Schnittfläche, die durch →vertikale Projektion der →Grundwasserstromlinie der →Grundwasseroberfläche eines →Grundwasserraumes gebildet wird, die G. ist unter idealen, laminaren Strömungsbedingen im Grundwasserleiter Näherung eines Grundwasserlängsschnittes (→Abb. G13).

Grundwasserstromstreifen, m; durch →Grundwasserstromschnitte begrenzter Bereich des →Grundwasserraumes (Abb. G13).

Grundwassertyp, m; nach einheitlichen geologischen, chemischen Parametern usw. charakterisiertes Grundwasser (→Typendiagramm).

Grundwasserüberdeckung, f; →Lokker- oder →Festgestein oberhalb einer freien →Grundwasseroberfläche, die G. ist Teil der →ungesättigten Zone.

Grundwasserübertritt, m; *{interaquifer leakage}* Übergang von einem →Grundwasserleiter in einen anderen.

Grundwasserverunreinigung, f; *{groundwater contamination/pollution}* Sammelbegriff für jegliches Eindringen von Stoffen und Strahlungen (→Immission) in das →Grundwasser, die dessen Qualität beeinträchtigen; die G. kann durch den Eintrag von →organischen oder →anorganischen chemischen Substanzen erfolgen, sie kann biologischen Ursprungs sein, wie z. B. durch →Bakterien oder andere Kleinstlebewesen oder durch Viren (→Virus) verursacht, schließlich kann sie auch auf physikalischen Ursprung, wie etwa übermäßige Erwärmung (→Aufwärmung), Strahlenbelastung usw. zurückgehen.

Grundwasservorrat, m; *{groundwater storage}* die aus einem →Einzugsgebiet →abflußfähige Grundwassermenge V_{GW} (→Wasserhaushaltsgleichung).

Grundwasservorratsänderung, f; durch anthropogene oder klimatische Einflüsse bedingte Änderung des →Grundwasservorrats, der →abflußfähigen Grundwassermenge.

Grundwasserzufluß, m; *{groundwater increment}* zeitbezogenes Grundwasservolumen Q ($\dim Q = L^3/T$), das in ein und demselben →Grundwasserstockwerk einem →Kontrollraum (i. allg. berandet durch Grundwasseroberfläche und -sohle (→Grundwasserleiter), zwei verschiedenen →Potentialflächen und zwei unterschiedlichen Flächen vertikal unter den berandenden →Strömungslinien in der Zeiteinheit zufließt (→Abb. G12, →Grundwasserhaushalt, ggs. →Grundwasserabfluß).

Grundwasserzustrom, m; *{groundwater inflow}* Zufluß von Grundwasser in ein →Einzugsgebiet aus einem benachbarten (ggs. →Grundwasserabstrom), nicht zu verwechseln mit →Grundwasserzufluß.

Grundwelle, f; in einem →Gerinne fortschreitende, auch als Flachwasserwelle bezeichnete →Welle.

Gruppengeschwindigkeit, f; *{group velocity}* Laufgeschwindigkeit einer Wellengruppe, die aus →Wellen nur geringfügig voneinander abweichender Wellenlängen besteht.

Grus, m; →Granit

Grushorizont, m; →Granit

gruss; →Grus

guide level; →Richtwert

GWM; →Grundwassermeßstelle

Gyttja, f; *{gyttja}* (*etm.*: schwed.) grauer Halbfaulschlamm (→Faulschlamm) nährstoffreicher Gewässer, der sich am nur zeitweilig belüfteten Grund eines →oberirdischen Gewässers bildet (→Mudde).

H

h; Abk. (*etm.*: lat. „hora") Stunde als Zeiteinheit

h-, →Hekto

Habitat, n; (*etm.*: lat. „habitare" bewohnen) *{habitat}* Lebensraum einer Tier- oder Pflanzenart.

Hadal, n; →Abyssal

Hämatit, m; (*etm.*: gr. „haima" das Blut) *{h(a)ematite}* auch Roteisenstein, Oxid Fe_2O_3 des dreiwertigen →Eisens.

haematite; →Hämatit

Härte f; *{hardness}* **1.)** des Wassers, Wasserhärte *{hardness of water}*, eigentlich nicht mehr zu verwendender Begriff, der die →Äquivalenzkonzentration der Summe der →Erdalkalimetalle Magnesium, Kalzium, Strontium und Barium wiedergibt zu $c_{eq}(Mg^{2+}+Ca^{2+}+Sr^{2+}+Ba^{2+})$, praktisch wird der Begriff der H. aber weiterhin zur Beschreibung der →Gesamt~, der →Carbonat~, der →Nichtcarbonat~, der →Rest~ des Wassers usw. verwendet; **2.)** qualitativ und quantitativ erfaßbares Vermögen fester Körper, auf äußere Krafteinwirkung zu reagieren, u. a. sind von Bedeutung: **2.a.)** die MOHSsche H. *HM*, die auf einer zehnteiligen ~skala beruht und der Einteilung der Minerale nach ihrer H. dient, jede ~klasse der Minerale wird dabei repräsentiert durch ein einziges (charakteristisches) Mineral, wobei jeder Repräsentant (und damit jedes repäsentierte Mineral) die Minerale der voranstehenden Klasse niedrigerer MOHSscher H. (Ritzhärte) an der Festkörperoberfläche mechanisch beschädigen (ritzen) kann:

1. Talk,
2. Gips,
3. Calcit,
4. Fluorit,
5. Apatit,
6. Feldspat,
7. Quarz,
8. Topas,
9. Korund,
10. Diamant;

2.b.) die BRINELL-Härte *HB*, bei der die H. eines Festkörpers bestimmt wird durch den Eindruck, den eine gehärtete Stahlkugel definierter Abmessung auf der Oberfläche des Prüfkörpers bei einer definierten senkrecht wirkenden Andruckskraft hinterläßt; *HB* wird bestimmt aus der Prüfkraft und dem Durchmesser des Eindruckes der verwendeten Stahlkugel in der Einheit [*HB*]=HB; **2.c.)** die SHORE H. *HS*, mit der die H. eines elastischen Stoffes bestimmt wird aus dem Rückprall einer auf den Prüfkörper unter definierten Bedingungen aufprallenden Masse, hierbei bleibt die an dem Prüfkörper durch den Aufprall bewirkte Verformung unberücksichtigt.

Härtebereich, m; *{range of hardness degrees}* Einteilung des Wassers unter dem Kriterium der →Gesamthärte *G* in mmol/ℓ und auch nach deutschen Härtegraden (°dH):

Härtebereich 1	$G<1{,}3$	mmol/ℓ
Härtebereich 2	$1{,}3\leq G<2{,}5$	mmol/ℓ
Härtebereich 3	$2{,}5\leq G\leq 3{,}8$	mmol/ℓ
Härtebereich 4	$3{,}8< G$	mmol/ℓ,

diesen entsprechend die Härtegrade °dH

Härtebereich 1	$G< 7{,}3$	°dH
Härtebereich 2	$7{,}3\leq G<14{,}0$	°dH
Härtebereich 3	$14{,}0\leq G\leq 21{,}3$	°dH
Härtebereich 4	$21{,}3< G$.	°dH,

innerhalb dieser groben Charakterisierung des Wassers durch die vier genannten ~e bezeichnet man auch das Wasser im H. 1 als „(sehr) weich", im H. 2 als „(mittel) weich", im H. 3 als „hart" und im H. 4 als „sehr hart".

Härtedreieck, n; *{(hardness) triangle}* Darstellungsmöglichkeit der →Härte in einem →Dreiecksdiagramm.

Härtegrad, m; *{hardness degree}* Bewertung der →Gesamthärte des Wassers in nationalen Härtegraden (→Härtebereich).

Härteskala, f; →Härte

Härtestabilisierung, f; H. des Wassers durch →Impfung mit kettenförmigen kondensierten (Poly-) →Phosphaten (z. B. $Na_5P_3O_{10}$) zur Verhinderung der →Korrosion, durch H. wird das Ausscheiden des unlöslichen $CaCO_3$ aus dem Wasser nach $Ca(HCO_3)_2 \rightarrow CaCO_3+H_2O+CO_2$ bei Erwärmung (→Calciumcarbonat, →Kalk-Kohlensäure-Gleichgewicht) bei Wassertemperaturen unter 80 °C verzögert, das $CaCO_3$ fällt bei H. zudem nicht als Calcitkristall (→Calciumcarbonat), sondern in der kristallinen →Modifikation des Aragonit aus, das sich im Gegensatz zum Calcit nicht an den Rohleitungen (und anderen rauhen Flächen) ablagert, sondern mit dem Wasser weitertransportiert wird.

Häufigkeit, f; *{frequency}* die absolute H. $h=h(m)$ ist die Anzahl des Auftretens eines speziellen Meß- oder Beobachtungswertes m einer →Zufallsgröße in einer →Stichprobe; der Quotient $r=h/N$ aus h und dem Stichprobenumfang N wird als relative H. *{frequency ratio}* $r=r(m)$ von m bezeichnet; sortiert man die numerischen Meßwerte m nach ihrer Größe und summiert alle absolute oder relative ~swerte der Meßwerte, die einen bestimmten beliebigen Wert m^* nicht überschreiten, so erhält man die absolute (H) oder relative (R) Summen~ *{cumulative frequency}* zu m^*:

$$H=H(m^*) = \sum_{m\leq m^*} h(m)$$

$$\text{bzw.} \quad R=R(m^*) = \sum_{m\leq m^*} r(m)\,;$$

so ergab z. B. eine Durchflußmeßreihe mit zehn Einzelmessungen der Zufallsgröße Q (→Durchfluß) die folgenden Durchflußwerte Q: 30,0; 30,5; 30,0; 31,0; 29,5; 30,5; 30,5; 30,0; 29,5; 30,5 jeweils in ℓ/s; daraus leiten sich die tabellarisch dargestellten ~swerte (→Tab. H1) ab:

Q	h	H	r	R
29,5	2	2	0,2	0,2
30,0	3	5	0,3	0,5
30,5	4	9	0,4	0,9
31,0	1	10	0,1	1,0

Tab. H1 ***statistisches Datenmaterial***

die zugehörige →~sverteilung läßt sich graphisch wiedergeben durch die nachstehende Darstellungen von r und R (→Abbn. H1 und H2).

Häufigkeitsverteilung, f; *{frequency distribution}* Begriff der →Statistik, unter dem die Erfassung von Meßwerten in betimmten Werteklassen (z. B. Intervallen) sowie die tabellarische bzw. graphische Darstellung der →Häufigkeit oder relativen Häufigkeit der in eine Klasse fallenden Meßwerte über diesen Klassen verstanden wird (→Abb. H1).

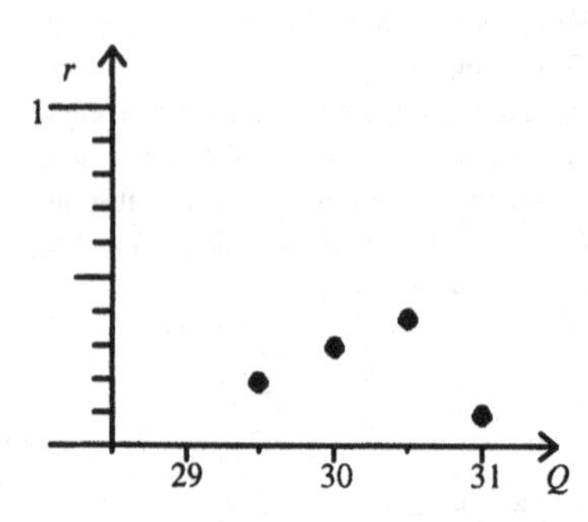

Abb. H1 ***relative Häufigkeit der Verteilung von Q nach Tab. H1***

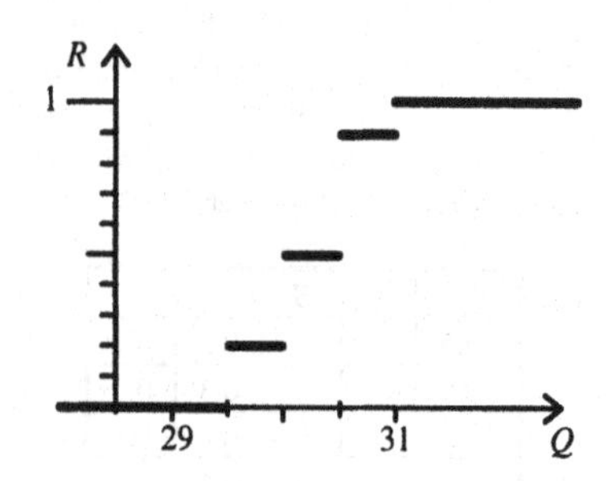

Abb. H2 ***relative Summenhäufigkeit der Verteilung nach Tab. H1***

Haftnässe; f; *{soil wetness due to adsorptive and capillary water}* durch →Haft- und →Kapillarwasser verursachte Vernässung des →Durchwurzelungsbereiches, die zu einer Luftverarmung dieser Bodenzone führt.

Haftwasser, n; *{adhesive/pellicular/retained water}* der Anteil des Wassers, der in der →ungesättigten Zone entgegen der Schwerkraft durch Adhäsionskräfte (→Adhäsion; als Adhäsionswasser, Hydratationswasser infolge →Hydratation bzw. hygroskopisches oder osmotisches Wasser (Osmosewasser)) oder als →Porenwinkelwasser, nicht jedoch als Kapillarwasser, an der Bewegung gehindert wird (→Potentialtheorie, →Abb. H3).

Hagel, m; → Niederschlag

hail; →Hagel

Halbfaulschlamm, m; →Faulschlamm →Gyttja

halbdurchlässig; →semipermeabel

Halbhydrat, n; →Calciumsulfat

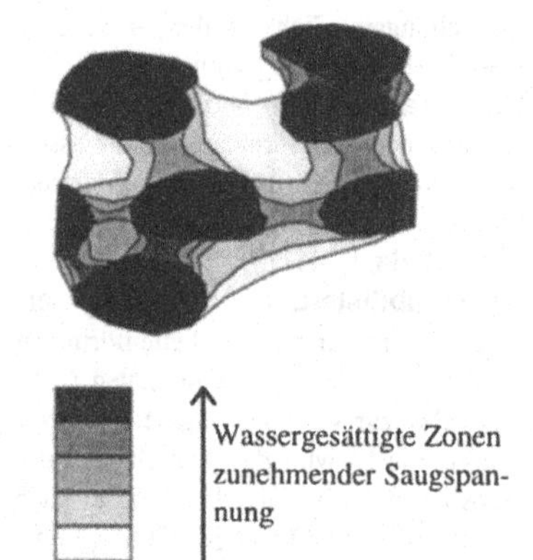

Abb. H3 *Haftwasser*

halbquantitativ; →semiquantitativ

Halbwertszeit, f; *{half-life}* die Zeit $T_{1/2}$, nach der das in einer chemischen, biologischen oder physikalischen Reaktion beteiligte Material von der ursprünglichen Menge in einem Zerfallsprozeß auf die Hälfte (z. B. seiner Masse) reduziert ist (z. B. radioaktiver Zerfall):

$$T_{1/2}=\lambda^{-1}\ln 2$$

mit einer materialspezifischen Zerfallskonstante λ.

Haldendeponie, f; →Deponie

half life; →Halbwertszeit

Haliplankton, n; →Plankton

Halobiont, m; (*etm*: gr. „halos" das Salz und „bios" das Leben) *{halobiont}* nur in salzhaltigen Gewässern und Böden vorkommender Organismus, →Indikatororganismus für erhöhte →Salinität des von dem H. besiedelten Lebensraumes.

Halobios, m; (*etm*.: →Halobiont) Sammelbezeichnung für alle im Meer lebenden Organismen.

Halogen, n; Element der →Halogengruppe

Halogengruppe, f; die Gruppe der ~e *{halogen}*, die ~gruppe, die VII. Hauptgruppe des →Periodensystems der Elemente, umfaßt die Elemente →Fluor (F), →Chlor (Cl), Brom (Br), →Jod (I) und Astat (At); in nennenswertem Umfang treten davon nur die Verbindungen des Cl und F in der Natur auf; die Metallverbindungen der ~e sind Salze (z. B. Kcl).

Haltung; f; *{section of sewer}* Strecke eines Abwasserkanals, die durch zwei Abwasserschächte oder Sonderbauwerken bzw. einen Vorfluter begrenzt wird; der erste Teil einer H. in Fließrichtung gesehen wird als Anfangs~ bezeichnet, der letzte in Fließrichtung als End~.

Hammerbohrer, m; →Bohrung

Hangbewegung, f; Oberbegriff für alle Massenverlagerungen in einem →Gesteinskörper unter dem Einfluß der Schwerkraft, die längs einer geneigten Fläche erfolgen; die H. wird wesentlich beeinflußt durch den Wassergehalt (→Solifluktion) und der →Korngröße des Materials (→Schuttstrom) und erfolgt mit unterschiedlicher Geschwindigkeit vom Kriechen im Bereich cm/a bis zu Bewegungsgeschwindigkeiten der Größenordnung m/s (→Rutschung).

Hangdeponie, f; →Deponie

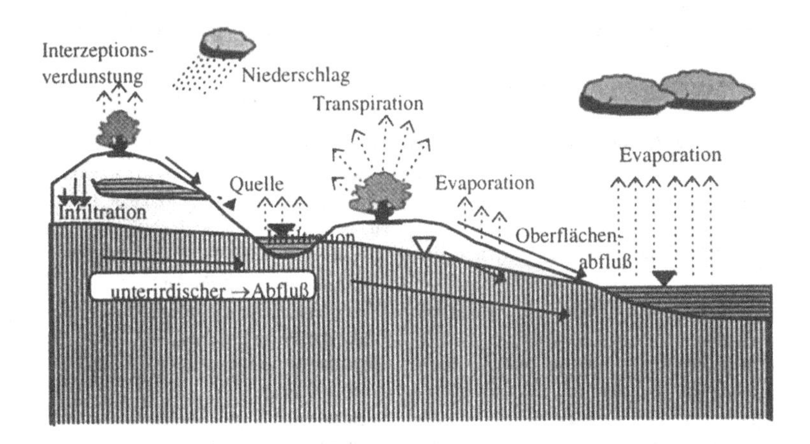

Abb. H4 ***hydrologischer Kreislauf***

Hangendes, n; *{hanging/overlying layer}* eine Bezugsschicht bei ungestörter Lagerung überlagernde jüngere Gesteinsschicht (ggs. →Liegendes).
hanging layer; →Hangendes
Hangneigung, f; *{slope}* den →Abfluß besonders bei Böden geringer Durchlässigkeit prägender Geländeparameter (→Gefälle) in ‰.
Hangquelle, f; →Quelle
hardness; →Härte
hardness degree; →Härtegrad
hardness of water; →Wasserhärte
hardness triangle; →Härtedreieck
Hartholzzone, f; →Wasserzone
HAUDEsche Verdunstungsformel, f; Formel zur Herleitung der potentiellen →Evapotranspiration (quantifiziert durch ihre Intensität) ET_{pot} zu

$$ET_{pot}=\mu\cdot P_{14}(1-F_{14}/100)\ \text{mm/d}$$

mit dem Sättigungsdampfdruck P14 der Luft in mbar (gemessen um 14.00 Uhr), der relativen Luftfeuchte F14 in % zum selben Zeitpunkt und einem saisonalbedingten „Monatskoeffizienten“ μ.
Hauptbewässerungskurve, f; →Retentionskurve
Hauptentwässerungskurve, f; →Retentionskurve
Hauptgrundwasserleiter, m; Bezeichnung für den unter einem schwebenden angeordnete →Grundwasserleiter (→Abb. G15).
Hauptgruppe, f; →Periodensystem der Elemente
Hauptwasserscheide, f; →Wasserscheide
Hauptwert, m; *{primary value}* auch Hauptzahl, Bezeichnung für →hydrologisch relevante statistische Größen mit den wichtigsten Abkürzungen *NX*: Minimal -, *HX*: Maximalwert einer →Zufallsgröße *X* während eines Bezugszeitraums, *NNX*: minimaler, *HHX*: maximaler bekannter Wert von *X*, *MX*: arithmetisches Mittel der Meßwerte zu *X* während eines Bezugszeitraumes, *MNX*: Mittelwert der minimalen, *MHX*: Mittelwert der maximalen Meßwerte zu *X* während eines Bezugszeitraumes, *ZX*: Zentralwert von *X* (→Median), $\underline{n}X$: an *n* Tagen →unterschrittener Wert *X*, $\overline{n}X$: an *n* Tagen →überschrittener Wert *X*, *Mo*: monatlich, So: bezüglich des Sommerhalbjahres, Wi: bezüglich des Winterhalbjahres des →Abflußjahres, *X* sind speziell die hydrogeologischen Parameter $X=Q$: →Abfluß, $X=q$: → Abflußspende; $X=W$: →Wasserstand.
Hauptzahl, f; →Hauptwert
Haushaltsgleichung, f; →Energiebilanz; →Wasserhaushaltsgleichung
Haushaltswasserbedarf, m; →Wasserbedarf
hazardous waste site; →Altstandort
hazard rating; →Gefahrenklassen
HAZEN-Formel, f; empirische Formel zur Bestimmung des Durchlässigkeitsbeiwertes (→Darcysches Gesetz) eines Lockergesteins aus dessen Korngrößenverteilung (→Korngröße) mit:

$$k_f\approx 0{,}0116\cdot(0{,}70+0{,}03\vartheta)\cdot(d_{10})^2$$

mit der Wassertemperatur ϑ in °C, dem Korngrößendurchmesser d_{10} in mm und k_f in m/s, die H.-F. ist anwendbar bis zu einem →Ungleichförmigkeitsgrad von höchstens $U=5$ (die H.-F. ist verallgemeinert in der →BEYER-Formel)
HCH; →Hexachlorcyclohexan
head water; →Oberlauf
headwater; →Oberwasser
heat;→Wärme
heat content; →Wärmeinhalt
heat flow; →Wärmefluß
heat flux; →Wärmefluß
heat extraction; →Wärmeentzug

heat transfer; →Wärmeübertragung
heavy metal; →Schwermetall
heavy water; →schweres Wasser
Heber, m; mit einer Flüssigkeit angefülltes U-Rohr, dessen einer Schenkel von oben in ein mit derselben Flüssigkeit gefülltes Gefäß reicht, der Auslaß am Ende des anderen Schenkels liegt außerhalb des Gefäßes und unter dem Spiegel der Flüssigkeit in dem Gefäß; unter dem Einfluß der Druckdifferenzen an beiden Schenkelenden fließt die Flüssigkeit durch das U-Rohr aus dem Gefäß, solange der Flüssigkeitsspiegel in ihm über der Austrittsöffnung liegt (→Abb. H5); ein →Überfall kann mit einem entsprechenden Überbau als ~überfall wirken, im eigentlichen Sinn liegt dann allerdings ein reiner Heber (und kein Überfall mehr) vor.

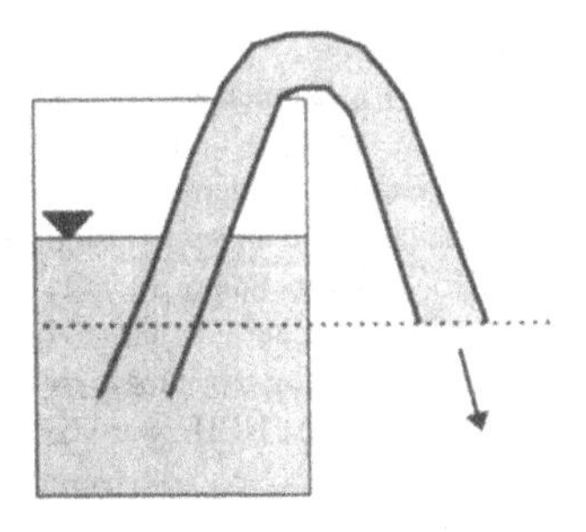

Abb. H5 ***Heber***

Heberleitung, n; nach dem Prinzip des →Hebers arbeitendes Leitungssystem, das z. B. die einzelnen in einer →Brunnengalerie zusammengefaßten →Brunne in einen gemeinsamen Förderschacht entwässern (→Abb. B8).
Hefe, f; *{yeast}* Konglomerat (→Gemisch) einzelliger →Pilze, die unter →anaeroben Bedingungen den →Abbau von Kohlenhydraten zu Ethanol (Alkohol) CH_3CH_2OH in alkoholischer →Gährung bewirken.
height of discharge/runoff; →Abflußhöhe
height of evaporation; →Verdunstungshöhe
height of evapotranspiration; →Evapotranspirationshöhe
height of interception; →Interzeptionshöhe
height of precipitation; →Niederschlagshöhe
height of runoff; →Abflußhöhe
height of transpiration; →Transpirationshöhe; →Verdunstungshöhe
high water; →Hochwasser
Heilwasser, n; *{curative/medicinal water}* Wasser, das eine medizinisch nachgewiesene Krankheiten vorbeugende oder heilende Wirkung besitzt; ein H. wird zusätzlich gekennzeichnet durch die in ihm in besonderem Maße enthaltenen medizinisch wirksamen →Ionen (eisenhaltig usw.).
Hekto-; (*etm.*: gr. „hekaton" hundert) das 10^2-fache einer Einheit, Kurzform h.
Helium, n; *{helium}* Edelgas, Element der 0. bzw. VIII. Gruppe des →Periodensystems der Elemente, der →Edelgasgruppe, mit dem Elementsymbol He, natürlich kommt He mit den →Isotopen $^{4}_{2}He$ und $^{3}_{2}He$ (letzteres allerdings nur zu 0,00014 % im gesamten He) vor, künstliche ~isotope sind $^{5}_{2}He$ und $^{6}_{2}He$; das beim Zerfall von Uran oder Thorium entstehende He (→Zerfallsreihe) dient in der ~methode *{helium method}* der Altersbestimmung von Gesteinen: das ~gas als Zerfallsprodukt des Urans bleibt in dem Mineral eingeschlossen, aus seiner Menge und der des in der Probe enthaltenen Urans kann auf das Alter des Gesteins rückgeschlossen werden unter Berücksichtigung der Tatsache, daß beim

Zerfall von 1g Uran binnen eines Jahres $1{,}1 \cdot 10^{-7}$ mℓ~gas entsstehen.

helium method; →Helium-Methode

Helium-Methode, f; →Helium

hematite; →Hämatit

hemisessil; →Sessilität

Hemmstoff, m; →Inhibitor

HENRY-DALTONsches-Gesetz, n; Verallgemeinerung des →HENRYschen Gesetzes; nach dem H.-D.-G. ist das Verhältnis zwischen der Konzentration c eines in einer Flüssigkeit gelösten Gases (aus einer Gasmischung) und seinem →Partialdruck p in der Gasphase über der Flüssigkeit konstant:

$$c/p = a = \text{const.}$$

bezogen auf einen bekannten Referenzpunkt mit z. B. $c = c_0$ gilt dann:

$$c/p = c_0/p_0 \text{ mit } p_0 = p(c_0);$$

die auch als Absorptions- oder Löslichkeits- bzw. Lösungskoeffizient bezeichnete Konstante a ist zum einen materialabhängig (und zwar sowohl von der lösenden Flüssigkeit als auch von dem gelösten Gas), zum anderen auch abhängig von der →Temperatur T.

HENRY-Isotherme, f; →Adsorptionsisotherme

HENRYsches Gesetz, n; auch HENRYsches Absorptionsgesetz (→Absorption), nach dem die Löslichkeit eines Gases G in einem flüssigen Lösungsmittel L proportional ist dem Partialdruck p_G des Gases G über der Lösung, bei geringem Partialdruck p_G gilt für die →Konzentration c_G des gelösten Gases die lineare Relation $c_G = k_{G,L}(T) \cdot p_G$ mit einer temperatur- und materialabhängigen Konstanten $k_{G,L}(T)$, die sowohl vom Absorbens als auch vom Absorbat mitbestimmt wird (für ein Gasgemisch ist das H. G. verallgemeinert in dem →HENRY-DALTONschen-Gesetz).

Heptan, n; →Kohlenwasserstoff

herbicide; →Herbizid

Herbizid, n; (*etm.*: lat. „herba" Pflanze und „caedere" töten) *{herbicide}* chemisches Unkrautvernichtungsmittel

heterogeneity; →Heterogenität

Heterogenität; f; → Inhomogenität

heterolytisch; →Dissoziation

heteronuklear; →Molekül

heteropolare Bindung, f; →Ionenbindung

Heterosphäre, f; →Atmosphäre

Heterotrophie, f; (*etm.*: gr. „heteros" anders und „trophe" die Ernährung) *{heterotrophy}* Ernährung aus →organischen Stoffen, die von anderen Organismen stammen, Ernährungsweise aller Tiere und des Menschen sowie der meisten Mikroorganismen und einiger Pflanzenarten (ggs. →Autotrophie).

heterotrophy; →Heterotrophie

Hexachlorcyclohexan, n; (HCH) *{hexachlorcyclohexane}* →Chlorkohlenwasserstoff, dessen γ-Isomere als →Insektizide eingesetzt werden („Lindan" *{lindane}*, „γ-Exan" = „Gammaexan"), die im Vergleich zu anderen Isomeren (Molekülen gleicher Summenformel jedoch unterschiedlicher Struktur bzw. räumlicher Anordnung der einzelnen atomaren Bausteine) des HCH zwar verhältnismäßig rasch, wenn sie in die Gewässer gelangen, im Vergleich zu anderen Wasserinhaltsstoffen jedoch schwer abbaubar sind, so daß sie ggf. als →Markierungsstoffe dienen können.

hexachlorcyclohexane; →Hexachlocyclohexan

Hexan, n; →Kohlenwasserstoff

HEYERscher Versuch, m; →Marmorversuch

high tide; →Flut

high water; →Hochwasser

high water discharge; →Hochwasserabfluß

high water level; →Hochwasserstand
high water runoff; →Hochwasserabfluß
history of the earth; →Erdgeschichte
Hitzewüste, f; →Wüste
hoar; →Reif
Hochbehälter; m; *{water tower}* Anlage zur Trinkwasserspeicherung, deren Wasserspiegel über der Höhe des →Wasserversorgungsgebietes liegt, der →Versorgungsdruck im Wasservorsorgungsgebiet wird wesentlich durch die Wasserspiegelhöhe des ~s und die Höhendifferenz zum Versorgungsgebiet beeinflußt.
Hochdeponie, f; →Deponie
Hochmoor, n; →Moor
Hochwasser, n; *{high water, flood}* Teil einer Veränderung des →Wasserstandes W in einem →oberirdischen Gewässer oder des →Durchflusses Q in einem oberirdischen Fließgewässer, bei dem ein oberer Schwellenwert W_H oder Q_H für W bzw. Q erreicht oder überschritten wird (ggs. →Niedrigwasser), der Vorgang des ansteigenden und wieder abfallenden Wasserstandes oder Durchflusses, der zu einem H. führte, wird auch als ~ereignis *{flood event}* bezeichnet; der Ablauf des ~ereignisses längs eines von einem H. betroffenen Fließgewässers, der ~ablauf *{flood event}*, bildet eine ~welle *{flood wave}*, die →Ganglinie des Wasserstandes $W=W(t)$ oder des →Durchflusses $Q=Q(t)$ bei Durchgang einer ~welle durch einen →Meßquerschnitt in einem Fließgewässer ist die ~ganglinie *{flood hydrograph}*, deren Maximum bildet den ~scheitel *{flood crest/peak}*, der ansteigende Teil der ~ganglinie zwischen Beginn des ~ereignisses und dem ~scheitel ist der ~anstieg *{flood elevation}*, der abfallende Teil vom ~scheitel bis zum Ende des ~ereignisses der ~abfall *{flood subsidence}*, die Zeitspanne zwischen dem Beginn des ~ereignisses und seinem Ende ist die ~ereignisdauer, deren Teilintervall, in dem der Schwellenwert überschritten wird, ist die ~dauer (→Abb. H6)

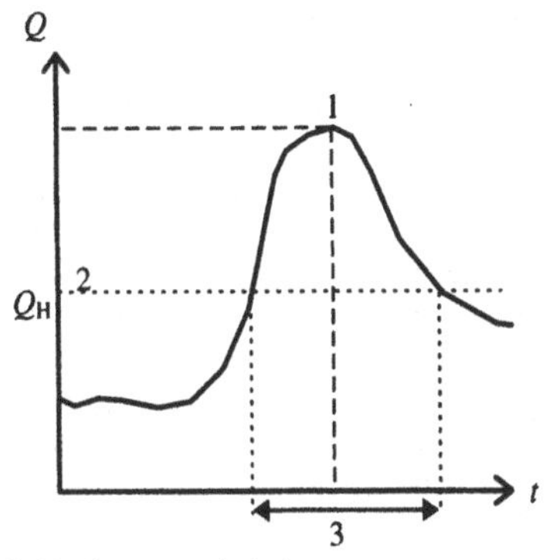

1: Hochwasserscheitel
2: Hochwasserschwellenwert Q_H
3: Hochwasserdauer

Abb. H6 ***Hochwasser, -ganglinie***

Hochwasserabfall, m; →Hochwasser
Hochwasserabfluß, m; *{high water discharge/runoff}* →Hauptwert HQ, $[HQ]=m^3/s$ oder $[HQ]=\ell/s$ des Maximalwertes des →Abflusses Q in einer Bezugszeitspanne (ggs. →Niedrigwasserabfluß).
Hochwasserablauf *{flood routing}* →Hochwasser
Hochwasseranstieg, m; →Hochwasser
Hochwasserberechnung, f; *{flood estimates/routing}* Modellierung eines Hochwasserereignisses (→Hochwasser) aus der →Belastung eines Bezugsgebietes mit

- Belastungsbildung durch Schneeschmelze oder Regen,

Belastungsverteilung als mittlerer

- →Gebietsniederschlag,
- →Belastungsaufteilung,
- →Abflußkonzentration und
- →Wellenverformung.

Hochwasserentlastung, f; →Entlastung

Hochwasserereignis, n; →Hochwasser

Hochwasserereignisdauer, f; →Hochwasser

Hochwasserganglinie, f; →Hochwasser

Hochwasserrückhaltebecken, n; *{flood control reservoir}* (HRB), →Entlastungsbauwerk (→Speicher), das die Hochwasserwellen (→Hochwasser) in einem Fließgewässer zu dessen →Entlastung entweder dämpft, indem es den →Durchfluß reduziert und dabei einen Teil der →Durchflußsumme speichert oder die gesamte Durchflußsumme speichert und nach Ablauf des Hochwassereignisses kontinuierlich mit geringem →Ausfluß wieder abgibt.

Hochwasserscheitel, m; →Hochwasser

Hochwasserstand, m; *{high water level}* →Hauptwert HW, $\dim HW = \mathsf{L}$, des Maximalwertes des →Wasserstandes W in einer Bezugszeitspanne (ggs. →Niedrigwasserstand).

Hochwasserwelle, f; →Hochwasser

Hodograph, m; (*etm.*: gr. „hodos" der Weg und „graphein" aufzeichnen) *{hodograph}* aus der Bahnlinie abgeleitete Wegkurve als Verbindungslinie der Endpunkte aller im Ursprung eines Geschwindigkeitfeldes (→Vektorfeldes) gebundenen Geschwindigkeitsvektoren (→Abb. H7); die Tangentenvektoren an den H. sind die in dem jeweiligen zugeordneten Zeitpunkt wirkenden →Beschleunigungen.

Höhenform, f; →BERNOULLI-Gleichung

Höhenstrahlung, f; →kosmische Strahlung

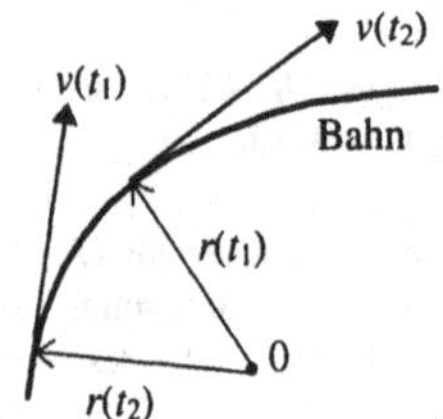

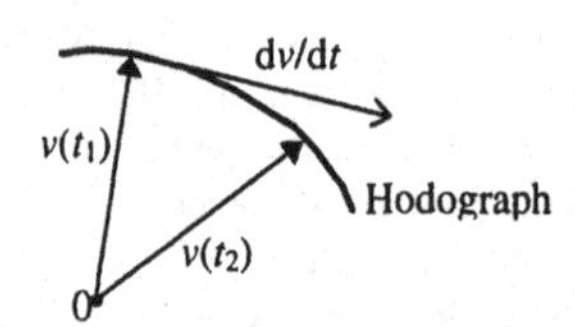

Abb. H7 ***Hodograph***

Hohlraum, m; *{cavity, pore, void}* wasserführender Teil des Aufbaus des →Gesteins, man unterscheidet →Poren, →Klüfte und →Karsthohlräume (→Textur).

Hohlraumanteil, m; *{total porosity}* Anteil als $n = V_h / V_g$ mit $\dim n = 1$ des →Hohlraumvolumens V_h im Gestein bezogen auf das gesamte Gesteinsvolumen V_g; als durchflußwirksamen (nutzbaren, effektiven) H. *{effective drainage porosity}* des Gesteins bezeichnet man den Quotienten $n_f = V_f / V_g$ des von →Grundwasser durchfließbaren Hohlraumvolumens V_f durch das Volumen V_g des gesamten Gesteinstkörpers, als speichernutzbaren H. *{effective/practical porosity}* $n_{sp} = V_{sp} / V_g$ den Anteil aus dem bei Änderungen der Grundwasseroberfläche (→Grundwasserleiter) zur Grundwasserspeicherung verfügbaren →Hohlraumvolumens V_{sp} bezogen auf das Volumen V_g des gesamte Gesteinskörpers, damit gilt die Beziehung $0 \leq n, n_f, n_{sp} \leq 1$ für diese

Verhältniszahlen der Dimension $\dim n = \dim n_s = \dim n_{sp} = 1$; der mittlere H. liegt in einem Porengrundwasserleiter bei ca. 0,20, in einem Kluftgrundwasserleiter bei ca. 0,01 und in einem Karstgrundwasserleiter bei ca. 0,01-0,03; gelegentlich bezeichnet man auch den Quotient $e=V_h/V_f$ mit dem Volumen V_f ausschließlich der festen Phase als Hohlraumverhältnis *{void ratio}*, auch Hohlraumzahl oder -ziffer, bei einem gegebenen Porenhohlraum ist auch von Porenzahl oder -ziffer die Rede, damit gelten $n=e/(1+e)$ und $e=n/(1-n)$ (→spannungsfreier Porenanteil).

Hohlraumverhältnis, n; →Hohlraumanteil

Hohlraumvolumen, n; *{cavity volume}* Gesamtvolumen V der in einem Gesteinskörper enthaltenen →Hohlräume, das durchflußwirksame H. $V_f=V-V_N-V_H$ *{effective drainage porosity}* ist das Gesamtvolumen der von Grundwasser durchfließbaren Hohlräume in dem Gesteinskörper (effektives Kluftvolumen bei Klufthohlräumen, effektives Porenvolumen bei Porenhohlräumen), d. H. dessen Gesamtvolumen V abzüglich des Volumens V_N aller →Poren, die vom Grundwasser nicht durchflossen werden können (isolierte oder mit anderen nur teilweise verbundene Poren) und abzüglich des vom →Haftwasser besetzten H. V_H; das speichernutzbare (effektive) H. V_{sp} *{effective/practical cavity/porosity}* ist die Zusammenfassung der Hohlräume des Gesteinskörpers, die bei Änderungen der Grundwasseroberfläche zusätzlich Grundwasser aufnehmen oder abgeben können (→Hohlraumanteil).

Hohlraumzahl, f; →Hohlraumanteil

Hohlraumziffer, f; →Hohlraumanteil

Hohlsog, m; →Kavitation

Holland-Liste, f; Zusammenstellung der →Richtwerte des Niederländischen Leitfadens für Bodensanierung (→Altlast), deren Parameter nach verschiedenen Gesichtspunkten bewertet werden: der Referenzkategorie A bei unbedenklicher Grundbelastung mit angegebenen maximalen →Grenzwerten, die näherer Untersuchung erforderlich machen, der Kategorie B mit angegeben oberen Grenzwerten, bei deren Überschreitung nähere Untersuchungen nötig werden, und der eine Sanierung bedingenden Kategorie C, ebenfalls mit angegeben oberen Grenzwerten der Konzentration von Schadstoffen; eine entsprechende Liste existiert für die Beurteilung der Qualität des Grundwassers.

holomiktisch; →Gewässerumwälzung

Holozän, n; →Erdgeschichte

homogeneity; →Homogenität

Homogenität, f; (*etm.*: gr. „homogenes" von gleicher Art) *{homogeneity}* räumliche Unabhängigkeit chemischer und physikalischer Parameter; z. B. ist ein →Grundwasserleiter homogen, wenn das Material jedes seiner Volumenelemente denselben Durchlässigkeitsbeiwert (→DARCYsches Gesetz) besitzt, der somit eine konstante skalare oder vektorielle Größe ist (letzteres im Fall der →Anisotropie) (ggs. →Inhomogenität).

homolytisch; →Dissoziation

homonuklear; →Molekül

homopolar bond; →Atombindung

Homosphäre, f; →Atmosphäre

HOOKEsches Gesetz, n; nach dem H. G. ist in einem System die in Richtung des Gleichgewichtszustandes wirkende Rückstellkraft $\vec{F}$ (mit dem Betrag F) bei kleiner Auslenkung $\vec{s}$ proportional der Auslenkung und dieser entgegengerichtet, d. h. $\vec{F}=-c\vec{s}$ mit einem als Federkonstante bezeichneten Proportionalitätsfaktor c, $\dim c = \dim F/\vec{s}$, entsprechend gilt bei geringer Dehnung eines elastischen Körpers unter Normalspannung $\sigma=\varepsilon E$ mit der Normalspannung σ (→Spannung) und dem Elastizitätsmodul E, $\dim \sigma = \dim E = \mathrm{ML^{-1}T^{-2}}$, sowie der Dehnung $\varepsilon=\Delta L/L$ um die Längendifferenz ΔL bezogen auf die Ausgangslänge L mit $\dim \varepsilon = 1$, bzw. sinngemäß bei geringer Scherung $\tau=\gamma G$ mit der →Schubspannung τ und dem Schub- oder Gleitmodul G, $\dim \tau = \dim G = \mathrm{ML^{-1}T^{-2}}$, sowie dem Scherungswinkel γ, $\dim \gamma = 1$.

Horizont, m; →Bodenhorizont; →horizontal

horizontal; (*etm.* gr. „horizein" begrenzen) *{horizontal}* parallel zum Horizont, der sichtbaren, scheinbaren Grenzlinie zwischen Himmel und Erde (ggs. →vertikal).

Horizontalbohrung, f; *{horizontal hole}* horizontale Anlage einer →Bohrung, i. allg. zu dem Zwecke ausgeführt, einen Horizontalbrunnen (→Brunnen) anzulegen, mit dem aus dem →Lockergestein Wasser gewonnen werden kann.

horizontal-ebenes Modell, n; Modellierung realer Grundwasserströmungsverhältnisse durch horizontalebene Strömung (Planfiltration), bei der somit keine Strömung →orthogonal zur →horizontalen Ebene (d. h. i. allg. nicht in z-Koordinatenrichtung) erfolgt; das h. M. ist z. B. Grundlage der →DUPUIT-Annahme (→GIRINSKIJ-Potential).

horizontal hole; →Horizontalbohrung

horizontal shift of a fault; →Sprungweite

Hornblende, f; →Amphibol

HORTEN-Verfahren, n; Berechnungsverfahren zur →Belastungsaufteilung; der zeitabhängige →Verlustanteil i_V an der Niederschlagsintensität i_N berechnet sich zu

$$i_V(t)=(i_{V0}-i_{Vc})\cdot e^{-kt}+i_{Vc} \text{ mm/h}$$

mit der Infiltrationsrate i_{V0} zu Beginn des Regenereignisses in mm/h, der Infiltrationsrate i_{Vc} bei Sättigung des gegebenen Bodens und einer Retentionskonstante k in h^{-1}; dabei wird angenommen, daß der Verlustanteil i_V der Infiltrationsrate entspricht.

Hortisol, m; →Anthrosol, →Bodenklassifikation

HRB; →Hochwasserrückhaltebecken

humic acid; →Huminsäure

humic matter; →Huminstoff

humic substance; →Huminstoff

humid; (*etm.*: lat. „humidus" feucht) *{humid}* Bezeichnung für ein Klima, in dem die Niederschlagsrate die der potentiellen →Evapotranspiration übertrifft; die überschüssigen Niederschläge fließen entweder ab (→Abfluß) und speisen zum einen die →perennierenden →oberirdischen Fließgewässer (→Gerinne), oder sie tragen zum anderen zur →Grundwasserneubildung bei; als voll~ bezeichnet man dabei ein Klima, in dem permanent oder überwiegend (d. h. zu mehr als der Hälfte des →Abflußjahres) humide Bedingungen herrschen, als semi~ oder sub~ hingegen, wenn humide Niederschlags-Verdunstungsverhältnisse nur zeitweilig während des →Abflußjahres gegeben sind; bei hohem Überschußanteil der Niederschläge über die Verdunstung spricht man auch von einem per~en Klima; die Übergangsgrenze vom ~en zum →ariden Klima wird als Trockengrenze, die vom ~en zum →nivalen Klima auch als Schneegrenze bezeichnet.

humidification; →Humifizierung

humidity; →Feuchte

humification; →Humifizierung

Humifikation, f; →Humifizierung

Humifizierung, f; *{humi(di)fication}* auch Humifikation, im Boden ablaufende biochemische Ab-, Um- und Aufbauprozesse, in deren Verlauf organisches Material in komplexe →Huminstoffe (→Humus) umgewandelt wird (→Abbau).

Humin, n; →Huminstoff

Huminsäure, f; →Huminstoff

Huminstoff, m; (*etm.*: →Humus) *{humic matter/substance}* bei →Humifizierung (→Humus) entstehende hochmolekulare organische Verbindungen mit geringer Stoffpartikelgröße, die wegen ihrer großen Oberfläche ein hohes Adsorptionsvermögen (→Adsorption) besitzen und sowohl Wasser als auch andere Substanzen reversibel, z. T. auch irreversibel, anlagern können; dieses Adsorptionsvermögen spielt insbesondere bei der →Immobilisierung von →Schwermetallen eine bedeutende Rolle; die H. können in den Böden mit den →Tonmineralien relativ starke Bindungen, Ton-Humus-Komplexe, eingehen; bezüglich der Basen- und Säurelöslichkeit unterteilt man die ~e in Huminsäuren *{humic acid}*, →Fulvosäure und Humine, dabei werden bei der →Fraktionierung mit NaOH die unlöslichen Humine *{humin}* abgetrennt, bei der weiteren Fraktionierung unter Zugabe von HCl fallen die Huminsäuren aus, während die Fulvosäuren in Lösung bleiben.

Humus, m; (*etm.*: lat. „humus" der Erdboden) *{humus}* Gemisch abgestorbener tierischer und pflanzlicher Stoffe (→Kompostierung), die morphologisch weitgehend unveränderten oder nur schwach umgewandelten bilden die Streustoffe, im Verlauf des weiteren →Ab- und Umbaus durch mikrobielle Prozesse entstehen im Laufe der →Humifizierung die →Huminstoffe; der H. bildet je nach Entwicklungsstand differenzierte →Bodenhorizonte; Gemenge aus H. und Mineralböden bilden den Mull *{mull}*, Auflage~ aus mäßig stark oder nur mäßig zersetztem Material wird als Moder *{moder}* bezeichnet, ein schwach bis mäßig zersetzter H. als Roh~ *{raw humus}*.

Humusgehalt, m; Klassifizierungskriterium der einzelnen →Bodenhorizonte unter dem Gesichtspunkt des Gehaltes organischer Substanzen, hier des ~s, der quantitativ u. a. durch Ermittlung des Glühverlustes (→Veraschung) bestimmt werden kann.

Humuspuffer m; →Bodenversauerung

Hypolimnion, n; →Vertikalzirkulation

Hydratation, f; (*etm.*: gr. „hydor" das Wasser) *{hydration}* Anlagerung von Wasserdipolen (Molekülen, →Wasser) an z. B. die Teilchen →hydrophiler →Kolloide, die dadurch stabilisiert werden und sich nicht mehr zu größeren Partikelverbänden zusammenschließen können oder an die →Ionen einer Kristalloberfläche, wodurch u. U. (→~senergie) der →Kristall in einzelne Ionen aufgelöst wird (→Abb. H8).

Hydratationsenergie, f; *{hydration energy}* die bei der Lösung von →Kristallen gewonnene →Energie, die die Gitterenergie des Kristalls überschreiten muß, damit →Ionen aus dem Kristall durch →Dissoziation abgespalten werden können.

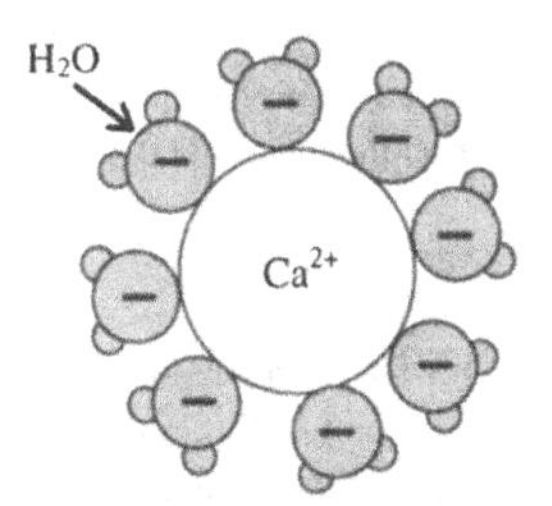

Abb. H8: ***Hydratation eines Calciumions***

Hydratationswasser; n; →Haftwasser

hydration; →Hydratation

hydration energy; →Hydratationsenergie

hydraulic conductivity; →hydraulische Leitfähigkeit, →Wasserwegsamkeit, →DARCYsches Gesetz

hydraulic diameter; →hydraulischer Durchmesser

hydraulic gradient; →hydraulischer Gradient

hydraulic head; →Druckhöhe, →Standrohrspiegelhöhe

hydraulic model; →hydraulisches Modell

hydraulic radius; →hydraulischer Radius

hydraulic resistance; →hydraulischer Widerstand

hydraulics; →Hydraulik

Hydraulik, f; *{hydraulics}* (*etm.*: gr. „hydor" die Flüssigkeit und „aulos" die Röhre) Theorie des Strömungsverhaltens von Flüssigkeiten in Röhren (Rohrleitungen), →Gerinnen und in porösen Medien.

hydraulische Druckhöhe, f; →Standrohrspiegelhöhe

hydraulische Leitfähigkeit, f; *{hydraulic conductivity}* auch Wasserwegsamkeit, Eigenschaft des →Gesteins, bei einer gegebenen geeigneten Potentialdifferenz (→Potential) den Durchfluß von Wasser zu ermöglichen (→DARCYsches Gesetz).

hydraulischer Druck, m; →hydraulischer Schweredruck

hydraulischer Durchmesser, m; *{hydraulic diameter}* der h. D. D ergibt sich aus dem →hydraulischen Radius R zu $D=4R=4A/U$ mit dem →benetzten Querschnitt A und dem →benetzten Umfang U (→Abb. H9).

hydraulischer Gradient, m; *{hydraulic gradient}* Bezeichnung für das hydraulische Gefälle (→DARCYsches Gesetz).

hydraulischer Grundbruch, m; →bei aufsteigendem Grundwasser und dabei aufschwimmendem Bodenmaterial (→Archimedisches Prinzip) erfolgender Aufbruch des Bodens.

hydraulischer Radius, m; *{hydraulic radius}* der h. R. R eines durchflossenen Querschnittes ist der Quotient aus dem →benetzten Querschnitt A und dem →benetzten Umfang U zu $R=A/U$ (→Abb. H9).

hydraulischer Schweredruck, m; *{(hydro-) static pressure}* auch hydraulischer Druck, der h. S. p_l, i. allg. in bar oder Pa (→Druck), der an einem Raumpunkt im Innern einer ruhenden Flüssigkeit herrscht, hängt linear von der Druckhöhe h_D *{hydraulic head, pressure head, elevation head}* (→Potential, →BERNOULLI-Gleichung), dem Abstand des Raumpunktes von der Flüssigkeitsoberfläche, ab zu $p_l=\rho g \cdot h_D$ mit der - als konstant unterstellten - Dichte ρ des Wassers und der Fallbeschleunigung g (→Gravitation), in einem Raumpunkt in der Flüssigkeit wirkt der h. S. in jede Raumrichtung in gleicher Größe; der → atmosphärische Druck, der durch das Gewicht der über der Flüssigkeit liegenden Luftsäule verursacht wird, geht in den h. S. nicht ein (→absoluter Druck), der h. S. wird auch als hydrostatischer Druck bezeichnet.

hydraulischer Widerstand, m; *{hydraulic resistance; leakage coefficient}* bezogen auf einen halbgespannten →Grundwasserleiter der Quotient $c=d/k_N$ aus der Dicke d der Deckschicht und dem Durchlässigkeitsbeiwert k_N (→Darcysches Gesetz) dieser Deckschicht in senkrechter Richtung mit $\dim c = T$.

hydraulisches Gefälle, n; →DARCYsches Gesetz.

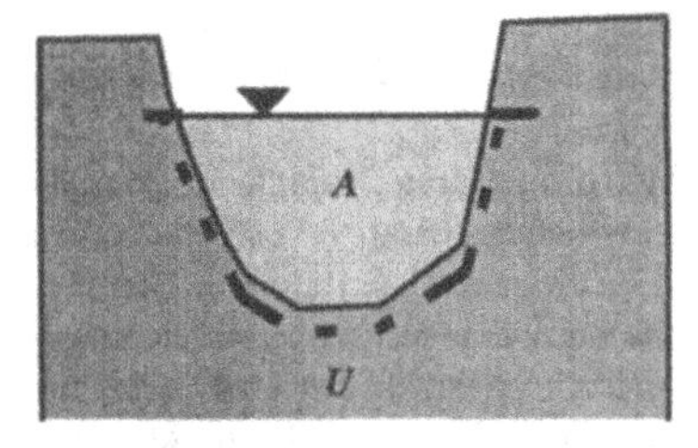

A: benetzter Querschnitt
U: benetzter Umfang

Abb. H9 ***zum hydraulischen Radius***

hydraulisches Modell, n; *{hydraulic model}* Behandlung hydraulischer Problemstellungen mittels mathematischer Methoden (→direktes oder →indirektes →mathematisches →Modell); die Zustände und Abläufe des Problems werden dabei in entsprechende Gleichungssysteme transformiert, deren mathematische Lösung für die reale Situation zu interpretieren ist; z. B. läßt sich so eine →Durchflußermittlung an einem geeigneten →Meßbauwerk mittels der Fließformeln von z. B. →DE CHÉZY oder →MANNING-STRICKLER aus der dort gegebenen Geometrie des →Gerinnes und materialspezifischen Parametern gewinnen (bei der Erstellung eines →physikalischen Modells muß dieses den in der Modellvorgabe herrschenden Verhältnissen im Sinn des →Ähnlichkeitsgesetzes entsprechen).
hydrobotanische Anlage, f; →Pflanzenkläranlagen
hydrocarbon; →Kohlenwasserstoff
hydrocarbonate; →Hydrogencarbonat
hydrogen; →Wasserstoff
Hydrogencarbonat, n; *{acid carbonate, bicarbonate, dicarbonate, hydrocarbonate, hydrogencarbonate}* saures Salz der →Kohlensäure, das mit dem Anion HCO_3^- dissoziiert.
hydrogencarbonate; →Hydrogencarbonat
hydrogen ion; →Proton
hydrogeological section; →hydrogeologischer Schnitt

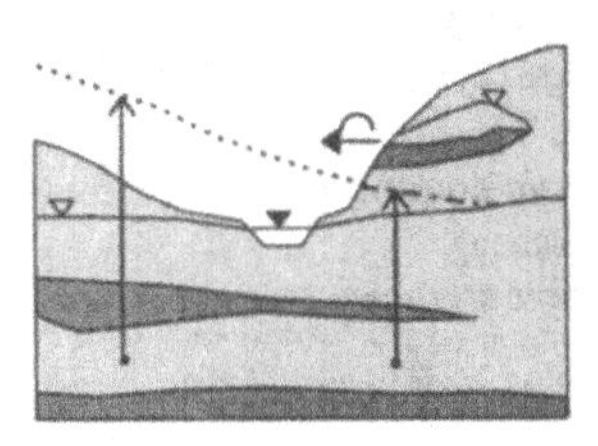

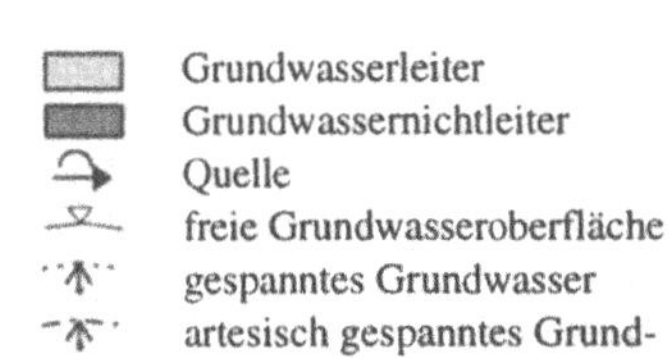

Abb.H10 ***hydrogeologischer Schnitt***

Hydrogeologie, f; (*etm.*: gr. „hydor" Wasser, „ge" Erde und „logos" Lehre) *{hydrogeology}* Wissenschaft von den Erscheinungsformen des →Wassers, insbesondere in der →Erdkruste als →Grundwasser, dessen Bildung, räumliche Verteilung, Verbreitung und Austritt, ferner seine Beschaffenheit und die Relation zwischen den →Einzugsgebieten und der Grundwasserqualität und -quantität sowie die Wechselwirkungen zwischen Grundwasser und Gesteinsmatrix, sowie die Beschreibung des Wassers im →hydrologischen Kreislauf.

hydrogeologischer Schnitt, m; *{hydrogeological section}* 2-dimensionale →vertikalebene Darstellung des hydrogeologischen Aufbaus eines Gesteinskörpers (→Abb. H10)

hydrogeologisches Modell, n; →Modell

hydrogeology; →Hydrogeologie

hydrograph; → (Abfluß-) Ganglinie

Hydrographie, f; Kartierung der oberirdischen Gewässer; →Gewässerkunde.

hydrological year; →Abflußjahr

hydrologic cycle; →hydrologischer Kreislauf

hydrologic equation; →hydrologische Grundgleichung

hydrologic triangle; →hydrologisches Dreieck

Hydrologie, f; *{hydrology}* Arbeitsgebiet der Geologie, Lehre von den Erscheinungsformen des →Wassers, seiner Verbreitung und seinen biologischen, chemischen und physikalischen Eigenschaften sowie seiner Verteilung im →hydrologischen Kreislauf, Erforschung des Wasserhaushaltes der Erde, des Vorkommens, des Verbrauchs und der Rückgewinnung des Wassers (→Gewässerkunde).

hydrologische Grundgleichung, f; *{hydrologic equation}* die h. G. besagt, daß der gesamte →Niederschlag N sich vollständig aufteilt in →Abfluß A und →Verdunstung V, d. h. $N=A+V$ (→hydrologischer Kreislauf).

hydrologischer Kreislauf, m; *{hydrologic cycle}* auch hydrologischer Zyklus, Aufschlüsselung der Komponenten der hydrologischen Grundgleichung, nach der das aus der Atmosphäre als Niederschlag zur Erde gelangende Wasser direkt durch →Evapotranspiration wieder in den dampfförmigen Zustand zurückgebracht wird oder erst nachAbflußbildung, Versickern und Austritt in die Gewässer verdunstet (→Abb. A4; →Wasserhaushaltsgleichung, →Grundwasser).

hydrologischer Zyklus, m; →hydrologischer Kreislauf

hydrologisches Dreieck, n; *{hydrologic triangle}* das h. D. entsteht bei der →Triangulation (Zerlegung in Dreiecke) einer die Grundwassermeßstellen enthaltenden topographischen Karte, das einzelne h. D. besitzt als Eckpunkte dabei drei Meßstellen, die je paarweise benachbart sind und deren Grundwasserstände (→Standrohrspiegelhöhen); durch lineare →Interpolation werden die Seiten nach Zwischenwasserständen zerlegt und hieraus die →Grundwassergleichen näherungsweise gewonnen (→Abb. 11).

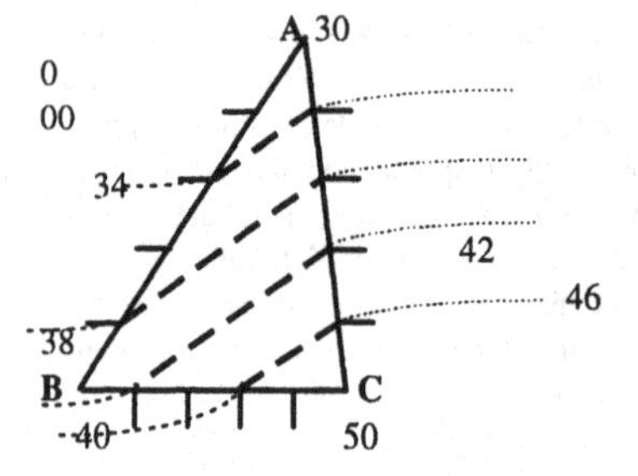

Abb. H11 ***hydrologisches Dreieck***

hydrologisches Jahr, n; →Abflußjahr

hydrology; →Hydrologie

Hydrolyse, f; (*etm.*: gr. „hydor“ Wasser und „lysis“ Lösung) *{hydrolysis}* Reaktion des in geringem Maße nach

$$H_2O \rightleftharpoons H^+ + OH^-$$

bzw. $$2H_2O \rightleftharpoons H_3O^+ + OH^-$$

dissoziierten →Wassers (→Dissoziation) mit den Ionen eines Salzes; so reagiert unter dem Einfluß der H. die wäßrige Lösung eines Salzes CA aus einer schwachen Säure HA und einer starken Base COH nach

$$CA+H_2O \rightleftharpoons COH+HA$$

basisch und die wäßrige Lösung des Salzes CA einer schwachen Base COH und einer starken Säure HA in entsprechender Weise sauer (ggs. Neutralisation).

hydrolysis; →Hydrolyse

hydromechanic similarity; →hydromechanische Ähnlichkeit

hydromechanische Ähnlichkeit, f; →Ähnlichkeitsgesetz

Hydrometeorologie, f; →Meteorologie

hydrometer; →hydrometrischer Flügel

hydrometric current meter; →hydrometrischer Flügel

Hydrometrie, f; *{hydrometry}* Arbeitsgebiet der →Meteorologie, befaßt mit den in der →Atmosphäre ablaufenden Teilprozessen des →hydrologischen Kreislaufs, wie →Verdunstung, Wassertransport und →Niederschlag.

hydrometrischer Flügel, m; *{hydrometer, hydrometric current meter, rotating (hydro)meter}* Instrument für die →Durchflußermittlung; der h. F. besteht aus einem an einer Stange oder einem Kabel befestigten Flügelkörper, an dem eine Schaufel durch die Strömung angetrieben wird, ihre Umdrehungen werden mit einem Zählwerk erfaßt; gemessen wird entweder im Integrationsverfahren (→Integrationsmessung) mit einem stetig vertikal vertellbaren Flügelkörper und Integration der Schraubendrehungen oder im Punktmeßverfahren (→Punktmessung), bei dem in einzelnen Meßpunkten der →Meßlotrechten die Anzahl n der Umdrehungen ($\dim n = T^{-1}$) in der Zeiteinheit ermittelt und durch Kalibrierungsgleichungen (→Kalibrierung) in Fließgeschwindigkeiten v umgerechnet wird; dabei ist - besonders bei Kabelaufhängung - die Abdrift *{drift}* des Flügelkörpers in Fließrichtung unter dem Einfluß des fließenden Wassers zu berücksichtigen (→Abb. H12); aus den Meßwerten erhält man durch →Interpolation die Durchflußgeschwindigkeitskurve, die

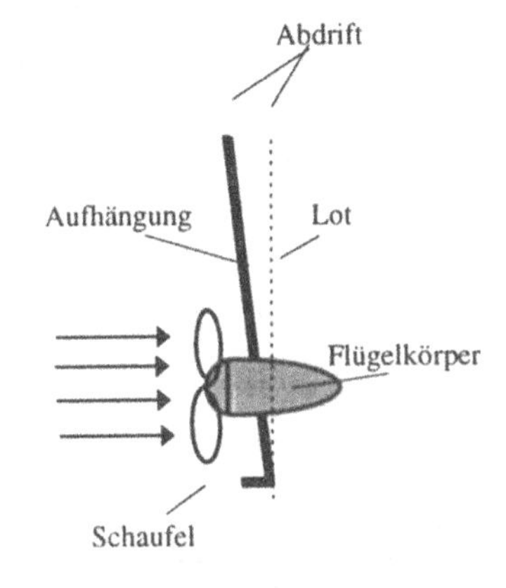

Abb. H12 ***hydrometrischer Flügel***

zusammen mit der Meßlotrechten die →Geschwindigkeitsfläche (→Abb. G6) einschließt, ihr Flächeninhalt f_v ist Variable der →Durchflußfläche (→Abb. D17), deren Flächeninhalt f_Q der Durchfluß $Q=Q(t)$ an der →Durchflußmeßstelle ist; die für die jeweiligen Flächenberechnungen benötigten Integrationen werden dabei numerisch über die einzelnen diskreten Meßwerte durchgeführt.

hydrometrischer Meßflügel, m; →hydrometrischer Flügel

hydrometry; →Hydrometrie

Hydronium, n; →Hydroniumion

Hydroniumion, n; auch Hydronium,

Assoziationsprodukt $H_3O^+\cdot(H_2O)_n$ des Oxoniumions (→Oxionium) mit mono- oder polymeren Wassermolekülen (→Wasser, →Hydratation, →Abb. H13).

hydrophil; *{hydrophile, hydrophilic}* in das Wasser eindringend und in ihm verbleibend (z. B. als Bauteil eines →Tensids).

hydrophile; →hydrophil

hydrophilic; →hydrophil

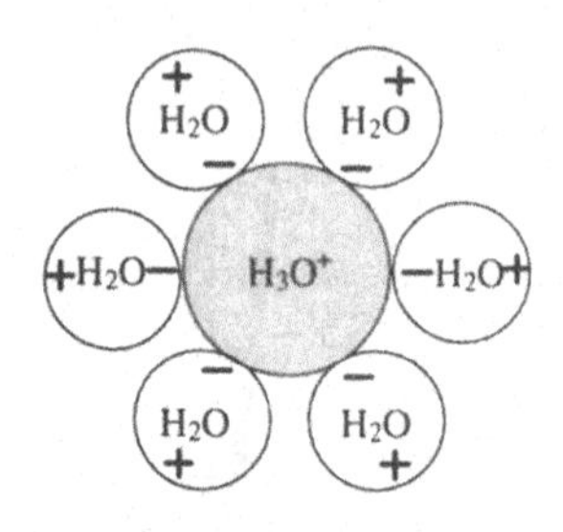

Abb. H13: ***Hydronium(ion) ($H_3O^+\cdot nH_2O$)***

hydrophob; *{hydrophobe, hydrophobic}* nicht in Wasser eindringend, vom Wasser abgestoßen (z. B. als Baustein eines →Tensids).

hydrophobe; →hydrophob

hydrophobic; →hydrophob

Hydrophon, n; →Geophon

Hydrosphäre, f; *{hydrosphere}* Wasserhülle der Erde, die Meere und oberirdischen Gewässer umfassend sowie das Eis und das in der →Erdkruste befindliche →Boden- und →Grundwasser.

hydrosphere; →Hydrosphäre

hydrostatic pressure; →hydraulischer Schweredruck

hydrostatischer Druck, m; →hydraulischer Schweredruck

hydroxide ion; →Hydroxidion

Hydroxidion, n; *{hydroxide ion}* →Ion OH^-, das als Dissoziationsprodukt (→Dissoziation) einer →Base oder als Protonenakzeptor selbst Base in einem Protolysesystem (→Protolyse) ist.

hygroscopic; →hygroskopisch

hygroscopicity; →Hygroskopizität

hygroscopic water; →hygroskopisches Wasser, →totes Wasser

hygroskopisch; (*etm.*: gr. „hygros" feucht) *{hygroscopic}* als h. bezeichnet man Stoffe, die Gasen (i. a. der Luft) Feuchtigkeiten (i. a. Wasser) entziehen, z. B. Kochsalz (→Hygroskopizität).

hygroskopisches Wasser, n; →Haftwasser, →Feldkapazität

Hygroskopizität, f; *{hygroscopicity}* Anlagerung von →Wasser durch Kondensation und durch die Bildung einer gesättigten Lösung an der Oberfläche des der Kondensation dienenden festen Stoffes; diese Lösung besitzt wegen der hohen Salzkonzentration einen geringen →Dampfdruck, hierdurch zersetzt sich die hygroskopische Substanz, sie zerfließt; die H. trockener Böden als Vermögen, Wasser aus der →Atmosphäre aufzunehmen und zu binden, wird →quantitativ erfaßt durch ihren Wassergehalt einer →Saugspannung entsprechend pF=4,7.

hypertonisch; →osmotischer Druck

hypertroph; →Trophiegrad

Hypolimnion, n; (*etm.*: gr. „hypo" unter und „limnion" der Teich, der See) unterste Schicht eines →stehenden Gewässers, die vom Sonnenlicht nicht erwärmt wird, und daher eine in zeitlicher Abhängigkeit verhältnismäßig konstante Temperatur aufweist, das H. liegt unter dem →Metalimnion (→Abb. G8).

Hypothese, f; (*etm.*: gr. „hypothenai" die Unterstellung) *{hypothesis}* Annahme über die einer →Zufallsgröße zugrunde liegenden Parameter (z. B. über ihre Wahrscheinlichkeitsverteilung, über ihren Erwartungswert, ihre Varianz usw.); die H. ist durch statistische Experimente (→Tests auf der Grundlage ermittelteter Stichprobenwerte) zu überprüfen; stützen die Experimente die H., so wird sie akzeptiert, stützen sie die H. nicht, so wird man sie eher verwerfen (zugunsten einer alterniven Hypothese) oder weiter untersuchen (→BAYESsche Theorie).

hypothesis; →Hypothese

hypotonisch; →osmotischer Druck

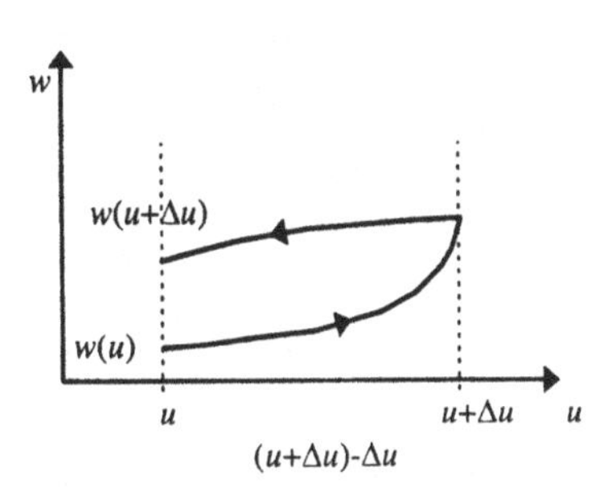

Abb H14 ***Hysterese***

Hypsolinie, f; →Isohypse

Hypsometer, n; zur barometrischen Höhenmessung verwendetes Barometer.

Hysterese, f; (*etm.*: gr. „hysteresis" das Nacheilen) *{hysteresis}* die H. beschreibt das quantitative Zurückbleiben in der Zeit einer Wirkung $w=w(u)$ hinter der sie bedingenden Ursache u, die durch die funktionale Relation $w((u+\Delta u)-\Delta u)>w(u)$ beschrieben wird (→Abb. H14), ausgehend von einer primären Wirkung $w_0 = w(u_0)$ bei der Primärursache u_0 ergibt sich bei den Übergängen $u_0 \to u_1 \to u_0 \to u_1 \to \ldots$ der Graph einer Hystereseschleife (→Abb. H15), bei den Übergängen $u_0 \to u^* \to u_0$ $(u_1>u^*>u_0)$ bzw. $u_1 \to u^* \to u_1$ $(u_0<u^*<u_1)$ erhält man die in

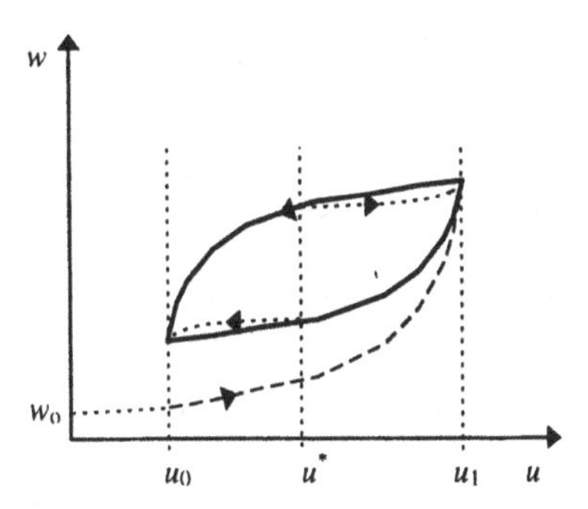

Abb. H15 ***Hystereseschleife***

der Abb. H15 gestrichelt dargestellten Anpassungskurven *{scanning curves}* (z. B. →Retentionskurve).

Hystereseschleife, f; →Hysterese

hysteresis; →Hysterese

I - J

I; Formelzeichen des →elektrischen Stroms

I_v; Formelzeichen des →Lichtstroms

Ice; →*Eis*

Ice concentration; →Eisbedeckungsgrad

Ice cover; →Eisdecke

Ice pellets; →Graupel

Ice rind; →Eishaut

Ideales Gas, n; *{ideal/perfect gas}* ein →Gas wird als ideal bezeichnet, wenn zwischen seinen Molekülen keine wechselseitigen Anziehungskräfte wirken bzw. nur vernachlässigbar geringe, so daß die Gasmoleküle sich frei im Raum bewegen können (ggs. →reales Gas), für ein i. G. gelten die →Zustandgleichung für i. G. sowie in deren Folge die Gesetze von →AVOGADRO, →BOYLE-MARIOTTE und →GAY-LUSSAC.

Ideal gas; →ideales gas

Ideal gas law; →Zustandsgleichung (für ideale Gase)

Identification limit; →Bestimmungsgrenze

Illit, m; →Calcium, →Tonmineral

Illuviation, f; →Einschlämmung

Imbibition curve, →Bewässerungskurve

Immersion, f; (*etm.*: lat. „immergere" untertauchen) *{immersion}* Zustand der Überflutung des Festlandes durch Meerwasser (→Transgression) als Folge eines Anstiegs des Meeresspiegels oder einer Landsenkung (auch Submersion, lat. „submergere" untertauchen) ; als I. wird auch die Zeitdauer bezeichnet, in der dieser Zustand herrscht sowie der höchste dabei eingetretene Wasserstand; von I. spricht man auch im Sinn eines Oberbegriffs zu →Trans- und →Regression (ggs. →Emersion).

Immission, f; (*etm.*: lat. „immittere" hineinschicken) *{immission}* im eigentlichen Sinn jegliche (infolge einer →Emission) auf Menschen, Tiere, Pflanzen, das Wasser, die Atmosphäre, Kultur- und sonstige Sachgüter nach →Deposition einwirkende Luftverunreinigung (einschließlich akustischer, sowie Erschütterungen, Strahlen, Licht, Wärme usw.), im weiteren Sinne zählt man aber, wie bei den Emissionen, auch die auf anderem Wege (hier insbesondere auf die Gewässer) einwirkenden Schadstoffe wie z. B. die aus einer →Deponie in das →Grundwasser aussickernden; für ~en durch die Luft sind Grenzwerte zum Schutz vor Gesundheitsgefahren dokumentiert, die die ~sobergrenzen für Schadstoffe bei langfristiger Dauerbelastung als Immisionsgrenzwert IW1 und für kurzfristige Spitzenbelastungen als IW2 festschreiben, darüber hinaus enthält die TA Luft (→Bundesimmissionsschutzgesetz) →maximale Immissionskonzentrationen (MIK-Werte) für organische Verbindungen und sonstige Luftinhaltsstoffe, bei Genehmigungsverfahren für neu einzurichtende Anlagen ist die von ihnen ausgehende zusätzliche ~sbelastung im Rahmen dieser Grenzwerte zu kalkulieren und zu berücksichtigen; Grenzwerte für ~en in Innenräumen sind z. B. für Arbeitsplätze in den MAK-Werten (→maximale Arbeitsplatzkonzentration) definiert.

Immobilisierung, f; (*etm.*: lat „immobilis" unbeweglich, ruhig) *{immobilization}* Festsetzung von natürlichen und anthropogenen Wasserinhaltsstoffen eines oberirdischen Gewässers im →Gewässerbett durch →Sedimentation oder als Fällungsprodukt der →Mitfällung, ferner die Festsetzung der Inhaltsstoffe des versickernden Wassers im →Boden des →Sickerraumes, z. B. durch →Adsorption an den dort enthaltenen →Huminstoffen (ggs. →Mobilisierung, →Remobilisierung).

immobilization; →Immobilisierung

imperfect gas; →reales Gas

imperfect well; →unvollkommener Brunnen

impervious; →wasserundurchlässig

Impfbrunnen, m; →Eingabegrunnen

Impfschlamm, m; →Klärschlamm

Impfung, f; Einleitung eines Stoffes in einen anderen in definierten Mengen und Zeitintervallen, z. B. die →Härtestabilisierung des Wassers. durch Zugabe von Polyphosphaten.

imported water; →Fremdwasser

Impuls, m; *{momentum}* vektorielle Bewegungsgröße $\vec{p}=m\vec{v}$ eines Körpers (als Körpereigenschaft) der →Masse m und der momentanen →Geschwindigkeit $\vec{v}$; wirken auf den Körper keine äußeren Kräfte ein, so ist sein I. $\vec{p}$=const. konstant, d. h. bei konstanter Masse m=const. ist auch seine Momentangeschwindigkeit $\vec{v}$=const. konstant, wirkt auf den Körper die Kraft $\vec{F}$, so bewirkt sie die (zeitliche) Impulsänderung $d\vec{p}/dt=d(m\vec{v}/dt)=\vec{F}$.

Impulssatz, m; der Gesamtimpuls (→Impuls) $\vec{p}=\vec{p}_1+...+\vec{p}_n$ eines Systems, auf das keine äußeren Kräfte wirken, ist $\vec{p}$=const. konstant, d. h. $d\vec{p}/dt=0$, die Summe der inneren Kräfte verschwindet somit (nimmt den Wert Null an).

incineration; →Veraschung

inclinometer; →Inklinometer

incompetent rock; →inkompetentes Gestein

incomplete well; →unvollkommener Brunnen

incompressible; →inkompressibel

incrustation; →Inkrustation

indicator; →Indikator

indicator organism; →Leitorganismus

indicator substance; →Indikatorsubstanz

Indikator, m; →Titration

Indikatororganismus, m; →Leitorganismus

Indikatorsubstanz, f; *{indicator substance}* ein seiner Herkunft nach bekannter →Wasserinhaltsstoff (→Inhaltsstoff), der durch seinen Nachweis das ihn beinhaltende Wasser kennzeichnet (→Markierungsstoff).

Indirekteinleiter, m; →Einleitung

individuelle Gaskonstante, f; →Gaskonstante

induced recharge of groundwater; →Grundwasseranreicherung

induktive Statistik, f; statistischer Ansatz, bei dem aus der Einzelfallbetrachtung auf die Merkmalswahrscheinlichkeiten der dem Einzelfall zugrunde liegenden Grundgesamtheit geschlossen wird; die Fortschreibung der Merkmalswahrscheinlichkeiten unter dem Eindruck der Einzelfallbeobachtung erfolgt im Rahmen der →BAYESschen Theorie auf der Grundlage des Satzes von BAYES (ggs. →deduktive Statistik).

indurated rock; →Festgestein

induziertes Dipolmoment, n; →Dipolmoment

Infiltration, f; (*etm.*: lat. „in" hinein und „filtrare" filtern) *{infiltraton, influent seepage}* Eindringen von Wasser in die Erdkruste (Bodeninfiltration), das infiltrierende Wasser stammt aus dem →Niederschlag und aus oberirdischen Gewässern (→influenter Abfluß), die I. kann ferner unter →anthropogenem Einfluß erfolgen (→Einleitung, →Bewässerung, →Speicherbauwerke usw.).

Infiltrationshöhe, f; in einem Bezugsort über einer horizontalen Fläche in einem Bezugszeitraum infiltrierte Wassermenge (→Infiltration) h_I in mm Wassersäule.

Infiltrationsintensität, f; →Infiltrationsrate

Infiltrationsrate, f; Quotient $i_I=h_I/t$ aus der →Infiltrationshöhe h_I und der Dauer t des h_I zugrundeliegenden Beobachtungszeitraumes in z. B. mm/h (→Intensität, →Rate).

infiltration water; →Sickerwasser

inflow; →Zufluß

influation; →Versinkung

influence of a well; →Reichweite

Influenter Abfluß, m; (*etm.*: lat. „in" hinein und „fluere" fließen) *{influent flow/stream}* auch Influenz, →Abfluß, bei dem ein →hydraulisches Gefälle aus dem →Vorfluter in den →Grundwasserleiter besteht, so daß Wasser flächenhaft aus dem Vorfluter in den Grundwasserleiter übertritt; ein i. A. kann künstlich erzeugt werden und dient dann z. B. der Gewinnung von →Uferfiltrat (→Einleitung) (ggs. →effluenter Abfluß, →Wechselwirkung,→Abb. W3).

influent flow; →influenter Abfluß

influent seepage; →Infiltration

influent stream; →influenter Abfluß

Inhaltsstoff, m; jeglicher im Wasser (auch im →Grundwasser) oder in der →Atmosphäre zusätzlich enthaltener natürlicher oder anthropogener Stoff, sei es in →Lösung, dispergiert (→Dispersion) oder ungelöst als →Schwebstoff (→Wasserinhaltsstoff).

Inhibitor, m; (*etm.*: lat. „inhibere" hindern) Stoff, der eine chemische oder biochemische Reaktion hemmt (als Antikatalysator, der als Korrosionsinhibitor z.B. die →Korrosion oder als Hemmstoff bzw. Retardantium den Wuchs bestimmter Pflanzenarten hemmt) oder verhindert (als Stabilisator z. B. den Zerfall chemischer Verbindungen, wie Wasserstoffperoxid (H_2O_2) usw., als Antagonist, z. B. Antibiotikum, biochemische Reaktionen) (ggs. →Aktivator, →Katalysator).

inhomogeneity; →Inhomogenität

Inhomogenität, f; (*etm.*: gr. „in-" nicht und „homogenes" von gleicher Art) *{inhomogeneity}* auch Heterogenität (gr. „hetero" anders und „genos" die Art) Abhängigkeit physikalischer Parameter von dem einzelnen Raumpunkt; ein →Grundwasserleiter wird z. B. als inhomogen bezeichnet, wenn sein Durchlässigkeitsbeiwert (→DARCYsches Gesetz) keinen konstanten Wert besitzt sondern eine (skalare oder tensorielle) Funktion des Ortes ist, der Durchlässigkeitsbeiwert ist dabei eine tensorielle Größe, wenn der Grundwasserleiter zusätzlich anisotrop (→Anisotropie) ist (ggs. →Homogenität).

initial loss; →Anfangsverlust

Injektionsbrunnen, m; →Eingabebrunnen

Inklination, f; →Inklinometer

Inklinometer, n; *{inclinometer}* (*etm.*: lat. „inclinare" neigen und gr. „metron" das Maß) Gerät zur Messung der Inklination, des Winkels zwischen der lokalen Richtung des magnetischen Kraftfeldes der Erde und der Horizontalebene, durch eine allseits drehbar gelagerte magnetisierte Nadel.

Inkohlung, f; →Kohle

inkompetentes Gestein, n; (*etm.*. lat. „in-" un- und „competere" gewachsen, angemessen sein) *{incompetent rock}* Gestein, das sich unter Druck plastisch verformen läßt (z. B. Salze, Schiefer, Tone; →duktil) und daher den Druck nur geringfügig weiterleitet (ggs. →kompetentes Gestein).

Inkompressibel; →Fluid

Inkrustation, f; *{incrustation}* an den Innenwänden von Rohren haftende verhärtete Abscheidungen als Folge von chemischen Reaktionen wie →Korrosion usw., von →Verockerung, →Sedimentation, →Ausfällung aus dem Wasser usw.

Inlet; →Einlauf

Inlet structure; →Einlaufbauwerk

Innenmoräne, f; →Moräne

inoculation well; →Eingabebrunnen, →Impfbrunnen, →Injektionsbrunnen, →Schluckbrunnen

inorganic; →anorganisch

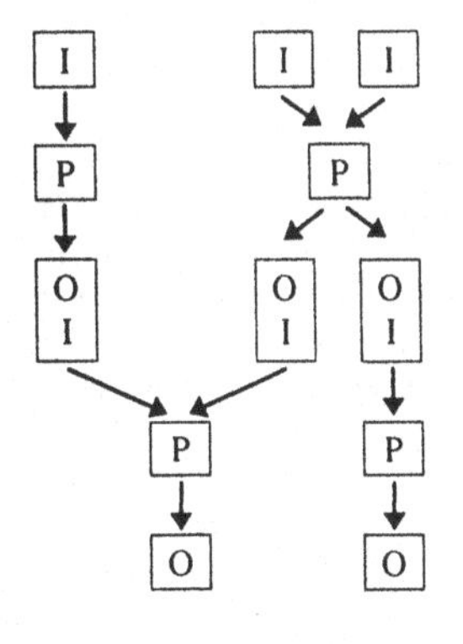

Abb. I1 *Input-Output-Modell*

Input-Output-Modell, n; Modellbildung der →Systemanalyse (→Modell), bei der ein Gesamtsystem in ein Netzwerk paralleler oder aufeinanderfolgender Teilsysteme (als atomare Bausteine) zerlegt wird, die jeweils aus einem Prozeß P bestehen, der die in ihn erfolgenden Eingaben (den Input I) in Ausgaben (den Output O) transformiert: I→P→O (auch I-P-O-Modell); Output eines Prozesses P_i kann dabei Input eines anderen Prozesess P_j sein (→Abb. I1).

insecticide; →Insektizid

Insektizid, n; (etm.: lat. „insektum" eingeschnitten(es Tier) und „caedere" töten) *{insecticide}* Insektenvernichtungsmittel.

in-site; Charakterisierung von Verfahren der →Bodensanierung in →Altlasten, bei denen die Behandlung des kontaminierten Materials in dem betroffenen Bodenkörper direkt vorgenommen wird (auch als in-situ Bodensanierung bezeichnet).

in-situ; Charakterisierung von Untersuchungsverfahren und Methoden der Bodensanierung (→in-site), die an oder in dem zu untersuchenden (oder zu sanierenden) Objekt vorgenommen werden, ohne daß es dem von ihm erfüllten Raumbereich entnommen oder seine Lage in ihm verändert wird.

instationäre Grundwasserströmung, f; *{unsteady (groundwater) flow}* Strömung des Grundwassers, bei der am Betrachtungsort die →Filtergeschwindigkeit eine zeitlich veränderliche Größe ist (ggs. →stationäre Grundwasserströmung) (→instationäre Strömung).

instationäre Strömung, f; *{unsteady flow}* Strömung, bei der die Strömungsgeschwindigkeit $\vec{v} = \vec{v}\,(P,t)$ außer von dem Raumpunkt P auch von der Zeit t abhängt (ggs. →stationäre Strömung).

integration measurement; →Integrationsmessung

integration measurement of discharge; →Ablaufmessung

Integrationsmessung, f; *{integration measurement}* kontinuierliche Messung eines Parameterwertes längs einer Linie, auf einem Flächenstück oder in einem Raumelement mit automatischer oder anschließender graphischer Integration (z. B. durch →Planimetrieren); bei der

→Durchflußermittlung mit dem →hydrometrischen Flügel wird die I. auch als →Ablaufmessung bezeichnet (ggs. →Punktmessung).

Intensität, f; *{intensity}* auf den Bezugszeitraum t_g der Erfassung einer physikalischer Größen g relativierter Quotient $i_g=g/t_g$, z. B. die →Niederschlagsintensität (→Rate).

Intensity; →Intensität

Interaction; →Wechselwirkung

Interaquifer leakage; →Grundwasserübertritt

Interception; →Interzeption

Interception loss; →Interzeptionsverlust

Intercommunicating tubes; →kommunizierende Röhren

Intercommunicating vessels; →kommunizierende Röhren

Interface; →Grenzschicht

Interflow; →Interflow, →Zwischenabfluß

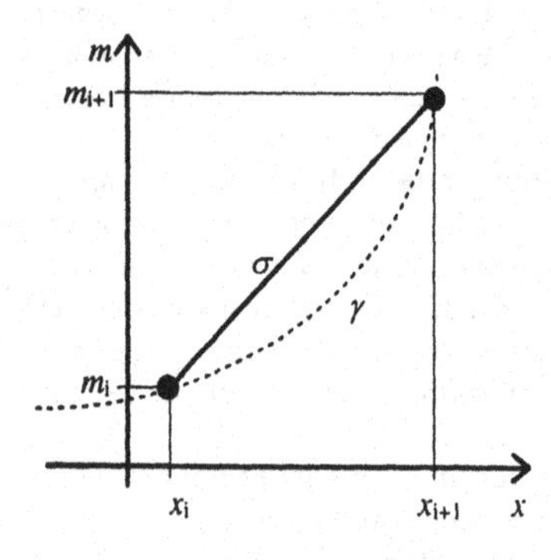

Abb. I2 *lineare Interpolation*

Interflow, m; →Zwischenabfluß

Intermediäre Zone, f; →Zwischenzone

Intermediate zone; →intermediäre Zone, →Zwischenzone

intermittierendes Gerinnen, n; →Gerinne

Interpolation, f; (*etm.*: lat. „interpolare" zurechtstutzen) *{interpolation}* durch I. gewinnt man zu gegebenen aufeinanderfolgenden diskreten Meßwerten $...m_i$, m_{i+1},... Näherungswerte zu den zwischen deren Argumentstellen $...x_i$, x_{i+1},... gelegenen abhängigen Variablenwerten, auf einfache Weise geschieht dies durch lineare I. (→Abb. I2), wobei der Graph γ der der Messung zugrunde liegenden Zufallsgröße (oder Funktion von x) m durch einen Polygonzug (Streckenzug) $...\sigma...$ approximiert wird.

Interstice; →Pore

Interstitial; (*etm.*: lat. „interstitium" der Zwischenraum) *{interstitial}* den Porenhohlraum betreffend.

Interstitial water; →Porenwinkelwasser

Interzeption, f; (*etm.*: lat. „interceptio" Wegnahme) *{interception}* Speicherung des →Niederschlags auf der Oberfläche der oberirdischen Teile der Pflanzen; da das Wasser nur in geringem Maß von den Pflanzen über ihre Oberfläche aufgenommen wird, verdunstet der größte Teil des dort gespeicherten Wassers wieder (→Interzeptionsverdunstung) oder tropft oder fließt von den Pflanzenteilen ab; durch feuchte →Depositionen gelangen mit der I. auch in der →Atmosphäre transportierte Stoffe wie Schwefel, Stickstoff und Schwermetalle in die Pflanzenkörper und damit in die →Nahrungskette (→Blattflächenindex, →Bedeckungsgrad).

Interzeptionshöhe, f; *{depth/height of interception}* der Interzeption in einem Bezugszeitraum und -gebiet zugeordnete Höhe h_I in mm Wassersäule (als Quotient $h_I=V_I/A$ des durch Interzeption gespeicherten Wasservolumens V_I durch den Flächeninhalt A des Bezugsgebietes).

Interzeptionsverdunstung, f; Teil der

→Evaporation, bei dem die in der →Interzeption auf den Pflanzenoberflächen gespeicherten Niederschläge direkt von den Pflanzenteilen verdunsten, ohne auf den Boden gelangt zu sein.

Interzeptionsverlust, m; *{interception loss}* →Verlusthöhe h_V der →Interzeption in mm Wassersäule als Differenz aus den dem Freiland- und dem Bestandsniederschlag (→Niederschlag) zugeordneten →Niederschlagshöhen; zum I. gehört somit nicht derjenigen Anteil des →Niederschlags, der nach Interzeption von den Pflanzenteilen abtropft oder an ihnen abfließt, sondern nur der Teil, der verdunstet (oder in geringem Maß durch die Pflanzen aufgenommen wird) (→Interzeptionsverdunstung); der I. ist als ~höhe definiert durch Bezugsgebiet und -zeitraum.

intrinsic permeability; →Permeabilität

Intrusivgestein, n; →Magmatit

Inundationsgebiet, n; (*etm.*: lat. „inundatio" die Überschwemmung) *{submerged area}* häufig überschwemmtes Gebiet längs der Flußläufe.

inventory; →Speicherinhalt

inverses Modell, n; →Modell, bei dem der dargestellte Prozeß P nicht näher bekannt ist und daher als →black-box behandelt wird, für P liegen jedoch die Rand- und Anfangswerte vor; in z. B. einem →Input-Output-Modell I→P→O sind somit I und O gegeben, aus diesen Informationen sollen Aussagen über das Verhalten des Prozesses P gewonnen werden sowie Prognosen für alle denkbare und mögliche Rand- und Anfangswertbedingungen.

Inversion, f; (*etm.*: lat. „inversio" die Umkehrung) *{inversion}* **1.)** überkippte Lagerung in einer Falte mit Reliefumkehr, wobei dichteres Material über weniger dichtem abgelagert wird; **2.)** Umkehr der Temperaturentwicklung bei wachsender Höhe über der Geländeoberkante; Boden~ wird verursacht durch eine Kaltluftschicht über dem Boden, in der die Temperatur bis zur oberen Begrenzung der Schicht ansteigt, dann wieder im üblichen Maß abnimmt; bei einer Höhen~ liegt die die I. verursachende Kaltluftmasse in größerer Höhe über der Geländeoberfläche, die Temperatur sinkt von der Geländeoberfläche bis zur unteren Begrenzung der Kaltluftmasse, steigt in dieser bis zur Grenzfläche der Schicht wieder an und fällt ab dort erneut ab; von Strahlungs~ spricht man, wenn feuchte Luftmassen, Wolken und Dunstschleier bei Nacht durch Wärmeabstrahlung so abkühlen, daß sie Phänomene der Höhen~ verursachen; durch I. wird der vertikale Luftaustausch in der →Atmosphäre behindert oder unterbunden, hierdurch kommt es zu einer Konzentration der in der Luft enthaltenen Schadstoffe unter der ~sschicht (→Smog).

Iod, n; *{iodine}* auch Jod, Element der →Halogengruppe, der VII. Hauptgruppe des →Periodensystems der Elemente, mit dem Elementsymbol I (auch noch J); als Kristalle vorliegend, jedoch ab einer Temperatur von ca. ϑ=20 °C durch Sublimation (→Phasenübergang) in die gasförmige Phase übergehend; →Spurenelement, →essentieller Nährstoff für den Mensch; durch Verwitterung im Boden freigesetzt, durch das Sickerwasser in den Grundwasserraum und danach in die Meere transportiert, daher im Binnenland relativ selten, in den die Meere besiedelnden Organismen jedoch angereichert (insbesondere in den Meeresalgen).

iodine; →Jod

Ion, n; (*etm.*: gr. „ienai" wandern) *{ion}* geladenes Teilchen von der Größenordnung eines →Atoms oder →Moleküls, das I. entsteht z. B. bei der →Dissoziation, und wandert bei der →Elektrolyse zu der seine Ladung anziehenden → Elektrode, die positiv geladenen Kationen *{cation}* zur negativen Kathode, die negativ geladenen Anionen *{anion}* zur positiven Anode; in Lösungen liegen die ~en nicht frei vor, sondern sind (z. B. durch →Hydratation) von polaren oder polarisierten Lösungsmolekülen (→Dipolmoment, →Polarisation) umgeben (→Wertigkeit).

ion activity; →Ionenaktivität

ion concentration; →Ionendichte

ion conductivity; →Ionenleitfähigkeit

ion conductor; →Ionenleiter

ion density; →Ionendichte

Ionenaktivität, f; *{ion activity}* →Aktivität

Ionenaustausch, m; *{ion exchange}* Adsorptionsprozeß (→Adsorption), bei dem →Ionen des Adsorbats im Kristallgitter des Adsorbens (des ~ers) angelagert werden und dabei gegen andere gleichsinnig geladene Adsorbate durch Freisetzung äquivalenter Stoffmengen (→Äquivalentstoffmenge) ausgetauscht werden, je nach Ionenart (→Ion) unterscheidet man Kationen- und Anionenaustauscher; z. B. werden Alkalimetalle (Natrium) gegen Erdalkalimetalle (Calcium) ausgetauscht oder umgekehrt (→Alkalisierung und →Erdalkalisierung); die Adsorption am ~er erfolgt an sog. Ankerplätzen, deren Anzahl die ~kapazität bestimmt, sind keine freien Ankerplätze für weiteren I. mehr vorhanden, muß der ~er regeneriert werden, wobei die Adsorptionsprozesse umgekehrt werden: das vom ~er im I. abgegebene Ion wird ihm in hoher Konzentration zugeführt, der ~er wird dadurch wieder in den Ausgangszustand versetzt.

Ionenaustauscher, m; →Ionenaustausch

Ionenaustauschkapazität, f; *{ion exchange capacity}* Kenngröße in mmol/hg für einen →Ionenaustausch, die angibt, welche →Äquivalentstoffmenge auszutauschenden Stoffes je Hektogramm der Austauschermasse ausgetauscht werden kann; die Definition der I. kann sich auch auf das Volumen der Austauschermasse beziehen, ferner kann in sie die Austauschermasse in trockenem oder in gequollenem Zustand eingehen; als Gesamt- oder Total~ bezeichnet man die theoretisch nach Definition der I. mögliche, unter den gegebenen Bedingungen und unter Wirtschaftlichkeitsaspekten nutzbar ist hiervon jedoch nur ein geringer Teil von ca. 50-70 %, der als nutzbare I. bezeichnet wird; die Kat~ *KAK {cation-exchange capacity CEC}* der Kolloide eines Bodens wird auch als T-Wert bezeichnet und ist i. allg. bezogen auf ein Hektogramm →Trockenmasse des Materials; bei Moorböden auch auf 100 ml des Bodens.

Ionenbilanz, f; Bewertung einer chemischen Wasseranalyse; theoretisch muß die Gesamtäquivalentkonzentration (→Äquivalentkonzentration) Σc_{eq}(An.) aller nachgewiesenen Anionen mit der Gesamtäquivalentkonzentration Σc_{eq}(Kat.) aller nachgewiesener Kationen übereinstimmen; meßtechnisch bedingte Abweichungen werden in der I. mit einem prozentualen →Fehler von

$$\Delta_{\%} = \frac{\Sigma c_{eq}(\text{Kat.}) - \Sigma c_{eq}(\text{An.})}{0.5 \cdot \left(\Sigma c_{eq}(\text{Kat.}) + \Sigma c_{eq}(\text{An.})\right)} \cdot 100\ \%$$

bewertet.

Ionenbindung, f; →chemische Bindung

Ionendichte, f; *{ion concentration/density}* Quotient m/V aus Masse m und Volumen V einheitlicher Ionen.

Ionenleiter, m; *{ion conductor}* Medium, das den elektrischen Strom aufgrund der →Ionenleitfähigkeit leitet, z. B. wäßrige Lösungen von Salzen usw. (ggs. →Elektronenleiter).

Ionenleitfähigkeit, f; *{ion conductivity}* Fähigkeit, den elektrischen Strom durch Bewegung von →Ionen als Ladungsträger gerichtet zu leiten; mit der I. ist stets auch ein Massetransport verbunden, der zu einer entsprechenden Massenabscheidung an den →Elektroden führt (ggs. →Elektronenleitfähigkeit); I. ist z. B. gegeben in ionisierten Gasen, in wässrigen Lösungen nach heterolytischer →Dissoziation, in Schmelzen und in einigen Festkörpern.

Ionensiebeffekt, m; Bezeichnung für den Einfluß von z. B. Tonformationen, die negativ geladen wie →semipermeable Schichten die Bewegung der Anionen hemmen und quasi als „Sieb" nur die Kationen (→Ion) wandern lassen.

Ionenstärke, f; *{ionic strength}* den →Aktivitätskoeffizienten eines z_i-fach geladenen Ions bestimmender Parameter I einer wäßrigen Elektrolytlösung (→Elektrolyt) (bei 25 °C) mit

$$I=\sum_i (z_i)^2 c_i$$

mit der Ionenkonzentration c_i mol/ℓ; z. B. wäre für eine 0,01-molare $CaCl_2$-Lösung $c(Ca^{2+})=0{,}01$ mol/ℓ und $c(Cl^-)=0{,}02$ mol/ℓ, $I=0{,}5\cdot(2^2\cdot 0{,}01+1^2\cdot 0{,}02)=0{,}03$ mol/ℓ; für $I<0{,}1$ mol/ℓ errechnet man den Aktivitätskoeffizienten α des Ions näherungsweise über

$$-\log_{10}(\alpha)=\frac{z_i^2\cdot\sqrt{I}}{1+\sqrt{I}},$$

im Beispiel: $-\log_{10}(\alpha(Ca^{2+}))=2^2\cdot 0{,}03^{0,5}/[2\cdot(1+0{,}03^{0,5})]$ $=-0{,}2952...$, d. h. $\alpha(Ca^{2+})=10^{-0,2952}$ $=0{,}5066...$; bei der Eindampfung eines reinen Elektrolyts kann man auf die I. der ursprünglich in der Lösung enthaltenen Ionen aus dem →Abdampfrückstand schließen.

Ionenverhältnis, n; Quotient der →Äquivalentkonzentrationen einzelner für die vorliegende Untersuchug relevanter Ionengruppen.

Ionenwanderung, f; →Elektrolyse

Ionenwertigkeit, f; →Wertigkeit

ion exchange; →Ionenaustausch

ion exchange capacity; →Ionenaustauschkapazität

ionic bond; →Ionenbindung

ionic strength; →Ionenstärke

Ionosphäre, f; →Atmosphäre

ionosphere; →Ionosphäre

I-P-O-Modell, n; →Input-Output-Modell

iron; →Eisen

iron clogging; →Verockerung

irreversibel; (*etm.*: lat. „in" nicht und „revertere" umkehren) *{irreversible}* Bezeichnung für einen thermodynamischen Prozeß (→Thermodynamik), der nur mit verbleibenden Zustandsänderungen in der Umgebung des Systems rückgängig gemacht werden kann (d. h. zeitlich umkehrbar ist) so, daß sein ursprünglicher Ausgangszustand wiederhergestellt wird (z. B. Erzeugung von →Wärme durch →Reibung), der ~e Prozeß ist der Regelfall der in der Natur biologisch, chemisch oder physikalisch ablaufenden Prozesse, sie finden in thermodynamisch offenen →Systemen statt und sind daher stets i., die durch diese Prozesse bewirkten Effekte werden jedoch auch als reversibel bezeichnet, wenn die ihnen zugrunde liegende ökologische Ausgangslage durch entsprechend entgegengerichtete Maßnahmen wiederhergestellt werden kann (ggs. →reversibel).

irreversible; irreversibel

irrigation; →Bewässerung

Isobar; →Isobare

Isobar; (*etm*.: gr. „isos" gleich und „baros" die Schwere) *{isobaric}* Bezeichnung für einen bei konstantem →Druck ablaufenden Prozeß, z. B. nach →GAY-LUSSAC die Relation $V=(nR/p)\cdot T$, (→Isobare).

Isobare, f; (*etm*.: →isobar) *{isobar}* →Isolinie konstanten →Druckes, als I. z. B.des →atmosphärischen Druckes Ortslinie der Punkte der Erdoberfläche mit zu einem Bezugszeitpunkt atmosphärischen Druck gleicher Höhe.

isobaric; →isobar

Isochor; (*etm*.: gr. „isos" gleich und „chora" der Raum") *{isochoric}* bei konstantem Volumen gegebene Beziehung z. B. $p=p_0(1+\gamma\vartheta)$ mit $\gamma=(273{,}15\ °C)^{-1}$ und $[\vartheta]=°C$, allgemein Bezeichnung für einen Prozeß, der bei konstantem Volumen abläuft, z. B. nach →GAY-LUSSAC die Relation $p=(nR/V)\cdot T$.

isochoric; →isochor

Isochron; (*etm*.: gr. „isos" gleich und „chronos" die Zeit) *{isochronous}* Bezeichnung für einen Prozeß, dessen Wirkung an verschiedenen Raumpunkten gleichzeitig wahrgenommen wird.

Isochrone, f; (*etm*.: →isochrone) *{isochrone}* →Isolinie einheitlichen zeitlichen Bezugs (→isochron), z. B. die Ortslinie aller Punkte der Erdoberfläche, an denen die Auswirkungen eines Prozesses (eines Edbebens usw.) gleichzeitig wahrgenommen werden können oder die Ortslinie einheitlicher Entstehungszeiten z. B. eines →Sediments in einem Bezugsgebiet mit unterschiedlicher Entwicklung der →Fazies.

isochronous; →isochron

Isocon; (Kunstwort aus gr. „isos" gleich und con. als Abkürzung für →Konzentration) Beschreibung des Zustandes einheitlicher Konzentration einer Komponente einer Lösung (→Isicone).

Isocone, f; (*etm*.: →isocon) auch Konzentrationsgleiche, →Isolonie oder →Isofläche einheitlicher Konzentration, z. B. die Ortslinie oder -fläche aller Raumpunkte, in denen ein →Wasserinhaltsstoff einheitliche Konzentration besitzt

iso contour; →Isolinie

iso contour line; →Isolinie

iso contour surface; →Niveaufläche

Isofläche, f; →Niveaufläche

isohyet; →Isohyete

Isohyete, f; (*etm*.: gr. „isos" gleich und „hyetos" der regen) *{isohyet}* als →Isolinie der →Niederschlagshöhen Ortslinie der Punkte der Erdoberfläche mit gleicher Niederschlagshöhe im Bezugszeitraum.

Isohyetenverfahren, n; (*etm*.: →Isohyete) Verfahren zur Ermittlung des →Gebietsniederschlags, bei dem im Prinzip wie im →Rasterpunktverfahren →Isohyeten Grundlage der Auswertung sind, die hier aber subjektiv aus den Meßdaten der Niederschlagsmeßstationen durch →Interpolation gewonnen werden.

Isohypse, f; (*etm*.: gr. „isos" gleich und „hypsos" die Höhe) *{isohypse, isohypsometric line}* auch Hypsolinie, als Höhen- oder →Iosolinie, die Ortsinie aller Punkte der Erdoberfläche mit gleicher Höhe, z. B. über →Normal-Null.

isohypsometric line; →Isohypde

isoklinal; (*etm*.: gr. „isos" gleich und „klinein" (sich) neigen) Bezeichnung für gleichsinniges (paralleles) Einfallen z.B. von Kristallisationsflächen.

Isoklinalschieferung, f; →Schieferung

isoline; →Isolinie

Isolinie, f; (*etm*.: gr. „isos" gleich) *{isoline, (iso) contour (line)}* Kurve, die einheitliche Werte der abhängigen Varible f einer Funktion $f=f(x,y)$ zweier Veränderlicher x und y verbindet, so sind z. B. Isobaren die Linien (Kurven) einheitlichen Luftdruckes über der Erdoberfläche, die

Isothermen die Linien einheitlicher Lufttemperatur über der Erdoberfläche usw. (→Isohyete, →Grundwassergleiche).

Isomer; (*etm.*: gr. „isos" gleich und „meros" der Teil) Bezeichnung für das Auftreten (Isomerie) zweier Stoffe (Isomere) mit unterschiedlichen chemischen und physikalischen Eigenschaften bei einheitlicher Summenformel und Molekülgröße.

Isomer, n; →isomer

Isomerie, f; →isomer

isopach; →Isopache

Isopache, f; (*etm.*: gr. „isos" gleich und „pachos" die Dicke) *{isopach}* auch Mächtigkeitsgleiche, als →Isolinie Ortslinie aller Punkte der Erdoberfläche einheitlicher Mächtigkeit einer geologischen Schicht.

isopiestic line; →Grundwassergleiche

isopiestic surface; →Grundwasserdruckfläche

isosurface; →Niveaufläche

Isotache, f; (*etm.*: „isos" gleich und „tachos" die Geschwindigkeit) als →Isolinie oder -Fläche die Ortslinie aller Punkte eines Bezugsgebietes mit einheitlicher Strömungsgeschwindigkeit z. B. der Luft des Wassers.

isotherm; →Isotherme

isotherm; *{isothermal}* Bezeichnung für einen bei einheitlicher (unveränderlicher →Temperatur ablaufenden Prozeß, z.B. nach →BOYLE-MARIOTTE pV=const.

isothermal,→isotherm

Isotherme, f; *{isotherm}* **1.**) Graph konstanter Werte einer Relation bei konstanter Temperatur T z. B. pV=const. (→isotherm) **2.**) →Adsorptions~.

isotonisch; →osmotischer Druck

Isotop, m; (*etm.*: gr. „isos" gleich und „topos" Gestalt, Platz) *{isotope}* zu einem Element gehörende Atome gleicher →Ordnungszahl (→Kernladungszahl), jedoch unterschiedlicher →Massenzahlen, →Nuklid gleicher Kernladungs- aber unterschiedlicher Neutronenzahl.

isotope; →Isotop

isotope hydrology; →Isotopenhydrologie

Isotopenhydrologie, f; *{isotope hydrology}* Zweig der →Hydrologie, der sich mit z. B. der →Grundwasserneubildung befaßt auf der Basis der Verteilung der →Isotope, die entweder ohnehin als natürliche Isotope oder infolge →anthropogener Einflüsse in der Umwelt vorhanden sind (→SMOW).

Isotropie, f; (*etm.*: gr. „isos" gleich und „trope" Drehung) *{isotropy}* Richtungsunabhängigkeit physikalischer Parameter, so bezeichnet man einen →Grundwasserleiter als isotrop, wenn der Durchlässigkeitsbeiwert k_f (→DARCYsches Gesetz) nur von dem Raumpunkt (x,y,z) als skalare Größe abhängt, also eine (skalare) Konstante oder eine Funktion $k_f(x,y,z)$ ist im Fall inhomogener Grundwasserleiter (→Inhomogenität) (ggs. →Anisotropie).

isotropy; →Isotropie

iteration method; →Iterationsverfahren

Iterationsverfahren, n; (*etm.*: lat. „iterare" wiederholen) *{iteration method}* mathematisches - meist rechnergestütztes - Verfahren, bei dem eine praktische Problemlösung durch schrittweise Näherung unter wiederholter Anwendung eines Algorithmus erzielt wird, der in jedem Widerholungsschritt der Näherung auf das Ergebnis des vorhergehenden angewendet wird.

J; Abk. für Joule, Einheit der →Arbeit, der →Energie

J; Dimensionssymbol des →Lichtsstroms

JACOB; →COOPER-JACOB

Jährlichkeit, f; →Wiederholungszeitspanne in a als mittlere Zeitspanne zwischen dem Eintreten zweier gleichwahrscheinlicher Ereignisse z. B. 100-jährliches Hochwasserereignis.

Jahr, n; *{year}* als Zeiteinheit durch a wiedergegeben (für lat. „annum" Jahr) →Abflußjahr.

Jod, n; →Iod

joint; →Kluft

joint aquifer; →Kluftgrundwasserleiter

joint filling; →Kluftfüllung

joint groundwater; →Kluftgrundwasser

joint network; →Kluftnetz

juncture; →Kluft

Jungpräkambrium, n; →Erdgeschichte

Jura, m; →Erdgeschichte

juvenil (*etm.*: lat. „juvenis" jung) *{juvenile}* als j. wird ein Wasser bezeichnet, das im magmatischen Zyklus neu gebildet wurde und noch nicht den →hydrologischen Kreislauf durchlaufen hat (ggs. →vados).

juvenile; →juvenil

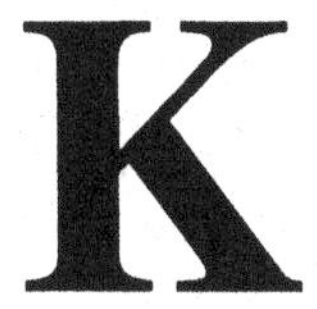

k-; →Kilo-

K; Abk. für Kelvin, Einheit der →thermodynamischen Temperatur

Kabellichtlot, n; *{light plumb line}* Meßinstrument zur Bestimmung des Grundwasserstandes (→Standrohrspiegelhöhe) in einem →Brunnen oder in einer →Grundwassermeßstelle, dazu wird ein zweiadriges elektrisches Kabel, das an einen Batteriekasten angeschlossen ist, in das →Peilrohr z. B. der →Grundwassermeßstelle abgelassen; der Kontakt mit dem Grundwasserspiegel wird durch das Aufleuchten einer Lampe (oder ein ausgelöstes akustisches Signal) infolge des dabei hergestellten Kurzschlusses signalisiert, an einer auf dem Kabel angebrachten Skala ist der Abstand zwischen Grundwasserspiegel und oberem Rand der Grundwassermeßstelle als Abstich ablesbar; in Kombination mit zusätzlichen Meßinstrumenten lassen sich gleichzeitig weitere Parameterwerte z. B. →Temperatur, →Leitfähigkeit usw. des Grundwassers bestimmen.

Kältewüste, f; →Wüste

Kaliber-Log n; *{caliper log}* Instrument zur →kontinuierlichen Bestimmung eines →Bohrdurchmessers durch Abtasten des Bohrumfanges, der Bohrlochradius wird dabei durch Tastarme am K-L. mechanisch abgegriffen, die geometrische Größe in ein elektrisches Signal umgewandelt und zur Auswertung gebracht; mit dem K-L. lassen sich somit →Erosionen und Ablagerungen in einem Bohrloch →Auslaugungen, Risse und den Bohrlochdurchmesser mindernde quellende Bodenpartikel lokalisieren.

Kalibrierung, f; (*etm.*: gr. „kalopodion" der Leisten) *{calibration}* **1.**) Abgleich der Skala eines Meßinstrumentes gegen definierte, absolute Meßwertreihen, dabei wird der funktionale Zusammenhang $w=w(g)$ bestimmt, der zwischen dem von einem Meßinstrument erfaßten (im Rahmen der Meßgenauigkeit „tatsächlichen") Größenwert g einer →physikalischen Größe und dem von dem Instrument angezeigten Meßwert w besteht im Sinne einer Skalendefinitione (→Skala; →Eichung); **2.**) Abstimmung (des Prozesses P) eines →mathematischen Modells, z. B. in der Darstellung als →Input-Output-Modell I→P→O mit Hilfe historischer (tatsächlich gemessener) Daten zum Modell-Output O bei bekanntem Input I (als vorgegebenes Paar von Randwerten des Modells).

Kalifeldspat, m; →Feldspat; →Orthoklas

Kalium, n; *{potassium}* Element der Gruppe der →Alkalimetalle, der 1. Hauptgruppe des →Periodensystems der Elemente, mit dem Elementsymbol K; in der Erdkruste liegt K. hauptsächlich in silikatischer Form als z. B. Kalifeldspat (→Feldspat), →Glimmer und in Illiten (→Tonmineral) vor; ~salze gehören zu den wichtigsten →Nährstoffen der Pflanzen, die ihren ~bedarf aus dem wasserlöslichen K. decken, das im Gleichgewicht mit dem an der Oberfläche von Tonmineralien und Glimmern adsorbierten K. steht; nicht pflanzenverfügbar ist das in den Schichtsilikaten (Tonmineralien und Glimmer; →Silikat) als Zwischenschichtkalium fixierte, nicht austauschbare Kalium, das erst nach →Verwitterung der Mineralien freigesetzt wird und von den Pflanzen aufgenommen werden kann; K. ist wegen der starken Bindung an die Schichtsilikate i. allg. im →Grundwasser als K^+-Ionen im Gegensatz zu Na^+, Ca^{2+} und Mg^{2+} nur in geringen Konzentrationen vorhanden.

Kalium-Argon-Methode, f; Altersbestimmung von Gesteinen aus dem Verhältnis $^{40}_{18}Ar : ^{40}_{19}K$ zwischen dem Argonisotop (→Isotop) $^{40}_{18}Ar$ und dem Kaliumisotop $^{40}_{19}K$, das Kaliumisotop $^{40}_{19}K$ besitzt eine →Halbwertszeit von $1{,}28 \cdot 10^9$ Jahren und geht durch Abstrahlen eines →Positrons oder die Aufnahme eines →Elektrons einer inneren Elektronenschale durch den Kern in des Argonisotop $^{40}_{18}Ar$ (→Isotop) über, so daß man aus dem Verhältnis $^{40}_{18}Ar : ^{40}_{19}K$ auf das Alter der der Untersuchung zugrunde liegenden Objekte schließen kann; da das $^{40}_{19}K$ andererseits jedoch auch durch Abstrahlung eines Elektrons in das $^{40}_{20}Ca$ - Isotope übergehen kann, hängt die Genauigkeit dieser Datierungsmethode von den jeweiligen Zerfallsverhältnissen des Kaliumisotops ab.

Kaliumdichromatverbrauch, m; →CSB

Kaliumpermanganatverbrauch, m; → CSB

Kalk, m; →Calciumcarbonat

Kalkagressivität, f; als K. der Kohlensäure wird das agressive Verhalten des Anteils der gelösten freien →Kohlensäure im Wasser bezeichnet, der den zum Erhalt des →Kalk-Kohlensäure-Gleichgewichts benötigten Kohlensäuregehalt überschreitet und in der Lage ist, →Carbonate zu lösen, da dafür jedoch ein Teil der gelösten freien Kohlensäure verbraucht wird, liegt ihr die K. bedingender Anteil unter dem die →Eisenaggresivität verursachenden, zu der die gesamte freie Kohlensäure beitägt.

Kalkgehalt, m; *{lime/calcium carbonate content}* prozentualer Gewichtsanteil von $CaCO_3$ und $MgCa(CO_3)_2$ an der →Trokkenmasse eines →Gesteins; →quantitativer Nachweis des K. erfolgt z. B. durch →Atomabsorptionsspektrometrie, roentgenographisch usw. (~bestimmung *{calcimetry}*), →qualitativer Nachweis und überschlägige →semiquantitave Abschätzung durch Zusatz verdünnter Salzsäure (Aufbrausen ist Hinweis auf Carbonat).

Kalkgehaltsbestimmung, f; →Kalkgehalt

Kalk-Kohlensäure-Gleichgewicht, n; K.-K.-G. liegt in einem Wasser vor, wenn es bei den gegebenen Bedingungen (z. B. Temperatur) im Zustand der →Calciumcarbonatsättigung ist, d. h., wenn dieser Parameter den Wert Null annimmt und das Wasser weder festes Calciumcarbonat aufzulösen noch abzuscheiden vermag; im K.-K.-G. besteht für die Äquivalentkonzentrationen (jeweils in mmol/ℓ) $c(CO_2)$ des im Wasser gelösten Kohlendioxids, $c(HCO_3^-)$ des im Wasser gelösten Hydrogenkarbonats und $c(Ca^{2+})$ der Calciumionen die Relation (TILLMANNsche Gleichung):

$$c(CO_2)=(K/f_T)[c(HCO_3^-)]^2 c(Ca^{2+})$$

mit einer temperaturabhängigen (den Temperatureinfluß auf das K.-K.-G. berücksichtigenden (TILLMANNschen) Koeffizient K ($\dim K = L^6/N^2$) und einem von der →Ionenstärke abhängigen (TILLMANNschen) Korrekturfaktor f_T ($\dim f_T = 1$), der den Einfluß der Fremd- und Eigenionen berücksichtigt; eine Differenz $c_{gem}(CO_2)-c_{gl}(CO_2)>0$ zwischen der in einem Wasser gemessenen CO_2-Konzentration $c_{gem}(CO_2)$ und der rechnungsmäßigen CO_2-Gleichgewichtskonzentration $c_{gl}(CO_2)$ weist auf einen Überschuß an freiem CO_2 hin und ist ein Maß für die →Kalkaggressivität des Wassers; der *pH*-Wert pH_{gl} eines Wassers im K.-K.-G. ist charakterisiert durch die Relation:

$$pH_{gl} = pK^* - \lg c(Ca^{2+}) - \lg c(HCO_3^-) + \lg f_L,$$

$\lg \equiv \log_{10}$, mit dem temperaturabhängigen additiven (LANGELIERschen) Koeffizient pK^* und dem von der Ionenstärke abhängigen (LANGELIERschen) Korrekturfaktor f_L ($\dim f_L = 1$); die als LANGELIER-Index I_L bezeichnete Differenz $I_L = pH_{gem} - pH_{gl}$ eines Wassers zwischen seinem (dem gemessenen) *pH*-Wert pH_{gem} und dem rechnungsmäßigen Gleichgewichtswert pH_{gl} ist ein Maß für seine Kalkaggressivität, bei $I_L < 0$ ist das Wasser aggressiv, bei $I_L > 0$ kalkübersättigt.

Kalkmudde, f; →Mudde

Kalkstein, m; →Sediment, →Carbonatgestein

Kaltwasserfahne, f; →Wärmeentzug

Kalzium, n; →Calcium

Kambrium, n; →Erdgeschichte

Kammerbohrer, m; Bohrer, mit dem z. B. beim schlagenden oder drehenden Bohren (→Bohrung) in einer Bohrkammer (→Schappe) eine Bohrprobe (→Bodenprobe) in verhältnismäßig ungestörtem Zustand gewonnen werden kann.

Kammwasserscheide, f; →Wasserscheide

Kanäozoikum, n; →Erdgeschichte

Kaolinit, m; *{kaolinite}* Schichtsilikat (→Silikat) $Al_2(OH)_4Si_2O_5$ (→Tonmineral).

kaolinite; →Kaolinit

Kapillaraszension, f, →Kapillarität

Kapillardepression, f; →Kapillarität

Kapillare, f; →Kapillarität

kapillare Aufstiegszone, f; *{capillary space/zone/fringe}* Bereich über dem Grundwasserraum, in den das Wasser entgegen der Schwerkraft im Einfluß der →Kapillarität als →Kapillarwasser aufsteigt, der vollständig mit Wasser gefüllte Teil der k. A., der der →gesättigten Zone zuzurechnen ist, wird als geschlossener Kapillarraum bzw. als Kapillarsaum *{capillary fringe}* bezeichnet, der nicht vollständig mit Wasser angefüllte Teil, der zur →ungesättigten Zone und zum →Sikkerraum gehört, als offener Kapillarraum; die mittlere kapillare Steighöhe hängt vom Durchmesser der Porenkanäle ab, so besitzt Grobsand eine mittlere Steighöhe von ca. 4 cm, Feinsand von 40-70 cm und Ton im Bereich von mehreren Metern.

kapillare Speicherkapazität, f; →Kontinuitätsgleichung; →Speicherkapazität

Kapillarität, f; (*etm.*: lat. „capillus" Haar) *{capillarity}* Grenzflächeneffekt beim Kontakt zwischen Flüssigkeiten und festen Unterlagen; beim Überwiegen der Kräfte der →Adhäsion an der Grenzfläche über die der →Kohäsion in der Flüssigkeit liegt eine benetzende Flüssigkeit vor (→Abb. K1), die unter dem Einfluß ihrer Oberflächenspannung in einer engen Röhre (Kapillare) gegen die Wirkung der Schwerkraft aufsteigen kann (Kapillaraszension, (lat. „ascendere" hinaufsteigen); beim Übewiegen der Kohäsions- über die Adhäsionskräfte wird die Flüssigkeit als nicht benetzend bezeichnet, sie zieht sich auf einer ebenen festen Oberfläche kugelförmig zusammen und wird in einer Kapillare nach unten gedrückt (Kapillardepression, lat. „deprimere" niederdrücken), die bei Kapillaraszension und -depression sich ausbildenden gewölbten Flüssigkeitsoberflächen bilden einen Meniskus (Pl. Menisken, gr. „meniskos" Körper mit mondförmiger Gestalt); kapillare Aufstiegs- oder Depressionshöhe hängen außer von den Materialien nur noch vom inneren Durchmesser der Kapillaren ab; die K. ist als Grenzflächenprozeß ein Sonderfall der →Sorption.

Kapillarraum, m; →kapillare Aufstiegszone

Kapillarsaum, m; →kapillare Aufstiegszone

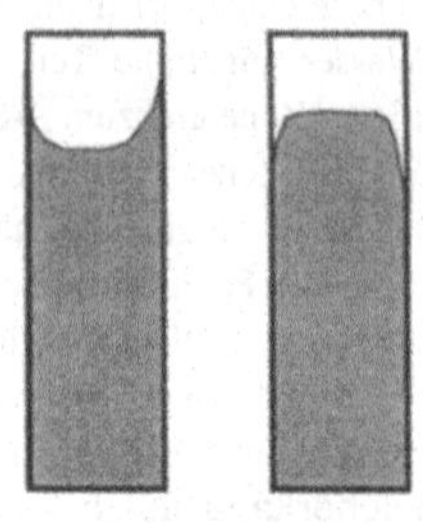

Abb. K1 *Kapillarität bei Wasser (links) und Quecksilber (rechts)*

Kapillarsperre, f; an der Grenzschicht zwischen einer unterliegenden grobporigen (Kiesfraktion) und einer überliegenden feinporigen (Feinsand) Schicht auftretendes Phänomen der Bildung hängender →Menisken in der feinporigen Schicht, so daß bei einem Schichtengefälle (→Gefälle) ein lateraler Abfluß in und über der feinkörnigen Schicht erfolgt, solange der von der zuströmenden Flüssigkeit auf die K. ausgeübte →Druck unter einem zum Durchbrechen der anströmenden Flüssigkeit führenden Schwellendruck liegt; ~n dienen damit z. B. der Abdichtung von →Deponien gegen das Eindringen von Oberflächenwasser, das sie bei leich geneigter Ausbildung der Dichtungsschicht auf der K. in Auffanggräben ableiten können (→Abb. K2).

Kapillarwasser, n; *{capillary water}* Wasser, das entgegen der Schwerkraft infolge der →Kapillarität aufsteigt und aufgestiegen gehalten wird (→Potentialtheorie, →Abb. Z1).

Karbon, ; →Erdgeschichte

Karbonat, n; →Carbonat

Karbonathärte, f; →Carbonathärte

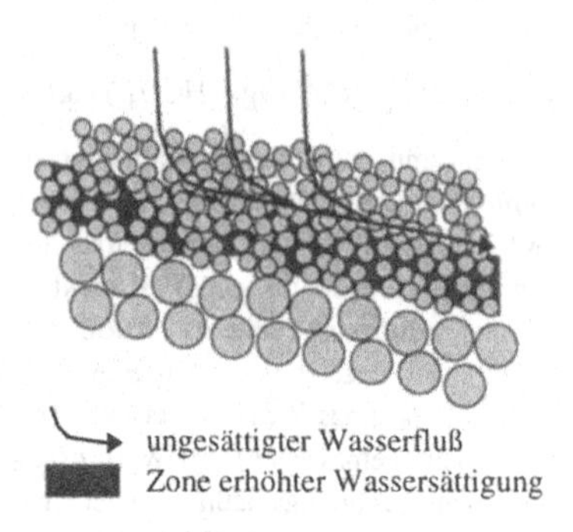

Abb. K2 *Kapillarsperre*

Karst, m; (*etm.*: sbkr. „Kras“, it. „Carso“, Kalkplatau im Hinterland des Golfs von Triest) *{karst}* Gesteinsformation (→Gestein), in der infolge von Lösungsvorgängen (→Auslaugung) kohlensäurehaltiges Wasser (→Kohlensäure) im Gestein („Karstgestein“) Hohlräume von z. T. erheblichem Volumen - bis hin zu Höhlen - geschaffen hat, aus denen sich u. U. durch →Erdfall an der Erdoberfläche erkennbare Hohlformen bilden können (→Doline); in Abhängigkeit von der Zusammensetzung des ~gesteins unterscheidet man Carbonat~ (in Kalkstein, Dolomit usw.), Sulfat~ (in → Anhydrit und →Gips), Chlorid~ (in Steinsalz), die Löslichkeiten der einzelnen Salze stehen etwa im Verhältnis Chloride:Sulfate:Karbonate=10.000:100:1 zu einander; direkt an der Geländeoberfläche anstehendes ~gestein wird als nackter K., durch nicht verkarstungsfähiges Gestein überdeckter als bedeckter K. bezeichnet; nach Höhenlage relativ zum Vorfluterniveau unterscheidet man seichten K., der über dem Vorfluterniveau liegt, vom tiefen K., der darunter liegt; im K. kann durch →Versinkung Wasser aus oberirdischen Gewässern rasch und in großen Mengen in das Hohlraumsystem gelangen, wobei im Bereich eines Schluckloches (auch Ponor genannt) *{sink, swallet}* ein Fließgewässer mit seinem gesamten Durchfluß zumindest über einen Teil seines Wasserlaufes in den Untergrund gelangen kann, man bezeichnet dieses Phänomen als →Schwinde, speziell als Flußschwinde *{sinking river}*.

karst aquifer; →Karstgrundwasserleiter

karst cavity; →Karsthohlraum

Karstdurchlässigkeit, f; die →hydraulische Leitfähigkeit eines Karstgesteins (→Karst) bestimmender Parameter.

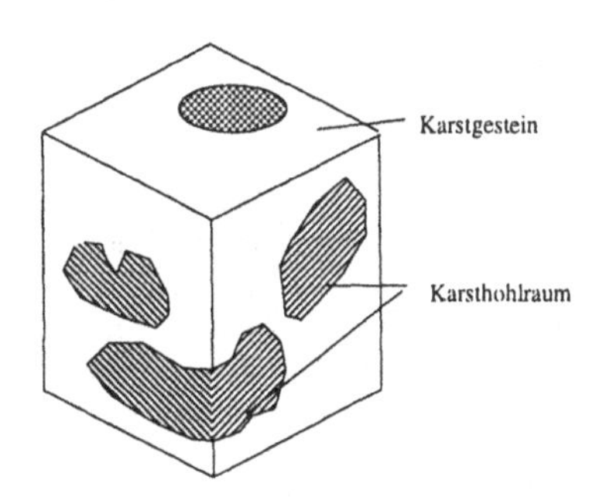

Abb. K3 *Karsthohlraum*

Karstgestein, n; →Karst

Karstgrundwasserleiter, m; *{karst aquifer}* →Grundwasserleiter, dessen durchflußwirksamer →Hohlraumanteil durch →Karsthohlräume gebildet wird.

Karsthohlraum, m; *{karst cavity}* im →Karst durch Lösungsvorgänge im →Karstgestein, z. B. im →Carbonatgestein aus →Klüften heraus geschaffene →Hohlräume, die z. T. untereinander in Verbindung stehen und für das in ihnen enthaltene Grundwasser ein System →kommunizierender Röhren darstellen (→Abb. K3) (→Pore, →Kluft).

karstification; →Verkarstung

Karstkorrosion, f; Bildung von →Karsthohlräumen unterhalb des Spiegels des →Grundwassers, die auf die →Kalkagressivität des Wassers zurückzuführen ist.

kartesische Koordinaten, f, Pl; (*etm.*: nach dem frz. Wissenschaftler DESCARTES) *{cartesian coordinates}* ein kartesisches →Koordinatensystem z. B. im Raum wird bestimmt durch drei sich in einem gemeinsamen Punkt 0 (dem Ursprung) schneidende und paarweise aufeinander senkrecht stehende Geraden g_x, g_y und g_z; ein beliebiger Raumpunkt P ist in einem k. K. in seiner Lage durch die Projektion auf diese drei Geraden charakterisiert; dazu werden drei in 0 gebundene Einheitsvektoren $\vec{e}_x$, $\vec{e}_y$ und $\vec{e}_z$ bestimmt, deren Endpunkte (→Abb. K4) jeweils auf der entsprechend

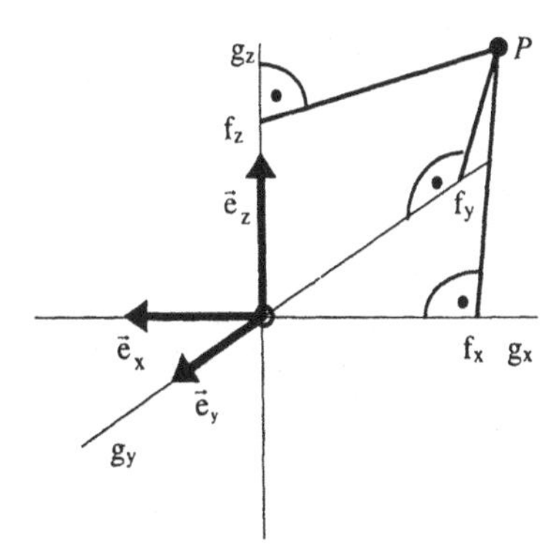

Abb. K4 ***kartesische Koordinaten***

indizierten Gerade liegen, die Koordinatenzuordnung zu einem Raumpunkt P erhält man durch Fällen der Lote von P auf die Geraden g_x, g_y und g_z mit den

Fußpunkten f_x bzw. f_y und f_z; bezeichnen $\vec{f}_x$, $\vec{f}_y$ und $\vec{f}_z$ die von 0 zu dem entsprechenden Fußpunkt führenden Vektoren, so werden sie als Vielfache $\vec{f}_x = x \cdot \vec{e}_x$, $\vec{f}_y = y \cdot \vec{e}_y$ und $\vec{f}_z = z \cdot \vec{e}_z$ eindeutig ausgedrückt, die reellen Zahlen x, y und z sind die k. K. des Punktes $P=(x,y,z)$, der von 0 nach P gerichtete Vektor $\vec{x}$ heißt Ortsvektor von P und besitzt die Komponentendarstellung (→Komponente) $\vec{x} = (x,y,z)$ dabei sind x, y und z die Komponenten oder Komponentenwerte von $\vec{x}$, $\vec{f}_x$, $\vec{f}_y$ und $\vec{f}_z$ sind die zu $\vec{x}$ gehörigen Komponentenvektoren (die ebenfalls abgekürzt als Komponenten bezeichnet werden); stehen die drei Geraden g_x, g_y und g_z nicht paarweise senkrecht aufeinander, so erhält man, falls sie nicht alle drei in einer Ebene liegen, ein allgemeines Parallelkoordinatensystem; für →Kugelkoordinaten (r,φ,ψ), bei denen die Äquatorebene in die kartesische x-y-Ebene fällt und deren Bezugshalbgerade h mit der kartesischen positiven x-Achse zusammenfällt, erhält man die Umrechnungsgleichungen
$x=r\cdot\cos(\varphi)\cdot\cos(\psi)$, $y=r\cdot\cos(\varphi)\cdot\sin(\psi)$, $z=r\cdot\sin(\varphi)$;

und $r=\sqrt{x^2+y^2+z^2}$,
$\varphi=\arctan(z/\sqrt{x^2+y^2})$ für $(x^2+y^2\neq 0)$,

$\psi=\arctan(y/x)$ für $(x>0)$ bzw.
$\psi=\pi+\arctan(y/x)$ für $(x<0)$;
für →Zylinderkoordinaten (r,ψ,z) deren z-Achse mit der kartesischen übereinstimmt erhält man
$x=r\cdot\cos(\psi)$, $y=r\cdot\sin(\psi)$, $z=z$;

und $r=\sqrt{x^2+y^2}$, $z=z$,

$\cos(\psi)=\frac{x}{\sqrt{x^2+y^2}}$, $\sin(\psi)=\frac{y}{\sqrt{x^2+y^2}}$.

Kaskade, f; (*etm.*: lat. „cadere" fallen) *{cascade}* Reihenanordnung von Gefäßen, in denen ein sie durchfließendes →Fluid einer Folge von chemischen oder biologischen oder physikalischen (z. B. Speicherung, →Speicherkaskade, →Abb. S10) Reaktionen ausgesetzt ist.

Katabolismus, m; →Dissimilation

Katalysator, m; (*etm.*: gr. „katalyein" auflösen) *{catalyzer}* Stoff der den Ablauf einer chemischen Reaktion beschleunigt, so daß sich das chemische Gleichgewicht schneller einstellt als unter den Bedingungen ohne die Verwendung eines ~s, der K. wird bei bei dieser Reaktion selbst nicht verbraucht und ist in den Reaktionsprodukten auch nicht nachweisbar (ggs. →Inhibitor).

katharob; (*etm.*: →Katharobie) (ggs. →saprob) Bezeichnung für eine Gewässer, das der →Katharobie günstige Lebensumstände bietet.

Katharobie, f; (*etm.*: gr. „katharos" rein und „bios" das Leben) *{catharobity}* auch Katharobiont, Organismus, der nur in reinen, unbelasteten Gewässern leben kann; ~n sind damit Indikatoren für eine entsprechende Gewässergüte, wird andererseits die Sterblichkeitsrate der ~n schlagartig erhöht, so ist dies ein Hinweis auf eine eingetretene Belastung des Gewässers mit für die ~n toxischen Stoffen (→Fischtest; ggs. →Saprobie).

Katharobiont, m; →Katharobie

Kathode, f; →Elektrode

Kation, n; →Ion

Kationenaustausch, m; →Ionenaustausch

Kationenaustauschkapazität, f; →Ionenaustauschkapazität

Kationenbelegung, f; *{adsorbed cations}* durch die →Kolloide des Bodens (u. a. →Tonminerale) adsorbierte Kationen in der Einheit mmol/g und bezogen auf die →Trockenmasse des Bodens.

Kavitation, f; (*etm.*: lat. „cavus" hohl)

{cavitation} auch Hohlsog, bei wieder ansteigendem Druck schlagartige Kondensation der bei →Blasenbildung in einer strömenden Flüssigkeit entstandenen Dampfblasen.

Keim, m; *{germ}* lebender →Mikroorganismus, als pathogener K. krankheitserregend (z. B. →Bakterium).

Keimzahl, f; →Koloniezahl

Kelchüberfall, m; →Überfall

Kelvin, n; Einheit der thermodynamischen →Temperatur, →Basiseinheit im SI-System mit dem Einheitensymbol K

Kennkorngröße, f; *{characteristic grain diameter/size}* das grundwasserleitende →Lockergestein im →Entnahmebereich eines Brunnens betreffender Parameter d_K mit dimd_K=L und [d_K]=mm in Abhängigkeit von der Korngrößenverteilung (→Kennkornlinie) des Lockergesteins; die K. läßt sich als diejenige Korngröße bestimmen, die dem Wendepunkt im oberen Teil der Verteilungslinie entspricht; aus dem Wert der K. wird die Korngröße des →Filterkieses berechnet (→Abb. K5).

Kennkornlinie, f; graphische Darstellung der Kennkorngröße für den sandigkiesigen Bereich entsprechender charakterisitscher Kornverteilungskurven (→Abb. K5).

Kerbtal, n; →Tal

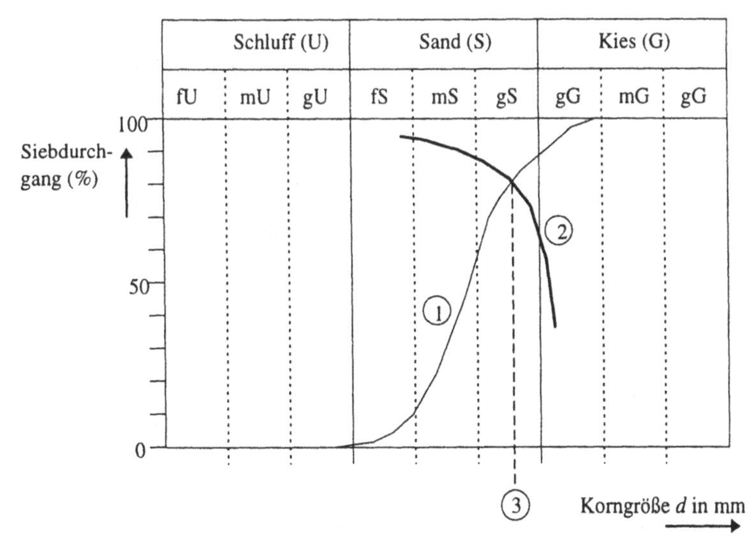

1: Kornverteilungskurve eines Lockergesteinsgrundwasserleiters
2: Kennkornlinie
3: Kennkorngröße

Abb. K5 ***Kennkornlinie, Kennkorngröße***

Kernbohrer, m; Bohrwerkzeug, mit dem bei der →Bohrung zugleich eine →Bodenprobe gewonnen werden kann (→Kammerbohrer, →Schappe).

Kerneis, n; →Eis

Kernladungszahl, f; *{atomic number}* Anzahl der →Protonen im Kern eines →Atoms (→Ordnungszahl), die mit der Anzahl der →Elektronen in seiner Hülle übereinstimmt.

Keuper, m; →Obere Trias

***k_f*-Wert**, m; →DARCYsches Gesetz

kg; Abk. Kilogramm als Einheit der →Masse.

Kies, m; →Sediment

Kieselalge, f; →Diatomee

Kieselsäure, f; *{silicic acid}* Sauerstoffsäure des →Siliziums, als Mono~ $Si(OH)_4$ ist die K. Bestandteil aller natürlicher Gewässer und aller Lebewesen, sie ist mit unterschiedlichem Anteil im →Grundwasser enthalten, der u. U. Aufschluß über die Herkunft des geförderten Grundwassers liefert; durch →Kondensation bilden sich unter Abspaltung von Wassermolekülen Poly~n der allgemeinen Summenformel $mSiO_2 \cdot nH_2O$, deren Moleküle sich zu größeren Aggregaten zusammenschließen (→Silikat).

Kiesfilter, m; →Filterkies

Kilo-; (*etm.*: gr. „chilio" tausend) das 10^3-fache einer Einheit, Kurzform k.

kinematische Energiehöhe, f; →BERNOULLI-Gleichung

kinematische Viskosität, f; →Viskosität

kinetic energy; →Energie

kinetische Energie, f; →Energie

kinetischer Druck, m; →BERNOULLI-Gleichung

Kläranlage, f; →Abwasserreinigung

Klärschlamm, m; *{sewage sludge}* bei der →Abwasserreinigung anfallender →Schlamm; die bei der mechanischen Reinigung mit Rechen zurückgehaltenen Abfälle werden nicht zum K. gerechnet; nach Herkunft unterscheidet man K. aus der Reinigung kommunaler und industrieller Abwässer, nach dem Auftreten im Klärprozeß unterteilt man den K. (in Abhängigkeit von den verwendeten Verfahren) z. B. in Primärschlamm aus der mechanisch-physikalischen Reinigungsstufe, Belebtschlamm, der - sich vermehrend - den biologischen →Abbau bewirkt, Sekundärschlamm aus der biologischen Reinigungsstufe, der nach erfolgter Nachklärung als Rücklaufschlamm den Belebtschlamm anreichert oder als Überschußschlamm, der (zusammen mit dem Primärschlamm als Rohschlamm) der Faulung zugeführt wird, wobei durch anaeroben →Abbau der organischen Inhaltsstoffe des Abwassers stabilisierter Faulschlamm als eigentlicher die Kläranlage verlassender K. entsteht (→Abb. K6); die im Klärschlamm enthaltenen Schadstoffe, vor allem →Schwermetalle, aber auch organische Schadstoffe, sind in ihrem Gehalt durch gesetzliche Auflagen (~verordnung) begrenzt.

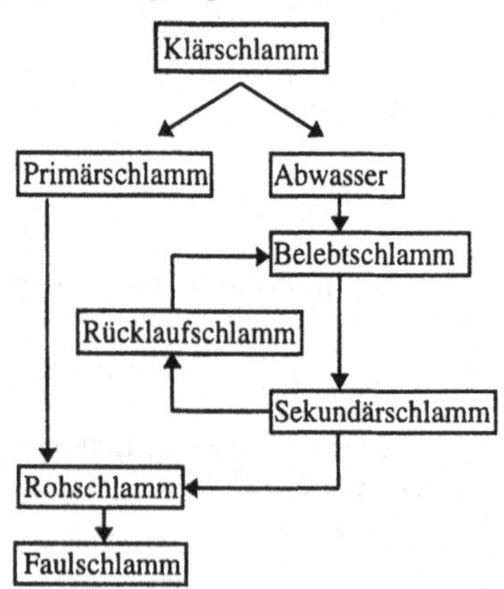

Abb. K6 ***Klärschlamm***

Klaffweite, f; →Kluftdurchlässigkeit
Klamm, f; →Tal
klastisches Sediment, n; →Sedimentgestein
Klima, n; *{climate}* (*etm*.: gr. „klima" Neigung (der Erdachse)) für ein bestimmtes Bezugsgebiet charakteristischer mittlerer Zustand der →Atmosphäre über einen längeren Zeitraum oder über einheitliche Abschnitte mehrerer aufeinanderfolgender Jahre; in Abhängigkeit von der Größe des Bezugsgebietes unterscheidet man Mikro-, Meso- und Makro~, das Mikro- oder Lokal~ ist dabei das K. der bodennahen Luftschichten und charakterisiert ein minimales Bezugsgebiet, für das sich ein K. gegen die Umgebung des Gebietes abgrenzen läßt (z. B. ein bebautes Gelände, ein Weinberg usw.); von Meso~ spricht man bei bei größeren, räumlich begrenzten Bezugsgebieten, denen charakteristische klimatische Parameter zugeordnet werden können (z. B. größere zusammenhängende Gebiete mit einheitlicher Vegetation); das Makro- oder Groß~ ist schließlich das große, zusammenhängende Gebiete - Länder, Kontinente oder die gesamte Erdoberfläche - kennzeichnende K., es ist Grundlage der Definition der →Klimazonen; in Abhängigkeit von der Art der →Niederschläge oder dem Niederschlags-Verdunstungsverhältnis bezeichnet man die Klimate auch als →arid, →humid bzw. →nival, die Grenze zwischen aridem und humidem K. als Trockengrenze, die zwischen humidem und nivalem K. als Schneegrenze.
klimatische Wasserbilanz, f; →Wasserbilanz
Klimazone, f, *{climate zone}* größeres Gebiet einheitlichen, gegen die Umgebung abgegrenzten →Klimas, das hauptsächlich vom Einfallswinkel der Sonnenstrahlen bestimmt ist, die ~n sind daher näherungsweise mit der geographischen Breite verteilt (obwohl noch weitere klimabestimmende Faktoren, wie die Höhe des gegebenen Gebietes über dem Meeresspiegel usw. bei der Ausprägung der K. von Bedeutung sind); im einzelnen charakterisiert man die ~n z. B. als:

äquatoriales Klima, das Klima des tropischen Regenwaldes ohne ausgeprägte klimatische Jahresschwankungen;

tropisches Klima, unterteilt in das Klima des Regenwaldes und das der Savanne;

Trockenklima, unterteilt in Steppen- und Wüstenklima;

gemäßigtes Klima mit der Aufteilung in wintertrockenes und warmes, sommertrockenes und warmes und die feuchten Klimate mit entweder heißen oder kühlen Sommern;

Schneewaldklima mit kaltem und entweder trockenem oder feuchtem Winter und das

Schneeklima der Tundra und des ewigen Frostes.

Klüftigkeitsziffer, f; →Kluftdurchlässigkeit
Kluft, f; *{fissure, fracture, interstice, joint, juncture}* →Hohlraum im Festgestein (→Gestein), der infolge tektonischer Prozesse (→Tektonik) entsteht und als Oberbegriff alle Arten von Fugen und Spalten unterschiedlichster Kluftöffnungsweiten (auch Klaffweiten) im →kompetenten Gestein umfaßt (→Abb. K7) (→Karsthohlraum, →Poren).
Kluftanteil, m; *{fracture porosity}* →Hohlraumanteil im →Kluftgestein
Kluftbelag, m; →Kluftfüllung
Kluftdichte, f; →Kluftdurchlässigkeit
Kluftdurchlässigkeit f; *{fracture permeability}* →Durchlässigkeit des durch

Klüfte (→Kluft) geprägten →Gesteins, im z. B. vulkanischen kristallinen Gestein alleinige Komponente der Durchlässigkeit, häufig jedoch (im sedimentären Gestein) zusammen mit der →Porendurchlässigkeit ein Bestandteil der →Gebirgsdurchlässigkeit, bestimmt wird die K. durch den entsprechenden Durchlässigkeitsbeiwert k_f des →DARCYschen Gesetzes; die Wasserleitfähigkeit entlang der Klüfte wird bestimmt durch die Kluftlänge, die Kluftöffnungsweite *{fracture width}* (auch Klaffweite genannt, →Abb. K7), die Kluftdichte *{fracture index}* (auch Klüftigkeitsziffer, sie ist die Anzahl der Klüfte pro Länge senkrecht zur Kluft), die räumliche Anordnung (→Streichen und →Fallen) der Klüfte, evtl. vorhandene →Kluftfüllung (z. B. Mineralbeläge), den Durchtrennungsgrad, der die Durchtrennung in einer Kluftebene quantifiziert, die Anzahl der Kluftsysteme sowie ihre räumliche Anordnung und deren wechselseitige hydraulische Verbindungen.

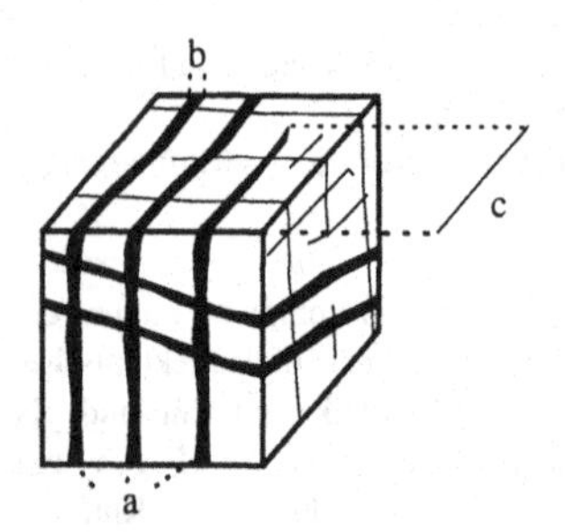

a: Kluftsystem
b: Kluftöffnungsweite
c: Kluftlänge

Abb. K7 ***Kluft***

Kluftfüllung, f; *{joint filling}* mineralischer Belag der Kluftwände als Kluftbelag oder die Füllung einer Kluft mit mineralischem Material

Kluftgestein, n; Festgestein (→Gestein), dessen →Hohlräume durch →Klüfte gebildet werden.

Kluftgrundwasser, n; *{joint groundwater}* →Grundwasser, dessen →Grundwasserleiterleiter aus →Festgestein so aufgebaut ist, daß sein durchflußwirksamer →Hohlraumanteil von →Klüften gebildet wird.

Kluftgrundwasserleiter, m; *{joint aquifer}* →Grundwasserleiter aus Festgestein, dessen durchflußwirksamer →Hohlraumanteil aus →Klüften besteht.

Kluftlänge, f; →Kluftdurchlässigkeit

Kluftnetz, n; *{joint network}* Plan der Lagen und gegenseitigen Anordnungen der →Klüfte einer durch Festgestein (→Gestein) geprägten Region (→Abb. K7).

Kluftöffnungsweite, f; →Kluftdurchlässigkeit

Kluftvolumen, n; →Hohlraumvolumen

Koagulation, f; →Kolloid

Körper, m; *{body}* ein durch definierte Grenzflächen bestimmter räumlicher Bereich, z. B. →Grundwasser~, →Wasser~,→Boden~ und →Gesteins~; im physikalischen Sinn auch unter Berücksichtigung der Erfüllung des ~s mit Materie, so daß ihm, zusätzlich zu seiner geometrischen Bestimmtheit, eine →Masse und u. U. weitere physikalische Parameter zukommen.

Kohäsion, f; (*etm.*: lat. „cohaerere" zusammenhaften) *{cohesion}* durch zwischenmolekulare Kräfte (→VAN DER WAALSsche Kraft) bedingter Grenzflächeneffekt des Haftes zwischen den gleichartigen Molekülen eines Stoffes, die ~skräfte sind in Festkörpern und Flüssigkeiten verhältnismäßig stark, in Gasen schwach und nur bei tiefen Temperaturen nachweisbar (→Adhäsion).

Kohle, f; *{coal}* unter Luftabschluß aus →Pflanzen und Pflanzenresten durch Inkohlung entstandene Ab- und Umbauprodukte aus →organischen C-, O-, H-, N- und S-haltigen (→Kohlenstoff, →Sauerstoff, →Wasserstoff, →Stickstoff, →Schwefel; →Abbau), meist ringförmige Verbindungen, die zusätzlich →anorganische Komponenten , insbesondere Wasser enthalten; durch thermische Zersetzung der K. (Entgasung) gewinnt man bei der chemischen Umsetzung der K. in der Carbochemie Kondensationsprodukte, z. B. →Teer, Schwelgase und Koks.

Kohlendioxid, n; *{carbon dioxide}* Dioxid CO_2 des →Kohlenstoffes, Anhyrid der →Kohlensäure, kommt in der Natur gasförmig in der Luft mit einem Anteil von ca. 0,03 Vol% vor, gelöst in Wasser, in dem es sehr gut löslich ist, und gebunden im Gestein in der Form von →Carbonaten; eine Erhöhung des CO_2-gehaltes der →Atmosphäre führt zum → Treibhauseffekt, sie ist Folge der Verbrennung fossiler Brennstoffe sowie des Rückgangs der Vegetation (Regenwälder), in denen große Mengen an Kohlenstoffverbindungen gespeichert sind sowie der globalen Erwärmung der Meere (infolge des Treibhauseffektes) und der dadurch bewirkten geringeren Löslichkeit des CO_2 im Wasser.

Kohlensäure, f; *{carbonic acid}* in wäßriger Lösung nach der Reaktion $CO_2+H_2O \rightleftharpoons H_2CO_3$ umgesetztes Kohlendioxid; die K. dissoziiert (→ Dissoziation) zu $H_2CO_3 \rightleftharpoons H^+ + HCO_3^{2-}$, da jedoch nur ca. 0,2 % des gelösten CO_2 sich zu K. umsetzt, wird sie zu den schwachen Säuren gezählt, obwohl sie theoretisch aufgrund ihrer →Dissoziationskonstante als mittelstark einzustufen ist, die K. kann nicht als freie Säure isoliert werden.

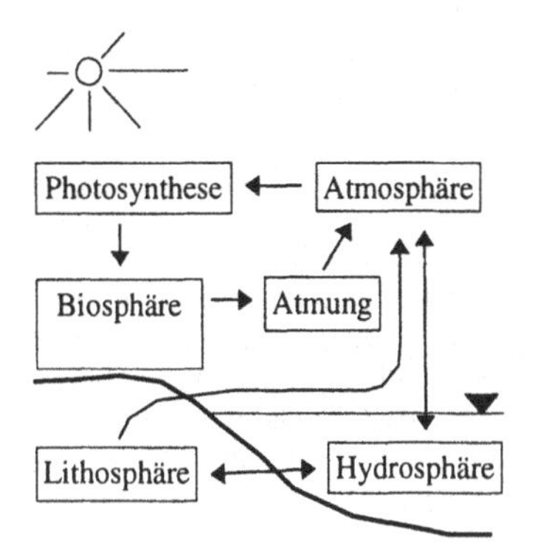

Abb. K8 ***Kohlenstoffkreislauf***

Kohlenstoff, m; *{carbon}* nichtmetallisches Element der →Kohlenstoffgruppe,der IV. Hauptgruppe des →Periodensystems der Elemente, mit dem Elementsymbol C, das in zwei verschiedenen →kristallinen →Modifikationen existiert; in der Natur kommt der K. C elementar als Diamant oder als Graphit, gebunden in →Kohle, →Erdöl, →Erdgas, als →Kohlendioxid in der Luft oder im Wasser gelöst und als →Carbonat im Gestein vor (→organisch, →anorganisch).

Kohlenstoffgruppe, f; IV. Hauptgruppe des →Periodensystems der Elemente mit den Elemente →Kohlenstoff (C), →Silizium (Si), Germanium (Ge), Zinn (Sn) und →Blei (Pb) mit Zunahme des metallischen Charakters vom Nichtmetall C zum Schwermetall Pb.

Kohlenstoffkreislauf, m; *{carbon cycle}* →Stoffkreislauf des →Kohlenstoffs als Bestandteil →anorganischer und aller →organischer Verbindungen, als gasförmige Kohlenwasserstoffverbindungen in der Atmosphäre, in gelöstem

Zustand in der →Hydrosphäre und fest bzw. gebunden in der Pedosphäre (Biomasse) und der →Lithosphäre (→Kohle, →Carbontgestein usw.); der K. beruht hauptsächlich auf den Prozessen des mikrobiellen →Abbaus, der →Respiration, der →Photosynthese und des Kohlenstofftransportes in der Nahrungskette sowie auf →anthropogenen Einflüssen, z. B. Verbrennung usw. (→Abb. K8).

Kohlenwasserstoff, m; *{hydrocarbon}* chemische Verbindung, deren Moleküle nur Kohlenstoff (C) und Wasserstoffatome (H) enthält, die Moleküle der aliphatischen (acyclischen) ~verbindungen bilden Ketten ohne Ringschluß, in einfacher Atombindung zwischen den C-Atomen gesättigte, sonst ungesättigte ~e; die Moleküle der cyclischen ~verbindungen sind zum Ring geschlossen, die aromatischen ~e (Aromaten) sind cyclisch und enthalten einen oder mehrere Benzenringe (C_6H_6) (→Benzen), die alicyclischen ~e sind cyclisch und frei von Benzenringen und deren Bindungssystem; als Heterocyclen bezeichnet man schließlich cyclische ~e, die Heteroatome, Atome weiterer Elemente wie →Chlor, →Schwefel, →Stickstoff usw. enthalten; unter den acyclischen ~en unterscheidet man nach Strukturkriterien u. a. die Alkane mit der Summenformel C_nH_{2n+2} mit ausschließlich Einfachbindungen, z. B. →Methan (n=1), Ethan (n=2), Propan (n=3), Butan (n=4), Pentan (n=5), Hexan (n=6), Heptan (n=7), Oktan (n=8) usw., die Hauptbestandteile des →Erdgases, des →Erdöls und der Schwelungsprodukte der →Kohle sind, ferner Alkene mit der Summenformel C_nH_{2n}, die eine Doppelverbindunge enthalten, mit denVertretern Ethen (n=2) usw, die Grundlage der Kunststofferzeugung sind, und die Alkine mit der Summenformel C_nH_{2n-2}, die je eine Dreifachbindung besitzen, z.B. Ethin (n=2) usw.

Kokke, f; →Bakterium

Koli-, →Coli-

Kolk, m; (*etm.*: nd. Vertiefung) *{pothole}* Vertiefung in einem →Gewässerbett infolge großer oder wechselnder Fließgeschwindigkeit oder stark veränderlicher Strömungsvorgänge (→turbulent, →Erosion).

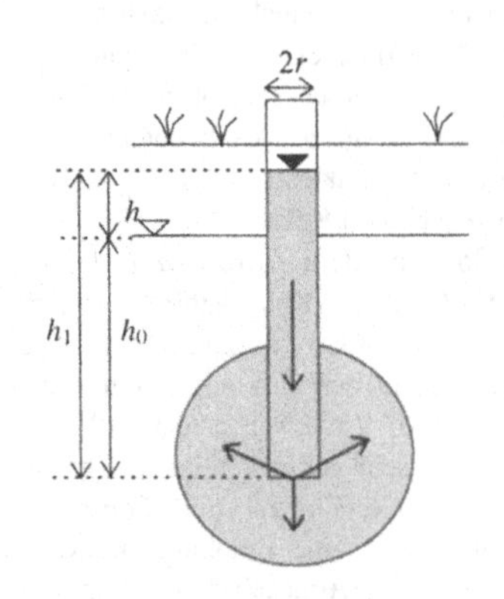

Abb. K9 *Kollbrunner-Maag*

Kollbrunner & Maag-Verfahren, n; →Auffüllversuch zur Ermittlung der Durchlässigkeit (→Darcysches Gesetz) eines isotropen (→Isotropie) und homogenen (→Homogenität) →Grundwasserraumes; ein in ihm vertikal eingebautes, nur an den beiden Enden offenes Rohr wird über den Ruhewasserspiegel aufgefüllt; unterstellt man kugelsymmetrische Ausbreitung der Äquipotentialflächen, so ergibt sich der Durchlässigkeitsbeiwert k_f zu:

$$k_f = r \cdot \ln(h_1/h_2)/(4\Delta t)$$

mit dem Wasserstand h_1 zu Beginn der Messung, h_2 nach dem Meßintervall Δt,

h_1 und h_2 im Rohr jeweils über dem Ruhewasserspiegel gemessen, *r* ist der innere Radius des Meßrohres (→Abb. K9).

kolligative Eigenschaft, f; (*etm.*: lat. „colligare" zusammenbinden) chemisch-physikalische Eigenschaft, die von der gegebenen Stoffmenge einer Substanz, d. h. der von ihr vorhandenen Teilchenzahl, nicht aber von ihrer Art abhängt: z. B. die Erniedrigung der Dampfdruckkurve einer Lösung (→Dampfdruck) in Abhängigkeit von dem Lösungsmittel und der →Stoffmengenkonzentration der gelösten Substanz, ferner die dadurch bewirkte →Gefrierpunktserniedrigung und →Siedepunktserhöhung (→RAOULTsches Gesestz).

Kolloid, n; (*etm.*: gr. „kolla" Leim) *{colloid}* (→Dispersion) fester Stoffe in Flüssigkeiten auch moleküldisperses (kolloiddisperses) System, als Molekül~, das aus unlöslichen Makromolekülen gebildet wird, als Assoziations~, das sich in echten Lösungen bei bestimmten Grenzkonzentrationen einstellt, und als Dispersions~, der Verteilung fester Stoffe in einer Flüssigkeit (Dispersion), die Teilchendurchmesser der dispergierten Substanzen liegen bei den kolloiddispergen Systemen im Bereich 10^{-9} bis 10^{-7} m; die ~e können in zwei Zustandsformen vorliegen: als Sol (d. h. als eine kollooide Lösung) und als Gel (gallertartige Masse); die Umwandlung eines Sols in ein Gel wird als Koagulation (Ausflockung, *etm.*: lat. „coagulare" gerinnen) bezeichnet, der umgekehrte Prozeß als Peptisation (*etm.*: gr. „petein" verdauen, auflösen), hierbei unterscheidet man zwischen irreversibler Koagulation (nach der keine erneute Peptisation des Gels mehr möglich ist) und reversibler, nach der eine Peptisation nicht ausgeschlossen ist; Tonminerale weisen wegen der platten Form ihrer Partikel, die Durchmesser von ca. $2 \cdot 10^{-6}$ m besitzen, kolloide Eigenschaften auf, durch Koagulation bilden sich dabei je nach Kationenbelag an der Oberfläche der Tonminerale unterschiedliche Aggregatstrukturen aus.

Kolluvium, n; (*etm.*: lat. „colluvio" Gemisch) *{colluvium}* durch →Erosion und schwerkraftbedingte Massenverlagerung (→Rutschung) am Hangfuß oder im Tal ungeschichtet abgelagertes Bodenmaterial.

Kolmation, f; *{aggregation, colmation}* Ab- und Umlagerung fester Stoffe im porösen →Gesteinskörper mit einhergehender Verringerung seiner Porosität und seines Durchlässigkeitsbeiwertes k_f (→DARCYsches Gesetzt) bei z. B. →influentem Abfluß, die K. in der unmittelbaren Gewässersohle, der Grenzschicht zwischen dem Gewässer und dem Gesteinskörper, wird als äußere K. bezeichnet, Einlagerungen von Feststoffen im inneren des Gesteinskörpers als innere K., bloße Umlagerungen von Feststoffpartikeln aus grobporigen in feinporigere Bodenzonen und dortige Festsetzung werden Kontakt~ genannt (ggs. →Suffosion; →Erosion); als quantifizierbare Bedingung dafür daß ein ~svorgang stattfinden kann, ist zum einen ein geometrisches Kolmationskriterium zu erfüllen, das den maximalen Durchmesser der für einen ~sprozeß in Frage kommenden Partikel begrenzt, zum anderen ein hydraulisches ~skriterium, das die Grenzen bestimmt, innerhalb derer die hydraulischen Kräfte ausreichen, in das Porensystem eingedrungene Feinpartikel bis zu ihrer →Immobilisierung zu transportieren.

Kolonie, f; Bezeichnung für eine unter definierten Bedingungen sichtbare, lokal begrenzte, dichte Besiedelung eines Nährbodens mit →Mikroorganismen (→Bakterien) nach Auftrag einer Analysesubstanz und Bebrütung unter Bedingungen, die für die Vermehrung der Mikroorganismen günstig sind (→Koloniezahl).

Koloniezahl, f; Anzahl der aus einer (in Abhängigkeit von den jeweiligen Hygienestandards) definierten Menge einer bakterienhaltigen Substanz auf einem Nährboden nach einer fest vorgebenden Bebrütungsdauer und -temperatur (die u. a. von der nachzuweisenden Keimart abhängt) bei Lupenvergrößerung sicht- und zählbar entstandenen Keimkolonien (→Keim, →Kolonie), die K. wird gelegentlich auch noch als Keimzahl bezeichnet.

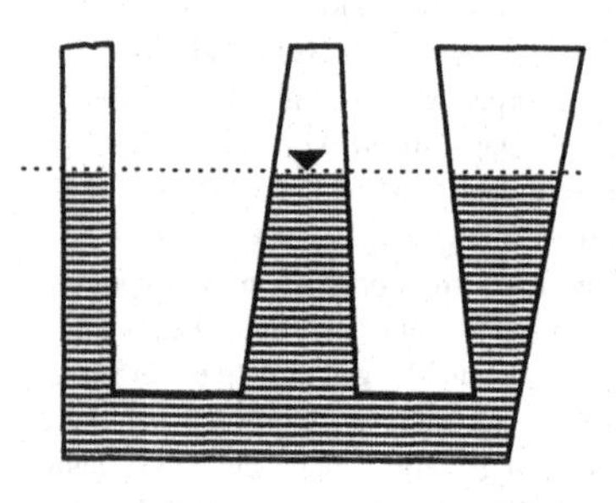

Abb. K10 *kommunizierende Röhren*

kommunizierende Röhren, f, Pl; *{(inter-) communicating tubes/vessels}* oben offene, miteinander verbundene Röhren; falls die k. R. mit einer homogenen Flüssigkeit (einheitlicher →Dichte) gefüllt sind, so stellt sich in allen Röhren unabhängig von ihrem einzelnen Durchmesser und ihrer Form derselbe Flüssigkeitsstand ein (→Abb. K10).

Kompartiment, n; (*etm.*: frz. „compartiment" abgeteilter Raum) *{compartment}* abgegrenzter Bereich eines komplexen Systems, in dem bezüglich einer zu analysierenden Zustandsgröße Gleichgewichtsverhältnisse herrschen; bei der Darstellung des Stofftransportes in einem mathematischen Modell (→Transportmodell) ist z. B. ein K. ein durch Grenzflächen abgetrenntes Volumenelement, in dem der transportierte Stoff in konstanter →Konzentration vorliegt.

Kompensationsebene, f; *{compensation level}* Grenzfläche zwischen →tropholytischer und →trophogener Schicht eines Gewässers (→Abb. P8).

kompetentes Gestein, n; (*etm.*. lat. „competere" gewachsen, angemessen sein) *{competent rock}* hartes, wenig elastisches und leicht zerbrechliches Gestein, (z. B. magmatische Gesteine, Sandstein, Quarzite), k. G. ist kaum verformbar und leitet Druck weiter, so es nicht bei tektonischer Beanspruchung (→Tektonik) bricht und dabei →Klüfte bildet (ggs. →inkompetentes Gestein).

Komplex, m; durch Anlagerung von Atomen oder Molekülen den Liganden L, an ein Zentralatom Z oder -ionen entstandenes Gebilde:

$$Z + nL \rightleftharpoons ZL_n$$

dessen Stabilität durch die Stabilitätskonstante $K = c(ZL_n)/[c(z) \cdot (c(L))^n]$ der beteiligten Komponenten bestimmt ist (→chemische Bindung).

Komplexverbindung, f; →chemische Verbindung

Komponente, f; (*etm.*: lat. „componere" zusammensetzen) *{component}* **1.)** als ~n einem Vektor $\vec{v}$ (gerichtete Größe) zugeordneter Projektionsvektor auf die Koordinatenachsen (→kartesische Koordinaten), der Vektor $\vec{v}$ ist dann die Vektorsumme seiner ~nvektoren; man bezeichnet auch die durch die Projektion von $\vec{v}$ auf die Koordinatenachsen bestimmten Koordinatenwerte der Endpunkte der ~nvektoren als ~n; **2.**) →qualitativ bez. der Definition eines →Gemisches nicht weiter zerlegbarer oder zerlegter Gemischbestandsteil.

Kompost, m; (*etm.*: lat. „compositus" zusammengesetzt) *{compost}* durch →Kompostierung vorwiegend aus schadstofffreiem oder -armem organischem Hausmüll, aus Gartenabfällen usw. hergestellte humusbildende Substanz.

Kompostierung, f; *{composting}* zur Abfallentsorgung eingesetzter aerober →Abbau organischer Abfallstoffe durch →Mikroorganismen zu humusbildenen Stoffen, mit der K. einhergehend ist eine Volumenreduzierung des anfallenden organischen Abfalls; durch Verschiebung des →C/N-Verhältnisses in den Abfallstoffen wird ihre Verträglichkeit für die Vegetation und ihre →Pflanzenverfügbarkeit vergrößert (→ Rotte, →Humus).

kompressibel; →Fluid

Kompressibilität, f; (*etm.*: lat. „comprimere" zusammendrücken) *{compressibility}* Maß der Reaktion eines →Körpers auf Druckänderungen durch Verringerung seines Volumens, die K. wird gemessen im Verhältnis der relativen Volumensänderung $\Delta V/V$ des Körpers zur Änderung Δp des auf ihn einwirkenden →Druckes mit der K. $\kappa=\Delta V/(V\Delta p)$ (κ^{-1} wird auch als ~smodul bezeichnet); Wasser ist z. B. nur in geringem Maße kompressibel, es kann daher modellhaft bei vielen Überlegungen (z. B. →hydraulischer Schweredruck) als praktisch inkompressibel ansehen werden (→Fluid).

Kompressibilitätsmodul, m; →Kompressibilität

Kondensation, f; (*etm.*: lat. „condensatio" Verdichtung) *{condensation}* →Phasenübergang

kondensierender Niederschlag, m; →Niederschlag

Konglomerat, n; →Sediment

konnates Wasser, n; (*etm.*: lat. „co" gemeinsam und „natus" Geburt, Alter) Wasser, das bereits bei der →Sedimentation des Speichergesteins in dieses eingeschlossen und später nicht wieder verdrängt wurde (→Grundwasser).

Konsistenz, f; (*etm.*: lat. „consistere" (in einem Zustand) auftreten)) *{consistency}* Zustandsform eines bindigen Lockergesteins (→Bindigkeit, →Sediment), die K. einer Bodenprobe wird beschrieben durch die ~zahl *{consistency number}* I_C mit $\dim I_C=1$, die sich aus dem Wassergehalt der Probe bei verschiedenen Zuständen berechnet zu:

$$I_C=(w_L-w)/(w_L-w_P)$$

mit dem Wassergehalt w_L an der Fließgrenze *{liquid limit}*, an der das Sediment vom flüssigen in den bildsamen (plastische) Zustand übergeht, dem Wassergehalt w_P an der Ausrollgrenze *{plasticity limit}*, an der das Sediment vom bildsamen zum halbfesten Zustand übergeht und dem tatsächlichen Wassergehalt w der Bodenprobe ($\dim w_L=\dim w_P=\dim w=1$); der die Fließ- und Ausrollgrenze bestimmende bildsame Zustand ist in die Zustandsformen breiig, weich und steif unterteilt, unterhalb der Fließgrenze liegt das Sediment in flüssiger K., oberhalb in halbfester oder fester vor.

Konsistenzzahl, f; →Konsistenz

Kontakterosion, f; →Erosion

Kontaktkolmation, f; →Kolmation

Kontaktmetamorphose, f; →Metamorphose

Kontaktsuffosion, f; →Suffosion

Kontamination, f; (*etm.*: lat. „contaminare" verderben) *{contamination}* radioaktive, chemische, biologische oder sonstige Verunreinigung der Umwelt (insbesondere des Bodens, der Gewässer und der Luft; →Dekontamination).

kontinuierlich; *{continuous}* Bezeichnung für eine →stetige Abhängigkeit einer Variablen v von einer anderen: $v=v(x)$, insbesondere bei einer Abhängigkeit von der Zeit $x=t$ zu $v=v(t)$ (ggs. →diskontinuierlich).

Kontinuitätsgleichung, f; *{continuity equation}* die K. gibt die Erhaltung der bei einem Transportvorgang (→Transportgleichung) bewegten Quantität q mit $[q]=\mathsf{q}$ wieder; z. B. ist bei der Strömung eines →Fluids in einem vom Quellen und Senken freien Strömungsfeld (→Divergenz) (bzw. auch unter Bedingungen der →gesättigten Zone) der zeitliche Massestrom durch jedes durchströmte Flächenelement konstant, d. h. mit der Strömungsgeschwindigkeit $\vec{q}$ gilt für ein →inkompessibles Fluid (dessen Dichte ρ=const. konstant ist)

$$\vec{\nabla}\vec{q}=0,$$

für ein kompressibles Fluid mit variabler Dichte $\rho=\rho(x,y,z,t)$ in Abhängigkeit vom Raumpunkt $P=(x,y,z)$ und der Zeit t ist entsprechend

$$\vec{\nabla}(\rho\cdot\vec{q})+\frac{\partial\rho}{\partial t}=0\,;$$

beim Fluidtransport in der →ungesättigten Zone entsprechend

$$\vec{\nabla}\cdot\vec{q}=\frac{\partial\theta}{\partial t}$$

im inkompressiblen und

$$\vec{\nabla}(\rho\cdot\vec{q})+\frac{\partial\rho}{\partial t}=\frac{\partial\rho\theta}{\partial t}$$

im kompressiblen Fall, mit dem →Wassergehalt θ ($\dim\theta=1$), berücksichtigt man hierbei die Abhängigkeit des Wassergehaltes θ von der Saugspannung $\psi=\psi_c$ (→Potentialtheorie, →Retentionskurve), so erhält man z. B. im inkompressiblen Fall

$$\vec{\nabla}\cdot\vec{q}=\frac{\partial\theta}{\partial\psi}\frac{\partial\psi}{\partial t},$$

die RICHARDS-Gleichung, wobei häufig $\psi=\psi_c=h_c$ mit $\dim h_c=\mathsf{L}$ auch als Saugspannungshöhe (→BERNOULLI Gleichung, Höhenform) angegeben wird, der Faktor $c=\partial\Theta/\partial\Psi$ ($\dim c=\mathsf{L}^{-1}$) wird als →kapillare Speicherkapazität der Matrix bezeichnet; bezogen auf ein dem Transportvorgang zugrunde liegendes →Potentialfeld $f(P)$ mit $Q=-c\cdot A\cdot\vec{\nabla}f$ bzw. $\vec{q}=-c\cdot\vec{\nabla}f$ mit dem flächenspezifischen Transportvektor $\vec{q}=\vec{Q}/A$ (→Filtergeschwindigkeit) erhält man aus der K. die entsprechende LAPLACE-Gleichung z. B.

$$\vec{\nabla}\vec{q}=-\vec{\nabla}\left(c\vec{\nabla}f\right)=0$$

für die Strömung imkompressibler Fluide in der gesättigten Zone und damit für c=const.

$$\vec{\nabla}^2 f\equiv\Delta f=0$$

unter Verwendung des →LAPLACE-Operators Δ; im Falle des Stofftransportes durch →Diffusion erhält man analog aus der K. das 2. FICKsche Gesetz.

Kontinuum, n; (*etm.*: lat. „continuus" (ununterbrochen) aneinanderhaften) *{continuum}* Raumbereich $\boldsymbol{K}$, der zusammenhängend ist - d. h. je zwei Punkte aus $\boldsymbol{K}$ können in $\boldsymbol{K}$ miteinander verbunden werden - und auf dem Stetigkeitsbetrachtungen (→stetig) für physikalische Raumparameter möglich sind (→repräsentatives Elementarvolumen; ggs. →Diskontinuum).

Kontrollfläche, f; →Kontrollraum

Kontrollraum, m; *{control volume/box}* auch Kontrollvolumen, Modell der Strömungslehre in ihrer Abhandlung in →EULERschen Strömungskoordinaten als

Raumelement, das von einer (geschlossenen) raumfesten Kontrollfläche *{control surface}* berandet ist, auf der die strömungsrelevanten Parameter (→Druck, →Geschwindigkeit usw.) bekannt sind; aus der die Kontrollfläche durchdringenden Strömung ergibt sich die Massenstrombilanz für den K. (→Divergenz); der K. wird als geometrisches Gebilde auf das der Betrachtung zugrunde liegende →Koordinatensystem abgestimmt, z. B. als Quader (mit achsenparallelen Kanten) bei Verwendung →kartesischer Koordinaten, als Kugel bei →Kugelkoordinaten, als Zylinder bei →Zylinderkoordinaten usw.

Kontrollvolumen, n; →Kontrollraum

Konvektion, f; (*etm.*: lat. „convehere" zusammentragen) *{convection, density current}* Stofftransport in Flüssigkeiten oder Gasen, der mit einer gleichzeitigen Wärmeübertragung verbunden ist; sie erfolgt als freie *{free}* K. (thermische K.) unter dem Einfluß von Temperaturdifferenzen und den dadurch bedingten Dichteunterschieden und Auftriebskräften in den Flüssigkeiten oder Gasen (→Dichteströmung) oder als erzwungene *{dynamic}* K. in Zwangsströmungen unter dem Einfluß der Antriebskräfte von →Pumpen, Ventilatoren oder des Windes.

konvektive Ableitung, f; →LAGRANGEsche Strömungskoordinaten

konvektiver Niederschlag, m; →Niederschlag

Konzentration, f; *{concentration}* auf das Volumen V_L eines →Gemisches G bezogene Größe γ_K einer Gemischkomponente K; falls $\gamma_K = m_K$ die Masse m_K der Komponente K ist, als Massen~ $\beta_K = m_K/V_L$ ($\dim \beta_K = \mathsf{ML}^{-3}$) bezeichnet, mit dem Gesamtvolumen V_L des Gemisches G (i. allg. einer Lösung L), ist $\gamma_K = n_K$ die →Stoffmenge der Komponente K, so bezeichnet man die K. entsprechend als Stoffmengen~ $c_K = n_K/V_L$ mit $\dim c_K = \mathsf{NL}^{-3}$; ist $\gamma_K = V_K$ das Volumen der Komponente K, so ist entsprechend von Volumen~ $\sigma_K = V_K/V_L$ die Rede; bei der →Molalität oder spezifischen Partialstoffmenge ist die Bezugsgröße allerdings nicht das Volumen V_L, sondern die Masse m_L der Lösung, man spricht jedoch auch in diesem Fall von einer Stoffmengenkonzentration.

Konzentrationsgleiche, f; →Isocone

Konzentrationszeit, f; *{time of concentration}* für die →Abflußkonzentration benötigte Zeitspanne T_c (die bei über einem →Einzugsgebiet gleichmäßig verteilten →Niederschlag bis zum Einsetzen des →Direktabflusses vergeht, i. allg. $[T_c]$=h bzw. $[T_c]$=min).

Koordinatensystem, n; (*etm.*: lat. „coordinare" zuordnen und →System) *{coordinate system}* Bezugsgrößensystem, mit dem einem Punkt (z. B. des Raumes) umkehrbar eindeutig (drei) Koordinatenwerte zugeordnet werden; praktisch von Bedeutung sind →kartesische Koordinaten, →Kugel- und →Zylinderkoordinaten.

Koordinationszahl, f; →chemische Bindung

Korndurchmesser, m; →Korngröße

Korngröße, f; *{grain diameter, grainsize}* auch Korndurchmesser, die K. ist der „Durchmesser" d in mm eines Feststoffteilchens, die Ermittlung erfolgt durch Aussieben mit Sieben unterschiedlicher, fallender Maschengrößen oder aus der Sinkgeschwindigkeit bei Sedimentation durch laufende Bestimmung der →Dichte einer die Teilchen enthaltenden →Dispersion (→Aräometer); Bezug zu geometrisch regelmäßigem Korn wird genommen durch die äquivalente K. $d_ä$ als Durchmesser einer Kugel derselben Dichte und Sinkgeschwindigkeit bei glei-

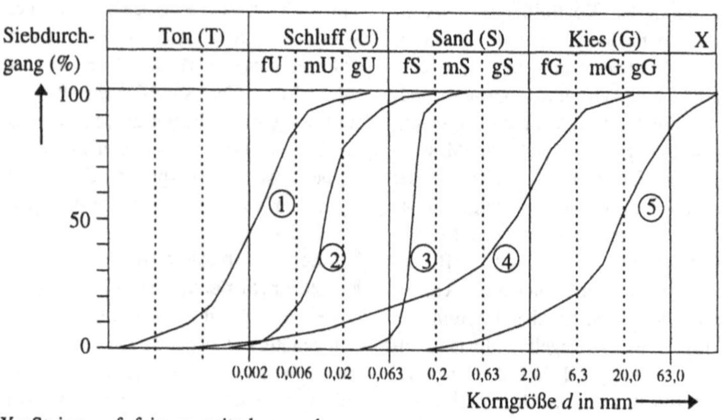

X= Steine f=fein, m=mittel, g=grob
1.) toniger Schluff, 2.) Löß, 3.) Flugsand, 4.) Geschiebelehm, 5.) Talschutt

Abb. 11 ***Korngrößenverteilung***

chen Bedingungen (flüssiges Medium, Temperatur usw.) wie das natürliche Korn oder durch die nominale *{nominal}* K. (nominaler Korndurchmesser d_n als Durchmesser einer zu dem natürlichen Korn volumensgleichen Kugel; als charakteristische *{characteristic grain-size/diameter}* K. wird eine K. $d_{ch=p}$ bezeichnet, die einer bestimmten prozentualen →Häufigkeit (relativen Summenhäufigkeit) p der Summenkurve entspricht mit $0 \leq p \leq 100$, so ist in dem Beispiel der →Abb. K11 ca. d_{50} =0,002 mm für tonigen Schluff die K., die dem Schnittpunkt der 50 %-Linie mit der dargestellten Summenkurve (→Sieblinie) entspricht (die Summenkurve wird aus graphischen Gründen dabei i. a. mit logarithmischer Abszisse dargestellt); als effektive oder wirksame K. *{effective grainsize}* wird die für die →hydraulische Leitfähigkeit eines →Lockergesteins in besonderem Maße bestimmende K. d_{10} bezeichnet (→HAZEN-Formel, →BEYER-Formel).

Korrekturfaktor für Abflußmessungen, m; Faktor κ der Dimension dim κ = 1, mit dem singuläre und durch Widerholungsmessungen nicht erhärtbare Ergebnisse einer→Abflußmessung im statistischen Sinne korrigiert werden; der K. wird aus Langzeitaufzeichnungen von Meßpegeln (→Pegel), die der Meßstelle zugeordnet werden können, gewonnen.

Korrekturglied für reale Gase, m; →reales Gas

Korrelation, f; →Korrelationskoeffizient

Korrelationskoeffizient, n; (*etm.*: lat. „co" gemeinsam und „relatio" Beziehung) *{correlation coefficient}* Kenngröße der analytischen →Statistik, die für zweidimensionale →Zufallsgrößen ein Maß für deren Abhängigkeit in einer linearen Relation ist; der K. R erfüllt $-1 \leq R \leq +1$, wobei man in den Extrembereichen nahe bei R=-1 und R=+1 die Zufallsgrößen als stark, in der Nähe von R=0 als schwach oder gar nicht korreliert bezeichnet; im Fall R=-1 existiert zwischen den beiden Zufallsgrößen eine lineare Relation mit negativem Steigungsmaß, im Fall R=+1 eine lineare Realation mit positivem Steigungsmaß (→Abb. K12, →Autokorrelation).

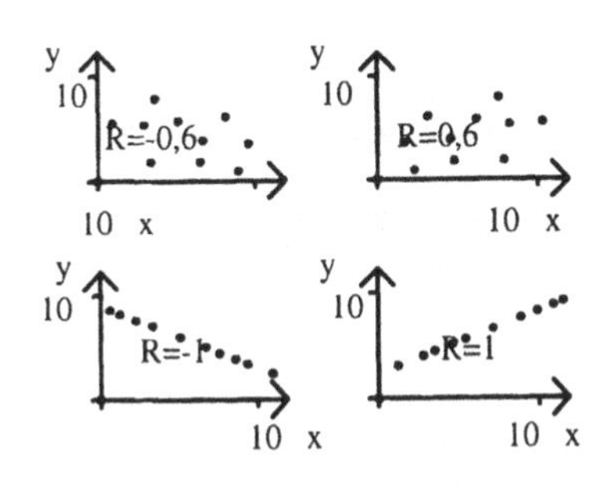

Abb. K12 ***Korrelationskoeffizient***

Korrosion, f; (*etm.*: lat. „corrodere" zernagen) *{corrosion}* allmähliche Zerstörung metallischer Werkstoffe durch chemische Einwirkung von außen, die insbesondere bei Korrosion in Flüssigkeiten durch in den Metallen enthaltene Verunreinigungen beschleunigt werden kann; von besonderer Bedeutung ist hier die K. der metallischen Filterrohre der →Brunnen durch das geförderte →Grundwasser.

kosmische Strahlung, f; Höhenstrahlung, energiereiche Korpuskularstrahlung (→Strahlung), als primäre k. S. von der Sonne und aus dem Milchstraßensystem ausgesandt, als sekundäre k. S. durch Reaktionen der primären in der →Atmosphäre ausgelöste; die k. S. besteht zum überwiegenden Teil (mehr als 85 %) aus →Protonen und zu über 10 % aus →α-Strahlung, der Rest setzt sich aus Kernen schwererer Atome zusammen; die energiereiche H. ist ionisiserend und löst durch Ionisation sekundäre Strahlungen aus.

Kraft, f; *{force}* die K. $\vec{F}$ ist eine gerichtete physikalische Größe, die die →Beschleunigung von Körpern bewirkt, die Einheit der K. ist $[\vec{F}]$=N (N=Newton) mit 1 N=1 kg·m·s^{-2}, d. h die Kraft 1 N beschleunigt einen Körper der Masse m=1 kg um a=1 ms^{-2}; bei Kräften, die abhängig sind von dem Raumpunkt (x,y,z) auf den sie wirken, erhält man dabei →Vektorfelder, die auch speziell als Kraftfelder $\vec{F} = \vec{F}\,(x,y,z)$ bezeichnet werden.

Kreide, f; **1.)** *{chalk}* aus Organismenresten durch Ab- und Umbau entsstandenes feinkörniges, kalkhaltiges →Sediment; **2.)** →Erdgeschichte.

Kreislauf, m: →hydrologischer K.

Krenal, n; (*etm.*: →Krenobiont) *{krenal}* Quellbereich eines Fließgewässers und Lebensraum des →Krenobionts, die →Biozönose des K. wird auch als Krenon bezeichnet.

Krenobiont, m; (*etm.*: gr. „krene" die Quelle und „bios" das Leben) Organismus, der nur im Quellwasser leben kann: bestimmte Schnecken, Insektenlarven und Wassermilben sind krenobiont; vorzugsweise im →Krenal lebende Organismen werden als krenophil bezeichnet.

Krenon, m; →Krenal

krenophil; →Krenobiont

Kriging, n; *{kriging}* statistisches Schätzverfahren zur Gewinnung mehrdimensionaler Wahrscheinlichkeitsverteilungen aus statistischen Erhebungen unter Berücksichtigung der variierenden stochastischen Abhängigkeiten zwischen den Meßwerten, die ihrerseits von der →geodätischen Entfernung zwischen den ihnen zugrunde liegenden Ebenen- oder

Raumpunkten abhängig sind und z. B. durch das →Variogramm zum Ausdruck kommen.

Kristall, m; (*etm.*: gr. „krystallos" Eis) *{crystal}* homogener aus ein und demselben Stoff aufgebauter Körper, dessen Bausteine geometrisch regelmäßig im Raum verteilt sind, i. a. bilden die →Minerale kristalline Strukturen (→Abb. K13; ggs. →amorphe Struktur).

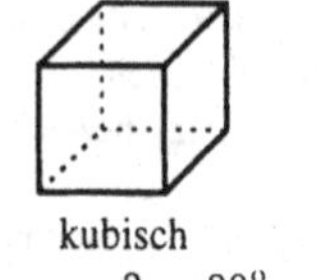

kubisch
a=b=c; α=β=γ=90°

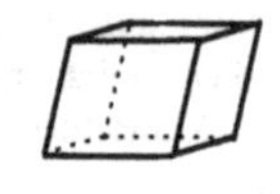

rhomboedrisch
a=b=c; α=β=γ≠90°

monoklin
a≠b≠c; α=β=90°, γ≠90°

hexagonal
a=b≠c; α=β=90°, γ=120°

a,b,c: Kantenlängen;
α,β,γ: Winkel zwischen den Kantenrichtungen

Abb. K13 ***einige Kristallstrukturen***

kristallin; *{crystalline}* Bezeichnung für den in →Kristallen gegebenen geometrisch regelmäßigen Aufbau eines Körpers und für die damit verbundene →Anisotropie bestimmter physikalischer Parameter, z. B. der →elektrischen Leitfähigkeit, der Spaltbarkeit usw. (ggs. →amorph).

kristallines Grundgebirge, n; →Grundgebirge

Kristallwasser, n; in →Mineralen in Komplexbindung (→chemische Bindung) als Aquakomplex gebundenes Wasser, das unter Hitzeeinwirkung ausgetrieben wird und bei entsprechenden →quantitativen Analysen (→Veraschung) zu berücksichtigen ist.

kritische Dichte, f; →Dampfdruck

kritische Geschwindigkeit, f; →FROUDE-Zahl, →Reynoldsche Zahl; →Strömung

kritischer Brunnenradius, m; →Brunneneradius

kritischer Druck, m; →Dampfdruck

kritische Regenspende, f; →Regenspende

kritische Schubspannung, f; →Schleppspannung, →Schubspannung, →Wandschubspannung

kritische Temperatur, f; →Dampfdruck

Kronendurchlaß, m; →Niederschlag

Kryoskopie, f; (*etm.*: gr.„kryos" Frost oder Kälte und „skopein" betrachten) *{cryoscopy}* Verfahren zur Bestimmungen der molalen Konzentration (→Molalität) eines gelösten Stoffes aus der durch sie verursachten →Gefrierpunktserniedrigung der Lösung.

kryoskopische Konstante, f; →Gefrierpunktserniedrigung

Kryoturbation, f; →Pedoturbation

kubische Ausdehnung, f; →Dilatation

Küste, f; *{coast}* die Berührungslinie (→Uferlinie) von Meer und Land säumende Zone, ihr landseitiger Teil wird als Ufer oder bei flachem Verlauf als Strand bezeichnet; je nach Küstenneigung spricht man auch von Flach- und Steil~.

Küstenlinie, f; *{coastline, shoreline}* Linie an der Küste, die oberhalb der →Uferlinie gelegen, in der Regel als landwärtige Begrenzung des →Vorlandes nur im mehrjährigen mittleren Tidehochwasser (→Tide) überflutet wird

Kugelkoordinaten, f, Pl; K. (im Raum) werden bestimmt durch eine Ebene $\ddot{A}$, die Äquatorebene, die den Ursprung 0 des Koordinatensystems und eine durch 0 berandete Bezugshalbgerade h enthält;

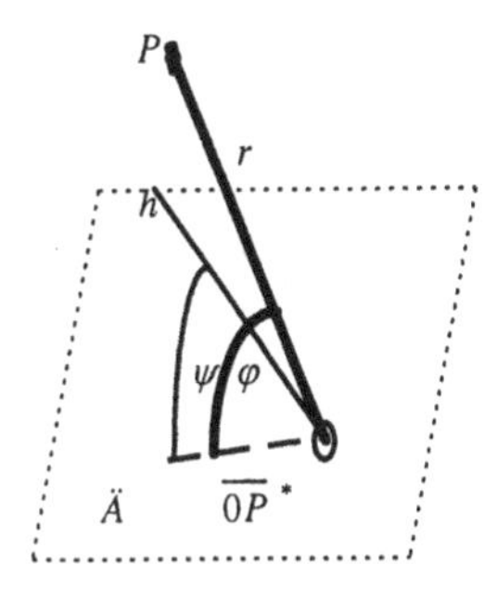

Abb. K14 *Kugelkoordinaten*

die Koordinatenzuordnung zu einem Raumpunkt P ist gegeben durch den Abstand des Punktes P vom Ursprung 0 und von der Lage von P auf einer durch ihn gelegten Kugeloberfläche um 0; man erhält die K. von P (→Abb. K14) durch Projektion der Strecke $\overline{0P}$ auf die Ebene Ä zu (r,φ,ψ), wobei r die Länge der Strecke $\overline{0P}$ ist, φ der Winkel zwischen $\overline{0P}$ und ihrer Projektion $\overline{0P}^*$ in $\ddot{A}$ mit $-0{,}5\pi \le \varphi \le 0{,}5\pi$ und ψ der Winkel zwischen $\overline{0P}^*$ und h gegen den Uhrzeigersinn gemessen mit $0 \le \psi < 2\pi$; zur Umrechnung zwischen Kugel- und anderen räumlichen Koordinate →kartesische Koordinaten.

Kulminationspunkt, m; *{culminating/ stagnation point}* der K. ist der tiefste Raumpunkt (bzw. die tiefste Raumzone) des Randes des →Einzugsgebietes eines →Brunnens (→Abb. B6); der Abstand a des K. von der Entnahmestelle der Brunnenanlage ergibt sich aus der Entnahmebreite b näherungsweise zu

$$a \approx b/(4\pi).$$

Kultosol, n; →Anthrosol

Kupfergruppe, f; 1.Nebengruppe des →Periodensystems der Elemente mit den Elementen Kupfer (Cu), Silber (Ag) und Gold (Au).

KUTTER; Beiwert von K. →DE CHÉZY

Kuverwasser, n; →Drängewasser

L

l; Foremlzeichen der →Länge
ℓ; Abk. →Liter als Volumeneinheit
L; Dimensionssymbol der →Länge
Länge, f; *{length}* Maß des →geodätischen Abstandes zweier Raumpunkte; die L. l ist →Basisgröße im →SI-System mit dem Dimensionssymbol $\dim l = \mathsf{L}$ und der Einheit $[l]$=m (Meter), sie ist definiert als die L. der vom Licht im Vakuum in $299.792.458^{-1}$ s zurückgelegten Strecke.
Ladung, f; →elektrische Ladung
Länge, charakteristische, f; →FROUDE-Zahl
Längstal, n; →Tal
lag; →Schrittweite, →Zeitschrittweite
Lageenergie, f; →Energie
Lagepotential, n; →Potential
Lagerungsdichte, f; *{packing/reticular density}* auch Packungsdichte, Parameter D ($\dim D=1$) zur Kennzeichnung der Struktur des Einzelkorngefüges (→Bodengefüge) rolliger Lockergesteine (→Sediment) mit

$$D=(n_{max}-n)/(n_{max}-n_{min})$$

mit dem (tatsächlichen) →Hohlraumanteil n der Bodenprobe, dem maximalen Hohlraumanteil n_{max} der Probe bei lockerster Lagerung der Probe und n_{min} bei dichtest möglicher Lagerung der Bodenprobe; unter Verwendung der Porenzahl e (→Hohlraumanteil) erhält man analog

$$I_D=(e_{max}-e)/(e_{max}-e_{min}),$$

die bezogene L. I_D, bei Böden mit einem →Ungleichförmigkeitsgrad U von $U \leq 3$, bezeichnet man Böden mit $0 \leq D < 0{,}15$ als sehr locker gelagert, bei $0{,}15 \leq D < 0{,}30$ als locker gelagert, bei $0{,}30 \leq D < 0{,}50$ als mittel dicht gelagert und bei $D>50$ als dicht gelagert; als L. ρ_L ($\dim \rho_L = \mathsf{ML}^{-3}$, $[\rho_L]$=g/cm^3) bezeichnet man auch die →Dichte des Bodenmaterials in Abhängigkeit vom →Gefüge (→Bodengefüge) der →Bodenart, dem Humusgehalt (→Humus), der Auflast, der Verdichtung usw.; **L., effektive**, f; *{effective density}* bodenkundliches Bewertungskriterium Ld ($\dim Ld = 1$) von Mineralböden in Abhängigkeit von der →Trockendichte ρ_T (→Dichte) in g/cm^3 und dem Tongehalt T in Gew.-% als

$$Ld=\rho_T+0{,}009\cdot T,$$

humose Bodenhorizonte sind gekennzeichnet durch $Ld<1{,}40$, tonreiche Böden durch $Ld>1{,}75$, alle weiteren Böden liegen im Bereich $1{,}40 \leq Ld \leq 1{,}75$.
LAGRANGEsche Strömungskoordinaten, f, Pl; die L. S. beschreiben die Lage eines strömenden Teilchens $\boldsymbol{T}$ bezüglich eines festen z. B. →kartesischen Koordinatensystem durch den Ortsvektor $\vec{x}_0 = \vec{x}(t_0)$ von $\boldsymbol{T}$ zu einem Bezugszeitpunkt t_0, $\vec{x}_0$ ist vollständig bestimmt durch die Lage $\vec{x} = \vec{x}(t)$ von $\boldsymbol{T}$ zum Zeitpunkt t, d. h. $\vec{x}_0 = \vec{x}_0(\vec{x},t)$; bei Umkehrbarkeit des Gleichungssystems $\vec{x}_0 = \vec{x}_0(\vec{x},t)$ für die Komponenten von $\vec{x}_0$ erhält man die Strömungsdarstellung in →EULERschen Strömungskoordinaten zu $\vec{x} = \vec{x}(\vec{x}_0,t)$; die zeitliche Ableitung einer Funktion $f=f(\vec{x}(t),t)$ in L. S. ist die substantielle (materielle) Ableitung Df/Dt, die nach der Kettenregel ermittelt wird zu

$$\frac{Df(\vec{x}(t),t)}{Dt}=\frac{\partial f}{\partial t}+\frac{\partial f}{\partial x}\cdot\frac{dx}{dt}+\frac{\partial f}{\partial y}\cdot\frac{dy}{dt}+\frac{\partial f}{\partial z}\cdot\frac{dz}{dt}$$

als Summe aus der partiellen zeitlichen

Ableitung $\partial f/\partial t$ von f im Raumpunkt $\vec{x}$ und der konvektiven Ableitung $\partial f/\partial x \cdot v_x + \partial f/\partial y \cdot v_y + \partial f/\partial z \cdot v_z$, die in den partiellen Ableitungen $\partial f/\partial x$, $\partial f/\partial y$ und $\partial f/\partial z$ bei $\vec{x}$ wiedergibt, wie sich der Funktionswert f beim Durchgang des Teilchens T durch den Raumpunkt $\vec{x}$ mit der Geschwindigkeit $\vec{v} = (v_x, v_y, v_z)$ ändert, in vektorieller Schreibweise läßt sich die substantielle Ableitung unter Verwendung des →Nabla-Operators darstellen durch

$$\frac{Df}{Dt} = \frac{\partial f}{\partial t} + \vec{v} \cdot \vec{\nabla} f .$$

Laichkrautzone, f; →Wasserzone

lake; →See

lake marl; →Seekreide

LAMBERT-BEER-BOUGUERsches Gesetz, n; nach dem L-B-B. G. wird die Intensität I der durch eine absorbierende (→Absorption) leitende Schicht geleiteten Strahlung durch die Relation

$$\ln(I_0/I_x) = \varepsilon_n \cdot c \cdot x$$

wiedergegeben, mit der Strahlungsintensität I_0 beim Eintritt in die strahlungsabsorbierende Schicht, der Intensität I_x nach der Weglänge x in dieser Schicht, einem auf das absorbierende Medium bezogenen molaren Extinktionskoeffizienten ε_n und seiner molaren Konzentration c, der Quotient I_x/I_0 wird auch als Durchlässigkeit der absorbierenden Schicht der Dicke x bezeichnet; in der Strahlungsleistung Φ wird das L-B-B. G. formulieret zu

$$\ln(\Phi_0/\Phi_x) = \kappa_n \cdot c \cdot x$$

mit entsprechend der Strahlungsleistung Φ_0 beim Eintritt und Φ_x nach der Weglänge x, einem molaren Absorptionskoeffizienten κ_n und der molaren Konzentration c (→Atomabsorptionsspektrometrie).

LAMBERTsches Gesetz, n; nach dem L. G. ist die Strahlungsstärke $I_e = I_e(\varphi)$ ($[I_e]$=W/sr) einer von einem Strahler mit richtungsunabhängiger Strahlungsdichte B_e ($[B_e]$=W/(m^{2}sr)), einem LAMBERT-Strahler, ausgehenden Strahlung abhängig vom Winkel φ zwischen der Strahlungs- und der Normalenrichtung (→Abb. L1) mit

$$I_e(\varphi) = I_e(0) \cdot \cos(\varphi),$$

dabei ist $I_e(0)$ die Strahlungsstärke in die durch φ=0 charakterisierte Normalenrichtung.

laminar; (*etm.*: lat. „lamina" dünne Schicht) *{laminar}* als l. wird eine Strömung bezeichnet, bei der die einzelnen Strömungsschichten (Laminate) mit unterschiedlichen Geschwindigkeiten aneinander (→Grenzschicht) vorbeigleiten, ohne sich miteinander zu vermischen (ggs. →turbulent; →REYNOLDsche Zahl).

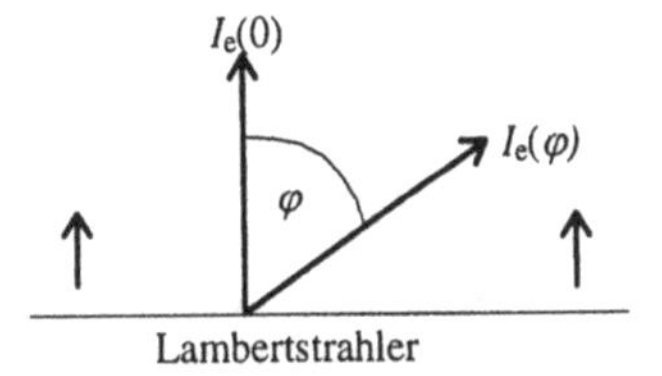

Abb. L1 ***LAMBERTstrahler***

Laminat, n; →laminar

lamination; →Schichtung

Landboden, m; →Bodenklassifikation

Landerniedrigung, f; →Feststoffabtrag

Landesvermessung, f; →Geodäsie

landfill; →Grubendeponie

land slide; →Rutschung

Landterrasse, f; →Terrasse

Landwirtschaft, f; *{agriculture}* Sammelbegriff für Bodennutzung durch Akkerbau und Viehhaltung; durch die Einwirkung der L. auf die Vegetation und auf die Struktur der Böden wird die →Evapotranspirationsrate beeinflußt, durch

Düngung und Tierhaltung (→Düngemittel, →Silage) gehen Schadstoffe, insbesondere → Nitrate in das →Grundwasser über.

LANGELIER-Index, m; →Kalk-Kohlensäure-Gleichgewicht

LANGELIER-Koeffizient, m; ; →Kalk-Kohlensäure-Gleichgewicht

LANGELIER-Konstante, f; ; →Kalk-Kohlensäure-Gleichgewicht

LANGMUIR-Isotherme, f; →Adsorptionsisotherme

Langsamfiltration, f; Verfahren der →Filtration mit kleiner →Filtergeschwindigkeit (<0,1 m/h); L. wird insbesondere zur Entkeimung (→Desinfektion) bei der Aufbereitung des Trinkwassers eingesetzt, wenn das zu behandelnde Wasser nur in geringem Umgfang mit organischen Verunreinigungen belastet ist; die Filterschichten bestehen im Wechsel aus feinkörnigem Sand (mit einer →Korngröße d von ca. 1 mm) und gröberen ($d \approx 2$-40 mm) Stützschichten; in den oberen Schichten des Filters entwickelt sich ein →biologischer Rasen, der zum einen die Filtergeschwindigkeit weiter reduziert, zum anderen zum Abbau der organischen Verunreinigungen des Wassers beiträgt.

Langzeitentcarbonatisierung, f; →Entcarbonatisierung

LAPLACE-Gleichung, f; →Kontinuitätsgleichung

LAPLACE-Operator, m; der L.-O. Δ ist Differentialoperator mit

$$\Delta=\left(\frac{\partial^2}{\partial x^2}+\frac{\partial^2}{\partial y^2}+\frac{\partial^2}{\partial z^2}\right)$$

in z. B. dem räumlich-dreidimensionalen Fall, der Operator Δ ordnet einem entsprechend differenzierbaren →Skalarfeld $f=f(P)$ das Skalarfeld Δf und einem entsprechenden →Vektorfeld $\vec{x}=\vec{x}(P)$ das Vektorfeld $\Delta\vec{x}$ zu, unter Verwendung des →Nabla-Operators schreibt man auch $\Delta \equiv \vec{\nabla}^2$.

latente Erosion, f; →Erosion

Lattenpegel, m; →Pegel

Laufzeit, f; *{travel time}* Zeitspanne T_l zwischen dem Eintreten miteinander korrespondierender Ereignisse (z. B. auf ein Niederschlagsereignis zurückzuführende Wasserstände, durch eine →Emission verursachte Schadstoffkonzentration usw.) in Meßpunkten, die in Laufrichtung des die Ereignisse auslösenden Vorgangs (z. B. in Strömungsrichtung eines →Fluids) aufeinanderfolgen.

Lava, f; →Magma

Lavagestein, n; →Magma

law of mass action; →Massenwirkungsgesetz

layer; →Schicht

leaching; →Auslaugung, →Auswaschung

leaching of carbonates; →Entkalkung

leaching surface; →Salzspiegel

lead; →Blei

leading fossil; →Leitfossil

leak; →Leckage

leakage coefficient; →hydraulischer Widerstand

leakage factor, →Sickerfaktor

leaky; →leck

leck; →Grundwasserstockwerk

Leckage, f; *{leak}* Übergang von Grundwasser aus einem →Grundwasserstockwerk in das darunter- oder darüberliegende (letzteres ist allerdings nur bei einer L. aus einem gespannten Grundwasserleiter möglich; →Sickerfaktor, →Abb. G18).

Leckagefaktor, m; →Sickerfaktor

Leerprobe, f; →Blindprobe

Leerwert, m; →Blindwert

Leichtmetall, n; *{light metal}* Bezeichnung für ein →Metall, dessen →Dichte unter 5 g/cm³ liegt (ggs. →Schwermetall).

Leistung, f; *{capacity}* Quotient $P=\Delta B/\Delta t$ einer quantifizierbaren Beanspruchung ΔB bezogen auf den Zeitraum Δt der Beanspruchung, bezogen auf einen →Brunnen ist $B=V$ das geförderte Grundwasservolumen und z. B. die Leistung $P=Q_E$ auch die → Ergiebigkeit des Brunnens (→Leistungsquotient); im physikalischen Sinn ist $B=W$ die von einem System geleistete Arbeit oder die von einem System aufgenommene Energie mit $\dim P=\mathsf{ML^2T^{-3}}$ und $[P]=\mathrm{W}=\mathrm{J/s}=\mathrm{Nm/s}$ (W=Watt).

Leistungspumpversuch, m; *{well performance test}* →Pumpversuch im Rahmen des →Brunnenausbaus mit dem Ziel des Klarpumpens und Entsandens sowie zur Gewinnung einer →Brunnencharakteristik (auch für einen gealterten Brunnen) als Brunnenleistungsversuch *{specific capacity test}*.

Leistungsquotient, m; Quotient Q_E/s aus →Leistung Q_E mit $\dim Q_E=\mathsf{L^3/T}$ eines Brunnens durch die zugehörige Absenkung s ($\dim s=\mathsf{L}$) des Grundwasserspiegels bei einem Pumpversuch (→Brunnencharakteristik, →Ergiebigkeit).

Leistungsstufe, f; →Brunnencharakteristik

Leitfähigkeit, f; →elektrische L., →hydraulische L.

Leitfossil, n; *{leading fossil}* →Fossil, das als zeitlicher Indikator einen geologischen Zeitabschnitt als stratigraphische Einheit (→Stratigraphie) charakterisiert.

Leitorganismus, m; *{indicator organism}* auch Indikatororganismus, durch dessen Auftreten aufgrund der von ihm gestellten artspezifischen Ansprüche an die Umweltbedingungen auf die Beschaffenheit seines Lebensraumes geschlossen werden kann (z. B. →Saprobiesystem, →Katharobie).

length; →Länge

lentic; →lenitisch

lenitisch; (*etm.*: lat. „lenis" sanft) *{lentic}* Bezeichnung für einen stömungslosen oder -armen Gewässerabschnitt und dessen Uferbereiche und die sie prägende Vegetation.

Leucit, m; →Feldspat

levee; →Deich

level; →Pegel

levelling; →Nivellement

LG; Abk. für →Lockergestein (→Sediment)

Lias, m oder f; →Erdgeschichte

Lichtstrom, m; Maß für die Helligkeit einer sichtbaren →Strahlung; der L. I_e ist →Basisgröße im →SI-System mit dem Dimensionssymbol $\dim I_e=\mathsf{J}$ und der Einheit $[I_e]=\mathrm{cd}$ (Candela) als Lichtstärke einer monochromatischen Strahlungsquellein einer vorgegebenen Richtung mit der Strahlungsfrequenz $540\cdot10^{12}$ Hz (→Welle) und der Strahlstärke 683^{-1} W/sr (Watt je Raumwinkeleinheit).

Liegendes, n; *{underlying stratum, substratum}* eine Bezugsschicht bei ungestörter Lagerung unterlagernde ältere Gesteinsschicht (ggs. →Hangendes).

Ligand, m; →Komplex

light metal; →Leichtmetall

light plumb line; →Kabellichtlot

likelihood; →Mutmaßlichkeit

lime content; →Kalkgehalt

limit of detection; →Bestimmungsgrenze

limit of determination; →Nachweisgrenze

limnic peat; →Torfmudde

limnische Sedimentation; →Sedimentation

Limnologie, f; (*etm.*: gr. „limne" See) *{limnology}* Wissenschaft der Binnengewässer, insbesondere der physikalischen und chemischen Prozesse, die in ihnen ablaufen, sowie der im Süßwasser lebenden Organismen, der Belastung der Gewässer durch Umwelteinflüsse, sowie der wirtschaftlichen Nutzung der Binnengewässer und ihrer Entstehungsgeschichte, die aus den in ihnen nachweisbaren →Sedimenten abgeleitet werden kann.

limnology; →Limnologie

Limnoplankton, n; →Plankton

Lindan, n; →Hexachlorcyclohexan

lindane; →Lindan

lineare Erosion, f; →Erosion

lineare Optimierung, f; *{linear programming}* auch lineare Programmierung, Verfahren der Optimierung unter Nebenbedingungen (→Operations Research), bei der die zu optimierende Größe g_0 eine lineare Funktion ihrer unabhängigen Veränderlichen $x_1,...,x_n$ ist als Zielfunktion

$$g_0=a_1x_1+...+a_nx_n$$

bei gleichzeitig linearen Relationen für die m Nebenbedingungen, z. B.

$$b_{i1}x_1+...+b_{in}x_n \leq c_i \text{ für } i=1,...,m.$$

lineare Programmierung, f; →lineare Optimierung

lineare Speicherkaskade, f; *{linear storage cascade}* Modell der →Abflußkonzentration, in dem diese als →Speicherkaskade linearer Speicher (→Linearspeicher) interpretiert wird; die Übertragungsfunktion ist bestimmt durch die Fläche A des Einzugsgebietes, die Anzahl n der in die Kaskade integrierten Linearspeicher und deren →Auslaufkoeffizienten α_i mit $i=1,...,n$ bei konstantem $\alpha_i \equiv \alpha$ ist sie gegeben durch:

$$U(T,t)=\alpha \cdot [(n-1)!]^{-1} \cdot (\alpha t)^{n-1} \cdot e^{-\alpha t} \cdot A/3,6$$

$[U(T,t)]=m^3/(s \cdot mm)$; der →Direktabfluß $Q_D=Q_D(t)$ in Abhängigkeit von der Zeit t wird hieraus errechnet zu $Q_D=U(T,t) \cdot h_{Ne}$ mit der Höhe h_{Ne} des Effektivniederschlags (→Niederschlag), deren Bezugszeitraum die Dauer T des Niederschlagsereignisses ist; die Parameter der Übertragungsfunktion werden aus charakteristischen Eigenschaften des Einzugsgebietes abgeschätzt (→Abb. S10).

linear programming; →linieare Programmierung, →lineare Optimierung

linear reservoir; →Linearspeicher

Linearspeicher, m; *{linear reservoir}* Modell eines Wasserspeichers, dessen Wasserabgabe Q (→Ausfluß) mit $\dim Q = \mathsf{L}^3/\mathsf{T}$ und i. allg. $[Q]=m^3/s$ als proportional zum Speicherinhalt V angenommen wird; der Ausfluß $Q(t)$ aus einem L. zeigt dann einen zeitabhängigen exponentiellen Verlauf:

$$Q(t)=Q_0 \cdot e^{-\alpha t}$$

mit $Q_0=Q(t=0)$ und einem →Auslaufkoeffizienten α ($\dim \alpha = \mathsf{T}^{-1}$) des Speichers.

linear storage cascade; →lineare Speicherkaskade

line of wells; →Brunnengalerie

liquid; →Flüssigkeit, →Phase

liquid limit; →Fließgrenze

Liter, m oder n; *{litre}* Volumeneinheit, Abk. ℓ mit $1\ \ell = 1000\ cm^3$.

Lithosphäre, f; *{lithosphere}* der obere, starre Bereich der →Erde von der Beschaffenheit des Gesteins, die L. umfaßt die Erdkruste und die obere starre (feste) Zone des Erdmantels, sie ist von der →Asthenosphäre unterlagert, ist bis zu ca. 100 km mächtig und besteht aus einer Vielzahl durch die Plattentektonik gegeneinander auf der Asthenosphäre verschieblicher Platten (→Erdaufbau).

lithosphere; →Lithosphäre

litre; →Liter

litoral; (*etm.*: lat. „litus“ das Ufer) *{littoral}* das Ufer, die Küste, den Strand betreffend; so wird z. B. eine Strömung als l. bezeichnet, wenn sie auf küstennahen Strömungsvorgängen (Brandung usw.) beruht, Feststofftransport im Wasser des küstennahen Bereiches wird l. genannt und auch der Lebensraum im Bereich der Ufer der stehenden Gewässer (→Litoral).

Litoral, n; (*etm.*: lat. „litus" das Ufer) *{littoral}* als Teil des →Benthals Lebensraum im Uferbereich tieferer stehender Gewässer (→Abb. P8).

littoral; →litoral, →Litoral

liver peat; →Torfmudde

LNAPL; →NAPL

load; →Belastung

Lockergestein, n; *{loose/unconsolidated sediment/rock}* LG, unverfestigt abgelagertes (→Sediment) →Gestein, das sich u. U. durch →Diagenese zum →Festgestein verfestigt.

Löslichkeit, f; *{solubility}* Vermögen eines festen oder gasförmigen Stoffes, in einem gegebenen Lösungsmittel in →Lösung zu gehen, d. h. diejenige Masse des zu lösenden Stoffes, die in einer gegebenen Masse (in älteren Darstellungen auch in einem gegebenen Volumen) des Lösungsmittels bei den herrschenden physikalischen Umständen bis zur Sättigung aufgelöst werden kann; die L. eines festen Stoffes nimmt mit steigender Temperatur i. allg. zu, die der gasförmigen Stoffe i. allg. ab.

Löslichkeitskoeffizient, m, →HENRY-DALTONsches Gesetz

Löslichkeitskonstante, f; →Löslichkeitsprodukt

Löslichkeitsprodukt, n; *{solubility product}* auch Löslichkeitskonstante, aus der bei der →Dissoziation $AB \rightleftharpoons A^+ + B^-$ des neutralen Moleküls AB in die Ionen A^+ und B^- gegebenen Dissoziationskonstante K_c und der Gesamtkonzentration c_{AB} des in Lösung gehenden Stoffes AB gebildetes Produkt $K_L = K_c \cdot c_{AB}$ bzw. $K_L = c_{A^+} \cdot c_{B^-}$, damit gilt $K_c \cdot c_{AB} = c_{A^+} \cdot c_{B^-}$, d. h. sobald das Produkt der Ionenkonzentrationen c_{A^+} und c_{B^-} den für den Stoff AB gültigen temperaturabhängigen Wert von K_L annimmt, ist vollständige Löslichkeit von AB gegeben, ein weiterer Anstieg von c_{A^+} bzw. c_{B^-} führt zur Ausfällung von AB; für Salze, bei denen sich neutrale Moleküle der Summenformel A_aB_b mit den →Wertigkeiten m bzw. n gemäß

$$A_aB_b \rightleftharpoons a \cdot A^{m+} + b \cdot B^{n-}$$

aufspalten mit am=bn, erhält man für das L. die allgemeinere Darstellung

$$K_L = c^a_{A^{m+}} \cdot c^b_{B^{n-}} \; .$$

loess; →Löß

Löß, m; *{loess}* →aeolisches →Sediment (→Flugsand), aus Trockengebieten ausgeweht (→Bodenerosion) und in Zonen geringer Luftbewegung (z. B. im Windschatten der Gebirge) abgelagert, die ~ablagerungen sind ihrem Ursprung entsprechend ungeschichtet, durch Umlagerung unter dem Einfluß des fließenden und des versickernden Wassers kann es jedoch zur Ausbildung von ~schichten kommen; meist besitzt der L. einen hohen Kalkgehalt, entkalkter L. wird als ~lehm bezeichnet.

Lößlehm, m; →Löß

Lösung, f; *{solution}* flüssige - aus verschiedenen Molekülarten aufgebaute - Mischphase, bei der →Gase, →Flüssigkeiten oder →Feststoffe in einem flüssigen Lösungsmittel (z. B. auch einer Metall- oder Salzschmelze) homogen verteilt sind, die L. stellt dabei ein homogenes →Gemisch dar, ein Gemisch, dessen innere Durchdringung auf der Ebene kleinster Bausteine des gelösten Stoffes (Moleküle, Atome, Ionen usw.) erfolgt; das Verhältnis aus der Masse des gelösten Stoffes zu der der gesamten Lösung (oder zu ihrem Volumen) ist ein Maß der Löslichkeit (→Anteil, →Konzentration); die Löslichkeit ist abhängig von der materiellen Qualität des gelösten und des lösenden Stoffes, sowie von physikalischen Parametern, wie der Temperatur, dem Druck usw., unter denen der Lösungsvorgang erfolgt; eine L. heißt ungesättigt, falls sie unter den gegebenen Umständen vermag, weitere der in Lösung gegangenen Substanz aufzunehmen, die →Löslichkeit der gelösten Substanz somit größer ist als ihr Gehalt in der Lösung; die L. heißt gesättigt, falls sie keine weiteren der gelösten Stoffe aufnehmen kann, Gehalt der gelösten Substanz in der Lösung und ihre Löslichkeit übereinstimmen, und übersättigt, falls der Gehalt an gelösten Stoffen in der Lösung höher ist als in einer gesättigten L., die Löslichkeit somit übersteigt; übersättigte ~en sind insofern instabil, als eine Vergrößerung der zum Ausfallen der gelösten Substanz verfügbaren Fläche, z. B. durch „Impfen" mit Kristallen der gelösten Substanz oder durch „Ankratzen" der Fläche des die Lösung enthaltenden Behälters, eine spontane Ausfällung des gelösten Stoffes einleitet.

Lösungsfuge, f; *{solution cavity, vugular pore space}* Fuge (→Kluft) im →Karstgestein, die durch (chemische) Lösungsprozesse verursacht wird.

Lösungskoeffizient, m; →HENRY-DALTONsches Gesetz

Lokalklima, n; →Klima

longitudinale Dispersion, f; →Dispersion

loose sediment; →Lockergestein

LOSCHMIDTsche Konstante, f; →AVOGADROsche Konstante

LOSCHMIDTsche Zahl, f; →AVOGADROsche Zahl

loss; →Verlust

lotic; →lotisch

lotisch, (*etm.*: von Lot) *{lotic}* Bezeichnung für einen Gewässerabschnitt, in dem starke Strömung herrscht.

lotrecht; →vertikal

lower confining bed; →Grundwassersohle

lower course of a river; →Unterlauf

lowering; →Senkung

lowering head; →Senkungshöhe

lowering of water surface; →Senkung

low-flow augmentation; →Niedrigwasseraufhöhung

low tide; →Ebbe

low water; →Niedrigwasser

low water discharge; →Niedrigwasserabfluß

low water level; →Niedrigwasserstand

low water runoff; →Niedrigwasserabfluß

Luft, f; **1.)** *{air}* Bezeichnung für ein →Gemisch aus Gasen, das die →Atmosphäre erfüllt; im bodennahen Raum der Atmosphäre besteht die L. zum überwiegenden Anteil (ca. 78 %) aus →Stickstoff, ferner aus →Sauerstoff mit ca 21 % und →Kohlendioxid CO_2 mit ca. 0,03 %; weitere Bestandteile der L. sind →Wasserstoff, diverse Edelgase (→Edelgasgruppe) und andere gasförmige Verbindungen, teilweise →anthropogenen Ursprungs; **2.)** →Bodenluft.

Luftfeuchte, f; *{atmospheric humidity/moisture}* auch Luftfeuchtigkeit, Wassergehalt (→Konzentration) der Luft in g/m^3, als relative L. bei dem aktuellen →Dampfdruck das Verhältnis $rL=L_l/L_M$ aus der tatsächlichen L. L_l und der bei maximal verfügbarem, in die Luft übergehbarem Wasser theoretisch möglichen L. L_M mit $\dim rL = 1$.

Luftfeuchtigkeit, f; →Luftfeuchte

Luftflotation, f; →Flotation

Luftgehalt, m; Quotient $LV=V_{bl}/V_b$ aus dem Volumen V_{bl} der in einem Volumenelement des Bodens enthaltenen Bodenluft und dem Bodenvolumen V_b dieses Elementes, das Bodenvolumen V_b umfaßt dabei sowohl den von seinen festen Teilen erfüllten Raum als auch die in ihm enthaltenen Hohlräume.

Luftkapazität, f; →Luftgehalt eines Bodens bei →Feldkapazität.

Luftspülung, f; →Filter, →Bohrung

Lysimeter, n; (*etm.*: gr. „lysis" die Lösung und „metron" das Maß) *{lysimeter}* das L. dient der meßtechnischen Ermittlung hydrologischer Parameter; man unterscheidet wägbare und nichtwägbare L., das nichtwägbare L. mißt das in einem Bezugszeitraum versickernde Wassers in einem definierten und gegen umliegende Bereiche physisch abgegrenzten Bodenvolumen (→Abb. L2); die ermittelte Menge versickerten Wassers wird als →Versickerungshöhe mit der am selben Ort für den Bezugszeitraum mit einem →Regenmesser erfaßten →Niederschlagshöhe h_N in Relation gesetzt; das wägbare L. dient der Ermittlung der realen →Evapotranspiration ET_a in einem Bezugszeitraum als zugeordnete Evapotranspirationshöhe:

$$h_{ETa}=h_N-h_{QO}-GWN-\Delta S$$

mit der an einem Regenmesser bestimmten Niederschlagshöhe h_N, dem Oberflächenabfluß Q_O (→Abfluß), repräsentiert durch seine →Abflußhöhe h_{QO} der Grundwasserneubildung GWN, in mm Wassersäule und der Änderung ΔS des Wasservorrates im L. in Relation zur Bezugsfläche in mm Wassersäule; die Uferfiltration bei influenten Verhältnissen in einem Oberflächengewässer kann durch ein Bachbett~ ermittelt werden, ein in ein Bachbett (i. allg. in die →Sohle des →Gerinnes) eingebautes L.; die Funktionen eines ~s können auch entsprechend angeordnete das Wasser nicht leitende Gesteinsschichten als →Naturlysimeter erfüllen.

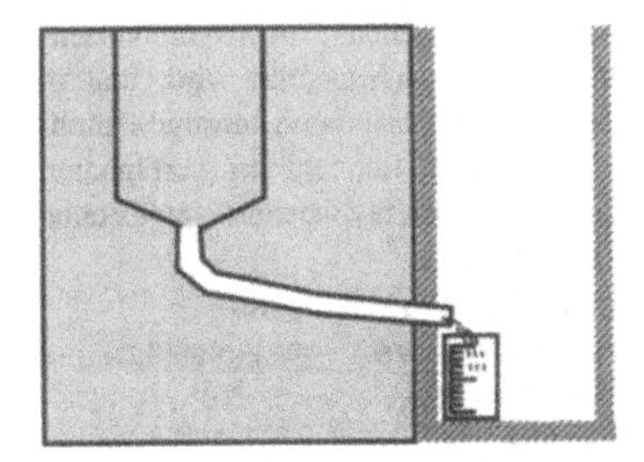

Abb. L2 ***Lysimeter***

M

m; Formelzeichen der →Masse.
m; Abk. Meter als Einheit der →Länge.
m-; →Milli-
M-; →Mega-
M; Dimensionssymbol der →Masse
µ-; →Mikro-
m-Wert; eingeordnet hinter „*mwl*"
Machbarkeitsstudie, f; *{feasibility study}* auch Durchführbarkeitsuntersuchung; Voruntersuchung, die vor größeren Projekten (im Sinne einer zeitlichen oder finanziellen Aufwand/Nutzen-Betrachtung) durchgeführt wird, und in der deren technische und sonstige Durchführbarkeit im Rahmen der verfügbaren (zeitlichen oder finanziellen) Kapazitäten ermittelt wird.
macropore; →Makropore
macrostructure; →Makrogefüge, →Makrogrobgefüge
Mäander, m; (*etm.*: gr. „maiandros" kleinasiatischer Fluß mit zahlreichen Windungen) *{meander}* durch Seitenerosion (→Erosion) entstandene zahlreiche aufeinanderfolgende halb- bis vollkreisförmige Flußschlingen mit flachen →Gleitufern und steilen →Prallufern; der M. entsteht als freier (Fluß-) M. durch die Dynamik der Strömungsvorgänge, die zu einem Pendeln des Flußlaufes führt, als Zwangs~ durch die von den Nebenflüssen in ihren Mündungsbereichen aufgeschütteten Schuttkegel oder als Tal~ durch flächenhafte →Denudation der Talhänge.
Mächtigkeit, f; M. des →Grundwasserleiters.
Mächtigkeitsgleiche, f; →Isopache
Magma, n; (*etm.*: gr. „magma" geknetete Masse) *{magma}* überwiegend aus →Silikaten bestehende, teilweise oder vollkommen geschmolzene Gesteinsmasse der tieferen Bereiche der Erdkruste und des Erdmantels (→Erdaufbau) mit in ihr gelösten Gasen; bei Vulkanausbrüchen als Lava (*etm.*: it. „lava" der Sturzbach) *{lava}* ausfließend und als z. T. blasenhaltiger Vulkanit (→Magmatit) erstarrend (Lavagestein).
Magmatit, m; *{magmatite}* magmatisches Gestein, d. h. aus dem →Magma entstandenes Erstarrungsgestein, und zwar durch langsame Abkühlung als grobkörniges in die Erdkruste eingedrungenes Intrusivgestein (*etm.*: lat. „intruere" eindringen; Plutonite (*etm.*: gr. „pluton" Gott der Unterwelt)) oder als Produkt eines raschen Abkühlungsprozesses feinkristallines Ergußgestein (Vulkanite (*etm.*: lat./it. „vulcanus" Gott des Feuers)), die ~e werden eingeteilt nach ihrem Kieselsäuregehalt (→Kieselsäure) bzw. klassifiziert nach ihrem Mineralgehalt (→Quarz, Alkalifeldspat, Plagioklas, Feldspatvertreter (→Feldspat)), der in entsprechenden kombinierten →Dreiecksdiagrammen (→Abb. M1 und Tab. M1) nach STRECKEISEN dargestellt werden kann, dabei wird die Summe der →Minerale →Quarz, Alkalifeldspat und Plagioklas oder Alkalifeldspat, Plagioklas und Feldspatvertreter zu 100 % angesesetzt; andere Mineralien, hauptsächlich mafische (Kunstwort, gebildet aus **Ma**gnesium und **f**errum, lat. für Eisen), dunkle Mineralien wie →Biotit, →Amphibol, Pyroxen usw., müssen einen Anteil von weniger als 90 % am gesamten Mineralbestand repräsentieren; enthält ein

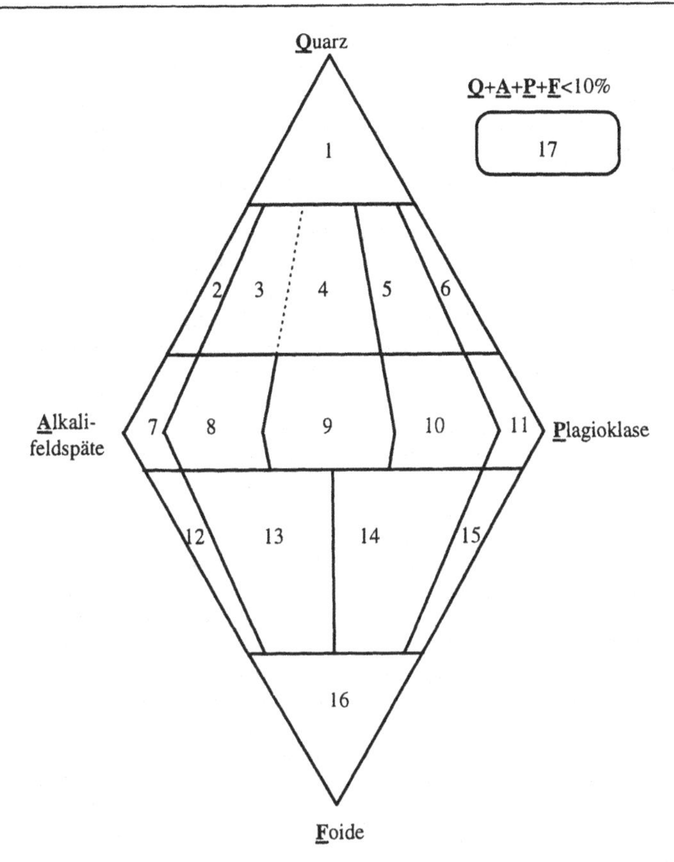

Nr.	Plutonite:	Vulkanite:	Nr.	Plutonite	Vulkanite:
1	Quarzolith		10	Monzodiorit / Monzogabbro	Latitandesit / Latit-basalt
2	Alkaligranit	Alkalirhyolith	11	Diorit / Gabbro	Andesit / Basalt
3	Granit	Rhyolith	12	Foyait	Phonolith
4	Granit	Rhyodacit	13	Plagifoyait	Phonolith
5	Granodiorit	Dacit	14	Essexit	Tephrit
6	Quarzdiorit	Quarzandesit	15	Theralith	Tephrit
7	Alkalisyenit	Alkalitrachyt	16	Foidolith	Foidit
8	Syenit	Trachyt	17	Mafitolith	Mafitit
9	Monzonit	Latit			

Abb. M1 und Tab. M1 *STRECKEISENdiagramm*

M. zu weniger als 10 % Quarz, Feldspat und Feldspatvertreter, gemessen an seinem gesamten Mineralbestand (und somit verhältnismäßig viele mafische Minerale mit einem Gehalt, der >90 % ist), so wird der M. gesondert klassifiziert (→Abb. und Tab. M1), sekundäre Untergliederungen der ~e können anhand des weiteren Mineraliengehaltes vorgenommen werden; vulkanische Auswurfprodukte zählen zu den Ergußgesteinen, man unterscheidet Tuffe (vulkanische Lockergesteine, z. B. Aschen) und Tuffstein (d. h. verfestigter Tuff); neben den Intrusiv- und Ergußgesteinen gibt es Ganggesteine, in Gängen erstarrte Partitionen (abgetrennte Teile) der Gesteinsschmelzen; die Nomenklatur der Ganggesteine wird von den Plutoniten abgeleitet mit der Vorsilbe „Mikro-" (z. B. wird ein Ganggestein granitischer Zusammensetzung als Mikrogranit bezeichnet).

magmatite; →Magmatit

magnesia hardness; →Magnesiumhärte

Magnesium, n; *{magnesium}* Element der Gruppe der →Erdalkalimetalle, der I. Hauptgruppe des →Periodensystems der Elemente, mit dem Elementsymbol Mg; Mg kommt in der Natur nicht elementar, sondern meist als →Silikat, →Carbonat, Chlorid (→Chlor) oder →Sulfat vor; Mg ist ein →essentieller →Nährstoff aller höheren →Pflanzen, aller →Tiere und des Menschen, Mg wird aus dem Boden durch die Pflanzen in die →Nahrungskette eingebracht, als Wasserinhaltsstoffe tragen die Salze des Mg zu dessen →Gesamthärte bei (→Magnesiumhärte).

Magnesiumhärte, f; *{magnesia/magnesium hardness}* →Gesamthärte eines Wassers, ausgedrückt durch den Gehalt an äquivalentem Magnesiumoxid MgO.

magnesium hardness; →Magnesiumhärte

main drying curve (MDC); →Hauptentwässerungskurve

main wetting curve (MWC), →Hauptbewässerungskurve

MAK; →Maximale Arbeitsplatzkonzentration

Makrobodenfauna, f; →Bodenfauna

Makroelement, n; →Nährsalz, →Mineralstoff

Makrogefüge, n; →Bodengefüge

Makrogrobgefüge, n; →Bodengefüge

Makropore, f; →Pore

Malm, m oder n; →Erdgeschichte

Mangan, n; *{manganese}* Element der →Mangangruppe, der 7. Nebengruppe des →Periodensystems der Elemente, mit dem Elementsymbol Mn; Mn kommt natürlich hauptsächlich als ~oxide wie Braunstein MnO_2, Braunit Mn_2O_3 usw. vor, es tritt in den Wertigkeitsstufen +2 bis +7 auf (→Wertigkeit); Mn ist ein →essentieller →Nährstoff der höheren →Pflanzen, aller →Tiere und des Menschen, es dient als →Spurenelement der Aktivierung von →Enzymen; im Stoffwechsel (→Metabolismus) der Pflanzen ist Mn an der →Photosynthese beteiligt; wird Mn als Staub oder Dampf eingeatmet, so wirkt es stark toxisch; im Wasser wird Mn durch →Mikroorganismen zu $MnO_2(H_2O)_n$ oxidiert und trägt zur →Verockerung bei, für Trinkwasser sind (u. a. aus diesem Grund) →Grenzwerte des ~gehalts festgelegt (→Trinkwasserverordnung, →Entmanganung).

manganese; →Mangan

Mangangruppe, f; 7. Nebengruppe des →Periodensystems der Elemente, die M. umfaßt die Elemente →Mangan (Mn), Technetium (Te), Rhenium (Re) und Nielsbohrium (Ns).

MANNING-Beiwert, m; →MANNING-STRICKLER-Formel

MANNING-STRICKLER-Formel; die Fließformel von M.-S. gestattet es, aus der Geometrie eines →Meßbauwerkes und dem →Wasserstand eines darin fließenden Gewässers unter Berücksichtigung einiger empirischer Beiwerte auf dessen →Durchfluß zu schließen, dabei erhält man mit $\bar{v} = k_{St} \cdot R^{2/3} \cdot I^{1/2}$ die mittlere Fließgeschwindigkeit $\bar{v}$ im Meßquerschnitt, mit dem →hydraulischen Radius R ($\dim R = L$) und dem →Sohlengefälle I ($\dim I = 1$) des Meßbauwerkes, k_{St} mit $\dim k_{St} = L^{1/3}/T$ ist der empirische STRICKLER-Beiwert, der unter anderem neben der →Rauhigkeit auch die Geometrie des Gerinnequerschnittes an der Meßstelle durch einen zusätzlichen Formbeiwert berücksichtigt; die Werte für k_{St} liegen - i. allg. mit $[k_{St}] = m^{1/3}/s$ - tabelliert vor, der reziproke Wert $k_{Man} = (k_{St})^{-1}$ ist der zugehörige MANNING-Beiwert k_{Man}.

manometric head; →manometrische Förderhöhe

manometrische Förderhöhe, f; →Pumpe

mantle of the earth; →Erdmantel

manual short core sampler; →Stechzylinder

manure; →Düngemittel

marginal value; →Grenzwert

marine Sedimentation, f; →Sedimentation

Markierungsstoff, m; *{tracer}* entweder künstlich in das Wasser eingebrachte oder natürlicherweise in ihm vorhandene, schwer abbaubare Substanz, aus deren Verteilung auf die Strömungsverhältnisse des Wassers bzw. auf Austauschprozesse zwischen verschiedenen Wasserkörpern geschlossen werden kann; bei der →Durchflußermittlung im →Fließgewässer wird so z. B. Kochsalz (NaCl) als künstlich eingebrachter M. verwendet (Salzverdünnungsmethode) *{salt dilution method}*, dabei wird entweder eine ausreichende Menge des Salzes momentan in das Fließgewässer eingebracht und anschließend aus dessen Verteilung nach vollständiger Durchmischung in einer →Integrationsmessung auf den →Durchfluß Q geschlossen, oder man leitet eine Salzlösung bekannter Konzentration kontinuierlich in das Gewässer ein und bestimmt Q aus der Verdünnung nach vollständiger Durchmischung; ~e ermöglichen auf ähnliche Weise die Untersuchung von Strömungsvorgängen in einem →Grundwasserleiter oder der Austauschprozesse zwischen oberirdischen Gewässern und dem Grundwasser; zu den natürlichen ~en gehören neben den im Wasser gelösten Salzen z. B. auch →Deuterium, →Tritium und →Diatomeen; nicht natürlichen Ursprungs aber ohnehin in den Gewässern enthaltene Stoffe anthropogener Herkunkt, die als M. Verwendung finden, sind Rückstände von →Düngemitteln, →Herbiziden, →Pestiziden usw., ferner durch die Kläranlagen eingebrachte Arzneimittelrückstände und andere Chemikalien.

Marmorversuch, m; auch HEYER Versuch genanntes Verfahren zur Bestimmung der →Kalkagressivität des Wassers, dem dabei →Calciumcarbonat $CaCO_3$ in Form pulverisierten Marmors zugesetzt wird, aus dessen Verbrauch die Kalkagressivität ermittelt wird.

marsh; →Moor

mass; →Masse

mass action law; →Massenwirkungsgesetz

Maßanalyse, f; *{measure/volumetric analysis}* Methode der chemischen Analytik zur Bestimmung der →Konzentration eines gelösten Stoffes in der →Lösung, den man dazu in Reaktion mit einer Lösung (Maßlösung) bekannter Konzentration einer geeigneten reagierenden Substanz bringt (→Titration); nach vollständig verlaufener Reaktion zwischen Analyse- und Maßlösung, die durch z. B. →Indikatoren angezeigt wird, errechnet man die gesuchte Konzentration aus dem verbrauchten Volumen und der Konzentration der Maßlösung.

mass concentration; →Massenkonzentration

mass defect; →Massendefekt

mass decrement; →Massendefekt

Masse, f; *{mass}* physikalische Grundgrösse und Eigenschaft der Materie; als träge M. Maß des Wiederstandes der Materie gegen Änderung ihres Bewegungszustandes, als schwere M. Resultat der Wechselwirkung zwischen Körpern (→Gravitation), im →SI-System ist die M. →Basisgröße mit dem Größensymbol m, der Dimension $\dim m = \mathsf{M}$ und der ~neinheit Kilogramm mit dem Einheitenzeichen $[m]$=kg, als Masse des internationalen Kilogrammprototyps, der mit einer Unsicherheit von 10^{-9} kg bestimmt ist (die. M. ist damit die einzige SI-Basisgröße, die noch prototypisch definiert ist); abgeleitete Größen sind u. a. das Gramm (g) und das Milligramm (mg), mit 1 g=10^{-3} kg sowie 1 mg=10^{-6} kg.

Massenanteil, m; *{mass fraction}* M. $w=w(K)$ einer Komponente $\boldsymbol{K}$ eines →Gemisches $\boldsymbol{G}$, z. B. einer →Lösung $\boldsymbol{L}$ ist der Quotient $w=w(K)=m_K/m_G$ aus der →Masse $m_K=m(K)$ dieser Komponente $\boldsymbol{K}$ und der gesamten Masse $m_G=m(G)$ des gesamten Gemisches $\boldsymbol{G}$ mit z. B. den Einheiten $[w(K)]$=g/kg als Masse m_K des gelösten Stoffes K in g in der Masse $m(G)$ des Gesamtgemischs in kg; der M. wird auch prozentual (in %) als Masse m_K der Komponente $\boldsymbol{K}$ in g bezüglich 100 g des Gesamtgemisches angegeben (→Anteil).

Massendefekt, m; *{mass defect/decrement}* Differenz zwischen der Masse eines Atomkerns (→Atom) und der Summe der Ruhemassen all seiner →Nukleonen, der M. entspricht der Bindungsenergie im Kern; auch die Masse eines →Neutrons unterscheidet sich von der Summe der Ruhemassen seiner Bestandteile →Proton und →Elektron um einen die Bindungsenergie wiedergebenden M. (entsprechenden Vorzeichens).

Massenkonzentration, f; *{mass concentration; mass per unit volume}* M. $\beta=\beta(K)$ einer Komponente $\boldsymbol{K}$ einer →Lösung $\boldsymbol{L}$ ist der Quotient $\beta=m_K/V_L$ aus der →Masse $m_K=m(K)$ dieser Komponente $\boldsymbol{K}$ und dem gesamten Volumen $V_L=V(L)$ der gesamten Lösung $\boldsymbol{L}$ mit z. B. den Einheiten $[\beta(K)]$=g/ℓ als Masse m_K des gelösten Stoffes in g im Volumen V_L der Gesamtlösung; die M. wird auch prozentual (in %) als Masse m_K des gelösten Stoffes in g bezüglich 100 mℓ der Lösung $\boldsymbol{L}$ angegeben (→Konzentration).

Massenspektrographie, f; →Massenspektroskopie

Massenspektrometrie, f; →Massenspektroskopie

Massenspektroskopie, f; *{mass spectroscopy}* Verfahren der qualitativen und quantitativen Analyse von Stoffgemischen, zur Trennung von →Gemischen, zur Bestimmung relativer →Atommassen, zum Nachweis von minimalen Verunreinigungen chemischer Substanzen usw.; die Analyseprobe wird dabei ionisiert (→Ion) und dann in einem Massenspektrometer zu einem Ionenstrahl gebündelt und in einem elektrostatischen Feld beschleunigt; dieser Ionenstrahl wird beim Durchlaufen magnetischer und elektrischer Felder abgelenkt und dabei entsprechend der spezifischen Ladung ze_0/m (→Wertigkeit z, →Elementarladung e_0, Ionenmasse m) der Ionen in die einzelnen →Isotope zerlegt und fokusiert; der so spektral zerlegte Ionenstrahl wird entweder auf einer photosensiblen Schicht erfaßt (Massenspektrographie *{mass spectrography}*) oder durch die Stromstärken seiner Komponenten quantitativ ausgewertet (Massenspektrometrie *{mass spectrometry}*).

Massenstrom, m; *{mass flow}* zeitliche Ableitung $\dot{m}=\partial m/\partial t$ der zeitabhängigen →Masse $m=m(t)$ in einem Raumpunkt P bei Strömungsvorgängen, mit denen ein Massentransport verbunden ist.

Massenverhältnis, n; Quotient $\zeta=m_{K1}/m_{K2}$ aus der Masse $m_{K1}=m(\boldsymbol{K}_1)$ einer Komponente $\boldsymbol{K}_1$ eines Gemisches $\boldsymbol{G}$ durch die Masse $m_{K2}=m(\boldsymbol{K}_2)$ einer weiteren Komponente $\boldsymbol{K}_2$ von $\boldsymbol{G}$ als M. zwischen den Komponenten $\boldsymbol{K}_1$ und $\boldsymbol{K}_2$ von $\boldsymbol{G}$.

Massenwirkungsgesetz, n; *{law of mass action, mass action law}* das M. besagt, daß sich bei einer chemischen Reaktion ein Gleichgewichtszustand einstellt, in dem das Verhältnis des Produktes der Konzentrationen der Ausgangsstoffe (z. B. AB und CD) zum Produkt der Konzentrationen der Reaktionsprodukte (z. B. AD und BC) eine von der Temperatur T abhängige Konstante der Reaktion - die Gleichgewichtskonstante K_c - ist, die Reaktion

$$\mathrm{AB+CD} \rightleftharpoons \mathrm{AD+BC}$$

wird z. B. also so weit ablaufen, bis sich derjenige Gleichgewichtszustand einstellt, bei dem $(c_{AB} \cdot c_{CD})/(c_{AD} \cdot c_{BC})=K_c$ gilt, dabei sind c_{AB}, c_{CD}, c_{AD} und c_{BC} die →Konzentration der Ausgangsstoffes AB und CD bzw. der Reaktionsprodukte AD und BC (→Dissoziation).

Massenzahl, f; *{mass number}* die M. A ist die Summe der Anzahl Z der →Protonen und der Anzahl N der →Neutronen im Atomkern eines chemischen Elementes: $A=Z+N$ (→Ordnungszahl, →Periodensystem der Elemente).

mass flow; →Massenstrom

mass fraction; →Massenanteil

Maßlösung, f; →Maßanalyse

mass number; →Massenzahl

mass per unit volume; →Massenkonzentration

mass spectrography; →Massenspektrographie

mass spectrometry; →Massenspektrometrie

mass spectroscopy; →Massenspektroskopie

materielle Ableitung, f; →LAGRANGEsche Strömungskoordinaten

mathematical model; →mathematisches Modell

mathematisches Modell, n; *{mathematical model}* Darstellung z. B. hydrogeologischer (allgemein nicht mathematischer) Probleme durch mathematische Terme (z. B. in einem Gleichungssysteme); die dadurch gewonnenen mathematischen Probleme werden mit entsprechenden Algorithmen gelöst und die Lösungen im ursprünglichen hydrogeologischen (allgemein nicht mathematischen) Umfeld interpretiert (→Modell; →operations research).

Matrix, f; (*etm.*: lat. zu „matrix" die Stammutter, der Stamm) *{matrix}* Feststoffgerüst des Gesteinskörpers, betehend aus der Grundmasse im magmatischen Gestein (→Magmatit) und den Bindemitteln des →Sedimentgesteins, soweit sie primär bei der →Sedimentation abgelagert wurden; Feinpartikel, die nach der Sedimentation im Porenraum sekundär durch diagenetische Prozesse (→Diagenese) gebildet wurden, werden als Zement *{cement}* bezeichnet und nicht der M. zugerechnet.

matrix permeability; →Gesteinsdurchlässigkeit
matrix potential; →Saugspannung, → Matrixpotential
Matrixpotential, n; →Potentialtheorie
maximale Arbeitsplatzkonzentration, f; (MAK) Grenzkonzentration MAK eines Stoffes, der ein gesunder Erwachsener an 5 Wochentagen täglich 8 Stunden lang während seines gesamten Arbeitslebens ausgesetzt werden darf, ohne dabei ein gesundheitliches Risiko einzugehen, diese Werte sind für verschiedenen Gase und Stäube als Grenzwerte für →Immissionen am Arbeitsplatz festgelegt.
maximale Immissionskonzentration, f; (MIK) im →Bundesimmissionsschutzgesetz und in VDI-Richtlinien vorgegebene obere →Grenzwerte *MIK* für →Immissionen, für Luftinhaltsstoffe (Schwebstaub, →Schwebstoff, Gas usw.) mit $\dim MIK = \mathrm{M/L^3}$ und $[MIK]=\mathrm{mg/m^3}$, für →Depositionen hingegen mit $\dim MIK = \mathrm{ML^{-2}T^{-1}}$ und z. B. $[MIK]=\mathrm{mg/(m^2d)}$.
Maximum-Likelihood-Methode, f; →BAYESsche Theorie
maximum limit; →Grenzwert
MDC; →*main drying curve*
mean; →Mittelwert
meander; →Mäander
mean value; →Mittelwert
measure analysis; →Maßanalyse
measurement cross section; →Meßquerschnitt
measurement vertical; →Meßlotrechte
measuring flume; →Meßbauwerk
measuring tube; →Meßgefäß
mechanical sewage treatment; →mechanische Abwasserereinigung
mechanische Abwassereinigung, f; →Abwasserreinigung
Median, m; (*etm.*: lat. „medius" der mittlere) *{median}* M. oder ~wert X_{med} einer Stichprobe ist derjenige Wert der gemessenen →Zufallsgröße, dessen relative Summenhäufigkeit (→Häufigkeit) 50 % entspricht; bei Stichproben mit ungeradzahligen Umfang ist der M. der in der nach Größe sortierten Stichprobe an mittlerer Stelle stehende Wert, bei geradzahligem Stichprobenumfang ist er gleich dem →arithmetischen Mittel der beiden mittleren Werte (zu dem unter dem Stichwort „Häufigkeit" beschriebenen Beispiel ist der M. in →Abb. M3 dargestellt).
Medianwert, m; →Median
medicinal water; →Heilwasser
Mega-; (*etm.*: gr. „megas" groß) das 10^6-fache einer Einheit, Kurzform M.
Melioration, f; (*etm.*: lat. „melior" besser) *{meloration, soil amelioration}* kulturtechnische Maßnahme zur Bodenverbesserung als Grundverbesserung durch →Be- oder →Entwässerung, Eindeichung usw. oder Urbarmachung von z.B. Moor-, Heide- und Waldgebieten.
melting point; →Schmelzpunkt
Membran, f; (*etm.*: lat. „membrana" die Haut) *{membrane}* bei →Filtration, →Osmose und →Umkehrosmose die aufzubereitende von der bereits aufbereiteten Phase trennendes feinporiges Medium, das als dünne Platte oder Haut ausgebildet ist, der Transport des Permeats (lat. „permeare" durchwandern), des die M. passierenden Fluids, ist analog dem →DARCYschen Gesetz beschrieben, z. B. bei der Umkehrosmose durch

$$Q=k_m\cdot(\Delta p-\Delta p_{os})\cdot A/d$$

mit dem zeitlichen Permeatstrom Q, $\dim Q=\mathrm{L^3/T}$, einer ~konstante k_m (entsprechend dem Durchlässigkeitsbeiwert k_f), der Druckdifferenz Δp zwischen den durch die M. getrennten Flüssigkeitskörpern (→Körper), dem zwischen diesen Körpern herrschen osmotischen Druckdif-

ferenz Δp_{os} sowie dem Flächeninhalt A und der Dicke d der M.
membrane; →Membran
Meniskus, m; →Kapillarität
mercury; →Quecksilber
Mergel, m; →Sediment, →Carbonatgestein
meromiktisch; →Gewässerumwälzung
Mesobodenfauna, f; →Bodenfauna
Mesosphäre, f; →Atmosphäre
mesosphere; →Mesosphäre
mesotroph; →Trophiegrad
mesotrophic; →mesotroph
Mesozoikum, n; →Erdgeschichte
Meßbauwerk, n; *{(measuring) flume}* Abschnitts eines →Gerinnes mit einheitlichem geometrischem Querschnitt und einheitlicher →Rauhigkeit, an dem entweder mit empirischen Fließgesetzen, z. B. nach →DE CHÉZY oder der →MANNING-STRICKLER-Formel oder über entsprechende Kalibrierungskurven (→Kalibrierung) eine →Durchflußermittlung aus dem →Wasserstand W oder der →Wassertiefe h möglich ist (→Durchflußkurve), der Durchfluß Q kann u. U. bei extrem hohem Wasserstand jedoch nur nach einer →Extrapolation der Durchflußkurve aus dem Wasserstand W oder der Wassertiefe h hergeleitet werden (→ $C\text{-}\sqrt{I}$).
Meßfehler, m; →Fehler
Meßflügel, m; →hydrometrischer Flügel
Meßgefäß, n; *{measuring tube, gauge tank}* oben offenes und mit einer Skala versehenes Gefäß geeigneter Größe, mit dem besonders bei →Gerinnen mit geringem →Durchfluß Q dessen Ermittlung ermöglicht wird, dazu wird der gesamte Durchfluß Q nach Abdichtung des Querschnittes in dem M. gesammelt und das erfaßte Wasservolumen V_F zu der Fülldauer t_F in Relation gesetzt zu $Q=V_F/t_F$.
Meßlatte, f; →Pegel
Meßlotrechte, f; *{measurement vertical}* zur Gerinnesohle (→Gerinne) →vertikale Strecke, die die Wasseroberfläche und die Sohle des →Gerinnes verbindet; auf ihr werden →Durchflußermittlungen mit dem →hydrometrischen Flügel vorgenommen, indem entweder in einer →Integrationsmessung die Meßschraube längs der M. kontinuierlich bewegt wird oder bei einer →Punktmessung einzelne (→diskrete) Meßpunkte auf der M. ausgewählt werden.
Meßpegel, m; →Pegel
Meßquerschnitt, m; *{measurement cross section}* für eine →Durchflußermittlung ausgewählter →Durchflußquerschnitt, der den Anforderungen für eine Messung genügen muß; ein in einem →Fließgewässer ausgewählter M. sollte z. B. frei von →Verkrautungen, →Kolken usw. sein, die Strömung sollte möglichst keine Turbulenzen (→turbulent) aufweisen und der M. von annähernd geometrischer Beschaffenheit (z. B. trapezförmig) sein (→Durchflußmeßstelle).
Meßschaufel, f; →hydrometrischer Flügel
Meßwehr, n; →Wehr
metabolism; →Metabolismus
Metabolismus, m; (*etm.*: →Metabolit) *{metabolism}* Stoffwechsel, Zusammenfassung aller in einem Organismus ablaufender Prozesse, bei denen Stoffe aufgebaut oder umgebaut oder von dem Organismus ausgeschieden werden; die Stoffwechselprozesse sind mit Energiewechsel, Aufnahme und Freisetzung von Energie, verbunden (→Assimilation, →Dissimilation).
Metabolit, m; (*etm.*: gr. „metabole“ die Veränderung) *{metabolite}* im Stoffwechsel der →Mikroorganismen erzeugte Substanzen und Abbauprodukte (→Metabolismus, →Abbau).
metabolite; →Metabolit

metal; →Metall

Metalimnion, n; (*etm.*: gr. „meta" inmitten und „limnion" der Teich, der See) Übergangsschicht zwischen →Epi- und →Hypolimnion in einem →stehenden Gewässer, im M. erfolgen die größten vertikalen Temperaturänderungen (→Abb. G7, →Thermokline).

Metall, n; *{metal}* Element mit →Elektronenleitfähigkeit und gutem Wärmeleitvermögen durch freie bewegliche Elektronen (→chemische Bindung); ~e liegen unter →Normalbedingungen entweder in fester oder in flüssiger →Phase vor; befinden sie sich in fester Phase, so sind ihre Atome in der dichtest möglichen Kugelpackung angeordnet (→Schwer~, →Leicht~, →Metallkreislauf

Metallbindung, f; →chemische Bindung

metallic bond; →Metallbindung

metallic conductivity; →Elektronenleitfähigkeit

metallic conductor; →Elektronenleiter

Metallkreislauf; m; in erheblichem Maß →anthropogen beeinflußter →Stoffkreislauf; Quellen der →Emmission sind Industrie und Gewerbe sowie alle Arten von Feuerungsstätten; die Metalle gelangen durch die Abwässer und die Abfallbeseitigung sowie aus Stäuben in den Boden und anschließend zum einen in die →Nahrungskette, zum anderen in die Gewässer und deren Sedimente.

Metamorphit, m; (*etm.*: →Metamorphose) *{metamorphite}* durch →Metamorphose aus einem Ausgangsgestein, →Magmatit, →Sediment oder selbst Metamorphit, durch Umkristallisation und chemische Reaktionen entstandenes Gestein in fester Phase; die ~e werden nach ihrem Ausgangsgestein sowie den Temperatur- und Druckverhältnissen, denen sie bei der Metamorphose ausgesetzt waren, unterschieden (→Abb. M2), infolge der tektonischen Belastung und der damit verbundenen Druckeinwirkung kann es zur →Schieferung kommen, der Ausbildung eines praktisch parallel gerichteten engständigenden Flächengefüges mit erhöhter Spaltbarkeit der ~e in diesen Flächen, die durch Umkristallisation und die in deren Folge entstehende Bänderung im Gestein mit unterschiedlichem Mineralgehalt ausgebildet wird; die Nomenklatur der ~e ist nicht einheitlich, sie richtet sich nämlich zum einen nach der Druck-Temperatur-Fazies, zum anderen nach dem Ausgangsgestein sowie äußeren Merkmalen; nach den äußeren Kennzeichen unterscheidet man dabei drei metamorphe Familien: die →Gneis-Familie mit grobkörnigen →Mineralien und einer deutlichen dicken →Schieferung, die Schiefer-Familie mit feinkörniger, platter Mineralausbildung und deutlicher, sehr dünner Schieferung sowie die Felsfamilie, die keinerlei Schieferung aufweist; war das prämetamorphe Ausgangsgestein ein →Sedimenet, so wird er durch die Vorsilbe Para- gekennzeichnet, im Fall eines →Magmatits durch die Vorsilbe Ortho-; in →Tab. M2 sind einige ~e, ihre Ausgangsgesteine und die entsprechenden metamorphen →Fazies aufgeführt.

metamorphite; →Metamorphit

Metamorphose, f; (*etm.*: gr. „metamorphon" umgestalten) *{metamorphosis}* **1.)** Bezeichnung für bestimmte Arten der Veränderung, denen das →Gestein bzw. das Wasser unterliegen, unter Gesteins~ werden dabei insbesondere nur diejenigen Veränderungen verstandenen, die nicht an der Erdoberfläche, sondern unter dem Einfluß hoher Temperaturen und Drücke (die über den bei der →Diagenese herrschenden liegen) im Erdinneren stattfinden; bei großräumigem Vorherrschen hoher Drücke und Temperaturen (z. B. bei der Gebirgsbildung) spricht man von Regional~, bei hohen Temperaturunterschieden an den Rändern von Magmenintrusionen (→Magma) von Kontakt~ (→Metamorphit); **2.**) unter M. des →Grundwassers versteht man diejenigen chemischen und physikalischen Prozesse, die auf das Grundwasser im Sinne der Herstellung eines stabilen Gleichgewichtszustandes einwirken (z. B. →Kalk-Kohlensäure-Gleichgewicht), das jedoch wegen wechselnder chemischer und physikalischer Verhältnisse in dem vom Grundwasser durchflossenen Gestein sich i. allg. großräumig nicht einstellen kann.

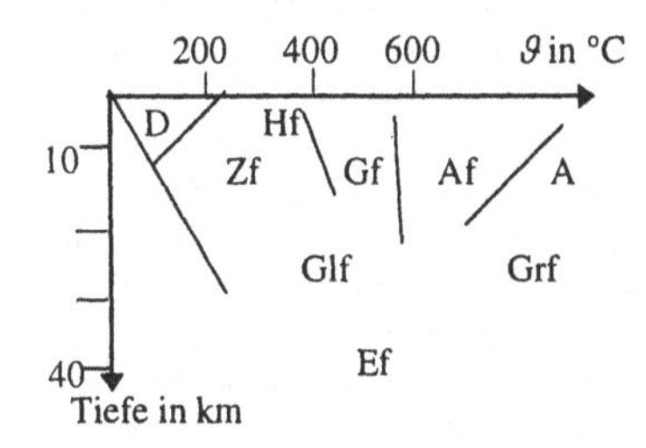

Abb. M2 ***Metamorphite***

D	=	Diagenese
Hf	=	Hornfelsfazies
Zf	=	Zeolithfazies
Gf	=	Grünschieferfazies
Af	=	Amphibolitfazies
A	=	Anatexis
Glf	=	Glaukophanschieferfazies
Grf	=	Granulitfazies
Ef	=	Eklogitfazies

Tab. M2 ***Metamorphite***

metamorphosis; →Metamorphose

meteoric water line, *mwl*; →Niederschlagsgerade

Meteorologie, f; (*etm*.: gr. „meteoron" die Himmelserscheinung und „logos" die Lehre) *{meteorology}* Lehre von den physischen und chemischen Eigenschaften der →Atmosphäre (im wesentlichen der Troposphäre) und der in ihr verlaufenden Prozesse sowie der Wechselwirkungen zwischen der Atmosphäre und der festen und flüssigen Erdoberfläche und dem Weltraum; als Hydro~ bezeichnet man das Teilarbeitsgebiet der M., das sich mit den atmosphärischen Prozessen im →hydrologischen Kreislauf befaßt..

meteorology; →Meteorologie

Methan, n; *{methane}* Alkan CH_4 (→Kohlenwasserstoffe), entsteht bei der Zersetzung →organischer Substanzen, z. B. der Faulung (→Abbau im anaeroben Milieu), und ist eine der Hauptkomponenten des Deponiegases (→Deponie), aus den Deponien kann M. durch →Migration in benachbarte Bodenschichten gelangen und dort die Vegetation schädigen; in der Troposphäre (→Atmosphäre) reichert sich M. wegen seiner schlechten Abbaubarkeit an und trägt dadurch zum →Treibhauseffekt bei.

methane; →Methan

mica; →Glimmer

mica schist; →Glimmerschiefer

microbic oxidation; →mikrobielle Oxidation

microbic process; →mikrobieller Prozeß

microbic reduction; →mikrobielle Reduktion

micro element; →Spurenelement, →Mikroelement

microorganism; →Mikroorganismus

microstructure; →Mikrogefüge

Migration, f; (*etm*.: lat. „migratio" (Aus-) Wanderung) *{migration}* diffuser Transport von →Fluiden (Lösungen) in Gesteinen, der in Spalten, Rissen und →Poren erfolgende Transport von →Erdgas und →Erdöl vom Muttergestein (seiner Bildungsstätte) zum Speichergestein.

MIK; →maximale Immissionskonzentration

Mikro-; (*etm.*: gr. „mikros" klein) der 10^6-te Teil einer Einheit, Kurzform μ.

mikrobielle Oxidation, f; *{microbic oxidation}* von →Mikroorganismen bewirkte oxidative Abbauprozesse (→Abbau), z. B. im Grundwasser durch →Oxidation, insbesondere die Oxidation von Eisen und organischen Substanzen.

mikrobielle Reduktion, f; *{microbic reduction}* durch →Mikroorganismen bewirkte allgemeine reduzierende Abbauprozesse (→Abbau) im Grundwasser, die insbesonderen auch durch chemische →Reduktion erfolgen können, insbesondere die →Sulfatreduktion, →Nitratreduktion sowie die Reduktion von Eisen und organischen Substanzen,

mikrobieller Prozeß, m; *{microbic process}* biochemischer Prozeß unter der Einwirkung von →Mikroorganismen, z. B. →mikrobielle Oxidation und →mikrobielle Reduktion oder auch die mikrobielle Verwitterung unter dem Einfluß der von den Mikroorganismen ausgeschiedenen Stoffwechselprodukte (→Metabolismus).

mikrobielle Verwitterung, f; →mikrobieller Prozeß

Mikrobodenfauna, f; →Bodenfauna

Mikroelement, n; →Nährstoff, →Spurenelement

Mikrogefüge, n; →Bodengefüge

Mikroorganismus, m; *{microorganism}* einzellige oder nur aus wenigen Zellen zusammengesetztes Kleinstlebewesen z. B. →Bakterien, →Hefen und →Pilze (der →Virus ist jedoch kein M.), Mikroorganismen sind in der Natur unter nahezu allen physikalischen und chemischen Umständen präsent, stehen in engem Kontakt zu ihrer Umwelt und wirken durch ihren regen Stoffwechsel verändernd auf sie ein (→mikrobieller Prozeß).

Milli-; (*etm.*: lat. „mille" tausend) der 10^3-te Teil einer Einheit, Kurzform m.

Mindestgrundwasserabflußspende, f; *{minimum groundwater runoff per unit area}* kleinste unterirdische →Abflußspende mit dem →Abflußjahr als Bezugszeitraum, die M. entspricht den *MoMN*q-Werten (monatliche mittlere Niedrigwasserabflußspende, →Hauptwert) des Sommerhalbjahres des Abflußjahres, d. h. den *SoMoMNq*-Werten.

Mineral, n; (*etm.*: lat. „minera" Grube) *{mineral}* natürlicher (meist →anorganischer) Bestandteil der Erdrinde mit einheitlichem physikalischem und chemischem Charakter, ~e sind entweder reine Elemente oder chemische Verbindungen, sie liegen meist in fester (→Phase) und →kristalliner Form vor, sie sind die Bausteine des →Gesteins.

Mineralhärte, f; →bleibende Härte

Mineralisierung, f; *{mineralization}* →Abbau organischer Substanzen zu stabilen anorganischen Endprodukten über den Stoffwechsel von →Mikroorganismen.

mineralization; →Mineralisierung

Mineralstoff, m; auch Makroelement, →anorganischer →Nährstoff, der von den Organismen in bedeutenden Mengen mit der Nahrung aufgenommen werden muß, der Bedarf an ~en liegt über dem, der für die Spurenelemente besteht; die ~e sind entweder als Salze oder in Form der entsprechenden Ionen verfügbar.

minimum groundwater runoff per unit area; →Mindestgrundwasserabflußspende

Miozän, n; →Erdgeschichte

Mischtyp, m; Beschaffenheit eines →Grundwassers aus einem Lockergestein-Grundwasserspeicher, das nach seiner chemischen Zusammensetzung wegen der in dieser Gesteinsformation rasch wechselnden Beschaffenheit einem klar definierten Speicherkörper nicht mehr eindeutig zugeordnet werden kann (→Gestein, →Grundwasserleiter, →Sediment).

Mischwässer, n, Pl; →Mischtyp

Mischwasser, n; *{combined waste water}* gemeinsam (in einem ~system) abgeleitetes →Abwasser und Regenwasser und ggf. in die Kanalisation durch Undichtigkeiten eingedrungenes sonstiges Wasser (→Fremdwasser).

Mischwassersystem, n; →Mischwasser

Mitfällung, f; *{coprecipitation}* →Ausfällung eines Stoffes S aus einer Lösung im Niederschlag eines anderen Stoffes S^*, ohne dessen Ausfällung S in Lösung geblieben wäre.

Mitteldevon, n; →Erdgeschichte

Mittelkambrium, n; →Erdgeschichte

Mittelordovizium, n; →Erdgeschichte

Mittelpräkambrium, n; →Erdgeschichte

Mittelsilur, n; →Erdgeschichte

Mittelwasserstand, m; →Wasserstand

Mittelwert;, m; *{mean (value)}* **1.)** der M. $\overline{X}$ zu den n Stichprobenwerten (→Stichprobe) $X_1,...,X_n$ einer →Zufallsgröße x (oder X) wird berechnet zu

$$\overline{X}=\frac{1}{n}\cdot\sum_{i=1}^{n}X_i,$$

z. B. bei →Häufigkeit erhält man (→Abb. M3 zu dem unter dem Stichwort „Häufigkeit" beschriebenen Beispiel), **2.)** verkürzte Bezeichnung für das →arithmetische Mittel, der M. nach 1.) ist dabei das arithmetische Mittel der Stichprobenwerte $X_1,...,X_n$, der Begriff des arithmetischen Mittels ist jedoch allgemeiner, da er sich auch auf andere Werte als die einer Stichprobe beziehen kann.

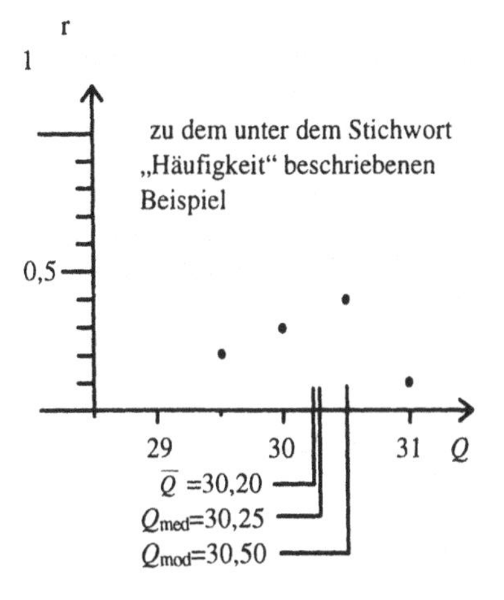

Abb. M3 ***Median, Mittel- und Modalwert einer Stichprobe***

Mittlere Trias, f; auch Muschelkalk, →Erdgeschichte

mixture; →Gemisch

mobilisation; →Mobilisierung

Mobilisierung, f; *{mobilisation}* physikalischer, chemischer oder biologischer Prozeß, der zur Freisetzung von Stoffen führt, die in einem System (z. B. in einer →Matrix) gebunden oder gelöst sind, ~sprozesse sind z. B. →Auswaschung, →Auslaugung, →Bioturbation und →Desorption der im Boden oder in den Sedimenten akkumulierten Stoffe (ggs. →Immobilisierung; →Remobilisierung)

Mobilität, f, (*etm.*: lat. „mobilitas" die Beweglichkeit) *{mobility}* Veränderlichkeit eines gegebenen Zustandes, z. B. **1.)** als die Beweglichkeit von →Wasserinhaltsstoffen (→Inhaltsstoff), die sich ausdrücken läßt als die Relation zwischen der Transportgeschwindigkeit der Wasserinhaltsstoffe und der →Abstandsgeschwindigkeit des Wassers; **2.**) Verhalten eines →Gesteinskörpers unter dem Einfluß äußerer Kräfte, wobei von M. z. B. die Rede ist, falls der betrachtete Gesteinskörper einem von außen auf ihn einwirkenden →Druck nachgibt.

mobility; →Mobilität

Modalwert, m; (*etm.*: lat. „modo" in Maßen) *{mode}* derjenige Stichprobenwert X_{mod}, der in einer Stichprobe am häufigsten auftritt (zu dem unter dem Stichwort „Häufigkeit" beschriebenen Beispiel ist der M. in →Abb. M3 dargestellt).

mode; →Modalwert

model; →Modell

Modell, n; (*etm.*: lat „modulus" das Maß) *{model}* vereinfachende Abbildung und Wiedergabe von Ausschnitten der Natur und der darin verlaufenden Prozesse unter Beschränkung auf all diejenigen Aspekte, die für die konkrete Fragestellung von Bedeutung sind; die ~bildung dient zum einen der Erforschung der Prozesse (→Input-Output-Modell), zum anderen der Erstellung von Prognosen über das Verhalten des modellierten Systems unter bestimmten vorgegebenen Rand- oder Anfangswertbedingungen; ~e werden unter verschiedenen Gesichtspunkten klassifiziert, so unterscheidet man z. B. analoge (→Analogmodell, →physikalisches Modell, →sandbox model) und digitale (→Digitalmodell) Modelle, lineare und nichtlineare Modelle, bei denen die ablaufenden Prozesse und die gegebenen Nebenbedingungen entweder lineare (→lineare Optimierung) oder nicht-lineare Relationen (z. B. →quadratische Optimierung) sind, determinierte und stochastische Modelle, falls die Modellparameter als determinierte Größen oder als Zufallsgrößen gegeben sind, ein- und mehrperiodige Modelle (→dynamische Optimierung) usw. (→mathematisches Modell).

Modellregen, m; *{model rainfall}* theoretisches Regenereignis (→Niederschlag) gegebener Dauer und vorgegebenen zeitlichen Verlaufs der Niederschlagsintensität (z. B. →Einheitsniederschlag (→Niederschlag)).

model rainfall; →Modellregen

Moder, m; →Humus

modification; →Modifikation

Modifikation, f; (*etm.*: lat. „modificare" mäßigen) *{modification}* Auftreten →fester Stoffe in unterschiedlichen →kristallinen Erscheinungsformen (z. B. →Allotropie, →Polymorhie).

MOHSsche Härte, f; →Härte

moisture balance; →Bodenwasserhaushalt

moisture storage; →Bodenwasservorrat

mol, n; *{mole}* →Stoffmenge einer Substanz, die aus genausovielen kleinsten Teilchen besteht, wie Kohlenstoffatome in 12 g des Kohlenstoffisotops ${}^{12}_{6}C$ enthalten sind (→atomare Masseneinheit, →Atommasse, →Molmasse).

molal concentration; →Molalität

Molalität, f; *{molality, molal concentration}* massenbezogene →Stoffmengenkonzentration b einer →Lösung mit dim$b$=N/M in z. B. mol/kg, d. h. daß in einer n-molalen Lösung n mol der gelösten Substanz in 1 kg des Lösungsmittels enthalten sind (auch →spezifische Partialstoffmenge; →Molarität).

molality; →Molalität

molar concentration; →Molarität, →Stoffmengenkonzentration

Molarität, f; *{molarity, molar concentration}* Bezeichnung für die →Stoffmengenkonzentration *c* einer →Lösung mit $\dim c = \mathsf{NL}^{-3}$ in z. B. (mol/ℓ), d. h. daß in 1 ℓ einer *n*-molaren Lösung *n* mol der gelösten Substanz enthalten sind.

molarity; →Molarität

mole; →mol, →Grammol

molecular mas; →Molekülmasse

molecule; →Molekül

mole fraction; →Stoffmengenanteil

mole ratio; →Stoffmengenanteil

Moleinheit, f; Einheit der →Stoffmenge *n* ($\dim n = \mathsf{N}$) mit den Einheiten $[n]$=mol, $[n]$=mmol (→mol) usw. mit 1 mol =1000 mmol.

Molekül, n; (*etm.*: lat. „moles" Masse) *{molecule}* durch Atombindung (→chemische Bindung) entstehender Atomverband endlicher Länge mit mindestens zwei atomaren Bausteinen, besteht das M. nur aus Atomen ein und desselben chemischen Elementes, so ist es homonuklear, sonst heteronuklear; die Nomenklatur der Molekülformeln sieht u. a. vor, daß die an einem M. beteiligten Elemente mit ihrem Elementsysmbol in der Molekülformel wiedergegeben werden und ihre jeweilige Atomzahl durch einen enstprechenden Index anzugeben ist, für →Ionen wird zusätzlich hochgestellt deren Ladung notiert, so enthält z. B. das Wasserstoffperoxidmolekül H_2O_2 je zwei Wasserstoff- und Sauerstoffatome, das Oxoniumion H_3O^+ (→Oxonium) ist aus drei Wasserstoff- und einem Sauerstoffatom aufgebaut und besitzt zusätzlich eine positive Ladung (nach Abgabe eines Elektrons aus dem an dem Molekül beteiligten Wasserstoffatom; →Wertigkeit).

Molekülmasse, relative, f; *{molecular mass}* relative →Formelmasse eines Moleküls.

Molmasse, f; *{mole}* →Masse der →Stoffmenge 1 mol (→mol) in g auch als Grammol bezeichnet.

mologe Wärmekapazität, f; →Wärmekapazität

momentum; →Impuls

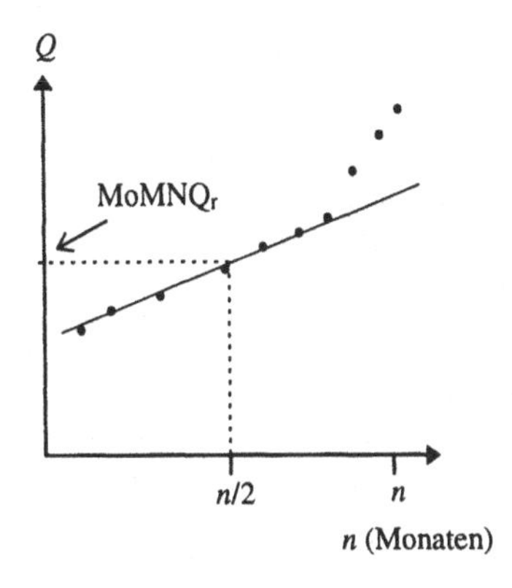

Abb. M4 ***MoMNQ*$_r$*-Wert***

***MoMNQ*-Verfahren**, n; Verfahren zur Trennung des Direktabflusses Q_D und des Basisabflusses Q_B während diese Trennung bei z. B. dem →A_u-Linienverfahren graphisch aus der →Abflußganglinie gewonnen wird, geht man im M.-V. statistisch von der aus Langzeitaufzeichnungen gewonnenen Mindestgrundwasserspende *MoMN*q (→Hauptwert, →Grundwasserneubildung) aus, dabei wird unterstellt, daß das monatliche Niedrigwasser eines Einzugsgebietes aus →grundwasserbürtigem Abfluß Q_G besteht, der näherungsweise den Basisabfluß Q_B wiedergibt, speziell erhält man dabei durch Mittelwertbildung den Wert

$$MoMNQ = \frac{1}{12}\sum_{i=1}^{12} NQ_i$$

als Mittelwert über ein volles →Abflußjahr bzw. bei Berücksichtigung der klimatisch bedingten Abweichungen im Abflußverhalten der Sommer- und der Wintermonate

$$SoMoMNQ_s = \frac{1}{6}\sum_{i=1}^{6} NQ_i$$

mit Summation über das Sommerhalbjahr des Abflußjahres und

$$WiMoMNQ_w = \frac{1}{6}\sum_{i=1}^{6} NQ_i$$

bei Summation über dessen Winterhalbjahr; ein modifiziertes Verfahren berücksichtigt stärkere statistische Schwankungen und legt durch die in aufsteigender Reihenfolge angeordneten *MoMNQ*-Werte eine →Regressionsgerade und ermittelt daraus einen mittleren reduzierten *MoMNQ*-Wert $MoMNQ_r$ (→Abb. M4; →Hauptwert)

monomiktisch; →Gewässerumwälzung

Moor, n; *{moor, marsh, swamp}* dauerhaft durchfeuchteter Geländebereich, dessen Boden durchweg schlammig und wenig durchlässig ist und vorwiegend aus Pflanzenteilen besteht, die durch den →Abbau noch nicht vollständig zersetzt sind, und Humushorizonte (→Humus, →Bodenhorizont) von 30 cm und größerer Mächtigkeit bilden; der Anteil organischen Materials beträgt i. allg. mehr als 30 %, die →Niederschlagsrate übersteigt in ~regionen dauerhaft die der →Verdunstung und der →Versickerung.

Moräne, f; (*etm.*: frz. „moraine" Geröll) *{moraine}* von →Gletschern transportierter und abgelagerter Gesteinsschutt, der z. T. durch die erodierende Tätigkeit des Gletschers erzeugt (→Erosion), z. T. von außen in die Gletscher eingebracht wurde; man unterscheidet zwischen bewegten und abgelagerten ~n und nach der Lage im Gletscher bei den bewegten ~n Unter-, Innen- und Ober~n bei den abgelagerten ~n Grund- und Wall~, mit z. T. weitergehenden Untergliederungen.

moraine; →Moräne

motion equation; →Bewegungsgleichung

mould; →Pilz

moving average; →gleitender Mittelwert

mud; →Mudde

Mudde, f; *{mud}* Halbfaulschlamm (→Faulschlamm) →Sediment, das sich aus vorwiegend organischem Material zusammensetzt und weiteren Fäulnisprozessen unterliegt, in Abhängigkeit von der Zusammensetzung der M. unterscheidet man Torf~, Kalk~ usw.

mudflow; →Schlammstrom

Müll, m; →Abfall

Mull, m; →Humus

multiaquifer formation; →Grundwasserstockwerk

Multibarrierekonzept, n; Planungsinstrument bei der Anlage von →Deponien, dem eine Vielzahl voneinander unabhängiger →Barrieren zugrunde liegt, die den Übertritt von Schadstoffen aus dem Deponiekörper in die umgebenden →Bodenkörper verhindern soll; die Barrieren werden dabei zunächst als geologische bei der Standortwahl durch einen möglichst dichten Grund geringer Durchlässigkeit bestimmt, ferner werden künstliche Barrieren angelegt, technisch gebildete Dichtschichten und Anlagen zum Abpumpen möglicherweise aus der Deponie austretender Substanzen, desweiteren wirken als Barrieren den Schadstofftransport behindernde Mischungen der einzelnen deponierten Abfallstoffe unter Berücksichtigung ihrer Durchlässigkeit und die →Verdichtung des Deponiegutes zur Herabsetzung der Leitfähigkeit.

Muschelkalk, m; **1.)** *{shell limestone}* aus tierischen Schalenresten gebildeter Kalkstein; **2.)** →Mittlere Trias

Muskovit, m; →Glimmer
Mutmaßlichkeit, f; →BAYESsche Theorie
Muttergestein, n; →Migration
MWC; →*main wetting curve*
m-Wert, m; →Basekapazität, →Säurekapazität
mwl; →meteoric water line

N

n-; →Nano-
n; Formelzeichen der →Stoffmenge
N; Abk. für Newton, Einheit der →Kraft
N; Dimensionssymbol der →Stoffmenge
N-A-Modell, n; →Niederschlag-Abfluß-Modell
Nabla-Operator, m; (*etm.*: gr. „nablas" ∇-förmiges Saiteninstrument) vektorieller Differentialoperator

$$\vec{\nabla} = \left(\frac{\partial}{\partial x}, \frac{\partial}{\partial y}, \frac{\partial}{\partial z}\right),$$

durch dessen Anwendung auf ein →Skalarfeld $P \rightarrow f(P)$ man das Gradientenfeld (→Gradient) der Funktion f erhält zu

$$\text{grad}(f) = \vec{\nabla} f,$$

bei skalarer Anwendung von $\vec{\nabla}$ auf ein →Vektorfeld $P \rightarrow \vec{x}(P)$ ergibt sich dessen →Divergenz zu

$$\text{div}(\vec{x}) = \vec{\nabla} \cdot \vec{x},$$

bei vektorieller dessen →Rotation

$$\text{rot}(\vec{x}) = \vec{\nabla} \times \vec{x}.$$

Nachfällung, f; →Fällung
Nachweisgrenze, f; *{detection limit, limit of determination}* Bezeichnung für diejenige →Masse oder Konzentration eines Stoffes, der in einer Analysenprobe nach →Kalibrierung der Meßinstrumente gerade noch nachgewiesen werden kann, die N. x_{NG} hängt u. a. ab von der Empfindlichkeit der zur Analyse verwendeten Instrumente; im Vergleich zur →Erfassungsgrenze x_{EG} und zur →Bestimmungsgrenze x_{BG} gilt die Relation $x_{NG} \leq x_{EG} \leq x_{BG}$.
Nährgebiet, n; →Gletscher

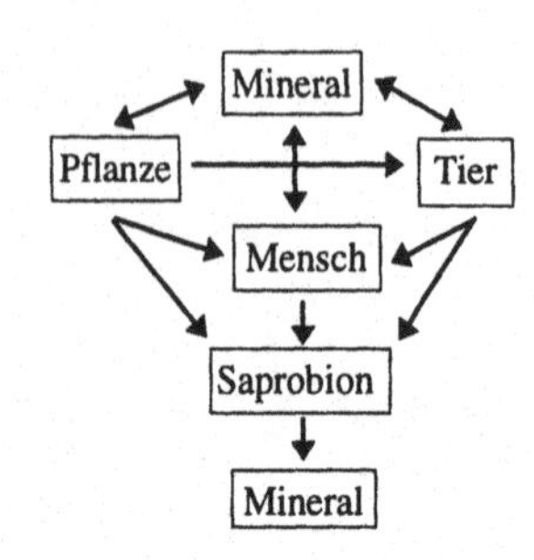

Abb. N1 *Nahrungskette*

Nährsalz, n; *{nutrient salt}* auch als Makroelemente oder Mineralstoffe bezeichnete anorganische →Nährstoffe, die als Salze z. B. mit den Kationen Na^+, K^+, Ca^{2+}, Mg^{2+} usw. und den Anionen NO_3^-, PO_4^{3-} usw. zusammen mit diversen →Spurenelementen, den Mikroelementen, für die Ernährung aller Lebewesen benötigt werden; die im Boden enthaltenen ~e und Spurenelemente werden durch das von den Niederschlägen erzeugte →Sickerwasser aus dem →Durchwurzelungsbereich ausgewaschen und in tiefere Bodenschichten transportiert (→Bodenhorizont), sie sind somit für die Pflanzen nicht mehr verfügbar (→Pflanzenverfügbarkeit) und können sich im →Grundwasser anreichern; die Neubildung von ~en und Spurenelementen erfolgt durch →Mineralisierung organischer Substanzen (abgestorbene Pflanzenteile usw.), diese →anorganischen Stoffe reichern sich nach Verbrauch in den Pflanzen durch Stofftransport infolge der Konzentrationsgefälle (→Diffusion) erneut im Boden an.

Nährschicht, f; →trophogene Schicht (eines Gewässers).

Nährstoff, m; *{nutrient}* Sammelbegriff für die für die Ernährung der Organismen benötigten anorganischen und organischen Stoffe, z. B. →Nährsalze, →Eiweiß usw.

Nahrungskette, f, die durch die Ernährung der Organismen und deren wechselseitige Abhängigkeiten (→Heterotrophie) gebildete Kette aufeinanderfolgender Stufen der Verwertung als →Nährstoff (→Assimilation, →Abb. N1).

N-A-Modell, n; →Niederschlag-Abfluß-Modell

Nano-; (*etm.*: gr. „nanos" Zwerg), der 10^9-te Teil einer Einheit, Kurzform n.

NAPL; Abk. für Non-Aqueous Phase Liquid, eine Flüssigkeit, die sich nicht oder kaum im Wasser löst und somit (z. B. im →Grundwasserleiter) eine eigene flüssige →Phase bildet; nach der →Dichte der NAPL-Phase in Relation zu der des Wassers unterscheidet man LNAPLs (lighter than water NAPL), die von geringerer Dichte sind als das Wasser, z. B. Kraftstoffe (→Benzin), Heizöl usw., und DNAPLs (denser than water NAPL), deren Dichte größer ist als die des Wassers, z. B. →polychlorierte Biphenyle usw.; die NAPLs weisen z. T. eine erhebliche Verweilzeit im →Grundwasserleiter auf, in den sie durch die vom Wasser nicht benetzten Hohlräume des →Sickerraumes eindringen können, geringfügige Volumina der NAPLs verbreiten sich dabei in der →ungesättigten Zone und wer-den dort in der →Matrix gebunden, größere Mengen gelangen bis zur →kapillaren Aufstiegszone, die LNAPLs schwimmen dort über dem Kapillarsaum, die DNAPLs sammeln sich über dem Kapillarsaum bis der von ihrem Gewicht verursachte Druck die →Oberflächenspannung des Kapillarwassers (in einem Schwellenwert) überschreitet, dann brechen sie in den Grundwasserraum durch und können sich dort bis in große Tiefe ausdehnen, dieser Schwellenwert für das Durchbrechen der DNAPLs durch den Kapillarsaum hängt von der Korngrößenverteilung (→Korngröße) im Grundwasserleiter ab, er liegt im Bereich von wenigen Zentimetern im Grobsand bis zu mehreren Metern in tonigem Material (→Abb. N2).

Naßjahr, n; *{wet year}* →hydrologisches Jahr, in dem die →Niederschlagshöhe den →Mittelwert einer dem Bezugsgebiet zugehörigen mehrjährigen →Niederschlagsreihe um mehr als die →Standardabweichung überschreitet (ggs. →Trokkenjahr).

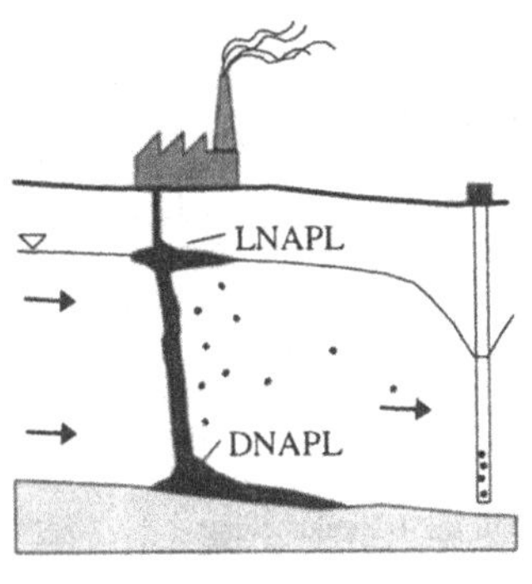

Abb. N2 ***NAPL***

Naßstelle, f; *{filtration/seepage spring, wetland}* infolge einer Überdeckung des eigentlichen Quellaustrittes mit Gestein sich ausbildende großflächige Verteilung des an einer →Quelle zutage tretenden →Grundwassers.

Natrium, n; *{sodium}* Element der Gruppe der →Alkalimetalle, der I. Hauptgruppe des →Periodensystems der Elemente, mit dem Elementsymbol Na; in der Natur kommt Na in der Form von Salzen vor, insbesondere das ~chlorid NaCl als Steinsalz oder gelöst im Meerwasser (→Salzwasser), ferner als Bestandteil einiger Mineralien, z. B. des Natron- oder Kalknatronfeldspats (→Feldspat); für alle Tiere und den Menschen ist Na ein →essentieller Nahrungsbestandteil.

natural gas; →Erdgas

natural lysimeter; →Naturlysimeter

natural temperature decrease; →Abkühlung

natural temperature increase; →Erwärmung

Naturlysimeter, n; *{natural lysimeter}* Gesteinsformation, die auf natürliche Weise die Funktion eines →Lysimeters übernimmt, also ein durchlässiger Gesteinskörper, der von Gestein geringer Durchlässigkeit so eingeschlossen ist, daß man das in das N. eintretende →Sickerwasser erfassen kann.

NAVIER-STOKES; → Bewegungsgleichung

Nebel, m; →Niederschlag

Nebenfluß, m; →Zufluß

Nebengruppe, f; →Periodensystem der Elemente.

Neer, f; *{eddy}* Wasserstrudel mit ausgeprägter rückläufiger Strömung.

Neerströmung, f; *{back eddy current}* durch Hindernisse im Uferbereich verursachte rückläufige Strömung mit Strudelbildung (→Neer) in einem schnell fließenden →oberirdischen Fließgewässer.

Nekton, n; (*etm.*: gr. „nektos" schwimmend) *{nekton}* derjenige Teil der Tierwelt des Wassers, der sich aus eigener Kraft fortbewegt (ggs. →Plankton).

Nematode, f; (*etm.*: gr. „nema" der faden und „hodos" die Art) *{nematode}* Fadenwurm, die Klasse der ~n umfaßt bis zu ca. 100.000 verschiedenen Arten, ~n bewohnen die Gewässer und feuchten Bodenschichten, sie leben sowohl im Süß- als auch im Meerwasser; als Parasiten befallen sie Menschen und Tiere, wobei sie entweder über die Haut in den Wirtsorganismus eindringen oder als Ei von ihm aufgenommen werden.

Nephelin, m; →Felsspat

NERNSTsche Gleichung, f; das durch das →Redoxpotential wiedergegebene reduzierende bzw. oxidierende Potential eines Redoxsystems ist bezogen auf die der →Spannungsreihe zugrunde liegenden →Normalbedingungen von ϑ=25 °C und p=1013,25 hPa sowie den →Aktivitäten $a_{Ox.}=a_{Red.}=1$ für die beteiligten Reaktionspartner Ox. und Red., aus den dort gewonnenen Standard- oder Normalpotentialen ε_0 gewinnt man für andere Bedingungen das Realpotential ε (auch Elektrodenpotential, gelegentlich auch als Eh-Wert bezeichnet) durch die N. G. zu

$$\varepsilon = \varepsilon_0 + \frac{R \cdot T}{z \cdot F} \cdot \ln \frac{a_{Ox.}}{a_{Red.}}$$

mit der universellen Gaskonstante R (→Zustandsgleichung für ideale Gase), der thermodynamischen Temperatur T in K, der an der Redoxreaktion beteiligten Elektronenzahl z (→Äquivalent) und F=96485 As/mol, der FARADAYschen Konstante; unter Berücksichtigung der Zahlenwerte der in die N. G. eingehenden Konstanten R und F und bezogen auf die Standardtemperatur ϑ=25 °C (entsprechend T=298,15 K) ergibt sich die N. G.

(unter Verwendung des dekadischen Logarithmus $\lg \equiv \log_{10}$) in der vereinfachten Darstellung

$$\varepsilon = \varepsilon_0 + \frac{0{,}05916}{z} \cdot \lg \frac{a_{\mathrm{Ox.}}}{a_{\mathrm{Red.}}},$$

verwendet man zur Charakterisierung der Elektronenaktivität a_e der Lösung den in Analogie zum pH-Wert gebildeten pe-Wert als negativen Logarithmus

$$\mathrm{pe} = -\lg(a_e),$$

so sind pe-Wert und ε nach der N. G. verknüpft durch die Beziehung

$$\mathrm{pe} = \varepsilon \cdot F/(\ln(10) \cdot R \cdot T),$$

bei $\vartheta = 25$ °C durch

$$\mathrm{pe} = \varepsilon / 0{,}05916.$$

Netzdruck, m; in einem Bezugspunkt eines Rohrnetzes auftretender Innendruck p_e in Pa oder bar (→Druck).

Netzeinspeisung, f; bezogen auf einen Zeitraum t in ein Rohrnetz eingespeistes Wasservolumen V als Quotient $Q = V/t$ mit $\dim Q = \mathrm{L}^3/\mathrm{T}$.

Neuschnee, m; →Schnee

Neuschneehöhe, f; →Schnee

neutraler Wasserweg, m; →Grenzstromlinie

neutrale Zone, f; n. Z. der →Geothermie ist derjenige Bereich innerhalb der →Lithosphäre, deren Temperatur im Laufe eines Jahres um nicht mehr als 0,1 °C schwankt (→Geothermie).

Neutralisation, f; Reaktion zwischen einer →Base und einer →Säure, die z. B. interpretiert werden kann als Reaktion zwischen →Hydroxidionen OH^- und Wasserstoffionen H^+ mit der Bildung (neutralem Wassers): $OH^- + H^+ \rightarrow H_2O$ als Umkehrung der →Hydrolyse.

Neutron, n; (*etm.*: lat. „ne-" nicht „uter" eins von beiden) *{neutron}* ungeladener Baustein des Atomkerns, seine Ruhemasse $m = 1{,}675 \cdot 10^{-27}$ kg gleicht weitestgehend der des →Protons, von der sie nur um die Ruhemasse des →Elektrons und den beim Zerfall des Neutrons in Proton und Elektron erfolgenden →Massendefekt abweicht; unterschiedliche →Isotope (→Nuklid) eines Elementes unterscheiden sich bei sonst gleicher Anzahl von Protonen und Elektronen in der Anzahl der ~en, sie besitzen somit dieselbe →Ordnungszahl bei unterschiedlichen →Massenzahlen.

Neutron-Gamma-Log, n; *{neutron-gamma-log}* Instrument zur Bestimmung des Wassergehaltes eines Gesteins, dabei wird durch eine in ein Bohrloch eingelassenen Neutronenquelle eine sekundäre →Gammastrahlung (→Strahlung) erzeugt, deren Intensität dem Gehalt der H^+-Ionen entspricht und damit den Wassergehalt bestimmt.

new snow; →Neuschnee

new snow depth; →Neuschneehöhe

NEWTONsches Fluid, n; →Viskosität

NH; →Normal-Null

Nichtcarbonathärte, f; *{non-carbonate hardness}* derjenige Anteil der →Gesamthärte des Wassers (→Härte), der nicht aus →Carbonaten, sondern aus →Sulfaten, →Nitraten, Chloriden (→Chlor), →Phosphaten usw. der →Erdalkalimetalle gebildet wird und beim Abkochen des Wassers nicht ausfällt, die N. wird daher gelegentlich auch als bleibende oder permanente Härte (lat. „permanere" verharren *{permanent hardness}*) bezeichnet (ggs. →Carbonathärte, vorübergehende Härte, temporäre Härte).

Nichtelektrolyt, m; *{non electrolyte}* Substanz, die in wäßriger →Lösung nicht dissoziiert (→Dissoziation) und weder in gelöstem Zustand noch als Schmelze in der Lage ist, elektrischen Strom zu leiten, ~e sind durch Atombindung (→chemische Bindung) gebildeten Molekülstrukturen, insbesondere die organischen Verbindungen, z. B. Alkohol, →Benzen usw. (ggs. →Elektrolyt).

nichtpolares Molekül, n; →Polarisation

Niederländischer Leitfaden zur Bodensanierung, m; →Holland-Liste

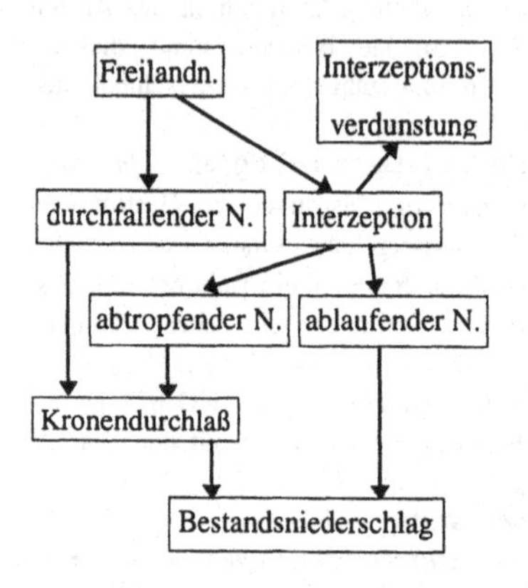

Abb. N3 ***Freilandniederschlag***

Niederschlag, m; *{precipitation}* Wasser, das aus der Atmosphäre durch Kondensation (→Phasenübergang) in flüssiger Form (als Regen *{rain}*, sich niederschlagender Nebel *{fog precipitation}*, Tau *{dew}*) oder durch Desublimation (→Phasenübergang) in fester Form (als Reif *{hoar}*, Schnee *{snow}*, Graupel *{soft hail, ice pellets}*, Hagel *{hail}*) auf die Erdoberfläche (und die auf ihr befindlichen Objekte, wie Pflanzen, Bauwerke usw.) gelangt; der unter dem Einfluß der Schwerkraft zur Erdoberfläche gelangende N. wird auch als fallender oder gefallener N. bezeichnet, der sich direkt aus dem in der Atmosphäre enthaltenen Wasserdampf an der Erdoberfläche absetzende N. als abgesetzter bezeichnet, der über einem Pflanzenbestand niedergehende N. wird als Freiland~ (→Abb. N3) bezeichnet, der auf den überirdischen Oberflächen der Pflanzen gespeicherte ist die →Interzeption, der in Vegetationsgebieten direkt auf den Boden gelangende N. ist der durchfallende, der aus der Interzeption zum Boden gelangende der abtropfende N., durchfallender und abtropfender N. werden als Kronendurchlaß zusammengefaßt, der zusammen mit dem an den Pflanzenteilen aus der Interzeption zum Boden abfließenden N. den Bestands~ bildet; unter Berücksichtigung der zur ~sbildung beitragenden meteorologischen Prozesse unterscheidet man zyklonalen, konvektiven und orographischen N.: der zyklonale oder frontale wird verursacht durch Kondensation des Wasserdampfes in der Atmosphäre in der Grenzschicht zwischen warmen und kalten Luftmassen, werden dabei warme Luftmassen auf kalte aufgeschoben, so ist von einer Warmfront die Rede, bei einer Kaltfront wird hingegen kalte Luft unter Warmluftpolster geschoben und drückt diese nach oben (→Abb. N4), konvektiver N. entsteht beim thermischen Aufstieg warmer und feuchter Luft und der einhergehenden Ausdehnung des Luftkörpers bei gleichzeitiger Abkühlung unter den Taupunkt (→Siedepunkt) des Wassers, schließlich wird bei orographischem N. feuchte Warmluft an den Hängen der Gebirge in die Höhe geleitet, wobei es wiederum zur Abkühlung und dabei zur Kondensation der Luftfeuchte mit nachfolgenden Niederschlägen kommt; der N. wird quantifiziert durch die →Niederschlagshöhe h_N, der zum →Direktabfluß beitragende N. wird dabei als effektiver N. oder Effektiv~ Ne bezeichnet und in der entsprechenden ~shöhe h_{Ne} gemessen; der nicht zum effektiven beitragende N.

ist der →Gebietsrückhalt NR mit der entsprechenden ~shöhe h_{NR}, derjenige Anteil h_{Nn} von h_{NR}, der zur Deckung des Wasserbedarfs der Vegetation beiträgt ist die Höhe h_{Nn} des nutzbaren ~s Nn; Grundlagen der Kalkulation und Modellierung sind der Gebiets~ mit einer über das Bezugsgebiet gemittelten ~shöhe h_N, der Einheits~ als Modell~sereignis, das über dem Bezugseinzugsgebiet mit der Einheitsniederschlagshöhe $h_N = h_E = 1$ (oder dem Einheitsvolumen, →Einheitsganglinienverfahren) gleichmäßig verteilt bei konstanter Intensität niedergeht und Grundlage des →Einheitsganglinienverfahrens ist, sowie →Bemessungsniederschläge als Grundlagen der Planung z. B. in den Bereichen der Wasserwirtschaft und des Tiefbaus (→Regen, →Schnee).

Niederschlag-Abfluß-Modell, n; *{rainfall-runoff-relation/model}* →mathematisches Modell, das registrierte →Niederschlagsereignisse in Bezug setzt zu der dadurch bedingten →Abflußganglinie (insbesondere zum →Direktabfluß) eines gegebenen →Einzugsgebietes als →Niederschlag-Abfluß-Prozeß.

Niederschlag-Abfluß-Prozeß, m; modelltheoretische (→Modell) Darstellung der Abhängigkeit zwischen einem →Niederschlagsereignis und dem dadurch ausgelösten →Abfluß, z. B. in einem →Input-Output-Modell (→Niederschlag-Abfluß-Modell); die Quanitifizierung (→quantitativ) dieser Abhängigkeit erfolgt u. a. durch das →Abflußverhältnis und die →Unterschiedshöhe (→Belastungsaufteilung).

Niederschlagsereignis, n; das N. ist definiert durch seine Dauer sowie seine zeitliche und mengenmäßige Verteilung auf der Erdoberfläche, die Beschreibung des ~ses kann sich zum einen entweder auf einen bestimmten Standort beziehen, zum anderen jedoch auch das Verhalten eines wandernden Niederschlagsfeldes wiedergeben.

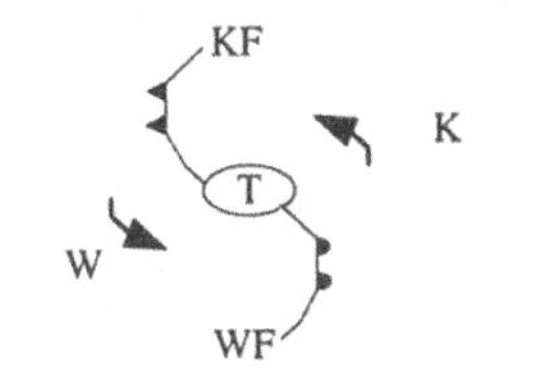

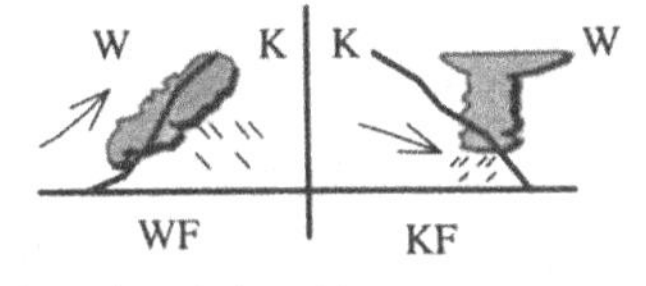

frontaler Niederschlag

konvektiver Niederschlag

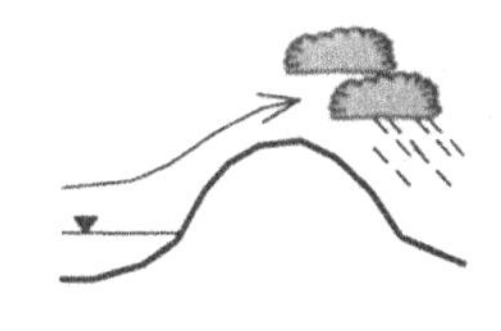

orographischer Niederschlag

W=Warmluft, K=Kaltluft
WF=Warmfront, KF=Kaltfront

Abb. N4 ***Niederschlag***

Niederschlagsgerade, f; *{meteoric water line,mwl}* linearer Zusammenhang zwischen der relativen Abweichung δ^2H des ^{2}H-Gehaltes (des →Deuteriums, →Wasserstoff) von seinem Standardwert (im →SMOW) zu der relativen Abweichungen δ^{18}O des Gehaltes des ^{18}O-Isotops des →Sauerstoffs von seinem Standardwert in den Niederschlägen, der durch Abreicherung dieser →Isotope beim Transport des Wassers im →hydrologischen Kreislauf in Abhängigkeit von der Höhe und der Länge des Transportweges (d. h. der Entfernung zum Meer) gegeben ist; die relativen Abweichungen δ^2H und δ^{18}O errechnen sich jeweils nach der Relation

$$\delta = [(R_P - R_S)/R_S] \cdot 1000\ ‰$$

mit dem jeweiligen Isotopengehalt R_P (von ^{2}H bzw. ^{18}O) der Probe und dem zugehörigen Standardgehalt R_S nach SMOW; der lineare Bezug ist mit diesen Bezeichnungen gegeben durch

$$\delta^2\mathrm{H} = s \cdot \delta^{18}\mathrm{O} + d$$

mit dem Steigungsmaß s und dem δ^{18}O=0 entsprechenden „^{2}H-Exzeß" d (→Abb. N5)

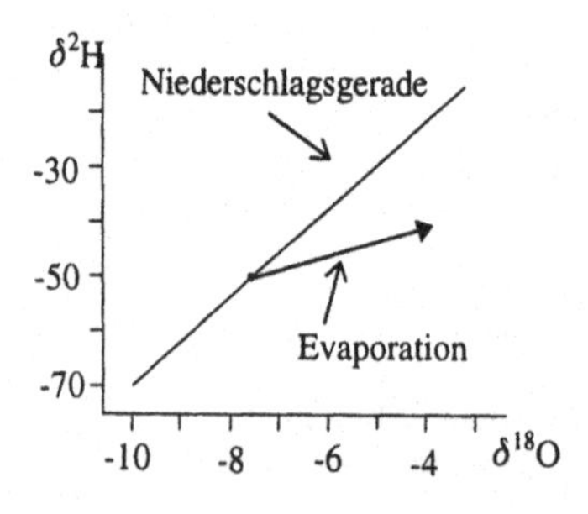

Abb. N5 *Niederschlagsgerade*

Niederschlagshöhe, f; *{depth/height of precipitation}* an einer Meßstelle als Bezugsort über einer horizontalen Fläche in einem Beobachtungszeitraum erfaßter →Niederschlag h_N (dim h_N=L) in mm Wassersäule.

Niederschlagsintensität, f; *{precipitation intensity}* Quotient $i_N = h_N/t$ aus der →Niederschlagshöhe h_N an einem Bezugsort und der Dauer t des ihr zugrunde liegenden Beobachtungszeitraumes in z. B. mm/h (→Intensität, →Rate).

Niederschlagsrate, f; *{rate of precipitation}* Anzahl der →Niederschlagsereignisse in einem Bezugszeitraum, z. B. dem Sommerhalbjahr eines →Abflußjahres; der Begriff N. wird auch als synonyme Bezeichnung für die →Niederschlagsintensität verwendet (→Intensität, →Rate).

Niederschlagsreihe, f; *{precipitation time-series}* →Zeitreihe, deren Meßwerte →Niederschlagshöhen sind, i. allg. in äquidistanten (mit einheitlichem Abstand) Zeitpunkten gemessen, z. B. täglich usw., und sich auf gleichgroße Beobachtungszeiträume beziehend.

Niederschlagsspende, f; *{amount of precipitation per unit area}* die N. $r_N = V/(At)$ ist das Volumen V des in einem Bezugszeitraum t auf eine gegebene Bezugsfläche mit dem Flächeninhalt A gefallenenen →Niederschlages mit z. B. $[r_N] = \ell/(\mathrm{s \cdot km^2})$; je nach Art des Niederschlages spricht man auch von →Regenspende usw.

Niedrigwasser, n; *{low water}* Teil einer Veränderung des →Wasserstandes W in einem →oberirdischen Gewässer oder des →Durchflusses Q in einem →oberirdischen Fließgewässer, bei dem ein unterer Schwellenwert W_N oder Q_N für W bzw. Q erreicht oder unterschritten wird (→Hochwasser).

Niedrigwasserabfluß, m; *{low water discharge/runoff}* →Hauptwert NQ, $[NQ] = \mathrm{m^3/s}$ oder $[NQ] = \ell/\mathrm{s}$ des Minimalwertes des →Abflusses Q in einer Bezugszeitspanne (ggs. →Hochwasserabfluß).

Niedrigwasseranhöhung, f; *{raising of low-water depth}* Erhöhung des →Wasserstandes in einem →oberirdischen Fließgewässer (unter den Bedingungen eines →Niedrigwassers), in der Folge einer N. wird die →Grundwasseroberfläche im Bezugsgebiet ebenfalls angehoben.

Niedrigwasseraufhöhung, f; *{low-flow augmentation; raising of low-water discharge}* Vergrößerung des →Niedrigwasserabflusses in einem →oberirdischen Fließgewässer durch planmäßige →Einleitung gespeicherten Wassers oder →Überleitung aus benachbarten →Einzugsgebieten.

Niedrigwasserstand, m; *{low water level}* →Hauptwert *NW*, dim*NW*=L, des Minimalwertes des →Wasserstandes *W* in einer Bezugszeitspanne (ggs. →Hochwasserstand).

Nitrat, n; *{nitrate}* Salz der Monostickstoff-Sauerstoffsäure HNO_3, der Salpetersäure, das mit dem Anion NO_3^- dissoziiert (→Dissoziation); Nitratquellen, die zur →Nitrifikation des →Grundwassers beitragen, finden sich insbesondere in der →Landwirtschaft bei der Ausbringung organischer (Mist, Gülle) oder anorganischer (mineralischer) →Düngemittel und bei der Silierung (→Silage).

nitrate; →Nitrat

Nitratkreislauf, m; →Stickstoffkreislauf

Nitratreduktion, f; *{denitrification}* auch Denitrifikation, Teil des →Stickstoffkreislaufes, biochemischer Abbau von →Nitrat (NO_3^-) zu gasförmigem Distickstoffmonoxid (N_2O) und elementarem Stickstoff (N_2);

$$2\,NO_3^- + 2H_2 + 10H \rightleftharpoons N_2 + 6H_2O;$$

die →mikrobielle Reduktion verläuft (ausgelöst und beeinflußt durch nitratreduzierende →Bakterien) im →anaeroben Milieu, sie ist wegen der Freisetzung elementaren Stickstoffs von Bedeutung für die →Landwirtschaft (ggs. →Nitrifikation).

nitrification; →Nitrifikation

Nitrifikation, f; *{nitrification}* auch Nitrifizierung, Teil des →Stickstoffkreislaufes, biochemische Umsetzung von Ammonium (NH_4^+, →Stickstoff) und Nitrit NO_2^- zu →Nitrat (NO_3^-), die →mikrobielle Oxidation verläuft im →aeroben Milieu unter dem Einfluß entsprechende →Bakterien (ggs. →Nitratreduktion).

Nitrifizierung, f; →Nitrifikation

nitrogen: →Stickstoff

Nitrosamin, n; *{nitrosamine}* i. allg. mutagene carcinogene (krebserregende) gelblich-orangefarbene, organische, nur in geringem Maß wasserlösliche Stickstoffverbindung $(R_1+R_2)N{=}NO$ mit →Radikalen R_1 und R_2 (sekundären Aminen); ~e entstehen z. B. bei der mikrobiellen Zersetzung nitratreicher organischer Substanzen (z. B. Nahrungsmittel) als Umsetzungsprodukte der Amine unter dem Einfluß salpetriger Säure; ~e werden auch in der →Atmospäre aus den →Stickoxiden durch photochemische Reaktionen (→Photochemie) gebildet.

nitrosamine; →Nitrosamin

nitroses Gas, n; Bezeichnung für ein Gemisch stickstoffoxidhaltiger Gase der Summe NO_x (x=1,2), N_2O_4 und $N_2+NO_2 \rightleftharpoons N_2O_3$; n. G. (insbesondere NO_2) trägt zur SMOG-Bildung (→photochemischer SMOG) bei.

nival; (*etm.*: lat. „nivalis" der Schnee) *{nival}* Bezeichnung für das Schneeklima, ein →Klima, in dem der →Niederschlag in fester Form fällt; Gebiete des

~en Klimas sind charakterisiert durch ausgebildete Schneedecken (→Schnee) und →Gletscher, geringe oder gar keine Vegetation, hierbei wird zwischen voll~ unterschieden mit ganzjährig ~em Klima und semi~, einem Klima, in dem gelegentlich der Niederschlag auch als Regen fällt, im Übergangsbereich zum →humiden Klima, der durch die Schneegrenze gekennzeichnet ist, wechseln warme Jahreszeiten, in denen der Niederschlag ausschließlich als Regen fällt, und kalte mit ~em Klima einander periodisch ab, man spricht in diesem fall auch von sub~em Klima.

Niveaufläche, f; (*etm.*: frz. „niveau" die Libelle (Wasserwaage)) *{iso/contour surface}* Fläche, auf der die Funktionswerte f einer Funktion $f=f(x,y,z)$ von drei Veränderlichen x, y und z (z. B. den Raumkoordinaten x, y und z; →Koordinatensystem) konstant ist; in Anwendungen wird die N. auch als Isofläche *{isosurface}* bezeichnet.

Niveaulinie, f; (*etm.*: →Niveaufläche) *{contour (line)}* Kurve, auf der die Funktionswerte f einer Funktion $f=f(x,y)$ von zwei Veränderlichen x und y (z. B. den Ebenenkoordinaten x und y; →Koordinatensystem) konstant ist, in Anwendungen wird die N. auch als →Isolinie *{isoline}* bezeichnet.

Nivellement, n; (*etm.*: frz. „nivellement" Ausgleich) *{levelling}* Verfahren der Vermessungskunde zur Horizontalmessung (Abstand und Richtung) und zur Bestimmung von Höhendifferenzen (→vertikale Messung) mit „Nivellierinstrument" und „-latte".

N N; →Normal-Null

noble gas; →Edelgas

nominale Korngröße, f; →Korngröße

nominaler Korndurchmesser, m; →Korngröße

nominal grainsize; →nominale Korngröße, →nominaler Korndurchmesser

Nominalradius, m; →Brunnenradius

nomineller Brunnenradius, m; → Brunnenradius

Non-Aqueous Phase Liquid; →NAPL

non-carbonate hardness; →Nichtcarbonathärte

non electrolyte; →Nichtelektrolyt

normal; →Normalenrichtung

Normalabfluß, m; Gerinneströmung mit konstanter Strömungsgeschwindigkeit $v=v(s)=\text{const.}$ längs des Fließweges s, N. liegt somit bei konstantem Flächeninhalt $A=A(s)=\text{const.}$ des →benetzten Querschnitts längs des Fließweges vor.

Normalbedingungen, f, Pl.; für Reaktionen, deren Verlauf von physikalischen oder sonstigen Parametern $\pi_1,\ldots,\pi_n$ abhängen, vorgegebene Bezugswerte $\pi_1^*, \ldots \pi_n^*$, so setzt man z. B. für den Luftdruck als Normaldruck $p^*=1013{,}25$ hPa, das langjährige Mittel des Luftdrucks in Meereshöhe an, für die Temperatur wird etwa die thermodynamische $T^*=273{,}15$ K (entsprechend $\vartheta^*=0$ °C) als Normaltemperatur gewählt, oder auch $T^*=298{,}15$ K (→NERNSTsche Gleichung).

normal distribution; →Normalverteilung

Normaldruck, m; →Normalbedingungen

Normalenrichtung, f; Bezeichnung für die Richtung einer Kurve bez. einer Fläche, wenn im Durchdringungspunkt von Kurve und Fläche der Tangentenvektor der Kurve auf der Tangentialebene der durchdrungenen Fläche senkrecht steht (d. h. mit jedem ihrer Vektoren einen rechten Winkel einschließt) ; man sagt auch, die Kurve sei im Durchdringungspunkt normal bez. der durchdrungenen Fläche.

normaler Überfall, m; →Überfall

Normalhöhenpunkt; →Normal-Null

Normalität, f; *{normality}* die N. einer Lösung ist eine veraltete Bezeichnung für deren →Äquivalentkonzentration in z. B. mol/ℓ, so besitzt z. B. eine 0,1-normale Schwefelsäure H_2SO_4 (0,1 N) die Äqivalenzkonzentration $c_{eq}(H_2SO_4)=0{,}1$ mol/ℓ.

normality; →Normalität

Normal-Null; *{sea level, zero level}* amtlich festgesetzte Bezugsfläche für Höhenmessungen, auf das mittlere Meeresniveau (dem langjährigen Mittel des Amsterdamer →Pegels entsprechend) relativiert mit der Abkürzung N N; durch →Nivellement auf die Berliner Sternwarte übertragen liegt diese bei genau 37 m über N N, die Berliner Sternwarte enthält den Normalhöhenpunkt N H.

Normalspannung, f; →Spannung

Normaltemperatur, f; →Normalbedingungen

Normalverteilung, f; *{normal distribution}* auch GAUß-Verteilung genannte Wahrscheinlichkeitsverteilung mit der →Dichtefunktion

$$f(x)=\frac{1}{\sqrt{2\pi}\sigma}e^{-\frac{1}{2}\left(\frac{x-\mu}{\sigma}\right)^2},$$

einer →Zufallsgröße x, der Parameter μ ist der →Erwartungswert, der Parameter σ^2 die →Varianz der Verteilung, $f(x)$ ist für alle reelle Zahlen x definiert und besitzt für $x \to \pm\infty$ die x-Achse als Asymptote, der Graph von $f(x)$ besitzt bei $x=\mu$ sein Maximum und bei $x=\mu\pm\sigma$ je eine Wendestelle (→Abb. N6); die N. ist Grundlage vieler statistischer →Tests (→Hypothese), nämlich der verteilungsabhängigen oder parametrischen, bei denen vorausgesetzt wird, daß die den Tests zugrunde liegenden →Stichproben einer normalverteilten Grundgesamtheit entstammen; für eine beliebige Stichprobe $X_1,...,X_n$ (vom Umfang n) gilt, daß ihr →Mittelwert $m=(X_1+...+X_n)/n$ normalverteilt ist.

Notbrunnen, m; →Notwasserversorgung

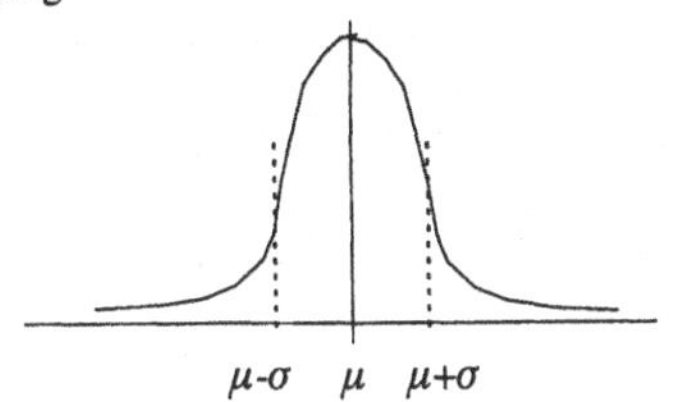

Abb.N6: ***Normalverteilung***

Notwasserversorgung, f; Wasserversorgung aus Notbrunnen, das sind Wasserversorgungsanlagen, die nicht ständig betriebsbereit sind, sondern nur in Notfällen aktiviert werden, in denen eine normale Wasserversorgung der Bevölkerung nicht gewährleistet ist.

NO_x, n, meist Pl; Bezeichnung für die Gesamtheit aller →Stickoxide, von denen bei Verbrennungsvorgängen im wesentlichen nur NO und NO_2 erzeugt werden, so daß i. allg. NO_x die Summe der →nitrosen Gase NO und NO_2 ist.

N N; →Normal-Null

nuclide; →Nuklid

nucleon; →Nukleon

Nukleon, n; (*etm.*: lat. „nucleus" der Kern) *{nucleon}* Sammelbezeichnung für →Neutronen und →Protonen als Bausteine des Atomkerns.

Nuklid n; (*etm.*: →Nukleon) *{nuclide}* Erscheinungsart eines chemischen Elementes, die durch die Summe aus Neutronen- und Protonenanzahl charakterisiert ist, da das chemische Element durch seine Kernladungszahl, d. h. seine Protonenanzahl definiert ist, unterscheiden sich die zu einem Element gehörenden ~e durch ihre Neutronenzahl, sie sind die isotopen ~e oder →Isotope.

nutrient; →Nährstoff

nutrient salt; →Nährsalz

nutzbare Feldkapazität, f; →Feldkapazität

nutzbare Ionenaustauschkapazität, f; →Ionenaustauschkapazität

nutzbare Niederschlagshöhe, f; →Niederschlagshöhe

nutzbarer Hohlraumanteil, m; →Hohlraumanteil

nutzbarer Niederschlag, m; →Niederschlag

nutzbare Wasserabgabe, f; →Wasserabgabe

nutzbares Grundwasserdargebot, n; →Grundwasserdargebot

nutzbares Wasserdargebot, n; →Wasserdargebot

O

Ω; Abk. für Ohm, Einheit des elektrischen Widerstandes

O_{18}; →SMOW-Standard

Oberboden, m; →Bodenhorizont

Oberdevon, n; →Erdgeschichte

Obere Trias, f; auch Keuper, →Erdgeschichte

Oberflächenabfluß, m; →Abfluß

Oberflächengeschwindigkeit, f; *{surface velocity}* Fließgeschwindigkeit v_0 des Wassers eines →Fließgewässers an der Wasseroberfläche mit $\dim v_0 = L/T$ und i. allg. $[v_0]=m/s$, die O. liegt meistens unter der maximalen Fließgeschwindigkeit, kann diese jedoch auch u. U. übertreffen; v_0 läßt sich direkt näherungsweise durch (Oberflächen-) →Schwimmer bestimmen, bei Messungen mit dem →hydrometrischen Flügel gewinnt man die O. durch →Extrapolation der gemessenen Fließgeschwindigkeiten über den obersten Meßpunkt hinaus (→Geschwindigkeitsfläche).

Oberflächenspannung, f; *{surface tension}* Grenzflächeneffekt an der Oberfläche von Flüssigkeiten, an denen sich die Kräfte der →Kohäsion nicht mehr gegeneinander kompensieren, so daß eine in das innere der Flüssigkeit weisende resultierende →Kraft verbleibt (→Abb. O1), da die nach außen gerichteten Kräfte fehlen, beim Transport eines Flüssigkeitsmoleküls aus dem Inneren der Flüssigkeit an ihre Oberfläche ist daher gegen diese resultierende Kraft eine →Arbeit zu leisten, die in den Molekülen der Oberfläche als Oberflächenenergie gespeichert ist; zur Vergrößerung der Oberfläche A um ΔA ist damit die Arbeit ΔW nötig, woraus sich die O. zu $\sigma=\Delta W/\Delta A$ ($\dim \sigma = MT^{-2}$, →Spannung) errechnet; nach dem physikalischen Prinzip der Minimierung der potentiellen Energie (→Energie), wird eine Flüssigkeitsoberfläche sich so einstellen, daß sie bezüglich der O. eine Minimalfläche bildet (→Kapillarität); die O. ist u. a. temperaturabhängig, für Wasser liegt sie bei 0 °C bei $0{,}91 \cdot 10^{-4}$ N/m.

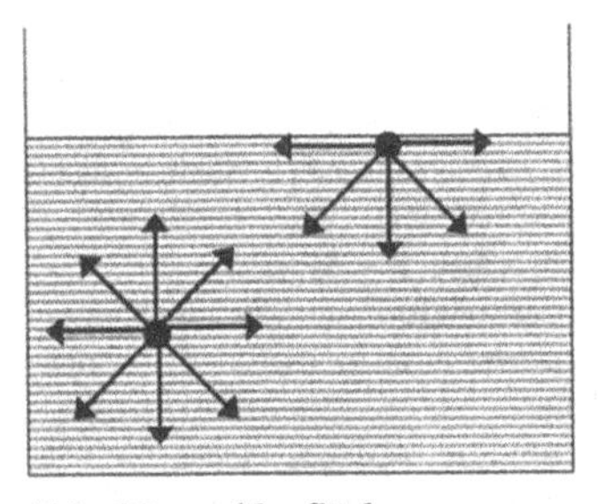

Abb. O1 *zur Oberflächenspannung*

Oberflächenwasser, n; *{surface water}* **1.)** Wasser der →oberirdischen Gewässer, **2.)** derjenige Anteil des →Niederschlags, der vom Boden nicht aufgenommen werden kann und daher als O. abfließt.

Oberflächenwelle, f; *{surface/ground wave}* Grenzflächenwelle, die sich an der freien Oberfläche eines →Fluids u. a. infolge der unterschiedlichen →Dichten der sich berührenden Medien, der →Schwerkraft und der →Oberflächenspannung ausbildet und sich auf der Grenzschicht ausbreitet.

oberirdisches Einzugsgebiet, n;

→Einzugsgebiet

oberirdisches Fließgewässer, n; auch Wasserlauf, →oberirdisches Gewässer mit den Eigenschaften eines →Fließgewässers (→Fluß, →Gerinne).

oberirdisches Gewässer, n; *{surface waters}* →Gewässer an der Erdoberfläche mit freier Gewässeroberfläche, dessen Wasser wird auch als Oberflächenwasser bezeichnet.

oberirdische Wasserscheide, f; → Wasserscheide

Oberkambrium, n, →Erdgeschichte

Oberkarbon, n; →Erdgeschichte

Oberkreide, f; →Erdgeschichte

Oberlauf, m; *{head water, upper course of a river}* der →Quelle am nächsten liegender und diese umfassender Teil eines →oberirdischen Fließgewässers (ggs. →Unterlauf).

Obermoräne, f; →Moräne

Oberordovizium, n; →Erdgeschichte

Oberperm, n; auch Zechstein, →Erdgeschichte

Obersilur, n; →Erdgeschichte

Oberwasser, n; *{headwater}* oberhalb eines Bauwerkes (→Wehr, →Talsperre usw.) gelegener, aufgestauter Abschnitt eines oberirdischen Gewässers, die →Wassertiefe h_0 in einem Bezugsquerschnitt im O. eines Gewässers ist die ~tiefe (ggs. →Unterwasser).

Oberwassertiefe, f; →Oberwasser

observation well; →Grundwassermeßstelle

ochre incrustation; →Verockerung

Ökologie, f; (*etm.*: gr. „oikos" die Hauswirtschaft und „logos" die Lehre) *{ecology}* Wissenschaft der wechselseitigen Beziehungen der Lebewesen (Mikroorganismen, Pflanzen, Tiere, Menschen) untereinander und mit der sie umgebenden belebten oder unbelebten Umwelt; Lehre vom Haushalt der Natur.

ökologische Nische, f; begrenzter Lebensraum als Untereinheit eines →Ökosystems mit speziellen Umweltbedingungen (z. B. Klima, Nahrungsangebot), eine ö. N. kann von Lebewesen nur durch Ausbildung spezieller Anpassungserscheinungen besiedelt werden, sie ist Überlebensraum vom Aussterben bedrohter Pflanzen- und Tierarten.

ökologisches Gleichgewicht, n; *{ecological equilibrium}* sich selbstregelnder und -erhaltender Gleichgewichtszustand zwischen den verschiedenen Gliedern einer →Biozönose.

Ökosphäre, f; →Biosphäre

Ökosystem, n; *{ecosystem}* funktionelle Einheit aus Organismen (der →Biozönose) und ihrer Umwelt (dem →Biotop), als konkretes lokales Ö. z. B. ein betimmter See, Wald usw., als konkretes globales Ö. die gesamte Erde, als abstraktes Ö. z. B. das Ö. „Wald", „Meer" usw.

Ökotoxizität, f; →Toxizität mit Wirkung auf Organismen ohne Berücksichtigung möglicher schädigender Einflüsse auf den Menschen.

Ölschiefer, m; *{oil shale; pyroshist}* aus →Faulschlamm entstandenes dunkles, toniges, bitumenhaltiges (→Bitumen) →Sediment, wegen seines hohen Gehalts an →Kohlenwasserstoffen mit durchschnittlich 5-25 %, teilweise jedoch sogar bis 50 %, können die Ö. zur Gewinnung von Brennstoffen genutzt werden.

offener Kapillarraum, m; →kapillare Aufstiegszone

off-site; Bezeichnung für Verfahren der →Bodensanierung, bei denen das aufzubereitende Erdreich zur Sanierung zu einer Aufbereitungsanlage transportiert wird, also nicht am Standort der →Altlast behandelt wird (→ex-site,→in-site, →in-situ, →on-site).

OHMsches Gesetz, n; →elektrischer

Widerstand

Okklusion, f; →Flockung

old snow; →Altschnee

oligohalin; →Brackwasser

oligomiktisch; →Gewässerumwälzung

oligosaprob; →Saprobiesystem

oligotroph; →Trophiegrad

oligotrophic; →oligotroph

Oligozän, n; →Erdgeschichte

on-site; Bezeichnung für Verfahren der →Bodensanierung, bei denen das aufzubereitende Erdreich zur Sanierung zwar dem →Bodenkörper entnommen, aber am Standort der →Altlast behandelt wird (→ex-site,→in-site, →in-situ, →off-site).

open-end-Test, m; Verfahren zur Bestimmung des Durchlässigkeitsbeiwertes k_f (→DARCYsches Gesetz); durch ein bis in den →Grundwasserraum reichendes unten offenes, verrohrtes Bohrloch mit Radius r wird Wasser aufgefüllt, das nur durch die Sohle abfließen kann (→Abb. O2), durch konstante Zugabe Q ($\dim Q = L^3/T$) wird eine um h ($\dim h = L$) gegenüber dem ursprünglichen Wasserstand erhöhte Wassersäule gehalten, näherungsweise gilt

$$k_f \approx \frac{Q}{5{,}5 \cdot r \cdot h} \text{ m/s},$$

mit $[Q]=\text{m}^3/\text{s}$, $[r]=\text{m}$ und $[h]=\text{m}$.

operational research; →operations research

operations research; auch operational research, OR und Unternehmensforschung, wobei „Unternehmen" im Sinne von „Unternehmung" zu verstehen ist; Optimierungstheorie unter Berücksichtigung von Nebenbedingungen, dabei wird u. a. unterschieden zwischen linearer Optimierung (→lineare Programmierung) und nichtlinearer (z. B. →quadratischer) Optimierung, einperiodigen und mehrperiodigen (→dynamische Optimierung), determinierten und stochastischen →Modellen (→mathematisches Modell).

optische Sondierung, f; Bohlochmessung

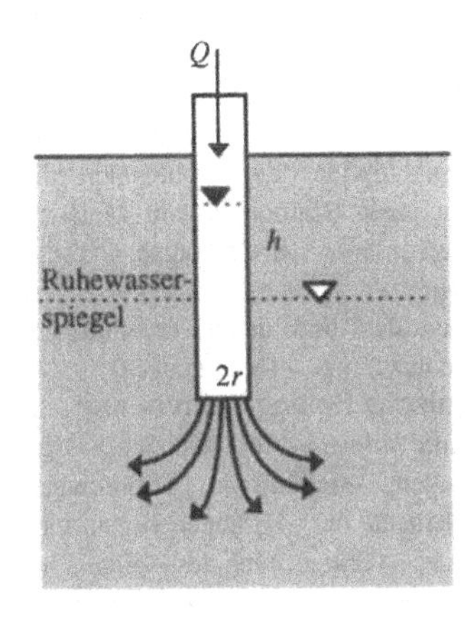

Abb. O2 ***open-end-Test***

OR; →operations research

order of magnitude; →Größenordnung

Ordnungszahl, f; *{atomic number}* die O. eines Elementes, die mit der →Kernladungszahl seiner Atome übereinstimmt, ist der numerische Ordnungsbegriff, nach dem die Elemente in ihrem →Periodensystem angeordnet sind.

Ordovizium, n; →Erdgeschichte

ore; →Erz

Organ, n; (*etm.*: gr. „organon" das Hilfsmittel) *{organ}* durch Entwicklung, Bau und Funktion charakterisierter Körperteil mehrzelliger Lebewesen, der einer spezifischen Funktion dient, z. B. Wurzel, Herz, Lunge usw.

organic; →organisch

organic compound; →organische Verbindung

organic halogen compound; →organische Halogenverbindung

organisch; *{organic}* ein →Organ betreffend, auch Bezeichnung für einen Bestandteil der belebten Natur; ~e Chemie ist das Teilgebiet der Chemie, das sich mit den →~en Verbindungen des →Kohlenstoffs beschäftigt, das sind im wesentlichen alle mit der Ausnahme der Kohlenstoffoxide, der Kohlenmonoxidverbindungen (Carbonyle) mit Metallen, der Kohlensäure, der Carbonate, Carbide; ~e Minerale bestehen aus →Kohlenwasserstoffen und deren Verbindungen (Harze usw.) (ggs. →anorganisch).

organische Halogenverbindung, f; *{organic halogen compound}* auch Organohalogen, →organische Verbindungen der Elemente der →Halogengruppe, meistens des →Chlors, auch des →Fluors mit unterschiedlicher Flüchtigkeit, hierbei gehören zu den schwerflüchtigen ~en das →Dichlordiphenyltrichlorethan (DDT), →Hexachlorcyclohexan (Lindan), zu den leichtflüchtigen z. B. die chlorierten Kohlenwasserstoffe (→Chlorkohlenwasserstoff (CKW), →Fluorchlorkohlenwasserstoff (FCKW)).

organische Verbindung, f; *{organic compound}* →organische Kohlenstoffverbindung, d. h. im wesentlichen jede Kohlenstoffverbindungen außer Kohlenmonoxid und Kohlendioxid sowie die daraus abgeleiteten Verbindungen wie →Carbonate usw.

organism; →Organismus

Organismus, m; *{organism}* selbständiges Lebewesen, z. B. als →Mikroorganismus, Pflanze, Tier, Mensch.

Organohalogen, n; →organische Halogenverbindung

organoleptic; →organoleptisch

organoleptic parameter; →organoleptischer Parameter

organoleptisch; (*etm.*: gr. →Organ und „leptos" faßbar) *{organoleptic}* sinnlich wahrnehmbar, als ~er Parameter *{organoleptic parameter}* Geruch, Geschmack, optische Wahrnehmung. z. B. der →Extinktion des Lichtes einer bestimmten Wellenlänge, des Umschlagspunktes eines Indikators bei der →Titration usw.

organoleptischer Parameter, m; → organoleptisch

Orogen, n; (*etm.*: gr. „oro" der Berg und „genesis" die Entstehung) *{orogen}* derjenige Teil der Erdkruste (→Erdaufbau), in dem durch Falten- und Deckentektonik ein Gebirgsaufbau stattfinden kann und zugleich Bezeichnung für die dort gebildeten Falten- und Dekkengebirge mit häufig deutlicher Gliederung in Innen- und Außenseite.

Orogenese, f; (*etm.*: →Orogen) *{orogenesis}* Gebirgsbildung infolge kurzfristiger und lokal begrenzter tektonischer Vorgänge, (ggs. →Epirogenese), auch Bezeichnung für die zur Bildung eines →Orogens führenden Prozesse (→Epirogenese).

orogenesis; →Orogenese

Orographie, f; (*etm.*: gr. „oro" das Gebirge und „graphein" aufzeichnen) *{orography}* Arbeitsgebiet der →Geomorphologie, das sich mit der Darstellung der Oberflächenformen der Erde befaßt.

orography; →Orographie

orographische Schneegrenze, f; →Schnee

orthoclase; →Orthoklas

Orthoklas, m; (*etm.*: gr. „orthos" gerade und „klasis" das Brechen) *{orthoclase}* Kalifeldspat $KAlSi_3O_8$ (→Feldspat)

orthogonal; →Othogonalität

Orthogonalität, f; Bezeichnung für die Lage zweier linearer Gebilde (Geraden oder Ebenen) im Raum zueinander, so bezeichnet man zwei Geraden als orthogonal, wenn sie einen rechten Winkel einschließen, eine Gerade und eine Ebene, falls sie zueinander normal sind (→Normalität) und zwei Ebenen, falls die eine eine Gerade enthält, die zu der anderen orthogonal ist.

Osmose, f; (*etm.*: gr. „osmos" Antrieb) *{osmosis}* Wanderung von Teilchen eines Lösungsmittels (→Lösung) durch eine →semipermeable Schicht, die nur für das Lösungsmittel, jedoch nicht für den gelösten Stoff durchlässig ist, aus dem Bereich niedriger Lösungskonzentration in den höherer Konzentration; damit verbunden ist eine Konzentrationserhöhung in dem Bereich der zuvor niedrigeren Konzentration und eine Verdünnung in dem Bereich der zuvor größeren Konzentration, die damit einhergehende Angleichung der Konzentrationen auf beiden Seiten der semipermeablen Schicht wird verursacht durch den größeren Lösungsmittelgehalt im Bereich geringerer Konzentration im Vergleich zu dem mit größerer und den dadurch statistisch bedingten höheren Übergang von Lösungsmittelteilchen durch die semipermeable Schicht aus dem Bereich niedrigerer Konzentration in den mit größerer Konzentration; durch die Zunahme der Teilchenzahl des Lösungsmittels im Bereich der sich verdünnenden, zunächst stärker konzentrierten Lösung baut sich dort ein Druck auf, der die weitere Wanderung der Lösungsmittelteilchen behindert, bis sich schließlich ein Gleichgewicht einstellt, bei dem die Anzahl der die semepermeable Schicht passierenden Lösungsmittelteilchen genausogroß ist, wie die der unter dem Einfluß des entstandenen Druckes zurückgedrängten; der dabei im Bereich der ursprünglich größeren Konzentration aufgebaute hydrostatische Druck Δp_{osm} ist die Differenz des →osmotischen Druckes zwischen den beiden durch die semipermeable Schicht getrennte Lösungen, sie ist z. B. durch die entsprechende Druckhöhendifferenz Δh_{osm} (→Abb. O3) gegeben (→Umkehrosmose).

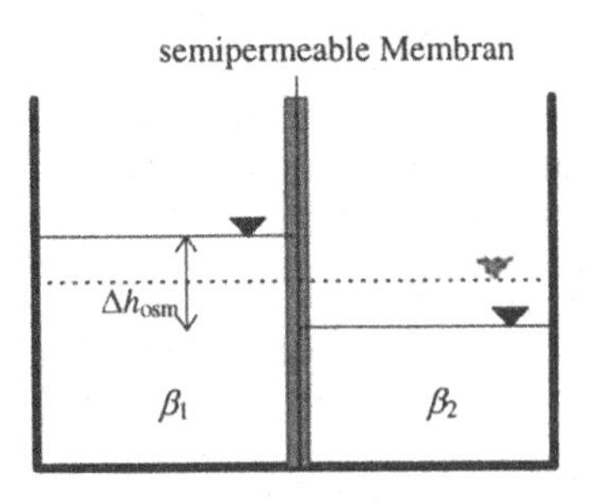

Abb. O3 ***Osmose***

Osmosewasser, n; →Haftwasser

osmosis; →Osmose

osmotic pressure; →osmotischer Druck

osmotischer Druck, m; *{osmotic pressure}* in →Lösungen herrschender Druck p_{osm} in Abhängigkeit von der Konzentration des gelösten Stoffes, p_{osm} entspricht dem Druck, den der gelöste Stoff als reales Gas in dem Gesamtvolumen V der Lösung bei der herrschenden Temperatur T ausüben würde, bei kleinen Werten von p_{osm} ist dieser somit bestimmt durch die →Zustandsgleichung für ideale Gase zu $p_{osm} \cdot V = R \cdot n \cdot T$ mit der Stoffmenge n des gelösten Stoffes und der universellen Gaskonstante R=8,314 J/(mol·K), p_{osm} ist damit bei konstanter Temperatur T=const. direkt proportional der →Stoffmengenkonzentration n/V des gelösten Stoffes, sofern diese nicht zu groß wird (etwa 0,01 mol/ℓ<n/V<0,1 mol/ℓ), p_{osm} ist somit unabhängig von der Art des gelösten Stoffes und der des Lösungsmittels; man bezeichnet Lösungen entsprechend der Relation zwischen ihrem jeweiligen o. D. als isotonisch (*etm.*: gr. „isos" gleich und „tonos" die Spannung), wenn in ihnen derselbe o. D. herrscht, als hypertonisch (*etm.*: gr. „hyper" über) bezgl. einer Vergleichslösung, wenn sie einen größeren o. D. als jene besitzen und hypotonisch (*etm.*: gr. „hypo" unter) bezüglich einer Vergleichslösung, wenn sie einen niedrigeren o. D. als jene aufweisen (→Abb. O3).

OSSANsches Dreieck, n; →Dreieckdiagramm

OSTWALD-FREUNDLICH Isotherme, f; → Adsorptionsisotherme

OSTWALDsches Verdünnungsgesetz, n; *{OSTWALD's dilution law/formula}* nach dem O. V. besteht bei einem Dissoziationsgleichgewicht

$$AB \rightleftharpoons A^+ + B^-$$

(→Dissoziation) zwischen Dissoziationskonstante K_c und Dissoziationsgrad α die Relation

$$K_c = c\frac{\alpha^2}{1-\alpha}$$

mit der Stoffmengenkonzentration c des gelösten Elektrolyts; mit abnehmender Stoffmengenkonzentration c (d. h. zunehmender Verdünnung) steigt somit der Wert des Term $\alpha^2/(1-\alpha)$ und damit auch der Dissoziationsgrad α, da $\alpha^2/(1-\alpha)$ im Bereich $0<\alpha<1$ streng monoton steigt; eine entsprechende Beziehung gilt für eine protolytische Reaktion (→Protolyse), wobei K_c durch die entsprechende Säure- oder Basekonstante K_S bzw. K_B und α durch den Protolysegrad α_S bzw. α_B zu ersetzen ist.

OSTWALD's dilution law/formula; → OSTWALDsches Verdünnungsgesetz

outfall; →Vorflut

outflow; →Ausfluß

overbank stage; →Ausuferungshöhe

overfall; →Überfall

overflow; →Überlauf, →Ausuferung

overlying layer; →Hangendes

oxibiont; (*etm.*: gr. „Oxygenium" Sauerstoff und „bios" das Leben) *{oxibiontic}* auch als aerobiont bezeichnete Bindung bestimmter Organismen an die Bedingungen des →aeroben Milieus (ggs. →anoxibiont).

oxibiontic; →oxibiont

Oxidation, f; (*etm.*: gr. „oxys" scharf, „Oxygenium" Säurebildner für →Sauerstoff) *{oxidation}* die O. eines Stoffes besteht in einem Entzug von →Elektronen durch ein auch als Elektronenakzeptor bezeichnetes Oxidationsmittel, das entweder neutrales Atom oder Ion eines chemisches Elementes ist oder die →Anode, mit deren Hilfe die (anodische) O. elektrolytisch erfolgt; für den oxidierten Stoff erhöht sich die →~sstufe entsprechend der Anzahl der seinen Atomen oder Ionen jeweils entzogenen Elektronen (die des (chemischen) ~smittel verringert sich entsprechend) (ggs. →Reduktion, →Redoxsystem).

oxidation number; →Oxidationszahl

Oxidationsäquivalent, n; aus der elektrochemischen Äquivalenz (→Äquivalentstoffmenge) berechnete Entsprechung eines Oxidationsmittels in Sauerstoffäquivalenten, z. B. geht man bei der Ermittlung des →chemischen Sauerstoffbedarfs bei der Oxidation unter Verwendung von $K_2Cr_2O_7$ von einem O. 1 mol $K_2Cr_2O_7$ ≙ 1,5 mol O_2 aus.

Oxidationsstufe, f; *{oxidation stage}* fiktive Ladung, die einem Stoff in einem

→Molekül oder →Ion zukäme, wenn es seinerseits vollständig in Ionen zerlegt wäre, so besitzt z. B. das Mangan im Permanganation MnO_4^- die O. +7 wegen $MnO_4^- = 4O^{2-} + Mn^{7+}$, der Sauerstoff hingegen die O. -2 (→Wertigkeit).

oxidation stage; →Oxidationsstufe

Oxidationszahl, f; →Wertigkeit

Oxidationszone, f; *{zone of oxidation}* derjenige Teil eines ober- oder unterirdischen Gewässers, in dem →Sauerstoff O_2 für biochemische Oxidationsprozesse (→Oxidation) verfügbar ist, in dem somit →aerobe Verhältnisse vorherrschen (ggs. →Reduktionszone).

Oxonium, n; *{oxonium ion}* auch Oxoniumion, einfach hydratisiertes Wasserstoffion H_3O^+, Monohydrat des →Protons, durch weitere →Hydratation geht das ~ion in →Hydronium über (→Abb. H13, →Wasser).

oxonium ion; →Oxonium

Oxoniumion, n; →Oxonium

oxygen; →Sauerstoff

oxygen consumption; →Sauerstoffzehrung

oxygen deficiency; →Sauerstoffdefizit

oxygen demand; →Sauerstoffbedarf

oxygen depletion; →Sauerstoffzehrung

Ozon; m und n;→Sauerstoff

Ozonierung, f; →Ozonung

Ozonisierung, f; →Ozonung

Ozonloch, n; Bezeichnung für die Zerstörung des in der Stratosphäre (→Atmospäre) und hauptsächlich in der Mesosphäre enthaltenen Ozons (→Sauerstoff); bei den in der Stratosphäre und in der Mesosphäre ablaufenden Reaktionen $O_2 \rightarrow 2O$, $O_2 + O \rightleftharpoons O_3$ und $O_3 + O \rightarrow 2O_2$ wird Ultraviolettstrahlung (→UV-Strahlung) absorbiert, es bildet sich ein Gleichgewichtszustand mit konstanter Ozonkonzentration aus; durch →Fluorchlorkohlenwasserstoffe (FCKWs) wird der Ozon jedoch ohne Absorption der UV-Strahlung abgebaut, unter dem Einfluß der Ultraviolettstrahlung spalten die FCKWs Chloratome ab, die nach den Reaktionsgleichungen $Cl + O_3 \rightleftharpoons ClO + O_2$ und $ClO + O \rightleftharpoons Cl + O_2$ mit dem Ozon der Atmosphäre reagieren, das Gleichgewicht wird dabei in Richtung kleinerer Ozonkonzentrationen - mit entsprechend geringerem Absorptionsvermögen für UV-Strahlung - verschoben, die UV-Strahlung (insbesondere die energiereichen kurzwelligen UV-B-Strahlen) können somit in erhöhtem Maß - mit schädlichem Einfluß auf die Lebewesen und das Klima - bis zur Erdoberfläche gelangen (→Smog).

Ozonung, f; auch Ozoni(si)erung, Versetzung eines Wassers mit Ozon O_3 zur Keimtötung unter Ausnutzung des starken Oxidationsvermögens des Ozons (→Sauerstoff), hierzu wird trockene, gereinigte Luft zwischen Elektroden einem elektrischen Hochspannungsfeld ausgesetzt, unter dessen Einfluß unter Aufnahme von Energie O_3 aus der Reaktion $3O_2 \rightarrow 2O_3$ entsteht, das im zu desinfizierenden Wasser nach $O_3 \rightarrow O_2 + O$ unter der Bildung atomaren, stark oxidierenden Sauerstoffs O zerfällt, der damit in hohem Maß keimtötend wirkt.

P

P; Abk. für Poise →Viskosität
Pa; Abk. für Pascal →Druck
p-Wert; eingeordnet vor „Pyrheliometer“
Packer-Test, m; *{packer test}* Wasserdrucktest (WD-Test), Verfahren zur Bestimmung des Durchlässigkeitsbeiwertes k_f (→DARCYsches Gesetz); ein bis in den →Grundwasserraum reichendes Bohrloch wird bis unter die Grundwasseroberfläche (mit einem Mantelrohr) verrohrt, in das Innere des Mantelrohres wird ein etwa gleichlanges Innenrohr mit Radius r eingebracht und kurz vor dem unteren Ende gegen das Mantelrohr mit einem „Packer“ abgedichtet (→Abb. P1); durch konstante Wasserzufuhr Q ($\dim Q = \mathsf{L}^3/\mathsf{T}$) im Innenrohr erhöht sich dort der Wasserspiegel um h; falls die Länge l des unverrohrten Teiles des Bohrloches $l>10$ m erfüllt, berechnet man den k_f-Wert näherungsweisezu

$$k_f \approx 0{,}3665 \frac{Q}{l \cdot h} \log_{10} \frac{l}{r} \text{ m/s},$$

bei $[Q]=\text{m}^3/\text{s}$, $[l]=\text{m}$ und $[r]=[h]=\text{m}$ (→Doppelpackertest).
packing density; →Lagerungsdichte
Packungsdichte, f; →Lagerungsdichte
PAH; →polycyclische aromatische Kohlenwasserstoffe
PAK; →polycyclische aromatische Kohlenwasserstoffe
Paläozän, n; →Erdgeschichte
Paläozoikum, n; →Erdgeschichte
PAN; →Peroxyac(et)ylnitrate
Parallelschieferung, f; →Schieferung
Parasit, m; *{parasite}* Lebewesen, das sich aus dem Stoffwechsel (→Metabolismus) eines Wirtsorganismus ernährt und ihn durch den Entzug von Nährstoffen und durch die Ausscheidung seiner eigenen Stoffwechselprodukte schädigt.
parasite; →Parasit
parautochthon; →autochthon

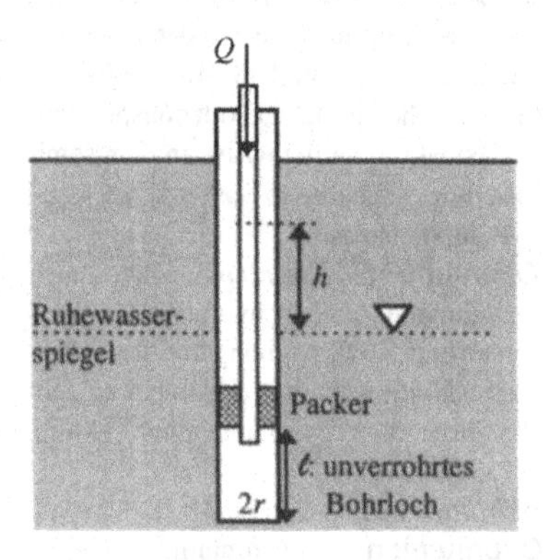

Abb. P1 ***Packer-Test***

Partialdruck, m; *{partial pressure}* Druck p_i, den eine (gasförmige) Komponente G_i eines Gasgemisches $G = G_1 + .. + G_n$ ausübt, der P. p_i von G_i ist gleich demjenigen Druck, den G_i ausüben würde, wenn es das von G erfüllte Gasvolumen V allein einnähme, für den P. p_i gilt ebenfalls näherungsweise die Relation $p_i V = n_i RT$ der →Zustandsgleichung für ideale Gase (mit der in G enthaltenen Stoffmenge n_i von G_i), der Gesamtdruck p des Gasgemischs G ist $p = p_1 + ... + p_n$, die Summe aller Partialdrücke p_i.
partially-penetrating well; →unvollkommener Brunnen
partial pressure; →Partialdruck
Partialstoffmenge, f; →spezifische Partialstoffmenge

particulate inorganic nitrogen; →partikulärer anorganischer Stickstoff

particulate organic carbon; →partikulärer organischer Kohlenstoff

particulate organic nitrogen; →partikulärer organischer Stickstoff

partikulärer anorganischer Stickstoff, m; *{particulate organic nitrogen}* *PIN*, an Stoffteilchen adsorbierter (→Adsorption) und mechanisch, z. B. durch Filter, abtrennbarer, in der Verbindung NH_4-N gebundener Stickstoff als Wasserinhaltsstoff (Partikel).

partikulärer organischer Kohlenstoff, m; *{particulate organic carbon}* *POC*, im →Kohlenstoffkreislauf in fester (ungelöster) Form zirkulierender Kohlenstoff z. B. als unvollständig abgebaute Organismenreste (→Abbau, →Detritus), als *POC* gemessen als Gehalt des p. o. K. in 1 ℓ Wasser.

partikulärer organischer Stickstoff, m; *{particulate organic nitrogen}* *PON*, mechanisch, z. B. durch Filter, abtrennbare organische stickstoffhaltige Wasserinhaltsstoffe (Partikel).

parts per billion;→ppb

parts per million; →ppm

path-line; →Bahnlinie

pathogen; (*etm.*: gr. „pathos" die Krankheit und „genesis" die Erzeugung) *{pathogenic}* krankheitserregend, z. B. ~e Keime.

pathogenic; →pathogen

path speed; →tatsächliche Geschwindigkeit

path velocity; →tatsächliche Geschwindigkeit

PCB; →polychlorierte Biphenyle

PCP; →Pentachlorphenol

PDC; →*primary drying curve*

peat; →Torf

Pedosphäre, f; (*etm.*: gr. „pedos" der Boden und „sphaira" die Kugel) *{pedosphere}* oberster, von Lebewesen besiedelter Bereich der Erdkruste (→Erdaufbau; →Boden).

pedosphere; →Pedosphäre

Pedoturbation, f; (*etm.*: gr. „pedos" der Boden und lat. „turbare" in Unordnung bringen) *{pedoturbation}* Durchmengung und Veränderung des Bodens und seiner Schichtung; die P. kann Folge anthropogener Maßnahmen (z. B. der Bodenbearbeitung durch die Landwirtschaft) sein, sie wird ferner verursacht durch die →Bodenfauna (Bioturbation; *etm.*: gr. „bios" das Leben *{bioturbation}*) und durch Witterungseinflüsse ausgelöst, z. B. durch Bodenfrost (Kryoturbation; *etm.*: gr. „kryos" der Frost) oder die Volumenänderungen, die mit wechselnder Durchfeuchtung und Austrocknung tonhaltigen Bodenmaterials einhergehen (Peloturbation; *etm.* gr. „pelos" der Ton).

Pegel, m; *{level, gauge}* Anlage zum Messen oder Erfassen des →Wasserstandes oberirdischer Gewässer als vertikaler Abstand relativ zu einem Bezugspunkt, z. B. der Nullpunkt der i. allg. als Bestandteil eines ~s festinstallierten Meßlatte *{staff}*, dieser Nullpunkt der Meßlatte bestimmt in seiner Höhe relativ zu einer definierten Ausgangshöhe der Messungen (z. B. →N N) den ~nullpunkt *PNP* *{gauge datum}* (→Abb. P2), zusätzlich kann der Wasserstand durch z. B. Schwimmer *{float}* erfaßt werden, bei Schreib~n *{recording gauge}* kann ferner der durch diese Schwimmer ermittelte Wasserstand kontinuierlich mit einem Schreibgerät aufgezeichnet oder durch Datenfernübertragung an eine entfernte Empfangsstation übermittelt werden.

Pegelbezug, m; *{gauge relation}* Beziehung zwischen einander zeitlich entsprechenden Wasserständen oder Durchflüssen zweier Pegel, sind die beiden Datenreihen voneinander abhängig, so lassen sich fehlende Meßwerte des einen Pegels aus den zeitentsprechenden des anderen entweder durch eine graphische Darstellung, der ~skurve gewinnen, sind die Datenreihen miteinander stark korreliert (→Korrelationskoeffizient), so läßt sich der P. durch lineare →Regression gewinnen.

Pegelnullpunkt, m; →Pegel

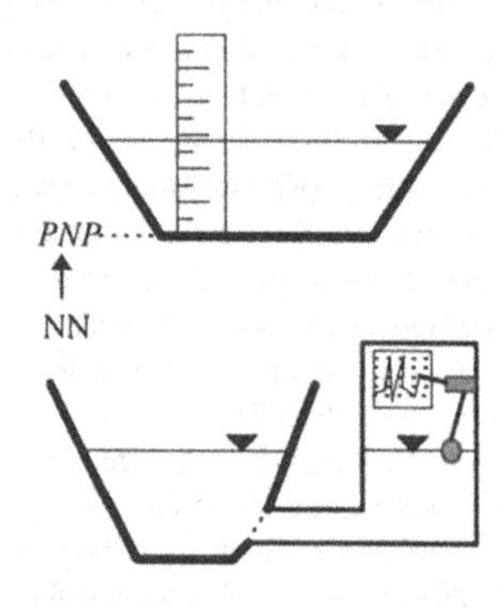

PNP = Pegelnullpunkt
NN = Normalnull

Abb. P2 ***Pegel, mit Meßlatte (oben), Schreibpegel (unten)***

Peilrohr, n; Bezeichnung für das verfilterte Rohr einer als →Grundwassermeßstelle ausgebauten Bohrung bzw. das in die äußere Schüttung um ein Brunnenrohr eingebaute Rohr geringen Durchmessers, in dem der Brunnenwasserstand gemessen werden kann.

Pelagial, n; (*etm.*: gr. „pelagos" das (offene) Meer) *{pelagial zone}* Lebensraum der schwimmenden Organismen eines stehenden Gewässers oder Meeres, der ~fauna und ~flora, im küstenfernen Bereich (des offenen Meeres, der Tiefsee); →Abb. P8.

pelagial zone; →Pelagial

pellicular water; →Haftwasser

Peloturbation, f; →Pedoturbation

pendular water; →Porenwinkelwasser

PENMANsche Verdunstungsformel, f; Relation zur Berechnung der potentiellen Evapotranspirationshöhe $h_{Vp}=h_{ETp}$ (→Evapotranspiration) aus der →Verdunstungshöhe h_{Vw} einer freien Wasseroberfläche zu

$$h_{Vw}=(\Delta \cdot H_0+\gamma E_a)/(\Delta+\gamma)$$

aus dem Steigungsmaß Δ der Dampfdruckkurve, einem Term H_0 der Strahlungsbilanz, einem Ventilations-Feuchte-Term E_a bezogen auf die Verhältnisse in zwei Meter Höhe und der Psychrometerkonstante γ=0,67 mbar/K (→Psychrometrie); h_{Vp} für eine pflanzenbestandene Fläche ergibt sich aus h_{Vw} durch Multiplikation mit jahreszeitabhängigen Faktoren.

Pentachlorphenol, n; *{pentachlorphenol}* PCP, C_6Cl_5OH, Derivat des →Phenols, in erheblichem Maß toxisch wirkendes Holzschutz- und Unkrautvernichtungsmittel (→Herbizid).

Pentan, n; →Kohlenwasserstoff

Peptisation, f; →Kolloid

perched aquifer; →schwebender Grundwasserleiter

perched water; →schwebender Grundwasserleiter; →Stauwasser

percolation; →Perkolation

percolation zone; →Zone, →Sickerraum

percussion drilling; →Schlagbohrverfahren

perennierend; →Frostboden, →Gerinne, →Quelle

perfect gas; →ideales Gas

perfect well; →vollkommener Brunnen

perhumid; →humid

Periodensystem der Elemente, n; *{periodic system}* Anordnung der chemischen Elemente nach ihrer →Ordnungs- d. h. →Kernladungszahl; die chemischen Elemente weisen vergleichbare Eigenschaften auf, wenn ihre Elektronenhüllen ähnlich aufgebaut sind, woraus sich der periodische Aufbau der Darstellung zurückführen läßt; alle Elemente einer Periode besitzen dabei dieselbe Anzahl an Elektronenhüllen, alle Elemente einer Hauptgruppe dieselbe Anzahl an Elektonen auf dem höchsten Hauptenergieniveau (der äußersten Elektronenhülle), die zugleich die Nummer der Hauptgruppe ist, die Hauptgruppen werden auch nach den Elementen ihrer zweiten Periode oder durch andere charakterisierende Namen bezeichnet; zusätzlich werden Elemente - ausschließlich →Metalle - bei denen das der zunehmenden Kernladungszahl entsprechende Elektron nicht in die Außenschale, sondern in die nächstinnen gelegenen eingefügt ist, als Übergangselemente oder -metalle in den entsprechenden Nebengruppen aufgeführt, die nach dem an ihrer obersten Stelle aufgeführten Element benannt werden; im einzelnen erhält man damit die

I. Hauptgruppe →Alkalimetalle,
II. Hauptgruppe →Erdalkalimetalle,
III. Hauptgruppe →Borgruppe,
IV. Hauptgruppe →Kohlenstoffgruppe,
V. Hauptgruppe →Stickstoffgruppe,
VI. Hauptgruppe →Chalkogene,
VII. Hauptgruppe →Halogene,
VIII Hauptgruppe →Edelgase;

die VIII. wird auch als 0. Hauptgruppe geführt, sowie

1. Nebengruppe →Kupfergruppe,
2. Nebengruppe →Zinkgruppe,
3. Nebengruppe →Scandiumgruppe,
4. Nebengruppe →Titangruppe,
5. Nebengruppe →Vanadiumgruppe,
6. Nebengruppe →Chromgruppe,
7. Nebengruppe →Mangangruppe,
8. Nebengruppe mit periodenabhängiger Einteilung,→Eisengruppe, →Platingruppe;

ferner treten als chemisch verwandte Elemente die Lanthanoide in der 3. Nebengruppe mit den Ordnungszahlen 57-70 auf und die Actinoide, ebenfalls in der 3. Nebengruppe, mit den Ordnungszahlen 89-102 auf.

periodic system; →Periodensystem der Elemente

periodisch; →Frostboden, →Gerinne, →Quelle

Periphyton, n; (*etm.*: gr. „peri" im Umkreis und „phyton" die Pflanze) *{periphyton}* eine feste Unterwasseroberfläche, z. B. Pflanzenteile oder anorganische Oberflächen bedeckende Pflanzenschicht, sowie der durch sie gebildete für diverse Mikroorganismen →essentielle Lebensraum.

Perkolation, f; (*etm.*: lat. „percolare" seihen, durchsickern lassen) *{percolation/seepage}* Bezeichnung für den Durchgang des Wassers durch den →Sickerraum (→Versickerung); in der angelsächsischen Literatur wird der Begriff „percolation" ausschließlich für Sickervorgänge in der →gesättigten Zone verwendet, Sickerprozesse in der →ungesättigten Zone werden dann hingegen als „seepage" (→Seihwasser) bezeichnet.

Perm, n; →Erdgeschichte

Permafrost, m; →Frostboden

permanent; →Frostboden, →Gerinne, →Quelle

permanente Härte, f, →Nichtcarbonathärte

permanenter Welkepunkt, m; *{wilting (point)}* pflanzenartabhängiger Wassergehalt *PWP* (auch Welkfeuchte) eines Bodens ($\dim PWP = 1$), bei dessen Unterschreitung kein pflanzenverfügbares Wasser mehr vorhanden ist (→Pflanzenverfügbarkeit), die betrachtete Pflanze kann dann das durch →Transpiration verlorene Wasser nicht mehr aus dem Boden ersetzen, der *PWP* hängt somit auch von der den gegebenen Boden charakterisierenden →Retentionskurve ab; als mittleren Wert setzt man für den Anbau von Kulturpflanzen einen *PWP* an, der einer →Saugspannung von Ψ=15 bar bzw. $pF \approx 4{,}2$ entspricht, ein Wassergehalt mit einer Saugspannung von Ψ>15 bar wird als totes Wasser bezeichnet (→Feldkapazität).

permanentes Dipolmoment, n; →Dipolmoment

permanent hardness; →bleibende Härte, →permanente Härte

Permeabilität, f; (*etm.*: lat. „permeare" durchwandern) *{intrinsic/specific permeability}*, die P. *K* ist ein auf das →Gestein bezogener Parameter und beschreibt das Leitungsverhalten seines Hohlraumsystemes bezüglich Gasen und Flüssigkeiten unabhängig von deren Beschaffenheit (z. B. Viskosität), die bei der Definition der →Durchlässigkeit (→DARCYsches Gesetz) des Gesteins zu berücksichtigen ist; die P. wird bestimmt durch den ~skoeffizient *K* $\dim K = L^2$ und $[K]$=d mit 1 d=$0{,}987 \cdot 10^{-12}$ m^2, dabei steht d für „Darcy", die Einheit der P.; die Beziehung zum (temperaturabhängigen) Durchlässigkeitsbeiwert k_f bei der Temperatur *T* kommt durch die relation $K = k_f \cdot \nu / g$ zum Ausdruck, mit der kinematischen →Viskosität ν und der Fallbeschleunigung g (→Gravitation); die Einheit $[K]$=d der P. sollte nicht mit der Zeiteinheit $[t]$=d (für 1 Tag) verwechselt werden.

permeability; →Durchlässigkeitsbeiwert →Durchlässigkeit; →Gebirgsdurchlässigkeit; ***intrinsic*** ~; →Permeabilität; ***specific*** ~; →Permeabilität

Permeat, n; →Membran; →Umkehrosmose

Peroxyac(et)ylnitrate, n, Pl.; PAN, aus Stickstoffoxiden (→Stickstoff, →NO_x) und →Kohlenwasserstoffen in Reaktion mit Ozon (bei starker Sonneneinstrahlung) in der Atmosphäre entstehende →Photooxidantien (→Photochemie), die zum →photochemischen Smog führen und im Niederschlag zur Versauerung der Gewässer und des Bodens (→Bodenversauerung) beitragen, die P. besitzen die allgemeine Formel R—CO—O—O—NO_2 (mit dem →Rest R).

perpendicular; →vertikal

Persistenz, f; (*etm.*: lat. „persistere" verharren) Widerstandsvermögen (z. B. aufgrund ihrer →Toxizität) der Verunreinigungen des Grundwassers (z. B. durch →organische Kohlenwasserstoffe) gegen ihren (z. B. biochemischen) →Abbau.

persisting strech; →Beharrungstrecke

Pervaporation, f; (*etm.*: lat. „per" hindurch „vaporare" dünsten) thermisches Trennverfahren, das z. B. für die Abtrennung organischer Bestandteile eines entsprechend belasteten Abwassers eingesetzt werden kann; aus der flüssigen Phase werden bei der P. die abzusondernden Komponenten verdampft und durch →Sorption in eine →Membran, →Diffusion durch die Membran und anschließende →Desorption auf ihrer Rückseite abgestrennt.

pesticide; →Pestizid

Pestizid, n; (*etm.*: lat. „pestis" Seuche und „caedere" töten) *{pesticide}* chemisches Schädlingsbekämpfungsmittel, Pflanzenschutzmittel

Petrolchemie, f; →Erdöl

pe-Wert, m; →NERNSTsche Gleichung

Pflanze, f; *{plant}* Organismus, der i.allg. →sessil sich meist autotroph (→Autotrophie) ernährend und - chlorophyllhaltig - zur →Photosynthese fähig ist, die ~n besitzen kein Zentralorgan.

Pflanzenkläranlage, f; Anlage zur Reinigung vorbehandelter →Abwässer, aus denen absetztbare und schwimmende Stoffe bereits abgeschieden sind, die P. nutzt die natürliche Reinigungsleistung der durchwurzelten Bodenzone bei der Passage des Abwassers; die Anlagen müssen über dem →Grundwasser so abgedichtet sein, daß kein Wasser aus ihnen direkt in den Grundwasserraum übergehen kann (→Abb. P3).

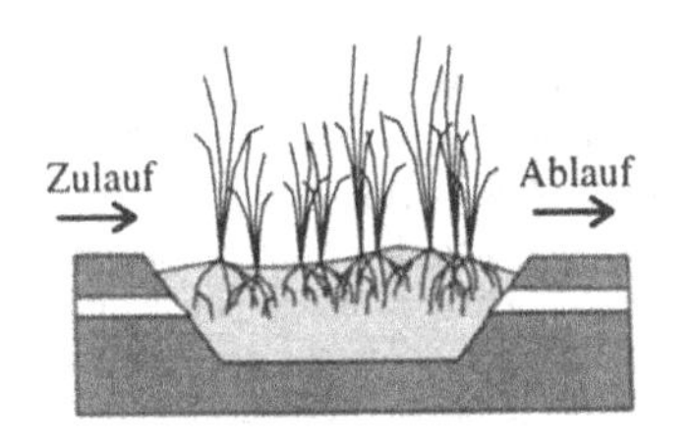

Abb. P3 *Pflanzenkläranlage schematischer Aufbau*

pflanzenverfügbares Bodenwasser, n; →Bodenwasser; →Feldkapazität, nutzbare

Pflanzenverfügbarkeit, f; Aufnahmefähigkeit der Pflanzen bez. bestimmter mobiler Bodeninhaltsstoffe, insbesondere des für die Pflanzenernährung benötigten Wassers (→Bodenwasser), der →Nähr- und Schadstoffe, die über die Pflanzen aufgenommen werden, in ihren →Organen gespeichert und in die →Nahrungskette eingebracht werden können (→Nährsalz).

pF-Kurve, f; →Retentionskurve

pF-Wert, m; →Saugspannung

Phänomen, n; (*etm.*: gr. „phainomenon" das Erscheinen) *{phenomenon}* das sinnlich erfaßbare äußere Erscheinungsbild eines Zustandes oder Prozesses.

phänomenologisch; *{phenomenologic}* Betrachtungsweise, die sich auf die Registrierung der mit einem Zustand oder ablaufenden Prozeß verbundenen →Phänomene beschränkt.

Phase, f; (*etm.*: gr. „phasis" Erscheinungsform) *{phase}* Raumgebiet einheitlicher physikalischer Eigenschaften, die P. „fest" *{solid}*, „flüssig" *{liquid}* und „gasförmig" *{gaseous, gasiform}* werden auch als Aggregatzustände bezeichnet (→Phasenübergang), allgemein auch die Bezeichnung für einen Raumbereich homogener (einheitlicher) physikalischer Parameter innerhalb eines heterogenen →Systems (→Homogenität, →Heterogenität), so werden z. B. auch die von untereinander nicht mischbaren Flüssigkeiten (→NAPL) eingenommenen Raumbereiche jeweils als eine P. bezeichnet.

Phasenübergang, m; *{phase transition}* Übergang von einer →Phase in eine andere (ggf. unter Auslassung der dazwischenliegenden), ein P. erfolgt unter Zu- oder Abführung von Wärme (→Tab. P1).

phase transition; →Phasenübergang

Phenol, n; *{phenol}* C_6H_5OH, aus Braun- und Steinkohleölen gewonnener aromatischer →Kohlenwasserstoff, Grundlage einer Reihe von ~derivaten, die z. T. äußerst toxische →Herbizide, Holzschutzmittel (→Pentachlorphenol) sind; ~e besitzen allgemein als gemeinsames Strukturmerkmal einen oder mehrere Benzenringe (→Benzen), an die jeweils ein oder mehrere OH-Gruppen direkt angebunden sind.

von ↓ / nach →	fest	flüssig	gasförmig
fest	Modifikationsänderung	Schmelzen	Sublimation
flüssig	Erstarren		Sieden
gasförmig	Desublimation	Kondensation	

Tab. P1 ***Phasenübergänge***

phenomenologic; →phänomenologisch

phenomenon; →Phänomen

Phi-Index-Verfahren, n; Verfahren der →Belastungsaufteilung; der →Verlustanteil i_V an der Niederschlagsintensität i_N wird aus dem bekannten, konstanten Verlustbeiwert (→Abflußbeiwert) $1-\psi$ eines Bezugsgebietes und der Niederschlagsinternsität i_N bestimmt und auf die Ganglinie der Niederschlagsintensität so verteilt, daß $i_V(t)$=const. für $i_V \leq i_N$ und $i_V = i_N$ sonst (→Abb. P4).

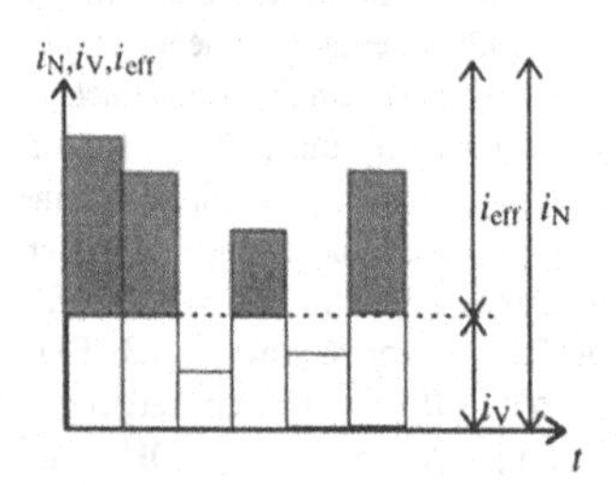

Abb. P4 ***Phi-Index-Verfahren***

pH index; →pH-Wert

Phosphat, n; *{phosphate}* Salz einer Phosphorsäure (der Orthophosphorsäuren $H_3PO_{n=2,3,4,5,6}$, der Diphosphorsäuren $H_4P_2O_{n=4,5,6,7,8}$, der Metaphosphorsäuren $HPO_{n=2,3}$ und weiterer Polysäuren), als Calcium~e der Phosphorsäure H_3PO_4 und daraus abgeleiteter komplexer Verbindungen Bestandteile vieler Minerale, Verwendung von ~en u. a. als Düngemittel und zur →Härtestabilisierung; Eintrag von ~en in die natürlichen Gewässer führen zu deren →Eutrophierung mit der Folge einer übermäßigen Vermehrung des Phytoplanktons (→Plankton), der Algen und höheren Wasserpflanzen und einem →Umkippen des Gewässers bei entsprechendem →Trophiegrad; von großer Bedeutung sind daher die Reduktion der Phosphatzusätze in Waschmitteln und die Beseitigung von ~en aus den Abwässern, in die sie in hohem Maße auch durch Exkremente gelangen, usw.

phosphate; →Phosphat

Phosphor, m; *{phosphorus}* Element der →Stickstoffgruppe, der V. Hauptgruppe des →Periodensystems der Elemente, mit dem Elementsymbol P; P existiert in mehreren →Modifikationen und kommt in der Natur nicht elementar, sondern vorwiegend als →Phosphat vor, mineralisch als Calciumphosphate; als →Bioelement ist P ein unverzichtbarer Bestandteil der Ernährung aller Lebewesen; durch ~zufuhr kommt es zu erhöhtem (u. U. explosionartig vermehrten) Pflanzenwuchs, bei Einleitung von ~verbindungen in die Gewässer kann es dadurch zur →Eutrophierung kommen mit der Folge der →Algenblüte und schließlich des →Umkippens der betroffenen Gewässer.

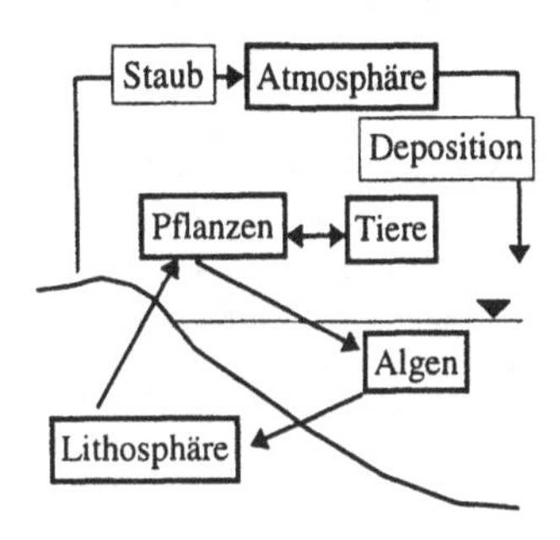

Abb. P5 ***Phosphorkreislauf***

Phosphorkreislauf, m; *{phosphorus cycle}* →Stoffkreislauf des Phosphors (→Abb. P5): im Boden gelöste →Phosphate werden diesem durch die Pflanzen entzogen, werden in den Organismen gespeichert und gelangen in die →Nahrungskette, aus Exkrementen und abgestorbenen Organismen durch biochemischen →Abbau wieder in die Gewässer und den Boden, dem Phosphate zusätzlich in der Form von →Düngemitteln zugeführt werden; ferner gelangen Phosphate auch durch Lösungsprozesse direkt aus dem Gestein in die Gewässer und über das →Plankton in die Nahrungsketten und in den Gewässern durch →Sedimentation der Exkremente und abgestorbenen Organismen nach biologischem Abbau und →Diagenese wieder in das Gestein; Phosphate gelangen außerdem nach →Erosion durch die Atmosphäre direkt wieder auf die Erdoberfläche (→Deposition) und als Bestandteil der Niederschläge aus den Gewässern auf das Festland.

phosphorus; →Phosphor

phosphorus cycle; →Phosphorkreislauf

Photochemie, f; *{photochemistry}* Chemie der Reaktionen, die unter Aufnahme von Licht und der Bildung angeregter Atome oder Moleküle (→Absorption) oder verbunden mit der Abgabe von Licht stattfinden, z. B. die →Photosynthese oder die Zerlegung der →Fluorchlorkohlenwasserstoffe (FCKWs) in der Atmosphäre unter dem Einfluß der ultravioletten (→UV-Strahlung) Komponenten des Sonnenlichtes, die zum →Ozonloch führen kann, ferner alle Verbrennungsvorgänge, bei denen Licht abgegeben wird, wie Verbrennung z. B. des →Magnesiums.

photochemischer Smog, m; durch Reaktionen der →Photochemie gebildeter →Smog, der unter dem Einfluß intensiver Sonneneinstrahlung und hoher →Emmision von →NO_x entsteht, dabei reagiert das in der Atmosphäre aus den NO_X entstehende NO_2 nach den Umsetzungen $NO_2 \rightarrow NO+O$ und $O+O_2 \rightarrow O_3$ unter Bildung des aggressiven, schleimhautreizenden Ozons O_3, der bei der Freisetzung angeregten Sauerstoffs (→Absorption) reaktionsfähige →Radikale bilden kann (→Sauerstoff).

photochemistry; →Photochemie

Photoionisation, f; →Atmosphäre

Photon, n; *{photon}* Energiequantum γ des elektromagnetischen Feldes, die ~energie $E_{ph}=h\nu$ ist proportional zur Frequenz ν der elektromagnetischen Strahlung mit dem PLANCKschen Wirkungsquantum $h=6{,}626 \cdot 10^{-34}$ Js als Proportionalitätsfaktor, bzw. proportional zur Kreisfrequenz $\omega=2\pi\nu$ der gegebenen Strahlung.

Photooxidantien, n, Pl.; photochemische Reaktionsprodukte von z. B. Schwefel- und Stickstoffoxiden und Kohlenwasserstoffen mit Ozon (z. B. aus der Atmosphäre, →Photochemie).

Photosynthese, f; *{photosynthesis}* bei der →Assimilation von CO_2 durch grüne Pflanzen und zur P. fähiger →Bakterien erfolgende photochemische Kohlehydratsynthese (→Photochemie); die Umsetzung in den Pflanzen erfolgt mit →Chlorophyll als →Katalysator nach der Reaktion

$$nCO_2 + nH_2O \xrightarrow{h\nu} (CH_2O)_n + nO_2\uparrow$$

(→Photon), die in zahlreiche Teilprozesse untergliedert ist; bei der bakteriellen P. wird mit Hilfe eines bakterienspezifischen Katalysators, des Bakteriochlorophylls, unter Verwendung anderer Wasserstoffdonatoren als Wasser, z. B. über Schwefelwasserstoff, H_2S, CO_2 assimiliert (→Assimilation), z. B. bei der P. durch Schwefelbakterien

$$nCO_2 + 2nH_2S \xrightarrow{h\nu} (CH_2O)_n + 2nS + nH_2O$$

unter Bildung elementaren Schwefels (ggs. →Chemosynthese).

photosynthesis; →Photosynthese

Phototrophie, f; mikrobielle Ernährungsweise, die auf der →Photosynthese beruht (ggs. →Chemotrophie).

phreatic aquifer; →freier/ungespannter Grundwasserleiter

phreatic surface; →freie Grundwasseroberfläche

pH value; →pH-Wert

pH-Wert, m; *{pH index/value}* negativer Wasserstoffionenexponent der bei der →Dissoziation eines →Elektrolyts entstehenden Wasserstoffionenaktivität, d. h.

$$pH = -\log_{10} \frac{a(H^+)}{1\,mol \cdot \ell^{-1}}$$

mit der →Aktivität $a(H^+)$ der Wasserstoffionen; bei schwachen wässrigen Säurelösungen liegen die Wasserstoffionen nach →Hydratation als Oxoniumionen (→Oxonium) vor, so daß der pH-Wert durch die Oxoniumaktivität $a(H_3O^+)$ (→Aktivität) ausgedrückt werden kann zu

$$pH = -\log_{10} \frac{a(H_3O^+)}{1\,mol \cdot \ell^{-1}},$$

bei sehr schwachen Säuren gilt schließlich näherungsweise $a(H_3O^+) \approx c(H_3O^+)$, so daß der pH-Wert entsprechend als negativer dekadischer Logarithmus der Stoffmengenkonzentration $c(H_3O^+)$ des Oxoniums widergegeben werden kann; entsprechend ist der pOH-Wert

$$pOH = -\log_{10} \frac{a(OH^-)}{1\,mol \cdot \ell^{-1}}$$

der negative Hydroxidionenexponent der entsprechenden Hydroxidionenaktivität $a(OH^-)$ (→Hydroxidion), die bei schwachen Baselösungen näherungsweise durch die entsprechende Stoffmengenkonzentration $a(OH^-) \approx c(OH^-)$ ersetzt werden kann; dabei gilt pH+pOH=14, z. B. erhält man für eine Salzsäure HCl mit $c(HCl) = 0{,}1\ mol/\ell$ $c(H_3O^+)$ zu $c(H_3O^+) = 10^{-1}\ mol/\ell$ den pH-Wert pH=1,0 und für eine Natronlauge NaOH mit $c(NaOH) = 0{,}1\ mol/\ell$ $c(OH^-) = 10^{-1}\ mol/\ell$, also den pOH-Wert pOH=1,0 und pH=14-1 =13,0; der pH-Wert von reinem Wasser ist pH=7, der von Meerwasser liegt um pH=8, eine Lösung mit pH=7 wird als neutral bezeichnet, bei pH<7 spricht man von sauren, bei pH>7 von basischen Lösungen.

physikalische Größe, f; Repräsentant γ physikalischer →Phänomene, wiedergegeben durch kursiv geschriebene Symbole, z. B. t für die →Zeit, A für den →Flächeninhalt, η für die dynamische →Viskosität usw., die p. G. γ kann bloß →qualitativ beobachtet werden (z. B. im Vergleich zweier Flächen mit dem Inhalt A_1

bzw. A_2) oder →quantitativ (gemessen werden) durch die Zuordnung eines Größenwertes, der sich multiplikativ zusammensetzt aus seinem Zahlenwert $\{\gamma\}$ und seiner →Einheit $[\gamma]$ zu $\gamma=\{\gamma\}\cdot[\gamma]$, z. B. $A=25\ mm^2$.

physikalisches Modell, n; →Modell physikalischer →Phänomene und Prozesse, z. B. als Meßinstrument, das →physikalische Größen durch z. B. optisch wahrnehmbare wiedergibt, z. B. die Federwaage, die dem →Gewicht eines Körpers eine optisch wahrnehmbare Dehnung einer Feder zordnet; die Darstellung eines porösen Mediums durch eine Anordnung von Glaskugeln entsprechender nominaler →Korngröße zur Untersuchung (Modellierung) des Flüssigkeitstransportes in der →ungesättigten Zone.

Phytoplankton, n; →Plankton

Phytoremediation, f; →Bioremediation

Phytosaprophag, m; Tier, das sich von abgestorbenen Pflanzenteilen ernährt, z. B. der Regenwurm (→Saprobiont).

piezometer; →Grundwassermeßstelle

Piezometer, n; →Grundwassermeßstelle

piezometric head; →Standrohrspiegel(höhe), →Grundwasserstand

piezometric surface; →Grundwasserdruckfläche

piezometrisches Niveau, n; →Grundwasserdruckfläche

Pilz, m; *{fungus, mould}* artenreiche Gruppe chlorophyllfreier heterotopher Pflanzen (→Chlorophyll, →Photosynthese, →Heterotrophie), die als →Parasiten lebende Organismen oder totes organisches Material besiedeln.

PIN; →partikulärer anorganischer Stickstoff

PIPER-Diagramm, n; →Dreieckdiagramm

p*K*$_s$-Wert, m; →Protolyse

p*K*$_s$-Wert, m; →Protolyse

plagioclase; →Plagioklas

Plagioklas, m; (*etm.*: gr. „plagios" schräg und „klasis" das Brechen) *{plagioclase}* $(Na,Ca)Al_xSi_{nx}O_8$ (x=1,2; $n_1=3$, $n_2=2$) →Feldspat.

PLANCKsches Wirkungsquantum; →Photon

Planfiltration, f; →horizontal-ebenes Modell, →GIRINSKIJ-Potential

planimeter; →Planimeter

Planimeter, n; →Planimetrieren

planimetering; →Planimetrieren

Planimetrieren, n; (*etm.*: lat. „planus" flach und gr. „metron" das Maß) *{planimetering}* Bestimmung des Inhaltes einer durch nahezu allgemeine Kurven berandeten Fläche mittels eines Planimeters *{planimeter}*; bei diesem mechanischen Integrationsverfahren wird der Rand der Fläche mit einem Stift abgefahren, der Flächeninhalt dabei durch eine mechanische Vorrichtung ermittelt und schließlich auf einer entsprechenden Anzeige sichtbar gemacht.

Plankton, n; (*etm.*: gr. „planktos" der Umherirrende) *{plankton}* Gesamtheit der im Wasser ohne wesentliche Eigenbewegungen schwebenden Organismen (Tiere, d. h. Zoo~, Pflanzen als Phyto~, und Bakterien als Bakterio~) (ggs. →Nekton), im Meer auch als Hali~ (gr. „hals" das Salz) im Süßwasser als Limno~ (gr. „limne" der Süßwassersee) bezeichnet.

plant; →Pflanze

plasticity limit; →Ausrollgrenze

Platingruppe, f; die P. umfaßt in der 8. Nebengruppe des →Periodensystems der Elemente die nach den →Ordnungszahlen 44, 45 und 46 benachbarten Elemente →Ruthenium (Ru), Rhodium (Rh) und Palladium (Pd), die leichten Platinmetalle, und mit den Ordnungszahlen 76, 77 und 78 die Elemente Osmium (Os), Iridium (Ir) und Platin (Pt), die schweren Platinmetalle.

playa; →Trockensee

pleistocene watercourse; →Urstromtal

Pleistozän, n; →Erdgeschichte

Plizän, n; →Erdgeschichte

Plutonit, m; →Magmatit

pluviometer; →Regenmesser

PMP; →probable maximum precipitation

pneumatic hammer; →Hammerbohrer

POC; →partikulärer organischer Kohlenstoff

pOH-Wert, m; →pH-Wert

point measurement; →Punktmessung

polares Molekül, n; →Dipolmoment

Polarisation, f; *{polarization}* bei der Atombindung (→chemische Bindung) A—B nicht zu ein und demselben Element gehöriger Atome A und B auftretendes Auseinanderfallen der Schwerpunkte der positiven und elektrischen Ladung, wodurch sich (in einem polaren Molekül) ein →Dipolmoment ausbilden kann; die P. kann ferner durch äußere elektrische Felder in einem nicht polaren Molekül induziert werden, z. B. durch das elektrische Feld eines Ions in einem Molekül ohne Dipolmoment (nicht polares Molekül) (Abb. D5).

polarization; →Polarisation

Polder, m; *{polder, diked land}* eingedeichtes Marschland an der Küste, durch Deiche abgegrenzte Uferzonen der Flüsse, die zum einen der Gewinnung des →Uferfiltrats dienen (→Einleitung), zum anderen bei extremen →Hochwasserereignissen gefluten werden können und damit zum Hochwasserrückhalt beitragen (→Entlastung).

polluted water; →Schmutzwasser

pollution abatement; →Gewässerschutz

polychlorierte Biphenyle, n, Pl.; *{polychlorinated biphenyl}* („PCB") halogenierte Aromate (→Kohlenwasserstoff), bei denen in dem Biphenylmolekül C_6H_5—C_6H_5 jedes einzelne Wasserstoffatom durch ein Chloratom (→Chlor) ersetzt sein kann, wodurch insgesamt 210 verschiedene Strukturen möglich werden; die bei der Herstellung entstehenden Gemische werden nicht getrennt, sondern durch ihren Chlorgehalt charakterisiert, der meistens bei ca. 50 % liegt; PCB ist eine weitverbreitete, durch biochemische Prozesse schwer abbaubare Chemikalie, Verwendung findet PCB z. B. als Weichmacher in Kunststoffen und als Isolator, in Deutschland wird es nur noch in geschlossenen Systemen eingesetzt und nicht mehr produziert; durch Fische wird PCB in die →Nahrungskette eingebracht, seine Giftigkeit hängt von der Zusammensetzung des speziellen Gemisches ab.

polychlorinated biphenyl; →polychlorierte Biphenyle

polycyclic aromatic hydrocarbon; →polycyclische aromatische Kohlenwasserstoffe

polycyclische aromatische Kohlenwasserstoffe; *{polycyclic aromatic hydrocarbon}* (PAK, PAH), Aromaten (→Kohlenwasserstoff), entstehen bei der unvollständigen Verbrennung organischen Materials, insbesondere bei der Verbrennung fester Brennstoffe, gelten zum Teil als krebserregend; der Nachweis erfolgt nach Extraktion mit Cyclohexan durch →Chromatographie.

Polykieselsäure, f; →Kieselsäure

polymiktisch; →Gewässerumwälzung

Polymorphie, f; (*etm.*: gr. „poly" viel und „morphe" die Gestalt) *{polymorphy, polymorphism}* Phänomen des Vorhandenseins eines Stoffes in unterschiedlichen Erscheinungsformen (→Modifikation), die durch die äußeren Bedingungen, wie Druck, Temperatur usw. bestimmt werden (z. B. die Erscheinungsformen des →Phosphors und des →Schwefels).

polymorphism; →Polymorphie

polymorphy; →Polymorphie

polysaprob; →Saprobiesystem

polytrop; (*etm.*: gr. „poly" viel und „trepein" wenden) Bezeichnung für einen Prozeß, bei dem das Produkt $p \cdot V^n$ aus dem Druck p, der in dem System herrscht, in dem der fragliche Prozeß abläuft, und der Potenz V^n des von diesem System eingenommenen Volumens V einen konstanten Wert

$$p \cdot V^n = \text{const.}$$

annimmt; hierunter subsumiert sind für den Fall $n=0$ mit $p=$const. die →isobaren Prozesse, für $n=1$ mit $p \cdot V = \mathrm{R} \cdot n \cdot T =$const. die →isothermen Prozesse (→Zustandsgleichung für ideale Gase) bei $T=$const., mit $n=\kappa$ die →adiabatischen Prozesse, für die $p \cdot V^\kappa=$const. gilt, und die →isochoren Prozesse im Falle $n \to \infty$.

polytroph; →Trophiegrad

polytrophic; →polytroph

PON; →partikulärer organischer Stickstoff

Ponor, m; →Karst

population; →Einwohnerzahl

population equivalent; →Einwohnergleichwert

pore; →Hohlraum, →Pore

Pore, f; *{pore, interstice}* →Hohlraum, der im →Sedimentgestein zwischen den dort abgelagerten Partikeln besteht, er ist in seiner Größe und Geometrie bestimmt durch die →Korngröße und die →Lagerungsdichte *{packing/reticular density}* dieser Partikel (→Abb. P6); das poröse Medium bestimmt die im →DARCYschenGesetz beschriebene Filterströmung; Ausnahmeerscheinungen sind als Makroporen *{macropores}* bezeichnete größere Hohlräume wie Wurzelgänge, Wurmröhren, Tunnelsysteme der Wühltiere usw., in denen sich bei hoher Wassersättigung des Bodens bevorzugte Wasserströmungen in Vorzugssickerstrecken *{preferential flow}* ausbilden können.

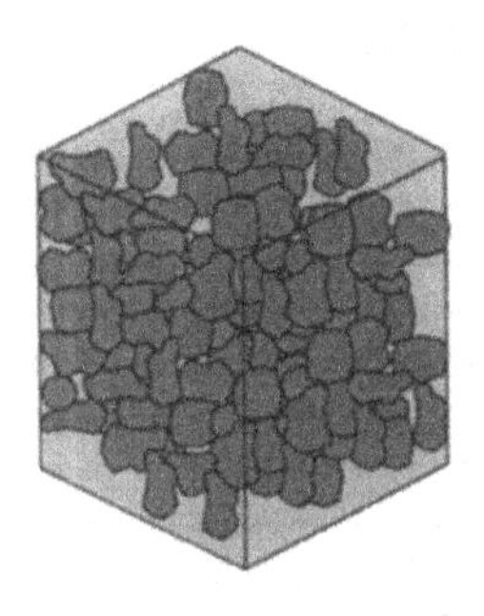

Abb. P6 *Poren*

pore aquifer; →Porengrundwasserleiter

Porenanteil, m; →Hohlraumanteil im →Porengestein, →spannungsfreier Porenanteil

Porendurchlässigkeit, f; die →hydraulische Leitfähigkeit bestimmende Durchlässigkeit des porösen Anteils sedimentären Gesteins, die dessen →Gesteinsdurchlässigkeit bildet, zusammen mit der →Kluftdurchlässigkeit (und ggf. der →Karstdurchlässigkeit) ergibt sie die →Gebirgsdurchlässigkeit, die P. wird bestimmt als Durchlässigkeitsbeiwert k_f mit dim k_f = L/T (→DARCYsches Gesetz).

Porengestein, n; Gesteinskörper, dessen Hohlräume aus →Poren bestehen.

Porengrundwasser, n; Grundwasser, dessen →Grundwasserleiter als Gesteinskörper im →Locker- oder →Festgestein einen durchflußwirksamen →Hohlraumanteil besitzt, der von →Poren (→Hohlraum) gebildet wird (→Porengrundwasserleiter).

Porengrundwasserleiter, m; *{pore aquifer}* →Grundwasserleiter, dessen durchflußwirksamer →Hohlraumanteil durch Poren im Lockergestein gebildet wird.

Porenvolumen, n; *{pore space}* das aus →Poren gebildete →Hohlraumvolumen, **effektives P.**, n; →Hohlraumvolumen.

Porenwinkelwasser, n; *{institial/pendular water}* auch Winkelwasser; bei der Entwässerung eines porösen Mediums verbleibendes →Haftwasser, das sich in den Porenwinkeln (Hohlräumen in unmittelbarer Umgebung der Berührungspunkte einzelner Gesteinspartikel) unter Meniskenbildung (→Kapillarität) bei großer Meniskenkrümmung hält (→Abb. H3).

Porenzahl, f; →Porenziffer, →Hohlraumzahl

Porenziffer, f; *{void ration}* auch Porenzahl, Verhältnis $e=V_p/V_f$ zwischen dem Hohlraumvolumen V_p (Porenvolumen eines porösen Mediums) und und dem Feststoffvolumen V_f (→Hohlraumzahl).

pore space; →Porenvolumen

Positron, n; Antiteilchen des →Elektrons mit derselben Ruhemasse und absoluten Ladung, jedoch umgekehrtem Ladungsvorzeichen; beim Zusammentreffen mit einem Elektron zerstrahlt das P. unter Aussendung elektromagnetischer →Strahlung, es besitzt aus diesem Grund eine kurze mittlere Lebenserwartung von nur ca. 10^{-9} s.

postmetamorph; bezogen auf Zustände und Prozesse, die zeitlich nach einer →Metamorphose herrschen oder ablaufen.

postsedimentär; *{postsedimentary}* bezogen auf Zustände und Prozesse, die zeitlich nach der →Sedimentation herrschen oder ablaufen.

posttektonisch; bezogen auf Zustände und Prozesse, die zeitlich nach einer tektonischen Beanspruchung (→Tektonik) herrschen oder ablaufen.

postsedimentary; →postsedimentär

potable water; →Trinkwasser

Potamal, n; (*etm.*: gr. „potamos" der Fluß) Lebensraum der in einem Fluß angesiedelten Organismen.

potamogen; (*etm.*: gr. „potamos" der Fluß und „genesis" die Entstehung) *{potamogenic}* durch die Einwirkung der fließenden Gewässer entstanden, z. B. Uferformen.

potamogenic; →potamogen

Potamologie, f; (*etm.*: gr. „potamos" der Fluß) *{potamology}* Arbeitsgebiet der Hydro(geo)logie, dessen Gegenstand die fließenden Gewässer sind.

potamology; →Potamologie

potassium; →Kalium

Potential, n; (*etm.*: lat. „potentia" Kraft, Vermögen) *{potential}* Größe, die die in einem Teilchen an einem Ort enthaltene Energie beschreibt, die Differenz der P.-Werte zweier Raumpunkte ist die „Spannung" zwischen ihnen, unter der ein frei bewegliches Teilchen von dem Ort des höheren Potentials zu dem des niedrigeren bewegt wird; in einem →Grundwasserkörper wird das P. durch die →Standrohrspiegelhöhe h_p mit $\dim h_p = \mathrm{L}$, i. allg. $[h_p]=\mathrm{m}$, wiedergegeben (→BERNOULLI-Gleichung), dabei setzt sich das P. h_p eines Raumpunktes in einem Grundwasserleiter zusammen aus dem Gravitations- oder Lage~ *{potential head}* h_0 gemessen als lotrechter Abstand zu einer Bezugsebene (z. B. →N N) (→Gravitation) und dem Druck~ h_D aus dem →hydraulischen Schweredruck zu $h_p=h_0+h_D$ (→Standrohrspiegelhöhe, →Potentialtheorie; → elektrisches Potential).

potential abstractions; →potentieller Rückhalt

potential energy; →potentielle Energie, →Lageenergie

potential erosion; →latente Erosion

potential evaporation; →potentielle Evapotranspiration

potential evapotranspiration; →potentielle Evapotranspiration

Potentialfeld, n; *{potential field}* existiert zu einem vorgegebenen →Vektorfeld $P \rightarrow \vec{x}(P)$ ein →Skalarfeld $P \rightarrow f(P)$ mit $\vec{x} = -\nabla f$, so nennt man $P \rightarrow f(P)$ - oder einfach $f(P)$ - Potentialfeld zu $P \rightarrow \vec{x}(P)$ - bzw. zu $\vec{x}(P)$.

potential field; →Potentialfeld

Potentialfläche, f; *{potentiometric surface}* geometrischer Ort aller Punkte einheitlichen (→Isofläche) →Potentials, z. B. in einem →Grundwasserkörper, die ~n werden in jedem Raumpunkt des Grundwasserkörpers von dessen →Strömungslinien senkrecht durchdrungen (→Abb. G17).

potential flow; →Potentialströmung

potential head; →Lageenergie, →potentielle Energie, →Potential

potential height of transpiration; →potentielle Transpirationshöhe

potential soil structure; →potentielles Bodengefüge

potential retention; →potentieller Rückhalt

Potentialströmung, f; *{potential flow}* Strömung in einem →Potentialfeld, als solche rotationsfrei (→Rotation).

potential structure; →Gefügepotential

Potentialtheorie, f; nach der P. kommt dem →Bodenwasser ein →Potential zu, das die in einem Wasserteilchen im Raumpunkt P gespeicherte Energie ist, die der Arbeit entspricht, die benötigt wird, um das Teilchen aus einer Referenzebene R nach P zu transportieren; das Gesamtpotential

$$\psi = \psi_g + \psi_p + \psi_a + \psi_h + \psi_c + \psi_o$$

setzt sich dabei zusammen aus dem Lage- oder Gravitationspotential ψ_g (→Gravitation), dem Druckpotential ψ_p (→Potential), dem auf Adsorptionskräften beruhenden Adsorptionspotential ψ_a (→Adsorption), dem durch →Hydratationsprozesse bedingten Hydratationspotential ψ_h (→Hydratation), durch Kapillarkräfte bewirkten Kapillarpotential ψ_c und dem Osmosepotential ψ_o, das auf Osmoseeffekte (→Osmose) aufbaut; bei stark überwiegenden Einzelanteilen spricht man auch speziell von z. B. Adsorptions-, →Haft-, →Kapillarwasser usw.; als von der Gesteinsmatrix geprägten Anteil bezeichnet man $\psi_m = \psi_a + \psi_h + \psi_c$ auch als Matrixpotential, da ψ_a und ψ_h auf Grenzflächeneffekten beruhen, besitzen sie nur in unmittelbarer Nähe der Gesteinsoberfläche wesentliche, nicht verschwindende Werte, so daß man näherungsweise $\psi_m = \psi_c$ ansetzen kann; die →ungesättigte Zone ist durch $\psi_p = 0$ charakterisiert, so daß sich dort das Gesamtpotential ψ auf die Summe $\psi = \psi_g + \psi_m$ reduziert, in der →gesättigten Zone gilt hingegen $\psi_m = 0$, so daß dort das Gesamtpotential zu $\psi = \psi_g + \psi_p$ gegeben ist.

potential transpiration

potentielle Energie, f; →Energie

potentielle Evaporation, f; →Evaporation

potentielle Evapotranspiration, f; →Evapotranspiration

potentieller Rückhalt, m; →Rückhalt

potentielles Bodengefüge, n; →Bodengefüge

potentielle Sonnenscheindauer, f; →Sonnenscheindauer

potentielle Transpiration, f; →Transpiration

potentielle Transpirationshöhe, f; →Transpiration

potentielle Verdunstung, f; →Verdunstung

potentielle Verdunstungshöhe, f; →Verdunstungshöhe

potentiometric surface; →Potentialfläche

potentiometrische Messung, f; Messung des Spannungsabfalls (→elektrische Spannung) in einem →Gesteinskörper zur Ermittlung des →elektrischen Widerstandes (→geoelektrische Messsung): zwischen zwei in den Gesteinskörper eingebrachte →Elektroden (E_1, E_2; →Abb. P7) wird dazu ein elektrisches Feld aufgebaut und auf der Meßstrecke m zwischen Potentialelektroden P_1 und P_2 der Potentialabfall gemessen, aus dem über das OHMsche Gesetz und die Geometrie der Meßstrecke der elektrische Widerstand einzelner Gesteinsschichten bestimmt werden kann.

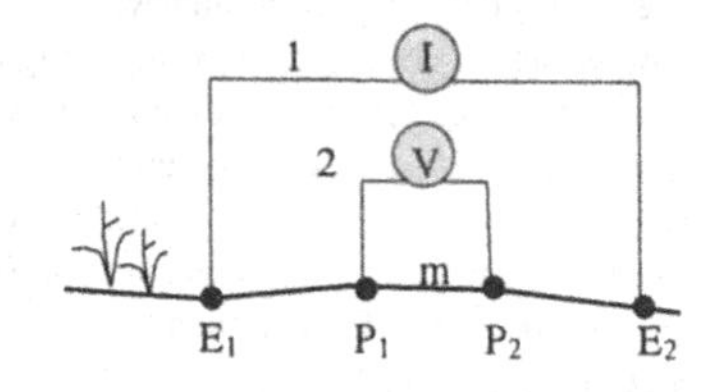

1.) elektrische Spannung
2.) Potentialabfall

Abb. P7 ***Versuchsaufbau einer potentiometrischen Messung***

pothole; →Kolk

ppb; Abk. für engl. *parts per billion* als (Anzahl der durch eine Charakterisierung betroffenen) Teile in (einer Grundgesamtheit von) 10^9 Teilen.

ppm; Abk. für engl. *parts per million* als (Anzahl der durch eine Charakterisierung betroffenen) Teile in (einer Grundgesamtheit von) 10^6 Teilen.

practical cavity; →speichernutzbares Hohlraumvolumen

practical porosity; →speichernutzbares Hohlraumvolumen, →speichernutzbarer Hohlraumanteil

Präkambrium, n; →Erdgeschichte

prämetamorph; bezogen auf Zustände und Prozesse die zeitlich vor einer →Metamorphose herrschen oder ablaufen.

präsedimentär; *{presedimentary}* bezogen auf Zustände und Prozesse die zeitlich vor der →Sedimentation herrschen oder ablaufen.

prätektonisch; bezogen auf Zustände und Prozesse die zeitlich vor einer tektonischen Beanspruchung (→Tektonik) herrschen oder ablaufen.

Prallhang, m; →Prallufer

Prallufer, n; *{undercut bank/slope}* allgemein stark einfallendes, im Vergleich zum →Gleitufer verhältnismäßig stark angeströmtes, nach innen gekrümmtes äußeres Ufer in den Kurven eines →Fließgewässers, am P. kommt es infolge der starken Strömungsgeschwindigkeit zur →Erosion und u. U. zur Unterspülung der Ufer (→Abb. G10; ggs.→Gleitufer).

precipitant; →Fällmittel

precipitating agent; →Fällmittel

precipitation; →Ausfällung, →Fällung, →Niederschlag

precipitation intensity; →Niederschlagsintensität

precipitation over area; →Gebietsniederschlag

precipitation time series; →Niederschlagsreihe

preferential flow; →Vorzugssickerstrecke

presedimentary; →präsedimentär

pressure; →Druck
pressure aquifer; →gespannter Grundwasserleiter
pressure head; →Druckhöhe
Primärabbau, m; →Abbau
primäre Dränkurve, f; →Retentionskurve
primäre Entwässerungskurve, f; →Retentionskurve
Primärschlamm, m; →Klärschlamm
primary drying curve; →primäre Dränkurve, →primäre Entwässerungskurve
primary value; →Hauptwert
probability distribution; →Wahrscheinlichkeitsverteilung

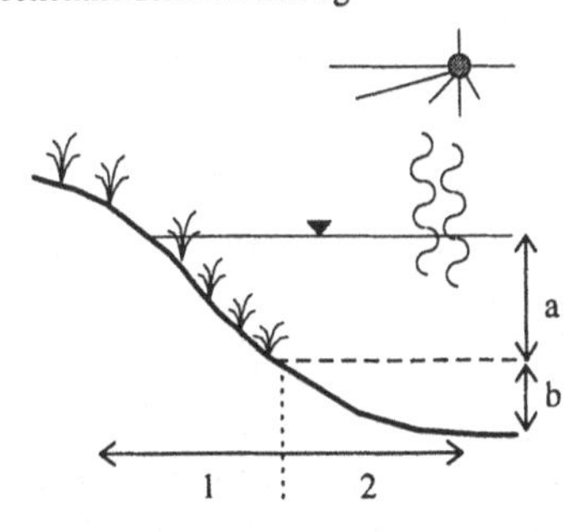

-----	Kompensationsebene
a:	trophogene Schicht
b:	tropholytische Schicht
(a+b):	Pelagial
1:	Litoral
2:	Profundal
(1+2):	Bental

Abb. P8 ***Seelebensräume***

probable maximum precipitation; maximal mögliche Niederschlagshöhe *PMP* in mm für ein Bezugsgebiet und einen Bezugszeitraum unter physikalischen Gesichtspunkten.
process of alluviation; →Verlandung
process of siltig; →Verlandung
Profundal, n; (*etm.*: lat. „profundum" der Abgrund) an die Uferzone stehender Gewässer anschließender vegetationsarmer oder -loser Lebensraum im tieferen Wasser (→Abb. P8).
Protein, n; (*etm.*: „protos" der erste) *{protein}* auch Eiweiß; hochmolekulare, vorwiegend aus Aminosäuren (organischen Säuren, die Aminogruppen $-NH_2$ enthalten) zusammengesetzte →organische Verbindung, Grundbaustein und wesentlicher Bestandteil der meisten Zellen, der Bausteine der →Organismen.
Proterozoikum, n; →Erdgeschichte
Protolyse, f; (*etm.*: →Proton und gr. „lysis" die Lösung) *{protolysis}* Wechselwirkung zwischen →Säuren und →Basen durch Übergänge von →Protonen (Wasserstoffkernen) analog den Elektronenübergängen bei den →Redoxsystemen; die P. wird beschrieben durch das ~halbsystem:

$$\text{Säure} \rightleftharpoons \text{Base} + \text{Proton},$$

hierbei wird die beteiligte Säure auch als Protonendonator, die Base als Protonenakzeptor bezeichnet, beide zusammen als Protolyte, entsprechend faßt man zwei dieser ~halbsysteme zu einem ~system zusammen:

$$\begin{array}{lcl} \text{Säure 1} & \rightleftharpoons & \text{Base 1} + \text{Proton} \\ \text{Base 2} + \text{Proton} & \rightleftharpoons & \text{Säure 2} \\ \hline \text{Säure 1} + \text{Base 2} & \rightleftharpoons & \text{Base 1} + \text{Säure 2}; \end{array}$$

z. B. der P. einer Säure

$$H_2SO_4 + H_2O \rightleftharpoons HSO_4^- + H_3O^+$$

bzw. einer Base

$$H_2O + NH_3 \rightleftharpoons OH^- + NH_4^+,$$

im Beispiel des ersten ~systems wirkt das Wassermolekül H_2O als Protonenakzeptor

(Base) im zweiten als Protonendonator (Säure), es besitzt amphoteren (gr. „amphoteros" beidseitig) Charakter, ist ein Ampholyt (gr. „amphi" zweifach und „lytos" lösbar) und kann mit sich selbst in eine Auto~reaktion treten:

$$H_2O + H_2O \rightleftharpoons OH^- + H_3O^+;$$

die nach dem →Massenwirkungsgesetz gegebenen Gleichgewichtskonstanten der P. einer Säure oder Base sind die Säurekontante K_S bzw. die Basekonstante K_B, in die die bei der P. praktisch unveränderliche Wasserkonzentration $c(H_2O)$ eingerechnet ist:

$$K_S = \frac{c(\text{Base}) \cdot c(H_3O^+)}{c(\text{Säure})}$$

bzw. $$K_B = \frac{c(\text{Säure}) \cdot c(OH^-)}{c(\text{Base})};$$

der negative dekadische Logarithmus des K_S- bzw. K_B-Wertes wird entsprechend dem pH-wert als pK_S- bzw. pK_B-Wert des Protolyten bezeichnet.

protolysis; →Protolyse

Proton, n; (*etm.*: gr. „protos" das erste) *{proton, hydrogen ion}* geladener Baustein des Atomkerns (→Nukleon), H^+-Ion (→Wasserstoff); das P besitzt die Ladung λ=1,6021·10^{-19} C, die entgegengesetzt aber betragsgleich zu der des →Elektrons ist, die Ruhemasse *m* des P. ist mit m=1,673·10^{-27} kg weitestgehend (→Massendefekt) gleich der des →Neutrons; durch die Anzahl der ~en in einem Atomkern ist die →Kernladungszahl und damit die →Ordnungszahl des entsprechenden Elementes (→Periodensystem der Elemente) bestimmt.

Protonenakzeptor, m; →Protolyse

Protonendonator, m; →Protolyse

Psychrometer, n; →Psychrometrie

Psychrometrie, f; (*etm.*: gr. „psychros" kalt und „metron" das Maß) *{psychrometry}* Feuchtebestimmung durch vergleichende Temperaturmessung mit zwei Thermometern (dem Psychrometer), von denen sich das eine in dem Milieu der zu bestimmenden Feuchte (Raumfeuchte), das andere an demselben Ort bei Dampfsättigung befindet, die Feuchte ergibt sich aus der Temperaturdifferenz in Abhängigkeit von der Raumtemperatur unter Berücksichtigung einer Gerätekonstante.

psychrometry; →Psychrometrie

Puffer, m; *{buffer}* allgemein Bezeichnung für einen →Körper, einen Stoff o. ä., der die Fähigkeit besitzt, einen Prozeß zu dämpfen oder zu verzögern, z. B. einen →Speicher; speziell in der Chemie Bezeichnung für eine Substanz, die gegen chemische Reaktionen bez. deren Wirkung verhältnismäßig unempfindlich ist und die Wirkung der Reaktion daher (zunächst) weitestgehend verhindert oder mildert (→Bodenversauerung), z. B. wirken →Gemische aus schwachen →Säuren (oder →Basen) mit den zugehörigen Salzen als P. gegen die Verschiebung des pH-Wertes bei Zugabe einer Säure oder Base, z. B. Essigsäure CH_3COOH und CH_3COONa, Natriumacetat, oder Ammoniak NH_3 und Ammoniumchlorid NH_4Cl, wobei etwa der CH_3COOH-CH_3COONa-Puffer auf die Zugabe einer Säure im Gleichgewicht

$$CH_3COOH + H_2O \rightleftharpoons CH_3COO^- + H_3O^+$$

mit einer Verschiebung in Richtung der Bildung von $CH_3COOH + H_2O$ reagiert, solange CH_3COO^--Anionen in dem Puffergemisch vorhanden sind, so daß sich der pH-Wert des Gemisches praktisch kaum verringert.

Pufferungsvermögen, n; *{buffer capacity}* Vermögen einer Substanz, als →Puffer zu wirken, speziell drückt das P. eines Gewässers oder Bodens dessen Widerstand gegen die Änderung des pH-

Wertes infolge des Eintrags saurer oder basischer Substanzen aus (→Bodenversauerung).

pumice; →Bimsstein

pump; →Pumpe

Pumpe, f; *{pump}* Gerät zur Förderung von Fluiden (speziell Gase oder Flüssigkeiten, aber auch Schlamm) oder zur Druckerhöhung in einer Anlage (als Kompressor) unter Nutzung unterschiedlicher Techniken; die in Förderrichtung vor der P. liegende Leitung, durch die das Fluid der Pumpe zuströmt, ist die Saugleitung auf der Saugseite der P., die hinter der P. liegende Leitung, durch die die Flüssigkeit die Pumpe verläßt, ist die Druckleitung auf der Druckseite der P.; das von der P. in der Zeit t geförderte nutzbare Volumen V ist der ~nförderstrom $Q=V/t$, die manometrische Förderhöhe h_{mano} *{manometric head}* einer P. ist die Differenz der Energiehöhen vor und hinter ihr (→BERNOULLI-Gleichung), die geodätische Förderhöhe h_{geo} *{geodetic head}* ist die Differenz zwischen den Flüssigkeitsständen (→Wasserstand) auf der Druck- und der Saugseite der P. (→Abb. P9), die geodätische Höhendifferenz, über die eine P. eine Flüssigkeit bei gleichem Druck und gleicher Strömungsgeschwindigkeit an der Eintritts- und der Austrittsöffnung und bei reibungsfreier Strömung fördern könnte, ist ihre Förderhöhe h; der Abstand des Flüssigkeitsspiegels (→Wasserspiegel) auf der Saugseite von der Mitte des Eintrittsquerschnittes in die P. wird als geodätische Saughöhe $h_{S,geo}$ bezeichnet, unter Berücksichtigung der →Verlusthöhe h_V erhält man in $h_S=h_{S,geo}+h_V$ die Saughöhe schlechthin; der Graph der funktionalen Abhängigkeit $h=h(Q)$ der →Förderhöhe h von dem Förderstrom Q ($\dim Q=L^3/T$) bei konstanter ~ndrehzahl ist die Förderstromkennlinie; die von der P. auf den Förderstrom übertragene nutzbare →Leistung ist ihre Förderleistung p_Q mit $p_Q=\rho gQh$ (ρ ist dabei die Dichte der Flüssigkeit, g ist der Betrag der Fallbeschleunigung; →Gravitation), die von der P. aufgenommene Leistung ist ihr Leistungsbedarf p, der Quotient $\eta=p_Q/p$ ($\dim\eta=1$) wird als Wirkungsgrad η der P. (→Wirkungsgrad) bezeichnet; der Gleichgewichtspunkt zwischen den ~nkenndaten (Beziehung zwischen Q und h_{geo}) und den Kenndaten der die P. umgebenden Anlagen (Rohrsystem, Grundwasserleiter usw.) ist der Betriebspunkt der P.

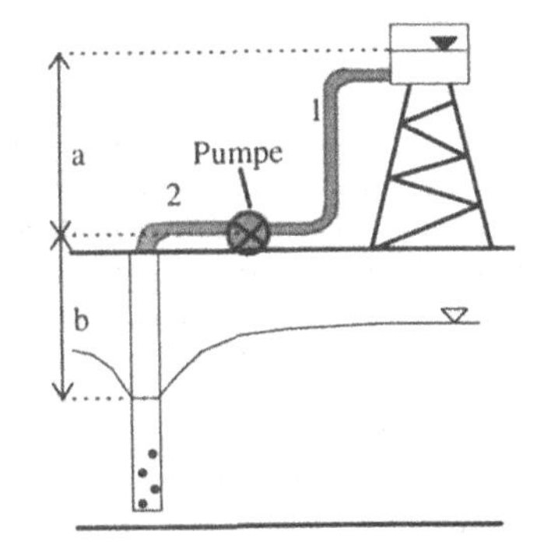

1: Druckleitung
2: Saugleitung
a: geodätische Druckhöhe
b: geodätische Saughöhe
(a+b): geodätische Förderhöhe

Abb.P9: ***Pumpe***

pumping test; →Pumptest, →Pumpversuch

Pumptest, m; *{pumping test}* Test auf Funktionsfähigkeit einer →Grundwassermeßstelle durch Abpumpen des →Grundwassers (→Auffülltest).

Pumpversuch, m; *{pumping test}* **1.)** als →Leistungspumpversuch Verfahren zur Bestimmung der Leistungsdaten neu eingerichteter oder gealterter Brunnen (→Brunnencharakteristik); **2.)** Verfahren zur Bestimmung hydrogeologischer Parameterwerte, wie →Speicherkoeffizient und →Transmissivität, durch zeitweilige Absenkung des Grundwasserspiegels eines Brunnens durch Abpumpen und Beobachtung des zeitlichen Verlaufs des Wasserstandes in →Grundwassermeßstellen oder im Brunnen selber; ~e werden durchgeführt für Untersuchungen in gespannten und in freien →Grundwasserleitern, ihre Auswertung kann sowohl unter stationären als auch unter instationären Verhältnissen erfolgen (→Tab. P2 und unter den dort jeweils angegebenen Methoden), für Sonderfälle, wie bei Pumpversuchen in halbgespannten Grundwasserleitern oder in →Grundwasserstockwerken, die durch →Leckagen miteinander in Wechselwirkung stehen, existieren unter einschränkenden Annahmen Übertragungen der in Tab. P2 angegebenen Modellansätze, z. B. durch HANTUSCH, BOULTON usw.; allen Auswerteverfahren liegen die folgenden Annahmen zugrunde:

- der Grundwasserleiter besitzt eine unbegrenzte Ausdehnung;
- der Grundwasserleiter ist in dem durch den Pumpversuch beeinflußten Bereich homogen (→Homogenität), isotrop (→Isotropie) und von konstanter Mächtigkeit;
- die unbeeinflußte →Grundwasserdruckfläche ist näherungsweise horizontal;
- der Pumpversuch wird an einem →vollkommenen Brunnen mit konstanter Förderrate vorgenommen (→Auffüllversuch).

Punktmessung, f; *{point measurement}* Messung eines Parameterwertes an einem definierten und adäquat ausgewählten Meßpunkt; speziell bei der →Durchflußermittlung mit dem →hydrometrischen Flügel werden mittels P. an einzelnen diskreten Meßstellen innerhalb einer →Meßlotrechten eines →Meßquerschnittes die Fließgeschwindigkeiten ermittelt und aus ihnen durch →Inter- und →Extrapolationen der →Durchfluß näherungsweise bestimmt (ggs. →Integrationsmessung).

p-Wert, m; →Basekapazität, →Säurekapazität

Pyrheliometer, n; (*etm.*: gr. „pyr“ das Feuer, „helios“ die Sonne und „metron“ das Maß) *{pyrheliometer}* Gerät zur Messsung der absoluten Strahlungsenergie (z. B. der Sonne; Ermittlung der →Solarkonstante) durch (weitestgehend) vollständige Umwandlung der in das P. einfallenden Strahlung in Wärme, die →quantitativ erfaßbar ist (→Aktinometer).

Verfahren:	frei:	gespannt:
stanionär:	DUPUIT-THIEM	DUPUIT-THIEM
instationär:	COOPER-JACOB, THEIS, Wiederanstieg	COOPER-JACOB, THEIS, Wiederanstieg

Tab. P2 ***Pumpversuche, Klassifizierung***

Pyrolyse, f; (*etm.*: gr. „pyr" das Feuer und „lysis" die Lösung) *{pyrolysis}* Verbrennung, Zersetzung (vorzugsweise organischer Verbindungen) unter dem Einfluß von Hitze; durch P. werden so z. B. →Kohlenwasserstoffe aus den Erdölfraktionen (→Erdöl, →Fraktion) gewonnen, ferner dient die P. der Beseitigung von →Abfall bei der Verbrennung in hohem Maße toxischen Sondermülls, der durch →Altlasten bedingten →Bodensanierung, bei der kontaminiertes Bodenmaterial in speziellen Öfen wärmebehandelt wird, usw.

pyrolysis; →Pyrolyse

Q

Quadratdiagramm, n; das Q. ist eine Möglichkeit, die Zusammensetzung eines komplexen Systems aus seinen einzelnen Komponenten graphisch darzustellen und zu charakterisieren, für die in einem Wasser enthaltenen →Elektrolyte z. B. entspricht jede Seite des darstellenden Quadrates einem Kation oder Anion (→Ion) oder einer entsprechenden Ionengruppe, gegenüberliegende Seiten jeweils einer einheitlichen Ionenladung, die Seitenlängen werden dabei entsprechend der →Äquivalentprozente unterteilt, gegenüberliegende Seiten gegenläufig, wodurch sich die Äquivalentprozente einer einheitlich geladenen Ionengruppe jeweils wieder zu 100 $\%p_{eq}$ summieren (→Abb. Q1; →Typendiagramm); die durch jede Quadratseite u. U. nur summarisch dargestellte Komponentengruppen lassen sich ggf. durch weitere angegliederte Diagramme aufschlüsseln; häufig wird das Q. zur Raute verzerrt dargestellt und durch beigeordnete →Dreieckdiagramme ergänzt (z. B. als PIPER-Diagramm), wodurch eine weiter aufgeschlüsselte Darstellung von z. B. Wasseranalyseergebnissen ermöglicht wird.

quadratische Optimierung, f; Verfahren der Optimierung unter Nebenbedingungen (→operations Research), bei der die zu optimierende Größe g_0 eine quadratische Funktion

$$g_0 = \sum_{i=1}^{n}\left(a_i x_i + \sum_{j=1}^{n} a_{ij} x_i x_j\right)$$

ihrer unabhängigen Veränderlichen $x_1,...,x_n$ ist als Zielfunkti-on bei gleichzeitig linearen Relationen für die m Nebenbedingungen, z. B.

$$b_{i1}x_1 + ... + b_{in}x_n \leq c_i \text{ für } i = 1,...,m.$$

quadratische Regression, f; →Regressionsanalyse

qualitativ; (*etm.*: lat. „qualis" wie beschaffen) *{qualitative}* Bezeichnung für eine Analyse, die sich auf die Qualitäten des untersuchten Systems, d. h. auf seine charakteristischen Merkmale bezieht, und damit diese Merkmale als solche zunächst als bloße →Phänomene registriert oder komparativ (vergleichend) anordnet (→quantitativ, →semiquantitativ).

qualitative; →qualitativ

quality of waters; →Gewässergüte

Qualmwasser, n; →Drängewasser

quantification; →Quantifizierung

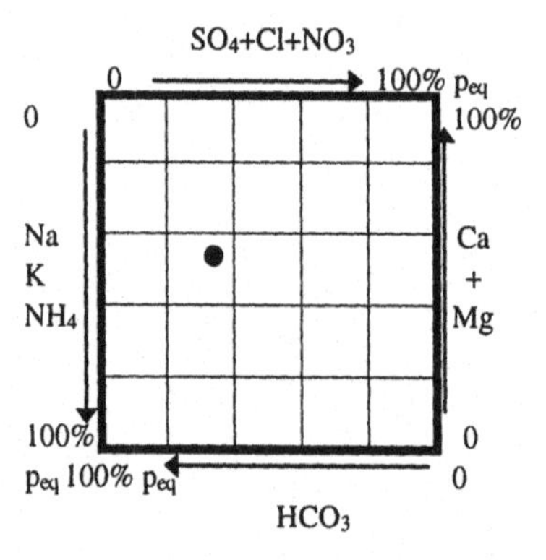

Abb. Q1 ***Quadratdiagramm***

Quantifizierung, f; (*etm.*: →quantitativ)

{quantification} Durchführung einer Untersuchung mit messenden Methoden, bei denen die Merkmale (→physikalischer Größen), die das zu analysierende System charakterisieren, mit (numerischen) Meßwerten versehen und einer mathematischen Behandlung (z. B. der Anordnung nach der Größe des Meßwertes, der Auswertung durch ein →mathematisches Modell usw.) zugänglich gemacht werden.

quantitativ; (*etm.*: lat. „quantus" wie groß) *{quantitative}* Bezeichnung für eine Analyse, die sich auf die Quanititäten des untersuchten Systems bezieht, bei der somit die das System charakterisierenden Merkmale (→physikalischer Größen) gemessen und ihnen →Größenwerte zugeordnet werden, so daß verschiedene Systeme nach diesen Werten verglichen werden können, bzw. Änderungen der Merkmale durch Änderungen der Größenwerte numerisch wiedergegeben werden können (→qualitativ, →semiquantitativ).

quantitative; →quantitativ

Quartär, n; →Erdgeschichte

quartz; →Quarz

Quarz, m; *{quartz}* kristalline Erscheinungsform des Siliziumdioxids SiO_2 (→Silizium), der wasserfreien →Kieselsäure; eine von acht verschiedenen kristallinen →Modifikationen des SiO_2; Hauptbestandteil von →Granit, →Gneis, Sandstein und Seesand; auch Bezeichnung für größer ausgebildete ~kristalle, wie Rosen~, Amethyst usw.

Quecksilber, n; *{mercury}* bei Raumtemperatur flüssiges Schwermetall, Element der →Zinkgruppe, der 2. Nebengruppe des →Periodensystems der Elemente, mit dem Elementsymbol Hg; Hg kommt in der Natur hauptsächlich als ~sulfid HgS bzw. dessen Antimonitkomplex $HgS{\cdot}2Sb_2S_3$ vor; Hg und alle seine Verbindungen sind in hohem Maß giftig (obwohl in geringer Dosierung einige ~verbindungen in der Heilkunde Verwendung fanden); wegen seines geringen →Dampfdruckes gelangt Hg durch Verdampfung bei der Verwitterung der Minerale und aus dem Meerwasser sowie in der Folge vulkanischer Aktivitäten in die →Atmosphäre und durch Niederschläge wieder in den Boden und die Gewässer und dabei auch (z. B. über die Fische) in den Nahrungskreislauf (→Nahrungskette); im Boden wird Hg durch das mineralische und organische Bodenmaterial in nicht austauschbarer Form adsorbiert, bei der Verwitterung oder Zerstörung z. B. der Tonminerale infolge der →Bodenversauerung jedoch auch wieder remobilisiert, wegen der schlechten Löslichkeit der ~verbindungen besitzt Hg allerdings eine geringe →Pflanzenverfügbarkeit.

Quelle, f; *{spring, fountain}* Ort des Grundwasseraustritts an die Erdoberfläche, ab dem es oberirdisch abfließt; der →Abfluß der Q. wird als Quellschüttung (→Schüttung) *{spring discharge}* bezeichnet und quantitativ als Schüttungsmenge in z. B. ℓ/s oder m^3/s wiedergegeben; eine Q., die in einem →Gewässerbett unterhalb des →Wasserspiegels liegt, ist eine Grund~ *{bottom spring}*, ihre Schüttungsmenge ist bei →Durchflußermittlungen als Durchflußzuwachs zu berücksichtigen; nach der Lage des ~austrittes in Relation zu der →Grundwasseroberfläche unterscheidet man auf- und absteigende ~n, nach der Schüttungsintensität permanete oder perennierende ~n mit kontinuierlicher, nicht (gegen Null) verschwindender Schüttung und periodische ~n, aus denen nur zeitweise eine Schüttung erfolgt, die -

zeitweise versiegen; unter geologischen Gesichtspunkten bezeichnet man eine Q. als Verengungs~, wenn der durch sie erfolgende Grundwasseraustritt im Bereich einer lokalen Verringerung der →Grundwassermächtigkeit liegt, als Verwerfungs~ falls der Grundwasseraustritt auf eine →Verwerfung (→Störung) zu-

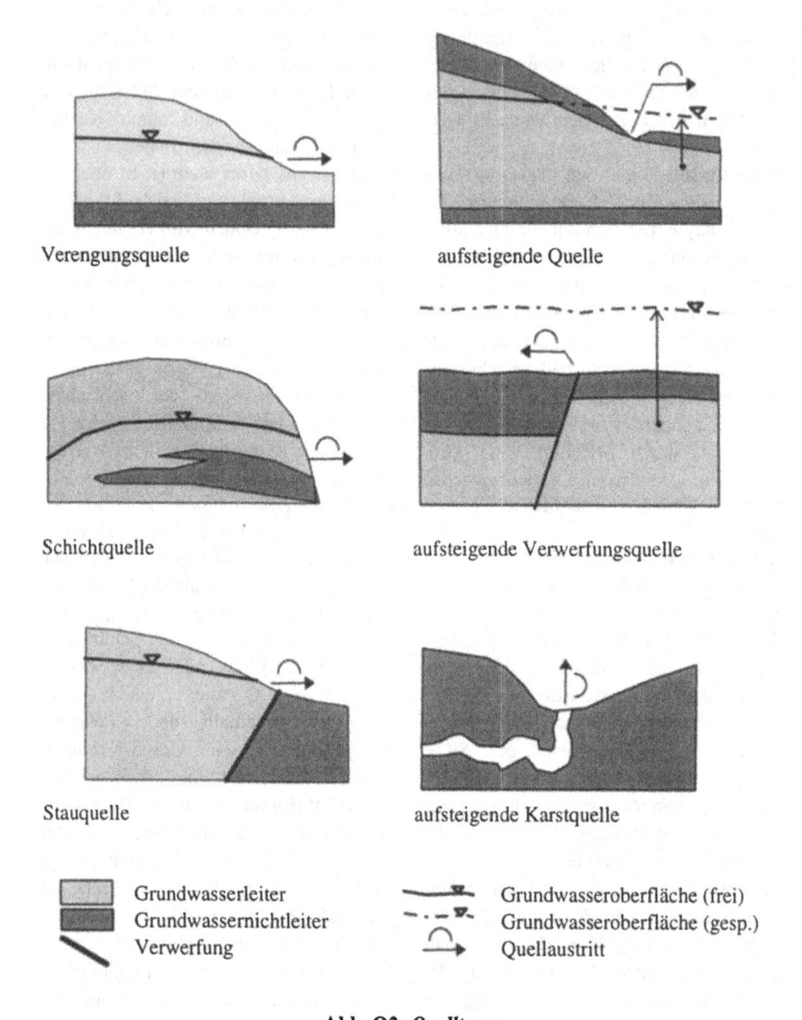

Abb. Q2: ***Quelltypen***

rückgeht, als Schicht~, wenn er im Grenzbereich zwischen zwei →Schichten eines Grundwasserleiters erfolgt, als Stau~, wenn die Q. im Bereich eines Stauhorizontes liegt, als Spalten~, eine durch die erhöhte Wasserwegsamkeit einer Spalte gebildete Q., als Karst~ eine Q. im Karstgestein usw. (→Abb. Q2).

Quellmaß, n; →Quellung

Quellschüttung, f; →Quelle

Quellsee, m; →See

Quellung, f; *{swelling}* Volumenvergrößerung eines Materials (z. B. des Bodens) durch Aufnahme und Einlagerung von Flüssigkeitsteilchen (z. B. Wasser); eine Q. läßt sich →quantitativ durch das Quellmaß $100 \cdot (V-V_0)/V_0$ % beschreiben, dabei ist V_0 das Gesamtvolumen (einschließlich der für die Flüssigkeitseinlagerung verfügbaren Hohlräume) des quellenden Materials vor und V sein Volumen nach der Q. (ggs. →Schrumpfung).

Querschieferung, f; →Schieferung

Querschnitt, benetzter, m; →benetzter Querschnitt

Quertal, n; →Tal

quicksand; →Schwimmsand

R

radiation; →Strahlung

Radikal, n; (*etm.*: lat. „radicalis" gründlich) durch homolytische →Dissoziation der →Moleküle gebildete freie Atomgruppe mit mindestens einem ungepaarten Elektron, daher in der Regel sehr reaktionsaktiv und unbeständig (als charakteristischer Baustein eines Moleküls →Rest).

radioactive carbon dating; →C_{14}-Methode

radio active; →radioaktiv

radio activity; →Radioaktivität

radioaktiv; *{radio active}* zur →Radioaktivität fähig.

Radioaktivität, f; *{radio activity}* Umwandlung (Zerfall) instabiler (radioaktiver) →Isotope (→Nuklide) - ohne Energiezufuhr von außen - in andere (stabile oder instabile; →Zerfallsreihe) unter →Emission charakteristischer →Elementarteilchen (oder →Strahlung), z. B. als natürliche R., dem Zerfall in der Natur vorkommender radioaktiver Isotope, oder als künstliche R., dem Zerfall radioaktiver Isotope, die nicht in der Natur vorkommen, sondern durch technische Maßnahmen künstlich erzeugt wurden.

radiocarbon dating; →C_{14}-Methode

Radiocarbonmethode, f; →C_{14}-Methode

Radiokohlenstoffdatierung, f; →C_{14}-Methode

Radionuklid, n; →radioaktives →Nuklid.

Radius, m; →hydraulischer R.

rain; →Regen

rainfall-runoff-model; →Niederschlag-Abfluß-Modell

rainfall-runoff-process; →Niederschlag-Abfluß-Prozeß

rainfall-runoff-relation; →Niederschlag-Abfluß-Modell

rain gauge; →Regenmesser

raising of low-water depth; →Niedrigwasseranhöhung

raising of low-water discharge; →Niedrigwasseraufhöhung

Rammkernbohrer, m; →Kernbohrer

Randeis, n; →Eis

random sample; →Stichprobe

random variable; →Zufallsgröße

range of action; →Reichweite

range of depression; →Absenkungsbereich

range of hardness degrees; →Härtebereich

range of natural temperature decrease; →Abkühlspanne

range of natural temperature increase; →Erwärmspanne

range of temperature decrease due to heat extraction; →Wärmeentzugsspanne

range of temperature increase by thermal pollution; →Aufwärmspanne

RAOULTsches Gesetz, n; nach dem R. G. ist die Absenkung ΔT der Dampfdruckkurve (→Dampfdruck) einer →Lösung ausschließlich und direkt proportional der Stoffmenge n des gelösten Stoffes $\Delta T \sim n$ und unabhängig von der Art sowohl des gelösten Stoffes als auch des Lösungsmittels, so erhält man speziell für die →Gefrierpunktserniedrigung und die →Siedepunktserhöhung einer Lösung die Relationen $\Delta T = k_m \cdot b$ bzw. $\Delta T = k_b \cdot b$ mit der →Molalität b der gelösten Stoffes in

[b]=mol/kg.

rare gas; →Edelgas

Raster, n; (*etm.*: lat. „raster" die Harke) *{grid; screen, scanner}* →System →diskreter Werte einer →stetigen →Zufallsgröße, durch die diese Zufallsgröße charakterisisert wird (z. B. →Rasterpunktverfahren)

Rasterpunktverfahren, n; Verfahren zur Ermittlung z. B. des →Gebietsniederschlags aus den Meßdaten der im Bezugsgebiet verteilten Niederschlagsmeßstationen; dabei wird über das Gebiet ein →Raster gelegt, für die Knotenpunkte des Rasters wird ein Niederschlagswert als mit der Entfernung →gewichtetes Mittel aus den benachbarten Meßstationswerten definiert; aus den Knotenwerten kann dann eine →Isohyete als →Niveaulinie gewonnen werden (→Abb. R1), die Konstruktion der Niveaulinie ist die aus dem →hydrologischen Dreieck (dort zur Herleitung der Grundwassergleichen verwendet) bekannte; das R. wird auch zur Konstruktion der Niveaulinien anderer Parameterwerte, z. B. der Verdunstungshöhe usw., verwendet.

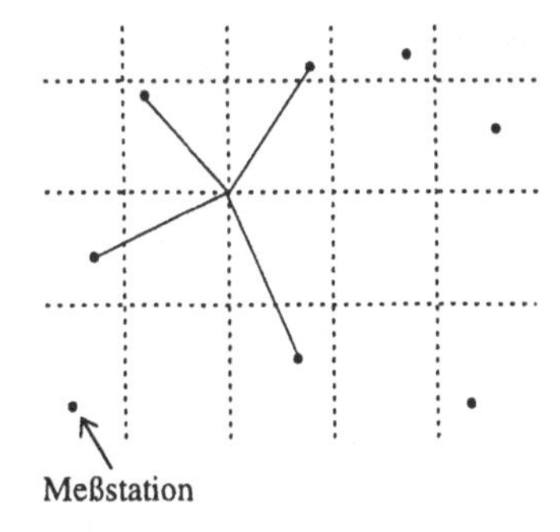

Abb. R1 ***Rasterpunktverfahren***

Rate, f; *{rate}* Relation $r=y/t$ als Quotient einer →physikalischen Größe y, die über einen Zeitraum der Länge t beobachtet oder gemessen wurde, durch diese Zeitabschnittslänge t; normgerecht spricht man bei →stetigen wie bei →diskreten →Zufallsgrößen y von ~n $r=y/t$, z. B. auch als →Niederschlagsrate h_N/t beim Quotient aus der Niederschlagshöhe h_N für ein Bezugsgebiet und der Länge t des der Messung zugrunde liegenden Bezugszeitraumes; dem allgemeinen Sprachgebrauch entspricht einer R. jedoch eher der zeitliche Bezug einer diskreten Zufallsgröße, bei der eine Niederschlagsrate dann nur etwa die Anzahl (bestimmter) Niederschlagsereignisse in der Zeiteinheit wäre, der zeitliche Bezug stetiger Zufallsgrößen wird dabei ausschließlich als →Intensität, z. B. h_N/t stets als Niederschlagsintensität, bezeichnet.

rate of discharge; →Abflußsumme, → Durchflußsumme

rate of discharge curve; →Durchflußsummenlinie

rate of discharge hydrograph; →Durchflußsummenlinie

rate of evaporation; →Evaporationsrate (-intensität), →Verdunstungsrate (-intensität)

rate of evapotranspiration; →Evapotranspirationsrate (-intensität)

rate of flow; →Durchfluß

rate of precipitation; →Niederschlagsrate

rate of production; →Förderrate

rate of snow coverage; →Schneebedeckungsgrad

rating curve; →Durchflußkurve, →Abflußkurve

rating table; →Durchflußtafel/-tabelle, →Abflußtafel/-tabelle

ratio; →Verhältnis

Rauheit, f; →Rauhigkeit

Rauhigkeit, f; *{roughness}* auch Rauheit, Eigenschaft eines →Gewässerbettes (oder der Rohrwand bei einer Strömung im geschlossenen Rohr), durch die auf die Strömung ein Widerstand ausübt wird, dieser Widerstand wird verursacht durch den unregelmäßigen Aufbau des Gewässerbettes bzw. des Rohres; die R. geht als Parameter *k*, →Verlusthöhe, mit dim k=L in die Berechnung des →Durchflusses durch den Gerinne- bzw. Rohrquerschnitt in Form eines entsprechenden →Widerstandsbeiwertes (→Verlustbeiwert) ein, dazu wird *k* ausgedrückt durch die entsprechende (äquivalente) →Sandrauhigkeit k_s mit $[k_s]$=mm; werden in dem so gewonnen Maß alle empirisch ermittelten Verluste des Systems mitberücksichtigt, so spricht man auch von der betrieblichen R.; entsprechende empirisch gewonnene ~beiwerte *{coefficient of roughness}* werden in den Fließformeln der →hydraulischen Modelle berücksichtigt, sie liegen tabelliert vor.

Rauhigkeitsbeiwert, m; →Rauhigkeit

raw humus; →Rohhumus

raw water; →Rohwasser

reach of deposition; →Auflandungsstrecke

Reagenzflüssigkeit, f; →Titration

real; (*etm.*: lat. „res" die Sache) *{real}* auch reell, u. a. Bezeichnung für unter gegebenen Umweltbedingungen tatsächlich erzielbare Werte physikalischer, chemischer und sonstiger Parameterwerte, (→Evapotranspiration, ggs. →potentiell).

reales Gas, n; *{imperfect/real gas}* → Gas, bei dem die Tatsache berücksichtigt wird, daß zwischen seinen Molekülen wechselwirkende Kräfte herrschen, die nicht immer zu vernachlässigen sind, in diesen Fällen ist die →Zustandsgleichung für ideale Gase nur unter Berücksichtigung entsprechender Korrekturglieder *{gas deviation factor}* anwendbar; bei vernachlässigbar geringer Wechselwirkung (d. h. z. B. bei geringem Druck) gilt die Zustandsgleichung für ideale Gase jedoch noch als brauchbare Näherung (ggs. →ideales Gas).

real gas; →reales Gas

Realpotential, n; →NERNSTsche Gleichung

reccurence interval; →Wiederkehrintervall

receiving channel; →Vorfluter

receiving stream; →Vorfluter

recession curve; →Trockenwetterfallinie

recharge rate; →Grundwasserneubildungsrate

recharge test; →Auffüllversuch

recharge test in observation well; →Auffülltest

Rechen, m; Einrichtung zur Rückhaltung schwebender und schwimmender →Inhaltsstoffe des →Abwassers, der R. besteht aus einer Reihe parallel in entsprechendem Abstand angeordneter Stäbe, die zur mechanischen Abwassereinigung in das strömende Abwasser eingetaucht werden; das durch die R. zurückgehaltene ~gut wird verdichtet separat entsorgt.

Rechengut, n; →Rechen

recording gauge; →Schreibpegel

recovery; →Wiederanstieg

recovery curve; →Wiederanstiegskurve

recultivation; →Rekultivierung

Recycling, n; (*etm.*: engl. „re" zurück und „cycle" der Kreislauf) stoffliche Verwertung des →Abfalls, durch Primär~ aus getrennter Erfassung der weiter- oder wiederverwertbaren Stoffe (→Wertstoffe) oder durch Sekundär~ nach Trennung der Wertstoffe aus einem Abfallgemisch; im Laufe der wiederholten Teilnahme am R. sinkt i. allg. die Qualität der Wertstoffe, dem ~prozeß muß von außen kontinuierlich Energie zugeführt werden, die (selbst nicht recyclingfähig; →irreversibel) bei einer Aufwands- Nutzenanalyse des R. zu berücksichtigen ist.

Redoxpotential, n; *{redox potential}* Wert der →elektromotorischen Kraft $E=EMK$ einer Substanz bei den →Normalbedingungen $p=1013{,}25$ hPa, $\vartheta=25$ °C und der Ionenaktivität $a=1$ mit einer Normal-Wasserstoffelektrode (→Elektrode), die →elektrischen Potentiale werden dabei für die Elemente, die in der →Spannungsreihe über dem den Nullpunkt definierenden →Wasserstoff stehen, negativ, für die darunterstehenden positiv wiedergegeben, z. B. liefert eine Zinkelektrode (Zn) gegen die Normal-Wasserstoffelektrode ein Potential $E=0{,}76$ V, wobei der Elektronenstrom vom Metall zum Wasserstoff erfolgt, für eine Kupferelektrode (Cu) ist bei umgekehrtem Elektronenstrom $E=0{,}34$ V, für das Normalpotential ε_0 gegenüber dem Wasserstoff gelten somit $\varepsilon_0(\mathrm{Zn})=-0{,}76$, $\varepsilon_0(\mathrm{Cu})=+0{,}34$, die in dieser Spannungsreihe oben (mit betragsgroßem negativem Wert) stehenden chemischen Elemente oder Verbindungen sind dabei stark reduzierend, die unten stehenden (mit hohem positivem Wert) stark oxidierend; das Reduktions- bzw. Oxidationsvermögen (→Reduktion, →Oxidation) zwischen zwei Substanzen ergibt sich aus der zugehörigen Potentialdifferenz, die Potentiale bei anderen als den beschriebenen Normalbedingungen errechnet man aus der →NERNSTschen Gleichung.

Redoxsystem, n; *{redox system}* Abk. für die Zusammenfassung der bei →Oxidation und gleichzeitig erfolgender →Reduktion des Oxidationsmittels beteiligten Stoffe in einem „Reduktions-Oxidations-System", diesem liegt die folgende Relation zwischen Reduktions- und Oxidationsmittel zugrunde

$$\text{Reduktionsmittel} \underset{\textbf{\textit{Reduktion}}}{\overset{\textbf{\textit{Oxidation}}}{\rightleftarrows}} \text{Oxidationsmittel} + \text{Elektron}$$

das Reduktionsmittel (Red) geht dabei als Elektronendonator durch Elektronenabgabe in ein Oxidationsmittel über, umkehrt wird das Oxidationsmittel (Ox) als Elektronenakzeptor durch Aufnahme eines Elektrons (e) zum Reduktionsmittel, da i. allg. Elektronen nicht frei vorkommen, setzt sich das R. aus zwei solcher Redoxhalbsystemen zusammen: in dem einen Halbsystem wird ein Reduktionsmittel Red_1 durch Elektronenabgabe oxidiert, im zweiten ein Oxidationsmittel Ox_2 unter Aufnahme des freigesetzten Elektrons des ersten Halbsystems reduziert:

$$\begin{array}{lcl} \mathrm{Red}_1 & \longrightarrow & \mathrm{Ox}_1 + e \\ \mathrm{Ox}_2 + e & \longrightarrow & \mathrm{Red}_2 \\ \hline \mathrm{Red}_1+\mathrm{Ox}_2 & \longrightarrow & \mathrm{Ox}_1+\mathrm{Red}_2, \end{array}$$

z. B. läuft beim Eintauchen eines Zinkdrahtes in eine Kupfersulfatlösung eine Reaktion (→Redoxpotential) entsprechend dem nachstehenden R. ab:

$$\begin{array}{lcl} \mathrm{Zn} & \longrightarrow & \mathrm{Zn}^{2+} + 2e \\ \mathrm{Cu}^{2+} + 2e & \longrightarrow & \mathrm{Cu} \\ \hline \mathrm{Zn} + \mathrm{Cu}^{2+} & \longrightarrow & \mathrm{Zn}^{2+} + \mathrm{Cu}, \end{array}$$

der Draht überzieht sich dabei mit Kupfer; eine analoge Systematik wird für Protolysesysteme (→Protolyse) aufgestellt.

reduction; →Reduktion

reducing zone; →Reduktionszone

Reduktion, f; (*etm.*: lat. „reducere" zurückführen) *{reduction}* **1.** die (physikalisch-chemische) R.. eines Stoffes besteht in der Umkehrung einer vorhergegangenen →Oxidation, d. h. der Rückführung der bei der Oxidation abgegebenen →Elektronen durch ein ~smittel, das als Elektronendonator (lat. „donare“ abgeben) die für die O. erforderlichen Elektronen abgibt, es ist entweder ein neutrales Atom oder ein Ion eines chemisches Elementes oder die →Kathode, mit deren Hilfe die (kathodische) R. elektrolytisch erfolgt; für den reduzierten Stoff vermindert sich die →Oxidationsstufe entsprechend der Anzahl der seinen Atomen oder Ionen jeweils hinzugefügten Elektronen (die des (chemischen) ~smittels erhöht sich entsprechend) (ggs. →Oxidation; →Redoxsystem); **2.** allgemein der →Abbau von z. B. im Grundwasser enthaltenen Stoffen, z. B. auf biochemischem Wege durch →mikrobielle R.

Reduktionszone, f; *{reducing zone}* derjenige Teil eines ober- oder unterirdischen Gewässers, in dem →Sauerstoff O_2 für biochemische Oxidationsprozesse (→Oxidation) nicht in ausreichendem Maß verfügbar ist, in dem somit →anaerobe Verhältnisse vorherrschen (ggs. →Oxidationszone).

Reduzent, m; (*etm.*: →Reduktion) *{decomposer}* auch Destruent (*etm.*: lat. „destruere“ zerstören) →Mikroorganismus, der organische Bestandteile (→Inhaltsstoff) des Wassers bis auf anorganische Endprodukte abbaut (→mikrobielle Reduktion, →Abbau).

reduzierte Abflußspende, f; →*MoMNQ*-Verfahren

reell; →real

reflection; →Reflexion

Reflexion, f; (*etm.*: lat „reflectere“ umdrehen) *{reflection}* an der Grenzschicht zwischen zwei verschiedenen Medien auftretendes Phänomen des Zurückwerfens auf die Grenzfläche auftreffender Partikel oder Wellen so, daß der einfallende Strahl und der reflektierte auf einer Seite dieser Grenzfläche liegen; einfallender Strahl $\vec{s}_e$ und reflektierter $\vec{s}_r$ liegen samt der Normalen auf die Grenzfläche im Einfallspunkt, dem Einfallslot l, in einer Ebene, der Einfallslebene, Einfallswinkel α_{ein} ist gleich dem Ausfallswinkel α_{aus} (→Abb. R2); bei rauher reflektierender Grenzfläche erfolgt die R. diffus in einen größeren Bereich der Raumrichtungen (→Albedo).

Refraktion, f; (*etm.*: lat. „refractum“ gebrochen) *{refraction}* Brechung, Änderung der Ausbreitungsrichtung einer Welle im Übergangsbereich zwischen zwei Medien, die der Welle unterschiedliche Ausbreitungsgeschwindigkeiten ermöglichen, z. B. im Uferbereich eines flachen Gewässers mit veränderlicher Wassertiefe (→Abb. R2).

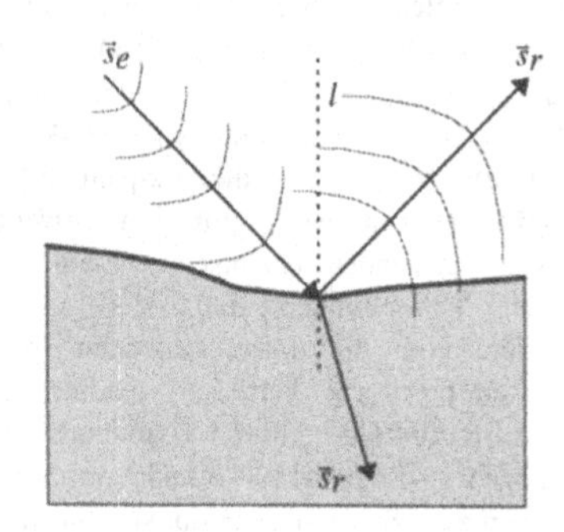

$\vec{s}_e$ einfallender Strahl
$\vec{s}_r$ reflektierter, refraktierter Strahl

Abb. R2 ***Reflexion, Refraktion***

Regen, m; *{rain}* in flüssiger Form fallender →Niederschlag; der R. beinflußt mit geringer zeitlicher Verzögerung (→Abfluß) Vorfluter und Abwasseranlagen, die auf den R. bezogenen Parameter ergeben sich sinngemäß aus den entsprechenden für den Oberbegriff des Niederschlags.

Regeneration, f; (*etm.*: lat. „regeneratio“ die Wiedererzeugung) *{regeneration}* **1.)** Wiederherstellung der ursprünglichen chemischen, physikalischen (allg. natürlichen Eigenschaften) z. B. eines →Filters durch Rückspülung oder eines →Ionenaustauschers, allgemein die Rückführung eines mit dem Adsorbat beladenen Adsorbens (→Adsorption) in den Zustand hohen Adsorptionsvermögens oder auch die Wiederherstellung des ursprünglichen natürlichen Zustandes eines →anthropogen beeinflußten Teiles der Natur durch →Renaturierung; **2.)** Rückgewinnung von Substanzen aus verbrauchtem Material, z. B. der absorbierenden Flüssigkeit (→Absorption) zur Wiederverwendung nach Entfernung absorbierter Gase (→Recycling).

Regenmesser, m; *{pluviometer, rain gauge}* oben offenes Gefäß mit definierter Öffnungsfläche und Volumenskala, in dem →Niederschläge zur Bestimmung ihrer Mengen gesammelt werden; die R. sind auch als Regenschreiber in Verbindung mit →kontinuierlichen →Datenaufzeichnungsgeräten und automatischer Entleerung der Meßgefäße bei maximaler Füllung im Einsatz.

Regenrückhaltebecken, n; *{storm control reservoir}* RRB, Speicherraum für die Aufnahme der Abflußspitzen von Regenereignissen (→Niederschlagsereignis) zur Entlastung der Abwasserleitungen bei getrennter Ableitung (Mischwasserableitung, →Mischwasser).

Regenschreiber, m; →Regenmesser

Regenspende, f; *{rainfall intensity per unit area}* auf den als →Regen fallender →Niederschlag bezogene →Niederschlagsspende; als →Bemssungs~ Planungsgrundlage für die Dimensionierung abwasserführender Bauwerke; →Regenrückhaltebecken (RRB) werden auf der Grundlage einer kritischen R. r_{krit} in $[r_{krit}]=\ell/(s \cdot ha)$ bemessen, bei der der → Überlauf des RRB rechnerisch gerade-noch nicht anspringt.

regime equation; →Wasserhaushaltsgleichung

Regimefaktor, m; *{flow regime}* den →Abfluß eines →Einzugsgebietes prägender Parameter, wie klimatische, geologische, vegetationsbedingte und anthropogene Gegebenheit (z. B. →glaziales Abflußregime).

region; →Gebiet

regional evaporation; →Gebietsevaporation, →Gebietsverdunstung

regional evapotranspiration; →Gebietsevapotranspiration, →Gebietsverdunstung

Regionalmetamorphose, f; →Metamorphose

regional precipitation; →Gebietsniederschlag

regional storage; →Gebietsrückhalt

Regression, f; (*etm.*: lat. „regredi“ zurückschreiten) *{regression}* **1.)** Rückgang des Meeres und die dabei erfolgende Freilegung des zuvor von dem Meerwasser überdeckten Landes (→Immersion, →Transgression); **2.)** →Regressionsanalyse.

regression analysis; →Regressionsanalyse

regression line; →Regressionsgerade

Regressionsanalyse, f; *{regression analysis}* Verfahren der analytischen →Statistik zur Analyse zweidimensionaler → Zufallsgrößen (x,y) (z. B. →Niederschlagshöhe und zugehöriger zeitlich versetzter →Abfluß bez. eines →Einzugsgebietes) auf evtl. Abhängigkeit zwischen den einzelnen ihnen zugrunde liegenden eindimensionalen Zufallsgrößen (z. B.

Niederschlagshöhe, Abfluß); bei begründeter Annahme eines linearen Zusammenhangs (→Korrelationskoeffizient) gewinnt man eine Regressionsgerade *{regression line}* als Ausgleichsgerade durch die Meßpunkte eines entsprechenden zweidimensionalen Koordinatensystems (→Abb. R3) und zwar entweder in der Gestalt $y=ax+b$ als Regression von y bez. x oder zu $x=cy+d$ als Regression von x bez. y; bei quadratischer Abhängigkeit eine Regressionsparabel zweiter Ordnung (quadratische Regression), allgemein eine entsprechende Regressionskurve als Ausgleichskurve.

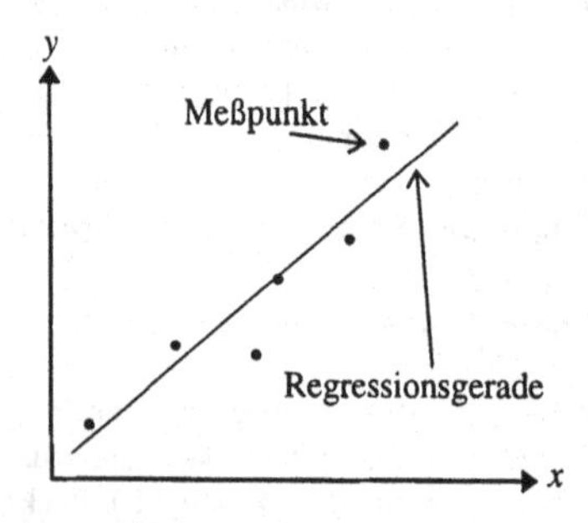

Abb. R3 ***Regressionsgerade***

Regressionsgerade, f; →Regressionsanalyse

regressive erosion; →rückschreitende Erosion

Reibung, f; *{friction}* →Kraft $\vec{F}_R$, die als Festkörper~ an der Berührungsfläche zwischen zwei festen Körper aufgrund ihrer Rauhigkeit die Bewegung der Körper gegeneinander hemmt; an der Grenzfläche zwischen zwei Medien beliebiger Phase hemmt die R. die Bewegung infolge von Adhäsionskräften und Verwirbelungen strömender Fluide (→REYNOLDsche Zahl) mit einer einhergehenden Verminderung ihrer kinetischen Energie, als innere R. beruht sie auf zwischenmolekularen Kräften (z. B. →VAN DER WAALSsche Kraft).

Reibungsgesetz, n; →Viskosität

Reichweite, f; *{range of action, influence of a well}* Abstand R des Randes eines →Absenkungsbereiches vom Ort der ihn verursachenden Grundwasserentnahme (z. B. dem Mittelpunkt eines →Brunnens) für die Bestimmung von R gibt es verschiedene empirische Schätzformeln, für einen freien Grundwasserleiter beispielsweise folgende auf →Pumpversuchen beruhende, nach:

SICHARDT $R=3000\cdot s\sqrt{k_f}$

KUSAKIN $R=575\cdot s\sqrt{h_{Gw} k_f}$

WEBER $R=c\sqrt{h_{Gw}\cdot k_f\cdot t/n_f}$

mit der seit Pumpbeginn vergangenen Zeit t, dem effektiven →Hohlraumanteil n_f und $2{,}82<c<3{,}46$, dem Durchlässigkeitsbeiwert (→DARCYsches Gesetz) k_f, der unbeeinflußten Grundwassermächtigkeit h_{Gw} und der Absenkung s des Brunnenwasserspiegels.

Reif, m; →Niederschlag

Rekultivierung, f; (*etm.*: lat. „re" zurück, noch einmal „cultivare" (landwirtschaftlich) bearbeiten) *{recultivation}* Wiederherstellung des ursprünglichen Pflanzenbestandes und seiner Lebensbedingungen (und damit auch der der Tierwelt) in einem Gebiet, in dem diese Bedingungen zuvor durch seine Nutzung, z. B. als →Deponie, Kiesgrube usw., zeitweilig nicht gegeben waren.

relative Formelmasse, f; →Formelmasse

relative formula mass; →relative Formelmasse

relative Häufigkeit, f; →Häufigkeit

relative Luftfeuchte, f; →Luftfeuchte

Relativwert, m; (*etm.*: lat. „relatio" Beziehung), auf einen maximal möglichen Wert m einer variablen Größe v bezogener tatsächlicher Wert t von v als Quotient $r=t/m$; kann v keine negativen Werte annehmen, so gilt $0 \leq r \leq 1$.

remedial action zone; →Trinkwasserschutzgebiet

Remobilisierung, f; (*etm.*: lat. „re" wieder zurück „mobilitas" Beweglichkeit) *{remobilization}* Freisetzung von zuvor durch →Immobilisierung gebundene und festgehaltene (→Retention) Stoffe.

remobilization; →Remobilisierung

Renaturierung, f; Rückführung eines →anthropogen beeinflußten Teiles der Natur in seinen ursprünglichen natürlichen oder zumindest in einen naturnahen Zustand (→Regeneration).

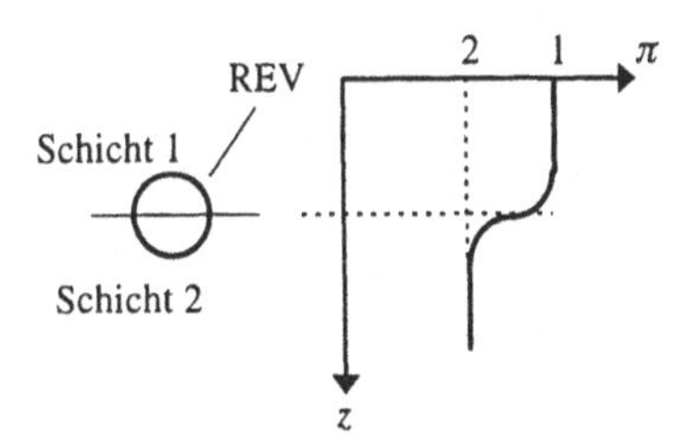

Abb. R4 *REV*

repräsentatives Elementarvolumen; n; *{representative elementary volume}* das r. E. REV ist Modell der →Hydrogeologie und der →Hydrologie, es dient der (näherungsweisen) Darstellung eines durchströmten porösen Mediums (→gesättigte/ungesättigte Zone) als →Kontinuum; hierbei wird jedem Raumpunkt ein infinitesimales Volumenelement REV so zugeordnet, daß es bezüglich eines relevanten hydrogeologischen Parameters π hinreichend groß ist, um einen statistisch verläßlichen →Mittelwert $\bar{\pi}$ von π zu repräsentieren, hinreichend klein jedoch so, daß sich π beim Übergang zu benachbarten REVs im Rahmen der Meßgenauigkeit nur quasi →stetig ändert; ist etwa $\pi=\rho$ die →Dichte des Mediums, so wird bei einem kugelförmigen Volumen mit Radius x im Grenzwert $x \to 0$ $\rho=\rho_g$ gleich der Dichte des Gesteinskörpers sein, falls der betrachtete Raumpunkt P der Matrix zugeordnet ist oder es ist $\rho=\rho_f$, gleich der Fluiddichte, falls P teil des Hohlraumes ist, im Falle $x \to 0$ liegt somit eine Unstetigkeit vor, mit wachsendem Radius x wird sich nach einem Bereich statistischer Schwankungen von π im molekularen Bereich ein stabiler Mittelwert $\bar{\pi}$ einstellen, der je nach vorherrschenden Homogenitätsbedingungen mit wachsenden x bis zum evtl. Überwiegen inhomogener Bedingungen erhalten bleibt; der für das REV anzusetzende Radius x=r läßt sich der →Abb. R5 entnehmen, der dort angegebene Wert x=r* gibt im Fall gebener →Inhomogenität von π deren Einflußgrenze wieder; die Änderung des physikalischen Parameters π, z. B. die →Dichte $\pi=\rho$, an der Grenzschicht zweier bez. π unterscheidbarer Medien in ihrem Bezug auf das REV ist in →Abb. R4 dargestellt.

representative elementary volume; →repräsentatives Elementarvolumen

reservoir; →Speicher, Speicherbauwerk

residue; →Abfall

resistance; →Wiederstand

resistivity measurement; →geoelektrische Messung

Resonanzabsorption, f; →Absorption

Resorption, f; (*etm.*: lat. „resorbere" wieder aufnehmen) **1.)** Aufnahme von Flüssigkeiten und den in ihnen gelösten Stoffen durch die Oberflächen der Organismen (Haut, Schleimhaut); **2.)** Wiederauflösen oder Einschmelzen von Mineralen, die bereits aus einer Schmelze oder Lösung auskristallisierten (Sorption →).

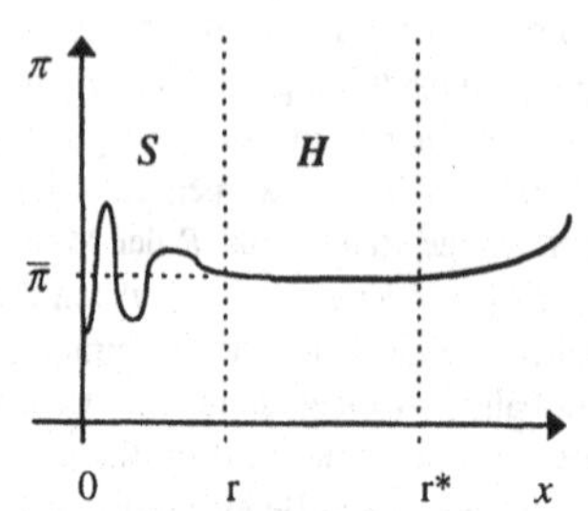

S: Bereich statistischer Schwankungen von π
H: Homogenbereich für $\overline{\pi}$

Abb. R5 ***Radius eines kugelförmigen REV***

Respiration, f; (*etm.*: lat. „respirare" Atmen holen) Atmung; Austausch von Gasen zwischen Organismen und ihrer Umwelt, die R. erfolgt zum einen über die Organismenoberflächen (Haut, Oberfläche der Atmungsorgane), zum anderen durch Stoffwechselvorgänge in den Körperzellen.

Rest, m; ein oder mehrwertige Atomgruppe als charakteristischer Bestandteil chemischer Verbindungen (als freie Atomgruppe mit ungepaarten Elektronen →Radikal).

Resthärte, f; nach einer Aufbereitung (→Enthärtung) im Wasser verbleibende →Härte.

retained water; →Haftwasser

Retardantium, n; →Inhibitor

retention; →Retention, →Rückhalt

Retention, f; (*etm.*: lat. „retinere" zurückhalten) *{retention}* die reversible Bindung von Stoffen, z. B. von Wasser, in den →Hohlräumen eines Gesteinskörpers oder auch in einer Schneedecke sowie von →anorganischen chemischen Verbindungen in den →Sedimenten eines Gewässers, die Stoffe werden dabei immobilisiert (→Immobilisation, ggs. → Mobilisierung, →Remobilisierung), die Bindungskapazität, z. B. als Masse der durch R. gebundenen Substanz bezogen auf →Masse oder →Volumen des bindenden Mediums, wird als ~skapazität bzw. ~svermögen bezeichnet.

retention curve; →Retentionskurve

retention period; →Verweildauer

Retentionskapazität, f; →Retention

Retentionskurve, f; (*etm.*: lat. „retinere" zurückhalten) *{retention curve}* die R. ist graphische Darstellung der Abhängigkeit der →Saugspannung ψ in einem Boden von dessen →Wassergehalt θ (dim θ= 1) (oder →Wassersättigung *S*), die R. ist eine Hystereseschleife (→Hysterese) (→Abb. R6), die sich bei wachsendem θ aus der Bewässerungskurve *{imbibition/wetting curve}* und bei fallendem θ aus der Drän- oder Entwässerungskurve *{drainage/drying curve}* zusammensetzt und zwar der Hauptentwässerungskurve *{main drying curve, MDC}* sowie der Hauptbewässerungskurve *{main wetting curve, MWC}* und den entsprechenden Anpassungskurven, den Anpassungsent- *{scanning drying curves, SDC}* und -bewässerungskurven *{scanning wetting curves, SWC}*, unter den Primärkurven ist nur die von maximalem Wassergehalt θ^* (entsprechend S=100 %) ausgehende primäre Entwässerungs- oder Dränkurve *{primary drying curve, PDC}* von Bedeutung, da θ=0 nur unter Laborbedingungen realisierbar ist, weil das Matrixmaterial, →hygroskopisch reagierend, aus der Luft stets einen Restwassergehalt θ_r annimmt; zur Auslösung des primärenDränvorganges ist ein Schwellendruck *{bubble/threshold pressure}* $\psi_s>0$ nötig, bei Bewässerung schließlich entspricht der Saugspannung $\psi=0$ mit z. B. dim ψ= L ein Wassergehalt θ_0 mit $\theta_0<\theta^*$, bedingt durch einen bei $\psi=0$ nicht aus dem Gestein ausgetriebenen Restgehalt an Gasen.

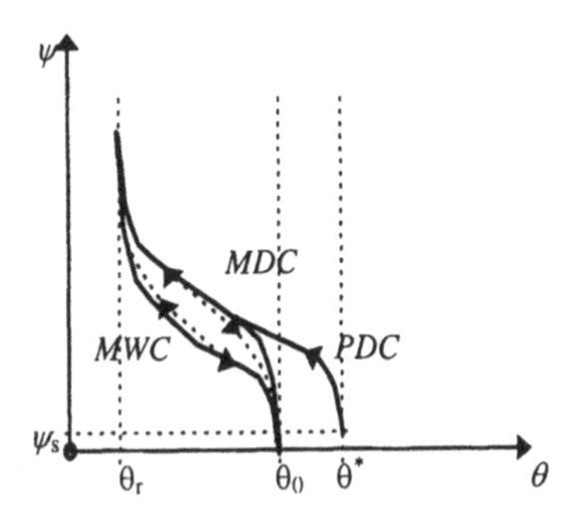

Abb. R6 ***Retentionskurve***

Retentionsvermögen, n; →Retention
reticular density; →Lagerungsdichte
return period; →Wiederkehrintervall
reuplift curve; →Wiederanstiegskurve
REV; →repräsentatives Elementarvolumen
reversed circulation; →Saugspülung
reverse Osmose, f; →Umkehrosmose
reverse osmosis; →reverse Osmose, →Umkehrosmose
reversibel; *{reversible (process)}* Bezeichnung für einen thermodynamischen Prozeß (→Thermodynamik), dessen Zustandsänderung rückgängig gemacht werden kann (d. h. zeitlich umkehrbar ist), so daß der ursprüngliche Ausgangszustand wiederhergestellt wird, ohne daß in der Umgebung des Systems Veränderungen zurückbleiben, z. B. die (idealisierte) Kompression eines Gasvolumens in infinitesimalen (unendlich kleinen) Zeitschritten so, daß dabei keine →Beschleunigung der Gasmoleküle eintritt (ggs. →irreversibel).
reversible (process); →reversibel
REYNOLDsche Zahl, f; *{REYNOLD's number}* die R. Z. *Re* beschreibt Strömungsversuche unter dem Einfluß der inneren reibung (→Viskosität) des strömenden →Fluids und kennzeichnet den Übergangsbereich zwischen →laminarer und →turbulenter →Strömung; die R. Z. *Re* hängt u. a. ab von dem geometrischem Aufbau und der Beschaffenheit des →Gerinnes sowie der Fließgeschwindigkeit des strömenden Mediums zu $Re=vl/\nu$, mit einer charakteristischen Strömungsgeschwindigkeit v, die je nach gegebenen Voraussetzungen eine mittlere Fließgeschwindigkeit v oder eine äußere Umströmungsgeschwindigkeit v sein kann, mit der charakteristischen Länge l, die entsprechend z. B. ein Rohrdurchmesser l oder die Länge l eines umströmten Körpers ist und der kinematischen →Viskosität ν des strömenden Fluids; für eine feste Vorgabe der genannten Parameter bestimmt die kritische R. Z. Re_{krit} den Übergang von →laminarer zu →turbulenter →Strömung (bei Vorgabe der anderen Parameterwerte z. B. in Abhängigkeit von der Fließgeschwindigkeit v), d. h. daß bei $Re<Re_{krit}$ laminare Strömungsbedingungen, bei $Re>Re_{krit}$ turbulente und bei $Re=Re_{krit}$ der Umschlagpunkt zwischen laminarem und turbulentem Fließen vorliegt (→Grenzschicht, →Grenzgeschwindigkeit).
REYNOLD's number; →REYNOLDsche Zahl
RICHARDS-Gleichung, f; →Kontinuitätsgleichung
Richtwert, m; *{guide level}* durch (Rechts-) Norm festgelegter Schwellenwert für bestimmte Prozeßparameter, der als unterer nicht unterschritten, als oberer

nicht überschritten werden soll, insofern also von geringerer Verbindlichkeit ist als ein →Grenzwert.

Rieselverfahren, n; →Berieselung

Riffel, f; →Rippel

Rigosol, n; →Anthrosol

Rillenerosion, f; →Erosion

Ringraum, m; →Bohrung

Rinnenerosion, f; →Erosion

Rippel,f, Pl.; *{ripple}* auch Riffel, Unebenheit geringfügiger Höhe der Sohle eines Gerinnes, die sich durch Fließvorgänge im Sediment des Gewässers ausgebildet hat, im wesentlichen quer zur Fließrichtung angelegt ist und sich mit ihr ausbreitet.

ripple; →Riffel

river; →Fluß

river basin; →Einzugsgebiet

river channel; →Gewässerbett

river course; →Flußlauf

river reach; →Flußlauf

rock; →Fels, →Gestein

rock formation; →**Formation**

rock-mass permeability; →Gebirgsdurchlässigkeit

rod; →Bohrgestänge

RÖNTGENstrahlung, f; *{X-rays}* Bezeichnung für elektromagnetische → Strahlung, die mit der →Gammastrahlung wesensverwandt ist, jedoch eine andere Entstehungsart besitzt; sie entsteht aus der Wechselwirkung zwischen einem Elektronenstrahl und dem von ihm durchquerten, materieerfüllten Raum, z. B. durch Verringerung der Elektronengeschwindigkeit als Bremsstrahlung oder durch vollständige Aufnahme der Elektronenenergie durch ein →Atom, wobei ein Elektron des Atoms in ein energiereicheres Niveau (Schale) angehoben wird und beim Zurückfallen in sein Ausgangsniveau die für den Übergang charakterisitsche R. abstrahlt.

Rohhumus, m; →Humus

Rohrnetzverlust, m; durch Übertritte aus einem Rohrnetz in dessen Umgebung (an Verbindungsstellen der Rohrnetzkomponenten oder aus Leckagen) verursachte Volumenminderung des in der Zeiteinheit transportierten →Fluids (z. B. →Trinkwasser, →Abwasser).

Rohschlamm, m; →Klärschlamm

Rohwasser; n; *{raw water}* Wasser in seinem Zustand vor seiner Aufbereitung, sei es als →Grundwasser vor der Aufbereitung zu →Trinkwasser (z. B. durch Enteisenung, →Enthärtung, →Entmanganung, →Chlorung usw.), sei es als →Oberflächenwasser vor der Aufbereitung zu →Brauchwasser (→Wasserqualität; z. B. der Härtestabilisierung von Kühlwasser usw.) oder auch als →Abwasser in seinem Zustand vor der →Abwassereinigung.

rollig; →Bindigkeit

rooting depth; →Durchwurzelungstiefe

root zone; →Durchwurzelungsbereich

rostschutzverhindernde Kohlensäure, f; →Eisenaggresivität

rotary drilling; →Drehbohrverfahren

rotating hydrometer; →hydrometrischer Flügel

rotating meter; →hydrometrischer Flügel

Rotation, f; durch die R. wird jedem →Vektorfeld $P \to \vec{x} = \vec{x}(P)$ mit der Komponentenschreibweise $\vec{x} = (x_x, x_y, x_z)$ (→Komponte) ein rot($\vec{x}$) Vektorfeld zugeordnet durch

$$P \to \mathrm{rot}\,\vec{x} = \vec{r} = (r_x, r_y, r_z)$$

mit den →Komponenten $r_x = \partial r_z/\partial y - \partial r_y/\partial z$, $r_y = \partial r_x/\partial z - \partial r_z/\partial x$ und $r_z = \partial r_y/\partial x - \partial r_x/\partial y$; unter Verwendung des →Nabla-Operators $\vec{\nabla}$ schreibt man auch

$$\mathrm{rot}(\vec{x}(P)) = \vec{\nabla} \times \vec{x};$$

geometrische Bedeutung der R. ist die Proportionalität von rot($\vec{x}$) zur Winkelgeschwindigkeit einer möglicherweise in $\vec{x}=\vec{x}(P)$ gegebenen Drehbewegung; beschreibt $\vec{x}=\vec{x}(P)$ ein Strömungsfeld, so heißt es wirbelfrei, falls rot($\vec{x}$) $=0$, im Fall rot($\vec{x}$) $\neq 0$ wird es als Wirbelfeld bezeichnet.

Roteisenstein, m; →Hämatit

Rotliegendes, n; →Unterperm

Rotte, f; *{rotting}* aerober biologischer →Abbau fester organischer Stoffe, z. B. bei der →Kompostierung und der Entsorgung des bei der Aufbereitung von →Abwasser anfallenden →Klärschlammes.

rotting; →Rotte; →Faulung, →Gärung

roughness; →Rauhigkeit, →Rauheit

RRB; →Regenrückhaltebecken

Rückhalt, m; *{abstractions, retention}* Abflußhemmung (→Abfluß) durch natürliche Prozesse (z. B. Bildung von →Bodenwasser) oder durch →anthropogene Maßnahmen (→Entlastungsbauwerk, →Speicherbauwerk, →Uferfiltration); der tatsächliche, unter den vorherrschenden Abflußbedingungen gegebene R. ist der effektive R. *{effective abstractions/retention}*, er liegt unter dem planerisch möglichen oder aus den natürlichen, die R. bestimmenden Umständen herleitbaren, dem potentiellen R. *{potential abstractions/retention}*.

Rücklaufschlamm, m; →Klärschlamm

rückschreitende Erosion, f; →Erosion

Rückspülung, f; →Filter

Rückstau, m; *{backflow, backwater, afflux}* infolge einer natürlichen oder künstlichen Behinderung des →Durchflusses eines Gewässers erfolgende Anhebung des Wasserspiegels oberhalb der Behinderung.

Ruhespiegel, m; →Ruhewasserspiegel

Ruhewasserspiegel, m; *{standing/static level}* auch Ruhespiegel, Grundwasserspiegel eines Brunnens vor Beginn eines →Pumpversuches (→Brunnencharakteristik).

Ruhewasserstand, m; *{still water level}* →Wasserstand zum Zeitpunkt des Übergangs einer Wellenbewegung aus dem Wellental zum Wellenberg oder umgekehrt (→Welle).

running waters; →Fließgewässer

runoff; →Abfluß

runoff capacity; →Vorflut

runoff characteristics; →Abflußverhalten

runoff coefficient; →Abflußbeiwert

runoff concentration; →Abflußkonzentration

runoff curve; →Durchflußsummenlinie

runoff hydrograph; Abflußganglinie

Rutschung, f; *{earth slip, landslide}* Massenverlagerung aus einer höheren Lage an einem Hang oder einer Böschung in eine tiefere in Folge der Schwerkraft; charakteristisch für ~en sind im oberen Bereich Abrißkanten und ein wulstartiger ~sfuß im unteren Bereich des ~skörpers (→Abb. R7; →Hangbewegung).

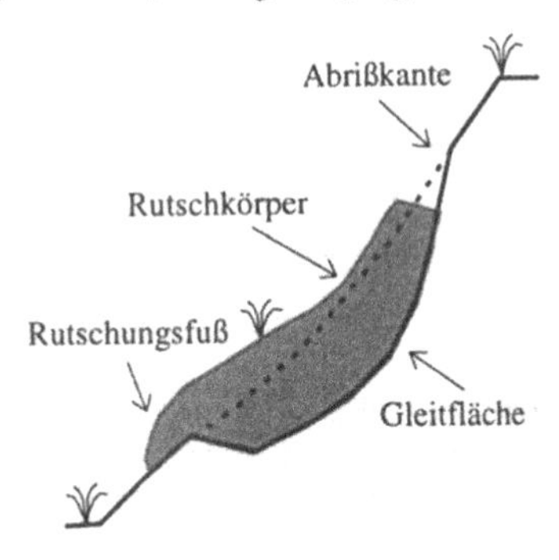

Abb. R7 ***Rutschung***

S

s; Abk. für Sekunde als Einheit der →Zeit

S; Abk. Siemens, Einheit der →elektrischen Leitfähigkeit

S-Wert, m; eingeordnet nach *swelling*

Sättigungsdampfdruck, m; →Dampfdruck

Säure, f; *{acid}* Stoff der in wässriger Lösung so reagiert (→Dissoziation), daß Wasserstoffionen H^+ vorliegen (die durch →Hydratation →Oxonium- und →Hydroniumionen bilden); die S. kann interpretiert werden als Dissoziationsprodukt der chemischen Verbindung H_nS mit einem n-wertigen ~rest S^{n-}:

$$H_nS \rightleftharpoons nH^+ + S^{n-}$$

oder als Protonendonator einer Protolysereaktion (→Protolyse)

$$\text{Säure} \rightleftharpoons \text{Base} + \text{Proton}$$

in einem Protolysehalbsystem bzw.

$$\text{Säure 1} + \text{Base 2} \rightleftharpoons \text{Base 1} + \text{Säure 2}$$

in einem Protolysesystem, z. B.

$$HCl + H_2O \rightleftharpoons Cl^- + H_3O^+$$

mit den ~n (Protonendonatoren) HCl und H_3O^+.

Säurekapazität, f; *{acid capacity, alkalinity}* als S. K_S ($\dim K_S = N/L^3$ und i. allg. $[K_S]$=mmol/ℓ) bezeichnet man die bei der →Titration einer (bezüglich des Umschlagpunktes des verwendeten Indikators basischen) Wasserprobe benötigte →Stoffmenge an Oxoniumionen H_3O^+ (→Oxonium), die der Probe bis zum Umschlagen des Indikators (z. B. als Salzsäure HCl der →Äquivalentkonzentration 0,1 mol/ℓ) zugegeben werden muß; bei z. B. Phenolphtalein liegt der Umschlagpunkt bei pH=8,2 (der gelegentlich auch noch als p-Wert bezeichnet wird), die S. wird entsprechend als $K_{S8,2}$ bezeichnet; bei Titration mit Methylorange bzw. Methylrot-Bromkresolgrün-Mischindikator mit einem Umschlagpunkt bei pH=4,3 (auch als m-Wert bezeichnet) erhält man die S. $K_{S4,3}$ (ggs. →Basekapazität).

Salar, m; (*etm.*: span. „salar" die Salzwüste) Salztonebene, großflächige Bodensenke aus flachen Tonschichten (→Ton) und bedeckenden Salzkrusten, die aus verdunstendem, salzhaltigem Wasser, z. B. eines Endsees (→See) ausgeschieden werden.

Salinar, n; (*etm.*: lat. „sal" das Salz) *{alkali flat}* überwiegend aus Salzen bestehender Gesteinskomplex, die Verbreitungsgebiete der ~e werden als ~zonen bezeichnet, Gesteinsschichten, die unter einem S. liegen, bilden - unabhängig von ihrem Alter - das Sub~.

Salinarzone, f; →Salinar

saline water; →Salzwasser

Salinität, f; (*etm.*: lat. „sal" das Salz) *{salinity}* Kriterium zur Einteilung des Wassers nach gelösten Inhaltsstoffen, die S. wird verursacht durch diejenigen im Wasser gelösten →Salze, die nicht der →Hydrolyse unterliegen (ggs. →Alkalinität).

salinity; →Salinität

salinization; →Versalzung

salt; →Salz

Saltation, f; (*etm.*: lat. „saltare" hüpfen) *{saltation}* springende Bewegung der

Feststoffe des →Geschiebes auf der Sohle der →Fließgewässer und der bei Deflation (→Verwitterung) vom Wind transportierten Teilchen auf dem Boden oder auf anderen festen Flächen.

saltation load; →Geröll

salt dilution method; →Salzverdünnungsmethode

salt lake; →Salzsee

salt wash surface; →Salzspiegel

salt water; →Salzwasser

Salz, n; *{salt}* chemische Verbindung, die in einer Schmelze oder in einer wässrigen Lösung dissoziiert (→Dissoziation) in ein postitiv geladenes Metallion und einen negativ geladenen Säurerest (→Säure), umgangssprachlich häufig auch Bezeichnung für NaCl (Steinsalz, →Natrium) als Hauptbestandleit des →Salzwassers (→Salinität, →Verbrakkung, →Brackwasser; →Versalzung).

Salzsäure, f; →Chlor

Salzsee, m; *{saltlake}* i. allg. Endsee (→See) in trockenen Tälern, in dem sich durch →Verdunstung des Wassers die → Wasserinhaltsstoffe anreichern und allmählich ausfallen, als Trockensee auch *playa* genannt (→Salar).

Salzspiegel, m; *{salt wash surface, leaching surface}* durch Subrosion (→Auslaugung) in Salzlagerstätten gebildete Ablaugungsfläche, die den unversehrten Salzstock von den schwerlöslichen Rückständen der Ablaugung trennt; in den der Subrosion ausgesetzten Gesteinskörpern kann es durch den infolge der Ablaugung eingetretenen Masseverlust zu Einbrüchen kommen.

Salz-Süßwassergrenze, f; →Salzwasser

Salzverdünnungsmethode, f; →Markierungsstoff

Salzverwitterung, f; →Verwitterung

Salzwasser, n; *{saline/salt water}* nach dem Lösungsinhalt klassifiziertes Wasser, die Einteilung kann unter verschiedenen Gesichtspunkten vorgenommen werden, so kann man S. z. B. nach dem →Massenanteil w gelöster fester Wasserinhaltsstoffe definieren durch 10.000 mg/kg$\leq w \leq$100.000 mg/kg, dieser Bereich liegt zwischen dem des →Brackwassers und der →Sole, andere Einteilungsmöglichkeiten erfolgen unter dem Aspekt der →Salinität unter Berücksichtigung der Massenkonzentration $\beta(Cl^-)$ der Chlorid-Ionen, mit einer Charakterisierung des ~s durch den Bereich 300 mg/ℓ$\leq \beta(Cl^-) \leq$8400 mg/ℓ; im Übergangsbereich zwischen Salz- und Süßwasser, z. B. in küstennahen Grundwasserleitern, bilden sich wegen der unterschiedlichen →Dichten kalottenförmige Salz-Süßwassergrenzen (→Süßwasser) aus, deren Verlauf näherungsweise durch die →GHYBEN-HERZBERG-Approximation beschrieben wird, im Übergangsbereich kommt es dabei durch Diffusionsprozesse (→Diffusion) zur Ausbildung einer Mischwasserzone schwankender Salzkonzentrationen (Verbrackungsbereich, →Verbrackung; →Versalzung).

sampling spoon; →Schappe

sandbox model, n; physikalisches →Analogmodell (→physikalisches → Modell) eines porösen Mediums, das in einem Behälter durch eine Füllung aus Sand oder Glasbruckstücken oder -perlen geeigneter Korngrößen simuliert wird, oder aus einer Probe besteht, die einer →Matrix ungestört entnommen wurde; die Wandungen des Behälters entprechen in ihren Durchlässigkeiten der jeweils vorgegebenen Problemstellung; typische Anwendungen für ~s sind Simulationen des Strömungsverhaltens in der →gesättigten oder der →ungesättigten Zone, Untersuchungen komplexer Mehrphasensysteme (→NAPL), Analysen chemischer und physikalischer Wechselwirkungen beim Stofftransport durch ein poröses Medium und der dabei ablaufenden Ab- und Umbauprozesse usw.

Sandfang, m; Einrichtung zur Abtrennung und zum Rückhalt (→Abwasserreinigung) von Sand und anderen mineralischen Inhaltsstoffen des →Abwassers, die z. B. von dem Regenwasser in ein →Mischwassersystem eingetragen werden können.

sand filling; →Versandung

Sandrauhigkeit, f; *{sand roughness}* Äquivalent k_S der natürlichen →Rauhigkeit, dim k_S=L und $[k_S]$=mm; die S wird ausgedrückt durch den Durchmesser k_S von (kugelförmigem) Sand einheitlicher →Korngröße, mit dem in dichtest möglicher Lagerung (→Lagerungsdichte) eine Rohrwand beschichtet ist, und die denselben Strömungswiderstand unter ansonsten gleichen Bedingungen aufweist, wie diejenige Rohrwand, deren Rauhigkeit bestimmt werden soll.

sand roughness; →Sandrauhigkeit

sand silting; →Versandung

saprob; den Lebenraum der →Saprobionten betreffend (ggs. →katharob).

Saprobie, f; (*etm.*: gr. „sapros" faul, verwest und „bios" das Leben) *{saprobity}* eigentlich mikrobieller →Saprobiont, auch allgemein Bezeichnung für einen Organismus, der von faulenden organischen Inhaltsstoffen eines Gewässers lebt und zu deren biologischen →Abbau beiträgt; sein Auftreten als charakteristischer Indikatororganismus (→Leitorganismus) ist empirisches Maß der Gewässergüte (ggs. →Katharobie; →Saprobiesystem).

Saprobieindex, m; →Saprobiesystem

Saprobiesystem, n; empirisch abgeleitete Beziehung zwischen der Verschmutzung eines Gewässers und den es besiedelnden und seine Inhaltsstoffe abbauenden (→Abbau) Organismen; aus den in einer Wasserprobe nachgewiesenen Leitorganismen L_i und ihrem artspezifischen Saprobieindex s_i, ihrer Häufigkeit h_i und einem Indikatorgewicht g_i wird als ein mit $h_i g_i$ →gewichtetes Mittel, der Saprobieindex, S_L, hergeleitet, der Werte zwischen I und IV annimmt und Grundlage der Einteilung der Gewässer nach →Gewässergüteklassen ist.

Saprobiont, m; (*etm.*: →Saprobie) Organismus, der sich von den Ausscheidungen der →Pflanzen und der →Tiere oder von abgestorbenen und sich zersetzenden Pflanzen oder Tieren ernährt, dabei unterscheidet man Saprophyten, pflanzliche ~en, die auf Moder, →Humus, abgestorbenen Pflanzenteilen und verwesenden Tierkörpern leben, →Saprophagen, Aas und andere organische, tierische Zersetzungsprodukte fressende ~en und als mikrobielle ~en, die →Saprobie im eigentlichen Sinn.

saprobity; →Saprobie

Sapropel, m; (*etm.*: →Saprobie und gr. „pelos" der Schlamm) *{saprobel}* im →anaeroben Milieu (z.B. auf einer Gewässersohle) durch Faulung (→Abbau) aus Organismenresten entstandener Vollfaulschlamm (→Faulschlamm).

Saprophage, m; (*etm.*: →Saprobie und gr. „phagein" fressen) Tier, dessen Nahrung aus sich zersetzender, organischer Substanz besteht, speziell ist der Zoo~ ein Aasfresser, der Phyto~ ernährt sich hingegen ausschließlich von abgestorbenen Pflanzenteilen, z.B. der Regenwurm (→Saprobiont).

Saprophyt, m; →Saprobiont

saturated zone; →gesättigte Zone

saturation; →Wassersättigung

saturation pressure; →Dampfdruck

Satz von BAYES, m; →BAYESsche Theorie

Sauerstoff, m; *{oxygen}* Element der Gruppe der →Chalkogene, der VI. Hauptgruppe des →Periodensystems der Elemente, mit dem Elementsymbol O, O existiert elementar in zwei verschiedenen →Modifikationen, O_2 (Disauerstoff=Sauerstoff) und O_3 (Trisauerstoff=Ozon), Luft besteht zu ca. 23 Vol.%, Wasser zu 89 Vol.% aus gebundenem S. (→freier S.), S. ist ferner in Form von Oxiden in der Luft, im Wasser und in der Erdrinde enthalten; der ~gehalt der Atmosphäre wird durch den →Assimilation und →Dissimilation umfassenden ~kreislauf der Pflanzen konstant gehalten; O_3 ist eine giftige, wenig stabile Verbindung, die sich spontan unter Bildung atomaren Sauerstoffs (→Radikal) $O_3 \rightarrow O_2+O$ zersetzt und dabei in starkem Maße oxidierend (→Oxidation) wirkt (→Ozonung), ozonbildend wirkt die harte ozonisierende →UV-Strahlung, z. B. in der →Atmosphäre, in der das Ozon in einem natürlichen Gleichgewichtszustand mit dem Di~ steht, bei Störungen dieses Gleichgewichtszustandes kommt es zum einen zum →Ozonloch, zum anderen zum →photochemischen Smog.

Sauerstoffbedarf, m; →biologischer S., →chemischer S.

Sauerstoffdefizit, n; *{oxygen deficiency}* relatives S. ist die Differenz zwischen dem Wert der →Sauerstoffsättigung eines Wassers und seinem tatsächlichen Sauerstoffgehalt in (%).

Sauerstoffsättigung, f; S. eines Wassers liegt vor, wenn bei den äußeren Umständen (Druck, Temperatur usw.) ein Wasser weder →Sauerstoff (O_2) zu lösen vermag, noch Sauerstoff gasförmig abgibt, durch den Transport von Sauerstoff durch die →ungesättigte Zone mit dem versickernden Wasser liegt im →Grundwasser i. allg. S. mit ca. 10 mg O_2 je ℓ Wasser vor (→Gassättigung, →Lösung).

Sauerstoffzehrung, f; *{oxygen consumption/depletion}* durch biochemische Oxidationsprozesse (→mikrobielle Oxidation) bedingter Verbrauch des in einem Wasser gelösten →Sauerstoffs.

Saughöhe, f; →Pumpe

Saugleitung, f; →Pumpe

Saugseite, f; →Pumpe

Saugspannung, f; *{water tension, matrix potential}* Gesamtpotential $\psi=\psi_g+\psi_m$ der →ungesättigten Zone, das sich aus dem Gravitationspotential ψ_g und dem Matrixpotential ψ_m zusammensetzt und mittels →Tensiometern ermittelt werden kann (in z. B. hPa, mbar oder als Druckhöhe (→BERNOULLI-Gleichung) in cm Wassersäule; die S. wird auch als *pF*-Wert mit z. B. $pF=\log_{10}(\psi/\text{Pa})$ bzw. $pF=\log_{10}(\psi/\text{mbar})$, $pF=\log_{10}(\psi/\text{cm})$ usw. angegeben, die S. wirkt im →Sickerraum auf das →Sickerwasser infolge dessen Wechselwirkung mit der Gesteinsmatrix (→Potentialtheorie) und ist Grundlage des Waserstransportes durch die →ungesättigte Zone (die Bezeichnung S. steht auch für bloß das Matrixpotential Ψ_m).

Saugspannungskurve, f; →Retentionskurve

Saugspülung, f; →Bohrung

saurer Niederschlag, m; *{acid precipitation}* nasse →Deposition von →Schwefel- und →Stickoxiden (→Stickstoff), Fluoriden (→Fluor) und Chloriden (→Chlor) aus den →Emissionen der Kraft- und Heizwerke der Industrieanlagen und den Kleinfeuerungsanlagen der Siedlungen in der Form aggressiver Säuren, die als →Immission die Bauten und sonstige Kulturgüter, die Pflanzen (direkt bei der →Interzeption und infolge der →Bodenversauerung), den Boden und die Gewässer schädigt, speziell spricht man auch von saurem Regen, saurem Nebel usw.

scale deposit; →Versinterung

scaling;: →Versinterung

Scaling, n; →Umkehrosmose, →Versinterung

Scandiumgruppe, f; 3. Nebengruppe des →Periodensystems der Elemente mit den Elementen Scandium (Sc), Yttrium (Y), Lutetium (Lu) und Laurencium (Lr).

scanning curve; →Anpassungskurve

scanning drying curve (SDC); → Anpassungsentwässerungskurve

scanning wetting curve (SWC); → Anpassungsbewässerungskurve

Schappe, f; *{sampling spoon}* Bohrwerkzeug zum Bohren (→Bohrung) im →Lockergestein, die S. besteht aus einem (gelegentlich auch seitlich geschlitzten) Zylinder und schaufelartigen, an der abtragenden Kante geschliffenen Bohrflächen; mit ~bohrern geeigneter Bauart lassen sich →Bodenproben aus den →Sedimenten gewinnen.

Schaufel, f; →hydrometrischer Flügel

scheinbare Effluenz, f; →Wechselwirkung

Scheineffluenz, f; →Wechselwirkung

Scherung, f; *{shearing}* Verformung eines elastischen Körpers unter dem Einfluß einer tangential zu seiner Oberfläche wirkenden Schubkraft (→Schubspannung).

Schicht, f; *{bed, layer, stratum}* plattenförmiger Gesteinskörper, dessen Ausdehnung in zwei Raumrichtungen bedeutend größer ist als in die zu diesen Richtungen →orthogonale; benachbarte ~en besitzen als gemeinsame Grenzfläche eine ~ungsfuge, an der das der →Schichtung zugrunde liegende Gestein in besonderem Maß spaltbar ist.

Schichtquelle, f; →Quelle

Schichtsilikat, n; →Silikat

Schichtterrasse, f; →Terrasse

Schichtung, f; *{lamination, stratification}* Anordung eines →Gesteinskörpers in →Schichten; zu einer S. kommt es z. B. bei der →Sedimentation, bei sich ändernden physikalischen, chemischen oder biologischen Randbedingungen (→Gradation); beim Abweichen der räumlichen Ausrichtung der Schichtung von der →Horizontalen unter dem Einfluß der Schwerkraft spricht man von Schräg~.

Schichtungsgefüge, n; →Schicht

Schieferung, f; *{schistosity}* Merkmal eines →Gesteins, das durch die Spaltbarkeit nach parallelen Flächen charakterisiert und von seiner speziellen →Schichtung unabhängiges →Gefüge ist, als S. bezeichnet man auch die Entstehung dieses Gefüges; die S. ist Folge der →Tektonik und der →Metamorphose (→Metamorphit), bei denen durch Drukkeinwirkungen und Kristallisations- umd Umkristallisationsprozesse (→kristallin) die für eine S. charakteristische Ausrichtung der Kristallisationsachsen angelegt wird; die ~sflächen können parallel (Parallel~, Isoklinal~), aber auch quer (Quer~, Transversal~) zu den Schichtflächen ausgebildet sein.

Schießen, n; →FROUDE Zahl

schießende Strömung, f; →FROUDE Zahl; →Strömung

schistosity; →Schieferung

Schlämmen, n; →Sedimentation

Schlagbohrverfahren, n; →Bohrung

Schlamm, m; mit Wasser vesetztes Erdreich breiiger oder dickflüssiger Konsistenz, Ablagerungen aus Bodenpartikeln und Teilen abgestorbener Pflanzen auf dem Grund stehender Gewässer; als →Klärschlamm aus dem Abwasser abgetrennte wasserhaltige Stoffe; ein weiteres

Klassifizierungskriterium für S. ist seine Absetzeigenschaft, die im Schlammindex $ISV=V_S/T_S$ in ml/g wiedergegeben wird, mit dem Schlammvolumen V_S nach 30-minütiger Absetzzeit und dessen →Trokkensubstanzgehalt T_S (→Faulschlamm).

Schlammstrom, m; *{mud flow}* unter dem Einfluß der Schwerkraft auf geneigten Flächen (z. B. Hängen) einsetzendes Abfließen von →Schlamm, d. h. von →Sedimenten, die u. U. erst durch (nachträgliche) Wasseraufnahme in fließfähigen Zustand geraten sind.

Schleppspannung, f; →Schubspannung, →Wandschubspannung

Schlick, m; (*etm.*: Nebenform zu „schleichen") *{silt, tidal mud deposit, sludge}* feinkörnige Ablagerungen auf den →Sohlen der oberirdischen Gewässer (insbesondere auf dem Meeresboden); tonig, siltiges →Sediment, das in hohem Maß mit Organismenresten durchsetzt ist.

Schluckbrunnen, m; →Eingabebrunnen

Schluckloch, n; →Karst

Schluckversuch, m; →Auffüllversuch

Schluff, m; →Sediment, →Ton

Schmelzen, n; →Phasenübergang

Schmelzpunkt, m; *{melting point}* →Gefrierpunkt, Fließtemperatur (eines festen Stoffes), bei der seine feste →Phase in seine flüssige übergeht (→Zustandsdiagramm).

Schmutzwasser, n; *{polluted water, sewage}* durch Nutzung verunreinigter Teil des Abwassers; nach Herkunft unterscheidet man wie beim →Abfall häusliches und gewerbliches S., das zusammen das kommunale S. bildet, industrielles sowie landwirtschaftliches S.

Schnee, m; *{snow}* →Niederschlag, der in fester Form als einzelne oder →Aggregate mehrerer Eiskristalle fällt, und als Neuschnee *{fresh/new snow}* auf die Erdoberfläche gelangt, auf der sich einzelne ~bedeckte Teilflächen bilden können; der Anteil des Inhaltes dieser Teilflächen zur gesamten Bezugsfläche ist der ~bedeckungsgrad *{rate of snow coverage}* γ, bei dessen maximalem Wert $\gamma=1$ eine geschlossene ~decke, ab $\gamma \geq 0{,}5$ überhaupt eine ~decke *{snow cover; blanket of snow}* ausgebildet ist, deren Dicke h_S (vertikaler Abstand der Oberfläche der ~decke von der Erdoberfläche) die ~deckenhöhe *{snow depth}* ist; bei kleineren Werten von γ spricht man hingegen von ~flecken bzw. -resten; die Dicke der ~decke aus dem in einem Zeitraum von 24 h gefallenen Neu~ (vertikaler Abstand der Oberfläche der Neu~decke von der unterliegenden Erdoberfläche oder der ~deckenoberfläche vor dem Neu~fall) ist die Neu~höhe *{new snow depth}* h_{Sn}; die Grenzlinie zwischen Gebieten, in denen sich eine ~decke ausgebildet hat, und jenen ohne ~deckenbildung ist die ~grenze *{snow line}*, die höchstgelegene ~grenze eines Gebietes während eines Jahres wird als orographische ~grenze (→Orographie) bezeichnet; Umwandlung der Kristallstruktur des frisch gefallenen ~s, die ~metamorphose *{snow metamorphosis}*, führt zum Alt~ *{old snow}*; die Zeitspanne zwischen der ersten Ausbildung einer ~decke und der letzten registrierten ~decke während eines Winters in einem Bezugsgebiet ist die ~deckenzeit *{snow cover season}*; Alt~, der aus vorhergehenden ~deckenzeiten stammt, wird als →Firn bezeichnet, bis hin zum Firneis verdichteter Schnee; das gesamte in einer ~decke enthaltene Wasservolumen V (der Wasservorrat) bezogen auf den Inhalt A der Bezugsfläche bildet das Wasseräquivalent *{water equivalent of snow cover}* $h_{SW}=V/A$ der ~decke ($\dim h_{SW}=\mathsf{L}$), dessen Zunahme Akkumulation, dessen Abnahme Ablation der ~decke genannt wird; das aus einer ~decke ausfließende Wasser ist der ~deckenausfluß *{snow cover outflow}*, sein Anteil im →Abfluß eines → Einzugsgebietes der ~schmelzabfluß *{snow melt runoff}*.

Schneebedeckungsgrad, m; →Schnee

Schneedecke, f; →Schnee

Schneedeckenausfluß, m; →Schnee

Schneedeckenhöhe, f; →Schnee

Schneedeckenzeit, f; →Schnee

Schneefleck, m; →Schnee

Schneegrenze, f; →Schnee; →nival, →humid; →Gletscher

Schneemetamorphose, f; →Schnee

Schneerest, m; →Schnee

Schneeschmelzabfluß, m; →Schnee

Schnellentcarbonatisierung, f; → Entcarbonatisierung

Schotterterrasse, f; →Terrasse

Schrägschichtung, f; →Schichtung

Schreibpegel, m; →Pegel

Schrittweite, f; räumlicher oder zeitlicher *{lag}* Abstand (auch Zeit~) zwischen zwei Meßwerten z_1 und z_2 als →Zufallsgröße $z(P,t)$ in Abhängigkeit vom Raumpunkt P und dem Beobachtungszeitpunkt t, z. B. gehen in ein →Variogramm Meßwerte $z_1(P_1,t)$ und $z_2(P_2,t)$ an unterschiedlichen Raumpunkten P_1 und P_2 mit der Schrittweite $|P_1-P_2|$, dem →geodätischen Abstand zwischen den Punkten P_1 und P_2 ein, die zu ein und demselben Zeitpunkt t erhoben werden; bei der →Zeitreihenanalyse werden hingegen eher Abhängigkeiten zwischen Meßwerten $z_1(P,t_1)$ und $z_2(P,t_2)$ untersucht, die i. allg an ein und demselben Raumpunkt P, aber zu unterschiedlichen Zeitpunkten t_1 und t_2 mit der S. $|t_1-t_2|$ erhoben werden (→Autokorrelation, →Autoregression).

Schrumpfmaß, n; →Schrumpfung

Schrumpfung, f; *{shrinkage}* Volumenverringerung eines Materials (z. B. des Bodens) durch Verminderung seines Flüssigkeitsgehaltes infolge des Entzuges von Flüssigkeitsteilchen (z. B. Wasser); eine S. läßt sich quantitativ durch das Schrumpfmaß $100\cdot(V_0-V)/V_0$ % beschreiben, dabei ist V_0 das Gesamtvolumen des schrumpfenden Materials vor und V sein Volumen nach der S. (ggs. →Quellung).

Schubkraft, f; →Schubspannung

Schubspannung, f; *{shear(ing) stress}* auch Tangentialspannung (→Spannung), die S. τ (dim τ=$\mathsf{ML^{-1}T^{-2}}$ und $[\tau]$=N/m^2) ist Quotient $\tau=F/A$ der die →Scherung eines elastischen Körpers bewirkenden Tangentialkraft F (hier nur durch Ihren Betrag F skalar wiedergegeben) und des Inhaltes A der Fläche, an der F angreift; greift $F=F_y$ z. B. parallel zur x-y-Ebene eines kartesischen Koordinatensystems (→kartesische Koordinaten), in x-Richtung tangential an die Deckfläche eines Volumenelementes δV mit $\delta V=dx\cdot dy\cdot dz$ eines elastischen →Fluids an (→Abb. S1), so gilt mit $\tau=\tau(y)$

$$F=\frac{\partial\tau}{\partial y}\cdot dy\cdot A=\frac{\partial\tau}{\partial y}\cdot\delta V,$$

bei einem NEWTONschen Fluid (→Viskosität) mit

$$\tau=\eta\cdot\frac{\partial v(y)}{\partial y}$$

also

$$F=\eta\cdot\frac{\partial^2 v(y)}{\partial y^2}\cdot\delta V;$$

bei allgemeiner Lage des Volumenelementes δV ist die Schubkraft $\vec{F}$ in vektorieller Schreibweise unter Verwendung des →LAPLACE-Operators somit gegeben durch die Gleichung

$$\vec{F}=\eta\cdot\Delta\vec{v}\cdot\delta V;$$

in einem →Gerinne wird diejenige S. τ_{crit} als kritische S. oder auch als Schleppspannung bezeichnet, ab der das →Geschiebe auf der Gerinnesohle in Bewegung gerät (→Wandschubspannung).

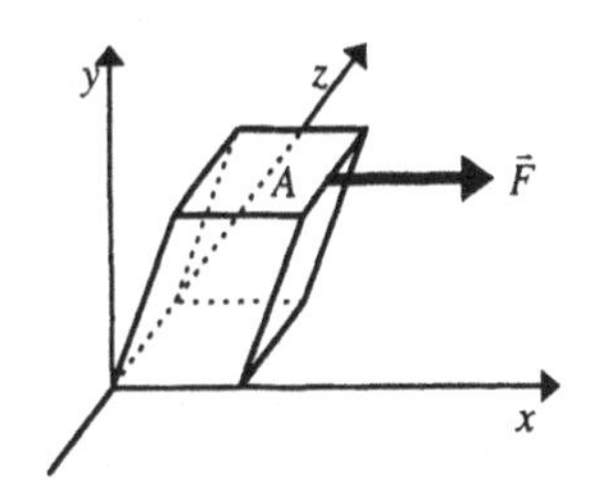

Abb. S1 *Schubspannung*

Schüttung, f; *{discharge}* Austritt des →Grundwassers an einer →Quelle, zugleich auch Kurzbezeichnung für ihre auf die Zeiteinheit bezogenen →Schüttungsmenge Q, $\dim Q = \mathsf{L}^3/\mathsf{T}$ und in z. B. $[Q]=\ell/s$.

Schüttungsganglinie, f; *{discharge hydrograph}* →Ganglinie der →Schüttungsmenge einer Quelle (in Abhängigkeit von der Zeit).

Schüttungsmenge, f; *{discharge, well capacity}* bei der Quellschüttung (→Schüttung) in der Zeiteinheit t austretendes Grundwasservolumen V als Quotient $Q=V/t$ mit $\dim Q=\mathsf{L}^3/\mathsf{T}$ und in z. B. $[Q]=m^3/s$ oder $[Q]=\ell/s$.

Schurf, m; *{exploratory excavation}* Grube, in der durch Schürfen (Freilegen von →Mineralien durch Abtragen hangender Bodenschichten; →Hangendes) Minerallagerstätten oder ein Baugrund erschlossen werden können.

Schuttstrom, m; i. allg. durch örtliche Wasseransammlungen an geneigten Flächen ausgelöste, rasch ablaufende →Hangbewegung von Schutt und Geröll (→Rutschung).

Schwall, m; **1.)** →FROUDE-Zahl; **2.)** auch allgemein für eine fortschreitende Hebung des →Wasserspiegels in einem offenen →Gerinne, die entweder als Füll~ durch einen plötzlich erhöhten Zufluß im →Oberlauf des →Gerinnes verursacht wird, und sich in Strömungsrichtung ausbreitet oder als Stau~, Folge einer plötzlichen Verringerung des Abflusses im Gerinneunterlauf (→Unterlauf), die entgegen der Strömungsrichtung wandert (ggs. →Sunk).

Schwallgeschwindigkeit, f; →FROUDE-Zahl

schwebender Grundwasserleiter, m; →Grundwasserleiter

Schwebstaub, m; →Schwebstoff

Schwebstoff, m; *{suspended matter/load}* Feststoffteilchen (→Feststoff) oder Flüssigkeitspartikel, die in einem →Fluid in schwebendem Zustand gehalten und transportiert werden, speziell als Feststoffe in Flüssigkeiten als Suspension (→Dispersion), als Feststoff in Gas als Staub, der nach seinem Partikeldurchmesser in Grobstaub (10-200 µm), Feinstaub (1-10 µm) und Aerosole (<1 µm) (*etm.*: lat. „aer" die Luft und „solutio" die Lösung) eingeteilt wird, Feinstaub und Aerosole werden unter dem Begriff „Schwebstaub" zusammengefaßt.

Schwebstofffracht, f; *{sediment runoff}* →Feststofffracht m_{Sf}, bezogen auf den Schwebstoffanteil (→Schwebstoff) an den transportierten Feststoffen mit $\dim m_{Sf} = \mathsf{M}$.

Schwebstofftransport, m; →Feststofftransport $\dot{m}_{St}$ bezogen auf den Schwebstoffanteil (→Schwebstoff) an den transportierten Feststoffen, $\dim \dot{m}_{St} = \mathsf{M}/\mathsf{T}$.

Schwebstofftrieb, m; →Feststofftrieb $\dot{m}_S$ bezogen auf den Schwebstoffanteil (→Schwebstoff) an den transportierten Stoffen, $\dim \dot{m}_S = \mathsf{MT}^{-1}\mathsf{L}^{-1}$.

Schwefel, m; *{sulphur}* Element der Gruppe der →Chalkogene, der VI. Hauptgruppe des →Periodensystems der Elemente, mit dem Elementsymbol S, S kommt in der Natur frei in unterschiedlichen →Modifikationen und gebunden vor; S ist als →Bioelement am Aufbau der Körpersubstanz aller Lebewesen beteiligt, anorganisch ist S. überwiegend in Sulfiden, den Salzen des ~wasserstoffes H_2S und →Sulfaten, Salze der ~säure H_2SO_4, vertreten; →Emissionen von S erfolgen zum einen durch die Tätigkeit der Vulkane in der Form von H_2S und ~oxiden, z. B. ~dioxid SO_2 bzw. schwefliger Säure H_2SO_3, zum anderen durch die Verbrennung ~haltiger Brennstoffe unter Bildung von H_2SO_3 und H_2SO_4, deren →Deposition pflanzenschädigend wirkt (zum „Waldsterben" führt) und zur →Bodenversauerung beiträgt, durch biochemische Umsetzungen (→Abbau) werden zum einen Sulfide zu Sulfaten oxidiert (→Sulfurikation), zum anderen Sulfate zu H_2S reduziert (→Sulfatreduktion, Sulfatatmung) und H_2S zu elementarem S oxidiert (nach der Reaktion $2H_2S+O_2 \rightarrow 2S+2H_2O$; →Schwefelkreislauf).

Schwefelkreislauf, m; →Stoffkreislauf des →Schwefels, der natürliche S. beruht wesentlich auf den mikrobiellen Prozessen der dissimilatorischen und assimilatorischen →Sulfatreduktion (→Dissimilation, →Assimilation) und der →Sulfurikation, der oxidativen Erzeugung elementaren Schwefels (in Wechselwirkung mit dissimilativer Schwefelreduktion) und von Sulfaten; eine wesentliche weitere Komponente ist der →anthropogene Eintrag von Schwefelverbindungen in die →Atmosphäre (Verbrennungen), aus der sie durch Deposition wieder mit z. T. umweltschädigender Wirkung auf die Erde gelangen (→saurer Niederschlag; →Abb. S2).

Schwellendruck, m; →Retentionskurve

Schweredruck, m; →Druck p den ein →Fluid durch seine →Gewichtskraft ausübt, bei konstanter →Dichte ρ des Fluids übt eine Fluidsäume der Höhe h auf ihre Grundfläche mit dem Flächeninhalt A den S.

$$p=\rho \cdot A \cdot h \cdot g / A=h \cdot \rho \cdot g$$

mit der Fallbeschleunigung g (→Gravitation) aus (→hydraulischer S.; →atmosphärischer Druck)

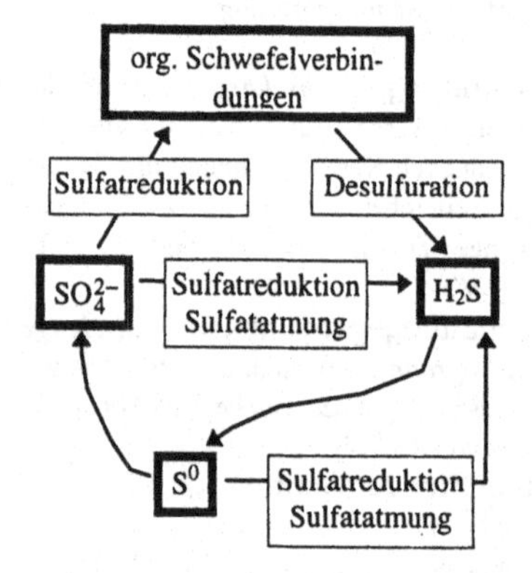

Abb. S2 *Schwefelkreislauf*

schwerer Wasserstoff, m; →Deuterium

schweres Wasser, n; *{heavy water}* Oxid D_2O des →Deuteriums, Grundlage der Gewinnung weiterer Deuteriumverbindungen; während Deuterium auf höhere Organismen giftig wirkt, können z. B. →Algen in reinem D_2O existieren (→Wasser).

Schwerkraft, f; →Gewicht

Schwermetall, n; *{heavy metal}* Bezeichnung für ein →Metall, dessen →Dichte nicht unter 5 g/cm^3 liegt (ggs.

→Leichtmetall).

Schwimmer, m; *{float}* **1.)** Meßgerät zur Ermittlung der Strömungsgeschwindigkeit in einem →Fließgewässer; für einfache Abschätzungen der mittleren Fließgeschwindigkeit durch einen →Meßquerschnitt bedient man sich eines Oberfläche~ (Kork, Holzstück, o. ä.), aus der Geschwindigkeit, mit der der S. von der Strömung transportiert wird, lassen sich je nach Art des Gewässers Rückschlüsse auf die mittlere Fließgeschwindigkeit gewinnen; genauere Messungen bedingen S., die dem Einfluß der Strömungsgeschwindigkeit in unterschiedlichen Tiefen des Fließgewässers ausgesetzt sind, wie Ketten- oder Zylinder~) (→Abb. S3); **2.)** →Pegel.

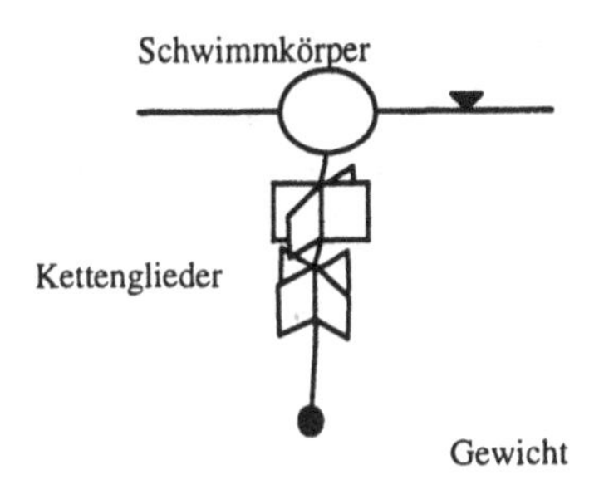

Abb. S3 ***Kettenschwimmer***

Schwimmsand, m; *{quick sand}* fließfähiges →Gemisch aus Feinsand und Wasser.

Schwimmstoff, m; →Feststoff

Schwinde, f; *{swallow hole}* Ort des massenhaften Übertritts (→Versinkung) eines oberirdischen →Gewässers in den Untergrund, z. B. im →Karst; der Übertritt kann dabei ein teilweiser sein oder das betroffene oberirdische Gewässer vollständig erfassen, je nach der Art des übertretenden Gewässers ist von Bach~, Fluß~ oderSee~ die Rede.

screen; →Filter, →Filterrohr

screen entrance velocity; →Eintrittsgeschwindigkeit, →Einströmungsgeschwindigkeit

SDC; →Retentionskurve

sea level; →Normal Null

section of sewer; →Haltung

Sediment, n; (*etm.*: lat. „sedare" sinken machen) *{sediment}* Produkt der →Sedimentation, dabei allgemein durch →Sedimentation abgelagerter Bodensatz, speziell abgelagertes oder abgeschiedenes →Lockergestein (→Sedimentgestein).

sedimentary rock; →Sedimentgestein

sedimentation; →Sedimentation, → Akkumulation

Sedimentation, f; *{sedimentation}* auch Akkumulation, Ablagerung von →Inhaltsstoffen (z. B. Gestein) eines →Fluids, z. B. des Wassers, der Luft usw. unter dem Einfluß z. B. der Schwerkraft , so unterscheidet man **1.** im geologischen Sinn äolische S. (nach Windtransport), fluviale S. (Flußtransport), glaciale S. (Gletschertransport), limnische S. (in Seen), maritime S. (in Meeren); die S. führt zu →Sedimenten, die sich (durch Diagenese) zu →Sedimentgestein verfestigen (→Schichtung); **2.** ist die S. als chemisch-physikalische S. in der Labortechnik ein Verfahren zur Trennung fest-flüssiger Gemische (→Ausfällung; →Flockung), die durch Zentrifugieren beschleunigt werden kann, Varianten sind das Schlämmen, mit dessen Hilfe Teilchen unterschiedlicher Dichte unter Nutzung ihrer unterschiedlichen ~sgeschwindigkeiten in Flüssigkeiten voneinander getrennt werden und das Windsichten (→Sichten), bei dem die Trennung für fest-feste Gemische unter der Verwendung strömender Gasen erfolgt.

Sedimentgestein, n; *{sedimentary rock}* durch →Sedimentation im physikalischen (Ablagerung fester Partikel unter dem Einfluß der Schwerkraft) und chemischen Sinn (Ausfällung und Ablagerung infolge chemischer Prozesse) oder durch biologische Ausscheidungs- oder Umwandlungsprozesse gebildetes Gestein; primär unterscheidet man Locker- und Festgestein, die in der →Geotechnik auch mit den Synonymen Boden und Fels benannt werden; beim →Lockergestein (Abk. LG) handelt es sich dabei um noch nicht weiter verfestigtes Gesteinshaufwerk (z. B. Sand, Kalkschlamm, vulkanische Asche usw.), bei →Festgestein (Abk. FG) *{solid/indurated rock}* hingegen um diagenetisch (→Diagenese) verändertes (verfestigtes) Gestein; die ~e lassen sich in drei Hauptgruppen einteilen: in die klastischen ~e (gr. „klas" zerbrechen), die aus den abgelagerten Verwitterungsprodukten anderer Gesteine bestehen, (z. B. Kies), chemische Sedimente, die durch Ausfällung aus übersättigten →Lösungen entstanden sind (z. B. das Steinsalz), und biogene Sedimente, die aus Organismenresten gebildet wurden (z. B. der Riffkalk, →Seekreide); die klastischen Sedimente lassen sich weiter untergliedern nach ihrer Korngröße (→Tab. S1); verfestigte, abgerundete Steine oder Kiese werden Konglomerate genannt, eckige →Brekkzien, diagenisch verfestigte Sande sind Sandsteine, sie werden nach ihrer Matrix weiter untergliedert: so heißen feldspatreiche (→Feldspat) Arkosen, Sandsteine mit heterogener Zusammensetzung →Grauwacken, verfestigter Schluff oder Ton wird als Schluff- bzw. Tonstein bezeichnet; chemische S. werden nach ihrer Zusammensetzung unterschieden in z. B. Kalk ($CaCO_3$), Dolomit ($CaMg(CO_3)_2$)), Anhydrit ($CaSO_4$), Gips ($CASO_4 \cdot 2H_2O$), Halit (NaCl), Sylvin (KCl) usw., ferner werden sie klassifiziert nach ihern Korngrößen; nicht verfestigte chemische Sedimente werden durch die angehängte Silbe „-schlamm" gekennzeichnet, wie Kalkschlamm usw.; ~e, die überwiegend oder ausschließlich aus Organismenresten (Skelettmaterial usw.) bestehen, werden biogene Sedimente genannt, man unterscheidet Fossilcarbonate, die zu mindestens 50 % aus Bruchstücken $CaCO_3$-haltiger Skelette bestehen (z. B. der Riffkalk), ferner Kieselsteine, die sich aus den Überresten kieselsäurehaltiger (→Kieselsäure) Skelette zusammensetzen, z. B. der Radiolarit aus Radiolarienresten, die Kieselsäure liegt in diesen Fällen als →amorher Opal $SiO_2 \cdot nH_2O$ vor, weiter Kohlengesteine, die sich unter Sauerstoffabschluß und definierten Druck- und Temperaturbedingungen aus Pflanzenresten bildeten (→Kohle), man unterscheidet in diesem Zusammenhang in Abhängigkeit vom (zunehmenden) Entkohlungsgrad: Torf, Braunkohle, Steinkohle und Anthrazit, ferner →Erdgas und →Erdöl, deren Ursprung auf →Faulschlamm zurückgeht, aus dem sie sich unter Sauerstoffabschluß bildeten; Torfe und Faulschlämme werden weiterunterteilt nach ihren Inhalts- und Ausgangsstoffen, sowie ihrer →Genese; eine charakteristische Mischformen ist z. B. Mergel (→Carbonatgestein), ein Ton-Kalk-Gemisch; nach der Art des Transportes der zum S. sedimentierten Partikel unterscheidet man ferner die durch den Wind transportierten Lockergesteine (→aeolisch), wie →Löß, dessen Korngröße im Schluffbereich liegt, oder →Flug-

Korngröße in mm	Bezeichnung des LG	Kurzbezeichnung
> 63	Stein	X
20 - 63	Grobkies	gG
6,3 - 20	Mittelkies	mG
2,0 - 6,3	Feinkies	fG
0,63 - 2,0	Grobsand	gS
0,2 - 0,63	Mittelsand	mS
0,063 - 0,2	Feinsand	fS
0,02 - 0,063	Grobschluff	gU
0,006 - 0,02	Mittelschluff	mU
0,002 - 0,006	Feinschluff	fU
< 0,002	Ton	T

Tab. S1 ***Klassifikation der Lockergesteine***

sande (im fS-Bereich), ferner durch die Gletscher transportiertes S., die →Moränen, durch die →Fließgewässer transportierte und in ihnen abgelagerte Kiese und Tone usw.

sediment runoff; →Schwebstofffracht

sedimenttransport; →Feststofffracht, →Feststofftransport

See, m; *{lake}* →oberirdisches Gewässer, das stehend oder mit nur geringer Strömungsgeschwindigkeit ein größeres natürliches oder künstlich geschaffenes muldenförmiges oder aus mehreren miteinander verbundenen Hohlformen gebildetes →Gewässerbett oder Becken erfüllt; je nach den Austauschverhältnissen mit →oberirdischen Fließgewässern wird unterschieden in Durchfluß~n, die einen Zufluß (den S. speisendes Fließgewässer) und einen Abfluß (den S. entwässerndes Fließgewässer) besitzen, Quell~n mit Ababer ohne Zufluß, End~n ohne Ab- aber mit Zufluß und Blind~n, die weder Zu- noch Abfluß besitzen; permanente ~e sind ständig mit Wasser (u. U. variierender Wasserstände) gefüllt, temporäre hingegen nur zeitweilig (nach entsprechend ergiebigen Niederschlägen; →stehendes Gewässer, →Gewässerumwälzung).

Seekreide, f; *{lake marl}* aus Organismenresten (durch limnische oder maritime →Sedimentation) gebildetes kreidiges →Sedimentgestein (→Kreide).

seepage; →Versickerung, →Perkolation, →Seihwasser

seepage into a groundwater section; →Zusickerung

seepage out of a groundwater section; →Aussickerung

seepage spring; →Naßstelle

seepage velocity; →Filtergeschwindigkeit

seepage water; →Seihwasser

Seeschwinde, f; →Schwinde

Seife, f; (*etm.*: Nebenform zu „Sieb) *{alluvial deposit}* →Sediment, in dem bestimmte Mineralien angereichert abgelagert wurden und (z. B. durch Sieben) daraus gewonnen werden können (z. B. Gold~, Diamant~).

Seihwasser, n; *{seepage (water)}* Wasser, das bei influenten Bedingungen

(→influenter Abfluß) aus oberirdischen Gewässern in den →Sickerraum übertritt, ohne daß es sich dabei um →Versinkung handelt (→Abb. S4), bei direktem Übertritt des Wassers in den →Grundwasserraum spricht man von →Uferfiltration; die ~bildung kann jedoch auch bei stark kolmatierten →Gerinnen (→Kolmation) im wesentlichen oder nahezu ausschließlich auf die (weniger kolmatierten höhergelegenen) Uferbereiche beschränkt sein, sie findet hier dann vorwiegend bei Hochwasserereignissen statt.

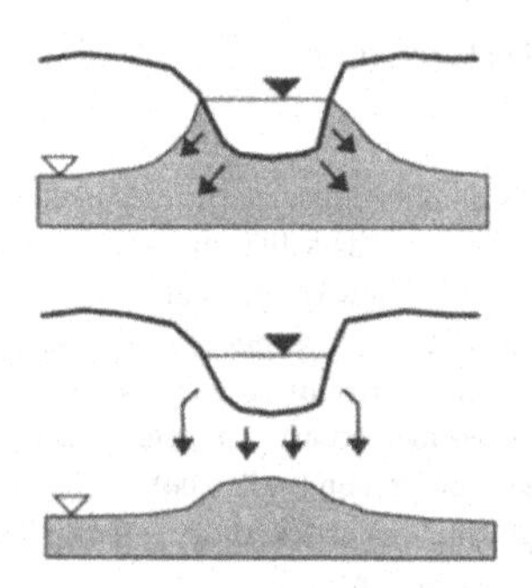

Abb. S4 *Uferfiltrat (oben), Seihwasser (unten)*

Seilfreifallbohrer, m; →Bohrung

seismics; →Seismik

Seismik, f; (*etm.*: gr. „seismos" die Erderschütterung) *{seismics}* auch Seismologie, Erdbebenkunde, Wissenschaft von der Entstehung, Ausbreitung und den Auswirkungen von Erdbeben, von deren geologischen Ursachen und ihrer geographischen Verbreitung, von den physikalischen Prozessen, die bei einem Erdbeben ablaufen, der Aufzeichnung der Erdbebenwellen und die Interpretation dieser Aufzeichnungen; ferner die Erzeugung künstlicher seismischer Wellen (z. B. durch Sprengungen) zur Untersuchung des geologischen Aufbaus des Erdinneren (→Erdaufbau), z. B. in der Lagerstättenkunde und in der Baugrundforschung, hierbei wird das spezifische Laufzeit- und Reflexionsverhalten der erzeugten Druckwellen in Abhängigkeit von der Dichteverteilung und der Anordnung von Schicht- und Verwerfungsgrenzen (→Schicht, →Verwerfung) im Erdinneren analysiert.

Seismologie, f; →Seismik

Seitenerosion, f; →Erosion

seitlicher Überfall, m; →Überfall

Selbstreinigung, f; *{autopurification}* im →Boden oder in einem →Gewässer ablaufende biologische, chemische und physikalische Prozesse, durch die eingetragene schädliche →Inhaltsstoffe abgeschieden, festgesetzt (→Immobilisierung) oder abgebaut (→Abbau) oder so verändert werden, daß sie ihre schädigende Wirkung verlieren.

semi aquiclude; →Grundwassergeringleiter

semiarid; (*etm.*: lat. „semi" halb und „aridus" trocken, dürr) *{semiarid}* als s. bezeichnet man ein Klima, in dem die Niederschlagsrate (→Niederschlag) unter der der →Evapotranspiration liegt, im Gegensatz zu dem voll→ariden Klima erfolgen hier jedoch die Niederschläge in ausgeprägtem, regelmäßigem jahreszeitlichem Wechsel.

semihumid; (*etm.*: lat „semi" halb und „humidus" feucht) *{semihumid}* Bezeichnung für ein Klima, in dem die Bedingungen des →humiden Klimas herrschen, jedoch nicht ganzjährig, sondern nur während der niederschlagsreicheren Jahreszeiten so, daß die Verdunstung in einem Zeitraum von höchstens sechs Monaten jährlich die Niederschläge überschreitet.

semihydrisch; →Bodenklassifikation

seminival; Schneeklima, in dem die Bedingungen des →nivalen Klimas im Verlauf eines Jahres nicht permanent, aber mindestens während sechs Monaten gegeben sind.

semipermeabel, (*etm.*: lat. „semi" halb und „permeare" passieren, durchgehen) *{semipervious, semipermeable}* eine Schicht, →Membran usw. heißt s. oder halbdurchlässig, wenn sie →Gemische derart trennen kann, daß sie für bestimmte Ionen- oder Molekülarten durchlässig ist, für andere jedoch nicht (→Ionensiebeffekt, →Osmose).

semipermeable; →semipermeabel

semipervious; →semipermeabel

semiquantitativ; (*etm.*: lat. „semi" und →quantitativ) auch halbquantitativ, Bezeichnung für Untersuchungen, die messend über die rein →qualitative Betrachtung hinausgehen, bezüglich der Meßergebnisse jedoch nicht die engen Fehlergrenzen der →quantitativen Analyse setzen, sondern eher numerische Ergebnisse erzielen, die eine vergleichende (komparative) Anordnung einzelner Meßfelder gestattet; ~e Untersuchungen werden vor allem unter Kosten/Nutzen-Erwägungen und bei Voruntersuchungen (→Machbarkeitsstudien, „feasibility studies") und Schnellanalysen durchgeführt.

semisubhydri; →Bodenklassifikation

semisubterrestrisch; →Bodenklassifikation

semiterrestrisch; →Bodenklassifikation

Semivariogramm, n; →Variogramm

Senkung, f; *{lowering (of water surface)}* beschleunigter Durchfluß eines →Fließgewässers in einem Bezugsquerschnitt durch Absenkung des →Wasserspiegels (→Abb. S5).

Senkungshöhe, f; *{lowering head}* Betrag h_{Se} der Höhendifferenz zwischen dem →Wasserspiegel bei →Senkung und dem bei unbeeinflußtem →Durchfluß in ein und demselben →Durchflußquerschnitt eines →Fließgewässers (→Abb. S5; →Stauhöhe).

Senkungslänge, f; *{water surface slope length}* Abstand l_{Se} zwischen der Stelle einer →Senkung in einem →Fließgewässer und der in Fließrichtung nächstgelegenen Stelle, an der eine →Senkungshöhe nicht mehr nachgewiesen werden kann (→Abb. S5).

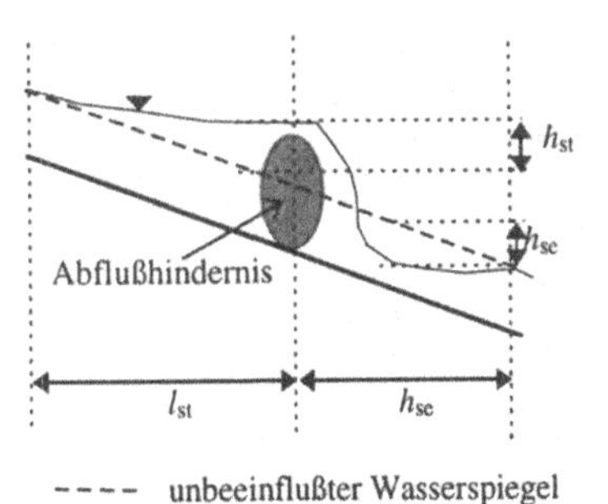

Abb. S5 ***Senkung, Stau***

Senkungslinie, f; *{water surface slope line}* Linie des Wasserspiegels in einem Längsschnitt durch ein →Fließgewässer, in dem eine →Senkung vorliegt (→Abb. S5).

separate system; →Trennverfahren, →Trennsystem

seperation; →Trennung

Serie, f; →Erdgeschichte

sessil; (*etm.*: lat. „sessilis" geeignet zum Sitzen) *{sessile}* auf einer Unterlage festsitzende, festgewachsene Organismen, z. B. →Pflanzen, bestimmte Muscheln, Algen usw., deren Lebensweise die

→Sessilität in all ihren Ausprägungsformen ist (ggs. →vagil).

sessile; →sessil

Sessilität, f; (*etm*: →sessil) festsitzende Lebensweise von Organismen, insbesondere von Tieren und vor allem in aquatischen Lebensräumen, die S. beruht auf dem Mangel an aktivem Fortbewegungsvermögen der →sessilen Organismen, bestimmte Organismen, die wohl zur Ortsveränderung befähigt sind, jedoch über längere Zeiträume an einem Ort verharren (z. B. Muscheln) werden als hemisessil (gr. „hemisys" halb) bezeichnet.

settlement; →Setzung

Setzung, f; *{settlement}* durch Auflast oder nach Grundwasserentnahmen erfolgende Verfestigung des Bodens im →Absenkungsbereich z. B. eines →Brunnens, die S. ist dann Folge fehlender Auftriebskräfte (→Archimedisches Prinzip) des abgesenkten Wassers, sie führt schließlich zu einer Volumenminderung des Erdreichs und zur Absenkung der Geländeoberfläche.

sewage; →Abwasser, →Schmutzwasser

sewage sludge; Klärschlamm

sewage treatment; →Abwasserreinigung

shearing; →Scherung

shear(ing) stress, →Schubspannung

shell limestone; →Muschelkalk

shell (of the earth); →Erdkruste

shoal; →Bank

Shoaling, n; infolge der →Refraktion eintretende Änderung des Schwingungsverhaltens von Wellen z. B. in Uferbereichen seichter Gewässer; durch die abnehmende Wellengeschwindigkeit (z. B. im Bereich einer →Bank *{shoal}*) werden insbesondere die Wellenlänge und die Wellenhöhe (→Welle) beeinflußt.

shooting; →Torpedierung

SHORE-Härte, f; →Härte

shoreline; →Küstenlinie

shrinkage; →Schrumpfung

SI; →SI-System

Sichten, n; Anreicherungs- oder Trennverfahren, bei dem die Partikel eines festfesten Gemenges (→Gemisch) unter dem Einfluß äußerer Kräfte (z. B. der Fliehkräfte in einer Zentrifuge oder der Strömungskräfte in einem Luftstrom beim Wind~) getrennt werden und sich dabei je Komponente des Gemenges in →Fraktionen anreichern.

Sickerfaktor, m; *{leakage factor}* auch Leckagefaktor genannter Term $L=\sqrt{Tc}$ (dim$L$=L) mit der Transmissivität T eines halbgespannten →Grundwasserleiters und dem →hydraulischen Widerstand c seiner Deckschicht gegen senkrechtes Fließen, der S. beschreibt die Verteilung des durch eine →Leckage übertretenden Grundwassers.

Sickerraum, m; *{percolation/vadose zone, zone of percolation}* auch vadose (*etm.*: lat. „vadosus" Untiefen enthaltend) Zone, im Beobachtungszeitpunkt grundwasserfreier Gesteinskörper (→Zone).

Sickerstrecke, f; *{seepage surface* (für die eigentlich zweidimensionale Ausbildung einer Sickerfläche)*}* vertikale Strecke σ zwischen der z. B. in einen Brunnen (oder ein oberirdisches Gewässer) eintretenden →Grundwasseroberfläche (in der Darstellung eines →vertikal-ebenen Modells) und dem Wasserspiegel (→Abb. D15) bzw. zwischen der tatsächlichen Grundwasseroberfläche und der DUPUIT-Oberfläche am Eintrittspunkt in den Brunnen (oder das oberirdische Gewässer; →DUPUIT-FORCHHEIMERsche Abflußformel); die Länge si der S. in einem Brunnen kann im Fall eines isotropen und homogenen freien →Grundwasserleiters näherungsweise bestimmt werden zu $si=s^2/(2h_{Gw})$

aus der →Absenkung *s* im Brunnen und der unbeeinflußten Grundwassermächtigkeit h_{Gw}.

Sickerwasser, n; *{infiltration/vadose water}* Wasser, das unter Einwirkung der Schwerkraft durch den →Sickerraum transportiert wird.

Sieblinie, f; *{grading curve; grainsize distribution curve}* graphische Darstellung der Korngrößenverteilung (→Korngröße) in einem Korngemisch als (relative) Summenhäufigkeit (→Häufigkeit) in einem rechtwinkligen Koordinatensystem, Abszisse ist der Korndurchmesser *d*, Ordinate der prozentuale Massenanteil einer Probe, deren Korndurchmesser den Abszissenwert *d* nicht überschreitet (bei einer Siebanalyse also ein Sieb der Maschenweite *d* als Siebgut passierte, werden die jeweiligen Siebrückstände erfaßt, so ist die dabei gewonnene Rückstandskurve in Abhängigkeit von *d* symmetrisch zu einer durch den Schnittpunkt der S. und der Rückstandkurve parallel zur *d*-Achse verlaufenden Gerade), die S. verläuft wegen der großen Zunahme feinkörniger Fraktionen näherungsweise logarithmisch, aus diesem Grund wählt man zum Zwecke der übersichtlicheren Darstellung i. allg. eine logarithmisch unterteilte Abszisse (→Abb. K11); aus den in einer S. wiedergegbenen statistischen Korngrößenverteilungen eines →Lockergesteins lassen sich Rückschlüsse auf die hydraulische Leitfähigkeit (→DARCYsches Gesetz) des Korngemisches gewinnen, hierzu sind eine Fülle unterschiedlicher empirisch gewonnener Auswertalgorithmen bekannt (z. B. →HAZEN, →BEYER).

Sieden, n; →Phasenübergang

Siedepunkt, m; *{boiling point}* Temperatur T_b bei der der Sättigungsdampfdruck (→Dampfdruck) einer Flüssigkeit den Wert p=1013,35 hPA erreicht, er wird auch als Taupunkt des Dampfes bezeichnet, für destilliertes Wasser liegt der S. bei T_b=373,15 K oder ϑ=100 °C.

Siedepunktserhöhung, f; *{boiling-point elevation}* der in →Lösungen eintretende Effekt der Verschiebung der Dampfdruckkurve (→Dampfdruck, →Zustandsdiagramm) der Lösung; in Abhängigkeit von der Konzentration des gelösten Stoffes in der Lösung tritt eine Erhöhung des Siedepunktes der Lösung ein (→Abb. S6, →Gefrierpunktserniedrigung); als →kolligative Eigenschaft der Lösung hängt die S. ΔT_b nur von dem Lösungsmittel und der Konzentration (z. B. der →Molalität *b*) des gelösten Stoffes, nicht jedoch von seiner Art ab zu $\Delta T_b = k_b \cdot b$ (→RAOULTsches Gesetz), mit der ebuilloskopischen Konstante *{ebullioscopic constant}* k_b, die z. B. den Wert $k_b(H_2O)$=0,52 °C·kg/mol für Wasser besitzt, so daß man aus gemessener S. ΔT_b (z. B. in °C) die Molalität *b* des gelösten Stoffes (in mol/kg) bestimmen kann (Ebullioskopie).

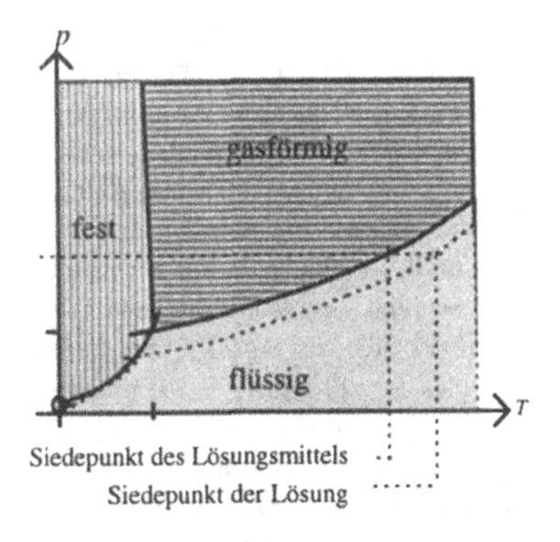

Abb. S6 ***Siedepunktserhöhung***

Silage, f, (*etm.*: frz. „ensilage“ im Silo gelagert) *{silage}* durch Einsäuern in landwirtschaftlichen Betrieben haltbar gemachtes Grünfutter für die Tierhaltung, bei unzureichender Abdichtung der Speicher kann von austretendem nitrathaltigem und mit sonstigen Rückständen belastetem ~wasser (→Silosickerwasser) eine Gefährdung der Bodenfauna und -flora und des Grundwassers ausgehen.

silicic acid; →Kieselsäure

Silicium, n; →Silizium

silicon; →Silizium

silicon dioxide; →Silikat

silification; →Silifizierung

Silifizierung, f; *{silification}* auch Verkieselung, Verfestigung eines →Lockergesteins durch Einlagerung von →Kieselsäuren (z. B. SiO_2) in das Korngefüge bei gleichzeitiger Verringerung der Porenziffer (→Hohlraumanteil) oder Verdrängung anderer Matrixbestandteile.

Silikat, n; (*etm.*: lat. „silex“ der Kieselstein) *{silicon dioxide}* Salz der →Kieselsäure mit räumlich eng begrenzter ringförmiger oder azyklischer Anordnung der Molekülbausteine oder mit räumlich lokal unbegrenzten Ketten-, Band-, Schicht- oder Gerüststrukturen (Polysilikatstrukturen) (→Abb. S7), deren Komplexe über die den ~en zugehörigen Metallionen (hauptsächlich Kalium, Natrium, Calcium, Magnesium, Aluminium und Eisen) miteinanader verbunden sind (z. B. →Alumosilikat); die natürlichen ~e sind zusammen mit dem Siliziumdioxid SiO_2 zu ca. 90 % am Aufbau der festen Erdkruste (→Erdaufbau) beteiligt, die Ortho~ enthalten ein tetraederförmiges $(SiO_4)^{4-}$-Anion (Insel~), in den Orthodi~en einen über eine Sauerstoffbrücke an einer Spitze zusammengesetzten Doppeltetraeder (Gruppen~; →Abb. S7).

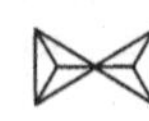

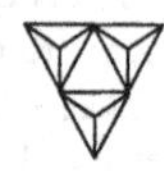

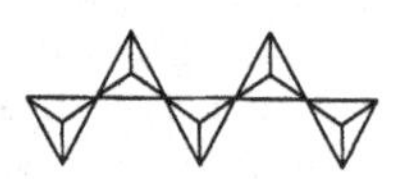

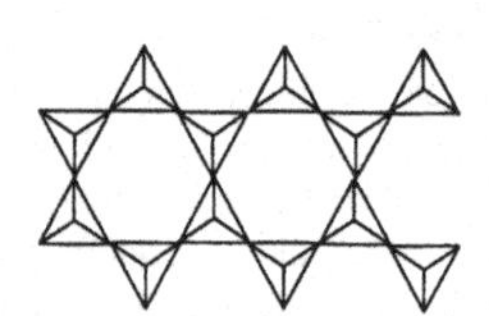

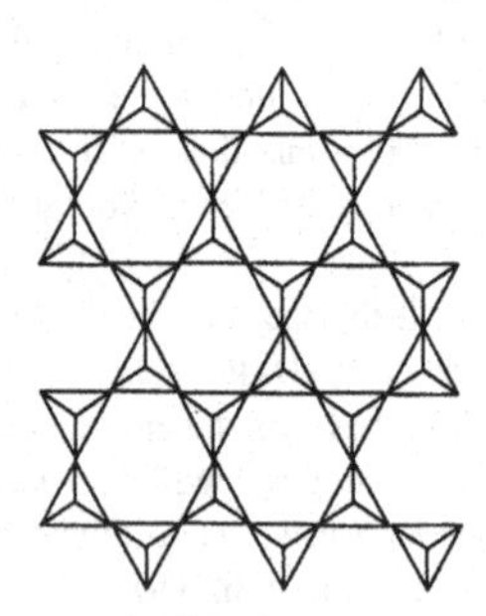

Abb. S7 ***Silikate***

Silizium, n; *{silicon}* halbmetallisches Element (Halbleiter) der →Kohlenstoffgruppe, der IV. Hauptgruppe des →Periodensystems der Elemente, mit dem Elementsymbol Si; Si kommt nicht in freier, sondern nur in gebundener Form in der Natur vor, es ist das nach dem →Sauerstoff in Form von Oxiden und →Silikaten, den Salzen der →Kieselsäuren, meistverbreitete Element und Bestandteil vieler Gesteine, der Pflanzen und der Skelette einiger niederer Organismen.

silt; →Schlick

silting; →Verlandung, →Versandung

Silosickerwasser, n; bei →Silage in den Silierbehältern entstehende Flüssigkeit, die beim Austritt grundwassergefährdend versickert, der →biologische Sauerstoffbedarf BSB_5 des ~s liegt bei ca. 50.000-100.000 mg/ℓ, so daß ein 1 ℓ S. bezüglich der Sauerstoffzehrung ungefähr 250 ℓ kommunalen Abwässern entspricht.

Silur, n; →Erdgeschichte

similarity criteria; →Ähnlichkeitsgesetz

single grain structure; →Einzelkorngefüge

sink; →Schluckloch, →Ponor

sink hole; →Doline

sinking; →Abteufen; →Versinkung

sinking river; →Flußschwinde

Sinkstoff, m; →Schwebstoff

Sinter, m; Metallschlacke, Ausfällung von Metallverbindungen aus dem Wasser, z. B. in Quellen oder in →Filtern (→Versinterung)

siphon; →Düker

Siphon, m; (*etm.*: gr. „siphon" die Saugröhre) *{water trap}* Verschluß einer Höhle, der durch das Eintauchen der Höhlendecke in ein Höhlengewässer entsteht; zur Bildung eines ~s kann es z. B. durch Ablagerungen von →Sinter u.ä. an der Höhlendecke kommen; als künstlich angelegter S. auch als →Düker bezeichnet.

SI-System, n; im Système International d'Unités festgelegtes System von physikalischen Basisgrößen und -Einheiten und daraus abgeleiteten Größen und Einheiten (→Tab. S2).

Skala, f; (*etm.*: it. „scala" die Leiter) Einteilung der Anzeige eines Meßinstrumentes in Vielfache der Maßeinheit, die dem durch das Instrument erfaßten Größenwert der gemessenen physikalischen Größe entspricht.

Skalarfeld, n; wird jedem Punkt P des Raumes eine skalare Größe $f=f(P)$ - z. B. eine →Temperatur $f\equiv T=T(P)$, eine Dichte

Basisgröße	Formelzeichen	Dimensionssymbol	Einheit
→Länge	l	L	m
→Masse	m	M	kg
→Zeit	t	T	s
→elektrische Stromstärke	I	I	A
→thermodynamische Temperatur	T	Θ	K
→Stoffmenge	n	N	mol
→Lichtstrom	I_e	J	cd

Tab. S2 ***Basisgrößen im SI-System***

$f \equiv \rho = \rho(P)$ - zugeordnet, so bezeichnet man diese Zuordnung $P \rightarrow f(P)$ als S.

slipoff bank; →Gleitufer

slipoff slope; →Gleithang, →Gleitufer

slope; →Gefälle, →Hangneigung

sludge; →Schlick

slurry; →Suspension

Smog, m; aus den englischen Worten „smoke" (Rauch) und „fog" (Nebel) zusammengesetztes Kunstwort, das ursprünglich nur das bei austauscharmen Inversionswetterlagen (→Inversion) über Ballungsräumen auftretende Phänomen der Ansammlung von Abgasen und Schwebstoffen über den bodennahen Kaltluftmassen (London-Smog) bezeichnete, als Los-Angeles-Smog umfaßt es inzwischen aber auch den hauptsächlich in den Sommermonaten auftretenden →photochemischen Smog.

smoothing; →Glättung

SMOW-Standard, m; (standard mean-ocean-water) Bezugsgrundlage der Verteilung des Wasserstoffisotops ^{2}H und des Sauerstoffisotope ^{18}O als deren mittlere Häufigkeit im Meerwasser; beim Flüssigkeitstransport vom Meer auf die Kontinente im →hydrologischen Kreislauf erfolgt eine temperatur- und höhenabhängige →Fraktionierung der Isotope und Wassermodifikationen nach ihren unterschiedlichen Gewichten; wegen der periodisch schwankenden Temperaturen bilden sich dabei auf den saisonalen Temperaturverlauf bezogene Isotopenverteilungen in den Niederschlägen aus, die jahreszeitlich (z. B. infolge der Interzeptionsverdunstung) weiter differenziert werden, und im →Grundwasser nach dessen Neubildung registriert werden können und somit der Bestimmung des Alters und der Herkunft des Grundwassers dienen (→Niederschlagsgerade).

snow; →Schnee

snow cover; →Schneedecke

snow cover outflow; →Schneedeckenausfluß

snow cover season; →Schneedeckenzeit

snow depth; →Schneedeckenhöhe

snow line; →Schneegrenze

snow melt runoff; →Schneeschmelzabfluß

snow metamorphosis; →Schneemetamorphose

sodium; →Natrium

sodium fluorescein; →Uranin

softening; →Enthärtung

softening of water; →Wasserenthärtung

soft hail; →Graupel

Sohle, f; *{bed, bottom}* (näherungsweise) horizontale unterste Begrenzungsfläche eines vertikalen Grubenbauwerkes (→Abteufen), als Gewässersohle eines Flusses oder Kanals (→Gewässerbett) oder als Talsohle eines Tals dessen untere näherungsweise horizontale Begrenzungsfläche.

Sohlenbauwerk, n; Bauwerk auf der →Sohle eines →oberirdischen Fließgewässers, das dort quer zur Strömungsrichtung und i. allg. über die gesamte Gewässerbreite angelegt ist und im Bereich der Gewässersohle die →Erosion infolge der →Schubspannung (durch deren Minderung) verhindern soll.

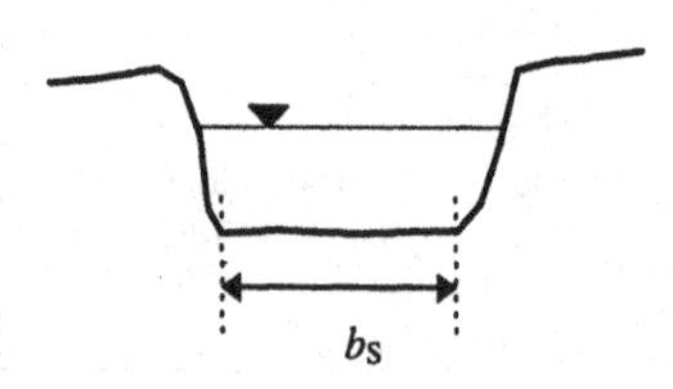

Abb. S8 ***Sohlenbreite*** b_S

Sohlenbreite, f; *{bed/bottom width}* Abstand b_S der Endpunkte der Schnittlinie der Gewässersohle (→Gewässerbett) eines →Fließgewässers in einem senkrecht zur Fließrichtung durch das Gewässerbett gelegten Querschnitt (→Abb. S8).

Sohlengefälle, n; *{bed/bottom slope}* →Gefälle I_S (→Abb. G1) der Gewässersohle (→Gewässerbett) eines →Fließgewässers in Fließrichtung.

Sohlengeschwindigkeit, f; *{bottom velocity}* →Fließgeschwindigkeit v_S eines →Fließgewässers in unmittelbarer Nähe der Gewässersohle (→Gewässerbett); bei der →Durchflußermittlung mit dem hydrometrischen Flügel wird bei der Erstellung der →Geschwindigkeitsfläche die S. zu v_S=0 angesetzt.

soil; →Boden

soil aggregate; →(Boden-) Aggregat, →Bodengefüge

soil air; →Bodenluft

soil amelioration; →Melioration

soil classification; →Bodenklassifikation

soil erosion; →Bodenerosion

soil evaporation; →Bodenverdunstung

soil fabric; →Bodengefüge

soil fauna; →Bodenfauna

soil flora; →Bodenflora

soil gas; →Bodenluft

soil horizon; →Bodenhorizont

soil melioration; →Melioration

soil moisture; →Bodenfeuchte

soil organism; →Bodenorganismus

soil profile; →Bodenprofil

soil sample; →Bodenprobe

soil structure; →Bodengefüge

soil type, →Bodenart, →Bodentyp

soil water; →Bodenwasser, →Bodenfeuchte

soil-water region; →Durchwurzelungsbereich

soil wetness due to adsorptive and capillary water; →Haftnässe

soil zone; →Zone

Sol, n; →Kolloid

Solarkonstante, f; ohne Einflußnahme der →Atmosphäre in der Zeiteinheit und je Flächeneinheit bei mittlerem Sonnenabstand und senkrechter Sonneneinstrahlung der Erdoberfläche von der Sonne zuströmende Wärmeenergie q_s mit q_s =1,37 kW/m^2 (nach DIN, bzw. q_s =1,35 kW/m^2 nach CIE-Norm); tatsächlich unterliegt die S. Schwankungen, so daß die angegeben Werte für q_s Mittelwerte sind (→Phyrheliometer).

Sole, f; *{brine}* Wasser mit einem →Massenanteil w an gelösten Salzen von mindestens $w \geq 14$ g/kg (auch als Wasser mit einer →Massenkonzentration β von mindestens $\beta \geq 40$ g/ℓ gelöster Salze definiert).

solid; →fest, →Festkörper, →Feststoff, →Phase

solid rock; →Festgestein

solifluction; →Solifluktion

Solifluktion, f; (*etm.*: lat. „solidus" fest bzw. „solum" der Boden und „fluctus" die Strömung) *{solifluction}* auch als Bodenfließen bezeichnete Fließbewegung des durch Kryoturbation (→Pedoturbation) bewegten Bodens über Festgestein oder Bodens, der z. B. unter dem Einfluß des →Permafrostes steht (→Hangbewegung).

solubility; →Löslichkeit

solubility product; →Löslichkeitsprodukt

solute transport model; →Transportmodell

solution; →Lösung

solution cavity; →Lösungsfuge

Sonnenscheindauer, f; als reelle oder tatsächliche S. Summe t_S, dim t_S=T und [t_S]=h oder dim t_S=1 und t_s in %, der Zeitintervalle, in denen die direkte Sonnenstrahlung durch Bewölkung praktisch nicht abgeschwächt den Erdboden erreicht, entweder als Länge dieser Zeitspanne in einem Bezugszeitraum oder relativ, d. h. prozentual im Verhältnis zur astronomisch möglichen (potentiellen) S., dem Zeitraum, in dem die Sonne am Bezugsort über dem Horizont steht, die Werte dieser relativ angegebenen S. liegen zwischen ca. 20 % im subarktischen Bereich und etwa 90 % in den subtropischen Trockengebieten (bezogen auf ein Jahr).

Sorbat, n; →Sorption

sorbate; →Sorbat, →Sorptiv

sorbend; →Sorbens

Sorbens, n; →Sorption

Sorption, f; *{sorption}* Sammelbezeichnung für die Bindung von Stoffen durch →Absorption, →Adsorption oder →Kapillarität (auch durch →Resorption und durch →Kapillarität), das Bindungsvermögen des sorbierenden Stoffes ist die Sorptionskapazität; im Falle einer reversiblen S. ist ihre Umkehrung, die Freisetzung der sorbierten Stoffe, eine Desorption, wobei dieser Begriff hauptsächlich bei der Umkehrung der Absorption und der Adsorption Verwendung findet; der aufnehmende Stoff wird auch als Sorbens *{sorbend}* bezeichnet, der aufgenommene als Sorbat *{sorbate}* oder Sorptiv *{sorbate}*; häufig spricht man von S., wenn bei der Bindung eines Stoffes durch einen anderen nicht näher bekannt ist, ob sich um eine Ab- oder Adsorption usw. handelt.

Sorptiv; →Sorption

Sortierung, f; *{grading, sorting}* →qualitatives Kriterium zur Charakterisierung von →Sedimenten unter dem Aspekt ihrer Schichtung in statistisch einheitlichen Korngrößenklassen (→Korngröße).

sorting; →Sortierung

Spaltenquelle, f; →Quelle

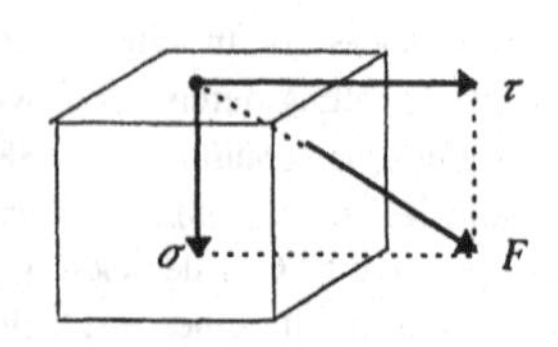

Abb. S9 ***Spannung***

Spannung, f; *{tension}* **1.)** die Spannung p dim$p$=F/L^2 ist die Flächenkraftdichte

$$p = \mathrm{d}F/\mathrm{d}A$$

der Reaktionskraft F je Flächenelement dA, die der Deformation eines elastischen Körpers unter der Einwirkung äußerer Kräfte entgegensteht; diese elastische S. läßt sich zerlegen (→Abb. S9) in eine Normalkomponente, die Normal~ *{normal stress}* σ, die in Richtung der Flächennormalen (→Normalenrichtung) wirkt, und in eine Tangentialkomponente, die in Tangentenrichtung wirkende Tangential- oder →Schubspannung τ; die inneren Spannungszustände in einem würfelförmigen →Kontrollvolumen eines elastischen Körpers werden damit durch eine tensorielle Größe, den ~stensor $\boldsymbol{\tau}$, beschrieben; **2.)** →elektrische Spannung.

spannungsfreier Porenanteil m; derjenige Porenanteil n_O, dimn_O= 1 (→Hohlraumanteil), der einem Porenvolumen entspricht, in dem das Wasser sich (Saug-) spannungsfrei, das ausschließlich unter dem Einfluß der Schwerkraft, bewegt.

Spannungsreihe, f; *{electrochemical /electromotive series}* die (elektrochemische) S. ist die Anordnung der Metalle nach ihrem Normalpotential ε_0 (→Redoxpotential, →NERNSTsche Gleichung), die

S. wir angeführt vom Lithium (Li) mit ε_0(Li)=-3,02 V und endet beim Gold (Au) mit ε_0(Au)=+1,5 V.

species; →Art

specific capacity (of a well); →Brunnencharakteristik, →Fassungsvermögen (eines Brunnens)

specific capacity test; →Brunnenleistungsversuch

specific erosion; →Gebietsabtrag, → Gebietsaustrag

specific permeability; →Permeabilität

specific surface discharge; →Abflußspende

specific volume (of a well); →Fassungsvermögen (eines Brunnens)

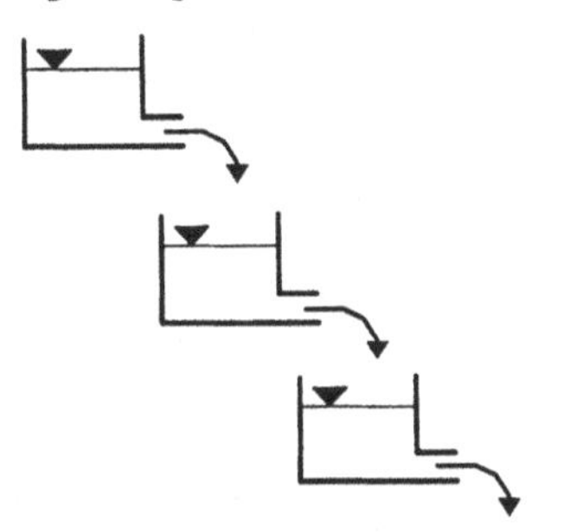

Abb. S10 *Speicherkaskade*

spectroscopy; →Spektroskopie

spectrum; →Spektrum

Speicher, m; *{reservoir}* den →Abfluß regulierender, die →Abflußganglinie prägender →Körper (→Puffer), als natürliche S. wirken z. B. →Gebietsrückhalt, →Gerinneretension (in natürlichen →Gerinnen), →Seen, →Ausuferung, das Speicherungsvermögern des Gesteins (als Grundwasserspeicher, →Trockenwetterfallinie) usw., ferner dienen als S. künstliche S., z. B. →Polder, →Hochwasser- und →Regenrückhaltebecken als →Entlastungsbauwerke sowie →Speicherbauwerke zur Bevorratung des Oberflächenabflusses durch gezielte Abgabe (→Abgaberegel); eine Folge hintereinander angelegter S. wird als ~kaskade bezeichnet, sie ist als →Modell Grundlage der →Abflußkonzentration (→lineare ~kaskade).

Speicherbauwerk, n; künstlich errichteter →Speicher zur Bewirtschaftung z. B. der Niederschläge (→Niederschlag) in Zisternen (unterirdisch angelegten Regenwasserspeichern) oder des →Abflusses in oberirdischen Fließgewässern in →Talsperren, mit deren Hilfe die Fließgewässer z. B. als Verkehrswege genutzt werden können, oder durch gezielte Abgabe (→Abgaberegel) der Wasserhaushalt im →Ober- und Unterwasser der ~e reguliert werden kann (→Entlastungsbauwerk, →Linearspeicher).

Speichergestein, n; →Migration

Speicherinhalt, m; *{inventory, storage volume}* Volumen des in einem Grundwasserspeicher (→Speicher) enthaltenen Grundwassers in Abhängigkeit von den geometrischen Abmessungen des Speichers und seinem speicherwirksamen →Hohlraumanteil.

Speicherkapazität, f; *{storage capacity}* kapillare S. →Kontinuitätsgleichung

Speicherkaskade, f; →Speicher, →Speicherbauwerk, →lineare Speicherkaskade, →Abb. S10

Speicherkoeffizient, m; *{storage coefficient, coefficient of storage, storativity}* durch Gestein und Mächtigkeit bestimmter Parameter eines →Grundwasserleiters, der spezifische S. S_s mit dimS_s=L^{-1} ist dabei das lokale Speichervermögen als Änderung des gespeicherten Wasservolumens je Volumeneinheit des betrachteten →Grundwasserraumes bei Änderung der →Standspiegelhöhe h_p um eine Einheit (z. B. [h_p]=m und [S_s]=m^{-1}), der

S. S des Grundwasserleiters ist Integral über den spezifischen *S*. S_s von der Grundwassersohle bis zur Grundwasseroberfläche, d. h. über die Mächtigkeit h_{Gw} des betrachteten Grundwasserleiters (→Grundwassermächtigkeit):

$$S = \int_0^{h_{GW}} S_s(z)dz$$

mit vertikaler *z*-Koordinatenrichtung und $\dim S = 1$, in einem freien Grundwasserleiter gilt näherungsweise $S \approx n_{Sp}$, die Übereinstimmung des S. *S* mit dem speichernutzbaren →Hohlraumanteil n_{sp} (→Hohlraumanteil).

speichernutzbarer Hohlraumanteil, m; →Hohlraumanteil

speichernutzbares Hohlraumvolumen, n; →Hohlraumanteil, →Hohlraumvolumen

Spektrographie, f; →Spektroskopie

Spektrometrie, f; →Spektroskopie

Spektroskopie, f; *{spectroscopy}* Analyseverfahren auf der Grundlage der Zerlegung eines Probematerials in ein →Spektrum seiner →Komponenten, z. B. entsprechend der auf die Masse bezogenen Ladung der ionisierten Bestandteile (→Massenspektroskopie) eines →Gemischs oder durch Auswertung der bei Resonanzabsorption (→Absorption) im verdampften Probematerial erfolgenden charakteristischen Absorptions- (→Atomabsorptionsspektroskopie) oder Emmissionsprozesse; bei nur →qualitativem Nachweis der einzelnen Komponenten der Analysesubstanz spricht man auch von Spektrographie, bei quantitativer Bestimmung der →Anteile oder →Konzentrationen der Komponenten im gesamten Gemisch von Spektrometrie.

Spektrum, n; (*etm.*: lat. „spectrum" die Erscheinung) *{spectrum}* Zerlegung eines →Gemisches (oder einer Überlagerung, →Superposition, z. B. von →Wellen) in seine einzelnen →Komponenten mit der Bestimmung der relativen →Häufigkeit jeder Komponente in dem Gemisch oder der Überlagerung.

spezielle Gaskonstante, f; →Gaskonstante

Spezies, f; →Art

spezifische Leitfähigkeit, f; →elektrische Leitfähigkeit

spezifische Partialstoffmenge, f; →Stoffmengenkonzentration *q* einer in einer Lösung gelösten Substanz mit $\dim q = N/M$ in z. B. mol/kg, d. h. daß in einer Lösung der s. P. *q q* mol der gelösten Substanz in 1 kg der gesamten Lösung enthalten sind (→Molalität, →Molarität).

spezifischer elektrischer Widerstand, m; →elektrischer Widerstand

spezifische Wärmekapazität, f; → Wärmekapazität

spillage; →Entlastung

spillway; →Überlauf; →Wehr

Spirillium, n; →Bakterium

Spline, m; ganzrationale Funktion $y = ax^3 + bx^2 + cx + d$ dritter Ordnung als Baustein einer →Glättung einer diskreten Meßwertefolge $(x_1,y_1),...,(x_n,y_n)$ (z. B. einer →Zeitreihe, in der $x \equiv t$ die Zeit ist) so, daß durch die Punkte $(x_1,y_1),...,(x_n,y_n)$ eine insgesamt glatte (d. h. zweimal differenzierbare) Ausgleichskurve verläuft.

Sporentriftversuch, m; Bestimmung der Grundwasserströmung unter Verwendung von Sporen (z. B. Bärlappsporen) als →Markierungsstoff.

spray irrigation; →Beregnung

spring; →Quelle

spring discharge; →Quellschüttung

sprinkler irrigation; →Beregnung

spröde; *{brittle}* Bezeichnung für die Eigenschaft eines Stoffes, schon auf geringe mechanischen Belastungen mit

Materialbruch zu reagieren (ggs. →duktil).

Sprunghöhe, f; **1.)** →FROUDE Zahl; **2.)** *{fault displacement}* Größe der vertikalen →Komponente eines auf einer →Verwerfung beruhenden Sprungs.

Sprungweite, f; *{fault's horizontal shift; horizontal shift of a fault}* Größe der horizontalen →Komponente eines auf einer →Verwerfung beruhenden Sprungs.

Spülung, f; →Filter

Spurenelement, n; *{micro element}* auch Mikroelement, chemisches Element, das in kleinsten Mengen in Organismen enthalten ist und von ihnen mit der Nahrung zur Erhaltung des Lebens aufgenommen werden muß, ~e gehören zusammen mit weiteren in winzigen Mengen lebensnotwendigen Substanzen (Vitamine, bestimmte Aminosäuren) zu den Spurenstoffe, die Teil der →Nährstoffe sind.

Spurenstoff, m; →Spurenelement

squeeze injection; →Wasserdrucktest

St; Abk. für Stokes, Einheit der kinematischen →Viskosität

Stabilisator, m; →Inhibitor

Stabilitätsfeld, n; *{stability field}* ebener Bereich, dessen Koordinaten (→Koordinatensystem) *pH*-Wert und Realpotential ε (auch *Eh*-Wert, →NERNSTsche Gleichung) einer Lösung sind, und in dem der durch das S. beschriebene Stoff stabil ist; für z. B. →Wasser erhält man das S. nach →Abb. S11, dessen untere Begrenzung das Redoxhalbsystem (→Redoxsystem)

$$2H_2O+2e \rightleftharpoons H_2+2OH^-$$

wiedergibt, die obere Begrenzung das Halbsystem

$$2H_2O \rightleftharpoons O_2+4H^++4e;$$

für wässrige Lösungen liegen die ~er der gelösten Substanzen innerhalb dieses ~es des Wassers.

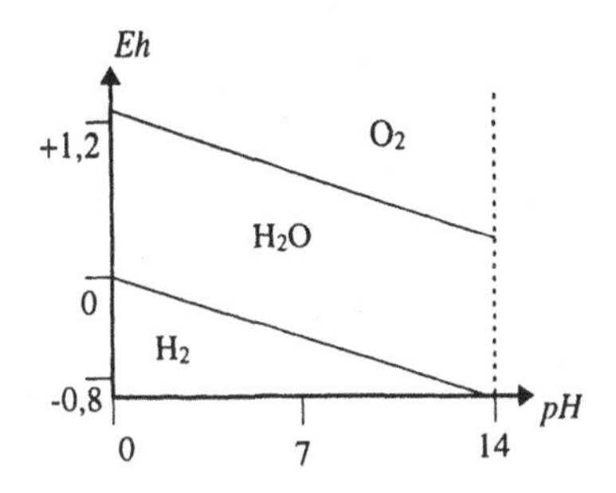

Abb. S11 ***Stabilitätsfeld***

staff; →Meßlatte

stage; →Wasserstand

stage-discharge relation; →Durchflußtafel, →Abflußtafel, →Durchflußkurve, →Abflußkurve

stage hydrograph; →Wasserstandsdauerlinie

stage record; →Durchflußtafel, →Abflußtafel

stagnant water; →stehendes Gewässer

stagnation point; →Kulminationspunkt; →Staupunkt

Stagnationsperiode, f; →Gewässerumwälzung

Standardabweichung, f; *{standard deviation}* Maß der Streuung der Stichprobenwerte $X_1,\ldots,X_n$ einer Stichprobe vom Umfang n um ihren →Mittelwert $\overline{X}$, das Quadrat S^2 der S. ist dabei definiert zu

$$S^2=\frac{1}{n-1}\sum_{i=1}^{n}(X_i-\overline{X})^2$$

(→Abb. S12 mit den Daten des zum Stichwort „Häufigkeit" beschriebenen Beispiels; →Varianz).

standard deviation; →Standardabweichung

standard mean ocean-water; →SMOW-Standard

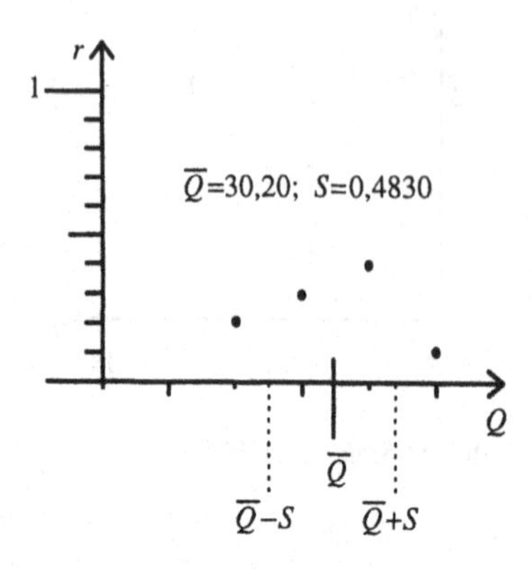

Abb. S12 ***Standardabweichung***

standing level; →Ruhe(wasser)spiegel

Standrohrspiegel, m; *{ground-/well-water level, piezometric/total hydraulic head}* Grundwasserspiegel, der sich in dem Meßrohr einer →Grundwassermeßstelle einstellt (→~höhe, →Grundwasserdruckfläche, →Abb. S13).

Standrohrspiegelgefälle, n; hydraulisches Gefälle $I=\Delta h_p/\Delta x$ (dim I = 1; →DARCYsches Gesetz) der →Standrohrspiegelhöhen h_{p1} bzw. h_{p2} benachbarter Meßpunkte (Abb. S13) als Quotient der Differenz $\Delta h_p=h_{p1}-h_{p2}$ (dim Δh_p = L) zwischen den Standrohrspiegelhöhen h_{p1} und h_{p2} in den Meßpunkten und dem (→geodätischen) Abstand Δx der Meßpunkte voneinander, wobei Δx in der Ebene gewessen wird.

Standrohrspiegelhöhe, f; *{hydraulic/piezometric head}* auch hydraulische Druckhöhe genannte Höhe des →Standrohrspiegels als Summe $h_p=h_0+h_D$ der geodätischen Höhe h_0 des gemessenen Punktes im Grundwasserleiter und der zugehörigen Druckhöhe h_D (dim h_D = L) (→hydraulischer Schweredruck, →Potential, →Potentialtheorie, →BERNOULLI-Gleichung, →Abb. S13).

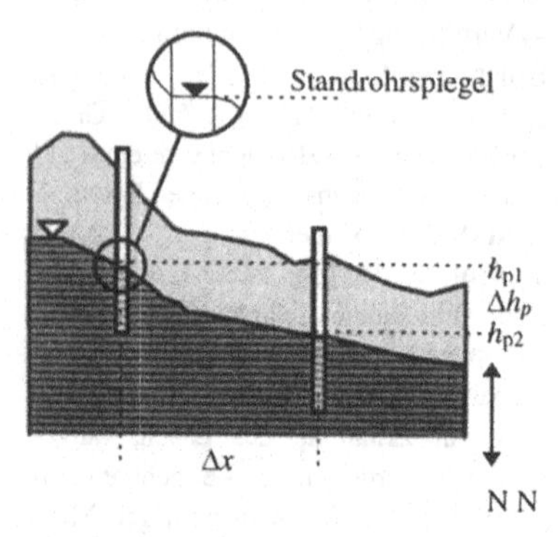

Standrohspiegelhöhen: h_{p1} und h_{p2}
- „ - gefälle: $\Delta h_p/\Delta x=(h_{p1}-h_{p2})/\Delta x$

Abb. S13 ***Standrohrspiegelhöhe und Standrohrspiegelgefälle***

state; →Aggregatzustand

state of aggregation; →Aggregatzustand

state of inertia; →Beharrungszustand

static level; →Ruhe(wasser)spiegel

static pressure; →hydraulischer Schweredruck

stationäre Grundwasserströmung, f; *{stationary/steady groundwater flow}* Grundwasserströmung mit zeitlich konstanter →Filtergeschwindigkeit; stationäre Strömungsverhältnisse liegen insbesondere an einer Grundwasserentnahmestelle vor, wenn dort die in der Zeiteinheit entnommene Wassermenge Q_E gleich der zuströmenden Wassermenge Q_Z ist (dim Q_E = dim Q_Z = L³/T und z. B. [Q_E] = [Q_Z] = ℓ/s) (→Förderrate, →Beharrungszustand).

stationäre Strömung, f; *{stationary/*

steady flow} Strömung, bei der die Strömungsgeschwindigkeit $\vec{v}=\vec{v}(P)$ nur vom Raumpunkt P (und nicht von der Zeit t) abhängt (ggs. instationäre Strömung).

stationary flow; →stationäre Strömung

stationary groundwater flow; →stationäre Grundwasserströmung

statische Druckhöhe, f; Druckhöhe h_D oder h_{st} (→BERNOULLI-Gleichung) $h_D = h_{st} = p_{st}/\rho g$ des statischen (→hydraulischen) Drucks p_{st} oder p_D.

statischer Druck, m; →hydraulischer Druck, →BERNOULLI-Gleichung

statistics; →Statistik

Statistik, f; *{statistics}* Erfassung und Auswertung zufälliger und in großem Umfang auftretender einzelner quantifizierbarer Tatbestände (→Zufallsgröße), ihre graphische Aufbereitung erfolgt in der darstellenden S., ihre Auswertung und Beurteilung mittels mathematischer Methoden in der analytischen S.; hierbei werden zu der zu untersuchenden Zufallsgröße einzelne Realisierungen als Stichprobe *{random sample}* erfaßt, die Anzahl n der Realisierungen ist der Stichprobenumfang; mit statistisch mathematischen Auswertungen, den Tests, werden diese Stichproben dann darauf untersucht, ob sie eine bez. der Zufallsgröße aufgestellte →Hypothese stützen oder nicht.

Stau, m; *{backwater}* Behinderung des Durchflusses eines →Fließgewässers infolge eines Hindernisses, z. B. abgelagerte →Feststoffe oder durch Bauwerke, die u. U. eigens zum Erzielen eines ~s errichtet wurden (ggs. →Senkung; →Staulänge; →Abb. S5).

Staudruck, m; der Geschwindigkeit v als →Druck zugeordneter Term $\rho v^2/2$ der →BERNOULLI-Gleichung in der Druckform.

Stauhöhe, f; *{water rise head}* Betrag h_{St} der Höhendifferenz zwischen dem → Wasserspiegel bei ungestautem →Durchfluß und dem bei einem →Stau an ein und demselben →Durchflußquerschnitt eines →Fließgewässers (→Abb. S5; →Senkungshöhe).

Stauhorizont, m; →Stauwasser

Staukörper, m; →Stauwasser

Staulänge, f; *{backwater length}* Abstand l_{St} zwischen der Stelle eines →Staus in einem →Fließgewässer und der entgegen der Fließrichtung nächstgelegenen Stelle, in der eine →Stauhöhe nicht mehr nachgewiesen werden kann (→Abb. S5, →Senkungslänge).

Staulinie, f; *{backwater curve}* Linie des Wasserspiegels in einem Längsschnitt eines →Fließgewässers, in dem ein →Stau vorliegt (→Abb. S5).

Staunässe, f; zeitlich begrenzte, anhaltende Durchfeuchtung und Vernässung des →Durchwurzelungsbereiches durch →Stauwasser mit einer einhergehenden Verdrängung der →Bodenluft, die schließlich zum Luftmangel führt.

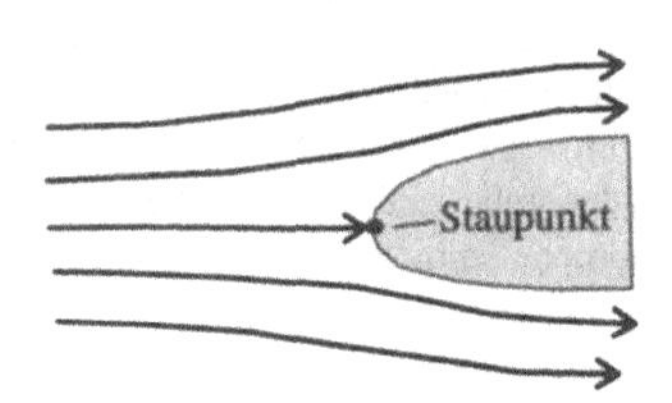

Abb. S14 *Staupunkt*

Staupunkt, m; *{stagnation point}* derjenige Punkt auf der Oberfläche eines von einem →Fluid gleichmäßig umströmten →Festkörpers, auf dem die Strömungsgeschwindigkeit des Fluids bis zum Stillstand relativ zur Festkörperoberfläche verzögert ist, die Verzögerung ist

Folge des Staus des strömenden Fluids vor dem Festkörper, die Staustromlinie (Stromlinie im S.; →Abb. S14) bildet bei einer glatten, d. h. stetig differenzierbaren Festkörperoberfläche zu dieser eine Normale (→Normalenrichtung).

Stauschwall, m; →Schwall

Stauwasser, n; *{perched water}* nur zeitlich begrenzt auftretendes, freies, nicht an die Bodenmatrix gebundenes Wasser, das über einer Bodenschicht geringer oder verschwindender Durchlässigkeit, dem Stauhorizont, einen ~körper bildet; der über dem Stauhorizont liegende Bodenhorizont, der S. weiterleiten kann, ist der ~leiter, seine untere Begrenzung die ~sohle.

Stauwasserleiter, m; →Stauwasser

Stauwassersohle, f; →Stauwasser

steady flow; →stationäre Strömung

steady groundwater flow; →stationäre Grundwasserströmung

steady state; →Beharrungszustand

steam; →Dampf

Stechzylinder, m; *{manual short core sampler}* oben und unten offener Metallzylinder mit i. allg. einseitig geschliffenem Bodenumkreis, der in ein →Lokkergestein eingedrückt wird, so daß sich in ihm eine (weitgehend) ungestörte →Bodenprobe sammelt und dem →Bodenkörper entnommen (abgestochen) werden kann.

stehendes Gewässer, n *{dead/stagnant water}* →Gewässer, in dem kein (oder ein im Verhältnis zu dem in dem Gewässer enthaltenen Wasservolumen nur geringfügiger) horizontaler Wassertransport unter dem Einfluß der Schwerkraft erfolgt; der Wasseraustausch in dem durch ein s. G. repräsentierten →Wasserkörper erfolgt i. allg. unter dem Einfluß des Temperaturgefälles (und der Windenergie) als vertikale →Gewässerumwälzung).

Steinsalz, n; →Natrium

stenök; →Stenökie

Stenökie, f; (*etm.*: gr. „stenos" eng und „oikos" deras Haushalt) Eigenschaft eines (als stenök bezeichneten) Organismus, bez. bestimmter Lebensbedingungen nur geringe Tolaranz gegenüber deren Schwankungen aufzuweisen (ggs. →Euryökie).

stetig; *{continuous}* Bezeichnung für einen Prozeß, der ohne sprunghafte Änderungen abläuft, mathematischen Betrachtungen der Stetigkeit liegt ein →Kontinuum zugrunde, eine Funktion oder allgemein Abbildung heißt dann s., wenn jede beliebig geringfügige Änderung der Argumente der Funktion zu einer ebenfalls nur geringfügigen Änderung der Funktionswerte führt; handelt es sich bei dem funktionalen Zusammenhang um eine Abhängigkeit des Funktionswertes von der Zeit, so spricht man im Fall stetiger auch von kontinuierlichen Funktionen (ggs. →diskret).

Stichprobe, f; →Statistik

Stichprobenumfang, m; →Statistik

Stickoxid, n; →NO_x, →nitrose Gase

Stickstoff, m; *{nitrogen}* Element der →Stickstoffgruppe, der V. Hauptgruppe des →Periodensystems der Elemente, mit dem Elementsymbol N; N kommt im wesentlichen als Di~ N_2 in der Natur vor, ca. 99 % des ~s sind in der Luft vorhanden, die ihn mit ca. 78 Vol.% enthält, gebunden tritt S. hauptsächlich in Form von →Nitraten, Salzen der Salpetersäure HNO_3, oder als mit dem Ammoniumion NH_4^+ dissozierende Ammoniumsalze auf.

Stickstoffgruppe, f; die S., die V. Hauptgruppe des →Periodensystems der Elemente, umfaßt die Elemente →Stickstoff (N), →Phosphor (P), →Arsen (As), Antimon (Sb), Bismut (Bi; früher auch Wismut genannt).

Stickstoffkreislauf, m; →Stoffkreislauf des →Stickstoffs, bei dem atmosphärischer Stickstoff durch →Depositionen (→saurer Niederschlag) auf die Erdoberfläche gelangt oder durch mikrobielle Prozesse in der →Hydro- und →Pedosphäre (→Nitrifikation) sowie in der Biomasse gebunden wird, durch die →Nahrungskette wird Stickstoff umgesetzt, gelangt über die Stoffwechselprodukte (→Metabolismus) der Organismen und Zersetzung der Biomasse in den Boden (→Ammonifikation), durch Auswaschung in das Grundwasser; bei der →Denitrifikation gelangt mit deren Zersetzungsprodukten Stickstoff in die →Atmosphäre, desgleichen durch die Tätigkeit der Vulkane; durch →anthropogene Einflüsse, z. B. die Verwendung stickstoffhaltiger →Düngemittel, Massentierhaltung, →Silosickerwasser und Verbrennungsprozesse, wird Stickstoff zusätzlich in größeren Mengen in die Umwelt eingebracht (→Abb. S15).

stilling basin; →Tosbecken

still water level; →Ruhewasserstand

stöchiometrische Wertigkeit, f; → Wertigkeit

Störungszone, f; *{fault/fractured zone}* Teil eines Gesteinskörpers, in dem zwei aneinanderstoßende Schollen an einer Trennfuge (→Kluft) gegeneinander verstellt sind, die quantitative Versetzung der Schollen gegeneinander kann dabei in Größenordnungen zwischen z. B. 10^{-3} m und 10^{3} m liegen (→Verwerfung).

Stoffkreislauf, m zyklische Bewegung von Stoffen, im wesentlichen durch die →Biosphäre, →Hydrosphäre, →Lithosphäre und →Atmosphäre als natürlicher S. oder unter →anthropogenen Einflüssen; z. B. →hydrologischer Kreislauf, →Phosphorkreislauf, →Schwefelkreislauf, →Stickstoffkreislauf, →Metallkreislauf, →Chlor.

Stoffmenge, f; *{amount of substance}* →Basisgröße im →SI-System mit dem Formelzeichen n, dem Dimensionssymbol $\dim n = \mathsf{N}$ und der Einheit $[n]$=mol (→mol), die S. ist die Zusammenfassung der elementaren Teilchen einer Substanz, ihre Basiseinheit mol ist definiert als diejenige Menge einer Substanz, die so viele elementare Teilchen enthält, wie 0,012 kg des Kohlenstoffisotops $^{12}_{6}C$, die S. 1 mol repräsentiert damit die Teilchenzahl $6{,}0220453 \cdot 10^{23}$ (→AVOGADROsche Konstante).

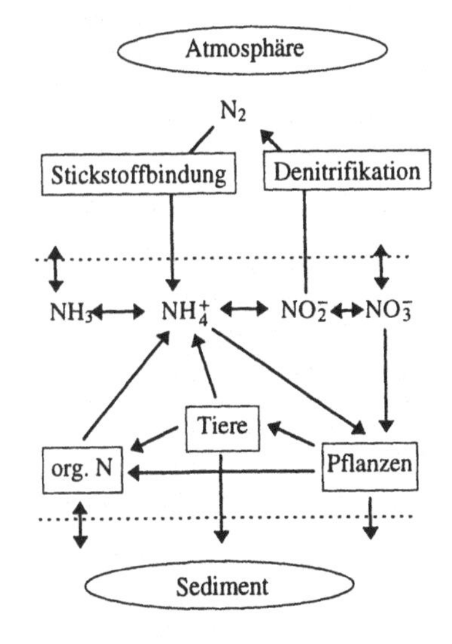

Abb. S15 ***Stickstoffkreislauf***

Stoffmengenanteil, m; der S. $x=x(\boldsymbol{K})$ einer Komponente $\boldsymbol{K}$ eines →Gemischs $\boldsymbol{G}$ (z. B. einer Lösung $\boldsymbol{L}$) an dem Gemisch $\boldsymbol{G}$ ist der Quotient $x=x(\boldsymbol{K})=n_K/n_G$ aus der →Stoffmenge $n_K=n(\boldsymbol{K})$ dieser Komponente $\boldsymbol{K}$ und der gesamten Stoffmenge $n_G=n(\boldsymbol{G})$ des Gemischs $\boldsymbol{G}$ mit z. B. der

Einheit $[x(K)]$=mol/mol als Stoffmenge n_K der Komponente K in mol in der Stoffmenge $n(G)$ des gesamten Gemischs in mol; der S. wird auch prozentual (in %) als Stoffmenge n_K der Komponente K in mol bezüglich 100 mol des gesamten Gemischs G angegeben (→Anteil).

Stoffmengenkonzentration, f; *{molar concentration}* S. $c=c(K)$ einer Komponente K in einer Lösung L ist der Quotient $c=n_K/V_L$ aus der →Stoffmenge $n_K=n(K)$ dieser Komponente K und dem gesamten Volumen $V_L=V(L)$ der Lösung L mit z. B. den Einheiten $[c(K)]$=mol/ℓ als Stoffmenge n_K des gelösten Stoffes in mol im Volumen V_L der Gesamtlösung L (→Konzentration); in der →Molalität und der →spezifischen Partialstoffmenge wird die Stoffmenge n_K der Komponente K auch auf die Masse $m_L=m(L)$ der Lösung L bezogen.

Stoffmengenverhältnis, n; Größenverhältnis $r=n_{K1}/n_{K2}$ mit $\dim r=1$ zwischen den Stoffmengen n_{K1} und n_{K2} zweier →Komponenten K_1 bzw. K_2 eines Gemisches G (→Verhältnis).

Stoffwechsel, m; →Metabolismus

Stollen, m; unterirdischer, nicht als Verkehrsweg genutzter, horizontal verlaufender Grubenbau; S. dienen zum einen der Erschließung von Lagerstätten im Bergbau, zum anderen der Wasserführung, speziell zum einen der Abwasserführung in Kanalisationssystemen, zum anderen z. B. der Abführung von Wasser aus Stauanlagen durch Verbindungs~ zwischen verschiedenen →Speicherbauwerken oder als Umlauf~ der Wasserführung durch das umgebende Gebirge um Speicherwerke herum; Druck~ führen bis zum Scheitel Wasser unter Druck, in Freispiegel~ kann sich hingegen, da sie nicht bis zum Scheitel angefüllt sind, ein →Wasserspiegel ausbilden.

storage capacity; →Speicherkapazität

storage change; →Vorratsänderung

storage coefficient; →Speicherkoeffizient

storage over area; →Gebietsrückhalt

storage volume; →Speicherinhalt

storativity; →Speicherkoeffizient

storm control reservoir; →Regenrückhaltebecken

Strahlung, f; *{radiation}* gerichtete Ausbreitung von Energie, die S. erfolgt als Wellen- (Schall- und elektromagnetische Wellen) oder als Korpuskular~, dem Energietransport durch bewegte Partikel; bei der ~sausbreitung in der Materie kommt es in Abhängigkeit von der Dichteverteilung des ~strägers zu →Reflexions- und →Refraktionserscheinungen; in Abhängigkeit von der Ladung der bei der Korpuskular~ bewegten Partikel bzw. der ~senergie wird S. als ionisierend bezeichnet, wobei man als direkte Ionisation die durch Stoß der geladenen Teilchen bei z. B. →Alpha- und Beta~ erfolgende Überführung von nicht geladenen Materiebausteinen in →Ionen bezeichnet, unter indirekter Ionisation versteht man hingegen eine infolge des Energieübertrages beim Stoß eines ungeladenen ~steilchen (z. B. Neutronen, Gamma- und Röntenstrahlung) erfolgende Ionisation der angestossenen Partikel.

Strahlungsbilanz, f; auch Strahlungshaushalt der Erde, mit den positiven Bilanztermen S_I der direkten Sonneneinstrahlung, S_D der diffusen Einstrahlung (→Reflexion) und der →Gegenstrahlung S_G, denen die negativen Terme der reflektierten Strahlung S_R und der langwelligen (Wärme-) Ausstrahlung S_A gegenüberstehen mit der ~gleichung (→Energiebilanz)

$$S=S_I+S_D+S_G-S_R-S_A.$$

Strahlungshaushalt, m; →Strahlungsbilanz

straight circulation; →Druckspülung

Strand, m; →Küste

stratification; →Schichtung

Stratigraphie, f; (*etm.*: lat. „stratum" das Lager und gr. „graphein" aufzeichnen) *{stratigraphy}* Arbeitsgebiet der Geologie, das als „Schichtenkunde" die zeitliche (→Geochronologie) und räumliche Bildungsfolge der Gesteine ordnet, und zwar unter physikalischen und chemischen Gesichtspunkten oder anhand von →Leitorganismen (→Fossil) als Bio~.

stratigraphy; →Stratigraphie

Stratosphäre, f; →Atmosphäre

stratosphere; →Stratosphäre

stratum; →Schicht

stream; →Strom

stream bed; →Gewässerbett

stream line; →Strömungslinie

stream tube; →Stromfaden

STRECKEISENdiagramm, n; Kombination zweier →Dreiecksdiagramme zur Klassifizierung der →Magmatite unter dem Gesichtspunkt ihres mineralischen Aufbaus (→Abb. M1).

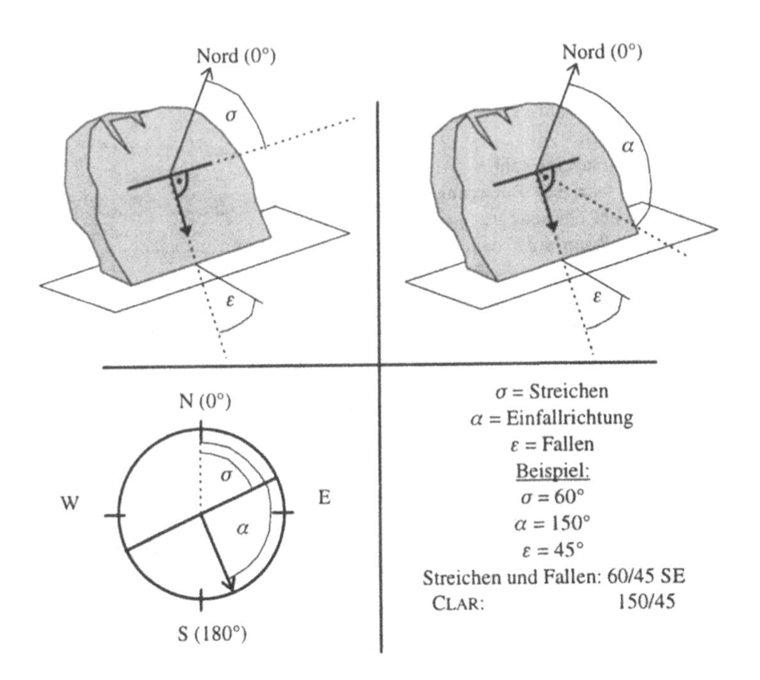

Abb. S16 ***Streichen und Fallen (Einfallen)***

Streichen, n; *{strike}* Winkel σ zwischen der Schnittgeraden s einer Ebene E im Raum mit der Horizontalebene und der Nordrichtung, die Orientierung wird dabei so vorgenommen, daß der Ostrichtung (E) σ=90° entspricht, und es ist stets der kleinere der beiden Winkel der maßgebliche, so daß $0 \leq \sigma < 180°$ gilt; zusammen mit dem →Fallen ε und der allgemeinen Himmelsrichtung ρ des Einfallens ist die Lage der Ebene E im Raum bestimmt durch die Angaben $\sigma / \varepsilon\, \rho$ (Streichen σ und Einfallen ε nach ρ), z. B. ist in Abb. S16 die Ebene E durch 60°/45° SE gekennzeichnet (bei Verwendung der →Einfallrichtung wird sie durch 150°/45° charakterisiert).

Streichwehr, n; →Wehr

Streptokokke, f; →Fäkalindikator

STRICKLER; →MANNING-STRICKLER

strike; →Streichen

Strömen, n; →FROUDE-Zahl

Strömung, f, *{current}* Bewegungsvorgang, der sich auf ein bewegtes →Fluids bezieht; eine S. kann unter dem Einfluß verschiedener Einflußgrößen (→Potential) erfolgen, im wesentlichen folgt sie der inneren →Reibung in dem bewegten Fluid, der Schwerkraft (→Gewicht) (und dem Dichtegefälle in Lösungen); in Abhängigkeit von den Reibungskräften unterscheidet man →laminare und →turbulente ~en, deren Umschlagpunkt durch die → REYNOLDsche Zahl definiert ist, die Strömung unter dem Einfluß der Schwerkraft erfolgt als strömende oder schießende, wobei der Übergang zwischen beiden durch die →FROUDE-Zahl bestimmt ist.

Strömungslinie, f; *{stream line}* auch Stromlinie, Kurve, deren Richtung in jedem Raumpunkt mit der dort gegebenen Richtung einer →Strömung übereinstimmt; die S. des →Grundwassers beschreibt z. B. dessen Strömungsrichtung, die in einem Raumpunkt des →Grundwasserleiters als Tangentenvektor an die S. in Richtung des Potentialgefälles (→Potential) gegeben ist, die S. durchdringt in jedem Raumpunkt des Grundwasserleiters die durch ihn gehende →Potentialfläche senkrecht, die horizontale Projektion der S. steht jeweils senkrecht auf der →Grundwassergleichen (→Abbn. A8, S17, S18; →Bahnlinie).

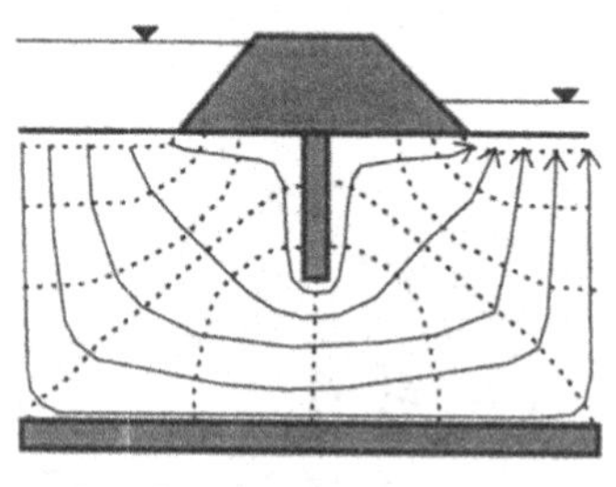

Abb. S17 ***Strömungslinien***

Strom, m; **1.)** →Fluß; **2.)** →elektrischer Strom

Stromachse, f; →Stromfaden

Stromfaden, m; *{stream tube}* Gesamtheit aller durch ein Flächenelement A verlaufenden →Strömungslinien; der S. besitzt eine Eintritts- und eine Austrittsfläche $A1$ bzw. $A2$, ferner eine Stromachse, die durch den Schwerpunkt von A verlaufende Strömungslinie und als Stromröhre die Gesamtheit der durch den Rand von A verlaufenden Strömungslinien, die Mantelfläche des S.; innerhalb des S. stellt man sich die die Strömung charakterisierenden physikalischen Parameter

(→Dichte des →Fluids) als durch entsprechende Mittelwerte repräsentiert vor.

Stromlinie, f; →Bahnlinie; →Strömungslinie

Stromröhre, f; →Stromfaden

Stromschnelle, f; *{cataract}* Abschnitt des Gewässerbettes eines fließendes Gewässers mit geringfügig gegen die angrenzenden Abschnitte erhöhtes →Gefälle der Gewässersohle in Strömungsrichtung, so daß in diesem Abschnitt das Strömungsverhalten (→Strömung) schießend und turbulent ist.

structure of earth; →Erdaufbau

Stufe, f; →Erdgeschichte

subhumid; →humid

subhydrisch; →Bodenklassifikation

Sublimation, f; →Phasenübergang

submers; →Wasserzone

submerged area; →Inundationsgebiet

Submersion, f; →Immersion

Submersionsgebiet, n; zeitweilig oder dauerhaft durch Submersion (→Immersion) vom Wasser bedeckter Teil der festen Erdoberfläche.

subrezent; Bezeichnung für Prozesse, die unmittelbar vor der erdgeschichtlichen Gegenwart abgelaufen sind.

Subrosion, f; →Auslaugung

Subsalinar, n; →Salinar

substantielle Ableitung, f; →LAGRANGEsche Strömungskoordinaten

substratum; →Liegendes

subsurface catchment area; →unterirdisches Einzugsgebiet, →Grundwassereinzugsgebiet

subterranean water divide; unterirdische Wasserscheide

Süßwasser, n; *{fresh water}* auch Frischwasser; nach dem Lösungsinhalt klassifiziertes Wasser, die Einteilung kann unter verschiedenen Gesichtspunkten vorgenommen werden, so kann man S. z. B. nach dem →Massenanteil w gelöster fester Wasserinhaltsstoffe definieren durch $w \leq 1000$ mg/kg; andere Einteilungen erfolgen unter dem Aspekt der →Salinität unter Berücksichtigung der →Massenkonzentration $\beta(Cl^-)$ der Chloridionen, mit einem oberen Grenzwert für S. von $\beta(Cl^-) \leq 300$ mg/ℓ (→Salzwasser).

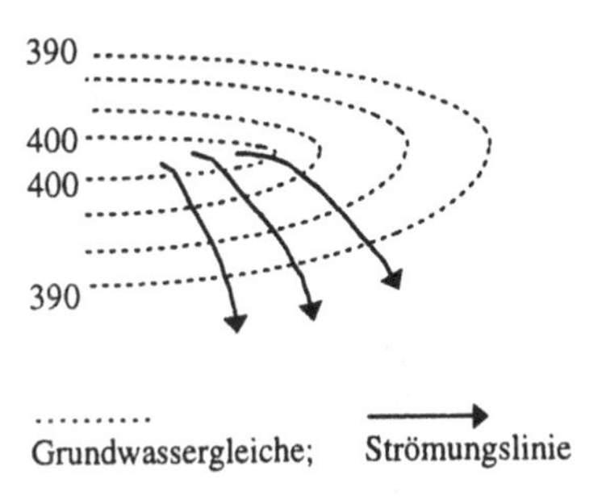

Abb. S18 ***Grundwassergleichen und -strömungslinien***

Suffosion, f; (*etm.*: lat. „sub“ unter und „fondere“ lösen) *{suffusion}* Auslösung und Umlagerung feinkörniger fester Stoffe im porösen →Gesteinskörper mit einhergehender Vergrößerung seiner →Porosität und seines Durchlässigkeitsbeiwertes k_f (→DARCYsches Gesetzt) bei z. B. →effluentem Abfluß; die S. in der unmittelbaren Gewässersohle, der Grenzschicht zwischen dem Gewässer und dem Gesteinskörper, wird als äußere S. bezeichnet, Austragungen von Feststoffen aus dem Inneren des Gesteinskörpers als innere S., bloße Umlagerungen von Feststoffpartikeln aus feinporigen in grobporigere Bodenzonen und dortige Austragung (seltener Festsetzung) werden Kontakt~ genannt; auch für die S. gelten (sinngemäß wie bei der →Kolmation) ~skriterien: das geometrische ~kriterium, das die kritische Korngröße des der S.

unterliegenden Materials bestimmt, und das hydraulische ~kriterium, durch das das kritische →hydraulische Gefälle in dem porösen Medium definiert wird, ab dem es durch dynamische Prozesse zur S. kommen kann (ggs. →Kolmation).

suffusion; →Suffosion

Sulfat, n; *{sulfate, sulphate}* Salz der Schwefelsäure H_2SO_4 (→Schwefel), z.B. si Gips, →Anhydrit, Schwerspat usw.

Sulfatatmung, f; →Abbau, →Sulfatreduktion

sulfate; →Sulfat

Sulfatgestein, n; Gestein, das hauptsächlich aus →Sulfaten besteht, z. B. →Gips, →Anhydrid.

Sulfathärte, f; →Nichtcarbonathärte

Sulfatreduktion, f; *{sulphate reduction}* auch Desulfurikation, Sulfatatmung, Teil des →Schwefelkreislaufs; →mikrobielle Reduktion von Sulfaten (→Schwefel), bei denen als Endprodukt der Zersetzung nach der Reaktion

$$SO_4^{2-} + 8H^+ \rightarrow H_2S + 2H_2O + 2OH^-$$

insbesondere der Schwefelwasserstoff H_2S durch seinen Geruch (nach faulen Eiern) wahrgenommen wird (→Sulfurikation; →Schwefelkreislauf).

Sulfurikation, f; Teil des →Schwefelkreislaufes; Bildung elementaren →Schwefels aus den Sulfiden des Bodens, sowie die Oxidation von Sulfiden und elementarem Schwefel zu →Sulfaten durch biochemische Reaktionen, die im aeroben Milieu ablaufen (→Sulfatreduktion).

sulphate; →Sulfat

sulphate reduction; →Sulfatreduktion

sulphur; →Schwefel

Summenhäufigkeit, f; →Häufigkeit

Sumpfrohr, n; beim →Brunnenausbau eingebrachter unterster Teil des Filterrohres, das der Aufnahme der aus dem einströmenden Grundwasser ausfallenden Schwebstoffe dient (→Abb. B5).

Sunk, m; fortschreitende Senkung des →Wasserspiegels eines offenen →Gerinnes, die entweder als Absperr~ durch einen plötzlich verringerten Zufluß im →Oberlauf des Gerinnes verursacht wird, und sich in Strömungsrichtung ausbreitet, oder als Entnahme~ Folge einer plötzlichen Erhöhung des Abflusses im Gerinneunterlauf (→Unterlauf) ist und entgegen der Strömungsrichtung wandert (ggs. →Schwall).

superheavy water; →überschweres Wasser

Superposition, f; (*etm.*: lat. „super" darüber und „ponere" legen) *{superposition}* →Phänomen der Überlagerung bestimmter physikalischer Größen in einem Raumpunkt, ohne daß es dabei zu einer wechselseitigen Beeinflussung zwischen diesen Größen kommt; die einander überlagernden Größen setzen sich bei der S. zu einer resultierenden Gesamtgröße zusammen, deren Betrag größer oder auch kleiner als der ihrer einzelnen Komponenten sein kann (z. B. bei einander überlagernden Wellen in Abhängigkeit von deren jeweiliger Phase, einander überlagernden Kräften (→Superpositionsprinzip).

superposition principle; →Superpositionsprinzip

Superpositionsprinzip, n; *{superposition principle}* nach dem S. ist bei einander überlagernden Wellen die Auslenkung der resultierenden Welle in einem Raumpunkt gleich der (vektoriellen) Summe der Auslenkungen jeder der in die Superposition eingehenden Welle (→Abb. E1).

superschwerer Wasserstoff, m; →Tritium

superschweres Wasser, n; →überschweres Wasser

surface runoff; →Oberfächenabfluß, →Direktabfluß
surface sealing; →Flächenversiegelung
surface tension; →Oberflächenspannung
surface velocity; →Oberflächengeschwindigkeit
surface water; →Oberflächenwasser
surface wave; →Oberflächenwelle
suspended load; →Schwebstoff
suspended matter; →Schwebstoff
Suspension, f; →Dispersion
swallet; →Schluckloch, →Ponor
swallow hole; →Schwinde
swamp; →Moor
SWC; →*scanning wetting curve*
swelling; →Quellung
S-Wert, m; *{adsorbed* basic *cations}* Stoffmenge S der je 100 g Trockenmasse eines Bodenmaterials adsorbierten basisch reagierenden Kationen mit $\dim S = \mathrm{N/M}$).
synmetamorph; bezogen auf Zustände und Prozesse die zeitlich während einer →Metamorphose herrschen oder ablaufen.
synsedimentär; bezogen auf Zustände und Prozesse die zeitlich während der →Sedimentation herrschen oder ablaufen.
syntektonisch; bezogen auf Zustände und Prozesse die zeitlich während einer tektonischen Beanspruchung (→Tektonik) herrschen oder ablaufen.
System, n; **1.**) erdgeschichtliche Gliederungseinheit (→Erdgeschichte); **2.**) komplexe, unter einem einheitlichen Gesichtspunkt (z. B. der Zielgerichtetheit) betrachtete Struktur, die in funktionale und hierarchische Teilstrukturen zerlegt werden kann, die untereinander in Wechselwirkung stehen; ~e werden klassifiziert nach dem Maß ihrer strukturellen Komplexität, nach ihrer Bestimmtheit als deterministische und stochastische ~e, nach ihrer Zeitstabilität als statische und dynamische ~e, nach dem Maß der Wechselwirkung mit der ~umwelt als geschlossene und offene ~e; thermodynamische ~e (→Thermodynamik) werden eingeteilt in abgeschlossene (isolierte) ~e, die in keiner Wechselwirkung mit ihrer Umwelt stehen, geschlossene ~e, die mit ihrer Umgebung Energie, jedoch keine Materie, austauschen, und offene ~e mit Energie- und Materieaustausch zwischen dem S. und der ~umgebung.
Systemanalyse, f; *{systems analysis}* Sammelbezeichnung für Verfahren, mit deren Hilfe komplexe Probleme analysiert und so in Teilprobleme untergliedert werden, daß diese mit dem gegeben Wissensstand bearbeitet werden können und zu der Lösung des übergeordneten Problems führen; insbesondere auch die Untersuchung komplexer →Systeme unter funktionalen und strukturellen Gesichtspunkten durch Zergliederung in Teilsysteme, deren Kopplung z. B. →Input-Output-Modelle beschrieben wird.
systems analysis; →Systemanalyse

T

t; Formelzeichen der →Zeit

T; →T-Wert, eingeordnet vor TWL-Verfahren

T; Formelzeichen der thermodynamischen Temperatur

ϑ; Formelzeichen der Celsiustemperatur

TA; →Bundesimmissionsschutzgesetz

tail water; →Unterwasser

Tal, n; *{valley}* langgestreckte, i. allg. durch →Erosion gebildete Hohlform in der Erdoberfläche mit →gleichsinnigem Gefälle der →Sohle, i. allg. ist das T. durch das Einschneiden eines →oberirdischen Fließgewässers gebildet, dessen Gerinne auf der ~sohle verläuft; ein T., in dem sich kein oberirdisches Gewässer mehr befindet wird als Trocken~ bezeichnet; nach der Querschnittsform unterscheidet man das Kerb- oder V-~ mit glatten Hängen, das im Querschnitt nahezu bis zum Tiefpunkt reicht, und keine wesentlich ausgebildete ~sohle besitzt, das Trog- oder U-~, das U-förmig durch das bewegte Gletschereis ausgebildet ist, das Sohlen~ mit ausgeprägter ~sohle, die um einiges breiter ist als das das T. durchfließende Gerinne; regional unterscheidet man die Schlucht, ein tief eingeschnittenes T., die Klamm im Gebirge, meist in vormals vergletschertem Gebiet, den von einem Wildbach durchflossenen Tobel, den steilwandigen Canyon usw.; nach der Lage des ~s zum →Streichen der Gebirge spricht man von Längs~, Quer~, usw.

Talaue, f; der bei →Hochwasser überflutete Teil einer Talsohle (→Tal, →Sohle).

talc; →Talk

Talk, m; (*etm.*: arab. „talq") *{talc}* $Mg_3[OH_2][Si_2O_5]_2$, Schichtsilikat (→Silikat; →Tonmineral), sehr weiches, blättriges Mineral von geringer →Härte (MOHSsche Härtestufe 1) und mit hohem Schmelzpunkt, Verwendung findet T. z. B. bei der Elastomerproduktion und im Pharmabereich.

Talmäander, m; →Mäander

Talsohle, f; →Tal, →Sohle

Talsperre, f; *{dam}* feste Stauanlage als →Speicherbauwerk, die über ihre gesamte Breite ein Tal abschließt und das dem Tallauf folgende Fließgewässer aufstaut (→Speicher), die Stauanlage besitzt an ihrer Krone einen Überfall, der beim Erreichen des außergewöhnlichen (maximalen) Stauziels anspringt, zusätzlich unterschiedliche Ablässe: den Betriebsablaß, durch den das im betrieblichen Stauraum angestaute Wasser in das →Unterwasser abgegeben wird, ferner den Grundablaß für die Abgabe des eisernen Bestandes; ein Totraum unter dem Grundablaß dient schließlich dem Absetzen (→Sedimentation) der in dem →Oberwasser transportierten Feststoffe (→Abb. T1).

Talterrasse, f; →Terrasse

Talzuschub, m; *{valley thrust}* von Talhängen durch Materialtransport ausgehender, ein Tal auffüllender („zuschiebender") Prozeß.

Tangentialspannung, f; →Spannung, →Schubspannung

tar; →Teer

TAS; →Veraschung

tatsächliche Evaporation, f; →Evaporation

tatsächliche Evapotranspiration, f; →Evapotranspiration

tatsächliche Geschwindigkeit, f; *{filament/path/true speed/velocity}* auch Bahngeschwindigkeit, →Geschwindigkeit $\vec{v}_t$ eines (Wasser-) Teilchens auf seiner →Bahnlinie (→Abbn. A8 und G5), d. h. der i. allg. zeit- und ortsabhängige Quotient

$$\vec{v}_t(\vec{b},t)=\frac{\Delta\vec{b}}{\Delta t},\ \dim\vec{v}_t=\mathsf{L/T}$$

aus dem tatsächlich von dem Teilchen (i. allg. nicht linear) zurückgelegten Wegelement (Bahnelement) $\Delta\vec{b}$ mit $\dim\Delta\vec{b}=\mathsf{L}$ und der dafür benötigten Zeitspanne Δt mit $\dim\Delta t=\mathsf{T}$; im Grenzfall $\Delta t\to 0$ ergibt sich die t. G. als Differentialquotient

$$\vec{v}_t(\vec{b},t)=\lim_{\Delta t\to 0}\frac{\Delta\vec{b}}{\Delta t}=\frac{d\vec{b}}{dt},$$

(→Abstandsgeschwindigkeit).

tatsächliche Transpiration, f; →Transpiration

tatsächliche Verdunstung, f; →Verdunstung

Tau, m; →Niederschlag

Taupunkt, m; →Siedepunkt

TC; →Total Organic Carbon

TCDD; →Tetrachlordibenzodioxin

Technische Anleitung, f; →Bundesimmissionsschutzgesetz

tectonics; →Tektonik

Teer, m; *{tar}* bei der Entgasung von →Kohle entstehendes Kondensationsprodukt, ~e sind im Gegensatz zu dem aus →Erdöl gewonnenen →Bitumen →phenolhaltig.

Teileinzugsgebiet, n; →Einzugsgebiet

Tektonik, f; (*etm.*: gr. „tektonikos" bezogen auf die Bautechnik) *{tectonics}* Lehre vom Bau und den Bewegungen der →Erdkruste und der Prozesse die ihre Struktur gestaltet haben; speziell werden in der Bruch~ diejenigen Prozesse untersucht, die zu Zerbrechungserscheinungen führen, die sich in Klüften, Spalten und Verwerfungen äußern, die Falten~ analysiert die zu Faltungen führenden Abläufe und Kräfte; auch Bezeichnung für diese Prozesse selbst.

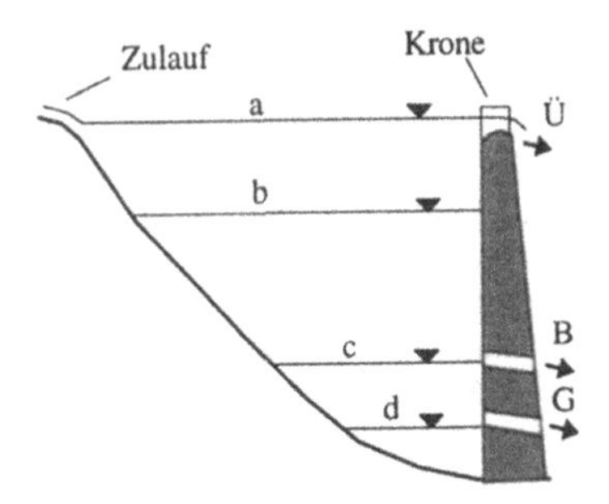

Ü=Überfall
B=Betriebsablaß
G=Grundablaß
a=außergewöhnliches Stauziel
b=gewöhnliches Stauziel
c=gewöhnliches Absenkziel
d=äußerstes Absenkziel
a-b=Hochwasserschutzraum
b-c=Betriebsstauraum
c-d=eiserner Bestand
unter d=Totraum (für Sediment)

Abb. T1 *Talsperre*

Temperatur, f; (*etm.*: lat. „temperatura" gehörige Vermischung) *{temperature}* thermodynamische Zustandsgröße; Maß für die als Wärme in einem Materiesystem gespeicherte Energie, die T. beeinflußt →Druck, →Volumen und →Aggregatzustand eines physikalischen Systems; als thermodynamische (absolute) T. →Basisgröße im →SI-System mit dem Formelzeichen T, dem Dimensionssymbol $\dim T=\Theta$ und der Einheit $[T]$=K (Kelvin) *{absolute/thermodynamic temperature}*, die Definition der thermodynamischen T.

wird durch die →Zustandsgleichung für ideale Gase ($pV=nRT$) nahegelegt, nach der die lineare Relation zwischen dem Produkt pV und der T. T in einem geeigneten Koordinatensystem durch dessen Ursprung verlaufen muß, in dem pV den theoretisch kleinstmöglichen (nicht negativen) Wert $pV=0$ annimmt und damit T den Wert $T=0$ K des „absoluten Nullpunkts"; in der willkürlich festgelegten Celsius ~skala, in der die Celsius~ $\vartheta=0$ °C dem →Gefrierpunkt von reinem luftgesättigten Wasser und $\vartheta=100$ °C dem →Siedepunkt von Wasser, beide unter dem Normaldruck $p=1013{,}25$ hPA (→Normalbedingungen), entspricht, besitz $T=0$ K den Wert $\vartheta=-273{,}5$ °C; diese Differenz wird zur Definition der Umrechnung der Zahlenwerte (→Einheit) von Kelvin- und Celsiusskala benutzt mit:

$$\{\vartheta\}=\{T\}-273{,}15$$
$$\{T\}=\{\vartheta\}+273{,}15;$$

die amtliche Definition des K bezieht sich auf den →Tripelpunkt $\tau(H_2O)$ (→Gefrierpunkt unter dem eigenen Dampfdruck) von reinem luftfreien Wasser mit einer Celsius~ von 0,0099 °C, so daß 1 K der 273,16-te Teil der ~differenz zwischen der zu $\tau(H_2O)$ gehörenden T. und dem absoluten Nullpunkt ist; in der angelsächsischen Literatur wird die T. gelegentlich noch als F in der Fahrenheitskala mit der Einheit F angegeben, wobei 0 F der T. einer definierten Kältemischung mit $\vartheta\approx-17{,}78$ °C und 100 F der mittleren menschlichen Bluttemperatur von $\vartheta\approx37{,}78$ °C entspricht, so daß die Zahlenwerte der Fahrenheit- und der Celsius bzw. Kelvinskala wie folgt umzurechnen sind:

$$\{\vartheta\}=5\cdot(\{F\}-32)/9$$
$$\{F\}=9\cdot\{\vartheta\}/5+32;$$

$$\{T\}=5\cdot(\{F\}+459{,}67)/9$$
$$\{F\}=9\cdot\{T\}/5-459{,}67.$$

Temperaturbedingtheit, f; Abhängigkeit physikalischer und/oder chemischer Eigenschaften vieler Substanze von der →Temperatur, so hängt z. B. das Volumen und damit die →Dichte, die →Viskosität, die →Oberflächenspannung und häufig das chemische Reaktionsvermögen von der Temperatur ab.

temperature; →Temperatur

Temperaturverteilung, f; →stehende Gewässer

temporäre Härte, f; →Carbonathärte

temporärer See, m; →See

temporary hardness; →vorübergehende Härte

tendency; →Tendenz

Tendenz, f; *{bias, tendency}* auch →Trend, grundsätzliche Entwicklung der Werte einer →Zeitreihe der Größe entsprechend, nach der →Glättung der Zeitreihenwerte, d. h. dem Ausgleich zufallsbedingter Schwankungen, und nach ihrer Bereinigung um systembedingte, z. B. saisonale, Schwankungen.

Tensid, n; oberflächenaktiver Stoff (mit →hydrophilen und →hydrophoben Gruppen), der durch Anreicherung der Oberfläche des Wassers durch seine eigenen Moleküle dessen →Oberflächenspannung herabsetzt (→Detergens) und damit die Benetzbarkeit durch das ~haltige Wasser erhöht; ~e sind wegen dieser Eigenschaft Bestandteile der Waschmittel und gelangen durch deren privatwirtschaftliche und gewerbliche Verwendung in die →Abwässer.

Tensiograph, m; →Tensiometer

Tensiometer, n; (*etm.*: lat. „tendere" spannen) *{tensiometer}* Meßgerät, mit dem die →Saugspannung ermittelt wird (Abb. T2); das T. besteht aus einer verschlossenen wassergefüllten Meßzelle, die über einen porösen, wassergefüllten Körper (Tonrohr) im Kontakt steht zur →ungesättigten Zone, der Potentialdifferenz zwischen der Meßzelle und der Matrix folgend, entsteht eine Wasserbewegung aus der Zelle in die ungesättigte Zone, in der ansonsten geschlossenen Zelle fällt der Druck dabei solange ab, bis er im Gleichgewicht mit der Saugspannung des Bodens steht und an einem Meßgerät (Manometer) abgelesen werden kann; zur →kontinuierlichen Aufschreibung kann das T. zusätzlich als Tensiograph mit einem Schreib- oder →Datenaufzeichnungsgerät ausgerüstet sein.

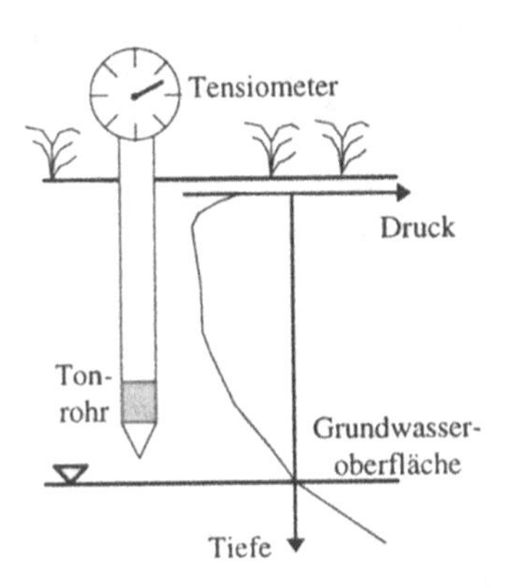

Abb. T2 *Tensiometer*

tension; →Spannung

terrace; →Terrasse

terra fusca; (*etm*.: it./lat. gebräunte Erde) *{terra fusca}* durch hydratisiertes Eisenoxid rot-braun gefärbter plastischer, humusarmer Boden in karstreichen Regionen →humiden oder semihumiden warmen Klimas, insbesondere im nördlichen Mittelmeerraum.

terra rossa; (*etm*.: it. rote Erde) *{terra rossa}* plastischer, durch hohen Gehalt an dehydriertem Eisenoxid rot gefärbter Boden aus Carbonatgestein in Regionen →ariden oder semiariden Klimas, insbesondere im nördlichen Mittelmeerraum.

terrain; →Gelände

Terrasse, f; (*etm*.: lat. „terra" der Erdboden) *{terrace}* stufenartige, ebene Unterbrechung eines Hanges einheitlichen Niveaus, als Fluß- oder Tal~ durch erneutes Einschneiden eines Flusses in seiner Talsohle entstanden, dabei bildet das ehemalige Flußbett die zuletzt geformte ~nstufe; als Fels- oder Erosions~ durch →Erosion in den anstehenden Fels eingearbeitet, bei Aufschüttungen oder Akkumulation eines Schotterkörpers durch einen Fluß und erneutes Einschneiden in diesen Körper entstehen Schotter~n; Anlagerungen von →Moränen bilden glaziale ~n mit wechselndem Niveau, durch Abtragungsprozesse an Gesteinsfolgen unterschiedlicher Widerstandsfähigkeit werden Land-, Schicht- oder Denudations~n (→Denudation) gebildet.

terrestrial; →terrestrisch

terrestrisch; (*etm*.: lat. „terra" der Erdboden) *{terrestrial}* Bezeichnung für alle auf dem Festland entstandene oder sich dort befindende Phänomene; →Bodenklassifikation

Tertiär, n; →Erdgeschichte

Test, m; *{test}* →Statistik

Tetrachlordibenzodioxin, n; („TCDD", „Dioxin") *{dioxin}* aromatische Halogenverbindung (→Kohlenwasserstoff, →organische Halogenverbindung); äußerst giftige, gegen biologischen Abbau sehr resistente, fettlösliche Substanz; fällt als Verunreinigung bei der Produktion des →Trichlorphenols an und gelangte hierbei in größeren Mengen (ca. 50 kg) in Seveso (Italien) als „Sevesogift" in die Atmosphäre; verursacht in geringen Konzentrationen „Chlorakne".

Teufe, f; →Abteufen

Textur, f; *{texture}* auch Gesteins~, Bezeichnung für die räumliche Anordnung der Partikel in einem Körnergemisch (→Gestein), auch Synonym für dessen Korngrößenverteilung (→Korngröße), die T. ist dabei gekennzeichnet durch das Verhältnis der einzelnen Kornfraktionen untereinander (→Sieblinie) und ist charakteristisch für das jeweilige Gestein.

texture; →Textur

THEISsche Brunnenformel, f; *{THEIS´ well formula}* Auswertverfahren für →Pumpversuche mit konstanter Entnahme und →instationären Strömungsverhältnissen in einem unendlich ausgedehnten gespannten →Grundwasserleiter als vertikal-ebenes Modell (Planfiltration); für die Absenkung $s(r,t)$ in Abhängikeit von dem horizontalen Abstand r vom Punkt der Entnahme und von der Zeit t gelten dabei folgende Anfangs- und Randbedingungen:

$s(r,0)=0$ für alle r,
$s(r,t)\to 0$ für $r\to\infty$ und alle t,
$2\pi rT\cdot\partial s/\partial r=-Q=$const. für $r\to 0$ und alle t;

mit der konstanten Entnahme $Q=$const. durch den Pumpversuch und der →Transmissivität T des Grundwasserleiters; die T. B. beschreibt $s(r,t)$ durch:

$$s(r,t)=\frac{Q}{4\pi T}W\left(\frac{r^2S}{4Tt}\right)$$

mit dem →Speicherkoeffizient S des gegbenen Grundwasserleiters und der Brunnenfunktion $W(u)$, $u=r^2S/4Tt$; $W(u)$ ist dabei als Exponentialintegral definiert durch:

$$W(u)=\int_u^\infty(e^{-x}/x)dx;$$

das $W(u)$ zugrunde liegende unbestimmte Integral ist nicht in geschlossener Form darstellbar, $W(u)$ liegt jedoch in mathematischen Tafelwerken aus der zugehörigen Potenzreihenentwicklung tabelliert vor; durch Umstellung der THEISschen Lösung zu

$$T=\frac{Q}{4\pi s}\cdot W(u);\ u=r^2S/4Tt$$

kann man die Transmissivität T des gegebenen Grundwasserleiters aus der beobachteten Absenkung $s=s(r,t)$ herleiten; durch Übergang zur korrigierten Absenkung s' (→Absenkung, korrigierte) kann das mit der T. B. gewonnene Auswertverfahren auf entsprechende Pumpversuche in freien Grundwasserleitern übertragen werden, die ansonsten den Voraussetzungen der T. B. genügen.

THEIS´ well formula; →THEISsche Brunnenformel

thermal capacity; →Wärmekapazität

thermal pollution; →Aufwärmung

Thermalquelle, f; →Therme

thermal spring; →Therme

Thermalwasser, n; →Therme

Therme, f; (*etm.*: gr. „therme" die Wärme) *{thermal spring}* auch Thermalquelle; Quelle, deren Wasser (Thermalwasser) mit einer Temperatur von mindestens +20 °C zutage tritt.

thermische Konvektion, f; →Konvektion

thermocline; →Thermokline

thermodynamics; →Thermodynamik

thermodynamic temperature; →thermodynamische Temperatur

Thermodynamik, f; Arbeitsgebiet der Physik, das sich mit denjenigen Prozessen befaßt, bei denen Energie umgesetzt wird (thermodynamische Prozesse), insbesondere mit der Umsetzung von →Wärme in andere Energieformen; nach den Hauptsätzen der T. ist in einem geschlossenen →System die Gesamtenergie unveränderlich, verlaufen alle natürlichen thermodynamischen Prozesse so, daß in ihnen die →Entropie S nicht abnimmt, jeder Körper besitzt am Nullpunkt T=0 K der thermodynamischen →Temperatur T die →Entropie S=0 J/K (thermodynamische →Temperatur).

thermodynamischer Prozeß, m; →Thermodynamik

thermodynamisches Gleichgewicht, n; ein abgeschlossenes System befindet sich im t. G., wenn die es definierenden Zustandsgrößen (z. B. Druck, Volumen, Temperatur) einen (zeitlich) kostanten Grenzwert angenommen haben, mehrere Systeme befinden sich untereinander im t. G. wenn sie bei energetischem Kontakt (bei dem also nur Energie, jedoch keine Materie zwischen ihnen ausgetauscht werden kann) keine Energie untereinander austauschen; bei offenen Systemen, die untereinander in Kontakt stehen spricht man vom t. G. wenn auch die Masse in ihnen jeweils einen (zeitlich) konstanten Mittelwert angenommen hat.

thermodynamische Temperatur, f; →Temperatur

Thermokline, f; (*etm.*: gr. „thermos" warm und „klinein" neigen) *{thermocline}* Bereich in einem stehenden Gewässer, in dem die Wasserdichte (→Dichte) unter dem Einfluß der raumpunktabhängigen Temperatur die größten Änderungen aufweist (→Abb. G8; →Metalimnion).

Thermosphäre, f; →Atmosphäre

thermosphere; →Thermosphäre

THIEM; →DUPUIT-THIEM

THIESSEN-Methode, f; Verfahren zur Gewinnung des →Gebietsniederschlages, der →Gebietsverdunstung usw. aus den diskreten Meßdaten der über das Bezugsgebiet verteilten Meßstationen; dazu wird jeder Meßwert mit dem Flächenanteil des ihm zugeordneten →THIESSENpolygons an der Gesamtfläche des Bezugsgebietes gewichtet und in ein →gewichtetes Mittel eingebracht (→Abb. T3).

THIESSEN-Nachbar, m; →THIESSEN-Polygon

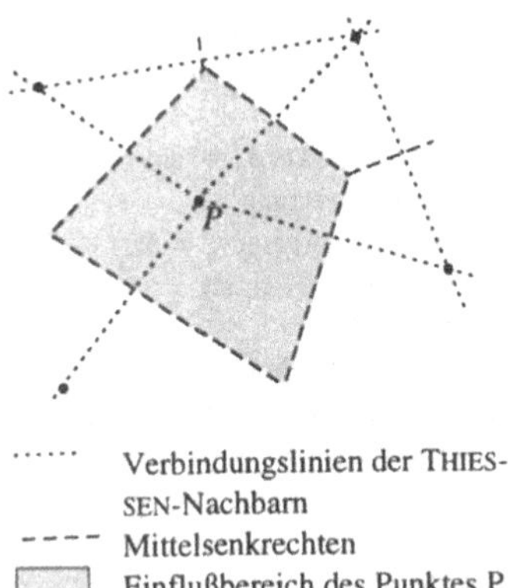

Abb. T3 ***THIESSEN-Polygon***

THIESSEN-Polygon, n; Einflußbereich eines Punktes P aus einer →diskreten ebenen Punktmenge $P_1,...,P_n$; das T. P. ist dabei die Menge aller Punkte der Ebene, die zu P einen nicht größeren Abstand besitzen als von allen anderen Punkten der Punktmenge $P_1,...,P_n$ (→Abb. T3); ~e, die eine gemeinsame berandende Kante besitzen, sind THIESSEN-Nachbarn; verbindet man jeden Punkt der Punktmenge $P_1,...,P_n$ mit seinem THIESSEN-Nachbar, so erhält man eine →Triangulation (i. allg. eine →Zellzerlegung) des kleinsten, $P_1,...,P_n$ enthaltenden konvexen Bereiches (→Abb. T3), die DELAUNAY-Triangulation zu $P_1,...,P_n$, man konstruiert das T. P. zum Punkt P, indem man in der DELAUNAY-Triangulation in jeder von P ausgehenden Strecke die Mittelsenkrechte errichtet; das zu P gehörige T. P. ist der P enthaltende, von all diesen Mittelsenkrechten berandete konvexe Bereich der Ebene (die ~e bilden eine Zellzerlegung des von ihnen bedeckten Ebenenbereiches); das T. P. ist Grundlage der Zuordnung von durch diskret verteilte Meßstationen ermittelten Werte zu den Ebenenpunkten, z. B. bei der Ermittlung des →Gebietsniederschlags in der →THIESSEN-Methode.

threshold pressure; →Schwellendruck

throw; →Verwerfung

TIC; →Total Inorganic Carbon

tidal deposit; →Schlick

tidal flat; →Watt

tidal mud; →Schlick

Tide, f; *{tide}* Verlauf der →Gezeiten in der Wasserhülle der Erde an einem Bezugspunkt über eine volle Periode (ca. $12^1/_2$ h); das relative Maximum auf der Ganglinie der ~wasserstände ist der ~hochwasserstand *Thw*, das relative Minimum der ~niedrigwasserstand *Tnw*, die Differenz *Thw-Tnw* auf einem ansteigenden Teil der Ganglinie ist der ~stieg, auf einem abfallenden der ~fall, das arithmetische Mittel zwischen einem *Thw*-Wert und den beiden benachbarten *Tnw*-Werten wird als ~hub bezeichnet.

Tidefall, m; →Tide

Tidehochwasser(stand), m; →Tide

Tidehub, m; →Tide

Tideniedrigwasser(stand), m; →Tide

tides; →Gezeiten

Tidestieg, m; →Tide

Tiefe, frostfreie, f; →frostfreie Tiefe

Tiefenerosion, f; →Erosion

tiefes Grundwasser, n; →Grundwasser

tiefwurzelnd; →Durchwurzelung

Tier, n; *{animal}* auf heterotrophe (→Heterotrophie) Ernährung angewiesener Organismus, als niederes T. nur reflexhaft reagierend, als höheres T. lernfähig und zielgerichtet handelnd.

till; →Geschiebemergel

TILLMANNsche Gleichung; f; →Kalk-Kohlensäure-Gleichgewicht

time of concentration; →Konzentrationszeit

time series; →Zeitreihe

TIN; →Total Inorganic Nitrogen

Titangruppe, f; 4. Nebengruppe des →Periodensystems der Elemente mit den Elementen Titan (Ti), Zirconium (Zr), Hafnium (Hf) und Kurtschatovium (Ku).

Titer, m; **1.)** Begriff der →Maßanalyse als Verhältnis $t=c/c^*$ der tatsächlichen Stoffmengenkonzentration c einer Maßlösung zur angestrebten c^*; der T. wird durch →Titration gegen einen standardisierten Ur~ festgestellt, der aus besonders reiner, beständiger und nicht hygroskopischer (→Hygroskopizität) Substanz besteht, die Ermittlung des ~s wird auch als Einstellung der Maßlösung bezeichnet; **2.)** →Colititer.

Titrans, n; →Titration

Titration, f; *{titration}* Verfahren der →Maßanalyse, zur quantitativen Bestimmung gelöster Stoffe, dazu wird ein bestimmtes Volumen der zu analysierenden Lösung aus einer Bürette allmählich mit einer Maßlösung bekannter Konzentration (auch als Titrans oder Reagenzflüssigkeit bezeichnet, →Titer) vermischt und zur Reaktion gebracht, die quantitative Umsetzung der Stoffe wird durch Indikatoren (*etm.*: lat. „indicare“ anzeigen) *{indicator}* oder durch Messung physikalisch-chemischer Parameter (z. B. → pH-Wert, →elektrische Leitfähigkeit) bestimmt; spezielle T. ist die Analyse starker Basen mit starken Säuren (Acidimetrie) und umgekehrt die Analyse starker Säuren mittels starker Basen (Alkalimetrie) jeweils z. B. bis zur Neutralisation oder auf einen bestimmten →pH-Wert; komplexometrische T. mit Essigsäuresal-

zen wird zur Bestimmung der →Härte des Wassers (→Gesamthärte) eingesetzt.
TN; →Total Nitrogen
Tobel, m; →Tal
TOC; →Total Organic Carbon
TON; →Total Organic Nitrogen
Ton, m; *{clay}* →klastisches →Sedimentgestein (→Sediment) mit →Korngrößen unter 10^{-5} m, bei Korngrößen unter 10^{-6} m spricht man von Fein~, sonst von Grob~ oder Schluff, T. besteht Tonmineralen und aus Verwitterungsprodukten z. B. des → Quarz, →Feldspats, →Glimmers usw. sowie aus Verwitterungsresten der →Tonminerale und aus Organismenresten.
Tonmineral, n; *{clay mineral}* mineralisches Verwitterungsprodukt, aus →Alumosilikaten (→Silikate), z. B. des →Glimmers, mit unterschiedlicher Zusammensetzung (d. h. unterschiedlichen metallischen Kationen) und →kristalliner Struktur, z. B. Kaolinit (→Silikat), →Talk; feinstkörnige Fraktionen des Glimmers werden als Illite bezeichnet.
topographic water divide; oberirdische Wasserscheide
Torf, m; *{turf, peat}* unter →anaerober Zersetzung (→Abbau) organischen (vorwiegend) pflanzlichen Materials entstandener →Humus, der zu mehr als 30 % noch organische Bestandteile enthält.
Torfmudde, f; *{limnic/liver peat}* aus →Torf aufgebautes Sediment (→Mudde).
Torpedieren, n; →Bohrung
Tortuosität, f; (*etm.*: lat. „tortuosus" gewunden) *{tortuosity}* Verhältnis zwischen der Länge der von einem Fluidpartikel (→Fluid) bei einer Bewegung in einem porösen Medium zurückgelegten Bahnlinie und dem →geodätischen Abstand zwischen Anfangs- und Endpunkt (P bzw. P^*) dieser Bahnlinie (→Abb. A8).
tortuosity; →Tortuosität
TOS; →Veraschung
Tosbecken, n; *{stilling basin}* auch Absturzbecken, einem →Wehr nachgeschaltetes Bauwerk, in dem die kinetische Energie des stürzenden, schießenden Wassers (→FROUDE-Zahl) in Wärme umgewandelt wird, das Wasser geht dabei im Wechselsprung in fließende Strömung über; durch die dabei erfolgende Absenkung der →Wandschubspannung sollen Schäden am Gerinne verhindert werden (→ Abb. W3).
Total Carbon; →Gesamtkohlenstoff
total discharge per unit area; →Gesamtabflußspende
total groundwater decrement; → Grundwasserabfluß
total hardness; →Gesamthärte
total hydraulic head; →Standrohrspiegel
Total Inorganic Carbon; gesamter anorganisch gebundener Kohlenstoff
Total Inorganic Nitrogen; gesamter anorganisch gebundener Stickstoff
Totalionenaustauschkapazität, f; → Ionenaustauschkapazität
total loss of energy head; →Gesamtverlusthöhe
Total Nitrogen; →Gesamtstickstoff
total number of inhibitants; →Einwohnerzahl
total number of inhibitants and population equivalents; →Einwohnerwert
total permeability; →Gebirgsdurchlässigkeit
Total Organic Carbon; (TOC), gesamter organisch gebundener Kohlenstoff; der TOC wird durch vollständige Oxidation des gesamten Kohlenstoffes (TC) zu Kohlendioxid aus diesem nach Subtraktion des anorganischen Kohlenstoffanteil (TIC) bestimmt.

total porosity; →Hohlraumanteil
total rock mass permeability; →Gebirgsdurchlässigkeit
total runoff; →Gesamtabfluß
total runoff per unit area; →Gesamtabflußspende
Toteis, n; →Gletscher
totes Wasser, n; →Feldkapazität, →permanenter Welkepunkt
Totwasserraum, m; *{dead water zone}* auch Totwasserzone, Bereich eines →Fließgewässers, in dem keine oder keine merkliche Fließbewegung herrscht, z. B. hinter umströmten Hindernissen.
Totwasserzone, f; →Totwasserraum
toxicity; →Toxizität
Toxizität, f; (*etm.*: gr. „toxikon" das Pfeilgift) *{toxicity}* Giftigkeit einer Substanz für einen Organismus, die T. wird quantifiziert durch diejenige minimale Dosis, die bei Versuchen auf den Bezugsorganismus bereits zu einem beobachtbaren negativen Effekt führt als *LOAEL* (*lowest observed adverse effect level*) oder als entsprechende Konzentration *LOEC* (*lowest observed effect concentration*) der Substanz und durch die dem Bezugsorganismus maximal zuführbare Dosis, ohne dadurch einen beobachtbaren negativen Effekt auszulösen als *NOAEL* (*no observed adverse effect level*) bzw. durch die entsprechende Konzentration *NOEC* (*no observed effect concentration*).
tracer; →Markierungsstoff
traction load; *→Geschiebe*
Transgression, f; (*etm.*: lat. „transgredere" übergehen) *{transgression}* Vordringen des Wassers auf das Festland infolge von Landsenkungen (→Submersion) oder des Anstieges des Wasserspiegels mit Ausbildung von Sedimentationsbecken, bei T. des Meerwassers spricht man auch von maritimer, sonst von limnischer T. (ggs. →Regression; →Immersion).
transient response method; →Einschwingverfahren
Transmission, f; (*etm.*: lat. „transmittere" übertragen) Verteilung der z. B. in die Atmosphäre durch →Emission erfolgten Einträge bis hin zu deren zur →Immission führenden →Deposition; die T. kann auf einem Stofftransport durch →Diffusion, durch →Advektion, →Konvektion usw. beruhen (→Transportmodell).
Transmissivität f; (*etm.*: lat. „transmittere" hindurchlassen) *{transmissivity}* Integral T über den Durchlässigkeitsbeiwert k_f (→DARCYsches Gesetz) eines →Grundwasserleiters von der Grundwassersohle bis zur Grundwasseroberfläche, d. h. über die gesamte →Grundwassermächtigkeit h_{Gw}:

$$T = \int_0^{h_{Gw}} k_f(z)\,dz$$

mit $\dim T = L^2/T$ und $[T] = m^2/s$, in einem isotropen und homogenen Grundwasserleiter gilt $T = k_f \cdot h_{Gw}$; die T. ist somit ein durch die Mächtigkeit h_{Gw} des Grundwasserleiters und seinen u. a. materialabhängigen Durchlässigkeitsbeiwert k_f bestimmtes, auf die Breite des Grundwasserleiters bezogenes Maß seiner Gesamtdurchlässigkeit.
transmissivity; →Transmissivität
Transpiration, f; (*etm.*: lat. „trans" durch „spirare" atmen) *{transpiration}* Vorgang, bei dem aufgrund biotischer Prozesse Wasser aus dem Wasserhaushalt der Pflanzen in die Atmosphäre gelangt; die T. wird gemessen durch ihre →Verdunstungshöhe h_T in mm, d. h. die in mm-Wassersäule gemessene Wasserabgabe an einem gegebenen Beobachtungsort während eines gegebenen Beobachtungszeitraumes (z. B. eines Jahres); die T. ist

zusammen mit der →Evaporation Teil des Wassertransports von der Erdoberfläche in die Atmosphäre (→Verdunstung) und bildet mit ihr zusammen die →Evapotranspiration, wie dort unterscheidet man sinngemäß zwischen potentieller T. *{potential}* mit der zugehörigen ~shöhe h_{Tp}, unter Idealbedingungen maximal möglicher T., und realer/tatsächlicher, bei den gegebenen äußeren Umständen (für die T. verfügbarem Wasser) erfolgender T. mit der ~shöhe h_{Tt}.

transpiration intensity; →Transpirationsintensität

transpiration rate; →Transpirationsrate

Transpirationshöhe, f; *{depth/height of transpiration}* der →Transpiration zugeordnete →Verdunstungshöhe h_T.

Transpirationsintensität, f; *{transpiration intensity}* auch Transpirationsrate *{transpiration rate}* r_T, Quotient $i_T=h_T/t$ aus der der →Transpiration in einem Beobachtungszeitraum t (z. B. Jahr) zugeordneten Transpirationshöhe h_T und der Dauer t dieses Zeitraumes in z. B. mm/a (→Intensität, →Rate).

Transpirationsrate, f; →Transpirationsintensität

Transportgleichung, f; ist das einem →Potentialfeld $P \to f(P)$ zugeordnete Vektorfeld $\vec{\nabla}f$ (→Gradient) physikalisch interpretierbar, so ist hierdurch ein Transport $\vec{Q}=q/t$ einer Quantität q mit $[q]$=q in der Zeit t in Richtung $-\vec{\nabla}f$ definiert zu $\vec{Q} \sim -\vec{\nabla}f$ mit somit positiver Proportionalitätskonstante, die als Faktor den Inhalt A der von $\vec{Q}$ senkrecht durchdrungenen Fläche enthält, so daß dieser Transport allgemein durch die Gleichung $\vec{Q}=-c \cdot A \cdot \vec{\nabla}f$ beschrieben werden kann, die auch als $\vec{q}=-c \cdot \vec{\nabla}f$ mit der flächenspezifischen „Transportstromdichte" $\vec{q}=\vec{Q}/A$ formuliert wird; bei z. B. dem Transport von Wasser durch ein poröses Medium erhält man dabei speziell das →DARCYsche Gesetz, beim Stofftransport durch →Diffusion das 1. FICKsche Gesetz, bei der Wärmeleitung das FOURIERsche Gesetz des Wärmetransportes und beim Transport elektrischer Ladungen in einem elektrischen Leiter das OHMsche Gesetz (→elektrischer Widerstand).

Transportkörper, m; Erhebung der →Sohle eines Fließgewässers, die sich unter dem Einfluß der Strömungskräfte entweder in Fließrichtung (z. B. →Bank, Unterwasserdüne (→Düne), →Rippel) oder ihr entgegengesetzt (z. B. →Antidüne, →Antirippel) ausbreitet.

Transportmodell, n; *{transport model}* →mathematisches →Modell des Transportes (Ausbreitungsmodell) von Substanzen in einem →Fluid, z. B. der in einer Flüssigkeit gelösten →Inhaltsstoffe *{solute transport model}*, das den Transport beeinflussenden Potentialdifferenzen (→Potential) Rechnung trägt, z. B. der →Dispersion, der →Konvektion, der →Diffusion usw., unter Berücksichtigung physikalisch-chemischer (z. B. →Verdunstung, →Fällung usw.) oder biochemischer Prozesse (z. B. →Abbau), die die →Konzentration des gelösten Stoffes und damit das Potential beeinflussen; ferner beschreiben geeignete ~e den Transport in Gasen enthaltener →Schwebstoffe (→Transmission) sowie der von Flüssigkeiten bewegten →Feststoffe, sei es als schwimmende, schwebende, sinkende Stoffe oder als Geschiebe.

transversale Dispersion, f; →Dispersion

Transversalschieferung, f; →Schieferung

trass; →Traß

Traß, m; →Tuff

travel time; →Laufzeit

Treibeis, n; →Eis

Treibhauseffekt, m; →Absorption der von der Erdoberfläche ausgehenden Infrarotstrahlung (Wärmestrahlung, →Strahlung) im Wasserdampf und →Kohlendioxid der →Atmosphäre - aber auch im dort enthaltenen →Methan, den →Stickoxiden →Fluorchlorkohlenwasserstoffen usw. - und Rückstrahlung auf die Erde (→Gegenstrahlung) mit der Folge eines Wärmestaus und stetiger Erwärmung z. B. der →Hydrosphäre.

Tremolit, m; →Amphibol

Trend, m; *{trend}* glatte Komponente einer →Zeitreihe, die die tendenzielle (→Tendenz) Entwicklung ihrer Werte nach →Glättung der periodischen und zufälligen Schwankungen quantifiziert.

Trennfuge, f; →Kluft, →Störungszone

Trennfugendurchlässigkeit, f; →Kluftdurchlässigkeit

Trennstromlinie, f; →Grenzstromlinie

Trennsystem, n; →Trennverfahren

Trennung, f; *{seperation}* T. von Direktabfluß Q_D und grundwasserbürtigem Abfluß Q_G im gesamten →Abfluß Q (→A_u-Linienverfahren, →MoMNQ-Verfahren, →Trokkenwetterfallinie).

Trennverfahren, n; *{separate system}* separate Ableitung von Schmutz- und Regenwasser in getrennter Kanalisation, dem Trennsystem (ggs. →Mischwasser).

Treposol, n; →Anthrosol

triangle; →Dreieckdiagramm, →Härtedreieck

Triangulation, f; *{triangulation}* Zerlegung (Triangulierung) eines ebenen polygonalen Flächenausschnittes F durch ein von endlich vielen Punkten des Ausschnittes definiertes Netz von Dreiecksflächen so, daß jeder Punkt aus F in genau einem Dreieck der T. oder auf seinem Rand liegt (→Abb. T3), als T. bezeichnet man auch die Verbindung der ggf. über dieser diskreten Punktmenge definierten Werte einer ansonsten stetigen Funktion durch Dreiecke, deren Projektion in die Ebene aus punktfremden Dreiecken besteht (→Abb. T4), die T. ist dann Hilfsmittel der →Diskretisierung stetiger Funktionen (→finite Elemente); die Verallgemeinerung der T. ist die Flächenzerlegung durch beliebige Polygone (Zellen) in einer Zellzerlegung; Beispiel einer T. ist die DELAUNAY-~, eine Zellzerlegung stellen z. B. die →THIESSEN-Polygone dar.

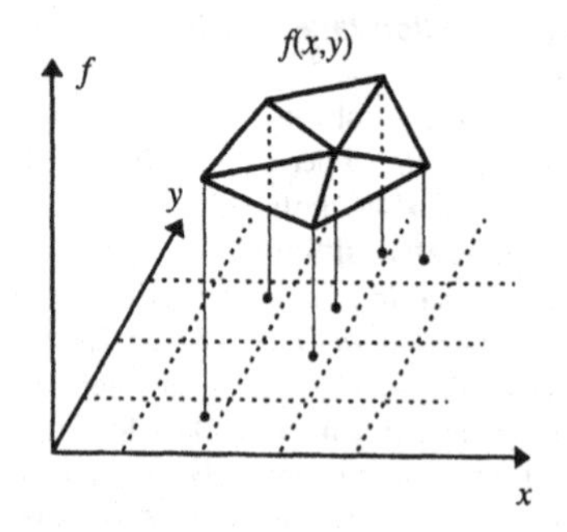

Abb. T4 *Triangulation*

Triangulierung, f; →Triangulation

Trias, f; →Erdgeschichte

tributary (river); →Nebenfluß

Trichlorphenol, n; („TCP") *{trichlorphenol}* TCP ist als 2,4,5-TCP Zwischenprodukt der Synthese von Desinfektionsmitteln, als Nebenprodukt der TCP-Produktion fällt bei ungünstigen thermischen Umständen das Gift „Dioxin" (→Tetrachlordibenzodioxin) an.

Trinkwasser, n; *{drinking/potable water}* Wasser, das dem menschlichen Genuß dient, und bezüglich dessen Beschaffenheit sensorische Kriterien (farb- und geruchlos, „appetitlich") sowie physikalische (Temperatur) und chemische

Grenzwerte (Gehalt an →Anionen und →Kationen) und mikrobielle Anforderungen (frei von Fäkalkeimen usw.) gelten (→~verordnung).

Trinkwasserbedarf, m; →Wasserbedarf

Trinkwasserschutzgebiet, n; *{zone of protection/well field management (zone), attenuation zone, remedial action zone}* um den Ort der Gewinnung von →Trinkwasser ausgewiesenes Gebiet, für das besondere Nutzungseinschränkungen ausgesprochen werden, um die qualitativen Merkmale des geförderten Trinkwassers zu wahren; das T. gliedert sich in unterschiedliche Zonen, für die die Anforderungen mit der Nähe zur Förderungsstelle ansteigen, die umfassendste ist dabei die weitere Schutzzone, die Zone III, i. allg. das →Einzugsgebiet des Brunnens, die je nach Größe des Einzugsgebietes der Trinkwassergewinnungsanlage noch weiter unterteilt sein kann, sie enhält die engere Schutzzone, die Zone II (→Zylinderformel), und im unmittelbaren Umfeld der Entnahmestelle als Zone I den Fassungsbereich (→Abb. T5).

Trinkwasserverordnung, f; rechtliche Grundlage für die Bundesrepublik Deutschland, in der die Anforderungen an ein →Trinkwasser in qualitativer Hinsicht festgelegt sind, daneben gelten EG-Richtlinien als Vorgaben über die Qualität des für den menschlichen Gebrauch bestimmten Wassers als übernationale Normen (z. B. 80/778/EWG); in der T. sind u. a. Grenzwerte für chemische Inhaltsstoffe (z. B. →Chlor, →Eisen, →Mangan usw.), sensorische Kenngrößen (z. B. Trübung, →Geruch usw.) und pathogene Keime (→Colititer) festgelegt.

Tripelpunkt, m; →Zustandsdiagramm

Tritium, n; *{tritium}* Isotop T= $^3_1$H des →Wasserstoffs, wegen der Massenzahl drei auch als „super-" oder „überschwerer" Wasserstoff bezeichnet, bildet mit Sauerstoff z. B. das →„überschwere Wasser" T_2O - tatsächlich bestehen unter Berücksichtigung des „schweren" Wasserstoffisotops →Deuterium und der stabilen Sauerstoffisotope der Massenzahlen 16, 17 und 18 insgesamt 18 unterschiedliche Wassermoleküle (→Wasser); T. ist β-radioaktiv (→Radioaktivität, →Betastrahlung) mit einer →Halbwertszeit von 12,3 Jahren und tritt natürlich in der Häufigkeit von nur 10^{-15} % des gesamten Wasserstoffvorkommens auf; da sie wegen ihrer Radioaktivität leicht zu erkennen sind, werden tritiummarkierte Wasserstoffverbindungen als →Markierungsstoffe verwendet.

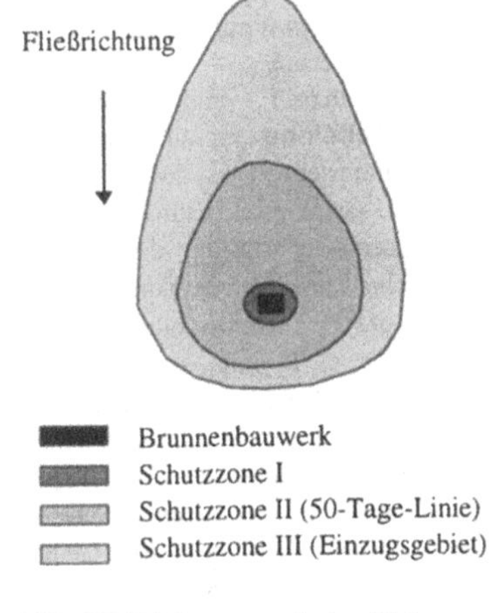

Abb. T5 ***Trinkwasserschutzgebiet***

Tritium-Methode, f; Verfahren der Altersbestimmung (→Geochronologie) geologisch relevanter Objekte (z. B. des →Grundwassers); Grundlage der T-M. ist das in der →Atmosphäre beim Stickstoffzerfall

$$^{14}_{7}N+^{1}_{0}n\rightarrow^{3}_{1}H+^{12}_{6}C$$

unter dem Einfluß der Neutronenstrahlung entstehende →Tritium $^{3}_{1}H$, das in der Atmosphäre in einem stabilen Verhältnis zu den anderen Wasserstoffisotopen vorliegt; bei der Trennung eines Wassers von den Einflüssen der Atmosphäre wird sich wegen des Zerfalls des Tritiums mit der Halbwertszeit von 12,346 a eine Verschiebung der Tritiumkonzentration gegenüber der bei stabilen äußeren Bedingen einstellen, aus der auf das Alter des abgetrennten Wassers (seit seiner Abtrennung) und damit auf den Zeitpunkt der Abtrennung geschlossen werden kann.

Trockenbohrung, f; →Bohrung

Trockendichte, f; →Dichte ρ_T, dim $\rho_T = ML^{-3}$ einer →Trockensubstanz.

Trocken Anorganische Substanz, f; TAS; →Veraschung

Trockengrenze, f; →arid; →humid

Trockenheitsindex, m; auch Ariditätsindex; Parameterwert I_T, durch den die Aridität (→arid) eines Klimas quantifiziert werden soll; man führt den T. dabei auf verschiedene relevante Klimafaktoren zurück, so z. B. auf die lokale →Niederschlagshöhe (z. T. mit Wichtung ihrer klimatischen Effektivität durch sog. Feuchtefaktoren, mittlere Lufttemperatur und durchschnittliche jährliche Anzahl von Tagen mit signifikanten Niederschlagsmengen, die mit entsprechenden überregionalen statistischen Daten in Beziehung gesetzt werden; so erhält man einen T. in dem Ansatz $I_T = h_{Vp} / \bar{i}$ als Quotient aus der potentiellen →Verdunstungshöhe und der mittleren →Niederschlagsintensität $\bar{i}$ des Bezugszeitraumes, andere Überlegungen (DE MARTONNE) führen über die auf das Jahr bezogene Niederschlagshöhe h_N und die über das Jahr gemittelte Lufttemperatur $\overline{\vartheta}$ in °C zu $I_T = h_N / (\overline{\vartheta}+10)$ als Maß für die Aridität.

Trockenjahr, n; *{dry year}* →hydrologisches Jahr, in dem die →Niederschlagshöhe den →Mittelwert einer dem Bezugsgebiet zugehörigen mehrjährigen →Niederschlagsreihe um mehr als die →Standardabweichung unterschreitet (ggs. →Naßjahr).

Trockenmasse, f; *{dry solid}* Masse m_T, dim $m_T = M$, einer →Trockensubstanz.

Trocken Organische Substanz, f; TOS; →Veraschung

Trockensee, m; →Salzsee

Trockensubstanz, f; wasserfreier, nur aus Feststoffen bestehender Anteil einer Substanz, den man durch Eindicken, Filtrieren und Trocknen bei 105 °C aus der →Rohsubstanz gewinnt.

Trockental, n; →Tal; →Wadi

Trockenwetterabfluß, m; *{dry weather flow}* →Abfluß aus einem →Einzugsgebiet, der nach einer hinreichend langen, niederschlagsfreien Zeitspanne nur noch aus →grundwasserbürtigem Abfluß Q_G besteht.

Trockenwetterfallinie, f; *{recession curve}* aus den flachauslaufenden, abfallenden Kurvenstücken der →Abflußganglinien, die dem jeweiligen →Trokkenwetterabfluß entsprechen, durch Ausgleich gewonnene glatte Kurve, aus der auf das mittlere Abflußverhalten des betrachteten →Einzugsgebietes geschlossen werden kann, mit Hilfe der T. ist die →Trennung des →Abflusses Q in Direktabfluß Q_D und grundwasserbürtigen Abfluß Q_G möglich (TWL-Verfahren), dabei wird unterstellt, daß diese Kurvenstücke ausschließlich den →grundwasserbürtigen Abfluß wiedergeben; die T. wird im allgemeinen durch den Graph einer Exponentialfunktion $Q_G=Q_G(t)=Q_0 \cdot e^{-\alpha t}$ dargestellt (→Abb. T6; →Linearspeicher), die durch den → Auslaufkoeffizient α in d^{-1} des betrachteten →Einzugsgebietes charakterisiert wird; den Trockenwetterabfluß gewinnt man dann als Integral (z. B. durch →Planimetrieren) über die T. unter Berücksichtigung „unechter" Anteile wie oberirdisch gespeicherten Wassers (Fallwasser) und des im Ablauf von Hochwasserwellen bei unechter Effluenz gebildeten unechten Grundwassers (→Wechselwirkung); der Auslaufkoeffizient α kann entweder aus einer halblogarithmischen Darstellung der T. abgelesen werden, in der sie i. allg. als Streckenzug wiedergegeben wird, oder direkt aus der exponentiellen Relation $Q_G(t)=Q_0 \cdot e^{-\alpha t}$ berechnet werden zu $\alpha=(\ln(Q_0)-\ln(Q_G(t)))/t$ mit $Q_0=Q(t=0)$.

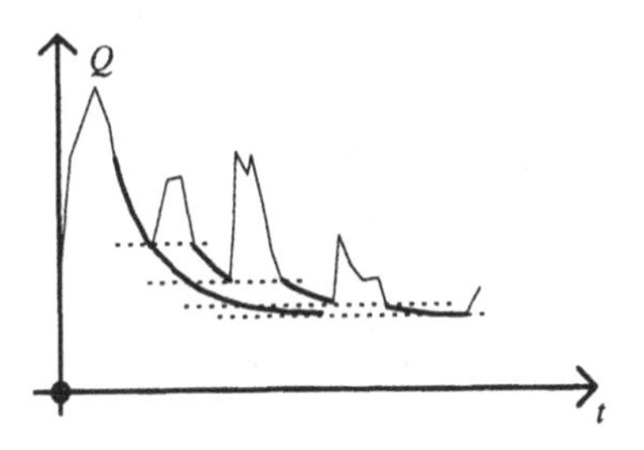

Abb. T6 *Trockenwetterfallinie*

Trockenwüste, f; →Wüste

Trogtal, n; →Tal

tropfbar; →Fluid

Trophie, f; (*etm.*: gr. „trophe" die Ernährung) die Ernährung, speziell das Nährstoffangebot betreffend, Grundlage der Beurteilung der Güte stehender Gewässer durch →Trophiegrade.

Trophiegrad, m; (*etm.*: →Trophie) Klassifizierungsstufe zur Beurteilung der Gewässergüte →stehender Gewässer auf der Grundlage ihrer Nährstoffbelastung (→Trophie) und deren Auswirkung auf den Sauerstoffhaushalt, man unterscheidet:

oligotroph (*etm.*: gr. „oligos" klein) *{oligotrophic}*, klares, nährstoffarmes Gewässer, geringe Planktonproduktion (→Plankton) und Sauerstoffsättigung (→Gassättigung) in der Tiefe von über 70 % am Ende der Stagnationsperiode (→Gewässerumwälzung);

mesotroph (*etm.*: gr. „mesos" mittel) *{mesotrophic}*, geringes Nährstoffangebot mit mäßiger Phytoplanktonproduktion und Sauerstoffsättigung in der Tiefe von 30-70 % am Ende der Stagnationsperiode;

eutroph (*etm.*: gr. „eu" gut) *{eutrophic}*, nährstoffreiches, sauerstoffarmes Gewässer, hohe Planktonproduktion und Sauerstoffsättigung in der Tiefe von weniger als 30 % am Ende der Stagnationsperiode;

poly-, hypertroph (*etm.*: gr. „polys" viel, „hyper" über) *{polytrophic}*, stets extrem nährstoffbelastetes Gewässer, massenhafte Phytoplanktonentwicklung, das Tiefenwasser ist ganzjährig nahezu frei von Sauerstoff.

trophogen; (*etm.*: gr. →Trophie und „genesis" die Erzeugung) die obere lichtdurchlässige Gewässerschicht betreffend, in der es durch →Photosynthese zur Bildung von Phytoplankton (→Plankton) kommt, die ~e Schicht wird nach unten begrenzt durch die Kompensationsebene (ggs. →tropholytisch; →Abb. P8).

tropholytisch; (*etm.*: gr. →Trophie und „lysis" die Auflösung) die untere lichtarme Gewässerschicht betreffend, in der es zum Abbau organischer Substanzen kommt, die ~e Schicht wird nach oben durch die Kompensationsebene begrenzt (ggs. →trophogen; →Abb. P8).

Troposphäre, f; →Atmosphäre

troposphere; →Troposphäre

true speed; →tatsächliche Geschwindigkeit

true velocity; →tatsächliche Geschwindigkeit

Tuff, m; *{tuff}* nicht verfestigter →Magmatit aus vulkanischen Auswurfprodukten (Asche usw.), verfestigter T. wird als ~stein bezeichnet; als Betonzuschlagsstoff findet in besonderem Maß die ~varietät Traß *{trass}* Verwendung, Traß verbessert die hydraulischen Eigenschaften des Betons.

Tunnelerosion, f; →Erosion

Turbation, f; →Pedoturbation

turbulent; (*etm.*: lat. „turbare" in Unruhe versetzen) *{turbulent}* als t. wird eine →Strömung bezeichnet, bei der ungeordnete Querbewegungen zur allgemeinen Strömungsrichtung durch „Turbulenzballen" erfolgen, die zu Wirbelbildung (→Wirbel) mit einer entsprechenden Durchmischung des Wassers und Erhöhung des Strömungswiderstandes führen (ggs. →laminar; →Grenzschicht, →REYNOLDsche Zahl).

turf; →Torf

T-Wert, m; →Ionenaustauschkapazität

TWL-Verfahren, n; →Trockenwetterfallinie

Typendiagramm, n; →Quadratdiagramm zur Charakterisierung des →Grundwassers durch Grundwassertypen, insbesondere auf der Grundlage seines Alkali- und Erdalkaligehaltes (→Alkali- bzw. Erdalkalimetalle) als z. B. alkalisches bzw. erdalkalisches Wasser (→Abb. T7) zu den Kategorien:

1. alkalische Wässer,
1.1. überwiegend sulfatisch-chloridisch,
1.2. überwiegend (hydrogen-) carbonatisch;
2. erdalkalische Wässer höheren Alkaligehalts,
2.1. überwiegend sulfatisch-chloridisch,
2.2. überwiegend hydrogencarbonatisch;
3. normal erdalkalische Wässer,
3.1. überwiegend sulfatisch,
3.2. hydrogencarbonatisch-sulfatisch,
3.3. überwiegend hydrogencarbonatisch.

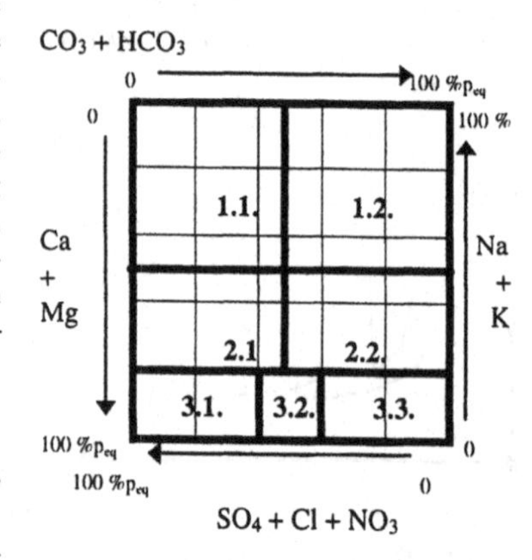

Abb. T7 ***Typendiagramm***

U

U-Tal, n; →Tal

Ubiquität, f; (*etm.*: lat „ubique" wo auch immer) *{ubiquity}* die überall und zur gleichen Zeit gegebene Anwesenheit ein und desselben Stoffes, auch Bezeichnung dafür, daß innerhalb eines Bezugsgebietes jederzeit, an jedem einzelnen Ort mit der Anwesenheit des fraglichen Stoffes gerechnet werden muß, z. B. die U. von →NAPLs in Gewerbegebieten, insbesondere, wenn dort Raffinerien angesiedelt sind.

ubiquity; →Ubiquität

Überfall, m; *{overfall}* Überströmen eines in ein →Gerinne eingebauten Körpers (z. B. ein →Wehr) mit i. allg. horizontaler Oberkante bzw. Bezeichnung für den überströmten Körper selbst; bei rechtwinkliger Anordnung des ~s zur Strömungsrichtung wird er als normaler Ü. bezeichnet, ist der Ü., z. B. bei einem Streichwehr (→Wehr), parallel zur Fließrichtung angeordnet, so spricht man von einem seitlichen Ü.; wird der Durchfluß im Ü. durch die Unterwassertiefe h_U (→Unterwasser) bei rückstauendem Unterwasser behindert, so liegt ein unvollkommener Ü. vor, sonst ein vollkommener (→Abb. U1); die Höhe $h_Ü$ des unbeeinflußten →Oberwassers über der Oberkante des Überfallbauwerkes ist die ~höhe, die i. allg. auf dem Ü. nicht konstant ist; Sonderfall des Ü. ist der Kelch~, der - rinnenförmig ausgebildet (→Abb. U1) - einen lokal konzentrierten großen Abfluß bietet, sinngemäß unterscheidet man auch bei dieser ~form zwischen vollkommenem und unvollkommenem Ü.

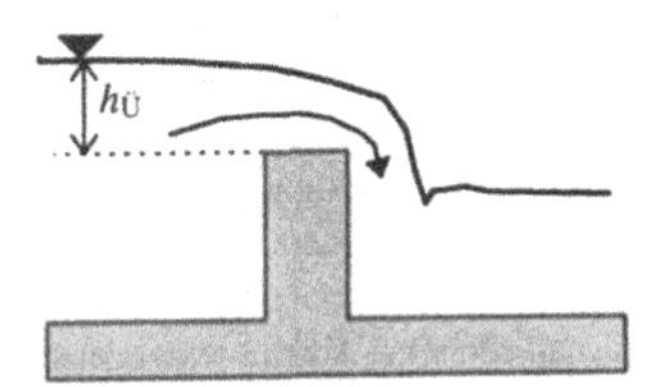

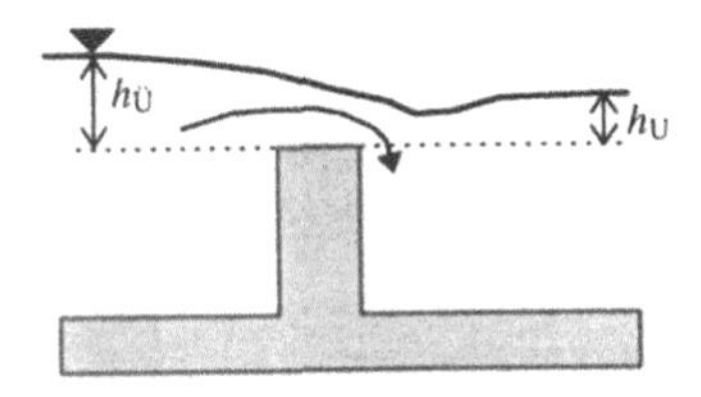

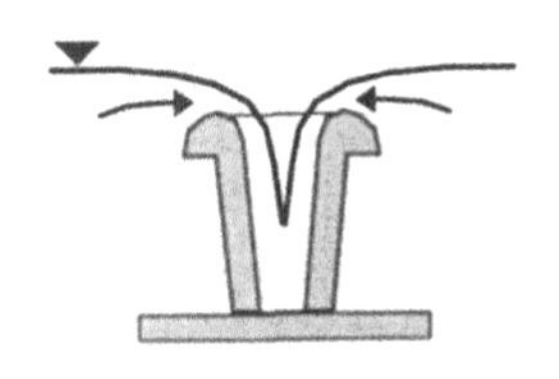

Abb. U1 ***Überfall***
von oben nach unten:
vollkommener Überfall
unvollkommener Überfall
vollkommener Kelchüberfall

Überfallhöhe, f; →Überfall

Überlagerung, f; →Superposition

Überlauf, m; *{overflow, spillway}* Teil eines der →Entlastung dienenden Bauwerkes, das ohne eigene Speicherkapazität nach Füllung eines Speichers anspringt, und das die Kapazität des Speichers überschreitende Wasservolumen ableitet.

Überleitung, f; **1.**) Ableitung des Grundwassers aus einem →Einzugsgebiet über eine dieses begrenzende unterirdische →Wasserscheide in ein benachbartes Einzugsgebiet (→Niedrigwasseraufhöhung); **2.**) allgemein der Transport eines Gewässers, Abwassers usw. über ein einem natürlichem Abfluß entgegenstehendes Hindernis wie ein anderes Gewässer, eine Geländevertiefung usw.

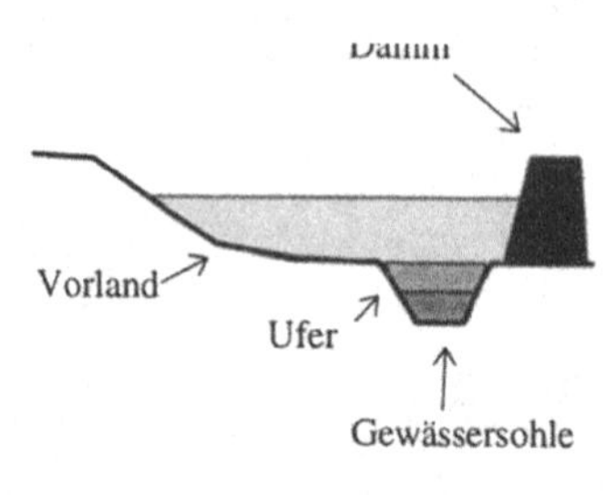

Abb. U2 *Ufer*

Überschreitung, f; *{exceeding}* Zustand bei dem ein oberer →Grenzwert oder ein anderer festgesetzter Wert (der überschrittene Wert) für einen Parameter durch dessen Istwert nicht unterschritten wird, d. h. daß der Istwert größer oder gleich dem Bezugswert ist; die Ü. im Regelfall nur temporär ist, mißt man zugleich die ~sdauer, d. h. die Anzahl der relevanten Zeiteinheiten (Stunde, Tage, Monate usw.), in denen der Zustand der Ü. innerhalb eines Bezugszeitraumes gegeben ist (ggs. →Unterschreitung; →Dauerlinie; →Abb. D3).

Überschreitungsdauer, f; →Überschreitung

Überschreitungszahl; →Dauerzahl

überschrittener Wert, m; →Überschreitung

Überschußschlamm, m; →Klärschlamm

überschweres Wasser, n; *{superheavy water}* Oxid T_2O des →Tritiums (→Wasser).

Überwasserzone, f; →Wasserzone

Ufer, n; *{bank}* seitlicher Bereich eines →Gewässerbettes, in dem der Übergang vom Gewässer zur unbenetzten Erdoberfläche liegt (→Abbn. G7 und U2; →Küste).

Uferabbruch, m; *{bank erosion; erosion of a bank}* großvolumiger Abtrag des Bodenmaterials im Uferbereich (→Ufer) eines Gewässers, z. B. als Folge der Seitenerosion (→Erosion), unter dem Einfluß der Hebelwirkung des Randeises (→Eis) bei sinkenden Wasserständen und geringer Uferfestigkeit (→Abb U3), usw.

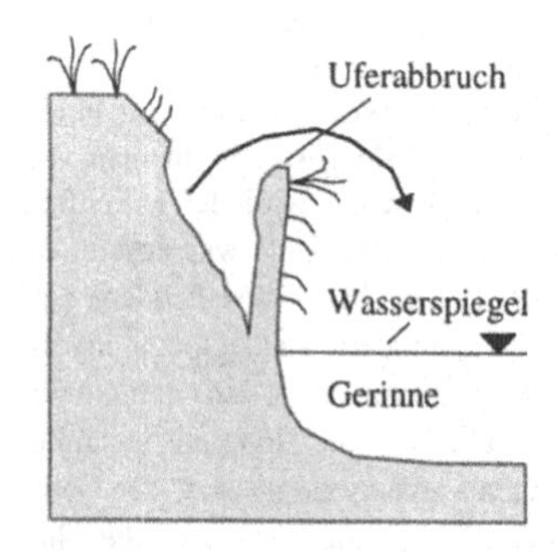

Abb. U3 *Uferabbruch nach Randeis*

Ufererosion, f; →Erosion

Uferfiltrat, n; *{bank (in-) filtrate, bank-*

filtered-water} Wasser, das wegen eines Gefälles des hydraulischen →Potentials aus einem oberirdischen →Fließgewässer durch →Uferfiltration (direkt) in den →Grundwasserleiter übergeht, uferfiltriertes Wasser wird aus Brunnen in der Nachbarschaft der Gerinne gefördert und kann mit den Inhaltsstoffen des Oberflächenwassers belastet sein (→Abb. S4; →Seihwasser).

Uferfiltration, f; *{bank filtration}* Prozeß, bei dem infolge eines Gefälles des hydraulischen →Potentials Wasser aus einem →oberirdischen Gewässer unter Bildung von →Uferfiltrat in den →Grundwasserraum übergeht; die Definition sieht dabei den direkten Übergang des Wassers in den Grundwasserraum vor, d. h. es muß ein hydraulischer Kontakt zwischen dem oberirdischen Gewässer und dem →Grundwasser bestehen, bei fehlendem hydraulischen Kontakt sieht die Sprachregelung vor, das aus dem oberirdischen Gewässer austretende Wasser als →Seihwasser zu bezeichnen; unter gewissen Umständen, z. B. einer in extremem Ausmaß kolmatierten Gewässersohle (→Kolmation) ist es aber auch unter diesen Umständen wahrscheinlich sinnvoller von U. zu sprechen, da die Austauschprozesse in diesen Gewässern nahezu ausschließlich über die Ufer erfolgen.

Uferlinie, f; *{bank/coast line}* Schnitt des →Wasserspiegels eines →oberirdischen Gewässers mit seinem Ufer bei einem repräsentativen Wasserstand, dies kann ein mittlerer Wasserstand *MW* (→Hauptwert) oder an der →Küste ein mittlerer Tidehochwasserstand *MThw* (→Tide) sein.

Uferspeicherung, f; *{bank storage}* allgemein die Speicherung von Oberflächenwasser aus den →oberirdischen Gewässern in deren Ufern, insbesondere auch bei der →Uferfiltration (oder Bildung von →Seihwasser); im eigentlichen Sinn spricht man von U. jedoch bei der Speicherung des Wassers aus den oberirdischen Gewässern bei normalerweise influenten Abflußverhältnisse (→influenter Abfluß) im Zusammenhang mit Hochwasserereignissen; die U. führt in diesem Fall nach dem Rückgang des Hochwassers durch Austritt des gespeicherten Wassers zu einer scheinbaren (unechten) Effluenz und täuscht einen Grundwasseraustritt vor (→Wechselwirkung).

Ultraabyssal, n; →Abyssal

ultraviolet radiation; →ultraviolette Strahlung, →UV-Strahlung

ultraviolette Strahlung, f; →UV-Strahlung

Umfang, benetzter, m; →benetzter Umfang

Umkehrosmose, f; *{reverse osmosis}* auch reverse Osmose, Verfahren zur Reduzierung des Gehaltes gelöster Inhaltsstoffe in einer Lösung (z. B. zur →Entsalzung des Wassers); hierbei wird der bei der →Osmose üblicherweise ablaufende Prozeß umgekehrt, indem auf der Membranseite mit größeren Konzentrationen ein Druck p^* auf die Lösung ausgeübt wird, der den →osmotischen Druck überschreitet, hierdurch wird Lösungsmittel auf die Seite niederer Konzentration gedrückt und dort angereichert (→Abb. U4); beim praktischen Gebrauch der U. zur Reinigung des Wassers sind die die Membran schädigende Einflüsse zu berücksichtigen, d. h. zum einen der mögliche Befall der Membran mit →Bakterien, zum anderen die die Durchlässigkeit der Membran beeinflussende Wirkung von Wasserinhaltsstoffen, wie das als *fouling* bezeichnete Ausfallen der im Wasser enthaltenen →Kolloide und Metalloxide oder die *scaling* (→Versinterung) genannte Ausfällung von Salzen in der Membran beim Überschreiten ihres →Löslichkeitsproduktes.

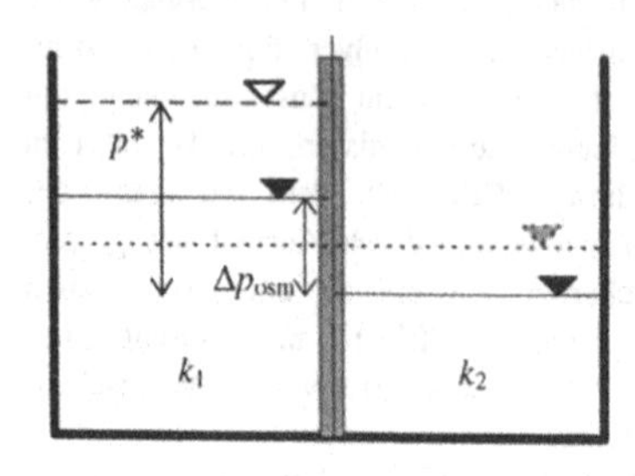

osmotisches Gleichgewicht
Ausgangszustand
Wasserstand bei p^*
$k_2 < k_1$ Ausgangskonzentration
Δp_{osm} osmotische Druckdifferenz

Abb. U4 ***Umkehrosmose***

Umkippen, n; umgangssprachlich bezeichnet man als U. eines Gewässers dessen Umschlag vom Zustand der →Oxidationszone in den der →Reduktionszone, hierbei werden die Lebensgrundlagen einiger Organismen verbessert, so können sich etwa →Algen u. U. massenhaft vermehren (→Wasserblüte, →Trophiegrad, →Wassergüte), für andere Lebewesen jedoch so nachhaltig verschlechtert, daß es beispielsweise zu einem spontanen, massenhaften Absterben der Fischpopulationen kommen kann.

Umlaufstollen, m; →Stollen

Umsatzwasser, n; →Grundwasser

unaltered rock; →gewachsener Fels

uncombined oxygen; →freier Sauerstoff

unconfined aquifer; →ungespannter Grundwasserleiter

unconsolidated rock; →Lockergestein

unconsolidated sediment; →Lockergestein

undercut bank; →Prallufer

undercut slope; →Prallhang, →Prallufer

underlying stratum; →Liegendes

unechte Effluenz, f; →Wechselwirkung

unechtes Grundwasser, n; →Wechselwirkung

ungesättigte Zone, f; *{unsaturated zone, zone of areation}* →Gestein, dessen Hohlräume nicht vollständig mit Wasser (allgemein einem →Fluid in der flüssigen Phase) angefüllt sind, sondern als dritte →Phase auch noch Gase (Luft) enthalten, hierbei handelt es sich somit um einen Spezialfall einer mit zwei nicht miteinander mischbaren Fluiden angefüllten Gesteinsmatrix, in der an den Grenzflächen zwischen diesen Fluiden die entsprechenden Grenzflächeneffekte (→Oberflächenspannung, →Kapillarität) berücksichtigt werden müssen (→NAPL); das Strömungsverhalten des Wassers in der u. Z. ist nicht mehr durch die allgemeine →Kontinuitätsgleichung der Fluide beschreibbar; innerhalb der u. Z. verschwindet das Druckpotential ψ_p (→Potentialtheorie), so daß das Gesamtpotential $\psi = \psi_m + \psi_g$ sich zusammensetzt aus dem Matrixpotential ψ_m und dem Gravitationspotential ψ_g und als →Saugspannung mittels →Tensiometern gemessen werden kann; bei Darstellung der Potentiale in der Höhenform (→BERNOULLI Gleichung) läßt sich das →DARCYsche Gesetz dann formulieren zu

$$\vec{Q} = -k_f \cdot \vec{\nabla}\Psi$$

$$= -k_f \cdot \frac{\Delta(\Psi_m + z)}{\Delta z} = -k_f \cdot \left(\frac{\Delta \Psi_m}{\Delta z} + 1\right)$$

- die Fließrichtung ist hierbei der Koordinatenrichtung z entgegengesetzt; dabei hängt sowohl die ungesättigte Leitfähigkeit $k_f=k_f(\theta)$ als auch das Matrixpotential $\psi_m=\psi_m(\theta)$ von der →Wassersättigung θ (→Retentionskurve) der Matrix ab; die Verteilung des Gases in unterschiedlichen Mengen und Blasen unterschiedlicher Größe beeinflußt den Wassertransport entscheidend (→Abb. U5); das Wasser als flüssige Phase ist in der u. Z. als →Sickerwasser, als →Haftwasser und als →Kapillarwasser enthalten (→Zone, →Abb. Z1).

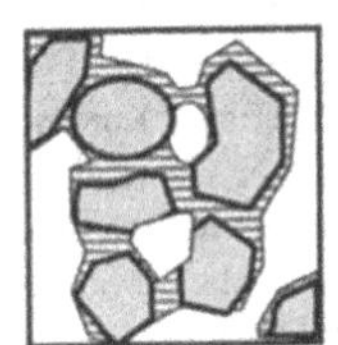
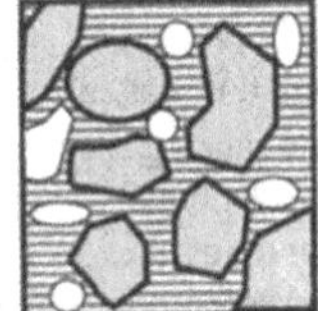
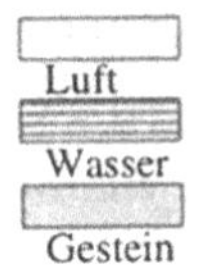
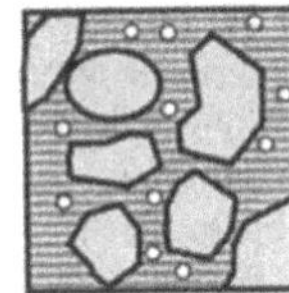

Abb. U5 *ungesättigte Zone*

ungespannter Grundwasserleiter, m; →Grundwasserleiter

ungestört; →Bodenprobe

Ungleichförmigkeitsgrad, m; *{degree of grain size variation}* aus der →Korngröße abgeleiteter Parameter, der der Charakterisierung der →Lockergesteine dient, der U. U ist dabei definiert als der Quotient $U=d_{60}/d_{10}$, wobei d_{60} und d_{10} der Korndurchmesser der Gesteinsprobe in mm sind, der von 60 % bzw. 10 % des Gesamtgewichts einer Gesteinsprobe nicht überschritten wird (→Korngröße); innerhalb gewisser Grenzen des U. läßt sich dann z. B. der Durchlässigkeitsbeiwert k_f (→DARCYsches Gesetz) aus der „wirksamen" Korngröße d_{10} gewinnen (→HAZEN-Formel, →BEYER-Formel).

unit; →Einheit

unit hydrograph; →Einheitsganglinie

unit hydrograph method; →Einheitsganglinienverfahren

universelle Gaskonstante, f; →AVOGADROsches Gesetz

unsaturated zone; →ungesättigte Zone

unsteady flow; →instationäre Strömung

unsteady groundwater flow; →instationäre Grundwasserströmung

Unterboden, m; →Bodenhorizont, →Bodengefüge

Unterdevon, n; →Erdgeschichte

Untere Trias, f; auch Buntsandstein, →Erdgeschichte

Untergrund, m; →Bodengefüge

Untergrunderosion, f; →Erosion

unterirdischer Abfluß, m; →Abfluß

unterirdisches Einzugsgebiet, n; *{subsurface catchment area}* Gebiet, aus dem eine Abflußmeßstelle durch unterirdischen →Abfluß gespeist wird (→Grundwassereinzugsgebiet, →Einzugsgebiet).

unterirdische Wasserscheide, f; →Wasserscheide

Unterkambrium, n; →Erdgeschichte

Unterkarbon, n; →Erdgeschichte

Unterkreide; →Erdgeschichte

Unterlauf, m; der Mündung am nächsten liegender und diese umfassender Teil eines →oberirdischen Fließgewässers (ggs. →Oberlauf).

Untermoräne, f; →Moräne

Unternehmensforschung, f; →operations research

Unterordovizium, n; →Erdgeschichte

Unterperm, n; auch Rotliegendes, →Erdgeschichte

Unterschiedshöhe, f; Differenz $h_U = h_N - h_A$, $\dim h_U = L$ und $[h_U]$=mm, zwischen der →Niederschlagshöhe h_N und der →Abflußhöhe h_A einer Bezugszeitspanne für ein →Einzugsgebiet

Unterschreitung, f; *{falling below}* Zustand bei dem ein unterer →Grenzwert oder ein anderer festgesetzter Wert (der unterschrittene Wert) für einen Parameter durch dessen Istwert unterschritten wird, d. h. daß der Istwert kleiner als der Bezugswert ist, da die U. im Regelfall nur temporär ist, mißt man zugleich die ~sdauer, d. h. die Anzahl der relevanten Zeiteinheiten (Stunde, Tage, Monate usw.), in denen der Zustand der U. innerhalb eines Bezugszeitraumes gegeben ist (ggs. →Überschreitung; →Dauerlinie; →Abb. D3).

Unterschreitungsdauer, f; →Unterschreitung

Unterschreitungszahl, f; →Dauerzahl

unterschrittener Wert, m; →Unterschreitung

Untersilur, n; →Erdgeschichte

Untertagedeponie, f; →Deponie

Unterwasser, n; *{tail water}* unterhalb eines Bauwerkes (→Wehr, →Talsperre usw.) gelegener Abschnitt eines oberirdischen Gewässers, das U. wird von dem vom Bauwerk abfließenden Wasser gebildet, die Wassertiefe h_U in einem Bezugsquerschnitt im U. ist die ~tiefe (ggs. →Oberwasser).

Unterwasserboden, m; →Bodenklassifikation

Unterwasserdüne, f; →Düne

Unterwassertiefe, f; →Unterwasser

Unterwasserzone, f; →Wasserzone

unvollkommener Ausfluß, m; →Ausfluß

unvollkommener Brunnen, m; *{incomplete/imperfect/partially-penetrating well}* →Brunnen, der in der Tiefe nur von einem Teil des →Grundwasserleiters gespeist wird (ggs. →vollkommener Brunnen, →Abb. S. V3).

unvollkommener Überfall, m; →Überfall

upper confining bed; →Grundwasserdeckschicht

upper course of a river; →Oberlauf

upper floor; →Oberboden

upper soil; →Oberboden

Uranin, n; *{sodium fluorescein, uranin}* Handelsname für ein Dinatriumderivat des Fluoresceins; fluoreszierender Färbungsstoff, der selbst in geringer Konzentration noch gut optisch (bei Verwendung von z. B. einer Quarzlampe) nachweisbar ist und aus diesem Grund als →Markierungsstoff Verwendung findet.

Uranmethode, f; Altersbestimmung (→Geochronologie) anhand der Verhältnisse der beim Zerfall des Urans entstehenden Zerfallsprodukte (Nuklide) (→Heliummethode).

Urstromtal, n; *{pleistocene watercourse}* breite, flache Talniederung vor dem Inlandeis- oder Gletscherrand, in der sich während der Eiszeit im Pleistozän das Gletscherschmelzwasser sammelte.

Urtiter, m; →Titer

U-Tal, n; →Tal

utilization of waters; →Gewässernutzung

UV-radiation; →UV-Strahlung

UV-Strahlung, f; *{ultraviolet UV-radiation}* elektromagnetische (ultraviolette) →Strahlung, kurzwelliger als das sichtbare Licht (ca. Wellenlänge λ<0,38 µm) und meist langwelliger als die →Röntgenstrahlung (ca. λ>0,05 µm) mit der Einteilung in langwellige

(0,315 $\mu m < \lambda < 0,38\ \mu m$) UVA-Strahlung, mittelwellige (0,28 $\mu m < \lambda < 0,315\ \mu m$) UVB-Strahlung, kurzwellige (0,28 $\mu m < \lambda < 0,20\ \mu m$) und Vakuum-UV-Strahlung ($\lambda < 0,2\ \mu m$), die als UVC-Strahlung bezeichnet werden; die lang- und mittelwellige UV-Strahlung führt dabei zur Pigmentierung der Haut und der Bildung von Vitamin D, die kurzwellige ist keimtötend (bakterizid), die Vakuum-UV-Strahlung ozonisierend (→Ozon, →Ozonung).

V-Tal, n; →Tal

V-Wert; eingeordnet hinter Vulkanit

vados; (*etm.*: lat. „vadere“ wandern) *{vadose}* als v. wird ein Wasser bezeichnet, das bereits Teil des →hydrologischen Kreislaufes war (ggs. →juvenil) und durch →Versickerung oder →Versinkung in den →Grundwasserraum gelangt; der →Sickerraum wird auch als ~e →Zone bezeichnet.

vadose; →vados

vadose water; →Sickerwasser

vadose zone; →Sickerraum

vagil; (*etm*:. lat. „vagari“ umherstreifen) *{vagile}* Bezeichnung für die Fähigkeit eines Organismus sich frei zu bewegen und dabei unterschiedliche Lebensräume aufzusuchen (ggs. →sessil).

vagile; →vagil

Vagilität, f; (*etm.*: →vagil) Lebensweise der →vagilen Organismen; im Grenzbereich der nur geringfügig mobilen, hemisessilen Organismen in die →Sessilität übergehend.

val; *{val, gram equivalent}* nicht mehr übliche Einheit, mit der die der relativen →Äquivalentmasse entsprechende Gramm-Masse als Grammäquivalent wiedergegeben wurde.

valence; →Wertigkeit

valence state; →Valenz

Valenz, f; (*etm.*: lat. „valere“ Kraft besitzen) *{valence state}* durch die →Elektronen der höchsten Energieniveaus (der äußersten Elektronenschale eines →Atoms) gegebene Bindungskraft (→chemische Bindung) zwischen den Atomen, die einem stabilen Edelgaszustand zustreben (→Edelgasgruppe), bei dem die äußere Elektronenschale (mit zwei bzw. acht Elektronen) vollständig aufgefüllt ist (~theorie); die hierdurch bedingte Notwendigkeit der Abgabe oder Aufnahme von Elektronen von oder in eine(r) nicht vollständig besetzte(n) Außenschale bestimmt das chemische Reaktionsvermögen eines Elementes (→Wertigkeit).

Valenzwinkel, m; auch Bindungswinkel, Winkel zwischen den Verbindungslinien benachbarter Atome eines Moleküls (z. B. →Wasser).

valley; →Tal

valley thrust; →Talzuschub

Vanadiumgruppe, f; 5. Nebengruppe des →Periodensystems der Elemente mit den Elementen Vanadium (V), Niobium (Nb), Tantal (Ta) und Hahnium (Ha).

VAN DER WAALS - Kraft, f; zwischen kleinsten Stoffteilchen (→Atomen oder →Molekülen) durch deren induziertes →Dipolmoment wirksame elektrostatische Kraft; eine Krafte, die auf Wechselwirkungen mit Dipolmolekülen, Molekülen mit einem permanenten Dipolmoment beruht ist definitionsgemäß keine VDW-K.

vapor; →Dampf

vaporization; →Verdunstung

vapor pressure; →Dampfdruck

vapour; →Dampf

variance; →Varianz

Varianz, f; *{variance}* einer →Zufallsgröße z, deren →Erwartungswert $\mu = \in(z)$ existiert, zugeordneter Paramer $\sigma^2(z) = \in((z-\mu)^2)$; im Fall einer →diskreten Zufallsgröße $z \equiv i$ ist die V. somit

$$\sigma^2(i) = \sum_i (i-\mu)^2 \, p(i),$$

falls diese Summe konvergiert, für eine stetige Zufallsgröße $z \equiv x$ erhält man

$$\sigma^2(x) = \int_{-\infty}^{+\infty} (x-\mu)^2 f(x)\mathrm{d}x$$

mit der →Dichtefunktion $f(x)$ der x zugrunde liegenden Wahrscheinlichkeitsverteilung (falls das Integral konvergiert); die V. ist ein Maß für die Verteilung der Wahrscheinlichkeiten um den Erwartungswert $\mu = \in(z)$ der Zufallsgröße z; für eine beliebige Wahrscheinlichkeitsverteilung liegt ein Ereignis mit einer Wahrscheinlichkeit von mindestens $p=0{,}89$ in dem „3σ-Intervall" $[\mu-3\sigma;\mu+3\sigma]$ um μ, für eine normalverteilte Zufallsgröße z (→Normalverteilung) ist diese Wahrscheinlichkeit sogar $p=0{,}997$.

variogram; →Variogramm

Variogramm, n; *{variogram}* auf zwei diskrete →Zufallsgrößen z_i und z_j bezogener Parameter $2\gamma(z_i,z_j)$ als →Varianz

$$2\gamma(z_i,z_j) = \sigma^2(z_i - z_j),$$

$\gamma(z_i,z_j)$ wird auch als Semivariogramm bezeichnet; in der Praxis sind z_i und z_j Realisierungen ein und derselben (i. allg. stetigen) Zufallsgröße z an diskreten Folgen von Raumpunkten $P_i=P_1,...,P_n$ und $P_j=P_{1+h},...,P_{n+h}$, die sich paarweise um jeweils dieselbe räumliche →Schrittweite (z. B. den Abstand) h unterscheiden.

Vaterit, m; →Calciumcarbonat

vaterite; →Vaterit

VbF; →Verordnung brennbarer Flüssigkeiten

vector field; →Vektorfeld

Vegetationszone, f; →Wasserzone

vein; →Gang

Vektorfeld, n; *{vector field}* wird jedem Punkt P des Raumes ein Vektor $\vec{x} = \vec{x}(P)$ - z. B. eine Strömungsgeschwindigkeit, eine elektrische oder magnetische Kraft - zugeordnet, so bezeichnet man diese Zuordnung $P \rightarrow \vec{x}(P)$ als V.

velocity; →Geschwindigkeit

velocity area; →Geschwindigkeitsfläche

Verarmungszone, f; *{zone of impoverishment/dystrophic soil}* Gewässerzone, in der die für ein vergleichbares unbelastetes Gewässer gegebene Vielfalt der Organismenarten und deren Populationen durch Gewässerbelastung in erheblichem Umfang reduziert ist (→Trophie, →Gewässergüte, →Saprobiesystem).

Veraschung, f; *{incineration}* Verfahren zur Bestimmung der Zusammensetzung einer Probe, die entwässert (nach Trocknung bei 105 °C) über einen definierten Zeitraum (z. B. 30 min) einer geeigneten Temperatur, z. B. im Bereich zwischen 550 °C und 800 °C ausgesetzt wird zur oxidativen Zerstörung der organischen Bestandteile der Analysesubstanz, so daß nur noch unbrennbare mineralische Rückstände als Asche überbleiben; der nach eingetretener Massekonstanz aufgetretene Masseverlust der Probe ist der Glühverlust (GV), die verbliebene Probenmasse der Glührückstand (GR); GV und GR werden entweder in % der Ausgangstrockenmasse (→Trockenmasse) angegeben oder bei V. eines →Abdampfrückstandes auch bezogen auf das ursprüngliche Volumen der eingedampften Flüssigkeit in z. B. mg/ℓ; der GV entspricht dem Anteil an organischen Substanzen an der Probe zuzüglich derjenigen anorganischen, die beim Glühen einen Masseschwund erleiden, der GR den restlichen anorganischen Bestandteilen; bei der V. tonhaltiger Minerale (→Ton) ist deren Gehalt an →Kristallwasser zu berücksichtigen, wenn GV und GR als prozentuale Anteile der Ausgangstrockenmasse ermittelt werden; in diesem Zusammenhang werden auch die Begriffe

TOS (Trocken Organische Substanz) und TAS (Trocken Anorganische Substanz) verwendet (→TOC).

Verbindungsstollen, m; →Stollen

Verbrackung, f; Bildung von →Brackwasser in Süßwasserkörpern (→Süßwasser), wobei entweder der gesamte Süßwasserkörper zu Brackwasser wird oder sich Brackwasserzonen (Verbrackungszonen) in Salz-Süßwassergrenzbereichen bilden (→Salzwasser); zur V. kommt es z. B. durch kontinuierliche Mischung von Salz- und Süßwasser, z. B. in Strandseen, in denen sich Oberflächenwasser aus den Niederschläge und Meerwasser mischen, sowie durch kontinuierlichen Übertritt salzhaltigen Abwassers aus u. a. den →Vorflutern in den Grundwasserraum (mit einer Versalzung des Grundwassers); zur V. führt ferner die Aufkonzentrierung des Salzgehaltes eines Gewässers, z. B. in Endseen (→See), in denen durch →Verdunstung die Salzkonzentration zunimmt (→Salzsee), sowie die Diffusion in den Grenzschichten zwischen Süß- und Salzwasserkörpern, z. B. in den Mündungsgebieten der Flüsse in die Meere sowie in küstennahen Grundwasserleitern beim Eindringen des Salzwassers der Meere.

Verbrennung, f; Verfahren der Abfallbeseitigung (→Abfall), bei dem die Abfälle thermisch verwertet werden, auch Deponiegas wird durch V. entsorgt (verwertet), ferner wird V. bei der Beseitigung von →Abwasser und →Klärschlamm eingesetzt, wobei die V. u. U. nicht selbsttätig verläuft, sondern durch eine zusätzliche Feuerung unterstützt werden muß; bei der →Bodensanierung und der Entsorgung von in besonderm Maße giftigen Sonderabfällen wird ebenfalls mit V. gearbeitet (→Pyrolyse).

Verdichtung, f; *{compaction, consolidation}* Erhöhung der →Dichte eines Bodenkörpers durch Eintrag oder Bildung (z. B. bei Verwitterung) feinverteilter Bodenpartikel oder durch Volumenminderung infolge mechanischer Belastung und der damit verbundenen Änderung der Lagerungsstruktur (→Lagerungsdichte) der Teilchen (→Multibarrierekonzept).

Verdünnungsgesetz, n; OSTWALDsches V. →Dissoziation

Verdunstung, f; *{evaporation, vaporization}* Übergang des Wassers aus dem flüssigen oder festen Aggregatzustand (→Phase) in den gasförmigen (die V. umfaßt im hydrogeologischen Sinne somit auch die →Sublimation); quantifiziert wird die V. durch die →~shöhe $h_V=V_V/A$ als das über einem →Bezugsgebiet des Flächeninhaltes A in einem →Bezugszeitraum verdunstende Wasservolumen V_V mit $\dim h_V = \mathsf{L}$ und $[h_V]$=mm Wassersäule; (→Evaporation); als potentielle V. bezeichnet man die unter den gegebenen äußeren Umständen, (Witterungsbedingungen usw.) maximal mögliche bei unbegrenzt für die V. verfügbarem Wasser, als reale V. die tatsächlich meßbare, reale, unter Berücksichtigung z. B. des tatsächlich für die V. verfügbaren Wasserangebotes (→Evapotranspiration).

Verdunstungsformel, f; →HAUDEsche V., →PENMANsche V.

Verdunstungshöhe, f; *{depth/height of evaporation}* über einem horizontalen Flächenelement gemessene Wasserabgabe h_V, $\dim h_V = \mathsf{L}$ und $[h_V]$=mm, durch →Verdunstung in einem Bezugszeitraum an einem vorgegebenen Ort in mm Wassersäule, dabei entspricht die potentielle V. h_{V_p} der potentiellen, maximal möglichen zu den am Bezugsort im Bezugszeitraum herrschen Bedingungen, die tatsächliche, reale oder effektive V. h_{V_t} der tatsächlich zu den am Bezugsort im

Bezugszeitraum herrschen Bedingungen erfolgenden realen Verdunstung.

Verdunstungsintensität, f; *{intensity of evaporation}* auch Verdunstungsrate *{rate of evaporation}* r_V, als Quotient $i_V=h_V/t$ die →Verdunstungshöhe h_V bezogen auf die Länge t des zugehörigen Bezugszeitraumes der Beobachtung - z. B. das Jahr und in diesem Fall in der Einheit $[i_V]$=mm/a (→Intensität, →Rate).

Verdunstungskessel, m; *{evaporation pan}* Gefäß zur Messung der potentiellen →Verdunstungshöhe an einer Meßstelle.

Verdunstungsrate, f; →Verdunstungsintensität ; →Intensität, →Rate

Verfestigung, f; **1.)** mit Abnahme des Wassergehalts verbundene V. eines Lokkergesteins durch →Diagenese, **2.)** *{cementation}* vom Wassergehalt unabhängiger Prozeß, der zum Zusammenhalt einzelner Bodenschichten führt.

Vergrusung, f; *{granular disintegration}* Verwitterungsprozeß, der zur Ausbildung von ~shorizonten führt (→Granit).

Verhältnis, n; *{ration}* Größenverhältnis $v=\gamma_{K1}/\gamma_{K2}$ (dim$a$=1) der Größe γ_{K1} einer →Komponente $\boldsymbol{K}_1$ in einem →Gemisches $\boldsymbol{G}$ zur Größe γ_{K2} einer weiteren Komponente $\boldsymbol{K}_2$ von $\boldsymbol{G}$, handelt es sich bei der Größe $\gamma\equiv n$ um die →Stoffmenge, so spricht man vom →Stoffmengen~ $r=n_{K1}/n_{K2}$, im Fall der → Masse $\gamma\equiv m$ vom →Massen~ $\zeta=m_{K1}/m_{K2}$; im Fall $\gamma\equiv V$ ist auch vom Volumen~ die Rede.

Verkarstung, f; *{karstification}* Bildung von →Karst durch natürliche chemische Lösungsprozesse (Subrosion, →Auslaugung) und begleitende mechanische Vorgänge (→Erdfall).

Verkeimung, f; Eindringen von Keimen z. B. in das Trinkwasser, bzw. Vermehrung der in unerheblicher Zahl im z. B. Trinkwasser enthaltenen Keime über den Grenzwert (→Colititer) hinaus.

Verkieselung, f; →Silifizierung

Verkittung, f; →Diagenese; →Gestein

Verkrautung, f; *{aquatic growth, weedage}* massenweiser, die Fließgeschwindigkeit und das Strömungsverhalten beeinträchtigender Bewuchs der Unterwasserzonen →oberirdischer Fließgewässer durch Wasserpflanzen.

Verlandung, f; *{(process of) alluviation/silting, silting, alluvial deposit, alluvium}* auch Alluviation, Folge übermäßiger →Sedimentation und massenhaften Pflanzenwuchses in Gewässern und die damit einhergehende Verringerung der Wassertiefe.

verlorenes System, n; als v. S. bezeichnet man eine technische Baugruppe (z. B. Filter, Meßsonde usw.), die, einmal in Betrieb genommen (z. B. in einen Gesteinskörper eingenbracht), nicht mehr oder nur mit unvertretbar großem Aufwand daraus geborgen (z. B. aus dem Gesteinskörper entfernt) werden kann.

Verlust, m; *{loss}* **1.)** →BERNOULLI-gleichung, **2.)** →Belastungsaufteilung

Verlustanteil, m; Anteil i_V, dimi_V=LT^{-1} der Niederschlagsintensität i_N, der nicht abflußwirksam wird (→Belastungsaufteilung).

Verlustbeiwert, m; Parameter ζ mit dimζ=1, mit dem die →Verlusthöhe h_V der →BERNOULLI-Gleichung auf Geometrie und Beschaffenheit des →Gerinnes zurückgeführt wird, z. B. empirisch in der →DARCY-WEISBACH-Relation.

Verlusthöhe, f; **1.)** durch innere Reibung bei der Strömung einer realen Flüssigkeit in der Höhenform der →BERNOULLI-Gleichung die Reibungsverluste repräsentierender Term $h_V=h_V(s)$, dimh_V=L, der die bis zur Stelle s im Gerinne relativ zu einem Bezugspunkt 0 eingetretenen Reibungsverluste quantifizieren; **2.)** →Interzeptionsverlust; →Belastungsaufteilung.

Verockerung, f; *{iron clogging; ochre incrustation}* meist durch → Mikroorganismen verursachte →Ausfällung (→ Sedimentation) von →Eisen und →Mangan infolge von Oxidationsprozessen (→Oxidation, →Brunnen).

Verödungszone, f; *{desolation zone}* durch z. B. →Eutrophierung oder den Eintrag toxischer Substanzen (→Toxizität) geschädigter Gewässerabschnitt, in dem den höheren Organismen die Existenzgrundlage entzogen ist.

Verordnung brennbarer Flüssigkeiten, f; VbF, Einteilung gefährlicher Stoffe nach ihren Flammpunkten und ihrer Wasserlöslichkeit: z. B. umfaßt Gefahrenklasse AI Stoffe mit Flammpunkten unter 21 °C, AII den Bereich von 21-55 °C, AIII von 55-100 °C und die Gefahrenklasse B die wasserlöslichen Flüssigkeiten mit einem Flammpunkt unter 21 °C.

Versalzung, f; →Bodenversalzung; →Verbrackung

Versandung, f; *{sand filling/silting}* Ablagerung feinster Schwebeteilchen aus dem Grundwasser (→Brunnen), die z. B. die Wirkung der →Filter beinträchtigt.

Versauerung, f; *{acidification}* **1.)** →Boden~; **2.)** als Gewässer~ die Abnahme des pH-Wertes der Gewässer entweder direkt durch sauren Regen (→saurer Niederschlag) oder infolge der Boden~ und des dabei in die Gewässer gelangenden sauren Abflusses, der zusätzlich mit remobilisierten Schwermetallen und gelösten Substanzen belastet ist.

Versauerungswiderstand, m; →Bodenversauerung

Verschlämmung, f; Zerstörung der Bodenaggregate (→Bodengefüge) einer Bodenoberfläche durch Wasserzufuhr und mechanische Belastung, z. B. durch aufschlagenden Regen oder auf der Oberfläche abfließendes Wasser oder bei anderer Belastung nasser Böden, z. B. durch Befahren usw.; im Zuge der V. quellen die Bodenpartikel und dispergieren, die entstehenden Suspensionen (→Dispersion) fließen bei entsprechendem Gefälle der Bodenoberfläche ab (es kommt zu →Erosion), oder sie versickern, wobei die gröberen Teilchen sich in den oberen Bodenschichten ablagern und beim Abtrocknen eine Kruste bilden können.

Versickerung, f; *{seepage}* Eindringen von Oberflächenwasser in die →Hohlräume eines Gesteinskörpers, das zur Bildung von →Sickerwasser führt, stammt das versickernde Wasser aus einem →oberirdischen Gewässer, so spricht man auch in Abhängigkeit von den speziellen hydraulischen Verhältnissen entweder von →Uferfiltration oder von Seihwasserbildung (→Seihwasser); beim massenhaften Übertritt von Wasser aus oberirdischen Gewässern in unterirdische Hohlräume ist von →Versinkung die Rede.

Versickerungsbrunnen; →Eingabebrunnen

Versickerungshöhe, f; über einem horizontalen Flächenelement gemessene Wasserabgabe h_D, dim h_D = L, durch →Versickerung, h_D ist zusätzlich bestimmt durch den Ort der Messung und durch den der Messung zugrunde liegenden Bezugszeitraum, h_D wird gemessen in $[h_D]$=mm Wassersäule.

Versickerungsversuch, m; →Auffüllversuch

Versiegelung, f; →Flächenversiegelung

Versinkung, f; *{influation, sinking}* schneller massenhafter Übertritt von Wasser aus einem oberirdischen Gewässer in unterirdische Hohlräume z. B. im →Karst durch Schlucklöcher, bei dem es im Grenzfall zur →Schwinde kommen kann.

Versinterung, f; *{scale deposit}* Ablagerung aus dem Wasser ausfallender Carbonate (→Brunnen; *scaling* bei der →Umkehrosmose; →Filter).

Versorgungsdruck, m; an einer Entnahmestelle eines Wasserversorgungsrohrnetzes in der Rohrleitung herrschender →Druck p_e in bar oder Pa.

Verteilungschromatographie, f; → Chromatographie

Verteilungsfunktion, f; der Summenhäufigkeit (→Häufigkeit) entsprechende Kumulierung der Wahrscheinlichkeiten, für eine diskrete Zufallsgröße $z \equiv i$ erhält man die V. $F(i)$ zu

$$F(i) = \sum_{j \le i} p_j;$$

für eine stetige Zufallsgröße $z \equiv x$ zu

$$F(x) = \int_{-\infty}^{x} f(t)\,dt$$

mit der →Dichtefunktion $f(x)$ der zugehörigen Wahrscheinlichkeitsverteilung; sowohl im →diskreten, wie auch im →stetigen Fall gelten die Beziehungen $p(z \le b) = F(b)$ und $p(a < z \le b) = F(b) - F(a)$.

vertical; →vertikal

vertical velocity area; →Geschwindigkeitsfläche

vertikal; *{vertical, perpendicular}* auch lotrecht, in Richtung der Schwerkraft (→Gewicht), der Fallbeschleunigung (→Gravitation).

vertikal-ebenes Modell, n; durch Symmetrieeigenschaften eines Strömungsmodells gegeben Reduktion der Anzahl maßgeblicher Koordinaten (→Koordinatensystem) so, daß der Strömungsvorgang durch die Vertikalerichtung z und eine Horizontalenrichtung (z. B. x) wiedergegebn werden kann (→Planfiltration; z. B. →DUPUIT-FORCHHEIMERsche Abflußformel).

Vertikalzirkulation, f; →vertikaler Wasseraustausch in →stehenden Gewässern (→Gewässerumwälzung).

Verweildauer, f; *{retention period}* als V. bezeichnet man die Zeitspanne zwischen dem Eintritt eines Wassers in den →Grundwasserleiter und seinem Austritt aus diesem entweder als grundwasserbürtiger →Abfluß Q_G, in einer →Quelle oder durch Förderung in einem →Brunnen, für in Brunnen gefördertes →Trinkwasser wird eine minimale V. festgesetzt, damit das Wasser in ausreichendem Maße biochemisch und chemisch-physikalisch aufbereitet ist (→Trinkwasserschutzgebiet, →Zylinderformel).

Verwerfung, f; *{fault, throw}* Störung infolge eines Bruches (in einer Faltung) und der Ausbildung einer relativen Lageänderung zwischen den bei einem Bruch entstandenen Schollen (→Abb. V1; → Störungszone, →Sprunghöhe, →Sprungweite).

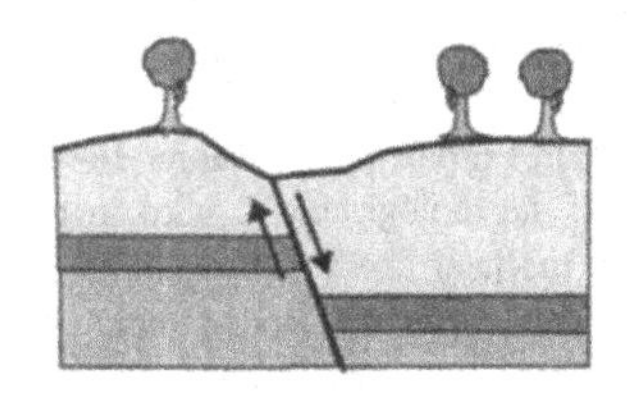

Abb. V1 *Verwerfung*

Verwerfungsquelle, f; →Quelle

Verwerfungstal, n; →Tal

Verwitterung, f; *{weathering}* Beschreibung allgemeiner Vorgänge an der Erdoberfläche, durch die die Gesteine und Böden (→Bodenerosion) der fortschreitenden Zerstörung unterliegen; nach den jeweiligen Zerstörungsprozessen unterscheidet man biologische, chemische und physikalische V.; die physikalische V. ist durch den mechanischen Zerfall des Gesteins definiert, zu ihr gehören thermische V., beruhend auf der zyklisch schwankenden Volumensänderungen des Gesteins während der Sommer- und Winterhalbjahre, die Frost~, bei der das Gestein durch den Kristallisationsdruck des frierenden →Wassers gesprengt wird, die Salz~, die das Gestein durch wiederkehrende Lösungs- und Ausfällungsprozesse verschiedener →Salze zerstört, die Quelldruck~, bei der das Gestein durch den Quelldruck der →Tonminerale bei wechselndem →Wassergehalt verwittert (→ Quellung), ferner V. als Abtrag durch strömendes Wasser oder die ausblasende Wirkung des Windes (→Abrasion, →Bodenerosion); chemische V. ist die Auflösung des Gesteins, unterschieden wird dabei u. a. nach der Art des Lösungsprozesses in Lösungsverwitterung als Lösung leicht löslicher Salze, Hydratations~ (→Hydratation), Oxidations~ (→Oxidation), bei der die Zerstörung des Gesteins mit einem Oxidationsprozeß einhergeht und die →anthropogene Verwitterung unter dem Einfluß z. B. →saurer Niederschläge; die biologische V. wird in biologisch-mechanische V. unterteilt, bei der das Gestein bzw. der Boden durch den Einfluß des Wurzeldrucks der →Pflanzen und der Bioturbation (→Pedoturbation) zerstört werden, und in die biologisch-chemische V., bei der durch die Ausscheidungen der Organismen und ihre Verwesungsprodukte das Gestein angegriffen wird; die Verwitterungsprodukte des Gesteins bilden zusammen mit organischem Material den →Boden, der selbst weiterer V., z. B. in der →Bodenerosion, unterliegt; Verwitterungshorizonte schützen das Ausgangsgestein vor weiterer Zersetzung durch V., solange sie nicht selbst durch Wind-, Wasser-, oder Schwerkrafttransport abgeführt werden.

Vibrio, f;→Bakterium

Viereckdiagramm, n; allgemeinere Form des →Quadratdiagramms.

Virus, m; (*etm.*: lat. „virus" Schleim, Gift, Pl. Viren) *{virus}* aus Proteinen bestehende mikroskopisch kleine, unterschiedlich geformte Partikel (häufig in Stäbchenform oder in regelmäßigen Ansammlungen dicht gepackter Kugeln), z. T. Krankheitserreger; Viren besitzen keinen eigenen Stoffwechsel und können sich nur (als →Parasiten) in geeigneten Wirtszellen vermehren, sie zählen nicht zu den Lebewesen (→Mikroorganismus).

viscosity; →Viskosität

viscousness; →Viskosität

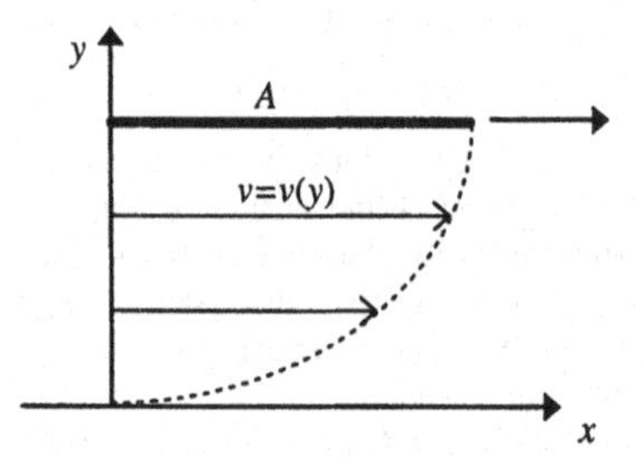

Abb. V2 *Viskosität*

Viskosität, f; (*etm.*: lat. „viscum" der Leim) *{viscosity, viscousness}* auf innerer →Reibung zwischen →Molekülen beruhende, temperaturabhängige „Zähigkeit" der Flüssigkeiten, die deren Strömungsverhalten beeinflußt; wegen der V. ist für die Bewegung einer Fläche des Inhaltes A parallel zu einer Grundfläche über einem →Fluid eine Schubkraft F erforderlich, die die →Schubspannung $\tau=F/A$ bewirkt; ist dabei $v=v(y)$ die Geschwindigkeit der Fluidteilchen - in x-

Richtung und abhängig von y (→Abb. V2) - so gilt das Reibungsgesetz (→Reibung)

$$\tau = f\left(\frac{\partial v}{\partial y}\right),$$

im Falle einer linearen Beziehung $\tau = \eta \cdot \partial v / \partial y$ wird das Fluid als NEWTONsch bezeichnet und η, dim $\eta = \mathsf{ML^{-1}T^{-1}}$ als (dynamische) Viskosität des Fluids mit z. B. der Einheit $[\eta]$=P (Poise) mit 1 P=0,1 kg/(m·s); η ist abhängig von der Temperatur T des Fluids, nimmt mit steigendem T bei Gasen zu und bei Flüssigkeiten ab, in →Tab. V1 ist diese Abhängigkeit für →Wasser für den Bereich 0 °C ≤ ϑ ≤ 50 °C dargestellt; von dem in dem Fluid herrschenden Druck ist η nur geringfügig abhängig; $\nu = \eta / \rho$ mit dim $\nu = \mathsf{L^2/T}$ (ρ ist dabei die →Dichte des Fluids) ist die kinematische V., die z. B. in der Einheit $[\nu]$=St (Stokes) angegeben wird mit 1 St=10^{-4} m²/s.

ϑ in °C	η in cP
0	1,79
10	1,31
20	1,01
30	0,80
40	0,65
50	0,55

Tab. V1 *Viskosität des Wassers*

void; →Hohlraum

void ratio; →Hohlraumverhältnis; →Porenziffer

volcanic activity; →Vulkanismus

vollkommener Ausfluß, m; →Ausfluß

vollkommener Brunnen, m; *{fully penetrating/perfect well}* →Brunnen, der in der Tiefe von dem gesamten →Grundwasserleiter gespeist wird (→Abb. V3; ggs. →unvollkommener Brunnen).

vollkommener Überfall, m; →Überfall

voltage; →elektrische Spannung

volume concentration; →Volumenkonzentration

Volumen, n; *{volume}* der von einem festen, flüssigen oder gasförmigen Stoff erfüllte Rauminhalt V, dim $V = \mathsf{L}^3$, gemessen in der dritten Potenz der →Länge l in z. B. $[V]$=m³, $[V]=\ell$ oder $[V]$=cm³ usw. mit 1 m³=10^3 ℓ=10^6 cm³.

volume; →Volumen

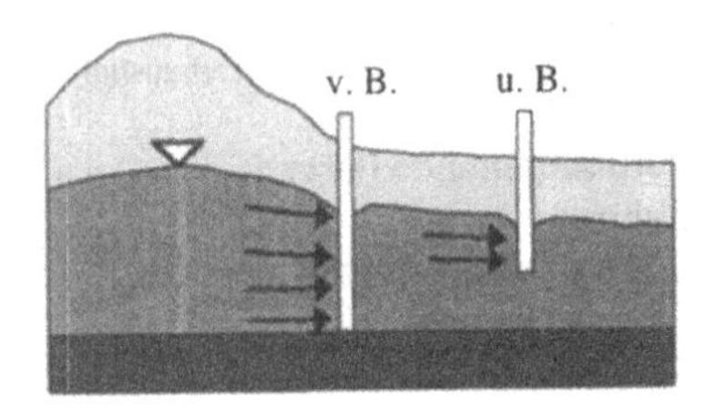

Abb. V3 *vollkommener (v. B.) und unvollkommener (u. B.) Brunnen*

Volumenanteil, m; →Anteil

Volumenkonzentration, f; →Konzentration

Volumenverhältnis, n; →Verhältnis

Volumenstrom, m; →Durchfluß

volumetric analysis; →Maßanalyse

volumetrischer Wassergehalt, m; →Wassergehalt

Vorfällung, f; →Fällung

Vorflut, f; *{outfall, runoff capacity}* Möglichkeit des Wassers, dem →Gefälle folgend abzufließen, die V. erfolgt dabei entweder auf natürliche Weise, dem natürlichen Gefälle folgend, oder nach künstlicher Anhebung des Gewässerspiegels im abfließenden Gewässer.

Vorfluter, m; *{receiving channel/stream}* oberirdisches Gewässer, in dem eine Vorflut (-möglichkeit) gegeben ist, d. h. in das das Wasser auf natürliche Weise oder nach entsprechender künstlicher Anhebung des Gewässerspiegels im abfließenden Gewässer, dem Gefälle folgend, abfließen kann.

Vorklärschlamm, m; →Klärschlamm

Vorland, n; *{foreland, foreshore}* zeitweise von dem Gewässer überschwemmter Bereich außerhalb des eigentlichen →Gewässerbettes (→Ufer, → Abb. U2).

Vorratsänderung, f; →Wasserhaushaltsgleichung

Vorratswasser, n; →Wasserhaushaltsgleichung

vorübergehende Härte, f; →Carbonathärte

Vorzugssickerstrecke, f; →Pore

V-Tal, n; →Tal

vugular pore space; →Lösungsfuge

Vulkan, m; →Vulkanismus

Vulkanismus, m, *{volcanic activity}* Bezeichnung für Prozesse, die mit dem Transport von →Magma aus dem Erdinneren an die Erdoberfläche verbunden sind (→Erdaufbau), und in deren Verlauf das Magma i. allg. in Vulkanen an der Erdoberfläche austritt.

Vulkanit, m; →Magmatit

V-Wert, m; *{base saturation}* Sättigungsverhältnis (→Verhältnis) $V=S/T$ ($\dim V=1$, i. allg. angegeben in % als $V=(S/T)\cdot 100\ \%$) der in einem Boden adsorbierten basisch wirkenden Kationen (→S-Wert) und der →Kationenaustauschkapazität dieses Bodens (→T-Wert).

W; Formelzeichen der →Arbeit

W; Abk. für Watt, Einheit der →Leistung

Wadi, n; (*etm.*: arab.) →Trockental in der →Wüste oder in Steppengebieten, i.allg. mit schuttbedeckter Talsohle (→Sohle) und steilen Flanken; nach heftigen Niederschlägen meistens mit Fließgewässern großen →Durchflusses Q.

Wärme, f; *{heat}* →Energie Q $\dim Q = \mathsf{ML^2T^{-2}}$ und z. B. $[Q]$=J=Nm =VAs, die von einem Körper durch Temperaturerhöhung (→Temperatur) aufgenommen bzw. durch Temperaturerniedrigung abgegeben wird (durch die unterschiedliche Einheitendefinition wird zum Ausdruck gebracht, daß J i. allg. für die Energieform der W. steht, Nm für eine mechanische und VAs=Ws für die elektische Energie; die W. wird außer in den vorstehend aufgeführten Einheiten des →SI-Systems noch in tradierten, jedoch nicht mehr gesetzlichen Einheiten angegeben, z. B. der Kalorie cal mit den Umrechnungen 1 cal=4,187 J, 1 J=0,239 cal, die Umwandlungen zwischen der W. und anderen Energieformen ist das Arbeitsgebiet der →Thermodynamik.

Wärmeentzug, m; *{heat extraction}* Herabsetzung der in einem Körper als →Wärme gespeicherten Energie durch Umwandlung in andere Energieformen oder durch Wärmeaustausch mit der Umgebung; speziell wird unter W. auch die Erniedrigung der →Temperatur eines Gewässers verstanden, die unmittelbar auf →anthropogene Einflüsse zurückgeführt werden kann; erfolgt der W. durch Einleitung von Kaltwasser, so wird sich dieses vor der Durchmischung als abgegrenzter →Wasserkörper in dem Gewässer ausbilden und in Strömungsrichtung bzw. wegen größerer →Dichte unter dem Einfluß der Schwerkraft (→Gewicht) ausbreiten (ggs. →Aufwärmung; →Abkühlung; →Erwärmung).

Wärmeentzugsspanne, f; *{range of temperature decrease due to heat extraction}* quantitave Beschreibung s_{We} mit $\dim s_{\mathrm{We}} = \Theta$ des →Wärmeentzuges aus einem Wasserkörper, d. h. seine durch Wärmenentzug bewirkte Temperaturerniedrigung s_{We} in $[s_{\mathrm{We}}]$=K.

Wärmefluß, m; *{heat flow/flux}* auch Wärmestrom, in der Zeiteinheit ausgetauschte Wärmemenge (→Wärme) als Quotient $\Phi = \Delta Q / \Delta t$, mit der im Zeitintervall Δt ausgetauschten Wärmemenge ΔQ, $\dim \Phi = \mathsf{ML^2T^{-3}}$ und $[\Phi]$=J/s; bei stetigem W. ergibt die Differentialdarstellung

$$\Phi = \dot{Q} = \partial Q / \partial t;$$

geologisch relevant ist der W. durch den Wärmetransport aus den Inneren der Erde nach außen, ferner der W. zwischen →Litho- und →Hydrosphäre im Tages- und jahreszeitlichen Wechsel und unter anthropogen gesteuerten Prozessen (→Wärmeentzug, →Abkühlung).

Wärmeinhalt, m; *{heat content}* Wärmemenge ΔQ, die ein Körper bei der Abkühlung von seiner gegebenen Temperatur auf eine Bezugstemperatur (z. B. 0 K) abgeben kann.

Wärmekapazität, f; *{thermal capacity}* materialspezifische Eigenschaft C eines Körpers, auf die Aufnahme einer bestimmten Wärmemenge ΔQ mit der Änderung ΔT seiner Temperatur zu reagieren, definiert als Quotient $C=\Delta Q/\Delta T$, bzw. bei infinitesimaler Betrachtung und stetigem →Wärmefluß als Differentialquotient $C=\mathrm{d}Q/\mathrm{d}T$ mit der Dimension $\dim C=\mathsf{ML^2T^{-2}\Theta^{-1}}$ und in $[C]=\mathrm{J/K}$; als spezifische W. bezeichnet man den Quotient $C_s=C/m$ eines Körpers, also auf seine Masse m bezogene W. (im engeren Sinn soll durch den Zusatz „spezifisch" eigentlich jedoch nur der Bezug auf das Volumen V eines Körpers zum Ausdruck gebracht werden), die mologe W. ist entsprechend der Quotient $C_n=C/n$ mit der Stoffmenge n des gegebenen wärmespeichernden Körpers; die W. ist insofern selbst abhängig von der Wärmezufuhr zu dem betrachteten Körper und dem Versuchsaufbau, als C bei konstantem Volumen V geringer als bei konstantem Druck p des betrachteten Körpers (im Fall konstanten Drucks p wird nämlich zusätzliche Energie in der Volumenänderung gespeichert).

Wärmeleitung, f; →Wärmeübertragung

Wärmestrom, m; →Wärmefluß

Wärmetransport, m; →Wärmeübertragung

Wärmeübertragung, f; *{heat transfer}* Übertragung von Wärme zwischen zwei Körpern, die W. kann erfolgen durch →Konvektion in einem →Fluid, durch →Strahlung oder bei direktem Kontakt zwischen den die Wärme austauschenden Körpern durch Wärmeleitung; der bei der W. erfolgende Austausch von Wärme zwischen den beteiligten Körpern wird auch als Wärmetransport bezeichnet..

Wahrscheinlichkeitsverteilung, f; *{probability distribution}* Verteilung der Gesamtwahrscheinlichkeit $p=1$ des sicheren Ereignisses auf die durch eine →Zufallsgröße z möglicherweise anzunehmenden Werte, bei einer diskreten Zufallsgröße $z\equiv i$ beschreibt man die W. durch Angabe der Wahrscheinlichkeiten $p_i=p(i)$ für die möglichen Werte i, bei einer stetigen Zufallsgröße $z\equiv x$ wird die W. hingegen durch die →Dichtefunktion $f(x)$ beschrieben, aus der man Wahrscheinlichkeiten $p(a\leq x\leq b)$ aus

$$p(a\leq x\leq b)=\int_a^b f(x)\,\mathrm{d}x$$

gewinnt.

Wall, m; *{dam, dike}* langgestreckte Aufschüttung aus natürlichen Baustoffen (Steine usw.; →Deich)

Wallmoräne, f; →Moräne

wall of a well; →Bohrlochwand

wall shear(ing) stress; →Wandschubspannung

Wandschubspannung, f; *{wall shear(ing) stress}* von einer Strömung auf die berandenden Wände (Gewässerbett, Rohrinnenwand) ausgeübte - auch Schleppspannung genannte - →Schubspannung τ_0, $\dim\tau_0=\mathsf{ML^{-1}T^{-2}}$, die zugrunde liegende Schubkraft ist betragsgleich der von den Wänden auf der Strömung einwirkenden Widerstandskraft (→Rauhigkeit) und dieser entgegengerichtet; der Wert $\tau_{0,\mathrm{crit}}$, ab dem die Strömung Geschiebe transportieren kann, ist die kritische W. bzw. Grenzschleppspannung.

Warmwasserfahne, f; →Aufwärmung

Wasser, n; *{water}* W. mit der chemischen Summenformel H_2O bedeckt ca. 75 % der Erdoberfläche in den Meeren (→Hydrosphäre); in der →Lithosphäre ist es gebunden (z. B. als →Kristallwasser), in den →Gerinnen ist W. als Oberflächenwasser, in den →Hohlräumen des Gesteins als Grundwasser enthalten; W. liegt unterhalb einer Temperatur von 0 °C (beim Druck von $p=1013{,}25$ hPa; →Normaldruck) gefroren (→Gefrierpunkt) in festem →Aggregatzustand (→Phase) als Eis vor, oberhalb +100 °C gasförmig als

Wasserdampf (→Siedepunkt) und dazwischen als flüssiges Wasser; direkter Übergang aus der festen in die gasförmige Phase geschieht durch Sublimation, umgekehrt aus der gasförmigen in die feste durch Desublimation (→Phasenübergang); das Wasser liegt über die Bildung mit schwerem Wasserstoff (→Deuterium) oder überschwerem Wasserstoff (→Tritium) in verschiedenen →Modifikationen vor, 99,99 % des auf der Erde vorhandenen Wassers besitzen dabei den Aufbau des $^{1}_{1}H\ ^{16}O_{2;}$; durch einen →Valenzwin-

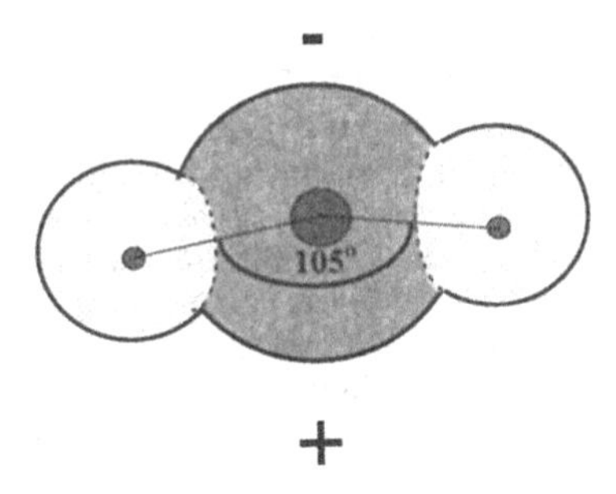

Abb. W1 ***Wassermolekül***

kel von ca. 105 °, d. h. dadurch, daß die Verbindungslinie der im ~molekül gebundenen beiden Wasserstoffatome mit dem Sauerstoffatom einen Winkel von ca. 105° einschließen (→Abb. W1), bildet sich ein permanentes→Dipolmoment des ~s aus (→Hydratation), es liegt daher in den Formen des einfach hydratisierten →Oxonimums (Oxoniumions) und des mehrfach hydratisierten Hydroniums (→Hydroniumion) vor (→Abb. H13); das W. ist ein Ampholyt, d. h. es zeigt amphoteren Charakter (→Protolyse), es geht nämlich in einem Autoprotolyseprozeß mit sich selbst eine Säure-Base-Reaktion ein, bei der ein Hydroxid- und ein Oxoniumion entstehen nach den Reaktionen

$$H_2O \rightleftharpoons OH^- + H^+$$
$$H_2O + H^+ \rightleftharpoons H_3O^+$$
$$\overline{2H_2O \rightleftharpoons H_3O^+ + OH^-};$$

im →hydrologischen Kreislauf tritt das W. in seiner reinsten Form im →Niederschlag auf, unterliegt dann jedoch im weiteren den verschiedensten, u. a. →anthropogenen Einflüssen mit ihren z. T. erheblichen Verunreinigungspotentialen.

Wasserabgabe, f; *{water yield}* die durch eine der Wassergewinnung dienende Anlage in einem Bezugszeitraum zur Verfügung gestellte Wassermenge Q_A mit $\dim Q_A = L^3/T$ und z. B. $[Q_A] = m^3/h$; die nutzbare oder effektive W. der Anlage ist die um betriebsinternen Eigenverbrauch (z. B. zur Wartung der Anlage), Rohrnetzverluste und sonstige Verluste bereinigte W.

Wasseräquivalent (einer Schneedecke), n; →Schnee

Wasseraufbereitung, f; *{water conditioning/treatment}* Behandlung eines Rohwassers, so daß es den gesetzlichen, bzw. den durch die vorgesehene Nutzung oder die Art der Entsorgung vorgesehenen Bedingungen genügt, z. B. die W. des geförderten →Grundwassers zu Trinkwasser (→Trinkwasserverordnung), wobei z. B. Überschüsse an Eisen (→Enteisung), an Mangan (→Entmanganung), freier →Kohlensäure, →Carbonaten (→Entcarbonatisierung) oder sonstigen Salzen entfernt werden, oder zu Brauchwasser (→Wasserqualität) bzw. die W. des →Abwassers.

Wasserbedarf, m; *{water demand}* Bemessungsgröße V/t der Wasserversorgungsanlagen als in einem Bezugszeitraum t benötigtem Wasservolumen V, wegen der unterschiedlichen Anforderungen an die Wasserqualität wird der W. für die einzelnen Nutzungsarten separat als Trink~, Betriebs~, Kühl~, Bewässerungs~ usw. ermittelt.

Wasserbereitstellung, f; Wasservolumen, das in einem Bezugszeitraum als →Trink- oder Brauchwasser (→Wasserqualität) dem einzelnen Verbraucher zur Verfügung gestellt wird.

Wasserbilanz, f; *{water balance}* volumenmäßige Erfassung der Wassermenge, die während eines Beobachtungszeitraumes in einem Bezugsgebiet (auch Gebietsbilanz) dem →hydrologischen Kreislauf unterliegt; die klimatische Wasserbilanz *{climatic water balance}* an einem Bezugsort zu einem Bezugszeitpunkt ist die festgestellte Differenz $h_{KW}=h_N-h_{Vp}$ aus →Niederschlagshöhe h_N und potentieller Verdunstungshöhe h_{Vp}, häufig auch die Differenz $h_{KW}=h_{Nn}-h_{Etp}$ aus der pflanzennutzbaren →Niederschlagshöhe h_{Nn} und der potentiellen →Evapotranspirationshöhe h_{Etp} (dim h_{KW} =L mit $[h_{KW}]$=mm) (→Wasserhaushaltsgleichung).

Wasserblüte, f; *{algal bloom}* auch Algenblüte, durch massenhafte Vermehrung von Algen im Wasser in der Folge des übermäßigen Eintrags von Algennährstoffen verursachte Verfärbung der Wasseroberfläche, wenn diese Algen aufschwimmen (→Umkippen, →Trophiegrad, →Saprobiesystem, →Wassergüte).

Wasserdargebot, n; in einem Bezugszeitraum aus →Grund- und →Oberflächenwasser theoretisch zur Nutzung als Trink- oder Brauchwasser gewinnbares Wasservolumen Q_D, dim Q_D=L^3/T und z. B. $[Q_D]$=m^3/s; als nutzbares W. wird das tatsächlich mit wirtschaftlich vertretbaren Maßnahmen der Verwendung zuführbare Wasservolumen in der Zeiteinheit bezeichnet.

Wasserdrucktest, m; *{squeeze injection}* WD-Test, Bestimmung des k_f-Wertes eines Gesteinskörpers durch Einbringen einer bestimmten Menge unter Druck stehenden Wassers (→Packertest; →Doppelpackertest; →Aufreißen des Gebirges).

Wasserenthärtung, f; *{softening of water}* Verfahren zur vollständigen Entfernung oder erheblichen Reduzierung der →Härte $c(½Ca^{2+}+½Mg^{2+})$ eines Wassers so, daß es für die vorgesehene Nutzung (z. B. als →Trinkwasser oder Brauchwasser, →Wasserqualität) tauglich wird.

wassergefährdender Stroff, m; Stoff, dessen Herstellung, Behandlung, Verwendung, Transport in Rohrleitungsanlagen, Ab- und Umfüllen sowie Lagerung usw. unter dem Gesichtspunkt des Gefährdungspotentials im Sinne der →Wassergefährdungsklassen des Wasserhaushaltsgesetzes (WHG) geregelt ist

Wassergefährdungsklasse, f; *{water pollutant rating}* im →Wasserhaushaltsgesetz (WHG) definierte Klassifizierung →wassergefährdender Stoffe (→Gefahrenklasse), die Klassifizierung erfolgt über vier Stufen von Wassergefährdungsklasse (WGKs) mit der Differenzierung:

WGK 0: i.allg. nicht wassergefährdend, z. B. Natrium- und Kaliumchlorid, Zitronensäure, Ethanol usw.;

WGK 1: schwach wassergefährdend, z. B. Essig- und Schwefelsäure, Methanol, Natriumsalze außer NaCl (→WGK 0) usw.;

WGK 2: wassergefährdend, z. B. Heizöl und Dieselkraft stoff, Anilin usw.;

WGK 3: stark wassergefährdend, z. B. →Benzen, →Lindan,

Blausäure, →Quecksilber usw.

Wassergehalt, m; *{water content}* der (volumetrische) W. θ, dim $\theta = 1$ gibt den Anteil des Volumens V_w des in einem →repräsentativen Elementarvolumen REV eines porösen Mediums (→Pore) enthaltenen Wassers am Gesamtvolumen V_g des REV wieder zu $\theta = V_w/V_g$ mit $0 \leq \theta \leq n$ und dem →Hohlraumanteil n; der W. wird häufig auch prozentual in der Form $\theta = (V_w/V_g) \cdot 100$ (Vol.-) % angegeben; der volumetrische W. wird aus dem gravimetrischen W. $\theta_g = g_w/g_g$ errechnet, der den Anteil des Wassergewichtes g_w am Gesamtgewicht g_g des REV ist, und durch Wiegen einer repräsentativen Bodenprobe vor und nach Trocknung (bei 105 °C) bestimmt wird (→Wassersättigung).

Wassergüte, f; →Wasserqualität

Wasserhärte; →Härte

Wasserhaushalt, m; *{water conservation/balance}* Aufteilung des an einer Beobachtungsstelle niedergehenden →Niederschlags N in →Abfluß Q, →Verdunstung V und Vorratsänderung ΔR: $N = Q + V + \Delta R$ (→Wasserbilanz); der W. wird →quantitativ durch die zugeordneten →Abfluß-, →Niederschlags- und →Verdunstungshöhen beschrieben und bilanziert in der →Wasserhaushaltsgleichung.

Wasserhaushaltsgesetz, m; WHG, Gesetz, in dem u. a. die Nutzung der Gewässer (oberirdische, Grundwasser und Küstengewässer innerhalb der 3-Meilen-Zone) geregelt ist; insbesondere erfolgt im WHG eine Klassifizierung der →Inhaltsstoffe des →Abwassers nach ihrer Wassergefährlichkeit und sonstiger möglicherweise in die Gewässer übergehender Stoffe in →Wassergefährdungsklassen.

Wasserhaushaltsgleichung, f; *{regime equation}* Bilanzgleichung; die den →Wasserhaushalt definierende Grundgleichung $N = Q + V + \Delta R$ für einen vorgegeben Bezugszeitraum, in der je nach Untersuchungszweck die einzelnen Komponenten weiterzerlegt werden, der →Abfluß $Q = Q_O + Q_I + Q_B$ und die →Verdunstung V in →Evaporation und →Transpiration, ΔR ist die Vorratsänderung *{storage change}*, in der zum einen die Wasserspeicherung als →Interzeption, ggf. in einer Schneedecke, als Bodenfeuchte, Erhöhung des →Grundwasservorrates usw. und zum anderen Änderungen der Bilanzsumme infolge →anthropogener Einflüsse (z. B. →Einleitungen, Grundwasserentnahmen usw.) als Änderung enthalten sind; falls sich der Bezugszeitraum über ein ganzzahliges Vielfaches eines →Abflußjahres erstreckt, wird die nicht anthropogen bedingt Komponente von ΔR gegen Null tendieren; Vorratswasser ist das in einem Bezugsgebiet (z. B. →Einzugsgebiet) zu einem Zeitpunkt gespeicherte Wasservolumen (→Grundwasservorrat, falls es sich dabei um abflußfähigs Grundwasser handelt); quantitav werden die Bilanzterme der W. durch die entsprechenden Höhen, →Niederschlagshöhe, →Abflußhöhe usw. wiedergegeben, eine Vorratsänderung des terms ΔR im positiven Sinn wird auch als Rücklage, im negativen Sinn als Aufbrauch (bzw. durch die entsprechenden Höhen) bezeichnet, die ΔR entsprechende Höhe ist der Wasservorrat.

Wasserhaushaltsjahr, n; →Abflußjahr

Wasserinhaltsstoff, m; Bestandteil des Wassers als darin gelöste oder ungelöste organische oder anorganische Substanz.

Wasserkapazität, f; →Feldkapazität

Wasserkörper, m; *{body of water}* →Körper im wassererfüllten Raum, d. h. eindeutig abgegrenztes oder theoretisch abgrenzbares, mit →Wasser erfülltes Volumen.

Wasserlauf, m; →oberirdisches Fließgewässer

Wasseroberfläche, f; *{water surface}* Grenzfläche eines →Gewässers gegen die →Atmosphäre.

Wasserprobe, f; *{water sample}* manuell oder automatisch einem Gewässer nach bestimmten Verfahrensvorschriften entnommene Wassermenge zur Bestimmung einzelner (biologischer, chemischer und physikalischer) Parameterwerte.

Wasserqualität, f; *{water quality}* durch bestimmte untere oder obere →Grenzwerte und sonstige Kriterien definierte Beschaffenheit, die ein Wasser für bestimmte Nutzungszwecke (z. B. als →Trinkwasser oder als Brauchwasser, z. B. als Kühlwasser oder in der →Bewässerung) besitzen muß.

Wassersättigung, f; *{(degree of) saturation}* die W. S gibt den Anteil des Volumens V_w des in einem →repräsentativen Elementarvolumen REV eines porösen Mediums (→Pore) enthaltenen Wassers am gesamten →Hohlraumvolumen V des REV wieder zu $S=V_w/V$ mit $0 \leq S \leq 1$ und $\dim S=1$, die W. wird meistens prozentual in der Form $S=(V_w/V)\cdot 100$ (Vol.-) % angegeben (→Wassergehalt).

Wasserscheide, f; *{drainage/water divide}* Grenze zwischen verschiedenen →Einzugsgebieten, die oberirdische *{topographic}* W. kann dabei infolge rückschreitender →Erosion der Flüsse im Lauf der Zeit eine veränderliche Lage besitzen, die durch morphologische Kriterien geprägte oberirdische W. kann ferner einen von der durch geologische Charakteristika bestimmte unterirdischen *{subterranean}* W. abweichenden Verlauf aufweisen; auf den höchsten Erhebungen der Geländeoberfläche befinden sich die Kamm~n; schwieriger nachzuweisen sind Tal~n, die in Sümpfen, Mooren oder in verkarsteten Regionen die Einzugsgebiete trennen; ~n werden ferner infolge glazialer →Erosion in den Bereichen ehemaliger Gletscher durch mechanische Beanspruchungen des Gesteins gebildet, Haupt~n trennen schließlich auf den einzelnen Kontinen die Entwässerung in verschiedene Meere, so z. B. die Kordilleren auf dem amerikanischen Kontinent, die Wasserscheide zwischen Rhein und Rhône einerseits und Donau andererseits usw.

Wasserspiegel, m; *{water level/table}* ebene Ausgleichsfläche der →Wasseroberfläche, die Neigung des W. eines Fließgewässers gegen die Horizontale in Hauptströmungsrichtung in ‰ gemessen ist das ~gefälle (→Gefälle).

Wasserspiegelgefälle, n; →Wasserspiegel

Wassersprung, m; →FROUDE Zahl

Wasserspülung, f; →Filter

Wasserstand, m; *{water level, stage}* vertikaler Abstand W, $\dim W=\mathsf{L}$, eines Punktes eines →Wasserspiegels von einer horizontalen Bezugsebene, die dem Nullpunkt des →Pegels entspricht (→Hauptwert).

Wasserstandsdauerlinie, f; *{stage hydrograph}* Anordung der z. B. täglichen Messungen des →Wasserstandes eines Gewässers über z. B. ein →Abflußjahr in Folge steigender Wasserstände (→Dauerlinie).

Wasserstoff, m; *{hydrogen}* Element der ersten Gruppe der ersten Periode des →Periodensystems der Elemente, mit dem Elementsymbol H; H kommt als leichtestes Element in freiem Zustand in der Atmospäre nur spurenweise mit $5\cdot 10^{-5}$ Vol. % vor, gebunden (z. B. als

Bestandteil des →Wassers) ist jedoch etwa jedes sechste Atom der Erdoberfläche - samt Wasser- und Lufthülle - ein ~atom; W. tritt in den Isotopen ^1_1H , ^2_1H (→Deuterium) und ^3_1H (→Tritium) auf, aus denen sich der natürliche W. mit insgesamt sechs verschiedenen Molekültypen H_2 zusammensetzt.

Wasserstoffbrücke, f; insbesondere in der Wasserchemie ausgeprägte Bindungsform, bei der aufgrund des Dipolmomentes des Wassermoleküls (→Wasser) eine scheinbare Verbindung zwischen den Sauerstoffatomen zweier benachbarter Wassermoleküle über ein Wasserstoffatom stattfindet (→Abb. W2).

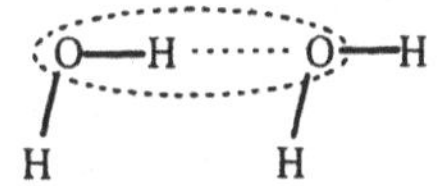

Abb. W2 *Wasserstoffbrücke*

Wassertiefe, f; *{water depth}* Abstand h (dim$h$=L) eines Punktes eines →Wasserspiegels von dem →lotrecht unter ihm liegenden Punkt der Grenzfläche zwischen dem Gewässer und der festen Erdkruste (Gewässersohle usw.).

wasserundurchlässig; *{impervious}* Bezeichnung für z. B. einen Gesteinskörper der im Vergleich zu seiner Umgebung Wasser nicht oder nur in unherheblichem Maß zu leiten vermag (→Grundwassernichtleiter).

Wasserversorgung, f; *{water supply}* Deckung des Wasserbedarfs der privaten und öffentlichen Haushalte, des Gewerbes und der Industrie zu allen Zwecken des Wasserverbrauchs, sei es Trink- oder Nutzwasser im weitesten Sinne; die W. erfolgt entweder als öffentliche, der Gemeinschaft dienende, oder als Eigen~ zur ausschließlichen Nutzung durch den einzelnen Wassergewinnenden, technisch sind die ~sanlagen dazu als zentrale, einen flächenmäßig verteilten Bedarf deckende ~sanlagen ausgelegt oder als Einzel~sanlagen zur Abdeckung räumlich punktuell auftretenden Wasserbedarfs.

Wasserversorgungsgebiet, n; Abgrenzung eines Gebietes so, daß der Wasserbedarf der in ihm ansässigen Verbraucher von ein und demselben Wasserversorger gedeckt wird.

Wasservorrat, m; →Wasserhaushaltsgleichung

Wasserwechselzone, f; →Wasserzone

Wasserwegsamkeit, f; →Durchlässigkeit

Wasserzone, f; Bereich eines →Gewässerbettes, der primär in Abhängigkeit von dem in ihm herrschenden Wasserstand definiert ist: so ist derjenige Teil des →Gewässerbettes, der selten von Wasser bedeckt ist, die Über~, der Bereich häufig wechselnder Wasserstände die Wasserwechselzone, der Lebensraum der Amphibien und der nahezu immer mit Wasser bedeckte Abschnitt des Gewässerbettes die Unter~; die ~n werden ferner nach der in ihnen heimischen Pflanzenwelt in einzelne Vegetationszonen untergliedert, die Unter~ in Laichkrautzone, den Lebensbereich der →submersen Pflanzenarten und in die Zone der Schwimmblattpflanzen, von denen Teile auf der Wasseroberfläche schwimmen (die Blätterzone), darüber liegen zunächst die Röhrichtzone, dann der Standort der Weichholz- und schließlich der der Hartholzarten.

waste; →Abfall

waste disposal; →Deponie

waste load; →Abwasserlast

waste water; →Abwasser

waste water plume; →Abwasserfahne

water; →Wasser
water balance; →Wasserbilanz, →Wasserhaushalt
water conditioning; →Wasseraufbereitung
water conservation; →Wasserhaushalt
water content; →Wassergehalt
water demand; →Wasserbedarf
water depth; →Wassertiefe
water divide; →Wasserscheide
water equivalent of snow cover; → Wasseräquivalent (einer Schneedecke)
water level; →Wasserstand
water pollutant rating; →Wassergefährdungsklassen
water protection; →Gewässerschutz
water quality; →Wasserqualität
water rise head; →Stauhöhe
water resources; →Wasservorrat
waters; →Gewässer
water sample; →Wasserprobe
water supply; →Wasserversorgung
water surface; →Wasseroberfläche
water surface slope length; →Senkungslänge
water surface slope line; →Senkungslinie
water table; →Wasserspiegel, →Wasserstand
water table aquifer; →freier Grundwasserleiter
water table contour; →Grundwasserdruckfläche
water table contour line; →Grundwassergleiche
water tension; →Saugspannung
water tower; →Hochbehälter
water trap; →Siphon
water treatment; →Wasseraufbereitung
water yield; →Wasserabgabe
Watt, n; *{tidal flat}* zeitweise (bei →Flut) vollständig und zeitweilig (bei →Ebbe) nur teilweise oder gar nicht vom Meerwasser bedeckte Bereiche der Flachküste (→Küste; →Bodenklassifikation).
Wattboden, m; →Bodenklassifikation
wave; →Welle
wave velocity; →Wellengeschwindigkeit
WD-Test, m; →Wasserdrucktest
weathering; →Verwitterung
Wechselsprung, m; →FROUDE Zahl
Wechselwirkung, f; *{interaction}* speziell als W. zwischen oberirdischen Gewässern und Grundwasser eine differenziertere Betrachtung der Austauschvorgänge zwischen diesen Wasserkörpern; wobei gleichzeitig influente und effluente Abflußverhältnisse herrschen können (→Abb. W4), des weiteren ist es möglich, daß (z. B. im Verlauf von Hochwasserwellen) ein →effluenter in einen →influenten Abfluß umgekehrt wird, der nach Abklingen der Welle schließlich wieder effluent wird oder daß bei dauernd influentem Abfluß durch das durch Uferspeicherung *{bank storage}* bei Hochwasser im Uferbereich zurückgehaltene Wasser nach Abklingen des Hochwassers scheinbare (unechte) Effluenz mit unechtem Grundwasser herrscht.
weedage; →Verkrautung
Wehr, n; *{spillway, weir}* Bauwerk ohne Speicherkapazität zum Stau fließender Gewässer; ~e dienen zum einen der Erhöhung des Wasserstandes im →Oberwasser und sind hierzu orthogonal zur Strömungsrichtung angeordnet, zum anderen als →Entlastungsbauwerke mit parallel zur Strömungsrichtung ausgerichtetem seitlichem →Überfall (Streichwehr), über den Hochwasserspitzen ab einem definierten Wasserstand in ein Entlastungsgerinne abgeschlagen werden; dem turbulent und schießend über die Krone und den Rücken (→Abb. W3) des ~es strömenden Wasser wird in einem →Tosbecken die Energie soweit entzo-

gen, daß es wieder fließend abströmt und die von ihm auf die Gewässerbetten im →Unterlauf ausgeübte →Schubspannung im unterkritschen Bereich liegt; als Meß~ dient das W. der →Abflußermittlung.

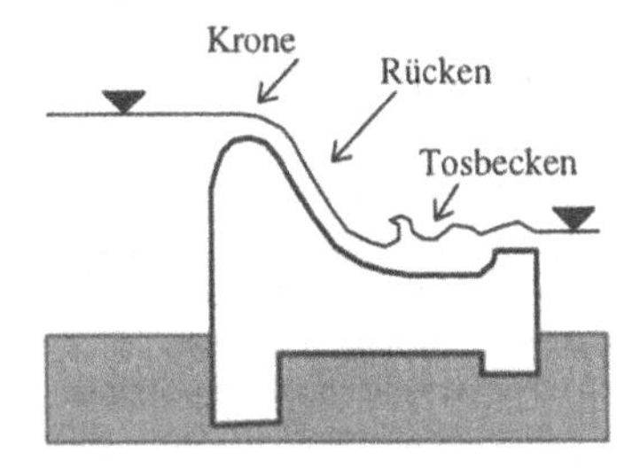

Abb. W3 ***Wehr***

Weichholzzone, f; →Wasserzone
weight; →Gewicht
weir; →Wehr
Welkfeuchte, f; →Feldkapazität
well; →Brunnen
well boring; →Brunnenbohrung
well capacity; →Brunnenleistung, →Schüttungsmenge
well design; →Brunnenausbau
well development; →Brunnenausbau
Welle, f; *{wave}* zeitlich und räumlich periodische Zustandsänderung eines →Systems unter dem Einfluß einer äußeren Störgröße, der Zeitraum, nach dem sich die Zustände des Systems wiederholen, wird als Periode bezeichnet, die Anzahl der Wiederholungen in der Zeiteinheit ist die Frequnez, (bezogen auf die Zeiteinheit (→Zeit) s mit der Einheit s^{-1}=Hz (Hertz)); der Zustand des Systems ohne Einwirkung der äußeren Störgröße ist die Ruhelage (bei einer Wasser~, einer Vertikalschwingung der →Wasseroberfläche, der Ruhewasserstand; der Bereich unter dem Ruhewasserstand wird hier als Wellental, der über dem Ruhewasserstand als Wellenberg bezeichnet).
well efficiency; →Brunnenwirkungsgrad
Wellengeschwindigkeit, f; *{wave velocity}* Ausbreitungsgeschwindigkeit einer →Welle, die z. B. an der Geschwindigkeit gemessen werden kann, mit der ein Wellenberg sich voranbewegt.
Wellenverformung, f; →Gerinneretention
well field management zone; →Trinkwasserschutzgebiet
well filter; →Brunnenfilter
well function; →Brunnenfunktion
well performance test; →Leistungspumpversuch
well support; →Brunnenausbau
well top; →Brunnenkopf
well water level; →Standrohrspiegel
well whistle; →Brunnenpfeife
well yield; →Brunnenergiebigkeit
Wertigkeit, f; *{valence}* Eigenschaften von →Atomen, →Ionen und →Radikalen, sich mit anderen in einem bestimmten Verhältnis zu verbinden; die W. beschreibt das durch die →Valenz gegebene Bindungsverhalten (→chemische Bindung) der Teilchen und wird als absolute Zahl auch als stöchiometrische W. bezeichnet, die gleich der Anzahl der Wasserstoffatome ist, die das betrachtete Teilchen zu binden oder zu ersetzen vermag, z. B. ersetzt im NaCl das Natriumatom ein Wasserstoffatom und ist daher stöchiometrisch einwertig, genau wie das Chlor, das ein Wasserstoffatom zu binden vermag, im CaO sind entsprechend sowohl das Calcium als auch der Sauerstoff jeweils stöchiometrisch zweiwertig; die Ionen~ ist als Oxidationszahl *{oxidation number}* bestimmt als die Ladung, die das Teilchen besitzt, wenn in der betrachteten Verbindung alle →Elektronen der elektronegativen Komponente

zugeordnet werden; im NaCl ist das Natrium +1-wertig, das Chlor -1-wertig, im CaO das Calcium +2-wertig, der Sauerstoff -2-wertig, die stöchiometrische W. ist somit gleich dem Betrag der Ionen~.

Wertstoff, m; Bestandteil des →Abfalls der im →Recycling durch getrennte Erfassung oder durch Aussortieren aus dem gesamten anfallenden Abfall einer stofflichen Wiederverwertung zugeführt wird; die Kosten-Nutzen-Analyse, die der Definition der ~e zugrunde liegt, sollte unter betriebs- und volkswirtschaftlichen sowie ökologischen Gesichtspunkten erfolgen.

wetland; →Feuchtbiotop, →Naßstelle

wetted area; →benetzter Querschnitt

wetted perimeter; →benetzter Umfang

wetting curve; →Bewässerungskurve

wet year; →Naßjahr

WHG; →Wasserhaushaltsgesetz

whirl; →Wirbel

Widerstand, m; *{resistance}* physikalische Größe, die einem den Zustand eines Systems ändernden Prozeß entgegensteht, z. B. als träge →Masse der Beschleunigung, durch einen→elektrischer Widerstand usw.

Widerstandsbeiwert, m; →DARCY-WEISBACH-Relation

width of contribution; →Entnahmebreite

Wiederanstieg, m; *{recovery}* nach dem Abschalten einer Pumpe in einem Förderbrunnen beginnender Anstieg des Wasserspiegels; in einer →Grundwassermeßstelle in der Nähe des Brunnens überlagert sich die Wiederanstiegskurve mit der zeitlich dort registrierten Absenkungskurve nach dem →Superpositionsprinzip zu einer verbleibenden oder residuellen Absenkung s_r

$$s_r = \frac{Q}{4\pi T}\left[W(u) - W(u')\right]$$

mit den Argumenten u und u' der Brunnenfunktion $W(u)$ (→THEISsche Brunnenformel) bei Absenkung bzw. W., letzteres gemessen ab Beginn des ~s; analog dem →COOPER-JACOB-Verfahren läßt sich hieraus (auf graphischem Wege) ein Kontrollwert für den bei der Absenkung ermittelten Wert der Transmissivität des Grundwasserleiters gewinnen.

Wiederanstiegskurve, f; *{recovery/ reuplift curve}* graphische Darstellung des →Wiederanstiegs eines Grundwasserspiegels in Abhängigkeit von der Zeit nach einer künstlich erfolgten Absenkung des Grundwasserspiegels in einem →Pumpversuch.

Wiederhohlintervall, n; →Wiederholungszeitspanne

Wiederholungszeitspanne, n; *{reccurence interval, return period}* auch Wiederholintervall oder Wiederkehrintervall; mittlere Zeitspanne T_n (in n Zeitintervallen, z. B. Jahren) zwischen dem Erreichen eines oberen oder unteren Grenzwertes für eine →Zufallsgröße bzw. deren →Über- oder →Unterschreitung.

Wiederkehrintervall, n; →Wiederholungszeitspanne

wilting; →permanenter Welkepunkt, → Welkfeuchte

wilting point; →permanenter Welkepunkt

wind abrasion; →Deflation; →Abrasion

wind-borne sand; →Flugsand

Winderosion, f; →Erosion

Windmulde, f; *{blow-out}* durch Auswehung (→Bodenerosion) entstandene langgestreckte, flache Vertiefungen der Bodenoberfläche.

Windsichten, n; →Sichten, →Sedimentation

Winkelwasser, n; →Porenwinkelwasser

Winterhalbjahr, n; →Abflußjahr

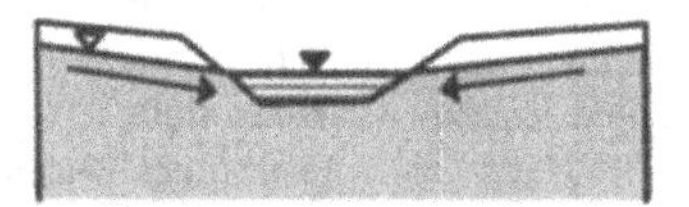

effluente Abflußverhältnisse

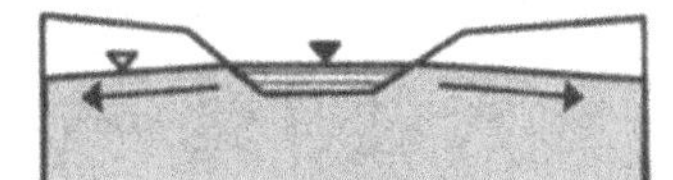

influente Abflußverhältnisse

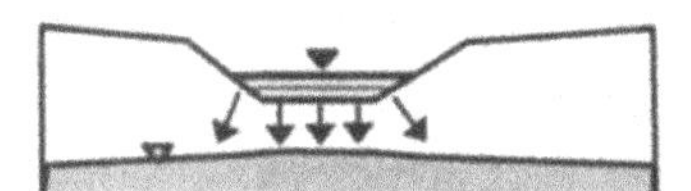

influente Abflußverhältnisse

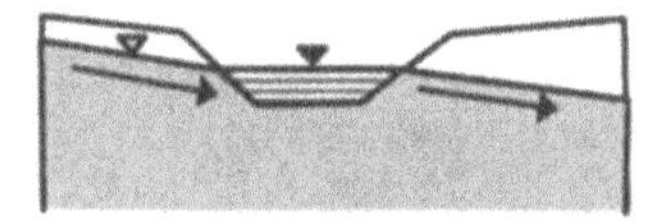

influente und effluente Abfluß-verhältnisse gleichzeitig

influente und effluente Abfluß-verhältnisse im zeitlichen Wechsel

Abb. W4 ***Wechselwirkung zwischen Oberflächen- und Grundwasser***

Wirbel, m; *{whirl}* Rotation einzelner Fluidteilchen oder -bereiche um ein gemeinsames Zentrum (→Rotation).

Wirbelfeld, n; →Rotation

wirksame Korngröße, f; →Korngröße

wirksamer Korndurchmesser, m; →Korngröße

Wirkungsgrad, m; *{efficiency}* Verhältnis $\eta=P_{ex}/P_{in}$ aus der bei einer Energieumwandlung in der Zeiteinheit geleisteten Arbeit (Ausgangs- →Leistung P_{ex}) zu der in demselben Zeitraum aufgenommenen Arbeit (Energie, Eingangsleistung P_{in}), $\dim \eta = 1$; wegen der unvermeidbaren Verluste (→Thermodynamik) gilt $0 \leq \eta < 1$; unter bestimmten Bedingungen ist es jedoch auch sinnvoll, statt P_{ex} und P_{in} eine Solleistung P_{Soll} und eine Istleistung P_{Ist} anzusetzen, wodurch auch $\eta \geq 1$ möglich wird, bei dem Ansatz von Verlusttermen ist in diesem Fall sogar die Relation $\eta < 0$ denkbar.

Wirkungspfad, m; Ausbreitungsweg eines von einer →Altlast stammenden Schadstoffes, z. B. durch das →Grundwasser, über →oberirdische Gewässer, durch Eindringen in die →Nahrungskette durch Verwitterung usw.

work; →Arbeit

Wollastonit, m; →Calciumsilikat

Wühlgefüge, n; *{bioturbation}* durch Bioturbation (→Pedoturbation) entstandenes →Bodengefüge.

Wüste, f; *{desert}* vegetationsarme oder -lose Region, die entweder mangels Wärme eine Kälte~ oder Eis~ ist, oder infolge Wassermangels (bei starker Sonneneinstrahlung im →ariden oder semiariden Klima) eine Trocken~ oder Hitze~.

Wurzelraum, m; →Durchwurzelungsbereich

Wurzeltiefe, f; maximaler vertikaler Abstand der Wurzelspitzen einer Pflanze von der Erdoberfläche in Abhängigkeit von der jeweiligen Pflanzenart (→Durchwurzelung).

X-Z

Xenobiotikum, m; (*etm.*: gr. „xenos" fremd und „bios" das Leben) vorwiegend organische Substanz, die in einem →Ökosystem nicht aufgrund interner →biochemischer Prozesse entstanden, sondern →anthropogenen Ursprungs ist und normalerweise nicht in der Biosphäre vertreten, ihr fremd ist, z. B. →Herbizide, →Pestizide, chemische Zusatzstoffe wie Weichmacher (→polychlorierte Biphenyle) usw.; die Xenobiotika sind z. T. gegen den →Abbau äußerst resistent, besitzen also eine hohe →Halbwertszeit, zum anderen können in der →Biosphäre durch Ab- und Umbauprozesse auch Zwischen- und Umbauprodukte hoher →Toxizität entstehen, die über der der ursprünglichen Schadstoffe liegen kann.

X-Rays; →Röntgenstrahlung

---

year; →Jahr

yeast; →Hefe

yield; →Ausfluß, →Ergiebigkeit

Zahlenwert, m;

Zechstein, m; →Oberperm

Zehrgebiet, m; →Gletscher

Zehrschicht, f; →tropholytische Schicht

Zeit, f; *{time}* Maß der zeitlichen Ausdehnung (Dauer von Prozessen und Abläufen); die Z. t ist Basisgröße im →SI-System mit dem Dimensionssymbol $\dim t = \mathrm{T}$ und der Einheit $[t]=\mathrm{s}$ (Sekunde), die definiert ist als das 9.192.631.770-fache der ~dauer einer Periode einer →Strahlung, dem Übergang entsprechend zwischen den beiden Hyperfeinstrukturen des Grundzustandes des ^{133}Cs-Nuklids des Caesiums; weitere wichtige Einheiten der Z. sind die Stunde, 1h=3600s, der Tag 1d=24h, das Jahr 1a=365,2425d, für das man häufig auch 1a=365d ansetzt.

Zeit-Auswertverfahren, n; →COOPER-JACOB

Zeitbeiwert, m; →Regenspende

Zeitreihe, f; *{time series}* die Z. $z(t)$ ist eine Folge diskreter Meßpunkte einer von der Zeit t abhängigen Variablen $z=z(t)$, z. B. der stündlich gemessenen Wassertiefe $z=h$ in einem Gewässer, der täglich gemessenen Lufttemperatur $z=\vartheta(t)$ usw.; die →Zeitreihenanalyse untersucht ~n auf periodisches und saisonales Verhalten, auf Trends, allgemeine Störgrößen usw.

Zeitreihenanalyse, f; Bezeichnung für alle Verfahren, mit denen eine zeitabhängige →Zufallsgröße $z(t)$ auf statistische Gesetzmäßigkeiten untersucht wird, z. B. auf →Autokorrelation, auf das evtl. Vorhandensein statistischer Störgrößen (Rauschen), einen →Trend (usw.), die Ausgleichsverfahren der Z. werden auch als →Glättungen bezeichnet.

Zeitschrittweite, f; *{lag}* (zeitliche) →Schrittweite

Zellzerlegung, f; →Triangulation

Zement, m; →Matrix

Zenti-; (*etm.*: lat. „centum" hundert), der 10^2-te Teil einer Einheit, Kurzform c.

Zentralwert, m; →Median

Zerfallskonstante, m; →Halbwertszeit

Zerfallsreihe, f; *{disintegration chain /series}* Folge radioaktiver Zerfallsprozesse, in der bei jedem Zerfall eines radioaktiven Isotops (→Nuklid) wiederum ein radioaktives Isotop entsteht und weiterzerfällt bis ein stabiler Endzustand erreicht ist.

zero level; →Normal Null

Zinkgruppe, f; 2. Nebengruppe des →Periodensystems der Elemente mit den Elementen Zink (Zn), →Cadmium (Cd), und →Quecksilber (Hg).

Zirkulation, f; →Umwälzung eines Sees

ZOC; →Entnahmebereich

Zone, f; Bezeichnung für ein durch seine Wassersättigung charakterisiertes Mehrphasensystem unterhalb der Geländeoberkante; das in den Boden versickernde Wasser dringt i. allg. zunächst in die →ungesättigte Z. ein und durchquert diese unter dem Einfluß der Schwerkraft als →Sickerwasser; die ungesättigte Z. besteht aus Gestein, dessen →Hohlräume nicht vollständig mit Wasser ausgefüllt sind, sondern noch Luft als dritte (gasförmige) →Phase enthalten, den obersten Teil der ungesättigten Z. bildet der von den Pflanzen als →Durchwurzelungsbereich *{root zone, soil water region}* genutzte Boden, ihm folgt nach unten die Zwischen~ oder intermediäre Z. *{intermediate zone}* und der anschließende offene →Kapillarraum; unterhalb der ungesättigten Z. liegt die →gesättigte Z., in der sämtliche Hohlräume vollständig mit Wasser gefüllt sind, sie enthält den →Grundwasserkörper, der nach oben durch die Grundwasseroberfläche, nach unten durch die Grundwassersohle (→Grundwasserleiter) begrenzt wird; den Übergangsbereich zwischen ungesättigter und gesättigter Z. bildet die →kapillare

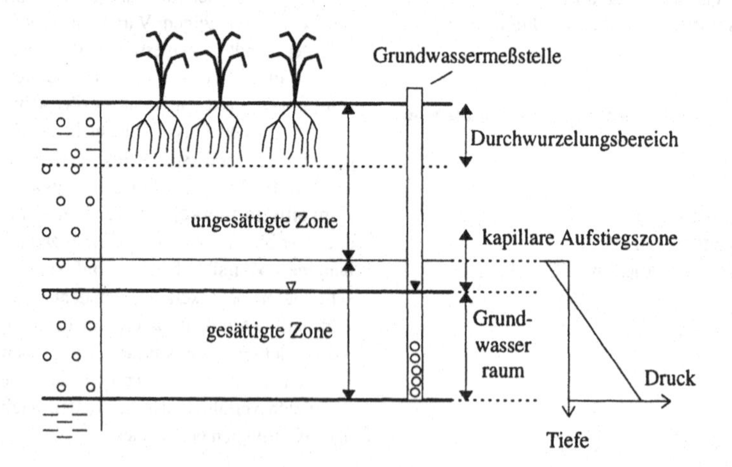

Abb. Z1 ***Zone***

Aufstiegs~, die von →Kapillarwasser, das aus dem freien Grundwasserkörper aufsteigt, angefüllt ist; der geschlossene, vollständig mit Kapillarwasser erfüllte Kapillarraum gehört der →gesättigten Z., der offene Kapillarraum, der neben Kapillarwasser noch Gase enthält, der →ungesättigten Z. an (→Abb. Z1); die ungesättigte Z. und der offene Teil der kapillaren Aufstiegs~ bilden zusammen den →Sickerraum *{percolation zone}*.

zone of aeration; →ungesättigte Zone

***zone of contribution** (ZOC)*; →Entnahmebereich

zone of depression; →Absenkungsbereich

zone of dystrophic soil; →Verarmungszone

zone of impoverishment; →Verarmungszone

zone of influence; →Absenkungsbereich

zone of oxidation; →Oxidationszone

zone of percolation; →Sickerraum

zone of protection; →Trinkwasserschutzgebiet

zone of saturation; →gesättigte Zone

zone of well field management; →Trinkwasserschutzgebiet

Zoophage, m; Tier, das sich überwiegend von anderen tierischen Organismen ernährt.

Zooplankton, n; →Plankton

Zoosaprophage, m →Saprophage

Zufallsgröße, f; *{random variable}* auch Zufallsvariable, qualitativ oder quantitativ bestimmte Größe, die ihre möglichen Qualitäten oder Quantitäten zufällig annimmt; eine Z. mit quantitativem Wertebereich ist z. B. die Tagestemperatur T jeweils um 10 Uhr in °C gemessen, eine Z. mit qualitativem Merkmal ist etwa die Charakterisierung der Tage eines Beobachtungszeitraumes in „niederschlagsfrei“ oder „nicht-niederschlagsfrei“; durch Einführung entsprechender numerischer Schlüssel (z. B. 0 = niederschlagsfrei, 1 = nicht-niederschlagsfrei) lassen sich die durch qualitative Merkmale bestimmten ~n durch Codierung anordnen.

Zufallsvariable, f; →Zufallsgröße

Zufluß, m; **1.)** *{inflow}* das in ein Raumelement in der Zeiteinheit eintretende Wasservolumen als Quotient $Q_Z=V_Z/t$ ($\dim Q_Z=L^3/T$) mit dem im Beobachtungszeitraum t eintretenden Wasservolumen V_Z (ggs. →Ausfluß); **2.)** *{tributary (river)}* auch Nebenfluß, in einem Flußsystem in einen (Haupt-) Fluß höherer Ordnung einmündender Fluß oder ein in einen See einfließender und diesen speisender Fluß; **3.)** →Grundwasserzufluß; **4.)** →See

Zuflußsee, m; →See

Zusickerung, f; *{seepage into a groundwater section)}* Übergang von Grundwasser in ein →Grundwasserstockwerk aus dem darüber- bzw. dem darunterliegenden (letzteres ist nur im Bereich einer →Leckage aus einem gespannten →Grundwasserleiter heraus möglich) (ggs. →Aussickerung).

Zustandsdiagramm, n; *{diagram of state}* das Z. beschreibt die Übergänge zwischen den einzelnen Phasen (→Phasenübergang) eines Stoffes in Abhängigkeit von dessen Temperatur und Druck, die Übergangslinien schneiden sich in dem Tripelpunkt (→Abb. Z2, die das Z. für Wasser wiedergibt, mit dem →Siepunkt bei Normaldruck und dem Tripelpunkt des Wassers; Dampfdruckkurve (→Dampfdruck)); die Grenzlinie zwischen den Bereichen der festen und der flüssigen Phase im Z. ist die Schmelz- oder Gefrierpunktlinie (→Gefrierpunkt), die zwischen der flüssige und der gasfö migen Phase die Siedepunkt- oder Taupunktlinie (→Siedepunkt) und die Grenzlinie zwischen fester und gasförmiger Phase die Sublimationslinie.

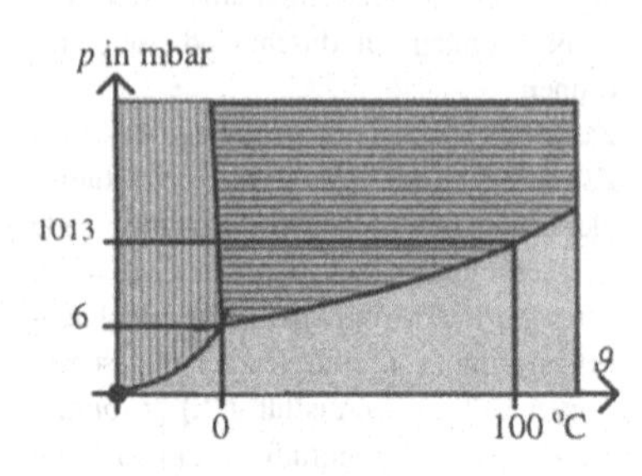

Abb. Z2 ***Zustandsdiagramm des Wassers***

Zustandsgleichung, f; *{ideal gas law}* die Z. für →ideale Gase stellt in der Form $p \cdot V = \mathrm{R} \cdot n \cdot T$ den Bezug dar, zwischen dem →Druck p und dem Volumen V des Gases einerseits und seiner →Stoffmenge n und seiner thermodynamischen Temperatur T andererseits; dabei ist der Proportionalitätsfaktor R die universelle Gaskonstante, sie besitzt den Wert R=8,31441 J/(mol·K) (→Gaskonstante) ausgedrückt in Joule, mol und Kelvin, ferner ist $k_B = \mathrm{R}/N_A = 1{,}38066 \cdot 10^{-23}$ J/K mit der →AVOGADROkonstante N_A die →BOLTZMANNsche Konstante, die sich auf ein Molekül bezieht (R ist hingegen auf 1 mol Moleküle bezogen); als Folgerungen aus der Z. erhält man die Gesetze von →AVOGADRO, →BOYLE-MARIOTTE und GAY-LUSSAC.

Zwangsmäander, m; →Mäander

Zwischenabfluß, m; →Abfluß

Zwischenlager, n; Anlage zum Sammeln und zeitweiligen Lagern von Sondermüll (→Abfall) bis zum Transport in die Endlager (→Deponie); durch die ~ung sollen den Transport lohnende Mengen des Sondermülls angesammelt werden, neben diesen wirtschaftlichen Aspekten wird durch die Verringerung der Transportvorgänge dabei aber auch das Risiko für Transportschäden verringert; ferner dienen Z. als Puffer bei der Entsorgung von Sonderabfällen, falls Mengen des Sonderabfalls anfallen, die die Entsorgungskapazitäten überschreiten (z. B. die Wiederaufbereitung und Endlagerung von radioaktivem Material).

Zwischenschichtkalium, n; →Kalium

Zwischenzone, f; →Zone

zyklisch; →Kohlenwasserstoff

Zyklus, m; (*etm.*: gr. „kyklos" Kreis) →hydrologischer Kreislauf

Zylinderformel, f; Formel zur näherungsweisen Bestimmung der Ausdehnung der engeren Schutzzone (Zone II) eines →Trinkwasserschutzgebietes; geht man dabei von einer geforderten →Verweildauer des Grundwassers von mindestens 50 Tagen in der Zone II aus und will seine zugehörige Fließstrecke zum Bestandteil dieser Zone machen, so nimmt man an, daß - einen →vollkommenen Brunnen und gespannten →Grundwasserleiter vorausgesetzt - der Radius r eines kreisförmig um die Entnahmestelle gelegten Schutzgebietes dem Halbmesser eines Zylinders im Grundwasserraum entsprechen muß (→Abb. Z3), wobei das in diesem Zylinder enthaltene Grundwasser in 50 Tagen abgepumpt wird, also $\pi \cdot r^2 \cdot h_{Gw} \cdot n_f = Q_{50}$, mit der Kreiszahl $\pi = 3{,}1414...$, der →Grundwassermächtigkeit h_{Gw} und dem durchflußwirksamen →Hohlraumanteil n_f des den Grundwasserleiter bildenden Gesteinskörpers, Q_{50} ist schließlich die binnen 50 Tagen an der Entnahmestelle geförderte Wassermenge; Auflösung nach r liefert den gewünschten Radius r, $\dim r = \mathrm{L}$, des Schutzgebietes zu

$$r = \sqrt{Q_{50} / (\pi \cdot h_{Gw} \cdot n_f)}.$$

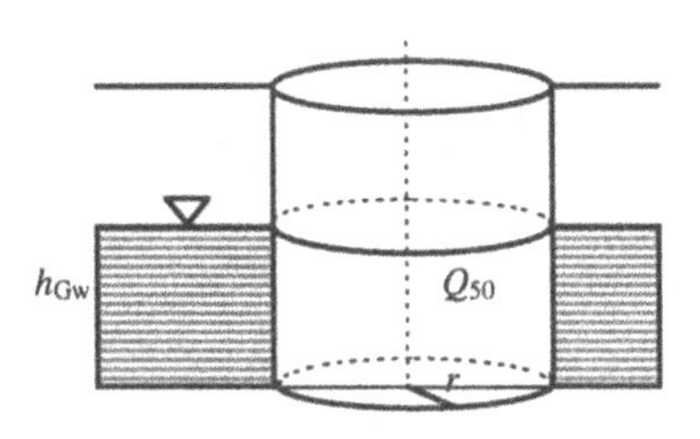

Abb. Z3 ***zur Zylinderformel***

Zylinderkoordinaten, f, Pl; *{cylindrical coordinates}* Z. (im Raum) werden bestimmt durch eine Ebene Ä, die Äquatorebene, die den Ursprung 0 des Koordinatensystems und eine durch 0 berandete Bezugshalbgerade *h* enthält, und eine auf Ä senkrechte durch 0 verlaufende kartesische Koordinatenachse (→kartesische Koordinaten) *z*; die Koordinatenzuordnung zu einem Raumpunkt *P* erhält man (→Abb. Z4) nach Projektion der Stecke $\overline{0P}$ auf die Ebene Ä zu $\overline{0A}$ in (r,z,ψ), wobei *r* die Länge der Strecke $\overline{0P}$ ist, *z* der →kartesischen Koordiante *z* entspricht und ψ der Winkel zwischen $\overline{0A}$ und *h* ist, gegen den Uhrzeigersinn gemessen mit $0 \le \psi < 2\pi$; zur Umrechnung zwischen Zylinder- und anderen räumlichen Koordinate →kartesische Koordinaten.

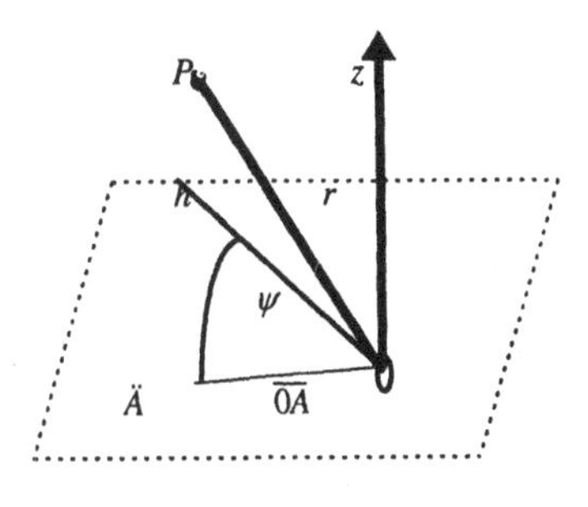

Abb. Z4 ***Zylinderkoordinaten***

Symbol	Physikalische Größe	Dimension	Einheit (-en)
f_{eq} [6]	Äquivalenzfaktor	1	n^{-1}
FK	Feldkapazität	$L^3L^{-3} = 1$	ℓ/m^3
f_L [7]	LANGELIERscher Korrekturfaktor	1	
F_R	Reibungskraft	MLT^{-2}	N
F_R	Formelmasse, relative	1	
Fr	FROUDE-Zahl	1	
f_T [7]	TILLMANNscher Korrekturfaktor	1	
G	Gesamthärte	NL^{-3}	mmol/ℓ, °dH
G [3]	Gleitmodul	$ML^{-1}T^{-2}$	N/m^2
GlQ	gleichwertige Durchflüsse	L^3T^{-1}	m^3/s, ℓ/s
GlW	gleichwertige Wasserstände	L	m
h	Förderhöhe	L	m
h_0	Lagepotential	L	m
h_A	Abflußhöhe	L	mm
h_A	Ausuferungshöhe	L	m, cm
h_D	Versickerungshöhe	L	mm
h_D	Druckpotential	L	m
h_D	Druckhöhe	L	m
h_{geo}	geodätische Förderhöhe	L	m
h_{Gw}	Grundwassermächtigkeit	L	m
HHX [1]	maximaler bekannter Wert von X	dim *X*	
h_I	Infiltrationshöhe	L	mm
h_I	Interzeptionshöhe	L	mm
h_{mano}	manometrische Förderhöhe	L	m
h_N	Niederschlagshöhe	L	mm
h_{NA}	Anfangsverlust	L	mm
h_{Ne}	Effektivniederschlagshöhe	L	mm
h_{NG}	Gebietsniederschlag	L	mm
h_{NR}	Gebietsrückhalt	L	mm
h_{NV}	Gebietsverdunstung	L	mm
h_p	Standrohrspiegelhöhe	L	m
HQ	Hochwasserabfluß	L^3T^{-1}	m^3/s
h_S	Saughöhe	L	m
$h_{S,geo}$	geodätische Saughöhe	L	m
h_{Se}	Senkungshöhe	L	m
h_{st}	statische Druckhöhe	L	m
h_{St}	Stauhöhe	L	m

Symbol	Physikalische Größe	Dimension	Einheit (-en)
h_U	Unterschiedshöhe	L	mm
h_V	Verdunstungshöhe	L	mm
h_V	Verlusthöhe	L	mm
HW_A	Ausuferungswasserstand, höchster	L	m, cm
HX [1]	Maximalwert einer Zufallsgröße X während eines Bezugszeitraumes	dim X	
I	hydraulisches Gefälle	1	
I	Sohlengefälle	1	
I	elektrische Stromstärke	I	A
I_0	Strahlungsintensität	ML^2T^{-3}	W/sr
I_C	Konsistenzzahl	1	
I_e	Strahlungsstärke	J	cd
i_g	Intensität	LT^{-1}	mm/h
I_L [7]	LANGELIERindex	1	
i_N	Niederschlagsintensität	LT^{-1}	mm/h
i_{Ne}	Effektivniederschlagsintensität	LT^{-1}	mm/h
I_S	Sohlengefälle	1	
ISV [8]	Schlammindex	L^3M^{-1}	mℓ/g
i_T	Transpirationsintensität	LT^{-1}	mm/a
i_V	Verdunstungsintensität	LT^{-1}	mm/a
i_V	Verlustanteil	LT^{-1}	mm/h
J	Gefälle, hydraulisch	1	
K	Permeabilität	L^2	d (=Darcy), m^2
k	Rauhigkeit	L	mm
K [7]	TILLMANNscher Koeffizient	L^6N^{-2}	$(mmol/ℓ)^{-2}$
KAK	Kationenaustauschkapazität	NM^{-1}	mol/kg
K_B	Basekapazität	NL^{-3}	mmol/ℓ, mol/ℓ
k_f	Durchlässigkeitsbeiwert	LT^{-1}	m/s
K_H [9]	HENRYsche Konstante	L^3M^{-1}	
K_L [9]	Langmuirsche Konstante	$N^{-1}L^3$	
K_{OF} [9]	OSTWALDsche Konstante		
	FREUNDLICHsche Konstante	$N^{(n-1)/n}L^{-3/n}M^{-1}$	
k_s	Sandrauhigkeit	L	mm
K_S	Säurekapazität	NL^{-3}	mmol/ℓ, mol/ℓ
k_{St}	STRICKLER-Beiwert	$L^{1/3}T^{-1}$	$m^{1/3}/s$
L	Sickerfaktor	L	m
l	Länge	L	m

Symbol	Physikalische Größe	Dimension	Einheit (-en)
L_{Abw}	Abwasserlast	ML^{-3}	kg/m³
Ld	Lagerungsdichte, effektive	1	
l_F	Flußlänge	L	m, km
l_{Se}	Senkungslänge	L	m
l_{St}	Staulänge	L	m
LV	Luftgehalt	1	
m	Masse	M	g, kg usw.
m	arithmetisches Mittel		
M_{eq}	Äquivalentmasse, molare	M/N	g/mol
m_{Fa}	Feststoffabtrag	ML^{-2}	kg/m²
$\dot{m}_F$	Feststofftrieb	$MT^{-1}L^{-1}$	kg/(s•m)
$\dot{m}_{Ff}$	Feststofftransport	MT^{-1}	kg/s
m_{Ff}	Feststofffracht	M	kg
$\dot{m}_G$	Geschiebetrieb	$MT^{-1}L^{-1}$	kg/(s•m)
$\dot{m}_{Gf}$	Geschiebetransport	MT^{-1}	kg/s
m_{Gf}	Geschiebefracht	M	g, kg
m_{Gv}	Geschiebeabrieb	M	g, kg
MHX	Mittelwert der maximalen Meßwerte zu X während eines Bezugszeitraumes	dim X	
MIK	maximale Immisionskonzentration	ML^{-3}	mg/m³
MIK	maximale Immisionskonzentration (für Depositionen)	$ML^{-2}T^{-1}$	mg/(m²•d)
MNX	Mittelwert der minimalen Meßwerte zu X während eines Bezugszeitraumes	dim X	
$M_{r,eq}$	Äquivalentmasse, relative	1	
$\dot{m}_S$	Schwebstofftrieb	$MT^{-1}L^{-1}$	kg/(s•m)
$\dot{m}_{Sf}$	Schwebstofftransport	MT^{-1}	g/s, kg/d
m_{Sf}	Schwebstofffracht	M	kg
MX	arithmetisches Mittel der Meßwerte zu X	dim X	
n	Stoffmenge	N	mol, mmol
n	Hohlraumanteil	1	
n	Moleinheit	N	mmol, mol
n_{eq}	Äquivalentstoffmenge	N	mol, mmol
NNX	minimaler bekannter Wert von X	dim X	
n_O	spannungsfreier Porenanteil	1	

Symbol	Physikalische Größe	Dimension	Einheit (-en)
NQ	Niedrigwasserabfluß	L^3T^{-1}	m³/s, ℓ/s
NW	Niedrigwasserstand	L	m
NX	Minimalwert einer Zufallsgröße X während eines Bezugszeitraumes	dim X	
$\underline{n}X$ [1]	an n Tagen unterschrittener Wert X	T	d
$\bar{n}X$ [1]	an n Tagen überschrittener Wert X	T	d
p	Spannung	$ML^{-1}T^{-2}$	N/m²
P	Leistung	ML^2T^{-3}	J/s, Nm/s
p	Druck	$ML^{-1}T^{-2}$	bar, Pa
p_{abs}	absoluter Druck	$ML^{-1}T^{-2}$	bar, Pa
p_{atm}	atmosphärischer Druck	$ML^{-1}T^{-2}$	bar, Pa
p_D	Dampfdruck	$ML^{-1}T^{-2}$	bar, Pa
p_e	Versorgungsdruck	$ML^{-1}T^{-2}$	bar, Pa
p_e	aktueller Dampfdruck	$ML^{-1}T^{-2}$	bar, Pa
p_{eq}	Äquivalentprozent	1	%
pF	pF-Wert	1	
p_i	Partialdruck	$ML^{-1}T^{-2}$	bar, Pa
p_l	hydraulischer Schweredruck	$ML^{-1}T^{-2}$	bar, Pa
p_{osm}	osmotischer Druck	$ML^{-1}T^{-2}$	bar, Pa
PWP	permanenter Welkepunkt	1	
$\vec{q}$	Filtergeschwindigkeit	LT^{-1}	m/s
Q	Energie (Wärme)	ML^2T^{-2}	J, NM, VAs
Q	Förderstrom	L^3T^{-1}	m³/s, ℓ/s
Q	Schüttungsmenge	L^3T^{-1}	m³/s, ℓ/s
q	spezifische Partialstoffmenge	NM^{-1}	mol/kg, mmol/g
q	Abflußspende	$L^3T^{-1}L^{-2} = LT^{-1}$	m³/(s·km²), ℓ/(s·km²)
Q	Abfluß, Durchfluß	L^3T^{-1}	m³/s, ℓ/s
Q_A	Wasserabgabe	L^3T^{-1}	m³/s, ℓ/s
Q_A	Ausfluß	L^3T^{-1}	m³/s, ℓ/s
Q_B	Basisabfluß	L^3T^{-1}	m³/s, ℓ/s
Q_D	Wasserdargebot	L^3T^{-1}	m³/s, ℓ/s
Q_D	Direktabfluß	L^3T^{-1}	m³/s, ℓ/s
Q_E	Wassermenge, entnommen	L^3T^{-1}	m³/s, ℓ/s
Q_E	Förderrate	L^3T^{-1}	m³/s, ℓ/s
Q_E	Brunnenergiebigkeit	L^3T^{-1}	m³/s, ℓ/s
Q_f	Fassungsvermögen	L^3T^{-1}	m³/s, ℓ/s

Symbol	Physikalische Größe	Dimension	Einheit (-en)
Q_G	Grundwasserdurchfluß	L^3T^{-1}	m^3/s, ℓ/s
Q_G	grundwasserbürter Abfluß	L^3T^{-1}	m^3/s, ℓ/s
Q_I	Zwischenabfluß, Interflow	L^3T^{-1}	m^3/s, ℓ/s
Q_L	Brunnenleistung	L^3T^{-1}	m^3/s, ℓ/s
Q_O	Oberflächenabfluß	L^3T^{-1}	m^3/s, ℓ/s
Q_Z	Zufluß	L^3T^{-1}	m^3/s, ℓ/s
Q_Z	Wassermenge, zuströmend	L^3T^{-1}	m^3/s, ℓ/s
r	Stoffmengenverhältnis	1	
R	Reichweite	L	m
r	Stoffmengenverhältnis	1	
R	hydraulischer Radius	L	m
R	elektrischer Widerstand	$ML^2T^{-3}I^{-2}$	Ω, V/A
R	Reichweite	L	m
R_A	Autokorrelationskoeffizient		
Re	REYNOLDsche Zahl	1	
r_E	Evaporationsrate	LT^{-1}	mm/a
r_e	effektiver Brunnenradius	L	m
r_I	Infiltrationsrate	LT^{-1}	mm/h, mm/a
r_N	Niederschlagsspende	$L^3T^{-1}L^{-2}$	ℓ/(s·km²)
r_n	Brunnenradius	L	m
R_s	Gaskonstante, spezifische	$L^2T^{-2}\Theta^{-1}$	J/(kg·K)
r_T	Transpirationsrate	LT^{-1}	mm/a
S	Standardabweichung		
S	Wassersättigung	1	
S	Entropie	$ML^2T^{-2}\Theta^{-1}$	J/K
S	Speicherkoeffizient	1	
S	S-Wert	NM^{-1}	mol/g
S	Durchflußsumme	L^3	m^3
s	Absenkung	L	m
s'	Absenkung, korrigierte	L	m
S_A	Abflußsumme	L^3	m^3, ℓ
s_{Ak}	Abkühlspanne	Θ	K
s_{Au}	Aufwärmspanne	Θ	K
s_{Ew}	Erwärmspanne	Θ	K
s_i	Saprobieindex	1	
S_S	spezifischer Speicherkoeffizient	L^{-1}	m^{-1}
s_{We}	Wärmeentzugsspanne	Θ	K
T	Temperatur	Θ	K
T	Transmissivität	L^2T^{-1}	m^2/s

Weiterführende Literatur

In der nachstehenden Literatur sind die meisten der Schlagworte dieses Lexikons vertieft dargestellt, einige von ihnen sind in den DIN-Normen definiert.

Lehrbücher

BANK, M. (1995): Basiswissen Umwelttechnik - Vogel Buchverlag, Würzburg
BEAR, J. (1978): Hydraulics of Groundwater - McGraw-Hill, New York
BRONSTEIN, I.N. & SEMENDJAJEW, K.A. (1991): Taschenbuch der Mathematik - Teubner-Verlag & Verlag Nauka, Stuttgart & Moskau
BUSCH, K.-F., LUCKNER, L. & TIEMER, K. (1993): Geohydraulik - Gebrüder Borntraeger, Berlin
DE MARSILY, G. (1986): Quantitative Hydrogeology - Academic Press, San Diego
HOLLEMAN, A.F. & WIBERG, E. (1985): Lehrbuch der Anorganischen Chemie - de Gruyter, Berlin
LANGGUTH, H.-R. & VOIGT, R. (1980): Hydrogeologische Methoden - Springer-Verlag, Heidelberg
MATTHESS, G. (1994): Die Beschaffenheit des Grundwassers - Gebrüder Borntraeger, Berlin
MOSS, R. (1990): Handbook of Ground Water Development - John Wiley & Sons, New York
PRESS, F. & SIEVER, R. (1995): Allgemeine Geologie.-Spektrum - Verlag, Heidelberg
SCHEFFER, F. & SCHACHTSCHABEL, P. (1992): Lehrbuch der Bodenkunde - Ferdinand Enke Verlag, Stuttgart
SCHRÖTER, W., LAUTENSCHLÄGER, K.-H. & BIBRACK, H. (1994): Taschenbuch der Chemie - Verlag Harri Deutsch, Frankfurt a.M.
STÖCKER, H. (1994): Taschenbuch der Physik - Verlag Harri Deutsch, Frankfurt a.M.
TRUCKENBRODT, E. (1980): Fluidmechanik - Springer-Verlag, Heidelberg

DIN-Normen

DIN 1301: Einheiten
DIN 1313: Physikalische Größen und Gleichungen
DIN 4022: Benennen und Beschreiben von Boden und Fels
DIN 4044: Hydromechanik im Wasserbau
DIN 4045: Abwassertechnik
DIN 4046: Wasserversorgung
DIN 4047: Landwirtschaftlicher Wasserbau
DIN 4049: Hydrologie
DIN 32625: Stoffmengen und davon abgeleitete Größen
DIN 32629: Stoffportion
DIN 32630: Charakterisierung chemischer Analyseverfahren nach der Probenmasse und dem Gehaltsbereich
DIN 32645: Nachweis-, Erfassungs- und Bestimmungsgrenze